国家出版基金项目
NATIONAL PUBLICATION FOUNDATION

国家出版基金项目
"十四五"时期国家重点出版物出版专项规划项目

中国战略性新兴产业——前沿新材料

柔性电子材料与器件

丛书主编　魏炳波　韩雅芳

编　　著　沈国震

中国铁道出版社有限公司
CHINA RAILWAY PUBLISHING HOUSE CO., LTD.

内 容 简 介

本书为"中国战略性新兴产业——前沿新材料"丛书之分册。

本书对现有柔性电子材料、柔性电子器件与系统等关键问题进行了梳理，系统论述了柔性电子材料与器件的基本概念、制作工艺、系统设计和开发，以及发展趋势，包括多种类型的新型柔性电子材料，如有机聚合物、水凝胶、碳材料等，新型的柔性电子器件，如柔性薄膜晶体管、柔性传感器、柔性发光器件等。

本书体现了当今世界柔性电子较先进、较前沿的技术和成果，介绍了较新的技术信息，适合柔性电子学领域的科技人员和工程技术人员参考，也可供新材料研究院所、高等院校、新材料产业界、政府相关部门、新材料中介咨询机构等领域的人员参考。

图书在版编目（CIP）数据

柔性电子材料与器件/沈国震编著. —北京：中国铁道
出版社有限公司,2023.7
（中国战略性新兴产业/魏炳波,韩雅芳主编. 前沿新材料）
国家出版基金项目 "十四五"时期国家重点出版物出版
专项规划项目
ISBN 978-7-113-29905-7

Ⅰ.①柔… Ⅱ.①沈… Ⅲ.①电子器件 Ⅳ.①TN

中国国家版本馆 CIP 数据核字（2023）第 000827 号

书 名：**柔性电子材料与器件**
作 者：沈国震

策 划：李小军
责任编辑：彭立辉　　　　　　　　编辑部电话：（010）83550579
封面设计：高博越
责任校对：苗 丹
责任印制：樊启鹏

出版发行：中国铁道出版社有限公司（100054，北京市西城区右安门西街 8 号）
网　　址：http://www.tdpress.com
印　　刷：北京联兴盛业印刷股份有限公司
版　　次：2023 年 7 月第 1 版　2023 年 7 月第 1 次印刷
开　　本：787 mm×1 092 mm 1/16　印张：29.5　字数：625 千
书　　号：ISBN 978-7-113-29905-7
定　　价：188.00 元

作 者 简 介

魏炳波

中国科学院院士、教授、工学博士、著名材料科学家。现任中国材料研究学会理事长、教育部科技委材料学部副主任、教育部物理学专业教学指导委员会副主任委员。入选首批国家"百千万人才工程"、首批教育部长江学者特聘教授、首批国家杰出青年科学基金获得者、国家基金委创新研究群体基金获得者。曾任国家自然科学基金委金属学科评委、国家"863"计划航天技术领域专家组成员、西北工业大学副校长等职。主要从事空间材料、液态金属深过冷和快速凝固等方面的研究。获 1997 年度国家技术发明奖二等奖、2004 年度国家自然科学奖二等奖和省部级科技进步奖一等奖等。在国际国内知名学术刊物上发表论文 120 余篇。

韩雅芳

工学博士、研究员、著名材料科学家。现任国际材料研究学会联盟主席、《自然科学进展：国际材料》（英文期刊）主编。曾任中国航发北京航空材料研究院副院长、科技委主任，中国材料研究学会副理事长、秘书长、执行秘书长等职。主要从事航空发动机材料研究工作。获 1978 年全国科学大会奖、1999 年度国家技术发明奖二等奖和多项部级科技进步奖等。在国际国内知名学术刊物上发表论文 100 余篇，主编公开发行的中、英文论文集 20 余卷，出版专著 5 部。

沈国震

理学博士，北京理工大学教授。2003 年博士毕业于中国科学技术大学，2022 年起任职于北京理工大学。现任中国材料研究学会理事、纳米材料与器件分会副理事长及英国皇家化学会会士。研究方向：低维半导体材料的可控合成及其在柔性电子器件与系统中的应用。2001 年至今以第一作者身份在国际 SCI 刊物发表论文 300 余篇，获引用超过 20 000 次，论文 H 指数为 82。获北京市科学技术二等奖、中国材料研究学会科学技术一等奖。

序

前沿新材料是指现阶段处在新材料发展尖端,人们在不断地科技创新中研究发现或通过人工设计而得到的具有独特的化学组成及原子或分子微观聚集结构,能提供超出传统理念的颠覆性优异性能和特殊功能的一类新材料。在新一轮科技和工业革命中,材料发展呈现出新的时代发展特征,人类已进入前沿新材料时代,将迅速引领和推动各种现代颠覆性的前沿技术向纵深发展,引发高新技术和新兴产业以至未来社会革命性的变革,实现从基础支撑到前沿颠覆的跨越。

进入 21 世纪以来,前沿新材料得到越来越多的重视,世界发达国家,无不把发展前沿新材料作为优先选择,纷纷出台相关发展战略或规划,争取前沿新材料在高新技术和新兴产业的前沿性突破,以抢占未来科技制高点,促进可持续发展,解决人口、经济、环境等方面的难题。我国也十分重视前沿新材料技术和产业化的发展。2017 年国家发展和改革委员会、工业和信息化部、科技部、财政部联合发布了《新材料产业发展指南》,明确指明了前沿新材料作为重点发展方向之一。我国前沿新材料的发展与世界基本同步,特别是近年来集中了一批著名的高等学校、科研院所,形成了许多强大的研发团队,在研发投入、人力和资源配置、创新和体制改革、成果转化等方面不断加大力度,发展非常迅猛,标志性颠覆技术陆续突破,某些领域已跻身全球强国之列。

"中国战略性新兴产业——前沿新材料"丛书是由中国材料研究学会组织编写,由中国铁道出版社有限公司出版发行的第二套关于材料科学与技术的系列科技专著。丛书从推动发展我国前沿新材料技术和产业的宗旨出发,重点选择了当代前沿新材料各细分领域的有关材料,全面系统论述了发展这些材料的需求背景及其重要意义、全球发展现状及前景;系统地论述了这些前沿新材料的理论基础和核心技术,着重阐明了它们将如何推进高新技术和新兴产业颠覆性的变革和对未来社会产生的深远影响;介绍了我国相关的研究进展及最新研究成果;针对性地提出了我国发展前沿新材料的主要方向和任务,分析了存在的主要问题,提出了相关对策和建议;是我国"十三五"和"十四五"期间在材料领域具有国内领先水平的第二套系列科技著作。

本丛书特别突出了前沿新材料的颠覆性、前瞻性、前沿性特点。丛书的出版,将对我国从事新材料研究、教学、应用和产业化的专家、学者、产业精英、决策咨询机构以及政府职能部门相关领导和人士具有重要的参考价值,对推动我国高新技术和战略性新兴产业可持续发展具有重要的现实意义和指导意义。

本丛书的编著和出版是材料学术领域具有足够影响的一件大事。我们希望,本丛书的出版能对我国新材料特别是前沿新材料技术和产业发展产生较大的助推作用,也热切希望广大材料科技人员、产业精英、决策咨询机构积极投身到发展我国新材料研究和产业化的行列中来,为推动我国材料科学进步和产业化又好又快发展做出更大贡献,也热切希望广大学子、年轻才俊、行业新秀更多地"走近新材料、认知新材料、参与新材料",共同努力,开启未来前沿新材料的新时代。

中国科学院院士、中国材料研究学会理事长

国际材料研究学会联盟主席

2020 年 8 月

前　言

"中国战略性新兴产业——前沿新材料"丛书是由国内一流学者著述的一套材料类科技著作。丛书突出颠覆性、前瞻性、前沿性特点,涵盖了超材料、气凝胶、离子液体、多孔金属等10多种重点发展的前沿新材料新技术。本书为《柔性电子材料与器件》分册。

作为一类新兴的电子技术,柔性电子代表了一类将传统的电子器件制作在柔性或可延展衬底上的新型通用技术。柔性电子器件近年来在全球范围内得到了广泛的发展,并逐步进入人们的日常生活当中。相比于传统的微电子器件,柔性电子器件具有超薄、超轻、可弯曲、可延展等特点,在信息、医疗、能源、国防等领域有着广泛的应用前景,柔性显示技术带来了视觉技术的革命,柔性传感器将会在一定程度上颠覆传统医疗的诊疗和监控方式,柔性能源器件为柔性电子系统提供了可靠的能源供给等。高性能柔性电子器件的发展离不开新型柔性电子材料的开发,以及新的器件工艺和设备的研发。本书内容基于国家自然科学基金委"低维信息器件"基础科学中心项目(61888102)和国家杰出青年科学基金项目(61625404)等多项科研成果,涵盖了新型柔性电子材料、柔性电子器件、新型器件制作工艺、柔性电子系统的设计与开发等全链条内容,包含了大量新的技术资料和信息。新型的柔性电子材料如有机聚合物、水凝胶、新型碳材料、仿生材料等在本书中都有详细的论述。另外,本书还重点论述了多种新型柔性电子器件,如柔性薄膜晶体管、柔性传感器、柔性发光器件等。

本书体现了当今世界柔性电子较先进、较前沿的技术和成果,介绍了较新的技术信息,适合柔性电子学领域科研人员和工程技术人员参考,也可供新材料研究院所、高等学校、新材料产业界、政府相关部门、新材料中介咨询机构等领域的人员参考。

本书由北京理工大学沈国震等编著,参与编著的都是国内相关领域的专家学者。各章编著分工如下:第1章由南京大学潘力佳、施毅编著;第2章由上海交通大学郭小军编著;第 3 章由南京工业大学董晓臣编著;第 4 章由同济大学黄佳、张诗琦编著;第 5 章由中国科学院苏州纳米技术与纳米仿生研究所李铁、张珽编著;第 6 章由中国科学院半导体研究所王丽丽、北京理工大学沈国震编著;第 7 章由清华大学谢杨、盛兴,南京邮电大学高丽,南京大学王欣然编著;第 8 章由中国科学院半导体研究所娄正、北京理工大学沈国震编著;第 9 章由吉林大学刘岳峰、冯晶编著;第 10 章由华南师范大学高进伟编著;第 11 章由武汉理工大学鲁建峰、黄福志编著。全书由沈国震统稿定稿。上述单位相关团队的多位博士、硕士研究生参与了本书的撰写工作,在此一并感谢。

因编著者能力和时间有限,书中难免存在疏漏与不妥之处,恳请同仁批评指正。

编著者

2023 年 2 月

目　　录

第1章 可拉伸性聚合物合成与表征

制备拉伸性良好的柔性聚合物功能器件一直是可穿戴电子学的研究核心。本章基于聚合物可拉伸性的原理和设计方法，总结了具备导电性、自修复性、自降解性的可拉伸聚合物的近期研究进展。最后通过一类兼具优良机械性质与电学性质的可拉伸聚合物、导电水凝胶，介绍了其在传感领域的应用实例。

1.1 柔性聚合物

聚合物材料由于其优越的物理化学性质在柔性电子材料与器件中扮演着重要的角色，被广泛用于衬底、封装、黏合剂、基质或活性材料等。相比于无机刚性材料需要通过"折纸"、"岛桥"、微裂缝等微观几何设计来获得可拉伸性，聚合物材料由于其本征可拉伸性与简单的制备工艺而受到了广泛的关注[1,2]。

聚合物的可拉伸性主要来源于其独特的链结构，当施加应力时，非晶区域内的聚合物链延伸变形；当应力撤去后，自身的弹性使聚合物恢复到原来的形状，如图 1-1 所示。通过分子设计或掺入活性添加剂，聚合物中可以引入离子型、共价型或物理型交联位点（比如，氢键、范德华力、π-π 堆积或其他相互作用），从而使聚合物获得一定程度的弹性[3]。在柔性聚合物链之间引入的动态非共价交联可以有效提高拉伸性，从而使系统更能承受应变和机械刺激[4]。例如，Wang 等设计了一种含有两个全氟苯基叠氮基的交联添加剂，其在 254 nm 波长的光照射时可与脂族氢反应，交联成三维网络[5]。由这种聚合物材料制备的晶体管阵列可耐受与电荷移动相平行或垂直的方向上的 100% 拉伸，而不产生裂缝、分层或褶皱。聚合物结构本身也可以设计为可交联的单元，例如，末端含有丙烯酸酯基团的氟化聚合物在光引发剂和 365 nm 波长光作用下可发生交联[6]。

增加聚合物中无定形部分和降低拉伸模量可以有效地软化聚合物，提高其拉伸性[7]。例如，将聚（3-己基噻吩）（P3HT）与无定形聚乙烯（PE）共聚，所得共聚物可以耐受 600% 的应变并且具备与纯 P3HT 相当的迁移率[8]。如图 1-1 所示，在三嵌段共聚物聚（苯乙烯-乙烯-丁烯-苯乙烯）（SEBS）中，结晶聚苯乙烯区域是"硬的"，无定形区域聚（乙烯-丁烯）是"软的"。富含聚苯乙烯的区域，可以有效地用作物理交联，而富含聚（乙烯-丁烯）的区域，则适应应变。

（a）拉伸过程中聚合物链的变化（一）

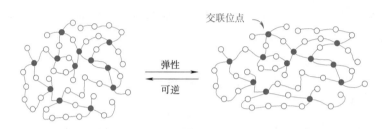

（b）拉伸过程中聚合物链的变化（二）

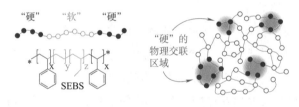

（c）SEBS 化学结构及其交联示意图

图 1-1　聚合物可拉伸机制示意图[3]

增强无定形区域中的动态聚合物链和限制大晶粒的生长，可以降低机械模量，增加机械延展性[9,10]。在鲍哲南组的工作中，由于 2,6-吡啶二甲酰胺（PDCA）含有两个具有中等强度氢键的酰胺基团，可以向柔性聚合物（3,6-di(thiophen-2-yl)-2,5-dihydropyrrolo[3,4-c]pyrrole-1,4-dione，DPP）主链内引入氢键，形成聚合物网络而不会显著增加材料的拉伸模量[4]。如图 1-2 所示，引入 PDCA 的聚合物由于无定形部分的增加、相对结晶度的降低以及微晶平均尺寸的轻微降低，拥有比单一聚合物更低的弹性模量。

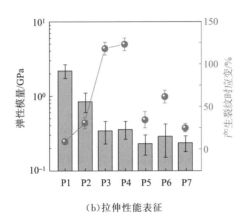

X:

PDCA片段摩尔分数
P1: 0
P2: 5
P3: 10
P4: 20

烷基片段摩尔分数
P5: 10

间苯二甲胺
片段摩尔分数
P6: 10

Me-PDCA
片段摩尔分数
P7: 10

(a)聚合物 DPP 分子设计示意图

(b)拉伸性能表征

图 1-2　聚合物 DPP 分子设计示意图及其拉伸性能表征[4]

1.2　柔性导电聚合物

在实际的可拉伸电子器件中,随着应力的增大,柔性电极的导电性以及元件间的电学接触会有所下降,因此,在高应变下保持优异的导电性能对于柔性电子至关重要。一方面,本征可拉伸的导电材料可以获得稳定的导电性。例如,poly(3,4-ethylenedioxythiophene) polystyrene sulfonate(PEDOT:PSS)是一种常见的本征可拉伸的导电聚合物。带负电的 PSS 作为掺杂剂使得带正电荷的 PEDOT 可以分散在水溶液中,其电导率取决于 PEDOT 与 PSS 的比例以及 PEDOT:PSS 分散在水中的颗粒半径[11]。对于本征导电聚合物的研究主要聚焦于提高材料的导电性与稳定性[12,13]。表面活性剂[如 Triton X-100,$(C_{14}H_{22}O(C_2H_4O)_n)$($n=9\sim$

10)]的混入可以使聚合物由脆性转变为弹性,从而使其能够持续拉伸,提高其稳定性[14]。向 PEDOT:PSS 体系中引入极性化合物(如山梨糖醇,N-甲基吡咯烷酮和二甘醇),可以重构 PEDOT:PSS 微观形貌,增大 PEDOT 的晶粒及其与 PSS 的相分离,从而形成更好的导电网络以提高电导率[15]。如图 1-3 所示,将离子化合物掺入 PEDOT:PSS 体系中,可以在 PEDOT 和 PSS 之间形成弱静电相互作用,以使 PEDOT 部分聚集在"软"的 PSS 内形成"硬"的导电网络[16]。离子化合物不仅可以有效降低 PEDOT:PSS 的模量(降低至约 1/50),还可以维持或提高其电导率。

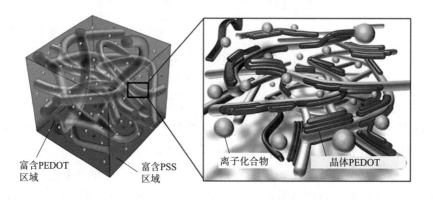

图 1-3 PEDOT:PSS、代表性离子化合物化学结构及其相互作用示意图[16]

另一方面,将导电填充物(例如金属纳米颗粒、金属纳米线、碳材料等)掺入柔性基底材料内部或表面,使其导电通路在拉伸条件下自发重新整合,从而获得兼具优良拉伸性与导电性的复合材料[17-19]。例如,在预应变的柔性聚合物衬底上沉积薄的导电材料层,在应变释放后,导电层可形成周期性的弯曲,从而适应进一步的拉伸循环[20]。Park 等将银纳米颗粒(AgNP)掺入 SBS[poly(styrene-block-butadiene-block-styrene)]中形成复合纤维材料[17],纤维内部的银纳米颗粒不会影响 SBS 纤维的可拉伸性,由于导电颗粒的渗流和银壳间的电学连接,复合纤维在本征条件下与应变条件下均拥有较高的电导率(无拉伸时电导率约为 5 400 S·cm^{-1},拉伸至 100％约为 2 200 S·cm^{-1})。Matsuhisa 等仅通过混合微米级银薄片、氟橡胶和表面活性剂,便形成了含有银纳米颗粒的可用于打印工艺的复合聚合物弹性导体(图 1-4)[21]。该材料在拉伸至 400％时可以保持 935 S·cm^{-1} 的电导率,由该材料构建的柔性压力和温度传感器在拉伸至 250％时仍保持准确稳定的传感性能。此类方法也可以延伸到可拉伸半导体材料的制备中,将有机半导体材料与聚合物弹性体相结合,由于纳米限制的效应,半导体纳米纤维聚集连接,从而在拉伸过程中能够维持载流子迁移率[22]。

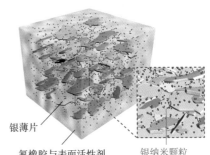

银薄片

氟橡胶与表面活性剂

银纳米颗粒

图 1-4　含银纳米颗粒的导电聚合物制备过程及其结构示意图[21]

1.3　先进性质聚合物材料

相比传统电子学材料,聚合物材料除了具备柔性与可拉伸性外,还可通过分子设计等方法获得更多先进功能的性质,如自修复性与自降解性。这类材料将极大地拓宽柔性电子材料与器件在生物电子学、健康监测等领域的应用。

1.3.1　自修复性

柔性材料在使用过程中会不可避免地产生裂纹和划痕等损伤,影响材料的工作寿命。受到生物皮肤的启发,为提高聚合物材料的环境适应能力,具有自修复性的智能材料已成为柔性电子领域的一个重要研究方向。相较使用焊接、黏合和缝补等方法对受损材料进行修复的传统材料,自修复性聚合物材料在受到损伤后,在极小的外力借助下,可以进行自身缺陷修复,并保持原有的机械、电学和化学特性。

现阶段,自修复性材料主要分为外援型和本征型两种。外援型自修复性材料预先在材料中填埋作为修复剂的活性化学物质(通常是单体和催化剂),当材料发生破损时,修复剂被释放从而触发聚合反应或交联作用进行修复。外援型自修复材料按修复剂载体的形式包含微胶囊型[23]和微脉管型[24]等,如图 1-5 所示。其中,最广泛应用的微胶囊型自修复材料的优点在于可以进行较大损伤区域的修复,但缺点是修复速度缓慢、制造工艺复杂、只能一次性修复。本征型自修复材料则通过对聚合物网络添加具有自修复性的官能团,依靠其可逆的相互作用进行创伤处的重构,不需要外加修复剂,其结构简单,可进行多次修复。

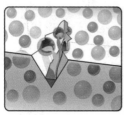  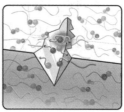

(a)微胶囊型   (b)微脉管型   (c)本征型

图 1-5   自修复性材料分类[25]

本征型自修复的过程包含物理层面的分子移动和化学层面的聚合物网络重建。这种自修复过程可以想象成聚合物链端的扩散和再成键[26],二者相互依存,持续进行。普通的聚合物由于缺乏分子链可移动性或重新成键能力,没有进行自修复的功能。为了使材料获得较好的自修复性功能,相关研究主要集中在增强分子的可移动性以及利用动态可逆相互作用两方面。基于可逆相互作用的自修复原理是通过添加某些能形成可逆相互作用的官能团到聚合物主链或侧基上,实现宏观断裂处相邻分子链的微观网络重构。自修复过程中的可逆相互作用包括可逆共价键(原子间化学键的断裂与重连)和超分子作用(分子间非共价键作用)。

作用于自修复性材料中的可逆共价键主要基于 Diels-Alder(DA)反应、酰腙键或双硫键等。共价键具有较高的键能,使得材料修复前后均具有较高的强度。DA 反应是一种典型的环加成反应,以含有共轭二烯和亲双烯体官能团的聚合物反应生成环状化合物。在温度升高时反应朝着反方向进行,加成物断裂;在低温下进行环加成正反应,形成交联网络。广泛研究的 DA 反应官能团有呋喃-马来酰亚胺聚合物[见图 1-6(a)][27]和二硫代异氰酸酯(CDTE)-环戊二烯(Cp)体系[28]。然而,基于 DA 反应的自修复性材料所需的自修复温度往往在 120 ℃以上。为了降低环加成自修复反应对外界能量的要求,光化学加成反应因其可以在常温下进行修复而被应用于自修复性材料中。在不同波长光的诱导下,聚合物能发生类似 DA 反应的环加成,如肉桂酰(TCE)和香豆素的[2+2]开环加成反应[29]、蒽衍生物的[4+4]开环加成反应[30]。

酰腙键由醛或酮和酰肼之间反应生成,在酸性条件下可发生可逆反应。基于酰腙键的自修复性材料通常为凝胶物质。Deng 等合成了含有酰腙键的聚氧化乙烯凝胶,构成随酸碱度变化的溶胶-凝胶体系,可以在室温下进行自修复[见图 1-6(b)][31]。双硫键是一种可以在较温和环境下可逆的共价键,与酰腙键在酸性条件下催化可逆反应不同,双硫键在发生还原反应时会断裂,两个巯基(-SH)氧化脱水后又会重新形成双硫键。利用这种可逆的氧化还原反应体系，Xu 等合成了一种聚氨酯材料，借助形状记忆效应和双硫键，该材料在 80 ℃ 的温度下具有自修复能力，并能完全恢复机械性能，如图 1-6(c)所示[32]。

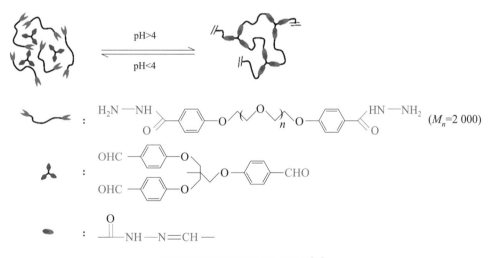

（a）基于 DA 反应的呋喃-马来酰亚胺聚合物[27]

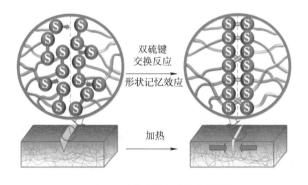

（b）基于酰腙键的聚氧化乙烯凝胶[31]

（c）基于双硫键的聚氨酯聚合物[32]

图 1-6　基于可逆共价键的自修复性材料

另一种应用于自修复的可逆相对作用为超分子作用。超分子作用将两种或两种以上的聚合物分子交联成网络,具有速度、灵敏度和方向性上的优势,主要包括氢键、金属-配位体作用和π-π堆叠等。氢键是一种以氢原子为媒介或桥梁的相互作用,氢原子与电负性强的原子(如F、O或N等)以共价键连接,靠近另一电负性较强原子时以静电力结合,其强度介于范德华力与共价键之间。氢键作用力的大小(结合常数K_a范围为$100\sim10^6$ mol^{-1}),使氢键型超分子聚合物在机械强度和自修复性能上得到较好权衡[33]。将特殊官能团(酰胺基[34]、硫脲[35]或脲基嘧啶酮[36]等)修饰在聚合物分子链上[见图1-7(a)]以形成分子间氢键,可以形成有较高结合强度并具备定向结合性能的多重氢键。

利用聚合物链中存在未配对电子对的原子作为配位体,金属离子(如Mn^{2+}、Fe^{2+}、En^{3+}、Cu^{2+}、Zn^{2+}、La^{3+}等)与配位体(如双、三联吡啶衍生物等)之间形成配位键,从而形成的金属-配位体聚合物也是一种具有自修复潜力的材料。改变金属离子和配位体的成分,可以设计出具有不同配位键强度、网络结构和机械性能的聚合物。配位键拥有与氢键相似的可逆性和方向性,其与氢键的不同在于可以对多种刺激信号产生响应(光、电和热等),发生配位数和配位中心构成的变化。Burnworth等发明了一种可以在紫外光下重构修复的金属-配位体聚合物材料。利用吡啶衍生物Mebip作为配位体,连接在端羟基乙烯-丁烯聚合物链两端,由$Zn(NTf_2)_2$和$La(NTf_2)_3$提供金属离子。如图1-7(b)所示,在紫外线照射下,金属-配位体吸收能量转化为热能,配位键暂时脱离造成聚合物的分子量和黏度发生可逆下降,从而可以进行快速的重组和自修复[37]。

(a)基于氢键的脲基嘧啶酮聚合物[36]

图1-7 基于超分子作用的自修复性材料

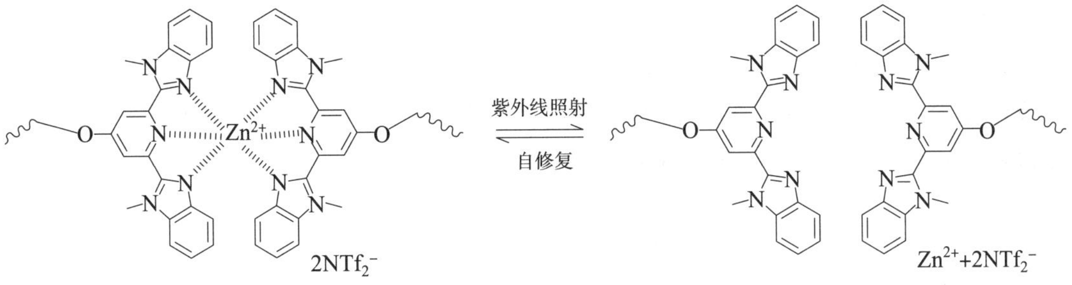

(b)基于金属-配位体作用的端羟基乙烯-丁烯聚合物[37]

图 1-7 基于超分子作用的自修复性材料(续)

π-π 堆叠是一种芳香环之间的弱相互作用,存在于相对富电子和缺电子的两个芳香环 π 轨道间。π-π 堆叠连接的聚合物具有热驱动的可逆性,且可以使聚合物有较低的玻璃化温度,从而利于在相对温和与较宽的温度范围内(50～100 ℃)进行自修复。例如,将聚酰亚胺作为电子受体,由芘基封端的聚硅氧烷[38]或聚酰胺链[39]提供电子,形成具有自修复性的 π-π 堆叠作用聚合物。

1.3.2 自降解性

具有可自降解性的聚合物材料可有效地缓解由日益增多的废弃电子带来的生态环境压力[40],在医用植入式诊断及治疗领域和手术辅助方面也具有重要意义[41,42]。例如,聚(L-丙交酯-共-乙交酯)(PLGA)可用来制备生物相容性传感器,聚乙烯基吡咯烷(PVP)和聚乙烯醇(PVA)等水溶性透明质酸盐可用来制造用于透皮给药系统的微针[43]。聚合物材料可通过光降解、水解及微生物作用等方式自然降解,生物环境下的聚合物也可经酶作用实现自降解。例如,聚乙二醇(PEG)可通过引入水解敏感性基团而降解[44]。

具有自降解性的聚合物可分为天然自降解和人工合成自降解聚合物材料两大类。天然自降解聚合物材料包括多糖、壳聚糖及其衍生物等,这些天然材料生物相容性好,易生物降解,植入体内对生物体无害,并且其降解产物可被完全吸收。例如,Wei 等利用棉纤维作为传感器的衬底[45];Jung 等提出了使用纤维素纳米纤维(CNF)作为微波和数字电路的衬底[46],实现了在 CNF 基板上集成典型的电子电路。

在聚合物链中引入可自降解的组分,不仅可以实现自降解性,同时还可以调节其机械性能和化学性能。具有自降解性的聚合物可以通过化学共价交联或物理交联合成,化学交联的聚合物稳定性高,物理交联联结较弱更易降解。Wang 等通过甘油和癸二酸合成了可自降解的弹性体聚甘油癸二酸酯(PGS)(见图 1-8,其中 1 Torr≈133.32 Pa),形成共价交联的可降解弹性体[47],具有良好的生物相容性,无论体内或体外都可以降解,较低密度的交联使其柔软可拉伸;同时此类聚合物成本低廉,利于大规模制造,现已越来越多地应用于心脏组织的工程[48]。Lei 等通过溶液反应合成了一种可自降解和生物相容的 PDPP-PD 聚合物材料,如图 1-9(a)所示[49]。该聚合物由可逆的亚胺键和易于分解的结构单元组成,在中性和碱性条件下保持稳定,在酸性条件下可降解,如图 1-9(b)、(c)所示。PDPP-PD 水溶液在 40 天后完全降解;酸性条件下的 PDPP-PD 固体薄膜 30 天后实现降解。亚胺聚合不需要贵金属催化或有毒磷配体,因而价格低廉,且不会对环境造成破坏。

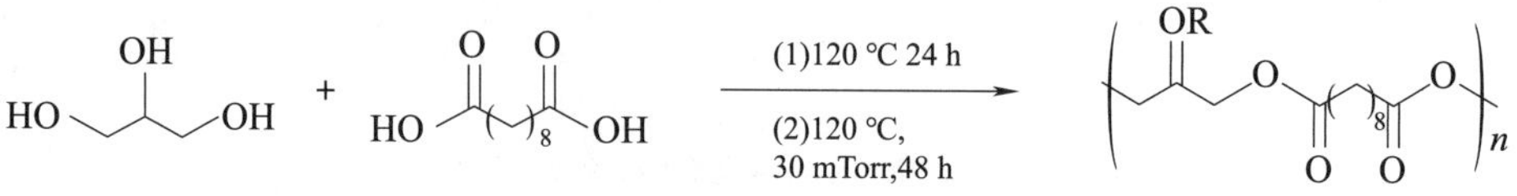

图 1-8　PGS 合成及聚合物链示意图[47]

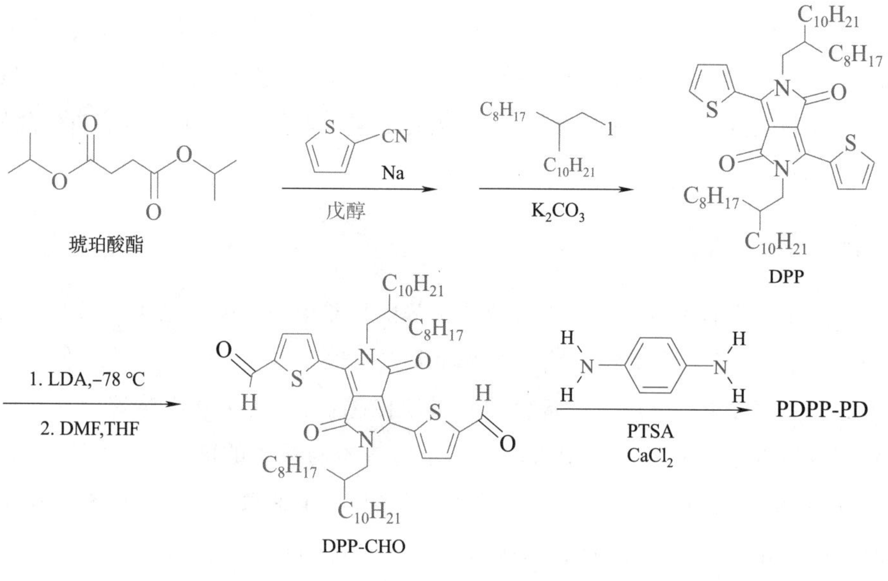

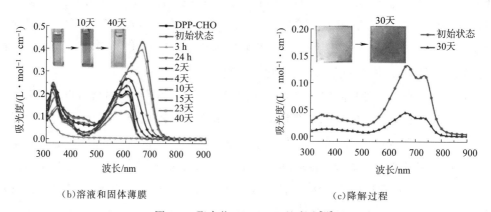

（a）与水溶液

（b）溶液和固体薄膜　　　　　　　　　（c）降解过程

图 1-9　聚合物 PDPP-PD 的合成[49]

　　物理交联可以增强聚合物中的化学交联作用。通过静电作用、氢键作用等物理交联的方式合成的可自降解的柔性聚合物分子网络较为简单,存在动态的交联,改变温度、光照等环境参数即可轻易使其崩解。Gao 等设计了侧链含有酰胺和羧基双氢键的超分子聚(N-丙烯酰基 2-甘氨酸)(PACG)水凝胶,其在中性 pH 条件下可在数小时内快速降解[50];然而,在医用器件中,电子器件的快速降解却可能使监测或治疗不够充分。为了控制聚合物的作用时间,Gao 等制备了超分子氢键强化的 GelMA 化学交联水凝胶(PACG-GelMA)(见图 1-10),PACG 侧链的双氢键可增强和稳定 GelMA 网络,GelMA 的化学交联则延长PACG 网络的降解。通过 3D 打印该物理、化学交联结合的柔性聚合物制备的生物支架,可用于促进软骨和软骨下骨的再生[51]。

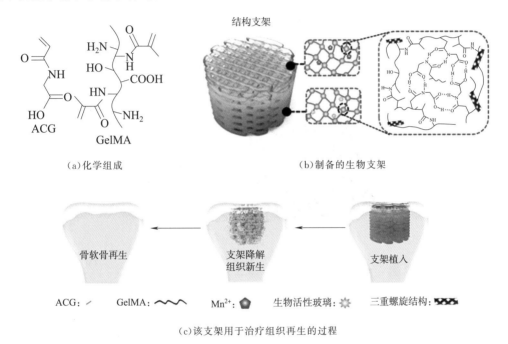

(a)化学组成　　　　　　　　　　　　　　　　(b)制备的生物支架

(c)该支架用于治疗组织再生的过程

图 1-10　PACG-GelMA 水凝胶(续)[51]

1.4　微结构化的导电聚合物水凝胶材料

　　结合导电聚合物和水凝胶性质的复合材料称为导电聚合物水凝胶(CPH),其兼具水凝胶的独特性质和金属/半导体的电学光学性质[52]。导电聚合物水凝胶比表面积高,并且可以吸收大量水分,从而可以提高拉伸强度、降低微生物渗透性[53]。

　　导电聚合物水凝胶材料可以在电子传输相(电极)和离子传输相(电解质)之间,生物应用和合成系统之间以及软硬材料之间起到出色的交互作用[54],因而被广泛用于诸如生物燃料电池和超级电容的柔性能源存储器件以及生物电子器件等。

常规的导电聚合物合成可分为两种方法:电沉积和化学合成。电沉积通常用于涂覆微电极(金属电极和碳材料电极),但无法有效控制聚合物的结构。化学合成制备简单,可以用于大规模生产,但效率低,需要通过后续处理以提高其导电性[55-57]。

基于自组装效应或交联效应的新型合成方法已逐步应用于微结构化的导电聚合物的制造,例如,多价金属离子(Fe^{3+} 或 Mg^{2+})可以在非导电水凝胶基质交联聚(3,4-亚乙二氧基噻吩)-聚(苯乙烯磺酸)(PEDOT:PSS)[58],聚乙二醇二缩水甘油醚或聚苯乙烯磺酸酯可以用于交联聚苯胺(PAni)等[59]。然而,引入非导电的基质与交联剂一定程度上会影响聚合物的电学性能,多余的金属离子也会降低聚合物的生物相容性,从而限制其在生物工程中的应用。为了解决此类问题,Pan 等利用植酸(一种广泛存在于植物中的天然分子)作为掺杂剂和交联剂,直接合成了不含绝缘物质的聚苯胺导电水凝胶。如图 1-11 所示,植酸分子可以使得聚苯胺分子链上亚胺的氮原子发生质子化反应,生成荷电元激发态极化子,从而获得较高的导电性。由于每个植酸分子都可以与多条聚合物链发生交联作用,因而聚苯胺展现出三维网状水凝胶网络[60]。

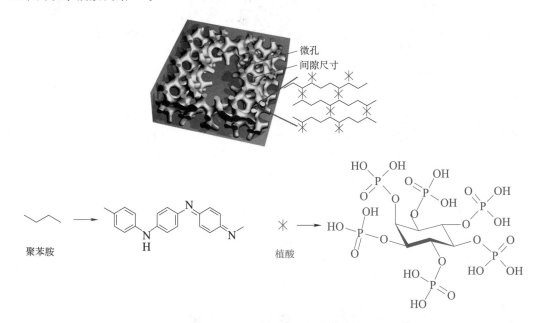

图 1-11　三维网络聚苯胺水凝胶结构及其掺杂机理示意图[60]

调整掺杂剂或交联剂分子的种类或者控制掺杂程度,可以有效地调控所得聚合物水凝胶的微观形貌。Wang 等分别利用酞菁铜、靛蓝和靛红硫酸钠等作为掺杂剂,获得了具备不同微观形貌的聚吡咯(PPy)[61]。由于空间位阻效应和静电力相互作用,酞菁铜分子上的四个磺酸基团可以有效地引导聚吡咯链的生长。当一个基团与聚吡咯链发生掺杂时,侧链的生长受到抑制,从而使得聚吡咯趋向于生成一位纳米线的形貌[62]。一维纳米线结构有利于电子的传输,交联的网状结构促进了链与链之间的电子转移,从而使得微结构化的聚合物作为电极材料有明显的优势。

微结构的调控对于柔性材料与器件具有重要的意义。聚合物内部相互连接的不均匀微突起结构有助于增强结构超弹性[63]。独特的微球相可作为微观连接区域,可显著增强能量耗散,实现高拉伸性(耐受应变超过 600%)、高机械强度和稳定性,从而能够更好地适应变形和应变[64]。例如,中空的聚吡咯球体的弹性模量可以降低到 0.19 MPa,低于其他聚合物泡沫结构的模量,可以承受更大的应变和应力[65]。在聚合物水凝胶中引入纳米材料(例如石墨烯和碳纳米管)可以形成强大的分子间相互作用,从而实现均匀的互连性、柔韧性和可拉伸性[66]。

聚合物水凝胶材料可以与打印技术相结合,为低成本、规模化制备图形化柔性电子电路器件提供了可能。喷墨打印、丝网印刷是印刷电子领域的主要技术,也被认为是聚合物沉积的关键技术,可以直接在衬底材料上成膜和图形化[67,68]。Pan 等将聚苯胺水凝胶的前驱体溶液分别打印在所需区域,聚苯胺在打印区域自发聚合,可形成图形化功能化电极,或用于构建电化学器件(如生物传感器阵列和超级电容器等),有利于实现聚合物电子器件的集成化与规模化,如图 1-12 所示[60]。Kraft 等利用喷墨打印技术在柔性衬底上制备了 PEDOT：PSS 的导电图形,所制备的图形具有较高电导率(700 S/cm),并且能耐受 100% 的拉伸,可用于制备柔性电路与器件,如图 1-13 所示[69]。

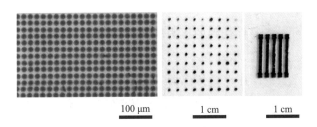

100 μm   1 cm   1 cm

图 1-12　通过喷墨打印、丝网印刷的图形化聚苯胺水凝胶[60]

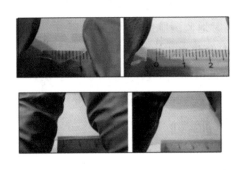

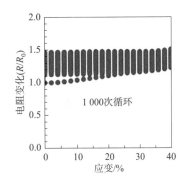

（a）拉伸状态下的喷墨打印制备的导电图形　　（b）电阻循环稳定性测试表征

图 1-13　PEDOT：PSS 的导电图形及电阻循环稳定性测试表征

3D 打印技术可以用于设计和精确制造复杂的立体水凝胶结构，大大提高了材料利用和器件制造效率[14]。例如，Tian 等利用 3D 打印技术构建了基于聚丙烯酰胺（PAAm）的应力传感器，可以获得理想的图形分辨率和打印精确度[70]。

1.5　基于聚合物水凝胶的传感器件

具备微纳结构的聚合物水凝胶材料，可以与其他功能材料（例如金属纳米颗粒、生物酶等）相结合，在受到外部物理或化学刺激时，能将对应的刺激信号转变成电学信号。因而聚合物水凝胶作为一种新型智能材料，正越来越多地应用于压力传感、生物传感、气体传感等领域[71]，如图 1-14 所示。

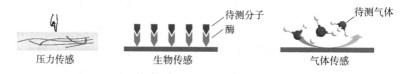

图 1-14　基于聚合物水凝胶的传感器件示意图[71]

1.5.1　压力传感

柔性压力传感器可以将器件受到的压力转换为可测量的物理量，从而反映出器件受力的情况，例如受力的大小、方向、振动频率等。根据工作机制，压力传感器可分为压电式、压阻式和电容式传感器[65,72,73]。压电式传感器基于压电效应将机械信号转换为电信号；压阻式传感器基于压阻效应，即施加应力使材料的电阻率发生变化；电容式传感器受力时，电容器的介电层发生形变，导致其电容量改变，从而反馈出器件上的受力情况，电容式传感器对静电力高度灵敏并且功耗低[74]。压力敏感的聚合物相对传统材料有着某些短板，因此通常加入其他无机材料以合成聚合物复合材料以改善材料的电性能和机械性能[75]。柔性压力传感器可以帮助机器人迅速地感知环境[76]，实时地监测脉搏、血压等生理健康参数等[77]。

柔性压力传感器的设计常引入微结构或图案化电极以提高传感器的灵敏度、降低其黏性[78,79]，但这些设计的引入常常需要复杂且昂贵的微加工工艺，不利于大规模制备。水凝胶材料本身是一种多孔材料，简单的溶液制备工艺即可获得微型结构。在应用方面，水凝胶材料含水量高，表现出更高的生物相容性，参与体内治疗和检测不会对人体造成伤害或不适[56]。

导电聚合物水凝胶具有亲水性、机械韧性和稳定性等特性，适合用于制造柔性压阻式传感器。Pan 等设计了一种弹性空心球形微结构的聚吡咯水凝胶薄膜［见图 1-15（a）］[65]，该材料由多相合成技术得到，施加外力时，具有空心球形结构的聚吡咯可产生弹性形变，外力释放则形变恢复。制成的压力传感器可检测低至 0.8 Pa 的压力，低滞后，低压下具有高灵敏度，如图 1-15（b）所示。由此设计的在棋盘上的 64 像素的压力传感器阵列可快速识别棋子的起落,在未来智能电子领域具有潜在应用。

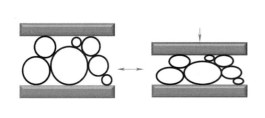

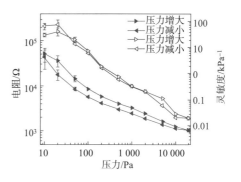

(a)空心弹性微结构聚吡咯水凝胶薄膜　　(b)电阻对压力的响应和传感器的灵敏度

图 1-15　空心弹性微结构聚吡咯水凝胶薄膜以及电阻对压力的响应和传感器的灵敏度[65]

　　Wang 制备了由聚苯胺、聚丙烯酸和植酸组成的三元导电聚合物,如图 1-16(a)所示[80]。该聚合物呈现多孔结构,具有高度的拉伸性和良好的自修复性,对压力的作用较为敏感,将该三元聚合物薄膜夹在两片薄铜箔之间形成三明治结构,以制造可自修复的压阻式压力传感器。制成的压力传感器可以区分大小不同的力[见图 1-16(b)],压力响应的范围广,可用于检测人体的呼吸、通过喉咙的振动识别不同的语句,以及测量动脉脉搏。

　　水凝胶材料的亲水性、多孔结构及交联方式使其具备多样性功能,引入合适的掺杂可提高聚合物水凝胶材料的导电性能,增强其机械性能及稳定性。多种交联方式的参与使得水凝胶具有更高的拉伸性和机械韧性[81]。此外,水凝胶还具有透明性、可拉伸性和生物相容性,是用于制造可穿戴设备的潜在材料[82]。Lei 等制备了超分子矿物水凝胶作为电极[83],该水凝胶材料由无定形碳酸钙(ACC)纳米颗粒通过聚丙烯酸(PAA)和藻酸盐链物理交联而成,如图 1-17(a)所示。由于水凝胶材料的黏弹性,所制备的传感器可保形、稳定地覆于连续运动的手指表面进行检测,如图 1-17(b)所示。

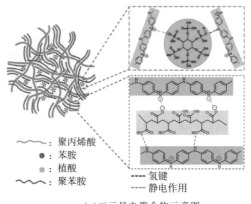

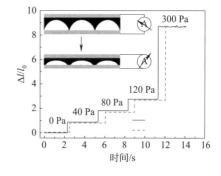

(a)三元导电聚合物示意图　　　　　　　(b)压阻式传感器实现压力识别功能

图 1-16　三元导电聚合物及压阻式传感器实现压力识别功能示意图[80]

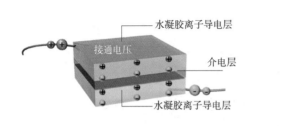
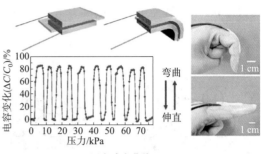

(a)电容式压力传感器示意图　　　　　(b)压力感应曲线

图 1-17　矿物水凝胶为导电层的电容式压力传感器示意图及其压力感应曲线图[83]

1.5.2　生物传感

生物传感器是一种用以检测含有生物成分的化学物质(包括生物代谢产物、微生物、抗体和抗原等)的电子器件,通常由两部分构成,分别为分子识别元件和信号转换元件。在检测待测物质时,分子识别元件(包括酶、抗体、细胞受体和微生物组织等)与待测物发生相互作用,信号转换元件依靠某种物理化学原理(包括电化学、电化学发光、热阻和压电等)将被测物与识别元件结合信号转换成可供量化分析的电信号。生物传感器广泛应用于生物健康标志物检测(如血糖、酒精和离子浓度等指标)、DNA 检测以及食物病原体检测等[84,85]。

生物传感器的研究重点之一是分子识别元件在信号转换元件上的固定化。为最大限度发挥生物传感器的性能,要求固化的界面材料不仅能高密度负载敏感物质,还应提供良好的生物相容性以保持敏感物质的活性,同时具有良好的导电性便于提升器件性能。导电聚合物与水凝胶相结合的导电聚合物水凝胶兼具两者的特性,很好地满足了这一需求。水凝胶的三维交联网络结构具有以下特点:(1)高比表面积,有助于高密度固化敏感元件;(2)分层多孔的疏松结构,便于电子、离子和分子等扩散传输以使相互作用更加充分;(3)导电聚合物提供的导电通路缩短了反应中电子的传输距离,器件从而更容易收集电荷,提高了检测的灵敏度[86]。

通过将生物活性酶负载在导电聚合物凝胶上,研究人员制成了能够特异性定量识别葡萄糖、乳酸和甘油三酸酯等化学物质的生物传感器。大多数酶促生物传感器基于电化学方法,测量在酶催化下待测底物反应生成物质的量的变化(H_2O_2、NH_3 等),从而量化确定底物的成分。此类传感器的典型原理示意图如图 1-18(a)所示[87]。基于聚合物水凝胶的生物传感器件能够实现多指标、并行、实时检测。典型的器件结构示意图如图 1-18(b)所示。该器件通过喷墨打印技术将电极和搭载酶的导电聚苯胺水凝胶图案化到衬底上,经过组装实现了高通量、高精度的多种有机物检测[88]。

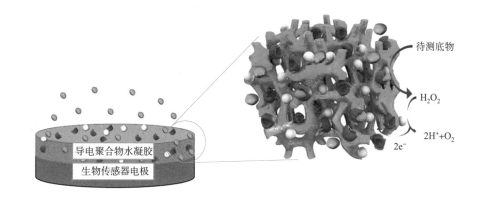

（a）导电聚合物水凝胶生物传感器原理示意图[87]

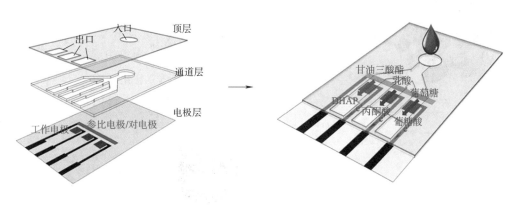

（b）多指标传感器件示意图[88]

图 1-18　导电聚合物水凝胶生物传感器原理及多指标传感器件示意图

　　把酶固定化在导电聚合物凝胶上的方法包括物理吸附法（通过氢键、离子键和分子间作用力）、交联法、共价键法和凝胶包埋法等[89]。物理吸附法操作简单、条件温和，对酶的活性影响较小。但这种方法的稳定性较差，因为吸附法通常只能将活性元件固定在凝胶的外层，且吸附强度易受外界环境影响。交联法通过双官能团的试剂（戊二醛等）使凝胶与酶结合实现固定化。共价键法则通过在凝胶上修饰官能团，形成与酶的共价键连接。交联法和共价键法固定强度较强，但在固定化过程中，对酶催化必需的官能团可能会造成影响，从而会导致酶的失活。凝胶包埋法将生物敏感物质包埋在高分子材料三维交联网络结构中（通过电化学聚合等）[90]，这种方法的缺陷在于大分子底物的反应效率问题。

　　常用作生物传感器界面材料的导电聚合物水凝胶包括聚苯胺、聚吡咯和聚邻甲苯胺（POT）等。不同导电聚合物水凝胶材料构成的器件在动力学参数、电化学参数、稳定性和反应速度上存在差异[91,92]。近期研究将生物传感器中的导电聚合物水凝胶与纳米技术相结合，得到了具有更高灵敏度、特异性、持续性和分析速度的生物传感器件。Li 等将铂纳米颗粒修饰在负载了酶的聚苯胺导电水凝胶网络上,用以检测尿酸、胆固醇和甘油三酸酯的含量,如图 1-19(a)所示[93]。铂纳米颗粒起到了催化中间产物 H_2O_2 电氧化反应的作用,从而提高了传感器的灵敏度和反应时间[检测极限为 0.1 毫摩尔(0.1 mmol)]。碳纳米管、石墨烯等材料是具有优良电学和机械性质的纳米材料,相关研究将其与导电聚合物水凝胶相结合,用以增强生物分子的电催化效应、酶反应过程中的电子交换和响应电流[94]。Shrestha 等合成了多壁碳纳米管与导电聚合物的复合膜[见图 1-19(b)],使得基于这种合成聚吡咯界面材料的葡萄糖生物传感器的性能参数得到提升[95]。Feng 等构建了一种基于聚苯胺包裹的石墨烯界面材料的葡萄糖生物传感器,相比传统的聚苯胺生物传感器,该器件展现了更宽的线性区间和特异性[96]。

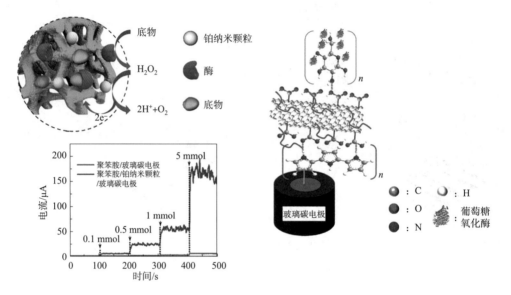

(a)基于铂纳米颗粒修饰的聚苯胺生物传感器[93]　　　(b)基于聚吡咯/多壁碳纳米管/全氟磺酸的生物传感器[95]

图 1-19　基于导电聚合物水凝胶的生物传感器

1.5.3　气体传感

工业和农业生产过程中产生的大量有毒气体,包括碳氧化物(CO_x)、氮氧化物(NO_x)、二氧化硫(SO_2)和氨气(NH_3),严重危害环境和人类健康。另外,某些气体也被认为是人类疾病的生物标记[97],例如,监测 NO_x 可用于侵入性检测肺部感染和肠道疾病。因此,灵敏的气体传感在危险气体监测、人体保健和食物腐败检测中已经得到了越来越多的应用[98]。目前商业化的气体传感器主要是基于金属氧化物,需要在高温条件下工作,且灵敏度较低。与之相比,基于聚合物的传感器则具有室温下工作、响应时间快、检测极限较低和易于制造及测量的优点[99]。

基于聚合物的电阻式气体传感器主要基于功能材料与待测气体分子的可逆反应,从而引起功能材料某些性质的变化。多孔微结构的聚合物具有更高比表面积,可以为气体吸附和反应提供更多的活性位点,从而提高灵敏度和响应速度。在气体诱导的聚苯胺去掺杂过程中,极化子从聚苯胺主链转移到氨气分子上,聚苯胺从翡翠盐(ES)形态转变为翡翠碱(EB)形态,导致载流子迁移率降低,电阻率升高,如图 1-20(a)所示[100]。例如,Ma 等将对甲苯磺酸六水合物掺杂的聚苯胺用于检测食物变质的高灵敏度气体传感器[101],该传感器对于质量分数为 5 ppm① 的氨气,腐胺和尸胺可分别达到 225%、46% 和 17% 的高电阻响应。该体系可以通过喷墨打印与近场通信(NFC)标签相结合,构建无线气体传感器,如图 1-20(b)所示。气体的存在/缺失导致聚苯胺电阻变化,进而影响重构标签的阻抗匹配和可读性以实现对于食品腐败的检测。Wang 等将聚苯胺与 CeO_2 纳米颗粒相结合,形成具有核-壳结构异质结的杂化材料,有效提高了气体传感的灵敏度与响应速度,纳米颗粒的交联作用也提高了气体传感器的稳定性[102]。为了提高水凝胶体系的机械强度和拉伸性,Wu 等开发了一种基于聚丙烯酰胺(PAM)和卡拉胶的相互连接的聚合物网络水凝胶传感器[103],该传感器可耐受 1 200% 应变,对 NH_3 和 NO_2 的灵敏度极高。该传感器具有极低的检测限,分别为 2 ppm 的 NH_3 和 1.2 ppb② 的 NO_2,相应的灵敏度分别为 1.3 ppm^{-1} 和 78.5 ppm^{-1}。

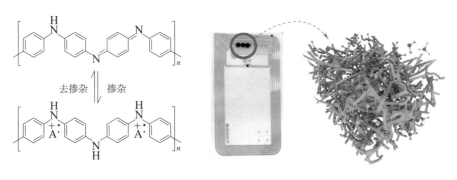

(a)基于聚苯胺的气体传感器的反应原理　　　　　(b)构建无线气体传感器

图 1-20　基于聚苯胺的气体传感器的反应原理及构建无线气体传感[101]

参考文献

[1]　SHYU T C,DAMASCENO P F,DODD P M,et al. A kirigami approach to engineering elasticity in nanocomposites through patterned defects[J]. Nat. Mater,2015,14(8):785-789.

[2]　VANDEPARRE H,LIU Q H,MINEV I R. Localization of folds and cracks in thin metal films coated on flexible elastomer foams[J]. Adv. Mater.,2013,25(22):3117-3121.

[3]　TRAN H,FEIG V R,LIU K,et al. Polymer chemistries underpinning materials for skin-Inspired

---

①　1 ppm=$1×10^{-6}$。

②　1 ppb=$1×10^{-9}$。

electronics[J]. Macromolecules,2019,52(11):3965-3974.

[4] OH J Y,RONDEAU G S,CHIU,Y C,et al. Intrinsically stretchable and healable semiconducting polymer for organic transistors[J]. Nature,2016,539:411-415.

[5] WANG S,XU J,WANG W,et al. Skin electronics from scalable fabrication of an intrinsically stretchable transistor array[J]. Nature,2018,555:83-88.

[6] HU Z,FINLAY J A,CHEN L,et al. Photochemically cross-Linked perfluoropolyether-based elastomers: synthesis,physical characterization,and biofouling evaluation[J]. Macromolecules,2009,42(18):6999-7007.

[7] WANG G J N,SHAW L,XU J,et al. Inducing elasticity through oligo-siloxane crosslinks for intrinsically stretchable semiconducting polymers[J]. Adv. Funct. Mater.,2016,26(40):7254-7262.

[8] MÜLLER C,GOFFRI S,BREIBY D W,et al. Tough,semiconducting polyethylene-poly(3-hexylthiophene) diblock copolymers[J]. Adv. Funct. Mater.,2017,17(15):2674-2679.

[9] SHIN K,WOO E,JEONG Y G,et al. Crystalline structures,melting,and crystallization of linear polyethylene in cylindrical nanopores. Macromolecules,2007,40(18):6617-6623.

[10] ELLISON C J,TORKELSON J M. The distribution of glass-transition temperatures in nanoscopically confined glass formers[J]. Nat. Mater.,2003,2(10):695-700.

[11] MACDIARMID A G. "Synthetic metals": a novel role for organic polymers. Curr[J]. Appl. Phys., 2001,1(4):269-279.

[12] KIM N,KEE S,LEE S H,et al. Highly conductive PEDOT:PSS nanofibrils induced by solution-processed crystallization[J]. Adv. Mater.,2014,26(14):2268-2272.

[13] XIA Y,SUN K,OUYANG J. Solution-processed metallic conducting polymer films as transparent electrode of optoelectronic devices[J]. Adv. Mater.,2012,24(18),2436-2440.

[14] OH J Y,KIM S,BAIK H K,et al. Conducting polymer dough for deformable electronics[J]. Adv. Mater., 2016,28(22):4455-4461.

[15] VOSGUERITCHIAN M,LIPOMI D J,BAO Z. Highly conductive and transparent PEDOT:PSS films with a fluorosurfactant for stretchable and flexible transparent electrodes[J]. Adv. Funct. Mater.,2012,22(2):421-428.

[16] WANG Y,ZHU C,PFATTNER R,et al. A highly stretchable,transparent,and conductive polymer [J]. Sci. Adv.,2017,3(3):e1602076.

[17] PARK M,LM J,SHIN M,et al. Highly stretchable electric circuits from a composite material of silver nanoparticles and elastomeric fibres[J]. Nat. Nanotechnol.,2012,7(12):803-809.

[18] CHUN K Y,OH Y,RHO J,et al. Highly conductive,printable and stretchable composite films of carbon nanotubes and silver[J]. Nat. Nanotechnol.,2010,5(12):853-857.

[19] MIYAMOTO A,LEE S,COORAY N F,et al. Inflammation-free,gas-permeable,lightweight,stretchable on-skin electronics with nanomeshes[J]. Nat. Nanotechnol.,2017,12(9):907-913.

[20] LIPOMI D J,VOSGURITCHIAN M,TEE B C K,et al. Skin-like pressure and strain sensors based on transparent elastic films of carbon nanotubes[J]. Nat. Nanotechnol.,2011,6(12):788-792.

[21] MATSUHISA N,INOUS D,ZALAR P,et al. Printable elastic conductors by in situ formation of silver nanoparticles from silver flakes[J]. Nat. Mater.,2017,16(8):834-840.

[22] XU J,WANG S,WANG G J. et al. Highly stretchable polymer semiconductor films through the nanoconfinement effect[J]. Science,2017,355:59-64.

[23] WHITE S R,SOTTOS N R,GEUBELLE P H,et al. Autonomic healing of polymer composites[J].

Nature,2001,409:794-797.

[24] TRASK R S,BOND I P. Biomimetic self-healing of advanced composite structures using hollow glass fibres. Smart Mater[J]. Struct.,2006,15(3):704-710.

[25] BLAISZIK B J,KRAMER S L B,OLUGEBEFOLA S C,et al. Self-healing polymers and composites[J]. Annu. Rev. Mater. Res.,2010,40(1):179-211.

[26] YANG Y,DING X,URBAN M W. Chemical and physical aspects of self-healing materials[J]. Prog. Polym. Sci., 2015,49:34-59.

[27] LIU Y L,CHEN Y W. Thermally reversible cross-Linked polyamides with high toughness and self-Repairing ability from maleimide and furan-functionalized aromatic polyamides. macromol [J]. Chem. Phys.,2007,208(2):224-232.

[28] OEHLENSCHLAEGER K K,MUELLER J O,BRANDT J,et al. Adaptable hetero diels-alder networks for fast self-Healing under mild conditions[J]. Adv. Mater.,2014,26(21):3561-3566.

[29] LING J, RONG M Z, ZHANG M Q. Photo-stimulated self-healing polyurethane containing dihydroxyl coumarin derivatives[J]. Polymer,2012,53(13):2691-2698.

[30] FROIMOWICA P,FREY H,LANDFESTER K. Towards the generation of self-healing materials by means of a reversible photo-induced approach[J]. Macromol. Rapid Commun.,2011,32(5):468-473.

[31] DENG G,TANG C,LI F,et al. Covalent Cross-Linked Polymer Gels with Reversible Sol-Gel transition and Self-Healing Properties[J]. Macromolecules,2010,43(3):1191-1194.

[32] XU Y,CHEN D. A Novel self-healing polyurethane based on disulfide bonds[J]. Macromol. Chem. Phys.,2016, 217(10):1191-1196.

[33] ESPINOSA L M,FIORE G L,WEDER C,et al. Healable supramolecular polymer solids[J]. Prog. Polym. Sci., 2015,49:60-78.

[34] CHEN Y, KUSHNER A M, WILLIAMS G A, et al. Multiphase design of autonomic self-healing thermoplastic elastomers[J]. Nat. Chem.,2012,4(6),467-472.

[35] YANAGISAWA Y,NAN Y,OKURO K,et al. Mechanically robust,readily repairable polymers via tailored noncovalent cross-linking[J]. Science,2018,359:72-76.

[36] GEMERT G M L,PEETERS J W,SÖNTJENS S H M,et al. Self-healing supramolecular polymers in action [J]. Macromol. Chem. Phys.,2012,213(2):234-242.

[37] Burnworth M, TANG L, KUMPFER J R, et al. Optically healable supramolecular polymers[J]. Nature,2011,472:334-337.

[38] BURATTINI S,COLQUHOUN H M,GREENLAND B W,et al. A novel self-healing supramolecular polymer system[J]. Faraday Discuss.,2009,143:251-264.

[39] BURATTINI S, COLQUHOUN H M, FOX J D, et al. A self-repairing, supramolecular polymer system: healability as a consequence of donor-acceptor π-π stacking interactions[J]. Chem. Commun., 2009,44:6717-6719.

[40] WANG X,LIU Z,ZANG T. Flexible sensing electronics for wearable/attachable health monitoring [J]. Small,2017,13(25):1602790.

[41] BOUTRY C M,NGUYEN A,LAWAL Q O,et al. Pressure Sensors:A sensitive and biodegradable pressure sensor array for cardiovascular monitoring[J]. Adv. Mater.,2015,27(43):6954-6961.

[42] BOUTRY C M,BEKER L,KAIZAWA Y,et al. Biodegradable and flexible arterial-pulse sensor for

the wireless monitoring of blood flow[J]. Nat. Biomed. Eng.,2019,3(1):47-57.

[43] MA Z,LI S WANG H,et al. Advanced electronic skin devices for healthcare applications[J]. J. Mater. Chem. B,2019,7(2):173-197.

[44] PEAK C W,NAGAR S,WATTS R D,et al. Robust and degradable hydrogels from poly(ethylene glycol) and Semi-Interpenetrating Collagen[J]. Macromolecules,2014,47(18):6408-6417.

[45] WEI Y,CHEN S,DONG X,et al. Flexible piezoresistive sensors based on "dynamic bridging effect" of silver nanowires toward graphene[J]. Carbon,2017,113:395-403.

[46] JUNG Y H,CHANG T H,ZHANG H,et al. High-performance green flexible electronics based on biodegradable cellulose nanofibril paper[J]. Nat. Commun.,2015,6:7170.

[47] WANG Y,AMEER G A,Sheppard B J,et al. A tough biodegradable elastomer[J]. Nat. Biotechnol.,2002,20(6):602-606.

[48] RAI R,TALLAWI M,BARBANI N,et al. Biomimetic poly(glycerol sebacate)(PGS) membranes for cardiac patch application[J]. Mater. Sci. Eng. C,2013,33(7):3677-3687.

[49] LEI T,GUAN M,LIU J,et al. Biocompatible and totally disintegrable semiconducting polymer for ultrathin and ultralightweight transient electronics[J]. Proc. Natl. Acad. Sci.,2017,114(20):5107-5112.

[50] GAO F,ZHANG Y,LI Y,et al. Sea Cucumber-inspired autolytic hydrogels exhibiting tunable high mechanical performances,repairability,and reusability[J]. ACS Appl. Mater. Interfaces,2016,8(14),8956-8966.

[51] GAO F,XU Z,LIANG Q,et al. Osteochondral regeneration with 3D-printed biodegradable high-strength supramolecular polymer reinforced-gelatin hydrogel scaffolds[J]. Adv. Sci.,2019,6(15):1900867.

[52] ZHAO F,SHI Y,PAN L,et al. Multifunctional nanostructured conductive polymer gels: synthesis,properties,and applications[J]. Acc. Chem. Res.,2017,50(7):1734-1743.

[53] ANNABI N,TAMAYOL A,UQUILLAS J A,et al. 25th Anniversary article: rational design and applications of hydrogels in regenerative medicine[J]. Adv. Mater.,2014,26(1):85-124.

[54] GREEN R A,BAEK S,POOLE W L A,et al. Conducting polymer-hydrogels for medical electrode applications[J]. Sci. Technol. Adv. Mater.,2010,11(1):014107.

[55] GREEN R A,HASSARATI R T,BOUCHINET L,et al. Substrate dependent stability of conducting polymer coatings on medical electrodes[J]. Biomaterials,2012,33(25):5875-5886.

[56] ZHAO Y,CAO L,LI L,et al. Conducting polymers and their applications in diabetes management[J]. sensors,2016,16(11):1787.

[57] FATTAHI P,YANG G,KIM G,et al. A Review of organic and inorganic biomaterials for neural interfaces [J]. Adv. Mater.,2014,26(12):1846-1885.

[58] GHOSH S,INGANÄS O. Conducting polymer hydrogels as 3D electrodes: applications for supercapacitors[J]. Adv. Mater.,1999,11(14):1214-1218.

[59] MANO N,YOO J E,TARVER J,et al. An electron-conducting cross-linked polyaniline-based redox hydrogel,formed in one step at pH 7. 2,wires glucose oxidase[J]. J. Am. Chem. Soc.,2007,129(22):7006-7007.

[60] PAN L,YU G,ZHAI D,et al. Hierarchical nanostructured conducting polymer hydrogel with high electrochemical activity[J]. Proc. Natl. Acad. Sci.,2012,109(24):9287-9292.

[61] WANG Y,SHI Y,PAN L,et al. Dopant-enabled supramolecular approach for controlled synthesis of

nanostructured conductive polymer hydrogels[J]. Nano Lett.,2015,15(11):7736-7741.

[62]　TRAN H D,WANG Y,ARCY J M,et al. Toward an understanding of the formation of conducting polymer nanofibers[J]. ACS Nano,2008,2(9):1841-1848.

[63]　LU Y,HE W,CAO T,et al. Elastic,conductive,polymeric hydrogels and sponges[J]. Sci. Rep.,2014, 4:5792.

[64]　SHI Y,PAN L,LIU B,et al. Nanostructured conductive polypyrrole hydrogels as high-performance, flexible supercapacitor electrodes[J]. J. Mater. Chem. A,2014,2(17):6086-6091.

[65]　PAN L,CHORTOS A,YU G,et al. An ultra-sensitive resistive pressure sensor based on hollow-sphere microstructure induced elasticity in conducting polymer film[J]. Nat. Commun.,2014,5:3002.

[66]　CHEN Z,TO J W F,WANG C,et al. A Three-dimensionally interconnected carbon nanotube-conducting polymer hydrogel network for high-performance flexible battery electrodes[J]. Adv. Energy Mater.,2014,4 (12):1400207.

[67]　WANG G J N,MOLINA L F,ZHANG H,et al. Nonhalogenated solvent processable and printable high-performance polymer semiconductor enabled by isomeric nonconjugated flexible linkers [J]. Macromolecules,2018,51(13):4976-4985.

[68]　MOLINA L F,GAO T Z,KRAFT U,et al. Inkjet-printed stretchable and low voltage synaptic transistor array[J]. Nat. Commun.,2019,10(1):1-10.

[69]　KRAFT U,MOLINA L F,SON D,et al. Ink development and printing of conducting polymers for intrinsically stretchable interconnects and circuits[J]. Adv. Electron. Mater.,2020,6(1):1900681.

[70]　TIAN K,BAE J,BAKARICH S E,et al. 3D printing of transparent and conductive heterogeneous hydrogel-elastomer systems[J]. Adv. Mater.,2017,29(10):1604827.

[71]　MA Z,SHI W,YAN K,et al. Doping engineering of conductive polymer hydrogels and their application in advanced sensor technologies[J]. Chem. Sci.,2019,10(25):6232-6244.

[72]　ZHANG Z,CHEN L,YANG X,et al. Enhanced flexible Piezoelectric sensor by the integration of P(VDF-TrFE)/AgNWs film with a-IGZO TFT[J]. IEEE Electron Device Lett.,2019,40(1): 111-114.

[73]　SCHWARTZ G,TEE B C K,MEI J,et al. Flexible polymer transistors with high pressure sensitivity for application in electronic skin and health monitoring[J]. Nat. Commun.,2013,4:1859.

[74]　WANG X,DONG L,ZHANG H,et al. Recent progress in electronic skin[J]. Adv. Sci.,2015,2(10): 1500169.

[75]　LUO N,DAI W,LI C,et al. Flexible piezoresistive sensor patch enabling ultralow power cuffless blood pressure measurement[J]. Adv. Funct. Mater.,2016,26(8):1178-1187.

[76]　Shi M,ZHANG J,CHEN H,et al. Self-powered analogue smart skin[J]. ACS Nano,2016,10(4): 4083-4091.

[77]　CHENG W,WANG J,MA Z,et al. Flexible pressure sensor with high sensitivity and low hysteresis based on a hierarchically microstructured electrode[J]. IEEE Electron Device Lett.,2018,39(2):288-291.

[78]　TEE B C K,CHORTOS A,DUNN R R,et al. Tunable flexible pressure sensors using microstructured elastomer geometries for intuitive electronics[J]. Adv. Funct. Mater.,2014,24(34):5427-5434.

[79]　MANNSFELD S C B,TEE B C K,et al. Highly sensitive flexible pressure sensors with microstructured rubber dielectric layers[J]. Nat. Mater.,2010,9(10):859-864.

［80］ WANG T,ZHANG Y,LIU Q,et al. A self-healable,highly stretchable,and solution processable conductive polymer composite for ultrasensitive strain and pressure sensing［J］. Adv. Funct. Mater.,2018,28 (7):1705551.

［81］ SUN J Y,ZHAO X,ILLEPERUMA W R K,et al. Highly stretchable and tough hydrogels［J］. Nature, 2012,489:133-136.

［82］ SUN J Y,KEPLINGER C,WHITESIDES G M,et al. Ionic skin［J］. Adv. Mater.,2014,26(45):7608-7614.

［83］ LEI Z,WANG Q,SUN S,et al. A bioinspired mineral hydrogel as a self-healable,mechanically adaptable ionic skin for highly sensitive pressure sensing［J］. Adv. Mater.,2017,29(22):1700321.

［84］ 高勇,郭艳,安维,等. 生物传感器的研究现状及展望［J］. 价值工程,2019,38(31):225-226.

［85］ 魏欢,吴菲,于萍,等. 活体电化学生物传感的研究进展［J］. 分析化学,2019,47(10):1466-1479.

［86］ ZHAO F,SHI Y,PAN L,et al. Multifunctional nanostructured conductive polymer gels:synthesis, properties,and applications［J］. Acc. Chem. Res.,2017,50(7):1734-1743.

［87］ LI L,SHI Y,PAN L,et al. Rational design and applications of conducting polymer hydrogels as electrochemical biosensors［J］. J. Mater. Chem. B,2015,3(15):2920-2930.

［88］ LI L,PAN L,MA Z,et al. All inkjet-printed amperometric multiplexed biosensors based on nanostructured conductive hydrogel electrodes［J］. Nano Lett.,2018,18(6):3322-3327.

［89］ LAI J,YI Y,ZHU P,et al. Polyaniline-based glucose biosensor:a review［J］. J. Electroanal. Chem., 2016,782:138-153.

［90］ HORNG Y Y,HSU Y K,GANGULY A,et al. Direct-growth of polyaniline nanowires for enzyme-immobilization and glucose detection［J］. Electrochem. Commun.,2009,11(4):850-853.

［91］ BOROLE D D,KAPADI U R,MAHULIKAR P P,et al. Glucose oxidase electrodes of polyaniline, poly(o-toluidine) and their copolymer as a biosensor:a comparative study［J］. Polym. Adv. Technol., 2004,15(6):306-312.

［92］ KAUSAITE M A,MAZEIKO V,RAMANAVICIENE A,et al. Evaluation of amperometric glucose biosensors based on glucose oxidase encapsulated within enzymatically synthesized polyaniline and polypyrrole［J］. Sens. Actuators B Chem.,2011,158(1):278-285.

［93］ LI L,WANG Y,PAN L,et al. A nanostructured conductive hydrogels-based biosensor platform for human metabolite detection［J］. Nano Lett.,2015,15(2):1146-1151.

［94］ LIN Y,LU F,TU Y,et al. Glucose biosensors based on carbon nanotube nanoelectrode ensembles［J］. Nano Lett.,2004,4(2):191-195.

［95］ SHRESTHA B K,AHMAD R,MOUSA H M,et al. High-performance glucose biosensor based on chitosan-glucose oxidase immobilized polypyrrole/Nafion/functionalized multi-walled carbon nanotubes bio-nanohybrid film［J］. J. Colloid Interface Sci.,2016,482:39-47.

［96］ FENG X,CHENG H,PAN Y,et al. Development of glucose biosensors based on nanostructured graphene-conducting polyaniline composite［J］. Biosens. Bioelectron.,2015,70:411-417.

［97］ DUY L T,KIM D J,TRUNG T Q,et al. High performance three-dimensional chemical sensor platform using reduced graphene oxide formed on high aspect-ratio micro-pillars［J］. Adv. Funct. Mater.,2015,25(6): 883-890.

［98］ PULIGUNDLA P,JUNG J,KO S. Carbon dioxide sensors for intelligent food packaging applications

[J]. Food Control,2012,25(1):328-333.

[99]　BAI H,SHI G. Gas sensors based on conducting polymers[J]. Sensors,2007,7(3):267-307.

[100]　HUANG J,VIRJI S,WEILLER B H,et al. Polyaniline nanofibers:facile synthesis and chemical sensors[J]. J. Am. Chem. Soc.,2003,125(2):314-315.

[101]　MA Z,CHEN P,CHENG W,et al. Highly sensitive,printable nanostructured conductive polymer wireless sensor for food spoilage detection[J]. Nano Lett.,2018,18(7):4570-4575.

[102]　WANG L,HUANG H,XIAO S,et al. Enhanced sensitivity and stability of room-temperature NH$_3$ sensors using core-shell CeO$_2$ nanoparticles@cross-linked PANI with p-n heterojunctions[J]. ACS Appl. Mater. Interfaces,2014,6(16):14131-14140.

[103]　WU J,WU Z,HAN S,et al. Extremely deformable,transparent,and high-performance gas sensor based on ionic conductive hydrogel[J]. ACS Appl. Mater. Interfaces,2019,11(2):2364-2373.

第2章 柔性有机薄膜晶体管与电路系统应用

有机薄膜晶体管（organic thin film transistor，OTFT）采用有机半导体（organic semiconductor，OSC）材料作为沟道层，聚合物介电材料作为栅绝缘层，具有工艺温度低、机械性能好、适合多功能集成等优势，被认为是发展大面积柔性、可拉伸电子以及生物电子界面的理想技术选择。本章首先对比工业界已经量产的无机 TFT 技术，分析 OTFT 的技术优势；接着介绍 OTFT 关键材料的研究进展，包括 OSC 材料、介电材料以及界面修饰材料；然后，总结 OTFT 可采用的器件结构；进一步论述 OTFT 器件与电路的制造工艺方法；在此基础上，面向 OTFT 电路的构建，论述 OTFT 器件模型与电路设计方法；最后，介绍了 OTFT 在数字/模拟/混合信号电路，柔性混合集成系统、显示和传感阵列系统方面的应用。

2.1　薄膜晶体管技术概述

薄膜晶体管（thin film transistor，TFT）可用于构建有源矩阵阵列、电流驱动、通用模拟/数字信号处理电路，是实现功能性大面积电子系统的关键基础元件[1,2]。非晶硅（amorphous silicon，a-Si）TFT 由于其大面积制造成本低、性能一致性好的优势被广泛应用于液晶显示（liquid crystal display，LCD）和 X 射线成像仪等[3]。然而，a-Si TFT 面临迁移率低 [0.5～1 cm²/(V·s)]、偏置稳定性差的问题，难以满足高性能显示和电路系统的需求。

低温多晶硅（low temperature polycrystalline silicon，LTPS）TFT 具有迁移率高[50～100 cm²/(V·s)]、稳定性好，以及可以实现 N 型与 P 型器件互补集成等优势，已成为小尺寸、高分辨率 LCD 及有机发光二极管（organic light emitting diode，OLED）显示的主流背板技术。然而，LTPS TFT 制备过程中需要引入准分子激光退火（excimer laser annealing，ELA）及离子注入工艺，存在工艺温度高、制造成本高等问题。自 2004 年以来，非晶金属氧化物半导体（amorphous metal-oxide semiconductor，AOS）TFT 技术因较高的迁移率 [10～50 cm²/(V·s)]、陡峭的亚阈值摆幅、极低的关态漏电流（<10^{-18} A/μm）、可大面积低成本制造等优势而受到广泛关注[4,5]，并被迅速应用于高分辨率、低功耗、大尺寸的面板的显示制造中。以氧化铟镓锌（indium gallium zinc oxide，IGZO）为代表的非晶氧化物半导体（amorphous oxide semiconductors，AOS）可在较低的工艺温度下取得高迁移率，而且其非晶的特性有利于实现大面积的性能一致性，从而一定程度上兼容了 a-Si TFT 和 LTPS TFT

两者的优势。目前,AOS TFT 已经在高分辨 AMLCD 和大尺寸/柔性 AMOLED 显示中得到了商业应用。而利用其低漏电的特征,AOS TFT 也展示了其在低功耗显示和三维集成电路方面的应用优势[6, 7]。

面向柔性显示与电路系统,在柔性塑料衬底上实现 TFT 的制造,可以通过两个基本途径:

(1)采用具有足够耐温性的塑料衬底材料:LTPS TFT 工艺过程中衬底的温度可达到 450 ℃,而 a-Si TFT 和 AOS TFT 的最高工艺温度也达到 300 ℃ 以上。此外,塑料衬底的选择还需要考虑其与 TFT 无机薄层的热膨胀系数(coefficient of thermal expansion,CTE)的匹配,以减小制造过程中产生的热应力[8]。在各种聚合物衬底材料中,聚酰亚胺(polyimide,PI)能够较好地满足耐温性的要求,也具有最接近玻璃的 CTE,是目前高性能柔性无机 TFT 主要采用的衬底材料[9,10]。

(2)降低 TFT 制造过程中衬底承受的温度:为了能够采用普适性的塑料衬底材料,如 PEN 和 PET,工艺温度需要降到 200 ℃ 甚至 150 ℃ 以下。然而,对以上无机 TFT,将各膜层(包括半导体层和绝缘层)的工艺温度降低到 200 ℃ 以下,会严重影响器件的迁移率、亚阈值摆幅、稳定性、漏电流等特性。因此,为了发展普适性的柔性电子,需要可低温加工的半导体和介电材料。

相比于上述无机半导体 TFT 技术,有机 TFT(organic TFT,OTFT)采用有机半导体(organic semiconductor,OSC)材料作为沟道层,聚合物介电材料作为栅绝缘层,具有工艺温度低(<120 ℃)、热/力学性能与塑料衬底匹配等优势,从而可以有效地降低工艺过程中的热应力以及弯曲产生的机械应力,避免采用复杂的应力管理。此外,OSC 材料通过分子结构的裁剪和物理共混的方式,为 OTFT 器件性能的持续提升以及满足多元化的功能应用提供了广阔的空间[11-13]。因此,OTFT 理论上是用于实现普适化大面积柔性电子以及可拉伸电子的理想技术选择。而且,OSC 及聚合物介电层可通过溶液法印刷涂布工艺进行制备,能够大大减少真空设备投入和维护的费用,能够满足多元化定制的应用需求,和现有的以真空制造工艺为主的技术体系形成良好的互补。在相关的材料、器件、工艺等相关基础和技术问题的研究方面,OTFT 被尝试用于构建各种柔性显示,包括电子纸 LCD、AMOLED,以及多样化的传感系统、仿生电子等[14-17]。虽然 OTFT 在器件性能和制造工艺的成熟度方面还有很大的提升空间,但这些工作很好地证明了 OTFT 面向多元化应用的潜力。

2.2　OTFT 关键材料

在 OTFT 器件中,OSC 沟道层是载流子输运的载体,是影响器件性能的最关键的部分。而栅绝缘层作为 OSC 层与栅电极之间的中间层,不仅是限制栅极漏电流的屏障,而且也影响栅电极对沟道层导电性能的调控能力,是 OTFT 器件的另一重要组成部分。除了 OSC 和有机介电层材料以外,工艺匹配的衬底缓冲层、电极修饰层以及封装层的叠层材料的组合对

OTFT 器件和电路的构建也至关重要。

2.2.1 有机半导体材料

在过去近三十年的时间,研究者们通过分子结构的设计与裁剪,发展了多种类型的高性能 OSC 材料,包括小分子和聚合物[18, 19]。一些典型的 OSC 材料见表 2-1。早期可溶性好的经典 OSC 材料是基于噻吩的共轭聚合物,如 poly(3-hexylthiophene-2,5-diyl)(P3HT)$[\mu=0.01\sim0.1\ cm^2/(V\cdot s)]$[20]。随后,polytriarylamines(PTAA)$[\mu=0.001\ cm^2/(V\cdot s)]$由于良好的环境稳定性也受到关注[21]。在可溶液法加工高性能 OTFT 的目标驱动下,研究者们设计合成了各种聚合物 OSC 材料,并应用于 OTFT 器件的制备,如 polyquaterthiophene(PQT)[22]、poly(2,5-bis(3-alkylthiophen-2-yl)thieno(3,2-b)thiophene)(PBTTT)[23]、poly(9,9-din-octylfluorene-alt-benzothiadiazole)(F8BT)[24]。然而,迁移率低$[<1\ cm^2/(V\cdot s)]$是聚合物 OSC 材料所面临的共性问题。近年来,通过采用给体-受体(donor-acceptor, D-A)共聚物的结构设计,聚合物 OSC 材料可以实现较高的迁移率$>1\ cm^2/(V\cdot s)$,如 cyclopentadithiophene-benzothiadiazole(CDT-BTZ)[25]、indacenodithiopheneco-benzothiadiazole(IDT-BT)[26]。这类 D-A 聚合物 OSC,当分子量足够高时,所成膜的无序晶域会相互连接形成聚合体,使得载流子在其内部的传输接近有序水平,从而能够实现较高的迁移率,并更适合大面积制备,获得良好的性能一致性[27]。

对比聚合物 OSC 材料,小分子 OSC 具有更高的纯度,能够实现更高的迁移率,并可以对不同批次材料的分子量进行更好的控制,而通过引入可溶性的基团,可以实现溶液法加工。典型的可溶性小分子 OSC 材料有 6,13-bis(triisopropylsilylethynyl)pentacene(TIPS-pentacene)[28]、2,8-difluoro-5,11-bis(triethylsilylethynyl)anthradithiophene(diF-TESADT)[29]、2,7-dioctylbenzothieno[3,2-b]benzothiophene(C8-BTBT)及相关衍生物(C_n-BTBT)等[30]。然而,由于小分子 OSC 材料的结晶性强,而成膜结晶的结构形貌会显著影响器件的电学性能,因此,如何实现小分子 OSC 大面积成膜过程中的结晶控制,是制备具有良好性能一致性的高迁移率 OTFT 器件的主要挑战。针对此问题,一个有效的策略是将小分子 OSC 材料与少量的聚合物材料进行物理共混,以控制小分子的成膜过程中的结晶,从而能够形成高质量的 OSC 沟道层,用于制备高迁移率的 OTFT 器件,并获得较好的一致性[31, 32]。基于 C_8-BTBT 与聚合物介电材料 PMMA 共混,制备的 OTFT 器件的迁移率可达到 $12\ cm^2/(V\cdot s)$[33];而通过将小分子 OSC 与聚合物半导体材料共混,在获得高迁移率沟道层的同时,能够和源漏电极形成极小的接触电阻,从而在较短的沟道长度($<10\ \mu m$)下,亦能保持较高的迁移率$[>4\ cm^2/(V\cdot s)]$和良好的一致性[34]。研究者们还发现,通过小分子 OSC 和聚合物介电材料的共混,能够形成具有低缺陷态密度的沟道界面层,从而可以基于较小的栅绝缘层电容实现具有陡峭亚阈值摆幅的低电压 OTFT 器件[35]。该方法在不同小分子半导体材料和介电层材料上得到验证[36-40],为发展溶液法印刷加工低功耗 OTFT 提供了新的思路。

表 2-1　典型的 OSC 材料

小分子	聚合物

目前,所发展的高性能 OSC 材料多数为 P 型;由于缺乏与其性能匹配的 N 型 OSC 材料,构建高增益、高噪声容限和低静态电流的互补结构电路受到了制约。因此,高性能 N 型 OSC 材料的设计一直是研究的热点[41-43]。用于 OTFT 器件研究的常用 N 型 OSC 材料有 fullerene (C60)[44] 及其同族的 C70[45],{[N,N0-bis(2-octyldodecyl)-naphthalene-1,4,5,8-bis(dicarboximi-de)-2,6-diyl]-alt-5,50-(2,20-bithiophene)}(P(NDI2OD-T2), N2200)[46]。近年来,高迁移率 N 型材料的研究获得很大的进展[47-50]。基于 diketopyrrolopyrrole 的 N 型共轭聚合物(P4FTVT-C32)半导体材料,通过棒涂工艺成膜,可以获得饱和迁移率超过 9 cm²/(V·s)的 N 型 OTFT,其电流开关比超过 10⁵,并具有较理想的场效应晶体管特性[50]。

随着高性能 OSC 材料的研究进展,所报道的 OTFT 载流子迁移率有了数量级的大幅度提升,从早期的小于 0.01 cm²/(V·s)提升到目前的高于 10 cm²/(V·s)[51-53]。然而,由于复杂的载流子调控和输运机制、材料和器件的性能不稳定以及接触电阻等因素的存在,所报道的很多 OTFT 的电学特性都表现出非理想的行为,导致采用场效应晶体管的基本模型进行迁移率的提取,带来了严重的迁移率高估的问题[54-56]。而且,所报道的大多具有很高迁移率的 OSC 材料缺少后续更多的器件验证[57]。由于这些原因,可以用于功能性 OTFT 电路集成的 OSC 材料的迁移率要远远低于所报道的材料表征的结果。因此,可加工性好、易于放大进行宏量合成的高性能 OSC 材料的研究对于推动 OTFT 的电路应用非常重要。

2.2.2 介电材料

栅绝缘层的相对介电常数 ε 以及厚度 t_i 共同决定了栅绝缘层的单位面积电容 C_i ($C_i = k\varepsilon_0/t_i$, ε_0 为真空介电常数)。增大栅绝缘层的单位面积电容,可以减小器件的亚阈值摆幅,降低所需要的开关电压,同时也可减小器件尺寸微缩带来的短沟道效应。为了增大栅绝缘层的单位面积电容,可以通过减小 t_i 或者增大 ε 来实现。

很多 OTFT 材料和器件的研究都是以自组装单分子层(self-assembled monolayer, SAM)进行表面修饰的热氧化 SiO₂ 作为栅绝缘层,在获得较好的绝缘性能的同时,能够形成优良的界面特性,获得高质量的 OSC 沟道层[58]。除了 SiO₂ 以外,还有一部分研究工作采用高 k 的无机介电材料作为 OTFT 的栅绝缘层,以降低器件的工作电压[59]。除了上述无机介电材料以外,通过真空工艺沉积的有机介电材料也被应用于 OTFT 器件的制备,表现出优异的绝缘性能[60, 61]。

而面向发展更有竞争力的 OTFT 技术,采用可溶液法成膜的聚合物介电材料,以实现大面积低成本制造,以及机械力学性能匹配的叠层结构,是更为理想的选择。图 2-1 中列出了几种典型的用于 OTFT 器件栅绝缘层的聚合物介电材料[62-68]。从中可以看出,大部分聚合物介电材料的相对介电常数都较小,而为了确保大面积加工的一致性和足够好的绝缘性能,至少需要数百纳米厚度的聚合物介电层,导致较小的栅绝缘层电容。因此,基于聚合物栅绝缘层制备的 OTFT 器件一般都需要高达几十伏甚至超过 100 V 的工作电压。

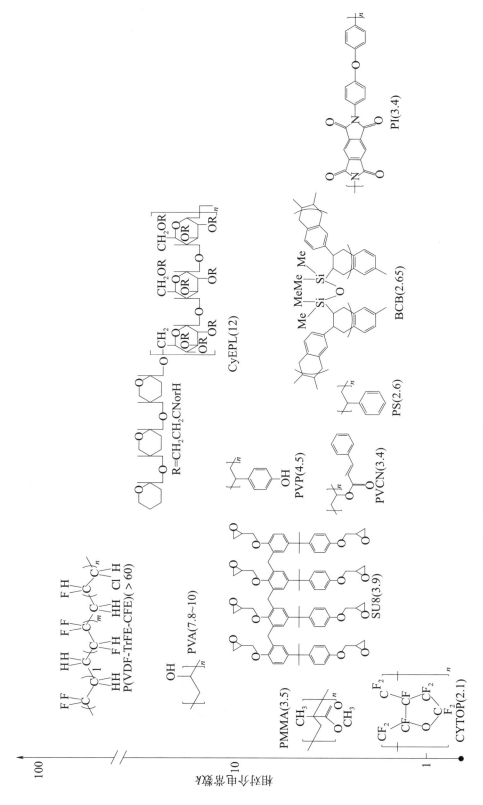

图 2-1　典型的聚合物介电材料(括号中为其相对介电常数)

采用高介电常数聚合物介电材料,可以通过较厚的栅绝缘层实现低电压 OTFT 器件。然而,可用的高介电常数聚合物介电材料不多,如 cyanoethylpullulan(CYEPL)[69]、铁电聚合物 poly(vinylidenefluoride-trifluoroethylene)(P(VDF-TrFE))[70],以及弛豫铁电聚合物 poly(vinylidenefluoride-trifluoroethylene-chlorofloroethylene)(P(VDF-TrFE-CFE))[71, 72] 等。然而,当高介电常数介电材料与 OSC 层直接接触时,其表面的局域极化电场会导致沟道层载流子迁移率的下降[73],还会引起回滞现象以及偏压下的不稳定性[74]。为了解决这一问题,可以在高介电常数介电材料与 OSC 层之间插入薄的低介电常数有机介电层,从而有效地抑制局域极化电场的作用;所制备的 OTFT 可以获得与低介电常数介电层器件相近的迁移率,同时表现出优于纯高介电常数和纯低介电常数介电层器件的偏置稳定性[74]。

固态聚合物电解质材料(离子凝胶)也被用于低电压 OTFT 器件的研究[75]。离子凝胶通过将离子液体和凝胶态的三组分嵌段共聚物共混,形成交联网络而获得。该材料可在微米级的厚度下实现高达 1 $\mu F/cm^2$ 的单位面积电容。但是,基于离子凝胶的介电层需要较长的时间形成稳定的电场,会限制器件的工作速度;而且薄膜中存在的离子会引起对沟道层的电化学掺杂,影响器件的稳定性。

2.2.3 其他材料

除了 OSC 和有机介电层材料以外,工艺匹配的衬底缓冲层、电极修饰层以及封装层的叠层材料的组合对 OTFT 器件和电路的构建也至关重要。如图 2-2 所示,以顶栅底接触结构的 OTFT 器件为例,在沉积 OSC 薄膜之前,通常需要在衬底表面先形成缓冲层,以获得合适的表面粗糙度和浸润性,用于 OSC 的高质量成膜[76]。目前常用的 OTFT 源漏电极材料为金和银。通过对其表面利用合适的硫醇类 SAM 材料进行表面修饰,可以优化表面能,获得高质量的 OSC 成膜;而且 SAM 修饰层还有助于调控载流子的注入效率,从而降低接触电阻[77, 78]。对于 N 型 OSC 材料,金或银较高的功函数导致金属/半导体间形成较高的载流子注入势垒。虽然,对于一些 N 型 OSC 材料,采用同样的 SAM 修饰,也能够在电极表面形成较好的成膜,获得较好的电学特性[50];但如何进一步降低电子的注入势垒以减小接触电阻,同时抑制空穴的注入,减小漏电流,是 N 型 OTFT 研究所需要研究的一个关键问题。

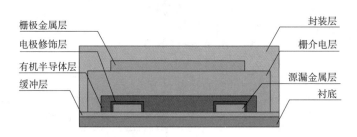

图 2-2 典型 OTFT 器件结构中的各膜层材料的示意图

在 OSC 层上通过溶液法制备栅绝缘层或保护层还需要考虑介电材料所采用溶剂对 OSC 层的正交性，尤其是对于小分子的 OSC 材料。通常采用含氟的聚合物介电材料，如 CYTOP、Teflon[79]。除了考虑溶剂的正交性外，另一方法是对下层的材料通过光或者热的方式进行交联。大多数的研究主要是面向各种聚合物介电材料，并应用于 OTFT 器件的制备；实验结果表明采用交联的聚合物介电材料有利于降低栅绝缘层的漏电[80-82]。另一部分的研究工作也尝试了聚合物 OSC 的交联设计，这样可以拓宽可用的栅绝缘层材料，同时也有利于简化 OSC 层的图形化工艺，但交联后对 OSC 层中的载流子传输有影响，导致器件的迁移率较低[83]。

而为了减少外界环境中水汽渗入对 OTFT 性能的影响，在器件或电路的主体工艺完成后还需要加上封装层或保护层。虽然通过低温沉积的无机介电层已被证明是有效的封装层材料，但是会引起工艺成本的增加，弱化 OTFT 的技术优势，同时无机膜层较差的应力承受能力，也会影响整体的机械柔性[84]。因此，采用机械力学匹配的聚合物介电材料作为 OTFT 器件或电路的封装层或保护层成为更普遍采用的方法[85-87]。

2.3　器　件　结　构

OTFT 可以采用如图 2-3 所示的四种器件结构，取决于形成栅电极、源漏电极、OSC 层和栅绝缘层的先后顺序。底栅顶接触（反交错结构）和顶栅顶接触（共面结构）分别是 a-Si TFT 和 LTPS TFT 常用的器件结构。

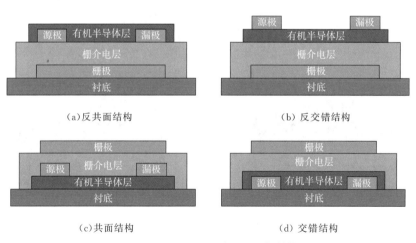

(a)反共面结构　　　　　　　　　　(b)反交错结构

(c)共面结构　　　　　　　　　　(d)交错结构

图 2-3　OTFT 可以采用的器件结构

顶栅顶接触结构很少被应用于 OTFT 器件[88]，而底栅顶接触则被 OTFT 材料和基础器件研究所广泛采用[52,53]。基于底栅顶接触结构，可以对预先形成的栅绝缘层的表面进行处理，以获得有利于 OSC 成膜的表面特性，形成高质量的半导体/绝缘层界面；而交错结构中的源漏电极区则具有较大的载流子注入面积,有利于获得较小的接触电阻。并且,底栅顶接触结构可以采用高掺杂硅衬底作为栅极、热氧化的 SiO_2 为栅绝缘层,工艺步骤简单,因此被广泛应用于 OSC 材料的性能表征[58]。然而,由于 OSC 层的脆弱性,在其上沉积电极,进行图形化光刻工艺存在挑战。通过薄硅片刻蚀可制成高精度的掩模板(硅模板光刻技术),用于在 OSC 层上形成亚微米级精度的沟道,但该掩模板的面积尺寸有限,难以满足大面积制造的需求[89]。

对于底接触结构(包括顶栅的交错结构和底栅的反共面结构),源漏电极在沉积 OSC 层之前完成,从而可以采用常规的磁控溅射进行成膜,并通过光刻图形化工艺形成高精度的电极结构,也可以采用印刷工艺(如喷墨印刷)以无掩膜的方式形成图形化电极。因此,底接触器件结构更适合用于 OTFT 电路的大面积集成制造。对比底栅底接触反共面结构,顶栅底接触交错结构在源漏电极区具有更大的载流子注入面积,通常情况下能够形成更小的接触电阻,因此被更多地用于高性能短沟道 OTFT 器件和电路[34, 62, 90]。底栅底接触 OTFT 器件在栅绝缘层足够薄的情况下,栅极在源极区形成的强电场会大大增强载流子注入沟道层的能力,能够获得优于顶栅底接触结构的接触电阻特性[91]。然而,实现超薄栅绝缘层对制备工艺条件将会带来巨大的挑战。

除了以上的单栅结构,很多研究工作会在 OSC 层的另一侧制备第二个栅电极,形成双栅结构,如图 2-4 所示。双栅的器件结构虽然工艺较为复杂,但可以带来很多益处:首先,双栅结构中的底部和顶部栅电极的存在可以屏蔽外界环境光对 OSC 层的作用,提高 OTFT 器件在光照情况下的稳定性;而将顶栅和底栅进行电学短接,能够对 OSC 沟道层实现更强的电场调控,有助于提高开态电流和跨导增益,同时减小漏电流[92];利用其中一个栅电极提供一定的恒压偏置,可以调控 OTFT 的阈值电压,满足不同电路的设计要求[34, 93]。

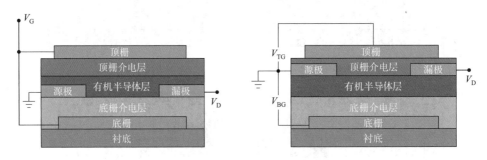

图 2-4 双栅结构 OTFT 器件的两种不同的偏置方式

面向电路集成的应用,需要缩小器件的尺寸,以提高集成度以及器件电流驱动能力与工作频率。随着沟道长度的微缩以及 OSC 材料迁移率的提高,源漏电极区的接触电阻以及栅电极与源漏电极间的交叠面积成为进一步提升 OTFT 器件性能的瓶颈[94]。对于不同器件结构,需要结合 OSC 材料、电极/界面工程和成膜工艺的协同优化来降低电阻[34, 95-97]。

基于交叠型结构的器件中,通过栅电极的电场调控源极的载流子注入。这样的结构能够有效地提高输出阻抗,抑制短沟道效应[98,99]。底栅底接触的反向共平面结构中,利用肖特基势垒的存在,也可以实现高输出阻抗的 OTFT 器件[40]。为了克服 OSC 迁移率低的限制,实现高电流驱动,垂直结构也被提出用于制备高电流密度的 OTFT 器件[100],并实现了和发光层的一体化集成[101]。

2.4　制　造　工　艺

OTFT 电路的制造也可采用多种工艺方法。两个基本技术路线是:(1) 将 OSC 层和各聚合物介电层的成膜工艺与现有成熟 TFT 产线的金属成膜、光刻图形化及干法刻蚀工艺相结合,从而可以充分利用已有的制造基础,实现高密度集成 OTFT 电路的规模化制造;(2)发展全溶液法印刷的制造工艺,大大减小工艺设备投入和维护的成本,实现柔性 OTFT 电路的无掩模、高度可定制化的按需制造。

2.4.1　有机半导体的成膜工艺

在大面积衬底上高效制备一致性好的高质量 OSC 薄膜是实现高性能 OTFT 器件与电路的基础。OSC 的成膜可采用真空热蒸镀或者溶液法涂布印刷这两种类型的工艺方法。利用真空工艺,可以在整个衬底上的各个位置同步沉积薄膜,结合掩模板直接形成图形化,而通过对蒸发速率、衬底温度和表面特性的控制,可以比较精确地调控薄膜的厚度和成膜的凝聚态结构[102-104]。

溶液法印刷涂布工艺制备 OSC 层,避免使用昂贵的真空设备,可以和现有半导体制备工艺形成最大的差异性。然而,基于溶液法工艺,OSC 材料在衬底上各个位置的成膜一般都有时间上的先后;为了保持足够短的生产节拍时间,随着衬底尺寸的增大,需要更快的成膜速率。

典型的用于 OSC 成膜的溶液法工艺方法如图 2-5 所示,包括旋涂、提拉、刮涂、狭缝涂布等[105-108]。旋涂是最常用的溶液法工艺,被广泛应用于半导体制造工艺过程中的光刻胶涂布,可以通过调整转速和加速度等参数来控制成膜的厚度,具有成膜速度快的优势。然而,由于旋涂过程中大部分材料都会被甩出,因此会造成大量的材料浪费;对于结晶性强的 OSC 材料,如何获得大面积性能一致的结晶形貌也是旋涂工艺面临的难点[106]。提拉工艺利用衬底表面和溶液的作用力,结合提拉速率的调控,可以获得高质量、均匀的成膜[107],但涂布过程中需要将衬底浸泡在溶液中,限制了应用于片对片(sheet-to-sheet)方式的大面积制造,而更适合与卷对卷(roll-to-roll)制造相结合。

基于压电式的喷墨印刷工艺具有非接触式沉积、可无须掩模通过数字化形成实现图形化的优势,应用于 OSC 成膜能够大大减少材料的浪费[51,109]。然而,为了实现稳定的出墨,喷墨印刷对墨水溶液的黏度和表面张力有比较严苛的要求,并且需要设置合适的驱动电压波形。面向大面积的连续制造,保持稳定的出墨,并实现墨滴在衬底的指定位置的可控成膜,同时还要满足节拍时间的要求,具有非常大的挑战。

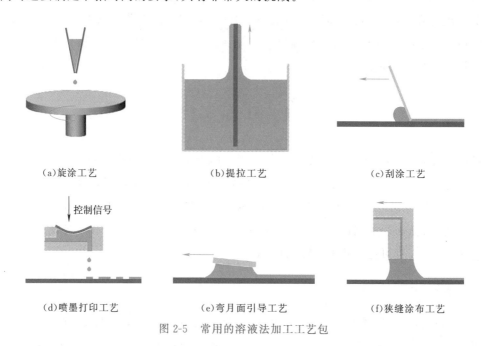

（a）旋涂工艺　　　　　　　（b）提拉工艺　　　　　　　（c）刮涂工艺

控制信号

（d）喷墨打印工艺　　　　（e）弯月面引导工艺　　　　（f）狭缝涂布工艺

图 2-5　常用的溶液法加工工艺包

基于弯液面引导(meniscus guide)的涂布是另一类被广泛研究应用于 OSC 成膜的工艺方法[110,111]。其基本原理是通过刮刀或涂布头引导溶液相对于衬底移动,在溶液与衬底表面的界面处形成弯液面,从而可以诱导 OSC 分子沿着涂布方向结晶,获得凝聚态结构可调控的高质量 OSC 薄膜[110,111]。该类涂布方法应用于大面积成膜,与旋涂工艺相比,能够大大节省材料的消耗,而效率则远远高于喷墨印刷。对于结晶性强的 OSC 材料,其结晶成膜过程会受局部微环境多因素的影响,包括:衬底的表面能与温度、刮刀或涂布头的形状及其与衬底的距离、涂布速率、溶剂挥发速率等[111,112]。通过对这些因素的优化调控,在比较理想的 SAM 修饰无机氧化物介电层(如 SiO_2,Al_2O_3)的表面,能够形成高质量的取向结晶[112,113]。大部分弯液面引导涂布的研究工作都是基于均质的衬底表面进行工艺的优化,然后利用热蒸镀和掩模板形成顶接触的源漏电极,制备具有较好均一性的高迁移率[$>10 \text{ cm}^2/(\text{V} \cdot \text{s})$] OTFT 器件[52,114]。针对底接触结构,也可以利用衬底上存在的源漏电极作为结晶的成长中心,在快的涂布速度下($>20 \text{ mm/s}$),能够很好地控制每个器件沟道区的成膜质量,基于普通的聚合物介电层,可以制备性能一致性良好的底接触结构 OTFT 器件[115,116]。

2.4.2　器件与电路工艺

OTFT 器件的制备除了 OSC 层外,还包括源/漏/栅电极、栅绝缘层和封装层。基于图 2-2 所示的不同结构,各层的成膜工艺需要考虑与下层的兼容性,形成良好的半导体层/

介电层和半导体层/金属电极的界面。

　　为了提高 OTFT 器件的工作频率,应用于高密度的电路集成,需要形成高精度的源/漏/栅电极,一般采用真空金属镀膜和光刻图形化的工艺,而 OSC 层的图形化和不同层金属间的互联通孔可以采用等离子干刻工艺完成[117]。以顶栅底接触 OTFT 为例,如图 2-6(a)所示,为了避免光刻胶涂胶和去胶过程对 OSC 层的破坏,可以在涂布光刻胶之前在 OSC 层上沉积与其溶剂正交的保护层,而在完成干刻工艺后,保留该保护层完成后续的工艺[98]。另一种方法是直接利用顶栅电极作为干刻掩模,而顶栅电极在电路中的电学连接可以通过额外的金属层[34, 62],如图 2-6(b)所示。通过顶栅金属电极作为掩模板,保护了沟道处的半导体层免受 O_2 等离子体刻蚀的破坏,从而实现半导体层的图形化[34]。

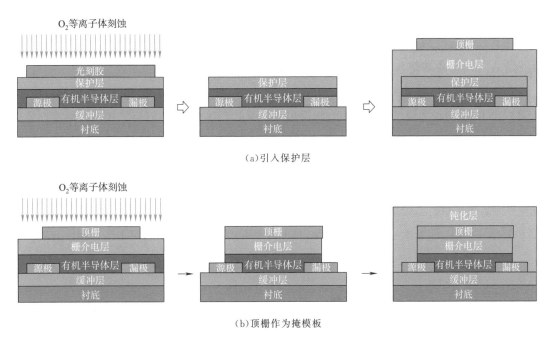

(a)引入保护层

(b)顶栅作为掩模板

图 2-6　有机半导体层图形化工艺再通过 O_2 等离子体刻蚀实现有机半导体的图形化[98]

　　为避免采用真空和复杂的光刻工艺过程,另一类 OTFT 器件与电路的制备方法是通过各种溶液法印刷工艺制备电极,实现 OSC 层的图形化以及通孔。最理想的方式是采用喷墨印刷工艺,通过数字化按需加工的方式,形成图形化电极,以及各功能层(OSC、栅绝缘层和封装层)和通孔,从而能够无须掩模板完成 OTFT 器件与电路的制备[118, 119]。然而,喷墨印刷所能形成的电极精度有限,只能用于较大尺寸 OTFT 器件的制备,以及低分辨率、低复杂度的电路集成。基于常用的压电式喷头,所形成的墨滴的大小一般在 10 pL 左右,通过对衬底表面的改性,减小墨滴在衬底表面的浸润性,同时控制喷墨过程相邻墨滴之间的间距,可以显著地缩小可形成的线宽以及线间距,用于 OTFT 器件的制备[120]。通过减小喷头出墨口的尺寸,形成 fL(1fL=1 μm^3)级体积的墨滴,可以制备线宽精度小于 2 μm 的 OTFT 源漏电极[121]。然而,对于如此微小的墨滴,工艺过程中喷头的出墨和墨滴运行轨迹的控制存在很大的难度。卷式转印技术(如凹版印刷、反向胶印等)也被研究用于 OTFT 电极的制备,通过预先雕刻的高精度模板,可以实现线宽和间距微米甚至亚微米的金属电极,而且其涂布速率要远远高于喷墨工艺[122-124]。另一种方法是通过光照掩模板对衬底表面的 SAM 修饰层进行曝光,形成对所涂布金属溶液具有浸润性差异的图形化区域,实现高精度图形化(线宽<15 μm,间隙<2 μm)的电极[125];类似的方法也被用于 OSC 层的图形化[126]。

针对 OSC 的图形化,还可以在衬底表面预先通过光刻或印刷工艺形成堤坝(bank)结构,以限制后续大面积涂布的 OSC 溶液的流动,从而可以形成图形化的区域[33, 127, 128];一种更直接的方法是利用高能量的深紫外光照射非沟道区域,破坏 OSC 的分子结构,实现高精度的图形化沟道区[129]。此外,激光烧蚀技术也被研究应用于电极与 OSC 层的图形化以及通孔工艺[14, 130, 131],但激光能量调控与区域选择性处理的精确度有限,而且烧蚀产生的残留物的存在都会影响所制备的结构的形貌质量,从而导致器件与电路的失效。

面向电路应用,利用 N 型与 P 型 OTFT 实现互补式的集成结构,将有助于降低静态功耗、提高噪声容限、增益和输出电压的轨到轨摆幅。然而由于 N 型 OSC 材料的性能和稳定性显著差于 P 型材料,因此在互补集成的电路中需要设计尺寸较大的 N 型 OTFT 与 P 型器件相匹配,会影响电路的工作速度和集成度。此外,两种类型的 OSC 材料在同一层中集成,还需要考虑制备工艺的兼容性,以及源漏电极、绝缘层与 OSC 层的界面匹配。另一种方法,是将 N 型和 P 型在垂直方向进行三维堆叠实现集成,如图 2-7 所示,可以通过栅电容大小的调控,来匹配 N 型和 P 型器件,从而能够大幅提高集成度,且不需要考虑 N 型和 P 型同层工艺兼容性问题[132]。

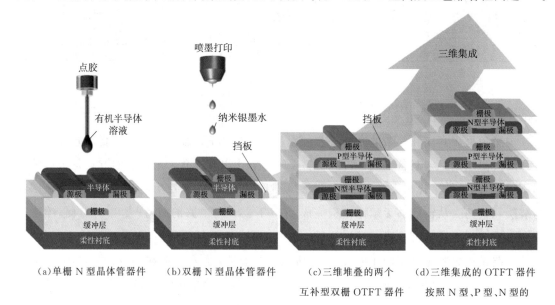

(a)单栅 N 型晶体管器件 (b)双栅 N 型晶体管器件 (c)三维堆叠的两个 (d)三维集成的 OTFT 器件
                                                    互补型双栅 OTFT 器件   按照 N 型、P 型、N 型的
                                                                          顺序交错堆叠

图 2-7 互补型柔性印刷晶体管的三维集成[132]

2.5　器件模型与电路设计方法

在材料、器件和工艺的基础上，OTFT 用于构建较为复杂的电路与系统，还需要电路设计仿真的工具和高效的设计方法。能够准确描述 OTFT 电学特性的器件紧凑模型是电路仿真设计的基础，同时基于物理的紧凑模型也有利于建立器件工艺、特性参数与电路系统性能的联系，实现设计与技术的协同优化（design-technology co-optimization，DTCO）。DTCO 对于 OTFT 这样材料、器件结构与工艺多样化，以及所面向的应用也多元化的器件技术非常重要。OTFT 的电路设计可以借鉴现有硅晶体管集成电路的设计方法，采用相关的商业化设计工具，但由于 OTFT 工艺特征和器件性能的差异，需要建立适合于 OTFT 电路设计的设计方法。

2.5.1　器件紧凑模型

为了获得能够准确描述器件电学特性的模型，最直接的方法是对测试的结果进行拟合，建立经验的数学模型，而不需要理解器件复杂的物理机制；对于较复杂的特性曲线，需要对大量的模型参数进行拟合。另一类建模方法是基于器件的物理机制，推导出能够准确描述电学行为的纯物理模型[133]。

因为具有共同的场效应晶体管的工作机理，OTFT 的器件电学特性可以利用现有的无机半导体晶体管的器件模型[134,135]，进行一定程度的拟合。然而，取决于材料的分子结构和成膜凝聚态结构，OSC 沟道层中的载流子调控和输运会受到不同的物理机制（如变程跃迁传导、陷阱限制传导）的影响；而且，由于不同的器件结构以及不同材料所形成的金属电极/OSC 的接触界面，源漏电极区也存在非理想的接触电阻特性。这些因素导致很多 OTFT 器件表现出偏离理想场效应晶体管特性曲线的非理想行为。这也是很多报道的 OTFT 器件的迁移率被高估的原因[54-56]。因此，建立准确的 OTFT 模型需要能够描述器件特性的非理想行为，包括迁移率随栅电压的变化[136,137]、亚阈值电流与栅电压的非指数关系[138-140]、接触电阻效应带来的影响[141]以及温度依赖性[142]。基于以上思路发展的直流特性紧凑模型一方面包含了关键的器件性能参数（如迁移率、亚阈值摆幅、关态电流、开启电压等）以能够保持模型的物理意义，用于建立器件工艺、性能参数与电路系统之间的联系，同时通过加入一定的经验参数，亦能够满足针对不同材料和结构的 OTFT 器件的通用性[143]。该模型亦能适用于 a-Si 和 AOS TFT，可以为不同 TFT 技术之间的性能评价比较提供依据。

除了直流静态模型外，面向不同电路仿真分析的要求，还需要建立 OTFT 的瞬态模型以及小信号模型，因此，需要对 OTFT 各电极端的电容特性（与偏压和频率的关系）进行准确建模[144]。为了能够预测和评估所设计的 OTFT 电路长时间工作的稳定性，需要研究OTFT 在不同偏压情况下的稳定性，建立器件在电压偏置下的性能退化与恢复的模型[145]。

如图 2-8 所示,器件紧凑模型的建立可建立器件特性与电路行为分析之间的联系。所建立的模型可以较方便地通过 Verilog-A 的描述加入电路网表文件中用于电路仿真;虽然与直接嵌入到电路仿真器的方式比较存在仿真效率低的问题,但针对较小规模的 OTFT 电路能够满足要求。

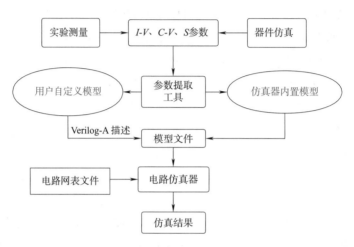

图 2-8　器件测试仿真、基于器件紧凑模型的
模型参数以及电路仿真的流程图

2.5.2　基本电路形式

在硅晶体管集成电路的设计中,由 N 型和 P 型晶体管组成的互补型电路形式具有低静态功耗、轨到轨电压输出、高噪声容限和高增益等优势,成为主流的方案,如图 2-9(a)所示[146]。然而,对于 OTFT,难以获得性能匹配的 N 型和 P 型 OSC 材料,而且互补集成需要考虑两种不同材料对绝缘层与电极的不同要求;在同一平面集成两种 OSC 材料也增加了工艺的复杂性。因此,全 P 型的电路形式由于工艺简单,可以充分发挥 P 型 OTFT 较好的性能,而被 OTFT 电路广泛采用。最简单的全 P 型电路形式如图 2-9(b)所示,由两个 OTFT 组成,其中负载 OTFT 可采用栅极和漏极短接(增强型负载)或栅极与源极短接(耗尽型负载)两种形式,取决于 OTFT 的阈值电压。然而,该类电路设计存在噪声容限小、难以实现轨到轨电压输出的问题[147]。为了克服该电路性能的不足,如图 2-9(c)所示的伪互补结构的设计被应用于 OTFT 电路的构建,利用 4 个 OTFT,可以实现近似于互补结构电路的性能,获得高噪声容限、高增益[148]。

为了减小电路的复杂性,也可以采用两个具有不同阈值电压的 OTFT 构建如图 2-9(d)所示的双阈值结构的电路,以改善单阈值电路的性能[149]。OTFT 阈值电压的调控,可以通过对 OSC/绝缘层界面的修饰[150],或采用不同功函数的栅电极[151]来实现,但在同一衬底上需要对不同区域进行选择性的工艺处理,增加了工艺复杂性。另一种方案式基于双栅结构的 OTFT,如图 2-9(e)所示,通过背栅电压来调控 OTFT 的阈值电压,从而可以避免不同区域工艺上的额外处理,而且能够实现对阈值电压的连续调控,为电路的设计优化带来很大的空间[152-154]。不同 OTFT 电路的对比见表 2-2。

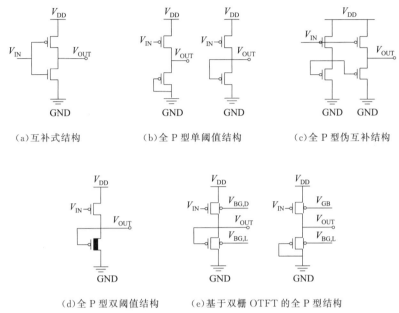

(a)互补式结构　　　　　(b)全 P 型单阈值结构　　　　(c)全 P 型伪互补结构

(d)全 P 型双阈值结构　　　(e)基于双栅 OTFT 的全 P 型结构

图 2-9　基于 OTFT 的基本电路形式

表 2-2　不同 OTFT 电路的对比

电路形式		器件结构复杂度	噪声容限	增益	晶体管数目	工艺复杂度
全 P 型结构	单阈值结构	简单	较差	低	少	简单
	伪互补结构	简单	好	高	多	简单
	双阈值结构	复杂	中等	较低	少	简单
	双栅结构	复杂	较好	较高	少	复杂
互补式结构		复杂	好	高	少	复杂

　　OTFT 的电路应用呈现多元化的特征,而且在集成度和性能的要求上都要远远低于硅晶体管集成电路。这些不同的电路设计为 OTFT 面向不同的应用提供了多种选择的可能。如表 2-2 总结对比,不同的电路形式在性能、电路结构的复杂性、工艺实现的难度上各有优劣。对于给定的 OTFT 技术以及应用需求,在满足电路性能要求的前提下,能够在设计的早期选择电路结构和工艺实现尽可能简单的设计,将能够为后续电路与系统的实现提供最为经济的途径。对于不同的全 P 型电路,可以建立描述器件性能参数(迁移率、阈值电压等)/设计参数(宽长比等)与电路性能(噪声容限、功耗、延时)之间的分析模型[155];而进一步,可以基于噪声容限的模型,建立不同电路设计的良率和器件参数之间联系的分析模型[155,156]。基于这些分析模型,将能够在设计的早期,根据所给定的器件技术和应用需求,

快速分析确定最合适的电路方案;从另一方面,也可为器件性能的优化提供依据。

2.5.3 设计方法与工具

硅晶体管集成电路的快速发展离不开电子设计自动化(electronic design automation, EDA)的方法和工具。目前,商业化的 EDA 工具组合覆盖了集成电路设计的整个过程,为各层次的设计提供仿真验证,能够高效地将顶层的设计映射成与工艺相关的结构版图,提供给芯片制造工厂完成制造。

对于 OTFT 电路,基于不同的器件集成结构和工艺路线,利用部分 EDA 工具(主要是电路仿真和版图设计工具),通过手动式全定制的设计方法,实现了小规模的功能电路。而面向更大规模的集成,则需要参照硅晶体管集成电路,建立适合于 OTFT 技术的全流程的设计方法,如图 2-10 所示。在此设计流程中,可以采用很多现成的设计工具,而建立 OTFT技术的工艺设计工具包(process design kit,PDK),形成标准的单元库,是关键的基础[157-159]。由于 OTFT 的电路规模和复杂度要远远低于硅集成电路,对 EDA 工具功能的要求也没有那么高,因此也可以基于一些低成本或开源的 EDA 工具,结合一些调用程序和用户界面的开发,建立自动化的设计流程。此外,在预先制备的基础 OTFT 阵列,可以结合数字化印刷形成金属互联,实现各种半定制的阵列电路,如门阵列(gate array)[160]、门海阵列(sea-of-gates array)[189]和可编程逻辑阵列(programmable logic array)[158,161]。

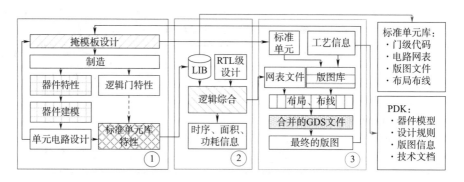

图 2-10　面向大规模集成,参照硅晶体管集成电路的 OTFT 电路的自动化设计流程[161]

2.6　OTFT 电路与系统应用

面向更多柔性传感系统的应用,OTFT 电路还需要复杂的信号处理和通信接口模块,而和硅晶体管集成电路芯片相结合实现柔性混合集成成为一条重要的技术途径。进一步,利用 OTFT 材料与器件结构易于调控的特点,可以构建仿生神经形态的器件与电路,实现感知一体化集成的新架构。基于其可低温加工、机械柔性好、易于功能集成等优势,OTFT 在柔性显示、传感阵列也展现出应用的潜力。该部分将依次具体介绍关于 OTFT 电路与系统应用这几方面的内容。

2.6.1　信号处理电路

如图 2-11 所示,构建用于数字信号、模拟信号处理,以及数/模或模/数转换混合信号处理的电路单元是 OTFT 迈向实现功能性电子系统的第一步。

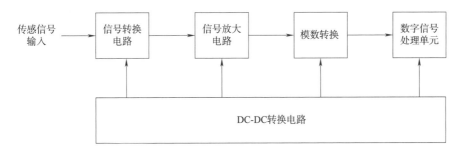

图 2-11　传感系统的基本电路结构示意图

2.6.1.1　数字电路

数字信号处理电路一般集成规模较大,也更易采用基于标准单元库(cell-based)的设计方法,提高设计效率。常用的数字单元电路包括反相器、与非门、或非门、加法器、环形振荡器、触发器、寄存器等。因为各类复杂的逻辑门电路都可被等效分解成由多个反相器电路组成的形式,所以反相器作为最基础的单元电路,常被用于分析评估逻辑电路的性能[162]。表 2-3 总结了采用不同 OTFT 器件结构和电路形式实现的反相器电路的静态特性。图 2-12 所示为互补型反相器的特性曲线,以及关键静态特性性能参数的定义。可以看出,互补结构以及伪互补结构一般能获得最为理想的静态特性曲线,包括靠近中心点的开关阈值电压(V_{M}),接近 $0.5\ V_{\mathrm{DD}}$ 的噪声容限和接近 V_{DD} 的轨对轨输出电压(V_{swing})(V_{DD} 为供电电压)。V_{OUT}-V_{IN} 曲线中,斜率为 -1 处的两个点坐标分别为(V_{IL},V_{OH})、(V_{IH},V_{OL}),再根据计算公式 $\mathrm{NM_L}=V_{\mathrm{IL}}-V_{\mathrm{OL}}$、$\mathrm{NM_H}=V_{\mathrm{OH}}-V_{\mathrm{IH}}$ 可以提取出噪声容限。对于单阈值的全 P 型 OTFT 电路,虽然可以在一定的优化设计条件下获得较高的增益,但存在噪声容限低的问题,而且电路性能对工艺扰动的影响非常敏感。双栅结构的电路设计则能够在保持简单的电路形式(两个 OTFT 器件)的基础上,提供更大的性能优化空间,但是增加了工艺和布线的复杂性。

表 2-3　不同 OTFT 反相器电路特性对比

电路形式	器件结构	工艺	迁移率/[cm²/(V·s)]	V_{DD}/V	Gain(增益)/(V/V)	NM/V(相对值①)	V_{swing}/V(相对值②)	V_M/V(相对值*)
单阈值	反交错[119]	旋涂 OSC/旋涂 GI IJP 电极/($L=35\ \mu m$)	0.8	3	67.3	0.28(0.09)	2.6(0.87)	2.5(0.83)
	反共面[168]	IJPOSC/CVD GI IJP 电极/($L=35\ \mu m$)	0.2	20	30	3(0.15)	19(0.95)	15(0.75)
双阈值	反交错[148]	热蒸发 OSC/AlO$_x$+SAM OGI 热蒸镀电极/($L=50\ \mu m$)	0.5	9	6	1.7(0.19)	7(0.78)	5(0.56)
	反共面[169]	热蒸发 OSC/热蒸发 GI 热蒸镀电极/($L=15\ \mu m$)	—	3	7	0.3(0.1)	2.7(0.9)	1.8(0.6)
	反共面[170]	滴涂 OSC/旋涂 GI 热蒸镀电极/($L=70\ \mu m$)	1	3	52	0.3(0.1)	2.7(0.9)	2.2(0.73)
双栅	双栅[93]	旋涂 OSC/旋涂 GI 热蒸镀电极/($L=5\ \mu m$)	0.15	20	11	6(0.3)	18(0.9)	9.6(0.48)
	双栅[171]	热蒸发 OSC/热氧化 GI 溅射电极($L=25\ \mu m$)	0.1	10	2.6	0.1(0.01)	8(0.8)	8.5(0.85)
伪互补	反交错[147]	热蒸发 OSC/热蒸发 GI 热蒸镀电极/($L=7\ \mu m$)	1.8	1	302	0.4(0.4)	0.9(0.9)	0.6(0.6)
	反共面[172]	热蒸发 OSC/AlO$_x$+SAM GI 热蒸镀电极/($L=50\ \mu m$)	0.5	2	20	0.7(0.35)	1.9(0.95)	1.1(0.55)
	反共面[173]	IJPOSC/CVD GI IJP 电极/($L=8\ \mu m$)	1.1	2	70	0.7(0.35)	1.8(0.9)	1(0.5)
互补	反交错[174]	热蒸发 OSC/旋涂 GI 热蒸镀电极/($L=50\ \mu m$)	0.24	40	8.1	14(0.35)	40(1)	20(0.5)
	反交错[175]	AlO$_x$+SAM GI EBE 电极	1.2	0.9	63	0.35(0.39)	0.8(0.89)	0.55(0.61)
	反交错[176]	旋涂 OSC/旋涂 GI 真空沉积电极/($L=50\ \mu m$)	0.3	2	3.5	0.7(0.35)	1.9(0.95)	1(0.5)
	反共面[177]	热蒸发 OSC/Plasma+SAM OGI 热蒸镀电极/(沟道长度$=30\ \mu m$)	0.6	3	100	1(0.33)	3(1)	1.2(0.4)

注:①理想条件下,反相器的噪声容限应该是 $0.5\ V_{DD}$,因此 NM/$V_{DD}=0.5$,并且开关阈值 $V_M=0.5\ V_{DD}$,输出幅度为 V_{DD}。＊相对值指相对 V_{DD} 的比值。NMV(noise margin value):噪声容限值。

②GI(gate insulator):栅绝缘层;IJP(Ink Jet Printing):喷墨打印;AlO$_x$+SAM(self-assembled monolayer):对 Al 电极表面处理形成 AlO$_x$,结合分子自组装层;EBE(electron beam evaporation):电子束沉积。

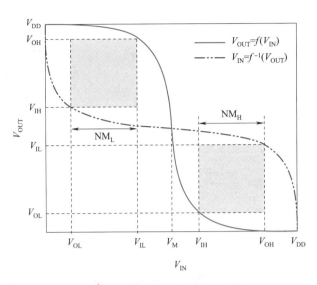

图 2-12　互补型反相器的特性曲线

　　为了实现更好的动态性能,单阈值 OTFT 电路由于采用性能较好的 P 型 OTFT,而且结构简单、负载电容小,可以获得较高的工作速度。基于光刻工艺形成高精度图形化电极制备的全 P 型 OTFT 环形振荡器的工作频率可以达到 500 kHz[163-164]。对于较为复杂的数字逻辑电路,一般倾向于采用双栅、伪互补或互补结构的电路,以获得高噪声容限,对工艺扰动的影响有足够的鲁棒性。

　　比如,基于全溶液法工艺 OSC 层制备的反共面结构的 OTFT,通过伪互补结构电路构建的与非门组成的包含 12 个 OTFT 的 RS 触发器电路[165],总延迟时间在 20 V 偏压时为 3.5 ms,在 10 V 偏压时为 6.4 ms,在全溶液法中具有比较高的性能。

　　基于热蒸镀 OSC 层的双栅 OTFT,实现的 8 bit 的微处理器电路,集成了 3 381 个晶体管[166],如图 2-13(a)所示。基于全打印的互补结构制备了与非门、JK 触发器、D 触发器和用于时钟产生的环形振荡器,进一步设计实现了集成超过 250 个 OTFT 的能够安全识别和 ASK 调制的 RFID 芯片[167],如图 2-13(b)所示。

	柔性微处理器	Intel 4004
集成的晶体管数量	3381	2300
面积	1.96×1.72 cm²	3×4 cm²
电源电压	10 V	15 V
功率	92 μW	1 μW
半导体	并五苯	硅
P型晶体管的迁移率	~0.15 cm²/(V·s)	~450 cm²/(V·s)
基底	柔性	刚性

(a)柔性处理器和 Intel 4004 的性能对比

图 2-13　高集成度的 OTFT 数字电路

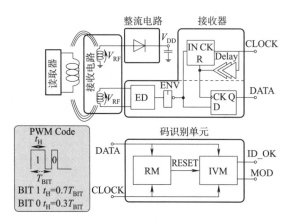
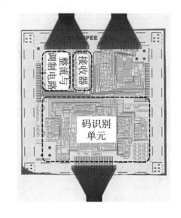

（b）基于全打印的互补结构

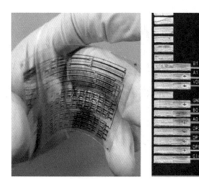
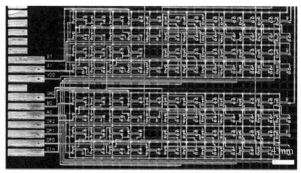

（c）三维互补集成 12×8 NAND 门阵列

图 2-13 高集成度的 OTFT 数字电路（续）

　　为了提高互补结构的集成度,并解决 N 型和 P 型器件同一层工艺集成兼容型的问题,通过将 N 型和 P 型 OTFT 在垂直的方向进行堆叠实现三维（3D）集成,实现了集成 288 个 OTFT 的 12×8 的与非门阵列［见图 2-13（c）］,并且利用三维集成技术,有希望在一个信用卡大小（85.60 mm×53.98 mm）的基底上集成 2 700 个可编程的 OTFT 器件[132]。

2.6.1.2　模拟电路

　　在典型的传感系统中,需要模拟前端电路将所检测的传感信号进行预处理和放大。运算放大器（operational amplifiers, OPA）是模拟信号处理中最常用的单元电路,不仅可以用于信号放大,还可以进行加法、减法、微分和积分等多种模拟运算,以及实现滤波、电压跟随、电流-电压转换和比较等信号处理功能。采用 OTFT 实现 OPA 电路,可以在最靠近信号检测的前端对传感信号进行原位放大,从而能够抑制后续信号传输过程中噪声的影响。表 2-4 总结了基于不同 OTFT 器件技术和不同电路形式实现的 OPA 电路的性能。基于溶液法工艺制备的 N 型和 P 型 OTFT,通过互补式结构设计实现的差分 OPA 在 5 V 的供电电压下开环电压增益可达到 36 dB,并进一步证明基于该电路可以搭建电压跟随器、同相放大器、积分器、微分器、电流-电压转换器和振荡器等多种信号处理电路[178]。如图 2-14(a)所示,面向穿戴心电信号(ECG)检测的应用,基于伪互补结构设计实现了超薄柔性地差分 OPA 电路,可以获得大于 200 V/V 增益,共模噪声抑制比低于 -12 dB,输出信号的信噪比为 34 dB,可以很好地满足 ECG 信号的检测[179]。基于蒸镀工艺制备的 ECG 信号放大电路,共模抑制比在 50 Hz 时为 44 dB,放大倍数可达到 520 倍[212]。

表 2-4　不同 OPA 电路性能对比

电路形式	电路结构	工艺	供电电压/ V	工作功耗/ μW	开环增益/ dB	增益带宽积/ kHz
P 型 OTFT	一阶差分[179]	$L=10$ μm	4	—	35	1.61
	一阶差分[128]	IJP OSC/CVD GI IJP 电极/($L=10$ μm)	4	—	12	—
	二阶差分[182]	$L=5$ μm	15	225	10	2
	三阶差分[183]	$L=5$ μm	15	315	23	0.5
双阈值电压 P 型 OTFT	二阶差分[184]	热蒸镀 OSC/CVD GI 溅射电极/($L=5$ μm)	5	2.75×10^{-4}	36	7.5×10^{-3}
互补型 OTFT	二阶差分[179]	IJP OSC/CVD GI IJP 电极/($L_p=45$ μm, $L_n=24$ μm)	5	0.15	35.6	0.05
	折叠式共源共栅[180]		50	650	40	1.5
	二阶差分[180]	打印 OSC/SP GI 溅射电极/($L=20$ μm)	50	325	51	0.075
	叠层电流镜[180]		50	90	49	0.055
	一阶差分[181]	SP OSC/SP GI ($L=20$ μm)	40	40	22.4	13.36

注：GI(Gate Insulator)：栅绝缘层；IJP(Inkjet Printing)：喷墨打印；SP(Screen Printing)：丝网印刷；CVD(Chemical Vapor Deposition)：化学气相沉积。

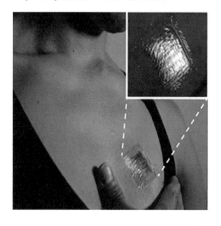
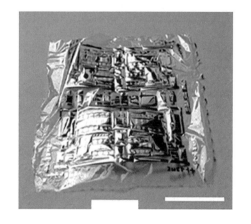

(a)ECG 信号放大电路

图 2-14　ECG 信号放大电路及离子检测电路

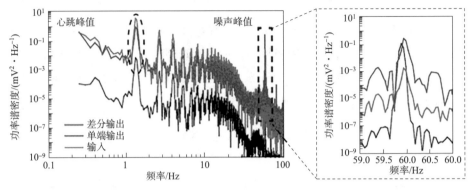

（a）ECG 信号放大电路（续）

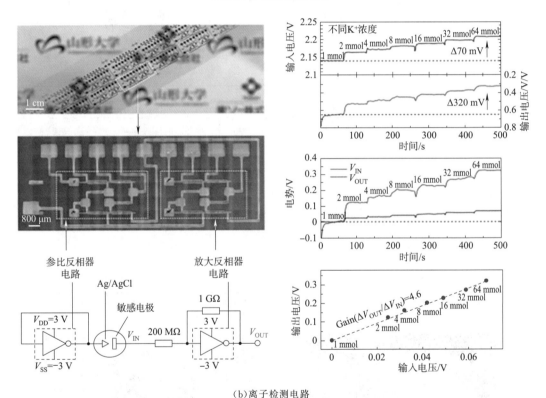

（b）离子检测电路

图 2-14　ECG 信号放大电路及离子检测电路（续）

　　针对传感模拟前端的集成，采用全溶液法印刷工艺制备 OTFT 模拟电路将有助于提高可定制性。通过喷墨打印电极、溶液法工艺的 OSC 和 CVD 工艺的介电层制备的 P 型 OTFT 的一阶差分 OPA 电路，在 100 nA 的供电电流下，其开环增益为 4，在应用于离子传感时，可以对信号进行放大以提高检测的信噪比，如图 2-14（b）所示[128]。基于溶液法印刷工艺制备的离子检测电路，对钾离子的灵敏度可以从 34 mV/dec 放大到 160 mV/dec。

2.6.1.3　混合信号电路

模/数转换电路(analog-to-digital converter，ADC)和数/模转换电路(digital-to-analog converter，DAC)是构建数字域和模拟域接口的关键。对于 ADC，重要的性能指标参数有分辨率、采样率、信噪比、非杂散动态范围等。表 2-5 总结和对比了采用不同 OTFT 技术和电路方法实现的 ADC 电路的性能。基于互补型 OTFT，采用跟踪计数型的模数转换器架构，实现了 4 bit 的分辨率，其采样率为 4.17 Hz，实现了全打印的 OTFT 模数转换器[185]。基于全 P 型 OTFT 和 $\sum$-Δ 的模数转换器架构，可实现 15.6 Hz 的采样率，并且其分辨率能达到 4.1 bit[182]。

表 2-5　采用不同 OTFT 技术和电路方法实现的 ADC 电路性能对比

电路形式	电路结构	分辨率/bit	采样率/Hz	信噪比/dB	非杂散动态范围/dB	供电电压/V	功率/μW
互补型 OTFT	跟踪计数型[185]	4	4.17	25.7	19.6	40	540
	逐次逼近型[186]	6	100	48	—	3	3.6
P 型 OTFT	$\sum$-Δ[182]	4.1	15.6	26.5	—	15	1 500
双栅 P 型 OTFT	压控振荡器型[187]	6	66	48	—	20	48

对于 DAC，重要的性能指标参数有分辨率、输出摆幅、更新速度、最大非线性微分、最大非线性积分等，表 2-6 总结对比了采用不同 OTFT 技术和电路方法实现的 DAC 电路的性能。基于光刻工艺制备的单极性 OTFT 制作了 6 bit 的电流驱动 DAC，该 DAC 可在 3.3 V 的供电电压下实现 100 kS/s 的采样率。通过使用互补型的 OTFT 器件制作了 6 bit 的电容阵列 DAC，该 DAC 可在 3 V 的供电电压下实现 100 S/s 的采样率，并且正常工作时的功率仅有 2.6 nW。

表 2-6　采用不同 OTFT 技术和电路方法实现的 DAC 电路性能对比

电路形式	电路结构	分辨率/bit	输出摆幅/V	采样率/Hz	微分非线性误差/LSB	积分非线性误差/LSB	供电电压/V	功耗延时积/(nW·s)	非杂散动态范围/dB
P 型 OTFT	电流舵[188]	6	2	100 000	−0.69	1.16	3.3	1.8	32(31 Hz)
互补型 OTFT	开关电容[189]	6	1	10~100	−0.6	−0.8	3	7	24(10 Hz)

另外，如图 2-11 中所示，直流变换器(DC-DC converter)是电源管理电路的重要组成部分，能够在直流电路中将一个电压值的电能变为另一个电压值的电能。其中，Dickson 结构比其他结构(如串并联结构、电压倍增结构和斐波那契结构等)更受青睐，因为它是实现开关的复杂度最低的结构，每一对开关都可以用反相器实现。基于热蒸镀 OSC 层的双栅 OTFT 制备的 DC-

DC 转换电路,在低功耗下实现了输出的最高电压为 40 V,最低电压为 −60 V,具有较稳定的转换能力[183]。用于以上各类功能电路构建的 OTFT 器件的迁移率在 1 cm²/(V·s)左右,远远低于 OSC 材料和基础器件研究所报道的结果。这一方面间接验证了前文所讨论的高迁移率 OSC 材料应用于构建功能性电路还存在很多挑战;另一方面,也说明随着高迁移率 OSC 材料的导入,结合源漏接触电阻的降低和工艺精度的提升,OTFT 电路的性能还有很大的提升空间。

2.6.2 柔性混合集成传感系统

虽然基于 OTFT 可以实现传感前端、信号放大、模/数和数/模转换以及数字信号处理等功能电路,但对比硅基晶体管集成电路,性能、集成度等方面还有很大的差距。因此,为了实现复杂而精确的信号处理、传输、通信的功能,需要采用硅晶体管集成电路芯片与 OTFT 传感前端实现混合集成。如图 2-15 所示,这样的混合集成系统中,充分结合两者的优势。OTFT 基于溶液法印刷工艺,便于不同传感材料的集成,并可根据不同传感的性能和形态的要求进行定制化设计和加工,实现信号的获取和转换,输出标准的电压信号;硅晶体管集成电路芯片用于复杂的信号处理、无线传输,可采用通用化的设计,而不需要根据前端传感的要求进行改变。

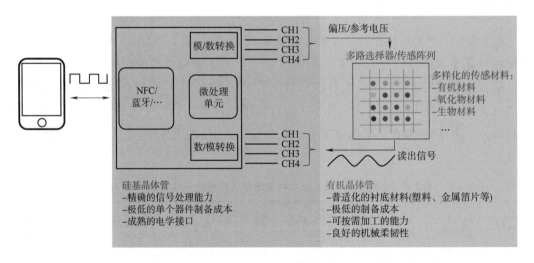

图 2-15　硅晶体管集成电路芯片与 OTFT 传感前端实现混合集成的示意图

目前,针对柔性传感系统的方案主要有两个途径:一是根据不同的传感类型,定制化柔性印制电路板(printed circuit board,PCB),包括信号读取电路、处理器和无线传输(蓝牙)以及电源系统[190]。这样的问题使整个系统的尺寸/体积较大、柔性化有限,成本较高;另一种方法是可以采用专用 IC 芯片(application-specific IC,ASIC)和传感进行柔性集成,但取决于 ASIC 芯片上的接口的特点,可集成的传感器的类型和数目有限[167]。对比这两种方法,利用 OTFT 和硅 IC 芯片混合集成的方式,具有更好的可定制性,能够满足不同传感检测功能集成的要求，并能够实现柔性化、轻薄化和低成本制造，满足验证阶段的快速原型和后续的大规模产业化。

为了实现这样的系统，OTFT 器件需要具有陡峭的亚阈值摆幅，以能够和 Si 芯片在同一低供电电压下工作，同时可以获得高跨导效率，以实现高灵敏的传感信号转换[191]。通过减薄绝缘层厚度或采用高 k 介电材料增大栅绝缘层电容是降低亚阈值摆幅，实现低电压/低功耗晶体管器件的主要途径。在微电子集成电路工艺中，可以通过真空工艺沉积超薄/高 k 的无机栅绝缘层，实现低电压/低功耗。然而，对于大面积 OTFT 工艺，尤其是溶液法印刷工艺，这是一大挑战。采用高 k 聚合物介电材料可以在不减薄绝缘层厚度的情况下增大栅绝缘层电容。然而，高 k 聚合物介电层表面的极化会导致迁移率下降、回滞现象和偏置不稳定性等问题[73-74,192]。为了减小对栅绝缘层的依赖，降低 OSC 沟道层界面的缺陷态密度被证明是有效的方法。基于反向共平面结构，将可溶性小分子 OSC 与少量聚合物介电材料共混形成的溶液涂布在聚合物栅绝缘层的表面，结合电极诱导结晶，会形成高质量、低缺陷态密度的沟道层界面，从而能够通过很小的栅绝缘层电容（约 12 nF/cm^2）实现陡峭亚阈值摆幅（约 100 mV）的低电压 OTFT 器件[35]。该方法适用于不同的小分子 OSC 材料、聚合物栅介电材料，以及 OSC 的成膜工艺（如旋涂、喷墨印刷、滴涂、刮涂等）[35,36,39,60,119,193,194]。而将该方法与高 k/低 k 栅绝缘层相结合，可以在超过 360 nm 厚的聚合物栅绝缘层上实现亚阈值摆幅小于 70 mV/dec 的低电压 OTFT 器件，如图 2-16 所示。该器件设计形成了高质量、低缺陷态密度的 OSC/绝缘层界面，并以较厚的栅绝缘层实现低电压工作，减弱了栅电压产生的电场，从而能够大大降低沟道中载流子被俘获的概率，实现具有良好偏置稳定性的 OTFT 器件[193]。基于该厚栅绝缘层的器件结构，便于发展"按需制造"的全溶液法印刷工艺，在柔性塑料衬底上制备稳定性好的低电压 OTFT 器件；该器件在近零伏的栅压下工作于亚阈值区，应用于 H$^+$ 离子浓度检测可以实现和硅晶体管相似的灵敏度，能够检测 < 0.1 pH 的浓度变化，而具有很低的直流静态功耗[195]。低工作电压和良好的偏置稳定性令所制备的 OTFT 传感可以和后端基于 Si-IC 的信号处理系统在同一低供电电压下（3.3 V）工作，进行可靠的检测[36,196]；图 2-17 是将 OTFT、参考电极与敏感电极集成实现的柔性 H$^+$ 离子浓度检测系统，通过简单的校准算法，可以测试得到准确的 pH 值[193]。

在以上的混合系统中，OTFT 仅是作为传感信号的转换。随着 OTFT 性能的提升，可以将后端更多的电路功能用 OTFT 实现；甚至有望针对一些应用实现全 OTFT 的电路系统，大大提高可定制性，并降低成本。从另一角度来看，很多传感系统的功能是为了感知和识别，如果能够模拟生物体感知神经系统（包括触觉、视觉、嗅觉、味觉等）的工作方式，构建仿生感知的智能系统，将可以避免采用传统电路架构中的模拟放大、模/数转换和处理器等复杂电路。除了实现传统的晶体管器件的电学性能，通过 OTFT 结构和材料的调控，可以制备模拟长程、短程的记忆特性的仿生神经突触单元，用于构建多层连接的神经网络，对传感信号进行处理[17]。如图 2-18 所示，在一个仿生感知系统中，可以由 OTFT 实现前端的传感阵列用于接收外部的刺激信号,转换为电学信号,再由基于 OTFT 环形振荡电路的人工传入神经将强度的模拟信号转换为尖峰的频率信号,最后利用 OTFT 突触构建的仿生神经网络对尖峰信号进行时空的处理,输出识别的结果[17]。这样的系统可以避免或减少高性能电路的使用,有机会通过全 OTFT 的工艺实现,具有功耗低、成本低的优势;同时,所有传感信号都转成数字频率信号,具有抗噪声信号能力强的优势。

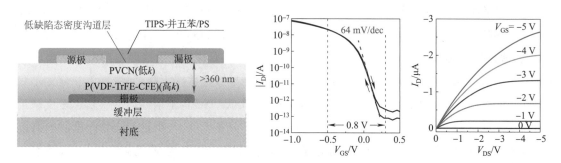

(a)器件结构的截面图　　　　　　　(b)所测量的转移特性曲线(I_D-V_{GS})和输出

特性曲线(I_D-V_{DS})[187]

图 2-16　低电压 OTFT 器件

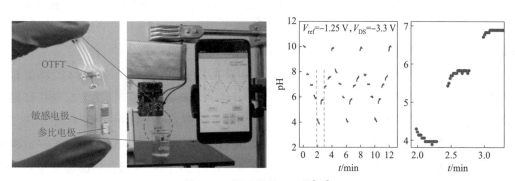

图 2-17　测试得的 pH 值[191]

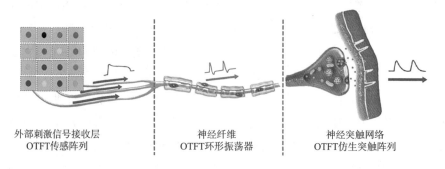

外部刺激信号接收层　　　　　　神经纤维　　　　　　　神经突触网络
OTFT传感阵列　　　　　　　OTFT环形振荡器　　　　OTFT仿生突触阵列

图 2-18　基于 OTFT 的仿生感知系统[17]

2.6.3　有源矩阵显示与传感阵列

如图 2-19 所示,OTFT 的一个重要的应用方向是实现有源矩阵背板,用于构建高分辨的柔性显示和传感阵列系统,如电子纸、LCD、OLED 和 OPD,以及其像素电路的设计。

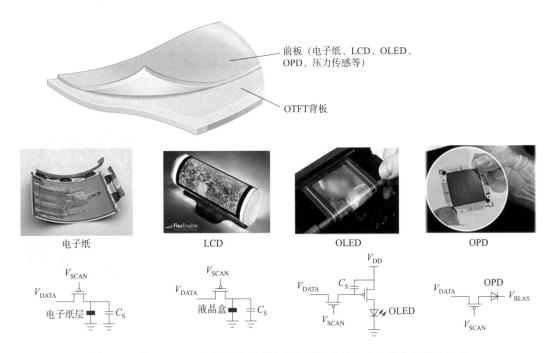

图 2-19　基于 OTFT 有源矩阵背板阵列和不同前板技术构建各种柔性显示

2.6.3.1　柔性显示

对比无机半导体 TFT,OTFT 可以采用耐温性差的塑料衬底进行低成本大面积制造,而所形成的多层堆叠结构也具有很好的抗弯曲能力。基于这些优势,OTFT 背板在柔性电子纸和柔性 AMLCD 方面具有应用的竞争力[197]。

电子纸显示是依赖于环境光的低功耗反射式显示,具有类似于纸张的视觉效果[198]。作为电压型驱动的显示器件,电子纸显示对 TFT 背板的整体性能要求较低。制造 OTFT 背板最理想的技术途径是采用全溶液法印刷的制备工艺,包括 OSC 层、各介电层以及电极等,能够提供高度的可定制性,并大大降低成本[199,200]。然而,对于柔性显示,印刷工艺形成的电极和互连线还是难以满足分辨率、刷新率和可靠性的要求。因此,比较可行的方法还是结合真空溅射金属电极和光刻图形化的工艺,充分兼容现有的 TFT 产线,从而能够为柔性电子纸显示的应用拓展提供非常有竞争力的背板技术[127,201,202]。

随着柔性液晶盒以及柔性 LED 背光模组技术的开发,实现透射型高性能 AMLCD 的柔性化成为可能[203,204]。然而,依赖于现有无机 TFT 背板技术,需要开发耐高温的高透光度柔性衬底。目前,无色 PI(colorless PI,CPI)衬底材料虽然已经可以满足 a-Si TFT 和 AOS TFT 的工艺温度需求,但在透光性上还需要进一步提升,而且成本较高。OTFT 的低温(可以在不超过 100 ℃)工艺的优势,使其可以直接在三醋酸纤维薄膜(triacetyl cellulose,TAC)光学薄膜上进行背板阵列的制备,所形成的如图 2-20(a)所示为基于在三醋酸纤维薄膜(triacetyl cellulose,TAC)制备的 OTFT 背板阵列所形成的柔性 AMLCD 的显示模组结构示意图,具有良好的光学特性和较低的成本。这样的柔性 AMLCD 技术可以拓展很多新的应用形态,如可弯折、卷曲、非规则平面等。基于柔性 AMLCD,还可以将显示阵列的周边部分弯折到背面,实现无侧框的 AMLCD 屏,如图 2-20(b)所示。

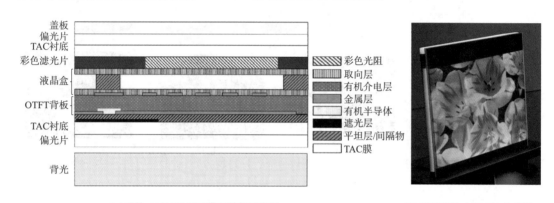

(a)柔性 AMLCD 显示模组结构示意图　　　(b)基于柔性 AMLCD 技术所实现的无侧框显示的样机

图 2-20　柔性 AMLCD 显示模组结构及元侧框显示的样机

面向电流型驱动的 OLED,背板像素电路中除了开关管外还需要一个驱动管,以在每个帧周期给 OLED 提供稳定的驱动电流,参见图 2-19。由于工艺扰动或不同的偏置历史,显示阵列中各像素的驱动管的特性会产生差异,从而导致显示的不良现象。对于 LTPS TFT 背板,由于工艺扰动带来的驱动管性能的非一致性,会导致显示的 MURA 现象,因此在应用于移动终端柔性 AMOLED 显示时需要采用复杂的内部像素补偿电路(包含 7 个 TFT 和 1 个电容,7T-1C)[205]。而对于 AOS TFT 背板,由于电学偏置下器件的不稳定性,各像素不同的偏置历史会引起各驱动管性能的差异,导致显示的残影现象,所以在应用于大尺寸柔性 AMOLED 显示时需要采用外部补偿的驱动方案(像素电路由 3 个 TFT 和 1 个电容组成)。因此,OTFT 如果要应用于 OLED 显示的驱动背板,一方面需要解决大面积制造情况下器件性能一致性的问题,另一方面则需要提升器件在恒定偏压下的稳定性。

目前所研究的基于 OTFT 的 AMOLED 显示都还是采用的 2 个 TFT 和 1 个电容(2T-1C)的简单像素电路[206-208]。OTFT 的稳定性和大面积一致性,以及对 AMOLED 显示效果的影响还缺乏系统的验证。由于 OLED 显示对高分辨率和高刷新率的要求,OTFT 较低的迁移率制约了其采用比较复杂的补偿驱动方案和相应的像素电路设计。此外,高分辨显示还需要将栅极控制电路和显示阵列集成（gate driver on array，GOA）。因此，基于OTFT实现高密度的 GOA 电路对其应用于柔性显示也非常重要[183]。长期来看，在兼容现有 TFT 生产线工艺的基础上，如果 OTFT 的性能能够接近 AOS TFT 的水平，基于其低温工艺和良好的机械力学特性，可以避免无机 TFT 背板所采用的复杂的热和机械应力管理方法，有助于发展低成本的真柔性 AMOLED 显示。

2.6.3.2　柔性传感阵列

　　OTFT 有源矩阵背板除了在显示的应用外，还可以用于实现各种高分辨率传感阵列。最典型的应用之一就是和有机光电二极管（organic photo diode，OPD）或基于其他材料体系（如量子点、钙钛矿等）的光电探测器件相结合，实现光传感成像阵列[见图 2-21（a）]，应用于X 光成像、指纹识别等[209-211]。针对成像应用，需要每个像素中的开关晶体管具有足够低的漏电流。目前，成像系统中多采用 a-Si TFT 背板，具有较低的漏电流和低成本（对比 LTPS TFT）[212]。采用单极性的 OSC 材料（对电子传输的抑制）和绝缘性足够好的栅介电层，OTFT 的漏电流可低于 10^{-17} A/μm，电流开关比超过 10^{8}[213]。基于这样优于 a-Si TFT 的开关特性，以及其低温的制造工艺和良好的机械力学性能，OTFT 应用于柔性成像阵列具有潜在的优势。而对于成像应用，一般也需要较高的分辨率，因此也倾向于采用真空溅射和光刻工艺形成电极和互连线，兼容现有的 TFT 产线工艺。

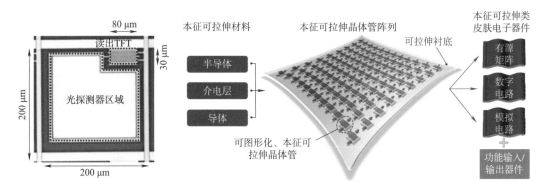

（a）基于旋涂工艺的 OTFT 阵列与 OPD
集成实现了 OPD 光传感阵列[209]　　　（b）基于溶液沉积工艺的 OTFT 阵列与压力传感器集成
实现了可拉伸压力传感阵列[214]

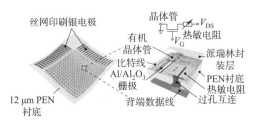

（c）基于蒸镀工艺的 OTFT 阵列与温敏电阻
集成实现了温度传感阵列[216]　　　（d）基于蒸镀工艺的 OTFT 阵列与磁阻传感器
集成实现了磁传感阵列[217]

图 2-21　基于 OTFT 的传感阵列

　　除了光电传感阵列外,OTFT 也被应用于构建其他各类有源矩阵传感阵列,包括压力传感[214,215]、温度传感[216]、磁传感[217]等,如图 2-21(b)～图 2-21(d)所示。这类传感的分辨率的要求一般较低,而且阵列中互连线不需要承受如显示中那么高的负载电流密度。因此,可以通过全印刷的工艺进行 OTFT 背板的制备,以降低成本,提高可定制性,尤其是对于大面积传感阵列的制造将会有更大的优势[218]。进一步,利用 OTFT 良好的力学性能,结合具有生物兼容性好的界面材料,实现超薄柔性、低杨氏模量、可延展的高密度传感阵列,可以共形覆盖于头部,以代替如图 2-22(a)所示的连接复杂、分辨率有限的脑电采集设备;或如图 2-22(b)所示,将柔性有源电极阵列植入现有技术不能触及的大脑区域,记录大脑皮层的神经集群信号,并用此诊断癫痫等疾病[220]。这些基于 OTFT 的柔性传感阵列技术,能够充分发挥 OTFT 的技术特点,对实现人造皮肤,应用于智能机器人、医疗康复等领域,以及建立更为友好的脑机接口和生物电子界面有重要的价值[221]。

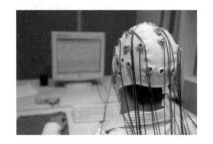 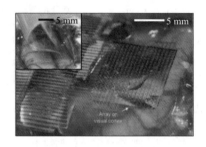

(a)脑电图机检测脑电波[219]　　　　　　　　(b)基于有源电极阵列的柔性薄膜

图 2-22　脑电波和基于有源电极阵列的柔性薄膜

参考文献

[1]　NATHAN A,AHNOOD A,LAI J,et al. Large area electronics[M]. Guide to State-of-the-Art Electron Devices,2013:225-238.

[2]　STREET R A. Thin-film transistors[J]. Advanced Materials,2009,21(20):2007-2022.

[3]　KUO Y. Amorphous silicon thin film transistors[M]. Springer Science & Business Media,2003.

[4]　NOMURA K,OHTA H,TAKAGI A,et al. Room-temperature fabrication of transparent flexible thin-film transistors using amorphous oxide semiconductors[J]. Nature,2004,432(7016):488-492.

[5]　KAMIYA T,HOSONO H. Material characteristics and applications of transparent amorphous oxide semiconductors[J]. NPG Asia Materials,2010,2(1):15-22.

[6]　CHANG T K,LIN C W,CHANG S. 39-3:Invited Paper:LTPO TFT technology for AMOLEDs [C]//SID Symposium Digest of Technical Papers. 2019,50(1):545-548.

[7]　CHI L J,YU M J,CHANG Y H,et al. I-V full-swing depletion-load a-In-Ga-Zn-O inverters for back-end-of-line compatible 3D integration[J]. IEEE Electron Device Letters,2016,37(4):441-444.

[8]　MIYASAKA M,HARA H,KARAKI N,et al. Technical obstacles to thin film transistor circuits on

plastic[J]. Japanese Journal of Applied Physics,2008,47(6):4430-4435.

[9] KIM M,CHEON J,LEE J,et al. 16.2:World-best performance LTPS TFTs with robust bending properties on AMOLED displays[C]//SID Symposium Digest of Technical Papers. Oxford,UK:Blackwell Publishing Ltd,2011,42(1):194-197.

[10] GAO X,LIN L,LIU Y,et al. LTPS TFT process on polyimide substrate for flexible AMOLED[J]. Journal of Display Technology,2015,11(8):666-669.

[11] MINDER N A,LU S,FRATINI S,et al. Tailoring the molecular structure to suppress extrinsic disorder in organic transistors[J]. Advanced materials,2014,26(8):1254-1260.

[12] HENSON Z B,MÜLLEN K,BAZAN G C. Design strategies for organic semiconductors beyond the molecular formula[J]. Nature chemistry,2012,4(9):699-704.

[13] SUN Y,GUO Y,LIU Y. Design and synthesis of high performance π-conjugated materials through antiaromaticity and quinoid strategy for organic field-effect transistors[J]. Materials Science and Engineering R:Reports,2019,136:13-26.

[14] BURNS S E,REEVES W,PUI B H,et al. A flexible plastic SVGA e-paper display[C]//SID Symposium Digest of Technical Papers. 2006,37(1):74-76.

[15] HARDING M J,HORNE I P,YAGLIOGLU B. Invited paper:flexible LCDs enabled by OTFT[C]//SID Symposium Digest of Technical Papers. 2017,48(1):793-796.

[16] NODA M,KOBAYASHI N,KATSUHARA M,et al. An OTFT-driven rollable OLED display[J]. Journal of the Society for Information Display,2011,19(4):316-322.

[17] KIM Y,CHORTOS A,XU W,et al. A bioinspired flexible organic artificial afferent nerve[J]. Science,2018,360(6392):998-1003.

[18] FACCHETTI A. Semiconductors for organic transistors[J]. Materials today,2007,10(3):28-37.

[19] DIMITRAKOPOULOS C D,MASCARO D J. Organic thin-film transistors:A review of recent advances[J]. IBM Journal of research anddevelopment,2001,45(1):11-27.

[20] BAO Z,DODABALAPUR A,LOVINGER A J. Soluble and processable regioregular poly(3-hexylthiophene) for thin film field-effect transistor applications with high mobility[J]. Applied physics letters,1996,69(26):4108-4110.

[21] VERES J,OGIER S D,LEEMING S W,et al. Low-k insulators as the choice of dielectrics in organic field-effect transistors[J]. Advanced Functional Materials,2003,13(3):199-204.

[22] ONG B S,WU Y,LIU P,et al. High-performance semiconducting polythiophenes for organic thin-film transistors[J]. Journal of the American Chemical Society,2004,126(11):3378-3379.

[23] MCCULLOCH I,HEENEY M,BAILEY C,et al. Liquid-crystalline semiconducting polymers with high charge-carrier mobility[J]. Nature materials,2006,5(4):328-333.

[24] NOH Y Y,ZHAO N,CAIRONI M,et al. Downscaling of self-aligned,all-printed polymer thin-film transistors[J]. Nature nanotechnology,2007,2(12):784-789.

[25] TSAO H N,CHO D M,PARK I,et al. Ultrahigh mobility in polymer field-effect transistors by design[J]. Journal of the American chemical society,2011,133(8):2605-2612.

[26] ZHANG W,SMITH J,WATKINS S E,et al. Indacenodithiophene semiconducting polymers for high-performance,air-stable transistors[J]. Journal of the American Chemical Society,2010,132(33):11437-11439.

［27］ VENKATESHVARAN D, NIKOLKA M, SADHANALA A, et al. Approaching disorder-free transport in high-mobility conjugated polymers[J]. Nature, 2014, 515(7527): 384-388.

［28］ PARK S K, JACKSON T N, ANTHONY J E, et al. High mobility solution processed 6, 13-bis (triisopropyl-silylethynyl) pentacene organic thin film transistors[J]. Applied Physics Letters, 2007, 91(6): 063514.

［29］ SUBRAMANIAN S, PARK S K, PARKIN S R, et al. Chromophore fluorination enhances crystallization and stability of soluble anthradithiophene semiconductors[J]. Journal of the American Chemical Society, 2008, 130(9): 2706-2707.

［30］ EBATA H, LZAWA T, MIYAZAKI E, et al. Highly soluble[1] benzothieno[3, 2-b] benzothiophene (BTBT) derivatives for high-performance, solution-processed organic field-effect transistors[J]. Journal of the American Chemical Society, 2007, 129(51): 15732-15733.

［31］ SMITH J, ZHANG W, SOUGRAT R, et al. Solution-processed small molecule-polymer blend organic thin-film transistors with hole mobility greater than 5 cm^2/Vs[J]. Advanced materials, 2012, 24(18): 2441-2446.

［32］ MCCALL K L, RUTTER S R, BONE E L, et al. High performance organic transistors using small molecule semiconductors and high permittivity semiconducting polymers[J]. Advanced Functional Materials, 2014, 24(20): 3067-3074.

［33］ DUNA S, GAO X, WANG Y, et al. Scalable Fabrication of Highly Crystalline Organic Semiconductor Thin Film by Channel-Restricted Screen Printing toward the Low-Cost Fabrication of High-Performance Transistor Arrays[J]. Advanced Materials, 2019, 31(16): 1807975.

［34］ FENG L, HUANG Y, FAN J, et al. Solution processed high performance short channel organic thin-film transistors with excellent uniformity and ultra-low contact resistance for logic and display [C]// 2018 IEEE International Electron Devices Meeting(IEDM). IEEE, 2018.

［35］ FENG L, TANG W, XU X, et al. Ultralow-voltage solution-processed organic transistors with small gate dielectric capacitance[J]. IEEE Electron Device Letters, 2012, 34(1): 129-131.

［36］ FENG L, TANG W, ZHAO J, et al. Unencapsulated air-stable organic field effect transistor by all solution processes for low power vapor sensing[J]. Scientific reports, 2016, 6:20671.

［37］ TANG W, FENG L, YU P, et al. Highly efficient all-solution-processed low-voltage organic transistor with a micrometer-thick low-k polymer gate dielectric layer[J]. Advanced Electronic Materials, 2016, 2 (5): 1500454.

［38］ SHIWAKU R, TAKEDA Y, FUKUDA T, et al. Printed 2 V-operating organic inverter arrays employing a small-molecule/polymer blend[J]. Scientific reports, 2016, 6: 34723.

［39］ KUNII M, LINO H, HANNA J I. Solution-processed, low-voltage polycrystalline organic field-effect transistor fabricated using highly ordered liquid crystal with low-k gate dielectric[J]. IEEE Electron Device Letters, 2016, 37(4): 486-488.

［40］ JINAG C, CHOI H W, CHENG X, et al. Printed subthreshold organic transistors operating at high gain and ultralow power[J]. Science, 2019, 363(6428): 719-723.

［41］ GAO X, DI C. A, HU Y, et al. Core-expanded naphthalene diimides fused with 2-(1, 3-dithiol-2-ylidene) malonitrile groups for high-performance, ambient-stable, solution-processed n-channel organic thin film transistors [J]. Journal of the American Chemical Society, 2010, 132 (11):

3697-3699.

[42]　WEN Y，LIU Y．Recent progress in n-channel organic thin-film transistors[J]．Advanced Materials，2010，22(12)：1331-1345.

[43]　ANTHONY J E，FACCHETTI A，HEENEY M，et al．n-Type organic semiconductors in organic electronics[J]．Advanced Materials，2010，22(34)：3876-3892.

[44]　HADDON R C，PEREL A S，MORRIS R C，et al．C60 thin film transistors[J]．Applied physics letters，1995，67(1)：121-123.

[45]　HADDON R C．C70 thin film transistors[J]．Journal of the American Chemical Society，1996，118 (12)：3041-3042.

[46]　YAN H，CHNE Z，ZHENG Y，et al．A high-mobility electron-transporting polymer for printed transistors[J]．Nature，2009，457(7230)：679-686.

[47]　ZHAO M，YANG X，TSUI G C，et al．Trifluoromethylation of Anthraquinones for n-Type Organic Semiconductors in Field Effect Transistors[J]．The journal of organic chemistry，2019.

[48]　CHU M，FAN J X，YANG S，et al．Halogenated tetraazapentacenes with electron mobility as high as 27.8 cm^2 V^{-1} • s^{-1} in solution-processed n-channel organic thin-film transistors[J]．Advanced Materials，2018，30(38)：1803467.

[49]　ZHANG C，ZANG Y，ZHANG F，et al．Pursuing high-mobility n-type organic semiconductors by combination of "Molecule-Framework" and "Side-Chain" engineering[J]．Advanced Materials，2016，28(38)：8456-8462.

[50]　BAI J，JIANG Y，WANG Z，et al．Bar-coated organic thin-film transistors with reliable electron mobility approaching 10 cm^2 V^{-1} • s^{-1}[J]．Advanced Electronic Materials，2020，6(1)：1901002.

[51]　MINEMAWARI H，YAMADA T，MATSUI H，et al．Inkjet printing of single-crystal films[J]．Nature，2011，475(7356)：364-367.

[52]　ZHANG Z，PENG B，JI X，et al．Marangoni-effect-assisted bar-coating method for high-quality organic crystals with compressive and tensile strains[J]．Advanced Functional Materials，2017，27 (37)：1703443.

[53]　HE D，QIAO J，ZHANG L，et al．Ultrahigh mobility and efficient charge injection in monolayer organic thin-film transistors on boron nitride[J]．Science advances，2017，3(9)：e1701186.

[54]　LIU C，LI G，DI P R，et al．Device physics of contact issues for the overestimation and underestimation of carrier mobility in field-effect transistors[J]．Physical Review Applied，2017，8(3)：034020.

[55]　PATERSON A F，SINGH S，FALLON K J，et al．Recent progress in high-mobility organic transistors：a reality check[J]．Advanced Materials，2018，30(36)：1801079.

[56]　CHOI H H，CHO K，FRISBIE C D，et al．Critical assessment of charge mobility extraction in FETs [J]．Nature Materials，2017，17(1)：2.

[57]　SCHWEICHER G，GARBAY G，Jouclas R，et al．Molecular semiconductors for logic operations：dead-end or bright future? [J]．Advanced Materials，2020，32(10)：1905909.

[58]　WEN Y，LIU Y，GUO Y，et al．Experimental techniques for the fabrication and characterization of organic thin films for field-effect transistors[J]．Chemical reviews，2011，111(5)：3358-3406.

[59]　ORTIZ R P，FACCHETTI A，Marks T J．High-k organic，inorganic，and hybrid dielectrics for low-voltage organic field-effect transistors[J]．Chemical reviews，2010，110(1)：205-239.

［60］ FENG L，ANGUITA J V，TANG W，et al. Room temperature grown high-quality polymer-like carbon gate dielectric for organic thin-film transistors［J］. Advanced Electronic Materials，2016，2 (3)：1500374.

［61］ SEONG H，CHOI J，KIM B J，et al. Vapor-phase synthesis of sub-15 nm hybrid gate dielectrics for organic thin film transistors［J］. Journal of Materials Chemistry C，2017，5(18)：4463-4470.

［62］ LI M，LIU Z，FENG L，et al. Facile four-mask processes for organic thin-film transistor integration structure with metal interconnect［J］. IEEE Electron Device Letters，2020，41(1)：70-72.

［63］ KANG C H，LEE J H，KIM Y J，et al. Electrical Properties of Pentacene TFTs with Stacked and Surface-Treated Organic Gate Dielectrics［C］// SID Symposium Digest of Technical Papers. Oxford，UK：Blackwell Publishing Ltd，2003，34(1)：220-223.

［64］ CHUA L L，ZAUMSEIL J，CHANG J F，et al. General observation of n-type field-effect behaviour in organic semiconductors［J］. Nature，2005，434(7030)：194-199.

［65］ PARK H，YOO S，YI M H，et al. Flexible and stable organic field-effect transistors using low-temperature solution-processedpolyimide gate dielectrics［J］. Organic Electronics，2019，68：70-75.

［66］ HOROWITZ G. Origin of the "ohmic" current in organic field-effect transistors［J］. Advanced Materials，1996，8(2)：177-179.

［67］ SIRRINGHAUS H，KAWASE T，FRIEND R H，et al. High-resolution inkjet printing of all-polymer transistor circuits［J］. Science，2000，290(5499)：2123-2126.

［68］ ZHAO W，JIE J，WEI Q，et al. A facile method for the growth of organic semiconductor single crystal arrays on polymer dielectric toward flexible field-effect transistors［J］. Advanced Functional Materials，2019，29(32)：1902494.

［69］ GARNIER F，HOROWITZ G，PENG X，et al. An all-organic"soft"thin film transistor with very high carrier mobility［J］. Advanced Materials，1990，2(12)：592-594.

［70］ BAEG K J，KHIM D，JUNG S W，et al. Remarkable enhancement of hole transport in top-gated n-type polymer field-effect transistors by a high-k dielectric for ambipolar electronic circuits［J］. Advanced Materials，2012，24(40)：5433-5439.

［71］ KHIM D，CHEON Y R，XU Y，et al. Facile route to control the ambipolar transport in semiconducting polymers［J］. Chemistry of Materials，2016，28(7)：2287-2294.

［72］ LI J，SUN Z，YAN F. Solution processable low-voltage organic thin film transistors with high-k relaxor ferroelectric polymer as gate insulator［J］. Advanced Materials，2012，24(1)：88-93.

［73］ VERES J，OGIER S D，LEEMING S W，et al. Low-k insulators as the choice of dielectrics in organic field-effect transistors［J］. Advanced Functional Materials，2003，13(3)：199-204.

［74］ TANG W，LI J，ZHAO J，et al. High-performance solution-processed low-voltage polymer thin-film transistors with low-k/high-k bilayer gate dielectric［J］. IEEE Electron Device Letters，2015，36(9)：950-952.

［75］ CHO J H，LEE J，XIA Y U，et al. Printable ion-gel gate dielectrics for low-voltage polymer thin-film transistors on plastic［J］. Nature materials，2008，7(11)：900-906.

［76］ BOUDINET D，BENWADIH M，ALTAZIN S，et al. Influence of substrate surface chemistry on the performance of top-gate organic thin-film transistors［J］. Journal of the American Chemical Society，2011，133(26)：9968-9971.

[77] LIU C, XU Y, NOH Y Y. Contact engineering in organic field-effect transistors[J]. Materials Today, 2015, 18(2): 79-96.

[78] BOER B, HADIPOUR A, MANDOC M M, et al. Tuning of metal work functions with self-assembled monolayers[J]. Advanced Materials, 2005, 17(5): 621-625.

[79] PATERSON A F, MOTTRAM A D, FABER H, et al. Impact of the gate dielectric on contact resistance in high-mobility organic transistors[J]. Advanced Electronic Materials, 2019, 5(5): 1800723.

[80] CHENG X, CAIRONI M, NOH Y Y, et al. Air stable cross-linked cytop ultrathin gate dielectric for high yield low-voltage top-gate organic field-effect transistors[J]. Chemistry of Materials, 2010, 22 (4): 1559-1566.

[81] WANG C, LEE W Y, NAKAJIMA R, et al. Thiol-ene cross-linked polymer gate dielectrics for low-voltage organic thin-film transistors[J]. Chemistry of Materials, 2013, 25(23): 4806-4812.

[82] LI S, TANG W, ZHANG W, et al. Cross-linked polymer-blend gate dielectrics through thermal click chemistry[J]. Chemistry-A European Journal, 2015, 21(49): 17762-17768.

[83] KAELBLEIN D, MUSIOL T, BAHL D, et al. New organic semiconductors for improved processing: direct photo-patterning and high mobility materials for flexible TFTs[C] // SID Symposium Digest of Technical Papers. 2016, 47(1): 869-871.

[84] KIM W J, KIM C S, JO S J, et al. Organic/inorganic hybrid passivation layers for organic thin-film transistors[J]. Semiconductor science and technology, 2008, 23(7): 075034.

[85] GÖLLNER M, HUTH M, NICKEL B. Pentacene thin-film transistors encapsulated by a thin alkane layer operated in an aqueous ionic environment[J]. Advanced materials, 2010, 22(39): 4350-4354.

[86] FU Y, TSAI F Y. Air-stable polymer organic thin-film transistors by solution-processed encapsulation[J]. Organic Electronics, 2011, 12(1): 179-184.

[87] LI X, JEON J, CHOI J, et al. Improved stability of organic TFTs by polydimethylsiloxane passivation [C] // SID Symposium Digest of Technical Papers. 2018, 49(1): 1593-1596.

[88] XU Y, SUN H, SHIN E Y, et al. Planar-processed polymer transistors[J]. Advanced Materials, 2016, 28(38): 8531-8537.

[89] ZSCHIESCHANG U, BORCHERT J W, GEIGER M, et al. Stencil lithography for organic thin-film transistors with a channel length of 300 nm[J]. Organic Electronics, 2018, 61: 65-69.

[90] CAIN P A. Invited paper: organic LCDs on TAC film: low-cost, area-scalable flexible displays with glass-like optical performance[C] // SID Symposium Digest of Technical Papers. 2018, 49: 158-160.

[91] BORCHERT J W, PENG B, LETZKUS F, et al. Small contact resistance and high-frequency operation of flexible low-voltage inverted coplanar organic transistors[J]. Nature communications, 2019, 10(1): 1-11.

[92] GELINCK G H, VAN V E, COEHOORN R. Dual-gate organic thin-film transistors[J]. Applied Physics Letters, 2005, 87(7): 073508.

[93] MYNY K, BEENHAKKERS M J, AERLE N A J M, et al. Unipolar organic transistor circuits made robust by dual-gate technology[J]. IEEE J. Solid-State Circuits, 2011, 46(5): 1223-1230.

[94] KLAUK H. Will we see gigahertz organictransistors[J]. Advanced Electronic Materials, 2018, 4 (10): 1700474.

[95] LAMPORT Z A, BARTH K J, LEE H, et al. A simple and robust approach to reducing contact resistance in organic transistors[J]. Nature communications, 2018, 9(1): 1-8.

[96] XU Y, SUN H, LIU A, et al. Doping: A key enabler for organic transistors[J]. Advanced Materials, 2018, 30(46): 1801830.

[97] HAN L, HUANG Y, TANG W, et al. Reducing contact resistance in bottom contact organic field effect transistors for integrated electronics[J]. Journal of Physics D: Applied Physics, 2019, 53(1): 014002.

[98] TANG W, ZHAO L, FENG L, et al. Top-gate dry-etching patterned polymer thin-film transistors with a protective layer on top of the channel[J]. IEEE Electron Device Letters, 2015(36): 59-61.

[99] SHANNON J M, SPOREA R A, GEORGAKOPOULOS S, et al. Low-field behavior of source-gated transistors[J]. IEEE transactions on electron devices, 2013, 60(8): 2444-2449.

[100] MCCARTHY M A, LIU B, RINZLER A G. High current, low voltage carbon nanotube enabled vertical organic field effect transistors[J]. Nano letters, 2010, 10(9): 3467-3472.

[101] MCCARTHY M A, LIU B, DONOGHUE E P, et al. Low-voltage, low-power, organic light-emitting transistors for active matrix displays[J]. Science, 2011, 332(6029): 570-573.

[102] RUIZ R, PAPADIMITRATOS A, MAYER A, et al. Thickness dependence of mobility in pentacene thin-film transistors[J]. Advanced Materials, 2005, 17(14): 1795-1798.

[103] ROLIN C, STEUDEL S, VICCA P, et al. Functional pentacene thin films grown by in-line organic vapor phase deposition at web speeds above 2 m/min[J]. Applied physics express, 2009, 2 (8): 086503.

[104] BUTKO V, CHI X, LANG D, et al. Field-effect transistor on pentacene single crystal[J]. Applied Physics Letter, 2003, 83(23): 4773-4775.

[105] WEI C K, ULLAH K H, NIAZI M R, et al. Late stage crystallization and healing during spin-coating enhance carrier transport in small-molecule organic semiconductors[J]. Journal of Materials Chemistry C, 2014, 2(28): 5681.

[106] JANG J, NAM S, IM K, et al. Highly crystalline soluble acene crystal arrays for organic transistors: mechanism of crystal growth during dip-coating[J]. Advanced Functional Materials, 2012, 22 (5): 1005-1014.

[107] DING L, ZHZO J, HUANG Y, et al. Flexible-blade coating of small molecule organic semiconductor for low voltage organic field effect transistor[J]. IEEE Electron Device Letters, 2017, 38(3): 338-340.

[108] CHANG J, CHI C, ZHANG J, et al. Controlled growth of large-area high-performance small-molecule organic single-crystalline transistors by slot-die coating using a mixed solvent system[J]. Advanced Material, 2013, 25(44): 6442-6447.

[109] SIRRINGHAUS H, KAWASE T H, FRIEND R H, et al. High-resolution inkjet printing of all-polymer transistor circuits[J]. Science, 2001, 290(5499): 2123-2126.

[110] GU X, SHAW L, GU K, et al. The meniscus-guided deposition of semiconducting polymers[J]. Nature communications, 2018, 9(1): 1-16.

[111] JANNECK R, VERCESI F, HEREMANS P, et al. Predictive model for the meniscus-guided coating of high-quality organic single-crystalline thin films[J]. Advanced Materials, 2016, 28(36): 8007-8013.

[112] DIAO Y, TEE C K, GIRI G, et al. Solution coating of large-area organic semiconductor thin films with aligned single-crystalline domains[J]. Nature Materials, 2013, 12(7): 665-671.

[113] TEIXEIRA D R C, HAASE K, ZHENG Y, et al. Solution coating of small molecule/polymer blends

enabling ultralow voltage andhigh-mobility organic transistors[J]. Advanced Electronic Materials，2018，4 (8)：1800141.

[114] YAMAMURA A，WATANABE S，UNO M，et al. Wafer-scale，layer-controlled organic single crystals for high-speed circuit operation[J]. Science Advances，2018，4(2)：5758.

[115] HUANG Y，TANG W，CHEN S，et al. Scalable processing of low voltage organic field effect transistors with a facile soft-contact coating approach[J]. IEEE Electron Device Letters，2019，40(12)：1945-1948.

[116] LIN Z，GUO X，ZHOU L，et al. Solution-processed high performance organic thin film transistors enabled by roll-to-roll slot die coating technique[J]. Organic Electronics，2018，54：80-88.

[117] OGIER S D，MATSUI H，FENG L，et al. Uniform，high performance，solution processed organic thin-film transistors integrated in 1 MHz frequency ring oscillators[J]. Organic Electronics，2018，54：40-47.

[118] FENG L，JIANG C，MA H，et al. All ink-jet printed low-voltage organic field-effect transistors on flexible substrate[J]. Organic Electronics，2016，38：186-192.

[119] FENG L，TANG W，ZHAO J，et al. All-solution-processed low-voltage organic thin-film transistor inverter on plastic substrate[J]. IEEE Transactions on Electron Devices，2014，61(4)：1175-1180.

[120] TANG W，FENG L，ZHAO J，et al. Inkjet printed fine silver electrodes for all-solution-processed low-voltage organic thin film transistors[J]. Journal of Materials Chemistry C，2014，2(11)：1995-2000.

[121] SEKITANI T，NOGUCHI Y，ZSCHIESCHANG U，et al. Organic transistors manufactured using inkjet technology with subfemtoliter accuracy[J]. Proceedings of the National Academy of Sciences，2008，105(13)：4976-4980.

[122] FATTORI M，FIJN J，HARPE P，et al. A gravure-printed organic TFT technology for active-matrix addressing applications[J]. IEEE Electron Device Letters，2019，40(10)：1682-1685.

[123] FUKUDA K，YOSHIMURA Y，OKAMOTO T，et al. Reverse-offset printing optimized for scalable organic thin-film transistors with submicrometer channel lengths[J]. Advanced Electronic Materials，2015，1(8)：1500145.

[124] GRAU G，SUBRAMANIAN V. Fully high-speed gravure printed，low-variability，high-performance organic polymer transistors with sub-5 V operation[J]. Advanced Electronic Materials，2016，2(4)：1500328.

[125] SUZUKI K，YUTANI K，NAKASHIMA M，et al. Fabrication of all-printed organic TFT array on flexible substrate[J]. Journal of Photopolymer Science and Technology，2011，24(5)：565-570.

[126] TANG W，FENG L，JIANG C，et al. Controlling the surface wettability of the polymer dielectric for improved resolution of inkjet-printed electrodes and patterned channel regions in low-voltage solution-processed organic thin film transistors[J]. Journal of Materials Chemistry C，2014，2(28)：5553-5558.

[127] KAWASHIMA N，KOBAYASHI N，YONEYA N，et al. Late-News Paper：A High resolution flexible electrophoretic display driven by OTFTs with inkjet-printed organic semiconductor[C] // SID Symposium Digest of Technical Papers. Oxford，UK：Blackwell Publishing Ltd，2009，40(1)：25-27.

[128] FUKUDA K，MINAMIKI T，MINAMI T，et al. Printed organic transistors with uniform electrical performance and their application to amplifiers in biosensors[J]. Advanced Electronic Materials，2015，1(7)：1400052.

[129] KIM J，KIM M G，KIM J，et al. Scalable sub-micron patterning of organic materials toward high

density soft electronics[J]. Scientific reports, 2015, 5: 14520.

[130] DAAMI A, BORY C, BENWADIH M, et al. Fully printed organic CMOS technology on plastic substrates for digital and analog applications[C] // 2011 IEEE International Solid-State Circuits Conference. IEEE, 2011: 328-330.

[131] YANG H, CHEN C, ZHANG G, et al. Solution-processed organic thin-film transistor arrays with the assistance of laser ablation[J]. ACS applied materials & interfaces, 2017, 9(4): 3849-3856.

[132] KWON J, TAKEADA Y, SHIWAKU R, et al. Three-dimensional monolithic integration in flexible printed organic transistors[J]. Nature communications, 2019, 10(1): 1-10.

[133] KIM C H, BONNASSIEUX Y, HOROWITZ G. Compact DC modeling of organic field-effect transistors: Review and perspectives[J]. IEEE Transactions on Electron Devices, 2013, 61(2): 278-287.

[134] VALLETTA A, DEMIRKOL A S, MAIRA G, et al. A compact spice model for organic TFTs and applications to logic circuit design[J]. IEEE Transactions on Nanotechnology, 2016, 15(5): 754-761.

[135] DWIVEDI A D D. Numerical simulation and spice modeling of organic thin film transistors(OTFTs)[J]. International Journal, 2014, 1(2): 15.

[136] LI L, MARIEN H, GENOE J, et al. Compact model for organic thin-film transistor[J]. IEEE electron device letters, 2010, 31(3): 210-212.

[137] MARINOV O, DEEN M J, ZSCHIESCHANG U, et al. Organic thin-film transistors: Part I: Compact DC modeling[J]. IEEE Transactions on Electron Devices, 2009, 56(12): 2952-2961.

[138] SAMBANDAN S, KIST R J P, LUJAN R, et al. Compact model for forward subthreshold characteristics in polymer semiconductor transistors[J]. Journal of Applied Physics, 2009, 106(8): 084501.

[139] COLALONGO L. SQM-OTFT: A compact model of organic thin-film transistors based on the symmetric quadrature of the accumulation charge considering both deep and tail states[J]. Organic Electronics, 2016, 32: 70-77.

[140] FAN J, ZHAO J, GUO X. DC compact model for subthreshold operated organic field-effect transistors [J]. IEEE Electron Device Letters, 2018, 39(8): 1191-1194.

[141] ROMERO A, GONZÁLEZ J, DEEN M J, et al. Versatile model for the contact region of organic thin-film transistors[J]. Organic Electronics, 2019: 105523.

[142] LI N, DENG W, WU W, et al. A mobility model considering temperature and contact resistance in organic thin-film transistors[J]. IEEE Journal of the Electron Devices Society, 2020, 8: 189-194.

[143] ZHAO J, YU P, QIU S, et al. Universal compact model for thin-film transistors and circuit simulation for low-cost flexible large area electronics[J]. IEEE Transactions on Electron Devices, 2017, 64(5): 2030-2037.

[144] CHENG X, LEE S, NATHAN A. TFT small signal model and analysis[J]. IEEE Electron Device Letters, 2016, 37(7): 890-893.

[145] OSHIMA K, SHINTANI M, KURIBARA K, et al. Recovery-aware bias-stress degradation model for organic thin-film transistors considering drain and gate bias voltages[J]. Japanese Journal of Applied Physics, 2020, 59: SGGG08.

[146] BODE D, ROLIN C, SCHOLS S, et al. Noise-margin analysis for organic thin-film complementary technology[J]. IEEE transactions on electron devices, 2009, 57(1): 201-208.

[147] FUKUDA K. Organic pseudo-CMOS circuits for low-voltage large-gain high-speed operation[J]. IEEE Electron Device Letters，2011，32(10)：1448-1450.

[148] CHOI Y W. Low-voltage organic transistors and depletion-load inverters with high-K pyrochlore BZN gate dielectric on polymer substrate[J]. IEEE Transactions on Electron Devices，2005，52(12)：2819-2824.

[149] CELLE C，SUSPÈNE C，SIMONATO J P，et al. Self-assembled monolayers for electrode fabrication and efficient threshold voltage control of organic transistors with amorphous semiconductor layer[J]. Organic Electronics，2009，10(1)：119-126.

[150] NAUSIEDA I，RYU K K，DA H D，et al. Dual threshold voltage organic thin-film transistor technology [J]. IEEE Transactions on Electron Devices，2010，57(11)：3027-3032.

[151] GUO X，XU Y，OGIER S，et al. Current status and opportunities of organic thin-film transistor technologies[J]. IEEE transactions on electron devices，2017，64(5)：1906-1921.

[152] CUI T，LIANG G. Dual-gate pentacene organic field-effect transistors based on a nanoassembled SiO_2 nanoparticle thin film as the gate dielectric layer[J]. Applied Physics Letters，2005，86 (6)：064102.

[153] YAMAGISHI M，TAKEYA J，TOMINARI Y，et al. High-mobility double-gate organic single-crystal transistors with organic crystal gate insulators[J]. Applied physics letters，2007，90(18)：182117.

[154] IBA S，SEKITANI T，KATO Y，et al. Control of threshold voltage of organic field-effect transistors with double-gate structures[J]. Applied Physics Letters，2005，87(2)：023509.

[155] CUI Q，SI M，SPOREA R A，et al. Simple noise margin model for optimal design of unipolar thin-film transistor logic circuits[J]. IEEE transactions on electron devices，2013，60(5)：1782-1785.

[156] MASHAYKHI M，LLAMSA M，CARRABINA J，et al. Development of a standard cell library and ASPEC design flow for organic thin film transistor technology[C]// Design of Circuits and Integrated Systems. IEEE，2014：1-6.

[157] UPPILI S G，ALLEE D R，VENUGOPAL S M，et al. Standard cell library and automated design flow for circuits on flexible substrates[C]// 2009 Flexible Electronics & Displays Conference and Exhibition. IEEE，2009：1-5.

[158] ISHIDA K，MASUNAGA N，TAKAHASHI R，et al. User customizable logic paper(UCLP) with sea-of transmission-gates(SOTG) of 2-V organic CMOS and ink-jet printed interconnects[J]. IEEE Journal of Solid-State Circuits，2010，46(1)：285-292.

[159] CARRABINA J，MASHAYEKHI M，PAALLARÈS J，et al. Inkjet-configurable gate arrays(IGA) [J]. IEEE Transactions on Emerging Topics in Computing，2016，5(2)：238-246.

[160] SOU A，JUNG S，GILI E，et al. Programmable logic circuits for functional integrated smart plastic systems[J]. Organic Electronics，2014，15(11)：3111-3119.

[161] CHANG T J，YAO Z，RAND B P，et al. Organic-flow：an open-source organic standard cell library and process development kit[C]// 2020 Design，Automation & Test in Europe Conference & Exhibition(DATE). IEEE，2020：49-54.

[162] WESTE N H E，HARRIS D. CMOS VLSI design：a circuits and systems perspective[J]. Pearson Education India，2015.

[163] LI Q，ZHAO J，HUANG Y，et al. Integrated low voltage ion sensing organic field effect transistor

system on plastic[J]. IEEE Electron Device Letters, 2018, 39(4): 591-594.

[164] BORCHERT J W, ZSCHIESCHANG U, Letzkus F, et al. Flexible low-voltage high-frequency organic thin-film transistors[J]. Science Advances, 2020, 6(21): eaaz5156.

[165] TAKEDA Y, YOSHIMURA Y, Adib FA E B, et al. Flip-flop logic circuit based on fully solution-processed organic thin film transistor devices with reduced variations in electrical performance[J]. Japanese Journal of Applied Physics, 2015, 54(4S): 04DK03.

[166] MYNY K, VAN V E, Gelinck G H, et al. An 8-bit, 40-instructions-per-second organic microprocessor on plastic foil[J]. IEEE Journal of Solid-State Circuits, 2011, 47(1): 284-291.

[167] FIORE V, BATTIATO P, ABDINIA S, et al. An integrated 13. 56-MHz RFID tag in a printed organic complementary TFT technology on flexible substrate[J]. IEEE Transactions on Circuits and Systems I: Regular Papers, 2015, 62(6): 1668-1677.

[168] SHIWAKU R, YOSHIMURA Y, TAKEDA Y, et al. Control of threshold voltage in organic thin-film transistors by modifying gate electrode surface with MoOX aqueous solution and inverter circuit applications [J]. Applied Physics Letters, 2015, 106(5): 11-1.

[169] NAUSIEDA I. Dual threshold voltage integrated organic technology for ultralow-power circuits [C]. 2009 IEEE International Electron Devices Meeting(IEDM), 2009:1-4.

[170] FENG L, CUI Q, ZHAO J, et al. Dual-V_{th} low-voltage solution processed organic thin-film transistors with a thick polymer dielectric layer[J]. IEEE Transactions on Electron Devices, 2014, 61 (6): 2220-2223.

[171] KUMAR B. Single and dual gate OTFT based robust organic digital design. [J]. Microelectronics Reliability, 2014,54(1):100-109.

[172] HUANG T C, FUKUDA K, LO C M, et al. Pseudo-CMOS: A design style for low-cost and robust flexible electronics[J]. IEEE Transactions on Electron Devices, 2010, 58(1): 141-150.

[173] SHIWAKU R, MATSUI H., Nagamine K., et al., A printed organic amplification system for wearable potentiometric electrochemical sensors[J]. Sci. Rep., 2018, 8(1):3922.

[174] CHOI Y, KIM H, SIM K, et al. Flexible complementary inverter with low-temperature processable polymeric gate dielectric on a plastic substrate[J]. Organic Electronics, 2009, 10(7): 1209-1216.

[175] JINNO H, YOKOTA T, MATSUHISA N, et al. Low operating voltage organic transistors and circuits with anodic titanium oxide and phosphonic acid self-assembled monolayer dielectrics[J]. Organic Electronics, 2017, 40: 58-64.

[176] YOON M H, YAN H, FACCHETTI A, et al. Low-voltage organic field-effect transistors and inverters enabled by ultrathin cross-linked polymers as gate dielectrics[J]. Journal of the American Chemical Society, 2005, 127(29): 10388-10395.

[177] KLAUK H, ZSCHIESCHANG U, PFLAUM J, et al. Ultralow-power organic complementary circuits[J]. nature, 2007, 445(7129): 745-748.

[178] MATSUI H, HAYASAKA K, TAKEDA Y, et al. Printed 5-V organic operational amplifiers for various signal processing[J]. Scientific Reports, 2018, 8(1): 1-9.

[179] SUGIYAMA M, UEMURA T, KONDO M, et al. An ultraflexible organic differential amplifier for recording electrocardiograms[J]. Nature Electronics, 2019, 2(8): 351-360.

[180] MAIELLARO G, RAGONESE E, CASTORINA A, et al. High-gain operational transconductance

amplifiers in a printed complementary organic TFT technology on flexible foil[J]. IEEE Transactions on Circuits and Systems I: Regular Papers, 2013, 60(12): 3117-3125.

[181] GUERIN M, DAAMI A, JACOB S, et al. High-gain fully printed organic complementary circuits on flexible plastic foils[J]. IEEE transactions on electron devices, 2011, 58(10): 3587-3593.

[182] MARIEN H, STEYAERT M S J, VAN V E, et al. A fully integrated delta-sigma ADC in organic thin-film transistor technology on flexible plastic foil[J]. IEEE Journal of Solid-State Circuits, 2010, 46(1): 276-284.

[183] MARIEN H, STEYAERT M S J, VAN V E, et al. Analog building blocks for organic smart sensor systems in organic thin-film transistor technology on flexible plastic foil[J]. IEEE Journal of Solid-State Circuits, 2012, 47 (7): 1712-1720.

[184] NAUSIEDA I, RYU K K, DA HE D, et al. Mixed-signal organic integrated circuits in a fully photolithographic dual threshold voltage technology[J]. IEEE transactions on electron devices, 2011, 58(3): 865-873.

[185] ABDINIA S, BENWADIH M, COPPARD R, et al. A 4b ADC manufactured in a fully-printed organic complementary technology including resistors[C] // 2013 IEEE International Solid-State Circuits Conference Digest of Technical Papers. IEEE, 2013: 106-107.

[186] XIONG W, ZSCHIESCHANG U, KLAUK H, et al. A 3V 6b successive-approximation ADC using complementary organic thin-film transistors on glass[C] // 2010 IEEE International Solid-State Circuits Conference-(ISSCC). IEEE, 2010: 134-135.

[187] RAITERI D, VAN L P, VAN R A, et al. An organic VCO-based ADC for quasi-static signals achieving 1LSB INL at 6b resolution[C] // 2013 IEEE International Solid-State Circuits Conference Digest of Technical Papers. IEEE, 2013: 108-109.

[188] ZAKI T, ANTE F, ZSCHIESCHANG U, et al. A 3.3 V 6-bit 100 kS/s current-steering digital-to-analog converter using organic p-type thin-film transistors on glass[J]. IEEE Journal of Solid-State Circuits, 2011, 47(1): 292-300.

[189] XIONG W, GUO Y, ZSCHIESCHANG U, et al. A 3-V, 6-bit C-2C digital-to-analog converter using complementary organic thin-film transistors on glass[J]. IEEE Journal of Solid-State Circuits, 2010, 45(7): 1380-1388.

[190] KHAN Y, THIELENS A, MUIN S, et al. A new frontier of printed electronics: flexible hybrid electronics[J]. Advanced Materials, 2020, 32(15): 1905279.

[191] LI Q, ZHAO J, HUANG Y, et al. Subthreshold-operated low-voltage organic field-effect transistor for ion-sensing system of high transduction sensitivity[J]. IEEE sensors letters, 2018, 2(4): 1-4.

[192] SIRRINGHAUS H. Reliability of organic field-effect transistors[J]. Advanced Materials, 2009, 21 (38,39): 3859-3873.

[193] ZHAO J, TANG W,LI Q,et al. Fully solution processed bottom-gate organic field-effect transistor with steep subthreshold swing approaching the theoretical limit[J]. IEEE Electron Device Lett, 2017,38(10):1465-1468.

[194] SHIWAKU R, MATSUI H,HAYASAKA K,et al. Printed organic inverter circuits with ultralow operating voltages[J]. Advanced Electronic Materials, 2017,3(5):1600557.

[195] ZHAO J, LI Q, HUANG Y, et al. Manufactured-on-demand steep subthreshold organic field effect transistor for low power and high sensitivity ion and fluorescence sensing[C] // 2017 IEEE International

Electron Devices Meeting(IEDM). IEEE, 2017：8.3.1-8.3.4.

[196] TANG W，JIANG C，LI Q，et al. Low-voltage pH sensor tag based on all solution processed organic field-effect transistor[J]. IEEE Electron Device Letters，2016，37(8)：1002-1005.

[197] LIU K H，CHEN W H，TSAI C H，et al. 14-2：Towards commercial organic electronics and comprehensive comparison of device performance and reliability of organic and a-Si：H thin-film transistor technologies[C]// SID Symposium Digest of Technical Papers. 2017，48(1)：173-175.

[198] 崔晴宇，郭小军. 以全新的方式读书看报：电子纸技术简介[J]. 现代物理知识，2010(4)：41-51.

[199] ARIAS A C，DANIEL J，KRUSOR B，et al. All-additive ink-jet-printed display backplanes：Materials development and integration[J]. Journal of the Society for Information Display，2007，15(7)：485-490.

[200] SUZUKI K，YUTANI K，NAKASHIMA M，et al. All-printed organic TFT backplanes for flexible electronic paper[J]. Journal of the Imaging Society of Japan，2011，50(2)：142-147.

[201] YONEYA N，ONO H，ISHIII Y，et al. Flexible electrophoretic display driven by solution-processed organic thin-film transistors[J]. Journal of the Society for Information Display，2012，20(3)：143-147.

[202] TANG W C，HSU C H，LIN K Y，et al. Organic thin film transistor driven backplane for flexible electrophoretic display[C]// SID Symposium Digest of Technical Papers. 2015，46(1)：973-975.

[203] SHI Y，LI Z，WANG K，et al. 14 Inch flexible LCD panel with colorless polyimide[C]// SID Symposium Digest of Technical Papers. 2019，50(1)：597-599.

[204] CHIANG M F，CHENG C C，TU C H，et al. Invited paper：handling technology of plastic substrates in flexible display manufacturing[C]// SID Symposium Digest of Technical Papers. 2014，45(1)：46-49.

[205] YONEBYASHI R，TANAKA K，OKADA K，et al. High refresh rate and low power consumption AMOLED panel using top-gate n-oxide and p-LTPS TFTs [J]. Journal of the Society for Information Display，2020，28(4)：350-359.

[206] MIZUKAMI M，CHO S I，WATANABE K，et al. Flexible organic light-emitting diode displays driven by inkjet-printed high-mobilityorganic thin-film transistors [J]. IEEE Electron Device Letters，2017，39(1)：39-42.

[207] NOMOTO K. Invited Paper：Development of flexible displays driven by organic TFTs[C]// SID Symposium Digest of Technical Papers. Oxford，UK：Blackwell Publishing Ltd，2010，41(1)：1155-1158.

[208] NOMOTO K，NODA M，KOBAYASHI N，et al. Invited paper：rollable OLED display driven by organic TFTs[C]// SID Symposium Digest of Technical Papers. Oxford，UK：Blackwell Publishing Ltd，2011，42(1)：488-491.

[209] KUMAR A，VAN S J L，TRIPATHI A，et al. X-ray imaging sensor arrays on foil using solution processed organic photodiodes and organic transistors[C]// Organic Photonics VI. International Society for Optics and Photonics，2014，9137：91370Q.

[210] CHEN Q，WU J，OU X，et al. All-inorganic perovskite nanocrystal scintillators[J]. Nature，2018，561(7721)：88-93.

[211] TORDERA D，PEETERS B，AKKERMAN H B，et al. A high-resolution thin-film fingerprint sensor using a printed organic photodetector[J]. Advanced Materials Technologies，2019，4(11)：1900651.

［212］ NG T N，LUJAN R A，SAMBANDAN S，et al. Low temperature a-Si：H photodiodes and flexible image sensor arrays patterned by digital lithography［J］. Applied Physics Letters，2007，91 (6)：063505.

［213］ AGOSTINELLI T，YAGLIOGLU B，HORNE I，et al. Low leakage organic backplanes for low power and high pixel density flexible displays［C］∥ SID Symposium Digest of Technical Papers. 2016，47(1)：1523-1525.

［214］ WANG S，XU J，WANG W，et al. Skin electronics from scalable fabrication of an intrinsically stretchable transistor array［J］. Nature，2018，555(7694)：83-88.

［215］ LEE S，REUVENY A，REEDER J，et al. A transparent bending-insensitive pressure sensor［J］. Nature nanotechnology，2016，11(5)：472-478.

［216］ REN X，PEI K，PENG B，et al. A low-operating-power and flexible active-matrix organic-transistor temperature-sensor array［J］. Advanced Materials，2016，28(24)：4832-4838.

［217］ KONDO M，MELZER M，KARNAUSHENKO D，et al. Imperceptible magnetic sensor matrix system integrated with organic driver and amplifier circuits［J］. Science advances，2020，6(4)：eaay6094.

［218］ KAMATA T，NISHI S. Invited paper：A new automated manufacturing line of all-printed TFT array flexible film［C］∥ SID Symposium Digest of Technical Papers. 2014，45(1)：50-52.

［219］ 广西壮族自治区人民医院. 精神(心理)临床康复中心［EB/OL］. (2018-07-13)［2020-06-22］. http：∥ m. gxhospital. com/hospital/2018/QbY56Obz. html.

［220］ VIVENTI J，KIM D H，VIGELAND L，et al. Flexible, foldable, actively multiplexed, high-density electrode array for mapping brain activity in vivo［J］. Nature neuroscience，2011，14(12)：1599.

［221］ JUNG Y H，PARK B，KIM J U，et al. Bioinspired electronics for artificial sensory systems［J］. Advanced Materials，2019，31(34)：1803637.

第3章 水凝胶柔性电子

随着信息化和工业化的不断融合,可穿戴电子器件及其智能产业蓬勃发展,柔性电子材料与器件作为第四次工业革命的核心科技和战略制高点,在人体生理健康监测、电子皮肤、体外诊疗、虚拟现实、人机交互等领域呈现出巨大的应用前景。[1-3]柔性感知材料作为器件与环境沟通的重要媒介,集信号的"感知—反馈—响应"三个基本要素于一体,与电子器件的适应性和可靠性密切相关[4-5],已成为当今学术界的研究热点之一。

在不同种类柔性感知材料中,水凝胶由于具有与生物组织极高的相似性,引起研究者的广泛关注[6-16],被认为是一类非常具有应用潜力的柔性感知功能材料。

3.1 水凝胶的结构与合成

1960 年,Wichterle 以甲基丙烯酸 2-羟乙酯和乙二醇二甲基丙烯酸酯为共聚单体,首次人工合成水凝胶[17]。自此,水凝胶因其独特的固液双特性,引起了科研人员的极大关注。特别是,在过去的二十多年间,水凝胶的研究方向从基础物化性质研究逐渐拓展到水处理、人造器官、柔性机器人和可穿戴电子产品等诸多跨学科领域,其研究工作取得了快速发展[18]。

3.1.1 水凝胶的结构与特征

水凝胶可以视为一种可拉伸的离子导体,与动植物体内的组织及器官有诸多类似之处。其内部的高分子交联网络使其表现为又软又弹的固体。在外力拉伸作用下,内部交联网络可以通过分子间构象转变耗散大部分破坏;当外力去除时,又可通过分子链间的链段蠕动恢复其初始状态,保持水凝胶力学和结构上的完整性[19]。水凝胶的弹性模量取决于前驱体的组成、摩尔配比、交联键类型以及交联方式(光、热、离子等)等,通常在 1~100 kPa 之间。分布在水凝胶内部的水分子以及其他电解质使水凝胶具有导电性:聚合物交联网络的尺寸约为 10 nm,远大于水分子和外加电解质的尺寸,因此水分子和外加电解质可以在交联网络内部自由移动,形成离子通路。由于离子导体水凝胶和电子导体金属界面处会形成双电层,当水凝胶用作可植入设备与离子导体以及活体器官相接时,水凝胶的电化学特性表现出类似水溶性电解质,实现对体内电生理特性的检测[20-21]。在水凝胶拉伸过程中,交联网络发生熵变,几乎不影响离子导电率;拉伸后的电阻值与初始电阻的比值和拉伸率的平方呈线性关系,即 $R/R_0 = \lambda$[2]。

水凝胶的三维网络间隙中存在可自由"流动"的水分子,同时,一些小分子也可以水为传输介质在高分子网络中移动,进行信息和物质的传递[22,23]。由于三维结构的聚合物网络可以响应外界环境的微小变化进而发生凝胶体积或者其他物理、化学性质的改变,水凝胶能够在传质、传热以及多物理场作用下,与外界发生能量和物质交换,并对外界物理场刺激产生响应,实现对多重刺激信号(如温度、压力、pH 值、光、电、特定化学物质和生物分子等)的自动感知、处理和执行外界环境微小的物理或化学变化。例如,加入生物活性因子的水凝胶常常被用作细胞体外的培养支架以及人工器官的制造,改性后具有高强度和高韧性的水凝胶已经被证实能够有效促进软骨组织的再生[24]。此外,对外界刺激有快速响应特点的高分子所制得的水凝胶则在智能器件、软体机器人等领域展现出巨大应用前景[25,26]。

3.1.2　水凝胶的合成与分类

水凝胶的形成依赖于水相介质中分散的高分子链的交联作用,传统的物理交联、化学交联、接枝聚合和辐射交联已被广泛用于智能水凝胶的制备。常规的自由基聚合方法可用于制备不同成分、尺寸和形态(包括空心核壳粒子)的水凝胶,该方法操作简单、过程可控;功能引发剂和大分子引发剂对水凝胶内部或表面的官能团产生作用,可以促进多价生物偶联[27]。除自由基聚合,目前还有多种交联方法也被用于水凝胶的制备,如席夫碱反应(schiff-base reactions)、点击化学(click chemistry)、酰胺交联(amide crosslinking)、硫醇二硫化物交换(thiol-disulfide exchange)、光诱导交联(photo-induced crosslinking)、酶介导交联(enzyme-mediated crosslinking)等。

按照不同特征属性,水凝胶具有不同的分类形式,如图 3-1 所示[28]。按照聚合物交联作用的本质,水凝胶的内部键合可以分为化学交联及物理交联。化学交联点的形成,源于多官能团的小分子交联剂与高分子链之间的共价键交联作用,它具有稳定性好、使用灵活、交联密度可控等优势,在人工合成型水凝胶里占据重要地位。但是,化学交联点在断裂之后无法恢复且强度有限,因此纯化学交联型水凝胶的强度和韧性都十分有限,且凝胶疲劳抗性较差。相对的,水凝胶中的物理交联源自高分子链之间的非共价键作用,如氢键、离子键、主客体相互作用以及高分子链的物理缠结作用等[29]。物理交联的最大优势是物理交联点的动态可逆性[30]:一些天然高分子材料,如海藻中的多糖及动物体内的蛋白质,其高分子物理缠结会随着温度的变化而发生改变,基于这些材料形成的水凝胶会在周围环境温度变化时,表现出不同的流动状态;对于离子键交联的高分子网络,在周围有反离子存在的时候,水凝胶可以溶解及再结合,同时电场作用下离子的定向运动赋予水凝胶较高的电子电导率;氢键在高温或者碱性环境下会被破坏,而在低温条件下又会重新交联。基于这些动态可逆性,物理

交联型水凝胶具有很多新颖的特质，如自修复性、抗疲劳等。将这类物理交联的凝胶与 3D
打印技术结合，可以精确控制所形成凝胶的形状和结构，促进凝胶材料在实际生产生活中的
应用[31,32]。水凝胶纷繁的分类方式为仿生智能柔性电子材料的制备提供了众多可选择的切
入点，成为特征响应型柔性感知材料制备和应用的关键。

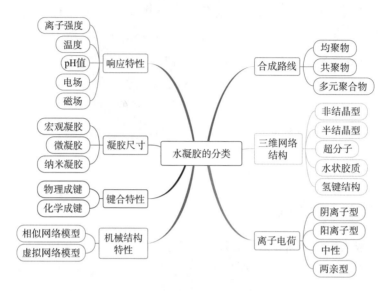

图 3-1　水凝胶的分类[28]

3.2　高韧性水凝胶

　　水凝胶具有柔韧可拉伸性、化学和生物分子渗透性以及良好的生物相容性，在形变状态
下可保持高电子电导率[33-35]，与接触界面具有极好的共形能力，在柔性电子器件领域颇具应
用前景[22,36]。但传统的单网络水凝胶的力学性能弱，强度一般仅在 100 kPa 级别，断裂伸长
率低于 100%，断裂能小于 100 J/m²[37]。因此，早期水凝胶的应用经常局限于一些对强度和
力学性能要求不高的领域，如药物缓释、细胞培养支架、吸水材料等[38]。考虑到柔性电子器
件在实际应用中可能面临的苛刻应用需求（高安全性、高可靠性、高耐久性等）和复杂的外界
应用环境（宽温度和湿度范围等），水凝胶基体要能够承受长期的静态或循环应力、具有高韧
性和抗疲劳属性，如人工组织结构中连续长期形变、机械手臂中重复形变以及可穿戴设备中
的连续拉伸或振动反馈等。此外，在实际运用过程中不可避免的外界损伤（如摩擦、剪切
等），这会进一步引起器件的微结构衰败（微裂纹和划痕等），加剧水凝胶网络结构的疲劳损
伤，最终导致断裂失效。因此，提高水凝胶的强度和韧性，对于扩展它们在电子、生物医学领
域的应用具有重要意义。

3.2.1 高强度水凝胶的增韧机制

水凝胶韧性的主要表征参数为断裂能（Γ）。断裂能被定义为材料所含裂纹扩展单位面积所需要的能量，用来表征材料能够承受的最大载荷与应变的综合贡献。常用的测量方式包括纯剪切测试和裤形撕裂测试。水凝胶的断裂能主要可以分为两部分，即

$$\Gamma = \Gamma_0 + \Gamma_D$$

式中，Γ_0 为固有断裂能；Γ_D 为裂纹扩展区域的耗散能。

固有断裂能 Γ_0 表示在裂纹扩展单位面积时，裂纹平面内原有的高分子链断裂所需要的能量，裂纹扩展区域的耗散能 Γ_D 可以看作裂纹周围网络耗散的黏弹性机械能。根据 Lake-Thomas 理论，水凝胶的固有断裂能和裂纹扩展区域耗散能可以由下式计算[39-40]：

$$\Gamma_0 = U_f \times m,$$
$$\Gamma_D = \Gamma_0 \varphi(\alpha_T \nu)$$

式中，U_f 为单根高分子链破坏所需要的能量；m 是裂纹扩展单位面积上的高分子链的数量；$\varphi(\alpha_T \nu)$ 为力学耗散因子。

固有断裂能主要取决于裂纹扩展平面上高分子链的密度、高分子链内化学键的数目和破坏单个化学键的所需能量。[41-42] 以常见不含水弹性体的固有断裂能作为参考，其固有断裂能取值约为 50 J/m^2。水凝胶中高分子链的密度与其体积百分比成正比，考虑到高含水量水凝胶中的高分子链的密度更低，可以估算出水凝胶的固有断裂能约为 10 J/m$^{2[43]}$。因此，仅靠裂纹扩展平面内固有断裂能的贡献很难获得强韧性的水凝胶。裂纹扩展区域的耗散能与固有断裂能呈线性关系；力学耗散因子具有黏度依赖性和温度依赖性，是材料的特征参数；力学耗散因子与裂纹扩散速率呈幂律关系，即裂纹的快速增殖相比普通裂纹的增长需要更多的能量[41]。对于弹性体而言，在拉伸和断裂过程中的能量耗散主要通过分子链摩擦、转变和重新排列实现；水凝胶中高分子链之间的大量水分极大地削弱了摩擦耗散过程，其裂纹增长速率更快[42]。

与其他高分子材料相比，水凝胶高度水合的网络结构会引起明显的力学行为差异。交联反应可以增加高分子材料的弹性模量和抗拉强度，但也在一定程度上降低了断裂能和可延展性。因此，水凝胶力学性能较差的主要原因可以归结为：高含水量的凝胶体系中聚合物分子链密度较低，高分子链之间缺少摩擦，在承受外力时缺乏快速能量耗散机制；内部不均匀交联的网络结构和局部交联密度的不均匀性使得水凝胶在承受外界载荷时，在分子链较短的部位易形成局部应力集中，进而导致水凝胶在载荷水平较低时即迅速失效。

为了提高水凝胶的力学性能，在过去十几年间研究人员做了大量的研究，从实验方法改进到增韧机理探索都有显著进展。水凝胶体系的断裂机制与常见刚性金属、陶瓷、塑料弹性体等明显不同，基于高含水量聚合物网络的黏滞性，应力在水凝胶内部的传导具有迟滞性，同时本体存在多重能量耗散路径，这一方面使得在裂纹尖端即便局部应力集中也表现为慢

裂纹增生,即针对硬弹性体的断裂损伤研究不适用于水凝胶体系;另一方面在水凝胶本体中也存在大量的微裂纹,并在实际应用中随着失水量的增加不断增殖,引起水凝胶的非本征断裂损伤。Tanaka 等[44]在 2000 年基于聚丙烯酰胺水凝胶研究了聚合物的疲劳断裂,研究指出循环应变下水凝胶的断裂损伤具有累积效应,循环拉伸过程中水凝胶内部生成微裂纹,在循环过程中裂纹以指数倍速率增殖并最终质变引发体系失效。Liu 等[45]采用二维数字图像相关技术研究了聚乙烯醇双网络结构水凝胶的裂纹扩展机制,研究表明,在初始静态裂纹的尖端会发生明显的二次裂纹扩展;二次裂纹扩展的幅度虽然远小于初始静态裂纹扩展幅度,但其扩展的速率明显加快;研究结果同时也表明了水凝胶的断裂与其历史状态密切相关,具有累积效应。Vlassak 等[46]进一步细化了水凝胶中含水量对体相微裂纹扩展的影响:当凝胶含水量较高时,水分子易于扩散到裂纹尖端引起凝胶膨胀,此处微裂纹扩展出现弛豫现象,即使高含水量的水凝胶具有较低的断裂强度,在外力作用下其断裂仍然滞后于低含水量的水凝胶。Li 等[47]对比了水凝胶界面和体相的断裂阈值,发现前者远低于后者,且裂纹在界面的扩展速率也远高于凝胶体相。

对于强韧性水凝胶而言,裂纹的传播不仅会拉断裂纹平面内的高分子链,也会引起裂纹周围较大范围的能量耗散。现阶段,针对水凝胶的韧性研究主要采用预切和非预切下的静态恒定拉力、循环载荷测试的方法[48]。一个有缺口的水凝胶样品受到拉伸时,厚度为 h 的裂纹影响区(图 3-2)内的材料经历了循环加载的过程[42]。对于常见的高韧性水凝胶,它们的循环加载曲线往往不会重合,表现出明显的迟滞环,这些迟滞环的面积大小反映了材料在外力加载—卸载过程中由内部网络的破坏所引起的能量耗散;另外,在复合水凝胶中,裂纹尖端连接区的增强相(纤维或颗粒等)会随着裂纹的扩展而被拉离原有位置,这一物理过程会进一步造成部分能量耗散。这两种方式所引起的耗散能 Γ_0 远高于水凝胶的固有断裂能。因此,在水凝胶中引入不同尺度的有效能量耗散机制,同时提高水凝胶的裂纹影响区和裂纹尖端连接区的抗拉能力,对于水凝胶的增韧起到至关重要的作用。

水凝胶中能量耗散机制从微观到宏观尺度主要包括高分子链的破坏、可逆交联点的引入、高分子链或交联点的构象转变以及宏观增强相的拉开和断裂等。基于此,在提高水凝胶的力学性能上常采用的方法包括引入长链聚合物分子、引入多官能团交联点和采用微观/宏观上水凝胶复合材料。其本质均在于通过对交联方式的合理设计,实现凝胶结构的增韧。基于水凝胶断裂韧性机理的研究以及多重能量耗散途径的引入,现阶段已出现了很多具有优异力学性能的水凝胶体系,如聚(2-丙烯酰胺基-2-甲基丙磺酸)/丙烯酰胺双网络水凝胶、具有可滑动交联点的拓扑水凝胶(也称滑环水凝胶)以及纳米复合水凝胶等[49,50]。目前,这些水凝胶的强度已经可以超过 10 MPa,断裂伸长率可以达到 12 000%,韧性(撕裂能)从之前的不到 100 J/m² 提高到超过 10 000 J/m²。

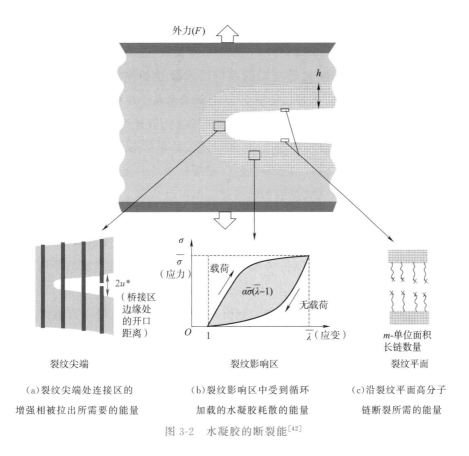

外力(F)

h

$2u^*$
（桥接区
边缘处
的开口
距离）

σ
$\overline{\sigma}$
（应力）
载荷
$\alpha\overline{\sigma}(\overline{\lambda}-1)$
无载荷
O
1
$\overline{\lambda}$（应变）

m-单位面积
长链数量

裂纹尖端

裂纹影响区

裂纹平面

(a)裂纹尖端处连接区的
增强相被拉出所需要的能量

(b)裂纹影响区中受到循环
加载的水凝胶耗散的能量

(c)沿裂纹平面高分子
链断裂所需的能量

图 3-2　水凝胶的断裂能[42]

3.2.2　常见强韧型水凝胶及其增韧机理

提高水凝胶可拉伸性和韧性的措施主要是通过对交联过程以及交联网络的调控实现的。传统高分子网络的形成主要有两种途径：一是单体溶液同时发生聚合交联；二是对原有高分子进行交联反应。两种方法合成的水凝胶都具有无规和异质的特性，这种交联结构的异质性极容易引起拉伸过程中的应力集中和断裂。事实上，聚合形成的单根高分子链类似于熵弹簧，其弹性主要取决于空间构型自由度[51]。发生交联时，网络内高分子链的数目增加、单根分子链变短，导致构型自由度降低，从而表现出宏观脆性。破坏高分子链断裂能的大小与其分子链长度成正比关系，然而分子链变短时，交联网络的可拉伸性随之降低，这两种对立因素作用的综合结果是抗拉强度的增大是以断裂能阈值降低为代价的。换而言之，增大交联度使水凝胶变硬变脆，减小交联程度使水凝胶变软变韧[42,52]。因此，通过设计及筛选交联键类型（化学共价键、动态物理键）和合理调控交联网络是水凝胶力学增韧的重要途径。基于这种考虑，水凝胶增韧网络主要包括功能化/双重交联、超分子网络、互穿网络和纳米复合网络[51]。

3.2.2.1 纳米复合水凝胶

纳米复合水凝胶(nanocomposite hydrogel,NC 水凝胶)是由 Haraguchi 和 Takehisa[53] 在 2002 年提出:为了改善传统化学交联的单网络水凝胶的脆性,他们提出以纳米黏土 (nanoclays)作为多功能交联点来替代化学交联剂,将纳米黏土在水中充分溶解剥离后,加入 N-异丙基丙烯酰胺(NIPAM)单体;良好剥离的纳米黏土为直径约 30 nm、厚度约 1 nm 的二维片状形貌,表面有大量电荷以及功能基团,易与加入的单体形成非共价键;当 NIPAM 单体在纳米黏土颗粒上原位聚合后,纳米颗粒可以在凝胶网络中作为交联点促进水凝胶的形成。研究结果表明,NC/PNIPAM 凝胶的断裂伸长率可以达到 1 000%以上,强度最高可以达到 305 kPa,同时还具有透明性高、含水量大和溶胀速率快等优势。NC 凝胶在力学性能上的显著提升,主要得益于纳米黏土的均匀分散提升了凝胶网络中交联点的均匀性,减少了凝胶受力过程中的局部应力集中;另一方面,纳米黏土之间柔性蜷曲的高分子网络保证了基体的强拉伸性。

通过 NC 水凝胶的研究,研究人员意识到引入多官能团交联点可以有效提升单网络凝胶的力学性能,由此出现了大量多功能性交联剂聚合物网络的强韧型 NC 水凝胶:Zhang 等[54]通过在水凝胶中引入大分子纳米微球实现明显增韧效果,器件可在拉力和压力两种刺激下实现循环拉伸,单次循环的能量耗散几乎保持不变;Gao 等[55]采用二氧化钛纳米球实现凝胶增韧,通过抑制初期微裂纹的生成提高了凝胶的机械强度。近年来,随着纳米材料以及纳米技术的不断发展,越来越多研究工作开始尝试将其应用于水凝胶体系制备 NC 水凝胶,例如,金、氧化锌、单质碳和二硫化钼等材料在微纳尺度上一般具有不同于块体材料的特殊性能(小尺寸效应、量子尺寸效应、表面效应、介电限域效应和宏观量子隧穿效应等),用其构筑的三维网络在实现凝胶增韧的同时,也体现出一系列新的功能[56-60]。

基于此,将不同维度的纳米填充粒子与水凝胶基体复合,结合两者的优势互补,可得到同时具有优良机械性能和电学性能的 NC 水凝胶,为实现高拉伸性、高机械强度和高稳定性柔性材料奠定理论基础,同时导电纳米粒子的负载也可以进一步拓宽水凝胶在传感器、晶体管、储能电池等柔性电子器件中的应用[61,62]。

值得指出的是,制备 NC 水凝胶的关键因素为导电纳米颗粒在聚合物基体中的纵横比、比表面积和分散性。聚合物体系中缠绕或折叠的大分子尺寸与纳米材料尺寸相当,因此在分子水平聚合物和导电填充粒子之间具有强相互作用,可以指数倍影响聚合物的机械、力学、电、势垒和细胞黏附性能。为了提升纳米粒子在 NC 水凝胶中的分散均匀性,一般通过将纳米导电粒子表面功能化后再分散到水凝胶中来实现。纳米粒子在凝胶中的随机分布使得体系的添加量必须达到一个较高的值才能形成连续的导电网络(以石墨烯为例,通常需要添加 0.1%～2%的体积百分含量):当纳米颗粒的含量过高时,易造成颗粒的团聚,降低凝胶网络的均匀性并引起凝胶性能的下降;而当填充含量较低时,这些填料很难对凝胶的强度起到增强效果。更重要的是,机械强度的提升一般依赖于材料与聚合物基体之间的强烈相互作用,这将极大地限制聚合物分子链的运动,从而导致响应速率显著降低。因此,尽管 NC 水凝胶的拉伸性可以实现很大提升,但是这类水凝胶的模量和强度很少能达到兆帕(MPa)的级别。

3.2.2.2　化学交联的强韧型双网络水凝胶

双网络水凝胶(double network hydrogel,DN 水凝胶)是指由两种高分子网络相互贯穿组成的复合水凝胶,DN 水凝胶的概念源于北海道大学的龚剑萍教授,其课题组在 2003 年首次发现,如果将一种高分子量的中性聚合物网络引入到另一种高度溶胀的聚电解质网络,可以获得含水量超过 90%、同时力学性能十分优异的 DN 水凝胶。这类凝胶的弹性模量为 0.1~1.0 MPa,强度可以达到 1~10 MPa,断裂应变超过 1 000%,撕裂能可以达到 1 000 J/m²,力学性能远远超过单网络水凝胶。

DN 水凝胶的制备主要分为两步:第一步是合成分子链较短、交联密度较高的聚电解质网络凝胶;第二步是将制备好的第一网络凝胶浸入到混有中性单体和少量交联剂以及引发剂的溶液内,在网络达到溶胀平衡之后再引发第二网络的聚合[见图 3-3(c)]。在第一重网络构建时,采用较高的引发剂和交联剂用量,形成高交联密度的聚合物分子短链,随后通过降低交联剂用量制备柔软的长分子链第二重网络。在外界应力作用下,分子链短且网络较脆的第一重网络首先断裂并大量耗散能量,高度蜷曲的第二重网络结构保证凝胶的拉伸性,保持整体结构完整;尤其是,第一重网络破裂形成的碎片可作为第二重网络滑动的交联点,提高中性高分子链的相互滑动和摩擦,进一步有效分散凝胶中的应力。以上几方面的原因使得 DN 水凝胶的力学性能得到极大提高[见图 3-3(g)][63]。Lu 等[64]则采用不同交联度的双网络水凝胶研究其韧性,结果证实双网络水凝胶中高交联的水凝胶表现出较高的断裂强度。

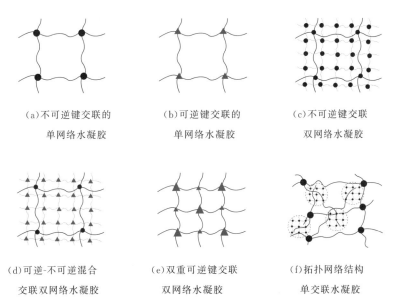

(a)不可逆键交联的　　　　(b)可逆键交联的　　　　(c)不可逆键交联
　单网络水凝胶　　　　　　单网络水凝胶　　　　　双网络水凝胶

(d)可逆-不可逆混合　　　(e)双重可逆键交联　　　(f)拓扑网络结构
　交联双网络水凝胶　　　　双网络水凝胶　　　　　单交联水凝胶

图 3-3　水凝胶的典型拓扑结构[46]

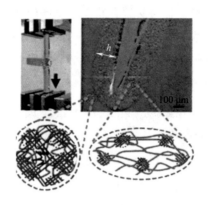

(g) 双网络凝胶在撕裂测试后的裂纹影响区[63]

图 3-3 水凝胶的典型拓扑结构[46]（续）

这种多重键合复合交联网络结构在各类仿生结构中具有突出的应用背景。以人体肌纤维为例，人体的骨骼肌在机械压力训练下会变强壮：高强度机械训练后，肌肉纤维会分解并促进更强壮的纤维的形成。基于上述肌肉自生长机理，北海道大学的科研人员将双网络水凝胶放入含有单体分子的溶液中，交联形成聚合物网络；通过模仿骨骼肌的动态构建过程，达到制备高韧性水凝胶的目的[65]。水凝胶在外界拉力下会发生刚性和脆性断裂，并在断裂的聚合物分子链末端形成"力学自由基"；水凝胶网络可以在周围的溶液中吸收单体，并在力学自由基的引发作用下与已有的聚合物交联网络发生聚合反应并交联，从而强化材料。随着外界的持续拉伸和破坏，水凝胶网络内发生更多的分子链裂解和聚合，这就好比进行力量训练的骨骼肌。在此反复过程中，水凝胶的强度和刚度分别提高了 1.5 倍和 23 倍，其质量增加了 86%。这项工作可以帮助开发自我生长的水凝胶材料，并扩展到其他水凝胶材料，用于骨骼损伤患者的灵活外科手术。与此同时，Gong 等利用疲劳测试和原位小角 X 射线散射相结合的方式，间接证明了水凝胶中多尺度结构的多步疲劳机理[66]。

由于双网络结构在凝胶强韧化设计上所取得的显著效果，人们还设计了很多强韧型 DN 水凝胶体系，如微凝胶增强的 DN 凝胶、液晶型 DN 凝胶、有机相/无机相 DN 凝胶、聚乙烯醇凝胶等[67-69]。

3.2.2.3 物理键-共价键复合交联的强韧型水凝胶

改善 DN 水凝胶抗疲劳效果的一种有效方法是将物理交联网络引入其中，通过物理交联的可逆特性，使得水凝胶在适当牺牲其强度和韧性的前提下实现良好的抗疲劳属性。基于此，研究人员设计了以物理键-共价键复合交联的强韧型水凝胶[见图 3-3(d)]。例如，Sun 等[70]将 Ca^{2+} 引入海藻酸钠的物理凝胶构成第一重网络，第二重网络仍然用经典的中性聚丙烯酰胺网络，由此制得了具有优异力学性能的 DN 水凝胶：该水凝胶在有预切口的情况下，仍能够拉伸到原长的 17 倍，纯剪切测试下的断裂能高达 9 000 J/m^2；Suo 等[71]比较了有无离子键增韧的两种海藻酸钠/聚丙烯酰胺水凝胶的抗疲劳性能:具有离子键增韧的水凝胶断裂强度从 169 J/m² 提升至 3 375 J/m²,说明通过第二重网络增韧可明显提高水凝胶的韧性。Chen 等[72]利用琼脂(agar)中的氢键交联点随温度会发生可逆转变的特性,在 90 ℃下将其与第二重网络的单体共混,通过一次化学交联制得了力学性能优异的 agar-聚丙烯酰胺 DN 水凝胶,这种凝胶的强度能够超过 1 MPa,断裂伸长率超过 2 000%。

　　复合交联型水凝胶力学性能的提升,主要得益于两种交联方式的协同作用:弱的物理交联点作为牺牲键在外力加载时首先破坏并耗散能量,少量化学交联的第二网络提供材料的拉伸性并使基体能够在大变形下维持凝胶网络的整体状态。水凝胶网络中的物理、化学多重交联网络可构建多尺度效应,协同耗散能量,使水凝胶具有高韧性[73-75]。聚电解质水凝胶体系的多尺度能量耗散和高强韧性即主要来源于多尺度结构破坏的耦合过程[76,77]。在上述的高强度增韧过程中,有两个参数至关重要,即高模量网络和低模量网络的相对强度和离子键的绝对强度:前者关系到应力传递和应力集中减弱,后者关系到凝胶的能量耗散和黏弹性。为了研究这两个参数对凝胶韧性的影响,龚剑萍教授课题组采用了一种渗透压的方法[73];在渗透压作用下,凝胶会发生脱水和收缩。高分子浓度随外界渗透压的增加而增大,使离子键强度增加;同时,由于模量低的网络比模量高的网络更容易脱水,两个网络的相对差别随外界渗透压的增加逐渐变小,并最终消失,即在结构上发生从不均匀到均匀的转变。这种方法可以在不改变分子链网络拓扑结构的前提下,调控两个网络的相对强度以及离子键的强度,从而实现水凝胶由高可拉伸性到力脆性的转变。在这一结构转变过程中,水凝胶具有最大力学韧性点,这一最大韧性是离子键绝对强度和两个网络相对强度的协同结果。

　　复合交联型水凝胶的出现不仅简化了凝胶的制备,而且极大地拓展了强韧型凝胶的种类,通过引入物理交联网络,将双重化学交联凝胶转变为复合交联,可充分利用物理交联的回复性改善 DN 水凝胶的抗疲劳特性;同时,通过调控物理交联点的强度可以有效调节凝胶的流变性,使其能够适应传统的模压、挤出工艺,具有优异的加工性能。复合交联的强韧型水凝胶的另外一个优势在于它的自修复性。由动态特性的物理、化学作用形成的动态键,如弱相互作用的氢键、分子间作用力(范德华力)、配位作用、亲疏水作用等,或可逆共价键,如温和条件下可逆的亚胺键、双硫键、酰腙键等,具有本征自愈合特性,可对结构破坏进行自修复,具有环境自适应性。

3.2.2.4　纯物理交联的强韧水凝胶

　　由于物理交联的强可逆特性,当凝胶发生断裂损伤后,重新物理接触的断裂面会重新成键,因此宏观上,具有物理交联的水凝胶均表现出不同程度的自愈合特性[见图 3-3(e)]。从单个交联点来看,物理交联点的强度比化学键要弱很多,因此普遍认为基于纯物理交联的水凝胶很难获得高力学性能。最新研究工作表明,通过调整物理交联点的密度并调控这些交联点的密度分布,形成内部交联拓扑结构,即使是纯物理交联的水凝胶,也可以拥有优异的力学性能[见图 3-3(f)]。天津大学刘文广课题组[78]首先利用侧基含有两个氨基的单体(N-丙烯酰甘氨酰胺,NAGA)通过一步聚合得到了力学性能非常优异的 PNAGA 水凝胶;Zheng 等[79]利用 Fe^{3+} 的金属配位作用交联聚丙烯酸-聚丙烯酰胺共聚物,得到了纯物理交联的水凝胶,其强度最大可以超过 15 MPa,断裂伸长率为 $150\%\sim1\,100\%$,撕裂能最大可以达到 $1\,300\ J/m^2$。

　　制备特征拓扑结构的水凝胶,通过增强水凝胶微观结构上的规整度,可以实现聚合物高分子链间滑移时能量高效耗散,也可以提高水凝胶的恢复性和溶胀特性,是实现纯物理交联的高韧性水凝胶的重要方法。Hu 等[23]通过引入较高比例的多重可逆氢键,初步探索了低比例化学交联水凝胶的力学性能(见图 3-4):聚合物导电网络中,氢键良受体的 N,N-二甲基丙烯酰胺和氢键良供体的甲基丙烯酸聚合生成多重分子内氢键,形成富含低聚物的团聚体;长链聚甲基丙烯酸中的 α-甲基的疏水作用进一步稳定该聚合体;团聚体生成的同时引起周围单体浓度的降低,实现低比例的化学交联。最终聚合反应生成富含氢键和聚合物的团簇嵌入一个松散的共价交联网络中的拓扑网络结构:较大的团簇能够承受较大的宏观应变;小的团簇能够保证高应变下牺牲键反复断裂过程中的快速能量耗散;少量共价键的弹性保证了形变后机械性能和形变的完全恢复,使得到的水凝胶具有高拉伸性和强韧性。然而,拓扑结构水凝胶聚合物种类较少,且制备方法较为复杂,在实际应用中存在一定限制。图 3-4(a)所示为多重可逆氢键和弱化学交联的水凝胶成型机制及在应力下内部交联网络的断裂-重组过程,图 3-4(b)所示为单体氢键供体-受体组分的水凝胶拉伸性能、强度及杨氏模量。

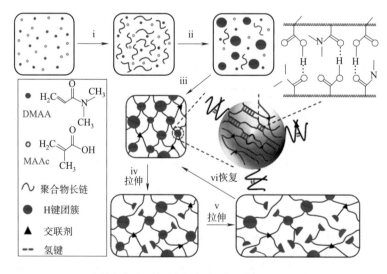

(a)水凝胶成型机制及内部交联网络的断裂—重组过程

图 3-4　物理交联的强韧性水凝胶[19]

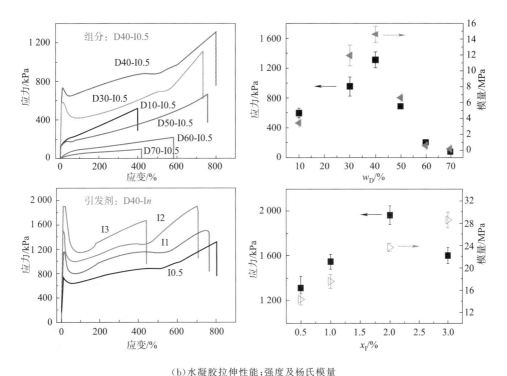

（b）水凝胶拉伸性能；强度及杨氏模量

图 3-4　物理交联的强韧性水凝胶[19]（续）

w_D—DMMA 质量分数；x_I—引发剂摩尔分数

3.3　水凝胶在柔性电子器件中的应用

3.3.1　水凝胶柔性应变传感器

随着人机交互和物联网的发展，柔性电子技术和器件得到了越来越多的关注，其中，柔性应变传感器因为器件结构简单、制备成本低廉、传感性能可调等优点，成为一种基础柔性电子器件。柔性应变传感器的结构通常包括柔性衬底、介电层、活性层和电极[80]。电阻式和电容式是现阶段柔性传感器最重要的两种形式，其主要的传感机理包括压电效应、导电通路分离、裂纹增长以及穿隧效应[81]。柔性应变传感器的主要性能参数有灵敏系数（GF，拉伸状态下；S，压缩状态下）、响应速率等，其他的还有力学性能（杨氏模量、断裂伸长率、拉伸滞后性）、电阻的频率依赖性和拉伸率依赖性等。

通常情况下，水凝胶应变传感器在机械刺激下的电学性能变化小于由其他精密加工方法制备而成的柔性传感器，这主要是因为水凝胶中离子在电场下的定向移动需要克服高分子网络之间的摩擦以及水合作用，因而其自由移动的速率大大降低。但水凝胶柔性应变传感器具有其他柔性传感器所不具备的优势：类似于人体皮肤的力学模量、本身既可拉伸又可导电、易于大规模批量化生产、生物相容性好。近年来,具有优异性能的水凝胶柔性应变传感器被大量报道,如图 3-5 所示。Ge 等[82]通过模仿人体肌肉纤维的微观形貌,在水凝胶中原位聚合聚苯胺纳米纤维。与传统水凝胶传感器相比,该纳米纤维仿生水凝胶的敏感度提高约 7.8 倍,可以准确检测并区分人体喉咙在单音节和多音节单词发声过程中的声带振动信号。Zhang 等[83]将新型二维材料 MXene 掺杂进商用聚乙烯醇水凝胶中,获得了高可拉伸(3 400%)水凝胶传感器;得益于 MXene 二维片层在拉伸过程中微观排列的显著变化,该水凝胶传感器在拉伸过程中的灵敏系数高达 25,在压缩过程中的灵敏系数高达 80。Dong 等[35]以聚丙烯酰胺和聚乙烯醇作为高分子网络主体,氯化钾作为溶质提高导电率,合成了高可拉伸(> 500%)、高透明度(> 90%)的水凝胶应变传感器;该水凝胶表面自组装图案化结构使得其具有优异的敏感度(0.05 kPa⁻¹)、较低的响应时间(150 ms)和稳定的电流输出信号。

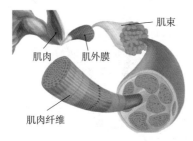 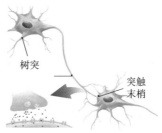 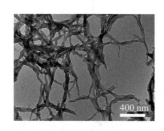

(a)人体肌肉仿生水凝胶兼具高力学拉伸性和高传感性能[82]　　(b)聚苯胺纳米纤维的透射扫描图像

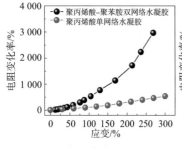 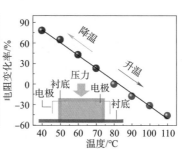 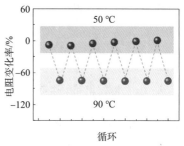

(c)水凝胶传感器的传感性能　　　　　　　(d)水凝胶传感器对温度的响应

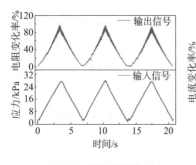 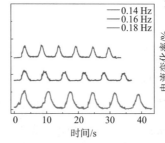 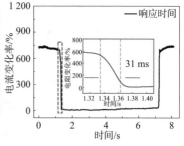

(e)水凝胶传感器对拉伸的响应　　(f)频率的电学响应　　(g)响应时间[34]

图 3-5　水凝胶在柔性应变传感器中的应用

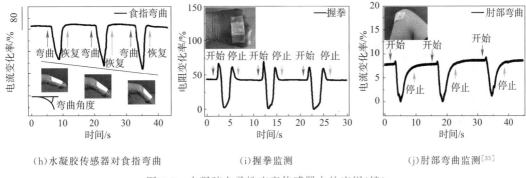

(h)水凝胶传感器对食指弯曲　　　　(i)握拳监测　　　　(j)肘部弯曲监测[35]

图 3-5　水凝胶在柔性应变传感器中的应用(续)

3.3.1.1　自愈合水凝胶

水凝胶柔性应变传感器在连续变形响应输出电信号过程中,存在易拉断、断裂后不能自我修复的缺点,这极大地限制了柔性传感器的耐用性及可靠性。近年来,随着一系列新型高分子材料的合成以及对超分子聚合机理的不断深入探讨,科研人员合成了大量的自愈合水凝胶并将其应用在柔性电子领域,提高了柔性应变传感器在实际运用中的可靠性[33,34]。

自愈合水凝胶通常指的是在遭受宏观破坏后,可以恢复其初始力学或电学性能的水凝胶材料。根据自愈合过程中是否需要外加刺激,自愈合水凝胶大致分为本征自愈合水凝胶和非本征自愈合水凝胶[84]。对于前者,其自愈合过程通常在不需要外加刺激的条件下就可以实现对损伤部位的自我愈合。在自愈合过程中,可逆动态键重新排列,同时高分子链不断蠕动到损伤界面,使得超分子网络得以重建并恢复到初始状态。典型的本征自愈合水凝胶通常具有较低的玻璃化转变温度(T_g),其高分子链段在常温条件下的运动更加容易,但是水凝胶的储能模量也更小。对于非本征自愈合水凝胶,其自愈合过程通常需要外加自愈合试剂(反应性高分子前驱体、反应催化剂)以及外加刺激(热、光、电等),自愈合时间较长、自愈合效率较低。值得说明的是,非本征自愈合水凝胶的损伤界面通常很难恢复到初始状态,因此,其力学和电学性能存在一定程度的不可逆性,很容易在二次拉伸过程中再次发生断裂,严重影响其结构和性能的稳定性。[85]自愈合水凝胶的机理通常依赖于化学(双硫键、亚胺键、硼酸酯键、酰腙、肟等)和物理(氢键、π-π 堆积、结晶、主客体、超分子、超疏水等)动态作用形式[29]。

近年来,大量自愈合水凝胶被广泛应用于柔性电子领域(见图 3-6)。Ge 等[82]通过引入配位金属离子交联及多重氢键制备了兼具高可拉伸性和高敏感度的自愈合水凝胶柔性传感器;该水凝胶传感器室温 6 h 自愈合率可达 90.8%。Xing 等[86]报道了一种基于聚丙烯酸/聚吡咯/壳聚糖的自愈合水凝胶用于柔性传感器;该水凝胶的超分子网络中存在聚丙烯酸羧基和 Fe^{3+} 的动态离子螯合作用、聚丙烯酸羧基和聚吡咯氨基的氢键作用、壳聚糖与聚丙烯酸的高分子链的缠绕;因此,该水凝胶表现出优异的自愈合性能,可在 2 min 内完全恢复其初始力学拉伸性,电学性能也可在 30 s 内恢复到初始值的 90%。

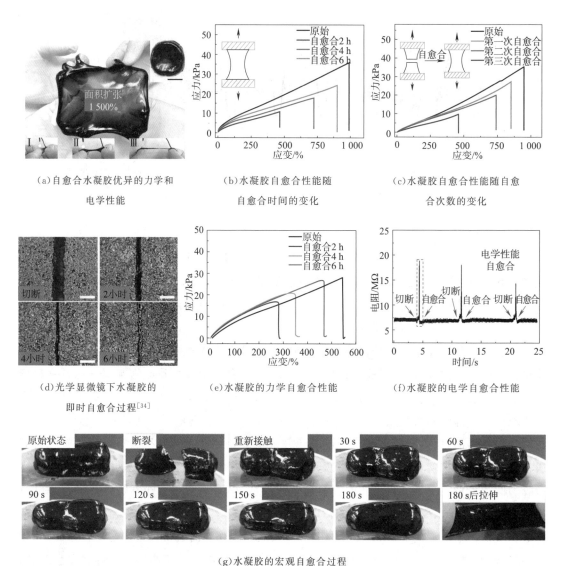

（a）自愈合水凝胶优异的力学和
电学性能

（b）水凝胶自愈合性能随
自愈合时间的变化

（c）水凝胶自愈合性能随自愈
合次数的变化

（d）光学显微镜下水凝胶的
即时自愈合过程[34]

（e）水凝胶的力学自愈合性能

（f）水凝胶的电学自愈合性能

（g）水凝胶的宏观自愈合过程

图 3-6　自愈合水凝胶在柔性电子中的应用[86]

3.3.1.2　高黏性水凝胶

在可穿戴电子器件领域，水凝胶一般通过贴合在人体表皮上对外界刺激做出响应，其结构通常是水凝胶-弹性衬底的一体化结构，但水凝胶和弹性体的界面黏合能通常小于 $1\ J/m^2$，远小于高韧性弹性体和水凝胶的断裂能（通常大于 $1\ 000\ J/m^2$），因而水凝胶柔性电子易于从人体表皮上脱落，从而极大地限制了水凝胶柔性电子器件在可穿戴领域的应用。传统水凝胶为了提高力学强度多采用高度交联的共价聚合物网络基体，这在增强水凝胶韧性的同时大幅度降低了其黏性；其次，水凝胶基体的黏性官能团和水分子存在较强的水合作用，易使高分子网络塑化，降低黏性[87]。如何实现水凝胶和弹性体在界面处的有效黏合是水凝胶柔性电子在可穿戴领域应用的一个重要课题[88]。

　　沙堡蠕虫和贻贝等海洋生命体可以在深海高压、潮湿的环境中通过分泌化学物质实现水下有效黏合，为仿生黏合水凝胶的开发提供了借鉴。1981 年，Waite 等[89]受此启发，从贻贝的足斑块中分离出了邻苯二酚氨基酸，并发现这是贻贝能在潮湿环境中对不同材料表面保持高黏附性的重要原因。聚多巴胺中具有邻苯二酚的化学结构，并且具有价格低廉、原料易得的优点，常被用来制备高黏合水凝胶柔性电子材料。Han 等[90]利用多巴胺、黏土、丙烯酰胺等原材料，合成了高可拉伸（4 500%）和高黏性的导电水凝胶。得益于其高分子网络内酚羟基和羧基、氨基的多重动态键合作用，该水凝胶对不同的衬底（玻璃、Ti 金属片、PE 板材、猪皮）都表现出很高的黏性，其对疏水玻璃的黏合强度最高可达 120 kPa；同时，该高黏性水凝胶可以长时间贴合在人体皮肤上，用于检测人在运行中的步数。Shao 等[91]以聚丙烯酸、单宁酸、纤维素纳米晶、聚丙烯酸和 Al^{3+} 等作为前驱体，合成了高可拉伸（3 000%）水凝胶传感器用于检测人在打篮球中的肢体运动。

3.3.1.3　高保水和抗冻型水凝胶

　　水凝胶材料可以视为大量高分子网络在水介质中以一定形式远程相互作用形成的固体电解质，其水含量通常在 90% 以上，因此水对凝胶综合性质影响巨大。为了使水凝胶柔性电子器件在实际生活中得到更广泛应用，合理设计水凝胶高分子网络的类型和分子间作用力、制备兼具高保水和抗冻性能的水凝胶尤为重要。

　　高保水凝胶的制备通常依赖于前驱体中的外加助剂，通过打破水分子间弱氢键作用提高溶液的蒸气压；此外，助剂的加入相当于增加了溶质的摩尔含量，前驱体的凝固点随之降低，使水凝胶具备抗冻性能。因此，水凝胶的高保水性和抗冻性能有时是相辅相成的[92]。目前，制备高保水和抗冻水凝胶柔性电子的主要策略是在溶剂中加入无机盐、多元醇和离子液体等物质，以高浓度电解质作为水凝胶的前驱体。鉴于离子凝胶的电导率通常低于水凝胶，且离子液体有时会对聚合反应造成干扰，因此基于离子液体的高保水、抗冻水凝胶的研究较少。在溶剂中加入高溶剂化和易于吸湿的无机盐，可以同时提高水凝胶离子电导率和保水性；LiCl 在溶液蒸气压和离子电导率之间可以达到良平衡，因此溶解有高浓度 LiCl 和高分子单体的前驱体溶液通常被用于制备高保水凝胶[93]。Morelle 等[94]通过将聚丙烯酰胺和海藻酸钠双网络水凝胶浸泡在高浓度 $CaCl_2$ 溶液（质量分数为 30%）的方法获得抗冻水凝胶。该水凝胶具有广泛的工作温度区间（−70 ℃～室温），在 −50 ℃ 时的断裂伸长率仍高达 700%。Zhang 等[95]利用 $ZnCl_2/CaCl_2$ 作为纤维素的良溶剂，合成了可在 −60 ℃ 下拉伸至 50% 的水凝胶材料，在具备高可拉伸性、高透明性、高离子电导率的同时，还表现出优异的可重塑性能。

　　乙二醇是最简单的邻二醇，在工业界被广泛用作水的冰核抑制剂；在水/乙二醇混合溶剂中，溶剂冰点可从常规 0 ℃ 迅速降低至 −40 ℃。因此，在前驱体中加入甘油等多元醇也是制备高保水和抗冻水凝胶的常用方法,同时该方法还可使水凝胶变柔变软,赋予水凝胶其他特征属性。例如,Rong 等[96]以水/乙二醇二元互溶体系为前驱体,制备了高可拉伸(960％)、高度抗冻(−40 ℃)的水凝胶传感器:由于聚乙烯醇和聚苯乙烯磺酸盐间存在多重非共价键,撕碎后的水凝胶可重新浇筑成具有精密图案的整块水凝胶,表现出良好的可重塑性和自愈合性能。Dong 等[82]采用甘油助剂制成了兼具高保水和抗冻性能的高可拉伸水凝胶传感器:该水凝胶在室温25 ℃存放 7 天,保水率高达 96.8％;在−26 ℃下,水凝胶仍兼具高可拉伸性和高自愈合效率。Chen 等[97]采用一步溶剂置换法制备了兼具高保水和抗冻性能有机凝胶;该有机凝胶在−50 ℃下仍可被任意折叠和扭转,在室温存储 8 天后,水含量几乎不变,表现出优异的抗冻性和保水性。

3.3.2 水凝胶驱动器

在外界环境(包括温度、电场、磁场、光以及压力等)刺激下,水凝胶利用大分子链或链段的构象或基团的重排,使内部体积发生突变,可以实现对不同外界环境刺激的响应特性,在自动触发、环境驱动领域具有典型的应用前景。

3.3.2.1 电场响应型水凝胶

电场响应型水凝胶也称电敏感或者电活性水凝胶,是对电场刺激下发生体积膨胀或收缩的一类水凝胶的统称[98]。电场响应型水凝胶具有快速响应、精准驱动和可重复性好等优点,在载药和生物工程等领域应用广泛。电场响应型水凝胶的具体工作机制如下:电场响应型水凝胶的高分子主链或侧链含有可电离官能团;在电场作用下,自由离子进行定向迁移并引起水凝胶内外离子浓度非均匀性分布,当电场响应型水凝胶达到平衡状态时,高分子主链上的固定电荷和周围介质中的抗衡离子达到电荷平衡;水凝胶内外离子浓度和离子强度分布不均匀,引起水凝胶内外渗透压差异,诱导水凝胶发生膨胀或收缩。自由离子的定向迁移,也会导致水凝胶系统中不均匀 pH 值分布以及其他不同电离状态,进而诱导电场响应型水凝胶出现结构变化,如一边溶胀另一边则是消溶胀,从而实现水凝胶的电响应弯曲和变形[99]。目前,很多合成聚合物,如聚(乙烯醇)/聚(丙烯酸钠-顺丁烯二酸钠)、丙烯酸/乙烯磺酸共聚物、磺化聚苯乙烯已被用来作为电响应水凝胶[100,101]。此外,一些天然电解质,如海藻酸钠、壳聚糖、玻尿酸等,也会与人工合成的聚合物结合在一起,用来制备电响应水凝胶。

电致弯曲水凝胶是最典型的电场响应型水凝胶。例如,Han 等[102]以丙烯酸为高分子单体,聚乙二醇二丙烯酸酯为交联剂,合成了具有极高驱动性能的电活性水凝胶,利用 3D 打印技术制备了电场响应的驱动器。该水凝胶在 0.2～0.6 V/mm 的电场内弯曲曲率表现出很好的线性关系,其驱动时间仅约 10 min。Li 等[103]以丙烯酰胺、2-丙烯酰胺基-2-甲基-1-丙磺酸、N,N-二甲氨基-丙烯酸乙酯为聚合弹体,合成了电活性水凝胶。该水凝胶在高可拉伸性(2 500％)同时,兼具在电场施加刺激下的可逆驱动,其驱动时间低至 50 s。

3.3.2.2　磁场响应型水凝胶

水凝胶的三维网络结构本身不对磁场刺激有响应行为,其磁致响应机制主要有两种:一种是将磁性粒子预先置入聚合物三维网络结构中,当施加磁场时,由于磁性粒子的作用使水凝胶局部温度升高,引起响应膨胀或收缩;另一种是单纯依靠磁性粒子被磁场吸引的作用带动水凝胶产生变形。两种响应机理对应的是两种不同的制备方法:一是在水凝胶三维网络结构中原位生成磁性粒子;二是将磁性粒子复合到三维网络结构中。目前,最常用的磁性粒子主要有 Fe_3O_4、$\gamma\text{-}Fe_2O_3$ 等金属氧化物和 $CoFe_2O_4$ 等铁酸盐类等[104];在磁场控制下,磁响应型智能水凝胶能够实现"游泳"、"跳跃"以及"爬行"等仿生运动[105]。根据运动机理的不同,磁性响应型水凝胶通常可分为驱动型和流动型[106,107]。驱动型磁场响应水凝胶在磁场刺激下可发生拉伸、弯曲、旋转、折叠等快速变形;磁力可引发磁性水凝胶的直接驱动,而磁热效应可用来驱动热响应水凝胶。这些特性使得磁场响应型水凝胶具有非侵入性和可远程操控的特点,从而在生物医药、微流控和微型化功能器件等领域具有广泛的应用前景[108]。

Zhang 等[109]以羧基修饰的 Fe_3O_4 作为磁流体,壳聚糖作为高分子网络骨架,合成了兼具磁响应和自愈合性能的水凝胶驱动器;Fe_3O_4 的加入不仅提高了磁响应性能,而且极大地增强了水凝胶的自愈合和拉伸性能。壳聚糖-Fe_3O_4 水凝胶在磁场刺激下,在 30 min 内可顺利穿过被障碍物包围的孔道,其未穿过的残留磁流体几乎可以忽略不计。Haider 等[110]利用海藻酸钠和丙烯酰胺作为水凝胶聚合单体,Fe_3O_4 作为磁响应纳米粒子,合成了高可拉伸(＞1 200％)、高断裂能(＞2 500 J/m^2)的强韧水凝胶驱动器;磁响应水凝胶驱动器在磁铁作用下的位移随着 Fe_3O_4 含量的增加而增大;当 Fe_3O_4 的质量分数为 20％时,其最大曲率半径接近 0.2 cm^{-1}。

3.3.2.3　温度响应型水凝胶

温度响应型水凝胶是指针对外界环境温度变化自身性质(如溶胀度、透光率等)随之发生变化的一类聚合物水凝胶。在较小的温度范围内,水凝胶出现相变,其溶胀度出现指数型变化或不连续突变,引起机-电耦合和信号反馈。在温敏型聚合物网络结构中,存在典型亲/疏水基团以及分子链间的氢键;温度变化直接影响亲/疏水及氢键作用,从而引起相变;引发相变现象的温度称为相变温度。温度响应型水凝胶成为水凝胶众多类型中研究最为广泛和深入的一类。

温度响应型水凝胶可以分为正向温度响应型和逆向温度响应型[111]。正向温度响应型水凝胶的相变温度称为高临界溶解温度(upper critical solution temperature,UCST)。当温度低于相变温度时,水凝胶处于收缩状态;当温度高于相变温度时,水凝胶处于膨胀状态。在高临界溶解温度附近,正向温度响应型水凝胶的溶胀度随温度升高存在突变式的增大。正向温度响应型水凝胶通常由丙烯酸-丙烯酰胺共聚物或聚丙烯酸-聚丙烯酰胺、聚丙烯酸-聚乙二醇互穿网络组成[112]。分子间氢键的形成/解离是正向温度响应型水凝胶相变现象的机理。逆向温度响应型智能水凝胶的相变温度称为低临界溶解温度（lower critical solution temperature，LCST）。与前者相反，当温度低于相变温度时，分子链处于舒展状态，水凝胶变得膨胀和透明；当温度高于相变温度时，分子链处于收缩状态，水凝胶变得皱缩和不透明；在低临界溶解温度附近，逆向温度响应型水凝胶的溶胀度存在突变式的减小。其中，聚 N-异丙基丙烯酰胺由于具有接近人体温度的低临界溶解温度（33 ℃）及独特的力学特性，是研究最为广泛与深入的逆向温敏水凝[113]；其聚合物长链上的氢键与亲/疏水之间的平衡为聚合物溶胀及消溶胀提供驱动力，实现温度诱导相变。聚 N-异丙基丙烯酰胺及其衍生物的另一个优点是其分子链易于发生反应，从而改变其低临界溶解温度，实现对收缩行为的调控，例如，聚 N-异丙基丙烯酰胺的低临界溶解温度随着分子量大小、端基官能团的极性强弱、侧基和共聚反应发生变化[114,115]。由于聚 N-异丙基丙烯酰胺发生收缩时，内部的高分子网络可看作一个双组分体系，其低临界溶解温度也取决于溶剂、pH 值、表面活性剂和溶质[98]。

迄今为止，温度响应型水凝胶被大量制成热驱动器（见图 3-7），其工作的主要原理是：高分子链段在一定温度下被局部"冻结"，暂时维持预设的形状；当外界温度升高时，水凝胶交联网络中的侧链或者主链上的链段发生"解冻"，逐步恢复链段或者分子链层面的运动能力。高分子链的构型变化，使得交联网络变得蓬松或者紧凑，从而使水凝胶的宏观形状发生变化［见图 3-7（a）］。Shang 等[116]制得聚 N-异丙基丙烯酰胺/聚丙烯酸双层水凝胶驱动器，并利用该水凝胶互穿网络对温度、离子强度和 pH 响应的各向异性，实现了三重驱动：当溶液温度分别为 2 ℃和 50 ℃时，该双层水凝胶可表现为可逆的弯曲和折叠；当该驱动器含有不同图案的水凝胶片层时，其驱动行为和效率表现为极大的可编辑性。Jiang 等[117]利用酸-酯氢键和亚胺键作为动态可逆作用，实现了水凝胶在不同温度下的快速形状变化和驱动：该双层水凝胶在 50 ℃时保持平坦状态，但在 50 ℃时，8 s 内即可弯曲 384°；当温度恢复到 25 ℃时，40 s 内即可恢复到最初状态［见图 3-7（b）～图 3-7（f）］。

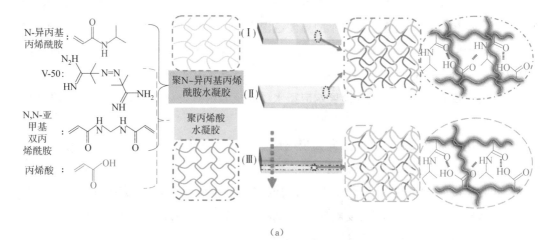

（a）

图 3-7　温度响应型水凝胶柔性驱动器

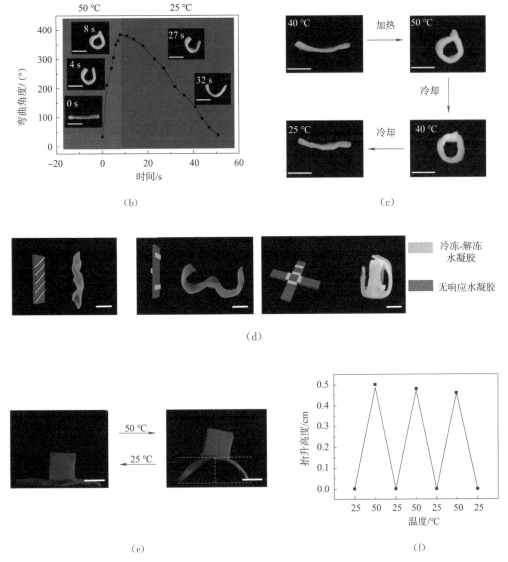

图 3-7　温度响应型水凝胶柔性驱动器(续)

3.3.2.4　光响应型水凝胶

将对光敏感的基团引入到水凝胶体系中,可制备出光响应型水凝胶。光响应型水凝胶的主要有三种类型:一是在水凝胶中加入可分解的光敏分子,在光照条件下,水凝胶体系中产生大量离子,引起水凝胶内部渗透压变化,产生体积收缩或膨胀;二是将感光基团(偶氮苯、螺吡喃)引入水凝胶高分子链的主链或侧链[118-120],在光照条件下发生光异构化(反式/顺式构型变化、开/闭环反应),引起高分子链间距及亲/疏水平衡的变化,产生体积收缩或膨胀;三是将光热转化剂引入温度响应型水凝胶中,在光照条件下,光敏引发剂将光能转化为热能,引发水凝胶体系的温度升高至水凝胶的体积相变温度,产生体积收缩或膨胀[121]。在光学刺激下,光响应型水凝胶在微观上主要表现为分子转换或者新键的生成,在宏观上主要表现为黏度、弹性和形状的变化。

光响应型水凝胶驱动器的工作原理主要依赖于光学刺激下分子的同分异构转换。此类驱动器不仅可以在光学刺激下实现颜色变化和形状改变,甚至还会表现出对不同波长光的敏感性。Technocolor Purple 3 在可见光条件下是白色,在 365 nm 的紫外光下是深紫色,基于此,Zeng 等[122]合成了可精准检测光刺激变化的水凝胶传感器;由于水凝胶在拉伸过程中也会有颜色变化,因此该水凝胶又表现出力致变色特性。鉴于其出色的光/热/力三重变色性能,该水凝胶在三种不同刺激下均表现出变色能力以及可控的力致变色敏感性,同时可用比色分析的方法指示手指的弯曲情况。Shahsavan 等[123]通过模仿海洋鼻涕虫的变形能力,制备了光敏性液晶水凝胶。该液晶驱动器具有分子层面上的有序结构和较低的形状变换转变温度,在曝光刺激下,水凝胶密度降低,从而实现快速、可逆的形状转变。该液晶水凝胶驱动器的尖端位移与激光的功率呈线性关系,其光热响应是纯液晶网络聚合物的 30 倍。

在诸多光源中,近红外光具有对人体无害及良好的生物组织穿透能力,并且相较于其他刺激光源更容易实现较高的时间和空间分辨率,因此常被用作光响应水凝胶的控制光源[124]。为了提高光响应智能水凝胶对近红外激光的吸收能力,金纳米棒、碳纳米管以及氧化石墨烯等都被用作光热转化剂;其中,氧化石墨烯由于可以与近红外激光通过强制共振形成强烈相互作用,具有高光热转换效率;研究表明,由物理交联法或化学交联法制备的含有氧化石墨烯的光响应型水凝胶,在近红外激光照射下,可以实现各种静态变形和动态运动[125]。

3.3.3　水凝胶电化学传感器

生物电子器件功能的实现主要基于界面生物材料和可拉伸电子器件的分子识别,具有可皮肤贴合、便携性、微型化等优点[126]。器件中的生物材料可以和水溶性的生物标记分子相互作用,并将其生化信息转换到可读取数据的电子设备中。根据生物电子器件工作机理的不同,其主要分为生物反应器、生物传感器和生物燃料电池。当前生物电子器件的研究主要是酶电化学传感器,其主要工作原理是氧化还原酶和目标化学物质的生化反应[127]。酶电化学传感器的化学生物标记分子包括体液(汗液、唾液、眼泪)中的葡萄糖、酒精、乳酸以及酪氨酸酶,优点是即时检测、特异性高。

近年来,导电水凝胶已经成为电化学传感器的重要组成部分。与传统导电柔性衬底中的二维导电通路相比,导电水凝胶具有多层三维交联网络多孔结构,可以有效提高电化学传感器的传感性能。例如,Li 等[128]利用喷墨打印技术制备了多模式导电水凝胶酶电化学传感器。该柔性器件中具有多种生物活性酶,可同时对葡萄糖、乳酸、三酸甘油酯等生物标记分子进行实时监测,其敏感度分别高达 $5.03\ \mu A \cdot mmol^{-1} \cdot cm^{-2}$、$3.94\ \mu A \cdot mmol^{-1} \cdot cm^{-2}$ 和 $7.49\ \mu A \cdot mmol^{-1} \cdot cm^{-2}$,检测极限分别为 1 mmol、0.08 mmol 和 0.1 mmol。Pan 等[129]利用喷墨打印技术制备了葡萄糖氧化酶水凝胶电化学传感器。聚苯胺导电水凝胶中独特的多层次纳米结构确保该传感器具有较快的响应时间(0.3 s)、较高的敏感度(16.7 μA·mmol^{-1})。Li 等[130]以聚苯胺导电水凝胶作为电极材料,将铂纳米粒子和不同的生物活性酶嵌入其内,制得电化学传感器;该传感器可同时对尿酸、胆固醇和三酸甘油酯进行特异性检测,其检测的浓度区间分别为 0.07～1 mmol、0.3～9 mmol 和 0.2～5 mmol,检测极限分别为 1 mmol、0.3 mmol 和 0.2 mmol。

作为一种典型的柔性感知材料,水凝胶具有制备过程简单、柔韧可拉伸、共形能力高和生物相容性好等独特优势;特征聚合物水凝胶所具有的优良电、磁、热、光等特性优势为其在柔性驱动器、人工肌肉、电子器件、医药器材、软体机器人等领域的应用提供了可能,并具备高效的实际操作性。通过对水凝胶成分、交联方式的选择及分子结构的合理设计,可以有效调节水凝胶的性能;同时,通过定向选择特征官能团、聚合物基体和溶液体系可进一步赋予水凝胶相关特征属性,如自愈合性、强吸附性能和抗冻性能等,使其满足电子、生物领域更广泛的应用需求。本章节在总结水凝胶结构及多重响应机制的基础上,针对水凝胶力学性能的短板以及相应增韧机制和方法进行了综述,强调了多重能量耗散路径的引入对于制备高强度、高韧性聚合物网络的必要性,提出了纳米粒子复合、多重物理-化学网络交联及拓扑网络结构设计等多重水凝胶强度增韧方法。在制备高韧性高强度水凝胶材料的基础上,综述了具有特征属性的水凝胶(自修复、强黏附、高保水性、抗冻性)的工作机理及研究进展,探讨了水凝胶在柔性应变传感器、驱动器和电化学传感器等柔性电子器件中的应用前景。

值得说明的是,水凝胶体系中可自由滑移的聚合物长链和高含水量在赋予体系独特物理、化学和生物特性的同时,也极大地限制了针对水凝胶微观层面材料与结构的深入分析;虽然目前单分子链的计算与模拟已取得一定进展,但将其扩展到三维聚合物网络结构中体相结构演变时,目前还面临着许多挑战。事实上,面向水凝胶在不同领域的定向应用,其机械属性、响应特征和特征应用的矛盾已成为目前的研究热点,国内外研究学者分别从合成方法、响应模式、成型技术和力学性能改进等角度出发,力求实现水凝胶较高的力学强度、多形式的智能响应、较高的响应速率、多样化的形变模式和高效的自驱动变形与运动等功能特性。

参考文献

[1] WANG X,LIU Z,ZHANG T, Flexible sensing electronics for wearable/attachable health monitoring [J]. Small,2017(13):1602790.

[2] LIU Y,HE K,CHEN G,et al. Nature-inspired structural materials for flexible electronic devices[J]. Chem. Rev, 2017,1(17):12893-12941.

[3] RAY T R,CHOI J,BANDODKAR A J,et al. Bio-integrated wearable systems: a comprehensive review[J]. Chem. Rev, 2019(119): 5461-5533.

[4] BAE G Y,HAN J T,LEE G,et al. Pressure/temperature sensing bimodal electronic skin with stimulus discriminability and linear sensitivity[J]. Adv. Mater, 2018(30):1803388.

［5］ RIM Y S,BAE S H,CHEN H,et al. Recent progress in materials and devices toward printable and flexible sensors[J]. Adv. Mater,2016(28):4415-4440.

［6］ WEN W, HUANG X,YANG S, et al. The giant electrorheological effect in suspensions of nanoparticles[J]. Nat. Mater, 2003(2):727-730.

［7］ SHEN R,WANG X,LU Y,et al. Polar-molecule-dominated electrorheological fluids featuring high yield stresses[J]. Adv. Mater,2009(21):4631-4635.

［8］ KALUVAN S,THIRUMAVALAVAN V,KIM S,et al. A new magneto-rheological fluid actuator with application to active motion control[J]. Sens. Actuators A Phys,2016(239):166-173.

［9］ MIYOSHI T, YOSHIDA K,KIM J W, et al. An MEMS-based multiple electro-rheological bending actuator system with an alternating pressure source[J]. Sens. Actuators A Phys,2016(245):68-75.

［10］ WANG Y,YANG Y,WANG Z L. Triboelectric nanogenerators as flexible power sources[J]. npj Flex. Electron,2017(1):10.

［11］ FLOCH P L,MOLINARI N,NAN K,et al. Fundamental Limits to the electrochemical impedance stability of dielectric elastomers in bioelectronics[J]. Nano Lett,2020(20):224-233.

［12］ WHITE T J, BROER D J. Programmable and adaptive mechanics with liquid crystal polymer networks and elastomers[J]. Nat. Mater,2015(14):1087-1098.

［13］ SONG M,SEO J,KIM H,et al. Ultrasensitive multi-functional flexible sensors based on organic field-effect transistors with polymer-dispersed liquid crystal sensing layers[J]. Sci. Rep,2017(7):2630.

［14］ ZHAO Q,ZOU W, LUO Y,et al. Shape memory polymer network with thermally distinct slasticity and plasticity[J]. Sci. Adv,2016(2):e1501297.

［15］ JIN B,SONG H,JIANG R,et al. Programming a crystalline shape memory polymer network with thermo- and photo-reversible bonds toward a single-component soft robot[J]. Sci. Adv,2018(4): eaao3865.

［16］ CHENG Y,CHAN K H,WANG X Q, et al. Direct-ink-write 3D printing of hydrogels into biomimetic soft robots[J]. ACS Nano,2019(13):13176-13184.

［17］ WICHTERLE O, LÍM D. Hydrophilic gels for biological use[J]. Nature,1960(185):117-118.

［18］ FAN H,GONG J P, Fabrication of bioinspired hydrogels: challenges and opportunities[J]. macromolecules, 2020(53):2769-2782.

［19］ YANG C, SUO Z, Hydrogel ionotronics[J]. Nat. Rev. Mater,2018(3):125-142.

［20］ YANG C H,CHEN B,ZHOU J,et al. Electroluminescence of giant stretchability[J]. Adv. Mater, 2016(28):4480-4484.

［21］ GODING J A,GILMOUR A D,ROBLES U A A,et al. Living bioelectronics: strategies for developing an effective long-term implant with functional neural connections[J]. Adv. Funct. Mater,2018(28):1702969.

［22］ AHMED E M. Hydrogel: Preparation, characterization, and applications: a review[J]. J. Adv. Res, 2015(6):105-121.

［23］ HU X,VARNOOSFADERANI M V, ZHOU J,et al. Weak hydrogen bonding enables hard, strong, tough, and elastic hydrogels[J]. Adv. Mater,2015,(27):6899-6905.

［24］ YASUDA K,KITAMURA N,GONG J P,et al. A novel double-network hydrogel induces spontaneous articular cartilage regeneration in vivo in a large osteochondral defect[J]. Macromol. Biosci,2009(9): 307-316.

[25] XU J，WANG G，WU Y，et al. Ultrastretchable wearable strain and pressure sensors based on adhesive，tough，and self-healing hydrogels for human motion monitoring[J]. ACS Appl. Mater. Interfaces，2019，(11)：25613-25623.

[26] LI H，WU K，XU Z，et al. Ultrahigh-sensitivity piezoresistive pressure sensors for detection of tiny pressure[J]. ACS Appl. Mater. Interfaces，2018(10)：20826-20834.

[27] SANSON N，RIEGER J. Synthesis of nanogels/microgels by conventional and controlled radical crosslinking copolymerization[J]. Polym. Chem，2010(1)：965-977.

[28] 赵骞. 仿生智能柔性材料设计与制备及其自驱动机理研究[D]. 吉林大学博士论文，2019.

[29] WEI Z，YANG J H，ZHOU J，et al. Self-healing gels based on constitutional dynamic chemistry and their potential applications[J]. Chem. Soc. Rev，2014(43)：8114-8131.

[30] WANG W，NARAIN R，ZENG H，et al. Rational design of self-healing tough hydrogels：a mini review [J]. Front. Chem，2018(6)：497.

[31] LIU S，LI L. Ultrastretchable and self-healing double-network hydrogel for 3D printing and strain sensor[J]. ACS Appl. Mater. Interfaces，2017(9)：26429-26437.

[32] KIRCHMAJER D M，GORKIN Ⅲ R G，PANHUIS M I H. An overview of the suitability of hydrogel-forming polymers for extrusion-based 3D-printing[J]. J. Mater. Chem. B，2015(3)：4105-4117.

[33] GE G，HUANG W，SHAO J，et al. Recent progress of flexible and wearable strain sensors for human-motion monitoring[J]. J. Semicond，2018(39)：9011012.

[34] GE G，YUAN W，ZHAO W，et al. Highly stretchable and autonomously healable epidermal sensor based on multi-functional hydrogel frameworks[J]. J. Mater. Chem. A，2019(7)：5949-5956.

[35] GE G，ZHANG Y，DONG X，et al. Stretchable，transparent，and self-patterned hydrogel-based pressure sensor for human motions detection[J]. Adv. Funct. Mater，2018(28)：1802576.

[36] LIU H，XIANG H，WANG Y，et al. A flexible multimodal sensor that detects strain，humidity，temperature，and pressure with carbon black and reduced graphene oxide hierarchical composite on paper[J]. ACS Appl. Mater. Interfaces，2019(11)：40613-40619.

[37] NAKAJIMA T，KUROKAWA T，AHMED S，et al. Characterization of internal fracture process of double network hydrogels under uniaxial elongation[J]. Soft Matter，2013(9)：1955-1966.

[38] ZHU F，LIN X Y，WU Z L，et al. Processing tough supramolecular hydrogels with tunable strength of polyion complex[J]. Polymer，2016(95)：9-17.

[39] WEBBER R E，CRETON C，BROWN H R，et al. Large strain hysteresis and mullins effect of tough double-network hydrogels[J]. Macromolecules，2007(40)：2919-2927.

[40] DUCROT E，CHEN Y，BULTERS M，et al. Toughening elastomers with sacrificial bonds and watching them break[J]. Science，2014(344)：186-189.

[41] CRETON C. 50th Anniversary Perspective：Networks and gels：soft but dynamic and tough[J]. Macromolecules，2017(50)：8297-8316.

[42] ZHAO X，Multi-scale multi-mechanism design of tough hydrogels：building dissipation into stretchy networks[J]. Soft Matter，2014(10)：672-687.

[43] CRETON C，CICCOTTI M，Fracture and adhesion of soft materials：a review[J]. Rep. Prog. Phys，2016(79)：046601.

[44] TANAKA Y，FUKAO K，MIYAMOTO Y. Fracture energy of gels[J]. Eur. J. Phys. E，2000(3)：

395-401.

[45] LIU M, GUO J, LI Z, et al. Crack propagation in a PVA dual-crosslink hydrogel: crack tip fields measured using digital image correlation[J]. Mech. Mater, 2019(138):103158.

[46] TANG J, LI J, VLASSAK J J, et al. Fatigue fracture of hydrogels[J]. Extreme Mechanics Letters, 2017(10):24-31.

[47] NI X, CHEN C, LI J. Interfacial fatigue fracture of tissue adhesive hydrogels[J]. Extreme Mechanics Letters, 2020(34):100601.

[48] BAI R, YANG J, SUO Z. Fatigue of hydrogels[J]. Eur. J. Mech. A. Solids, 2019(74):337-370.

[49] SAKAI T, MATSUNAGA T, YAMAMOTO Y, et al. Design and fabrication of a high-strength hydrogel with ideally homogeneous network structure from tetrahedron-like macromonomers[J]. Macromolecules, 2008(41):5379-5384.

[50] HARAGUCHI K, Nanocomposite hydrogels[J]. Curr. Opin. Solid State Mater. Sci, 2007(11): 47-54.

[51] CHIMENE D, KAUNAS R, GAHARWAR A K. Hydrogel bioink reinforcement for additive manufacturing: a focused review of emerging strategies[J]. Adv. Mater, 2020(32):1902026.

[52] PERSSON B N J, ALBOHR O, HEINRICH G, et al. Crack propagation in rubber-like materials[J]. J. Phys. Condens. Matter, 2005(17):1071-1142.

[53] HARAGUCHI K, TAKEHISA T. Nanocomposite hydrogels: a unique organic-inorganic network structure with extraordinary mechanical, optical, and swelling/de-swelling properties[J]. Adv. Mater, 2002(14): 1120-1124.

[54] HOU J, REN X, ZHANG H, et al. Rapidly recoverable, anti-fatigue, super-tough double-network hydrogels reinforced by macromolecular microspheres. Soft Matter, 2017(13):1357-1363.

[55] GAO Y, GU S, DUAN L, et al. Robust and anti-fatigue hydrophobic association hydrogels assisted by titanium dioxide for photocatalytic activity[J]. Soft Matter, 2019(15):3897-3905.

[56] SHI J, LV S, WANG L, et al. Crack control in biotemplated gold films for wide-range, highly sensitive strain sensing[J]. Adv. Mater. Interfaces, 2019(6):1901223.

[57] YU S, WANG X, XIANG H, et al. Superior piezoresistive strain sensing behaviors of carbon nanotubes in one-dimensional polymer fiber structure[J]. Carbon, 2018(140):1-9.

[58] LIAO X, LIAO Q, ZHANG Z, et al. A highly stretchable ZnO@fiber-based multifunctional nanosensor for strain/temperature/UV detection[J]. Adv. Funct. Mater, 2016(26):3074-3081.

[59] TSAI M Y, TARASOV A, HESABI Z R, et al. Flexible MoS_2 field-effect transistors for gate-tunable piezoresistive strain sensors[J]. ACS Appl. Mater. Interfaces, 2015(7):12850-12855.

[60] LIN L, LIU S, ZHANG Q, et al. Towards tunable sensitivity of electrical property to strain for conductive polymer composites based on thermoplastic elastomer[J]. ACS Appl. Mater. Interfaces, 2013(5): 5815-5824.

[61] LIAO X, ZHANG Z, KANG Z, et al. Ultrasensitive and stretchable resistive strain sensors designed for wearable electronics[J]. Mater. Horiz, 2017(4):502-510.

[62] WANG X, GU Y, XIONG Z, et al. Silk-molded flexible, ultrasensitive, and highly stable electronic skin for monitoring human physiological signals[J]. Adv. Mater, 2014(26):1336-1342.

[63] TANAKA Y, KAWAUCHI Y, KUROKAWA T, et al. Localized yielding around crack tips of double-network

gels. Macromol[J]. Rapid Commun,2008(29):1514-1520.

[64] ZHANG W,LIU X,LU T,et al. Fatigue of double-network hydrogels[J]. Eng. Fract. Mech,2018 (187):74-93.

[65] MATSUDA T,KAWAKAMI R,NAMBA R,et al. Mechanoresponsive self-growing hydrogels inspired by muscle training[J]. Science,2019(363):504-508.

[66] LI X,CUI K,GONG J P,et al. Mesoscale bicontinuous networks in self-healing hydrogels delay fatigue fracture [J]. Proc. Natl. Acad. Sci. U. S. A,2020(117):7606-7612.

[67] CHEN G,HUANG J,GU J,et al. Highly tough supramolecular double network hydrogel electrolytes for an artificial flexible and low-temperature tolerant sensor[J]. J. Mater. Chem. A,2020(8): 6776-6784.

[68] YANG B, YUAN W. Highly stretchable and transparent double-network hydrogel ionic conductors as flexible thermal-mechanical dual sensors and electroluminescent devices[J]. ACS Appl. Mater. Interfaces, 2019(11):16765-16775.

[69] NAKAJIMA T,NAMBA Y O,OTA K,et al. Tough double-network gels and elastomers from the nonpres-tretched first network[J]. ACS Macro. Lett, 2019(8):1407-1412.

[70] SUN J Y,ZHAO X,IIIEPERUMA W R K,et al. Highly stretchable and tough hydrogels[J]. Nature, 2012(489):133-136.

[71] ZHANG W,HU J,SUO Z,et al. Fracture toughness and fatigue threshold of tough hydrogels[J]. ACS Macro. Lett,2018(8):17-23.

[72] CHEN Q,ZHU L,ZHAO C,et al. A robust, one-pot synthesis of highly mechanical and recoverable double network hydrogels using thermoreversible sol-gel polysaccharide[J]. Adv. Mater,2013(25): 4171-4176.

[73] CUI K, YE Y N, SUN T L, et al. Effect of structure heterogeneity on mechanical performance of physical polyampholytes hydrogels[J]. Macromolecules,2019(52):7369-7378.

[74] HUANG Y,KING D R,CUI W,et al. Superior fracture resistance of fiber reinforced polyampholyte hydrogels achieved by extraordinarily large energy-dissipative process zones[J]. J. Mater. Chem. A, 2019(7)13431-13440.

[75] ZHANG H J, SUN T L, ZHANG A K, et al. Tough physical double-network hydrogels based on amphiphilic triblock copolymers[J]. Adv. Mater,2016(28):4884-4890.

[76] SUN T L, KUROKAWA T, KURODA S, et al. Physical hydrogels composed of polyampholytes demonstrate high toughness and viscoelasticity[J]. Nat. Mater,2013(12):932-937.

[77] CUI K,SUN T L,LIANG X, et al. Multiscale energy dissipation mechanism in tough and self-healing hydrogels[J]. Phys. Rev. Lett,2018(121):185501.

[78] DAI X,ZHANG Y,LIU W,et al. A mechanically strong, highly stable, thermoplastic, and self-healable supramolecular polymer hydrogel[J]. Adv. Mater,2015,(27):3566-3571.

[79] ZHENG S Y,DING H,QIAN J,et al. Metal-coordination complexes mediated physical hydrogels with high toughness, stick-slip tearing behavior, and good processability[J]. Macromolecules,2016(49): 9637-9646.

[80] GE G,CAI Y,DONG Q,et al. A flexible pressure sensor based on rGO/polyaniline wrapped sponge with tunable sensitivity for human motion detection[J]. Nanoscale,2018(10):10033-10040.

[81] YANG J C,MUN J,KWON S Y,et al. Electronic skin: recent progress and future prospects for skin-attachable devices for health monitoring, robotics, and prosthetics[J]. Adv. Mater,2019(31):1904765.

[82] GE G,LU Y,DONG X. Muscle-inspired self-healing hydrogels for strain and temperature sensor[J]. ACS Nano,2020(14):218-228.

[83] ZHANG Y Z,LEE K H,ANJUM D H,et al. MXenes stretch hydrogel sensor performance to new limits[J]. Sci. Adv,2018(14):eaat0098.

[84] KANG J,TOK J B H,BAO Z,Nat[J]. Electron,2019(2):144-150.

[85] WANG S,URBNA M W. Self-healing polymers[EB/OL]. Nat. Rev. Mater,2020. https://doi. org/10. 1038/s41578-020-0202-4.

[86] DARABI M A,KHOSROZADEH A,XING M,et al. Skin-inspired multifunctional autonomic-intrinsic conductive self-healing hydrogels with pressure sensitivity, stretchability, and 3D printability[J]. Adv. Mater,2017(29):1700533.

[87] HUYUH T P,KHATIB M,HAICK H. Self-healable materials for underwater applications[J]. Adv. Mater. Technol,2019(4):1900081.

[88] ZHANG W,WANG R,SUN Z, et al. Catechol-functionalized hydrogels: biomimetic design, adhesion mechanism, and biomedical applications[J]. Chem. Soc. Rev,2020(49):433-464.

[89] WAITE J H,TANZER M L. Polyphenolic substance of mytilus edulis: novel adhesive containing l-dopa and hydroxyproline[J]. Science,1981(212):1038.

[90] HAN L,LU X,LIU K,et al. Mussel-inspired adhesive and tough hydrogel based on nanoclay confined dopamine polymerization[J]. ACS Nano,2017(11):2561-2574.

[91] SHAO C,WANG M,MENG L,et al. Mussel-inspired cellulose nanocomposite tough hydrogels with synergistic self-healing, adhesive, and strain-sensitive properties[J].Chem. Mater, 2018(30): 3110-3121.

[92] HAN L,LIU K,WANG M,et al. Mussel-inspired adhesive and conductive hydrogel with long-lasting moisture and extreme temperature tolerance[J]. Adv. Funct. Mater,2018(28):1704195.

[93] TIAN K,BAE J, BAKARICH S E,et al. Vlassak, 3D printing of transparent and conductive heterogeneous hydrogel-elastomer systems[J]. Adv, Mater,2017(29):1604827.

[94] MORELLE X P,IIIEPERUMA W R, TIAN K,et al. Highly stretchable and tough hydrogels below water freezing temperature[J]. Adv. Mater,2018(30):1801541.

[95] ZHANG X F,MA X,HOU T,et al. Inorganic salts induce thermally reversible and anti-freezing cellulose hydrogels. Angew[J]. Chem. Int. Ed, 2019(58):7366-7370.

[96] RONG Q,LEI W,CHEN L, et al. Anti-freezing, conductive self-healing organohydrogels with stable strain-sensitivity at subzero temperatures[J]. Angew. Chem. Int. Ed,2017(56):14159-14163.

[97] CHEN F,ZHOU D,WANG J,et al. Rational Fabrication of anti-freezing, non-drying tough organohydrogels by one-pot solvent displacement[J]. Angew. Chem. Int. Ed,2018(57):6568-6571.

[98] EROL O,PANTULA A,LIU W,et al. Transformer hydrogels: a review[J]. Adv. Mater. Technologies, 2019(4):1900043.

[99] LI H,CHEN J,LAM K Y, Multiphysical modeling and meshless simulation of electricsensitive hydrogels [J]. J. Polym. Sci., Part B: Polym. Phys,2004(42):1514-1531.

[100] GAO S,TANG G,HUA D,et al. Stimuli-responsive bio-based polymeric systems and their applications

[J]. J. Mater. Chem. B,2019(7):709-729.

[101] LONGO G S,CRUZ M O D L,SZLEIFER I. Controlling swelling/deswelling of stimuli-responsive hydrogel nanofilms in electric fields[J]. Soft Matter,2016(12):8359-8366.

[102] HAN D,FARINO C,YANG C,et al. Soft robotic manipulation and locomotion with a 3d printed electroactive hydrogel[J]. ACS Appl. Mater. Interfaces,2018(10):17512-17518.

[103] LI Y,SUN Y,XIAO Y,et al. Electric field actuation of tough electroactive hydrogels cross-linked by functional triblock copolymer micelles[J]. ACS Appl. Mater. Interfaces,2016(8):26326-26331.

[104] GAO Y,WEI Z,LI F,et al. Synthesis of a morphology controllable Fe_3O_4 nanoparticle/hydrogel magnetic nanocomposite inspired by magnetotactic bacteria and its application in H_2O_2 detection[J]. Green Chem,2014(16):1255-1261.

[105] HU W,LUM Z,MASTRANGELI M,et al. Small-scale soft-bodied robot with multimodal locomotion[J]. Nature,2018(554):81-85.

[106] BARBUCCI R,PASQUI D,GIANI G, et al. A novel strategy for engineering hydrogels with ferromagnetic nanoparticles as crosslinkers of the polymer chains. Potential applications as a targeted drug delivery system[J]. Soft Matter,2011(7):5558-5565.

[107] KIM Y,YUK H,ZHAO R,et al. Printing ferromagnetic domains for untethered fast-transforming soft materials[J]. Nature,2018(558):274-279.

[108] THÉVENOT J,OLIVEIRA H,SANDRE O,et al. Magnetic responsive polymer composite materials [J]. Chem. Soc. Rev,2013(42):7099-7116.

[109] ZHANG Y,YANG B,ZHANG X,et al. A magnetic self-healing hydrogel[J]. Chem Commun,2012 (48):9305-9307.

[110] HAIDER H,YANG C H,ZHENG W J,et al. Exceptionally tough and notch-insensitive magnetic hydrogels[J]. Soft Matter,2015(11):8253-8261.

[111] LI Q,ZHANG L N,TAO X M, et al. Review of flexible temperature sensing networks for wearable physiological monitoring[J]. Adv. Healthcare Mater,2017(6):1601371.

[112] KIM S J,PARK S J,KIM S I, Properties of smart hydrogels composed of polyacrylic acid/poly (vinyl sulfonic acid) responsive to external stimuli[J]. Smart Mater. Struct,2004(13):317-322.

[113] SCHILD H G. Poly(N-isopropylacrylamide): experiment, theory and application[J]. Prog. Polym. Sci,1992(17):163-249.

[114] FURYK S,ZHANG Y,ACOSTA D O,et al. Effects of end group polarity and molecular weight on the lower critical solution temperature of poly(N-isopropylacrylamide)[J]. J. Polym. Sci. A: Polym. Chem, 2006(44):1492-1501.

[115] SON K H,LEE J W. Synthesis and characterization of poly(ethylene glycol) based thermo-responsive hydrogels for cell sheet engineering[J]. Materials,2016(9):854.

[116] SHANG J,THEATO P. Smart composite hydrogel with pH-, ionic strength- and temperature-induced actuation[J]. Soft Matter,2018(14):8401-8407.

[117] JIANG Z,DIGGLE B,SHACKLEFORD I C G,et al. Tough, self-healing hydrogels capable of ultrafast shape changing[J]. Adv. Mater,2019(31):1904956.

[118] GONG C B,LAM M H W,YU H X. The fabrication of a photoresponsive molecularly imprinted polymer for the photoregulated uptake and release of caffeine[J]. Adv. Funct. Mater,2006(16):

1759-1767.

[119] TANG Q,NIE Y T,GONG C B,et al. Photo-responsive molecularly imprinted hydrogels for the detection of melamine in aqueous media[J]. J. Mater. Chem,2012(22):19812-19820.

[120] STUMPEL J E,ZIÓŁKOWSKI B,FLOREA L,et al. Photoswitchable ratchet surface topographies based on self-protonating spiropyran-NIPAAM hydrogels[J]. ACS Appl. Mater. Interfaces,2014 (6):7268-7274.

[121] LI L,SCHEIGER J M,LEVKIN P A. Design and applications of photoresponsive hydrogels[J]. Adv. Mater,2019(31):1807333.

[122] ZENG S,SUN H,PARK C,et al. Multi-stimuli responsive chromism with tailorable mechanochromic sensitivity for versatile interactive sensing under ambient conditions[J]. Mater. Horiz,2020(7): 164-172.

[123] SHAHSAVAN H,AGHAKHANI A,ZENG H,et al. Bioinspired underwater locomotion of light-driven liquid crystal gels[J]. Proc. Natl. Acad. Sci. U. S. A,2020(117):5125-5133.

[124] ZHAO Q,LIANG Y,REN L,et al. Study on temperature and near-infrared driving characteristics of hydrogel actuator fabricated via molding and 3D printing[J]. J. Mech. Behav. Biomed. Mater,2018 (78):395-403.

[125] LEE M A G,MATTEVI C,CHHOWALLA M,et al. Unusual infrared-absorption mechanism in thermally reduced graphene oxide[J]. Nat. Mater,2010(9):840-845.

[126] KIM J,JEERAPAN I,SEMPIONATTO J R,et al. Wearable bioelectronics: enzyme-based body-worn electronic devices[J]. Acc. Chem. Res,2018(51):2820-2828.

[127] LI L,SHI Y,PAN L,et al. Rational design and applications of conducting polymer hydrogels as electrochemical biosensors[J]. J. Mater. Chem. B,2015(3):2920-2930.

[128] LI L,PAN L,MA Z,et al. All inkjet-printed amperometric multiplexed biosensors based on nanostructured conductive hydrogel electrodes[J]. Nano Lett,2018(18):3322-3327.

[129] PAN L,YU G,ZHAI D,et al. Hierarchical nanostructured conducting polymer hydrogel with high electrochemical activity[J]. Proc. Natl. Acad. Sci. U. S. A,2012(109):9287-9292.

[130] LI L,WANG Y,PAN L,et al. A nanostructured conductive hydrogels-based biosensor platform for human metabolite detection[J]. Nano Lett,2015(15):1146-1151.

第 4 章 基于微纳结构有机场效应晶体管的气敏传感器

气体感应在环境监测、食品安全、公共卫生、工业制造和国防等应用中至关重要。将信号传导和实时电输出放大的优点结合在一起，有机场效应晶体管在气体传感领域受到了特别关注，具有制造要求低、在室温下运行的优点，并有望在低灵敏度检测限浓度下，满足高灵敏度、高选择性和高环境稳定性等要求。

有机场效应晶体管的传导通道通常在半导体层的底部，并且载流子聚集在半导体和介电层之间的界面附近。为了进一步提高器件的灵敏度和响应速度，关键是使分子与电荷载体更方便地相互作用。因此调节有机半导体分子结构以及膜的纳米/微结构对于改善器件的传感性能具有深远影响。本章论述关于具有纳米/微结构的有机半导体活性层的改性进展。首先，论述基于一维单晶纳米线、纳米棒和纳米纤维的高性能气体传感器；然后，重点论述获得二维和超薄有机半导体膜的制造方法，如热蒸发、浸涂、旋涂和溶液剪切方法；接着论述基于多孔有机半导体结构的气体传感器。此外，总结功能受体在有机半导体膜上的应用，以及对目标分析物选择性的改进。

4.1 概　　述

由于科学技术的快速发展，促进了现代社会生产方式的革命性变化，人们越来越关注环境问题、医疗保健和工业安全[1]，其中有效检测爆炸性、有毒气体或挥发性有机化合物也变得越来越重要。研究证明，长期接触挥发性有机化合物会严重威胁人类健康，可能会导致呼吸系统疾病以及皮肤过敏等问题。此外，气体传感在火灾探测、药物输送、食品安全、环境监测和国防安全方面也起着至关重要的作用[2]。基于有机场效应晶体管的气体传感器制造要求简单，成本较低，具有选择性且能够在室温操作[3]。常规的有机场效应晶体管结构包括栅电极、栅极绝缘层或介电层、传感半导体层及源漏电极，因而构成了典型的三端器件[4]。器件的结构如图 4-1 所示。其中，V_d 指源-漏电压；D 指漏板；S 指源板；V_g 指栅电压。

在施加源漏极偏压时，电荷在绝缘层与有机层间积累，形成导电沟道。从源极注入的载流子将沿着有机半导体传感层传输并形成朝向漏极电极的传导沟道，并且电荷载流子密度和输出源极漏极电流可以通过重复增加的栅极偏压来调节。场效应晶体管可以看成是一个由栅电极和半导体层构成的平板电容器。根据栅电极的位置不同，有机场效应晶体管可分为顶栅结构和底栅结构两类。这两类结构又可根据源漏电极与半导体层的位置不同分为顶接触和底接触结构两类。场效应晶体管的工作结构如图 4-2 所示。场效应晶体管通过栅极电压来调节源漏电极之间的电流,做一个形象的类比,如同水阀通过阀门来调节水管中水的流量。

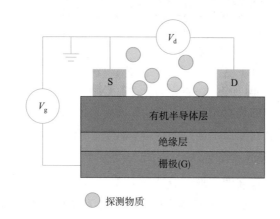

图 4-1　有机场效应晶体管结构示意图

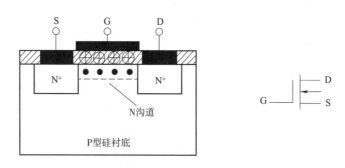

图 4-2　场效应晶体管工作结构示意图

有机半导体可以充当电荷传输层和传感材料,具有分子可调、材料来源广、成膜技术多、加工温度低、质量小、电学性质易调控、可与柔性衬底兼容、器件尺寸小、溶液具有加工性和机械柔韧性等优点。这些优势使得有机场效应晶体管能够在很多领域获得广泛的研究兴趣,如感应化合物[5]、光[6]、压力[7]、温度[8]、湿度[9]和生物物质[10]等。有机场效应晶体管可以制成大面积器件、大规模互补集成电路,用于平板显示器的驱动电路,作为记忆组件用于交易卡、智能卡和身份识别卡等。利用场效应晶体管结构可以研究高度有序有机材料的超导性,实现有机激光。有机半导体是通过共轭 π 键在分子之间传输电荷的有机化合物。这种电荷转移模式使它们易受外部环境的影响,因此很适用于化学传感器[11]。当有机半导体传感层暴露于外部受到分析物刺激时,活性层和分析物之间将发生特殊的相互作用,如掺杂、猝灭和偶极效应。这种相互作用将导致电荷载流子密度、场效应迁移率和其他载流子传输特性变化,因此能够立即检测和响应外部分析物刺激[12]。

有机场效应晶体管能够通过结合半导体敏感材料的优点和器件结构的固有特点,从而可以通过一个器件同时实现外部刺激的信号转换和信号放大的功能。通过不同参数可以获得传感器特性的精确测量,载流子迁移率(μFET,电荷载流子在电场下沿感应层移动的速度),它反映了在不同电场下空穴或电子在半导体中的迁移能力。场效应迁移率是有机场效应晶体管中最重要的性能参数之一。有机场效应晶体管的迁移率与很多因素有关,如半导体纯度、结晶质量、晶粒尺寸、电极接触、沟道长宽比、器件构型等。阈值电压(V_{th},导通电压),它是使场效应晶体管开启所必需的最低栅压。场效应晶体管的阈值电压大小与很多因素有关,如有机晶体与绝缘层界面上的电荷陷阱密度、源漏电极接触的质量等。开/关电流比(I_{on}/I_{off},导通电流与源极和漏极之间的截止态电流之比)是场效应晶体管中另一个最重要的性能指标,它反映了在一定栅极电压下器件开关性能的好坏。到目前为止,有机场效应晶体管已经在气体传感领域受到特别关注,并且进一步被期望满足高灵敏度、高选择性、高环境稳定性以及低检测限的要求[6,13]。当然,在实际应用中晶体管也被期望能够实现快速响应和快速回复。传统的较厚的半导体膜通常表现出有限的灵敏度和选择性,并且响应速度及恢复速度较慢。有机场效应晶体管的导电沟道通常位于半导体层的底部,电荷载流子聚集在半导体和介电层之间的界面附近。为了进一步提高器件的灵敏度和响应速度,问题的关键在于如何使被检测物分子更容易与电荷载流子实现相互作用。较厚的半导体膜通常会阻碍电荷载流子传输和气体扩散[14]。为了解决这些问题,这些年来,在新型半导体功能化和开发新的制造技术方面,大量的研究工作已经开展。广泛应用于有机场效应晶体管的有机半导材料为共轭聚合物和有机小分子两类。有机小分子的物理和化学性质可以通过调整官能团和分子结构进行调控,并且有固定的分子结构,分子间易形成紧密的化学结构,有机半导体小分子的制备工艺也较为多样。而共轭聚合物在印刷技术、溶液旋涂以及柔性器件的制备方面有着显著的优势。目前有机场效应晶体管的研究大多集中在迁移率高、溶液加工性好、环境稳定的有机小分子和高分子半导体材料的开发上,随着对场效应晶体管不断地研究和开发,优化半导体起着至关重要的作用。有机半导体分子结构和有机半导体薄膜的纳米/微结构的调节已被证明对构建分子-电荷快速相互作用通道和改善器件感测性能具有深远影响[15-16]。为了提高器件的灵敏度,响应和恢复速度,对有机半导体层进行修饰是最有效和直接的方法。通常采用的相关策略包括制造一维纳米微结构的有机半导体,或者调节单层或几个单分子层范围内的有机半导体活性层的厚度,以及在有机半导体膜中制备多孔结构。此外,将官能团和受体结合到有机半导体膜表面能够赋予有机场效应晶体管气体传感器特定的识别能力和感应能力,来选择性地区分目标分析物[17]。

有机场效应晶体管气体传感器已经得到广泛研究和报道。考虑到有机半导体在传感过程中的重要作用,本节内容的重点是研究介绍,关于有机半导体传感层的改性以及改进该层的纳米微观结构,对有机场效应晶体管气体传感器性能的影响。首先,在有机半导体层通过引入一维单晶纳米线、纳米棒和纳米纤维能够获得高性能的有机场效应晶体管气体传感器。

其次,通过不同的制作方法,可以获得二维和超薄的有机半导体薄膜,如热蒸发、浸涂、旋涂和溶液剪切法等方法,此外还可以将多孔结构引入有机半导体层结构,进而有效提高器件的气体传感检测能力。最后,将具有功能性的受体和官能团引入有机半导体层能够帮助器件实现特异性和选择性的响应。

4.2 一维纳米微结构的有机半导体层

一维有机场效应晶体管通常是指半导体层是一维纳米/微米材料,如纳米或微米级的丝、棒、带和纤维[18]。具有单晶纳米/微结构的有机半导体层有着相对大的表面积与体积比,可以提高有机场效应晶体管的灵敏度,目标气体可以快速进入活性层和介电层之间的界面[19]。然而,制备出具有均匀形态和高质量的一维结构是比较困难的。因此,可以生长高质量一维单晶半导体的方法仍然是一个挑战[20]。对于有机场效应晶体管传感器,需要具有足够高的输出电流以便于测量和实际应用。通过利用一维结构,有机场效应晶体管的电子性能不会下降。Zhu 等[21]报道了自组装聚(3-己基噻吩)(P3HT)纳米线的有机场效应晶体管,纳米线的长度和宽度分别为 20～30 μm 和 50 nm。与 P3HT 薄膜的有机场效应晶体管相比,基于 P3HT 纳米线的有机场效应晶体管的器件电学性能由于均匀排列的纳米线得到了明显的改变。器件的迁移率、电流开关比以及阈值电压分别 0.06 $cm^{-2} \cdot V^{-1} \cdot s^{-1}$、$10^4$ V 和 -13 V。通过一维有机纳米线阵列可以实现高性能的气体传感器。由于能够与目标气体进行有效和直接吸附,具有一维纳米微结构有机半导体的有机场效应晶体管可以在活性层和分析物之间实现快速相互作用,因此比传统的基于薄膜的有机场效应晶体管具有更敏感的响应和更低的分析物检测极限。具有一维纳米微结构有机半导体的有机场效应晶体管的示意图如图 4-3 所示。此外,具有一维纳米微结构的有机场效应晶体管也被认为可以应用于可穿戴设备,因为它们比基于薄膜的有机场效应晶体管具有更低的尺寸灵活性。

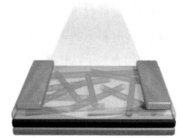

图 4-3 基于一维纳米线结构的
有机场效应晶体管

铜酞菁(CuPc)是一种能够用于制备一维半导体的材料。Shaymurat 等[22]制备了一维 CuPc 有机场效应晶体管传感器用于检测二氧化硫气体。该传感器具有高灵敏度、低检测极限、快速的响应和恢复速度。该器件对于二氧化硫气体的检测极限可降至 0.5 ppm,对于 0.5 ppm 的二氧化硫气体响应和恢复时间分别为 3 min 和 8 min。并且,该器件在 0.5～5 ppm 的浓度范围内响应具有线性。计算出 CuPc 纳米线和 CuPc 薄膜场效应晶体管的陷阱密度分别为 1.3×10^{12} $cm^{-2} \cdot V^{-1}$ 和 2×10^{12} $cm^{-2} \cdot V^{-1}$。与传统的薄膜器件相比,传感性能的显著改善可归因于纳米线器件具有更高的表面积与体积比以及更少的陷阱。Hu 等[23]在十八烷基三氯硅烷(OTS)改性的二氧化硅/硅基底上,通过物理气相传输法合成并五苯类似物(CHICZ)纳米/微米尺寸的半导体,其长度、宽度和厚度在 $20 \sim 100\ \mu m$,$3 \sim 6\ \mu m$ 以及 $30 \sim 80\ nm$ 的范围。然后制备了一维有机场效应晶体管用于乙醇蒸气检测,器件结构如图 4-4 所示。该器件具有良好的晶体管性能,载流子迁移率为 $0.8\ cm^2 \cdot V^{-1} \cdot s^{-1}$,电流开关比率高达 1.7×10^7,阈值电压值为 $-7.3\ V$。一维有机场效应晶体管对乙醇气体的检测具有良好的灵敏度和可重复性。

Mun 等[24]开展了基于单晶聚(3-己基噻吩)(P3HT)纳米线的另一个综合性工作,成功用于检测 $0.01 \sim 25\ ppm$ 范围内的氨气。P3HT 纳米线通过液桥介导的纳米转移模塑(LB-nTM)方法制备,将 P3HT 纳米线印刷在硬模具上,然后转移到二氧化硅/硅基底上,一维纳米线结构如图 4-5 所示。制造的 P3HT 纳米线传感器对氨气表现出优异的灵敏度,在 $25\ ppm$ 氨气浓度下比 P3HT 薄膜器件的灵敏度高约 3 倍,最低检测极限为 $0.01\ ppm$。P3HT 纳米线传感器对氨气的敏感性受益于 P3HT 纳米线的一维纳米结构,P3HT 纳米线具有单晶性质和高表面/体积比。

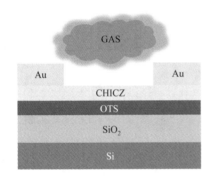

图 4-4　器件结构示意图

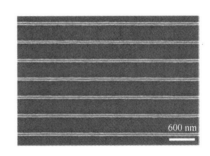

图 4-5　一维纳米线结构示意图

虽然一维有机半导体可以显著提高有机场效应晶体管化学传感器的传感性能,但均匀性的调控是一个大问题。不同样品之间含有的纳米线的数量,直径和长度通常差异较大,导致不同批次的器件性能显著不同,并且它们的实际应用将受到较大影响。然而,对于基于二维结构和传统薄膜的有机场效应晶体管,不同批次之间的样品差异性相对不那么明显。

4.3　二维和超薄半导体膜

有机半导体薄膜的结构以及表面形貌对于场效应晶体管的性能有着巨大的影响。有机半导体层在有机场效应晶体管传感器的电荷传输和传感过程中起着至关重要的作用。不仅分析物分子吸附在有机半导体层,而且分析物和半导体之间的相互作用发生在活性层中。因此,有机半导体层的厚度对有机场效应晶体管气体传感器灵敏度和响应速度具有实质性影响。与厚的有机半导体膜相比,较薄的有机半导体层可以导致更加暴露的传导通道,因此能有效减少有机半导体层中分析物在它们与传导通道中的电荷相互作用之前的扩散长度。因此,具有超薄有机半导体层的有机场效应晶体管化学传感器,在几个分子层的厚度,甚至单个分子层,可以具有显著改善的传感测试性能。优化薄膜结构及形貌是至关重要的一环,可以提高场效应晶体管的性能。

现在已经提出了许多技术来制造超薄有机半导体薄膜,例如热蒸发、旋涂、浸涂、滴涂、喷涂、掩模打印、喷墨印刷、刮刀涂层、自组装等。对于小分子有机半导体,高真空热蒸发是一种常用的制造技术。真空沉积技术是将固体材料置于真空腔体内,在真空气氛下,将固体材料加热蒸发,蒸发出来的分子能够自由地扩散到真空容器的每个角落。有效地控制温度和高真空水平是制造具有低密度缺陷的高质量超薄膜所必需的条件。真空蒸镀过程中基板温度、蒸镀速率以及真空度的控制都会对薄膜的形貌和结构起着至关重要的影响。利用这种方法,可以逐层分子地沉积有机半导体膜。蒸镀示意图如图 4-6 所示。

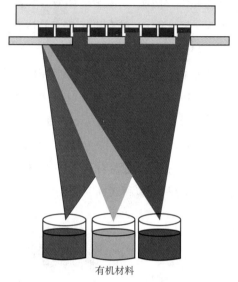

有机材料

图 4-6　有机材料蒸镀示意图

Katz 等[25]系统开展研究 5,5-双(4-己基苯基)-2,2-联噻吩(6PTTP6)有机膜厚度调节对有机场效应晶体管气体传感器暴露于甲基膦酸二甲酯(DMMP)神经毒剂刺激物性能的影响。对薄膜厚度对薄膜形貌和载流子迁移率的影响进行了大量的研究,结果表明,当薄膜厚度从单分子层厚度增加到几个分子层厚度时,迁移率将急剧转变为饱和状态。与传统的厚的膜相比,超薄单层膜开始表现出显著的晶体管行为。此外,基于超薄膜的有机场效应晶体管传感器表现出比传统较厚膜器件更快的响应速度和更高的灵敏度。Jiang 等[26]利用真空蒸发的方法在 1～3 个单分子层内实现了超薄并五苯薄膜的制备,获得了比基于 50 nm 厚的并五苯薄膜的传统有机场效应晶体管传感器更高的氨气响应。Yan 等[27]利用超薄高度有序的异质结薄膜制备了高性能的二氧化氮气体传感器,该器件在室温下即可实现快速的响应和恢复。制备了由 1 nm 厚的 N,N'-二苯基苝四羧酸二亚胺(PTCDI-Ph)膜和 5 nm 厚的对六联苯(p-6P)膜组成的累积异质结。异质结薄膜比普通单个半导体层具有更光滑的表面和更大的区域。异质结构的引入导致界面内电子和空穴的积累,从而导致欧姆行为并且使电导率比那些单层器件高两个数量级。超薄膜和异质结的组合可以改善膜中的电荷载流子传输,然后增强器件中产生的电子信号。此外,超薄膜可以缩短气体扩散的时间并且导致更快的响应和恢复速度。这些结果表明,制备超薄异质结薄膜是实现高灵敏的气体传感器的一种有效方法。Chi 等[28]通过真空热蒸镀法制备了基于高质量的 6,13-双(三异丙基甲硅烷基乙炔基)并五苯(TIPS-并五苯)薄膜的二氧化氮气体传感器。该传感器具有快速的响应和恢复速度,并且对 NO₂ 气体的检测极限为 20 ppb。这项工作不仅提供了关于电荷传输和薄膜传感器性能之间关系的全面讨论,还传达了一个想法,即低初始载流子浓度和高迁移率对于靶向气体的传感器同样重要。

　　尽管真空热蒸镀方法有利于制备低密度缺陷的高质量薄膜,但是对高真空和低处理速度的需求导致较高的制造成本。此外,聚合物半导体只能通过溶液工艺而不是热蒸镀法来制备。从这个意义上说,由于无真空工艺,低制造成本和高可扩展性的优势,溶液制备方法有着很大的吸引力。溶液法制备能在柔性衬底上实现半导体的低温、均一、快速制备,并且可用于制备大面积薄膜,一次性制备大量器件,从而降低器件以及整个电路的造价。溶液成膜是聚合物半导体最显著的一个优点,如何通过优化溶液的成膜工艺从而获得更好的器件性能来制备大面积的器件一直是人们关注的焦点。通过调节溶液浓度、角速度和旋转持续时间,可以将膜厚度从纳米调节到微米。旋涂法的示意图如图 4-7 所示。

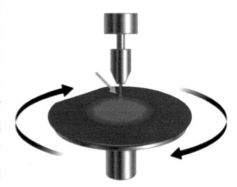

图 4-7　旋涂法的示意图

　　Zhu 等[29]采用一种简单方便的方法来制造超薄聚合物半导体薄膜。通过改变溶液浓度和转速,可以实现有机半导体层膜的精确厚度控制。该技术已应用于生产由少量层(≤5 层)组成的超薄膜,直至单层。成功地应用于多种有机半导体小分子以及聚合物半导体材料,如 NDI3HUDTYM2、NDI(2OD)(4tBuPh)-DTYM2、PBTTT-C12 和 P3HT。对于氨气气体传感,与传统的厚膜(70 nm)器件相比,基于 NDI(20D)(4tBuPh)-DTYM2 的超薄膜器件表现出更高的灵敏度和更快的响应。简单的旋涂法可以对各种有缺陷、密度低的有机半导体进行精确的厚度控制。在高旋转速率下,切向力破坏了疏水基底上的静态润湿平衡,并且实现了超薄膜的成功沉积。旋涂法简单并且易操作,对于仪器的要求也并不高,可以在简单的大气环境下实现制备。然而,在该制造方法中仍然存在问题,例如与真空蒸发膜相比缺乏足够的可控性、重复性和再现性,缺乏对膜的厚度和纳米结构的精确控制。

　　与旋涂法相比,滴涂和滴铸的溶剂蒸发速度慢,但也可以产生高度结晶的薄膜。在浸涂过程中,将基材垂直浸入目标溶液中,然后以一定的速度拉出。Chi 等[30]报告了近几年来用微带线制造超薄和连续有机半导体薄膜的一系列进展。通过改变拉伸速度,可以在大的覆盖面积下精确控制良好排列的单层到多层并五苯的四噻吩类似物(DTBDT-C9)的多层微带的生长。速度越高,多层膜的数量越多,并用该种方法制备了基于二烷基四硫化五苯(DTB-DT-C6)微带的氨气传感器。该器件具有优异的传感器性能,包括高灵敏度、快速的响应和恢复速度、良好的选择性、低浓度检测能力、良好的可逆性和稳定性。此外,这种生长方法可适用于制造其他可溶性有机半导体。并且,通过在二烷基四硫化五苯/甲苯溶液中快速浸渍和提升基板,可以在十八烷基三氯硅烷(OTS)改性基板表面上的金电极上选择性生长的超薄膜部位内实现快速图案化微带。基于在空气中蒸发的微带,可以制造出良好取向和超薄的薄膜。基于上述材料制备的有机场效应晶体管传感器可以在 50~60 s 内响应氨气并在大约 250 s 内恢复。

此外,作为在大面积上生产高度结晶和排列的有机晶体的另一种可行技术,溶液剪切方法也能制备出高性能的可溶液加工的小分子薄膜。基材表面性质、溶剂种类、溶液浓度、温度和剪切速度都会影响薄膜形态。在有机场效应晶体管化学传感器应用中该方法的早期示范之一,Chan 等[31]利用一种双溶液剪切方法,可生成大面积、高度结晶和连续的单层纳米级的噻吩(C10-DNTT)。通过在两步溶液剪切过程中控制溶剂中半导体的浓度,基板沉积温度和剪切速度,实现了高质量的 4 nm 单层膜的噻吩膜。基于该薄膜的器件具有高达 10.4 $cm^2 \cdot V^{-1} \cdot s^{-1}$ 的高迁移率,平均值为 5.8 $cm^2 \cdot V^{-1} \cdot s^{-1}$,并且制备了高性能的氨气传感器,获得了对于氨气检测具有最低检测极限(低至 10 ppb)的出色传感性能。

4.4 具有三维多孔结构的有机半导体层

多孔结构赋予气体传感器很低的检测极限和较高的高灵敏度,在过去几年中已应用于有机场效应晶体管气体传感器。利用多孔结构,分析物分子可以直接通过纳米/微孔扩散到传导通道。在此,提供了几种制造多孔有机半导体膜以改善气体传感器性能的有效方法。

模板法利用模型来调节有机半导体膜的形态。可根据所需产品调整通用模板方法,为制备孔径可控的有机半导体薄膜提供了一种有效而简便的方法。微孔的示意图如图 4-8 所示。首先介绍一种基于有机场效应晶体管的氨气传感器,该传感器采用微孔有机半导体薄膜,采用简单的真空冷冻干燥模板方法。Lu 等[32]将作为有机半导体的萘并[2,3-b:2′,3′-f]噻吩并[3,2-b]噻吩(DNTT)在基材上热蒸发,然后沉积聚苯乙烯(PS)微球作为模板。多孔有机场效应晶体管在暴露于 10 ppb 氨气时显示出 340%ppm^{-1} 的相对灵敏度。并且,原始和多孔气体传感器的实时响应也对各种低浓度的氨气检测表现出很大差异。上述所有性能表明,多孔有机场效应晶体管比原始有机场效应晶体管具有更高的灵敏度和更短的响应时间。

这些结果证明,有机半导体层中的孔有效提高了器件的灵敏度和响应速度。上述制造过程涉及模板的沉积和去除。另一种获得多孔结构薄膜的简单方法是将有机半导体与添加剂如绝缘聚合物混合。混合方法不仅简化了实验程序,而且节省了昂贵的有机半导体材料,这对于低成本和大规模应用是必不可少的。Wu 等[33]通过旋涂共轭聚合物半导体和绝缘聚(1,4-丁二醇己二酸酯)(PBA)的混合物,从而制备具有可调节孔径的薄膜,基于上述材料制备了高性能的氨气传感器。由于半导体和绝缘聚合物的不混溶性,在旋涂过程中发生相分离,并且通过控制化合物混合物中绝缘聚合物的含量来调节孔径。该传感器的检测极限为

0.5 ppm,灵敏度大于 800% ppm^{-1},并且在几秒内迅速地响应和恢复。与基于连续薄膜的传感器的相同条件下的循环测试中进行比较,具有微孔薄膜的传感器显示出比基于连续薄膜的装置更好的性能。另外,当装置在空气环境中储存约一个月时,通过优异的再现性证实了该器件良好的稳定性。使用有机半导体和绝缘添加剂的混合物是制造具有多孔结构的气体传感器的有效且低成本的方法。

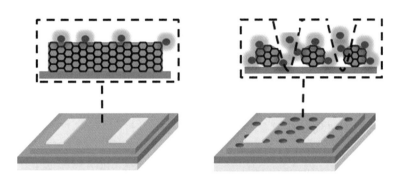

图 4-8　微孔结构示意图

上述通过共混方法制备的孔是不均匀的,其尺寸在 50～500 nm 范围内,由共混物的组分比例调节。器件的性能受到孔的不可控性的影响。溶液处理的可调纳米多孔有机半导体薄膜,其中孔径可以在绝缘层模板中进行调整。Diao 等[34]通过改变 4,4′-(六氟异亚丙基)-二邻苯二甲酸酐(HDA):聚(4-乙烯基苯酚)的比例获得模板层中可获得相对均匀的孔,范围为 50～700 nm。将两种半导体分别沉积在模板上作为氨和甲醛检测的活性层。准确控制孔径尺寸是至关重要的,电流的变化与孔径密切相关。因此,多孔结构的结合可以有效地提高气体传感器的整体性能。多孔层不仅形成了分析物-电荷相互作用的快速通路,而且提高了气体传感器的气体捕获能力。

4.5　具有纳米/微米尺寸受体的有机半导体膜

对于有机场效应晶体管气体传感器,除灵敏度外,选择性也是一个很重要的参数。然而,由于分析物蒸气与活性层相互作用的机制较为相似,有机场效应晶体管倾向于对具有相似化学性质或偶极矩的各种气体表现出较低的选择性。因此,提高有机场效应晶体管选择性仍然是一个巨大的挑战。但仍然有两种方法适用:一种是半导体层的共价修饰;另一种是引入官能团受体层。前一种策略可能对半导体的电学性能产生负面影响,导致较低的输出电流[35]。因此,后者近年来备受关注。

为了有效捕获目标分析物,优化受体分子结构的设计是重要的。具有笼形或杯形的分子可掺入有机场效应晶体管受体中作为受体层。作为两个特别有趣的例子,葫芦脲和杯芳烃对某些气体具有良好的吸收效果,并且可以通过改变空腔尺寸来调节它们的目标选择性[36]。葫芦脲分子具有五至八个重复的大环单元,从而能够形成具有不同尺寸的腔。具有的重复单元越多,其可能形成的腔越大。具有五个、六个、七个和八个重复单元的基于葫芦脲的分子称为葫芦[5]脲,葫芦[6]脲,葫芦[7]脲和葫芦[8]脲。由于葫芦脲门户处的羰基,阳离子倾向于通过离子-偶极相互作用形成复合物[37]。离子-偶极结合,疏水效应和分析物与葫芦脲之间的腔尺寸的互补性决定了葫芦脲是否可以作为高质量受体。Jang 等[38]通过改性葫芦[7]脲,对水稳定的有机半导体 DDFTTF 层的表面进行功能化。基于上述材料开发了高度灵敏的传感器,可以选择性地检测多种液体中的苯丙胺类兴奋剂。尽管上面讨论的受体用于液体检测,但类似的机制也适用于有机场效应晶体管气体传感器。

与葫芦脲类似,杯芳烃也是一种具有杯状结构且在分子入口处具有氢键的分子。杯状结构形成可以捕获所需气体的空腔,从而提高有机场效应晶体管的灵敏度。此外,氢与"杯子"边缘结合形成与分析物的强烈相互作用。腔尺寸和氢键之间的配合有助于提高杯芳烃作为受体的高选择性。Lee 等[39]开发出了一种耐溶剂的有机场效应晶体管,P3HT 共聚物充当半导体层,杯芳烃充当受体。其中一种分子的结构:杯[8]芳烃的结构如图 4-9 所示。由于特殊的交联结构,有机场效应晶体管即使在液体环境中也能保持稳定。

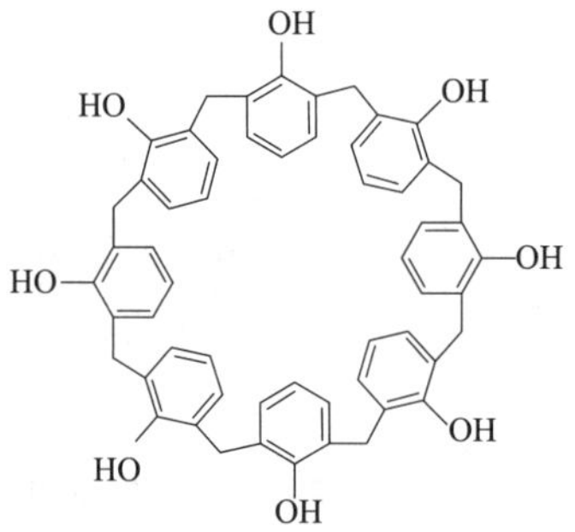

图 4-9　杯[8]芳烃的结构示意图

与没有杯芳烃作为受体的有机场效应晶体管相比,杯芳烃提高了有机场效应晶体管的选择性,该传感器在甲醇检测中显示出一个数量级更高的灵敏度。

将受体功能化是另一种提高有机场效应晶体管选择性的策略。氢键、电荷-偶极相互作用和受体与分析物气体之间的 π-π 相互作用等是其背后的主要机制。修饰受体分子从而使其更容易沉积在半导体层上。Song 等[40]用二萘并[3,4-d:3′,4′-d′]苯并[1,2-b:4,5-b′]二噻吩(Ph5T2)修饰的酞菁铜纳米线制备有机场效应晶体管,用于检测二氧化氮和硫化氢气体。与没有噻吩类分子修饰的酞菁铜有机场效应晶体管相比,含有噻吩类分子的有机场效应晶体管对二氧化氮等氧化性气体的响应增强,对硫化氢等还原性气体的响应降低。不同分析物的响应差异可能是由于酞菁铜和噻吩类分子之间形成异质结。先前的研究表明,利用受体可以有效地提高传感特性。然而,当目标物质与具有相似结构和化学性质的干扰气体共存时,基于单个有机半导体层的有机场效应晶体管传感器的选择性仍然不够高,仍需要更多的工作进一步提高选择性。

4.6　结论和展望

基于有机场效应晶体管的气体传感器在有效检测不同的环境和有毒气体或有机挥发性化合物方面取得了持续的改进和巨大的进步。有机场效应晶体管气体传感器在低功耗、室温可操作性和实时便携式传感方面具有优势,在环境监测、食品储存、火灾探测、卫生保健、药物输送和智能领域具有巨大潜力。本章介绍了在纳米/微观结构的有机半导体活性层改性和改进方面气体传感器的最新进展,主要采用的策略包括制造一维材料,如纳米晶体、纳米线、纳米棒和纳米纤维、二维超薄有机薄膜、有机半导体薄膜界面内的多孔结构,以及具有多功能性的分子受体。因此,利用先进的纳米/微结构形态控制和分子功能设计,很有可能在未来实现各种实用的气体传感应用,并且传感器具有高选择性和特异性、高环境稳定性、响应速度快、检测限低、实时便携可操作性强等优点[41-46]。

　　为了实现成熟的实际应用,未来仍然存在较多挑战,迫切需要进一步努力:(1)需要更多的研究,以深入理解分析物如何影响电荷载流子产生、传输和传感行为等背后的基本机制,特别是在电极和半导体(电荷注入区域)、电介质之间的那些界面层和半导体(传导通道)和晶界。电荷载流子集中在有机场效应晶体管中有机半导体分子层的底部,对于具有较厚的有源层的有机场效应晶体管传感器,由于相对不敏感的顶部分子层,响应速度和灵敏度将受到限制,传感性能将高度依赖于有源层厚度。对于半导体/介电界面效应,对传感性能的影响并不高度取决于有机半导体层的厚度。同时,利用两种机制来优化传感性能将是有用的[47]。(2)关于接触电阻对传感性能影响的研究,以及有机场效应晶体管化学传感器电荷注入能垒的机理研究仍然十分有限,需要进一步探讨。(3)虽然已开发出大量有机材料,包括小分子和共轭聚合物,但大多数为高迁移率有机场效应晶体管器件而开发的,因此探索更多专门设计的有机半导体也很重要。用于化学传感器应用,具有更高级别的复杂性并在分子设计中使用它们,从而可以实现对分析物或刺激的准确区分[48]。(4)基于有机半导体的器件受到偏压效应的影响,很难实现出色的操作稳定性,这仍然是一个挑战。(5)解决敏感性与稳定性矛盾的策略有待进一步研究[49]。(6)此外,由于有机半导体的固有传感机制,缺乏传感选择性是有机场效应晶体管化学传感器的一个严重问题。对于基于单一有机半导体的传感器难以实现高选择性,因此需要基于对不同分析物具有特定性质的一系列不同有机半导体的感觉阵列,以便在大量条件下产生即时和选择性感测输出[50]。(7)对于商用市场的便携式和可穿戴传感器设备,需要较低的工作电压和低功耗,而过去研究的大多数有机场效应晶体管需要几十甚至几百伏的高工作电压。尽管目前还存在着一系列的技术问题,但相信在该领域科研工作者的共同努力下,以有机场效应晶体管为基础的气体传感器将很快进入应用阶段。

参考文献

[1] WERKMEISTER F X, KOIDE T, NICKEL B A. Ammonia Sensing for Enzymatic Urea Detection Using Organic Field Effect Transistors and a Semipermeable Membrane[J]. J. Mater. Chem. B, 2016 (4):162.

［2］ SONG J,DAILEY J,LI H,et al. Influence of bioreceptor layer structure on myelin basic protein detection using organic field effect transistor-based biosensors[J]. Adv. Funct. Mater.,2018(28):1802605.

［3］ WU X,MAO S,CHEN J,et al. Strategies for improving the performance of sensors based on organic field-effect transistors[J]. Adv. Mater,2018,30:1705642.

［4］ LEE Y H,JANG M,LEE M Y,et al. Flexible field-effect transistor-type sensors based on conjugated molecules[J]. Chem,2017(3):724.

［5］ ZANG Y,ZHANG F,HUANG D,et al. Specific and reproducible gas sensors utilizing gas-phase chemical reaction on organic transistors[J]. Adv. Mater,2014(26):2862.

［6］ ZANG Y,HUANG D,DI C A,et al. Device engineered organic transistors for flexible sensing applications [J]. Adv. Mater,2016(28):4549.

［7］ YIN Z,YIN M J,LIU Z,et al. Solution-processed bilayer dielectrics for flexible low-voltage organic field-effect transistors in pressure-sensing applications[J]. Adv. Sci,2018(5):1701041.

［8］ REN X,PEI K,PENG B,et al. A Low-operating-power and Flexible Active-matrix Organic-transistor Temperature-sensor Array[J]. Adv. Mater,2016(28):4832.

［9］ PARK Y D,KANG B,LIM H S,et al. Polyelectrolyte interlayer for ultra-sensitive organic transistor humidity sensors[J]. Acs. Appl. Mater. Inter,2013(5):8591.

［10］ HAMMOCK M L,KNOPFMACHER O,NAAB B D,et al. Investigation of protein detection parameters using nanofunctionalized organic Field-effect transistors[J]. Acs. Nano,2013(7):3970.

［11］ SOMEYA T,DODABALAPUR A,HUANG J,et al. Chemical and physical sensing by organic field-effect transistors and related devices[J]. Adv. Mater,2010(22):3799.

［12］ CRONE B,DODABALAPUR A,GELPERIN A,et al. Electronic sensing of vapors with organic transistors[J]. Appl. Phys. Lett,2001(78):2229.

［13］ ROBERTS M E,SOKOLOV A N,BAO Z. Material and device considerations for organic thin-film transistor sensors[J]. Mater. Today,2009(12):12.

［14］ VIRKAR A A,MANNSFELD S,BAO Z,et al. Organic semiconductor growth and morphology considerations for organic thin-film transistors[J]. Adv. Mater,2010(22):3857.

［15］ ZHANG J,LIU X,NERI G,et al. Nanostructured materials for room-temperature gas sensors[J]. Adv. Mater,2015(28):795.

［16］ WANG T,GUO Y,WAN P,et al. Flexible transparent electronic gas sensors[J]. Small,2016(12):3748.

［17］ LUO H,CHEN S,LIU Z,et al. A cruciform electron donor-acceptor semiconductor with solid-state red emission: 1D/2D optical waveguides and highly sensitive/selective detection of H_2S Gas [J]. Adv. Funct. Mater,2014(24):4250.

［18］ CHEN X,WONG C K Y,YUAN C A,et al. Nanowire-based Gas Sensors[J]. Sensor. Actuat. B-Chem,2013(177):178.

［19］ LI R,HU W,LIU Y,et al. Micro-and nanocrystals of organic semiconductors[J]. Accounts. Chem. Res,2010(43):529.

［20］ GUO P,ZHAO G,CHEN P,et al. Porphyrin nanoassemblies via surfactant-assisted assembly and single nanofiber nanoelectronic sensors for high-performance H_2O_2 vapor sensing[J]. Acs. Nano,2014(8):3402.

［21］ ZHU Z,WANG J,WEI B. Self-assembly of ordered poly(3-hexylthiophene) nanowires for organic field-effect transistor applications[J]. Physic. E,2014(59):83.

[22]　SHAYMURAT T,TANG Q,TONG Y,et al. Gas dielectric transistor of CuPc single crystalline nanowire for SO_2 detection down to sub-ppm levels at room temperature[J]. Adv. Mater,2013 (25):2269.

[23]　ZHAO G,DONG H,JIANG L,et al. Single crystal field-effect transistors containing a pentacene analogue and their application in ethanol vapor detection[J]. Appl. Phys. Lett. 2012(101):103302.

[24]　MUN S,PARK Y,LEE Y E K,et al. Highly sensitive ammonia gas sensor based on single-crystal poly(3-hexylthiophene)(P3HT) organic field effect transistor[J]. Langmuir,2017(33):13554.

[25]　HUANG J,SUN J, KATZ H E. Monolayer-dimensional 5,50-bis(4-hexylphenyl)-2,20-bithiophene transistors and chemically responsive heterostructures[J]. Adv. Mater,2008(20):2567.

[26]　MIRZA M,WANG J,LI D,et al. Novel top-contact monolayer pentacene-based thin-film transistor for ammonia gas detection[J]. Acs. Appl. Mater. Inter,2014(6):5679.

[27]　JI S,WANG H,WANG T,et al. A high-performance room-temperature NO_2 sensor based on an ultrathin heterojunction Film[J]. Adv. Mater,2013(25):1755.

[28]　WANG Z,HUANG L,ZHU X,et al. An ultrasensitive organic semiconductor NO_2 sensor based on crystalline TIPS-pentacene films[J]. Adv. Mater,2017(29):1703192.

[29]　ZHANG F,DI C A,BERDUNOV N,et al. Ultrathin film organic transistors：precise control of semi-conductor thickness via spin-coating[J]. Adv. Mater,2012(25):1401.

[30]　LI L,GAO P, SCHUERMANN K C,et al. Controllable growth and field-effect property of monolayer to multilayer microstripes of an organic semiconductor[J]. J. Am. Chem. Soc,2010(132):8807.

　　　LI L,GAO P,BAUMGARTEN M,et al. High performance field-effect ammonia sensors based on a structured ultrathin organic semiconductor film[J]. Adv. Mater,2013(25):3419.

　　　LV A,WANG M,WANG Y,et al. Investigation into the sensing process of high-performance H_2S sensors based on polymer transistors[J]. Chem-Eur,J. 2016(22):3654.

　　　WANG B,DING J,ZHU T,et al. Fast patterning of oriented organic microstripes for field-effect ammonia gas sensors[J]. Nanoscale,2016(8):3954.

　　　ZHOU X,NIU K,WANG Z,et al. An ammonia detecting mechanism for organic transistors as revealed by their recovery processes[J]. Nanoscale,2018(10):8832.

[31]　PENG B,HUANG S,ZHOU Z,et al. Solution-processed monolayer organic crystals for high-performance field-effect transistors and ultrasensitive gas sensors[J]. Adv. Funct. Mater,2017(27):1700999.

[32]　LU J,LIU D,ZHOU J,et al. Porous organic field-effect transistors for enhanced chemical sensing performances[J]. Adv. Funct. Mater,2017(27):1700018.

[33]　WANG Q,WU S,GE F,et al. Solution-processed microporous semiconductor films for high-performance chemical sensors[J]. Adv. Mater. Interfaces,2016(3):1600518.

[34]　ZHANG F,QU G,MOHAMMADI E,et al. Solution-processed nanoporous organic semiconductor thin films：toward health and environmental monitoring of volatile markers [J]. Adv. Funct. Mater, 2017, 27:1701117.

[35]　HOFMOCKEL R,ZSCHIESCHANG U,KRAFT U,et al. High-mobility organic thin-film transistors based on a small-molecule semiconductor deposited in vacuum and by solution shearing[J]. Org. Electron,2013 (14):3213.

［36］ SOKOLOV A N,ROBERTS M E,JOHNSON O B,et al. Induced sensitivity and selectivity in thin-film transistor sensors via calixarene layers［J］. Adv. Mater,2010(22):2349.

［37］ BARROW S J,KASERA S,ROWLAND M J,et al. Cucurbituril-based Mmlecular recognition［J］. Chemical Reviews,2016(116):12651.

［38］ JANG Y,JANG M,KIM H,et al. Point-of-use detection of amphetamine-type stimulants with host-molecule-functionalized organic transistors［J］. Chem,2017(3):641.

［39］ LEE M Y,KIM H J,JUNG G Y,et al. Highly sensitive and selective liquid-phase sensors based on a solvent-resistant organic-transistor platform［J］. Adv. Mater,2015(27):1540.

［40］ SONG Z,LIU G,TANG Q,et al. Controllable gas selectivity at room temperature based on Ph_5 T2-modified CuPc nanowire field-effect transistors［J］. Org. Electron,2017(48):68.

［41］ SEE K C,BECKNELL A,MIRAGLIOTTA J,et al. Enhanced response of n-channel naphthalenetetra-carboxylic diimide transistors to dimethyl methylphosphonate using phenolic receptors［J］. Adv. Mater,2007(19):3322.

［42］ HUANG W,BESAR K,LECOVER R,et al. Highly sensitive NH_3 detection based on organic field-effect transistors with tris(pentafluorophenyl)borane as receptor［J］. J. Am. Chem. Soc,2012(134):14650.

［43］ SHI W,YU J,KATZ H E. Sensitive and selective pentacene-guanine field-effect transistor sensing of nitrogen dioxide and interferent vapor analytes［J］. Sensor. Actuat. B-Chem,2018(254):940.

［44］ JI X,ZHOU P,ZHONG L,et al. Smart surgical catheter for c-reactive protein sensing based on an imperceptible organic transistor［J］. Adv. Sci,2018(5):1701053.

［45］ JANG M,KIM H,LEE S,et al. Highly sensitive and selective biosensors based on organic transistors functionalized with cucurbit uril Derivatives［J］. Adv. Funct. Mater,2015(25):4882.

［46］ KANG B,JANG M,CHUNG Y,et al. Enhancing 2D growth of organic semiconductor thin films with macroporous structures via a small-molecule heterointerface［J］. Nat. Commun,2014(5):4752.

［47］ WU S,WANG G,XUE Z,et al. Organic field-effect transistors with macroporous semiconductor films as high-performance humidity sensors［J］. Acs. Appl. Mater. Inter,2017(9):14974.

［48］ HAN S,ZHUANG X,SHI W,et al. Poly(3-hexylthiophene)/polystyrene(P3HT/PS) blends based organic field-effect transistor ammonia gas sensor［J］. Sensor. Actuat. B-Chem,2016(225):10.

［49］ DUDHE R S,SINHA J,KUMAR A,et al. Polymer composite-based OFET sensor with improved sensitivity towards nitro based explosive vapors［J］. Sensor. Actuat. B-Chem,2010(148):158.

［50］ MENG Q,ZHANG F,ZANG Y,et al. Solution-sheared ultrathin films for highly-sensitive ammonia detection using organic thin-film transistors［J］. J. Mater. Chem. C,2014(2):1264.

第5章 碳材料及其在柔性传感器中的应用

近年来,随着柔性电子技术快速发展,具有良好贴敷、可弯曲、延展等特征的柔性传感器备受科研和产业界广泛关注。与传统硬质传感器相比,柔性传感器可通过柔性形变或延展来实现与特殊曲面相集成,有助于保证在周边多重复杂信号交互影响下输出信号的信噪比与动态响应范围,可提升可穿戴智能电子器件在应用时所提供信息的准确性,逐渐发展成为电子领域有望突破摩尔定律的新的拓展方向之一。

敏感材料是感知信号的起源,其可控设计与制备是实现柔性传感器高性能化的主要途径与方向。相比于稳定性与载流子迁移率较低的导电有机聚合物材料,碳纳米管、石墨烯等新型低维无机碳纳米材料表现出更加优异的电学、力学等特性,以及高灵敏度、高选择性、高稳定性等传感性能。利用印刷电子制备工艺,通过对碳纳米敏感材料导电墨水所涉及的功能化处理、流变性质及柔性基底材料表面功能化修饰等研究,研究人员开发了一系列高性能碳基柔性敏感材料,并构筑了对外界气体、温度、湿度、压力等信息的快速响应的柔性传感器,为基于高性能柔性传感器的智能化柔性电子集成系统的实现提供了新的解决途径。本章将从碳纳米敏感材料性质与可控制备出发,系统总结基于碳敏感材料的柔性物理(力学、温湿度)、化学(气体、汗液)传感器及其集成微系统方面的研究工作。

5.1 柔性力学传感器

5.1.1 柔性力学传感器简介

柔性力学传感器是指能够将压力、应力等力学刺激转化为电信号的柔性传感器件,具有良好的柔韧性、延展性,可自由弯曲甚至折叠,而且结构形式灵活多样,可根据测量条件的要求任意布置,能够非常方便地对复杂被测量进行检测[1]。新型柔性力学传感器在电子皮肤、医疗保健、运动器材、智能织物等领域得到广泛应用[2]。目前,通常有两种策略来实现力学传感器的柔性化:一是在柔性基底上直接键合低杨氏模量的薄导电材料。Rogers 团队[3]首先提出把电学性能优异的刚性传统无机材料黏附在弹性基底表面,将无机半导体(包括电子元件和连接电路)组装在可拉伸的器件上。第二种方法是使用本身可拉伸的导体组装器件,通常是由导电物质混合到弹性基体中制备。Someya 团队[4]将离子液体法制备的细长碳纳米管均匀分散在含氟共聚物的高弹膜中,制备出了可拉伸的有机发光二极管有源矩阵,其拉伸性高达 100%,导电性高达 100 S·cm⁻¹。另外,根据柔性力学传感器传导力学类型的不同,可分为静态应力传导、静态应变传导以及动态力传导[5]。

5.1.1.1 静态应力传感

静态应力传导机制主要为电容型和电阻型,如图 5-1 所示。电容型传感器受力时会造成电容极板正对面积及间距的变化,从而引起对应电容值的变化,以建立静态应力与电容值之间的数学关系。电阻型传感器机理分为两种:应力导致材料本征电阻变化;具有微结构的导体与电极之间的接触电阻变化。

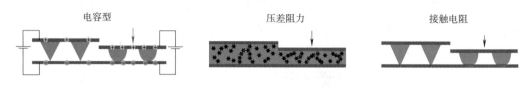

图 5-1　静态应力传感机制图[1]

5.1.1.2 静态应变传感

静态应变传感机理与静态应力基本相同,主要为电容型和电阻型。根据 $R = \dfrac{\rho L}{A}$(R 为阻值,ρ 为电阻率,L 为长度,A 为截面积),受力应变时,柔性电阻型应变传感器的形貌(L 和 A)发生改变,从而改变阻值大小。

5.1.1.3 动态力学传感

压电或摩擦电在机械变形时会产生电压,如图 5-2 所示。压电材料及摩擦电传感器发生相应形变,进而导致其内部的正负电荷分离产生电势差。可利用的压电材料包含 ZnO 和 $BaTiO_3$ 及聚偏二氟乙烯等。压电材料与摩擦电一样,都属于动态力学传感器,即在受力发生变化时,才有响应电压信号产生。

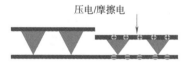

图 5-2　动态应力传感机制图[1]

5.1.2　力学传感器碳基敏感材料

柔性力学传感器包含电极、敏感层和柔性基底,其中敏感层材料决定了器件性能。常用的敏感层材料主要有碳纳米管、石墨烯、导电聚合物、金属纳米颗粒及金属纳米线。其中,金属纳米颗粒虽然具有高灵敏度,但传感范围和可拉伸度受限,而金属纳米线常受限于其有限的化学稳定性及重复性。类似的,导电聚合物也由于其导电性和稳定性不佳限制了高性能传感器的制备。在敏感材料中,碳材料因其优异机械性能、电性能以及热性能,受到了广泛的关注,尤其是碳纳米管和石墨烯,可以组装为兼具柔性与导电性的多级结构。

5.1.2.1　碳纳米管

碳纳米管具有良好的电学、化学稳定性及机械性能。其中,单壁碳管的载流子迁移率约为 10^4 cm^2·V^{-1}·s^{-1},比铜高出 1 000 倍[6]。另外,碳原子之间以共价键结合,C-C 共价键键能高,赋予了单壁碳管优良的机械性能,理论杨氏模量高达 1 TPa,弯曲强度为 14.2 GPa。单壁碳管的制备方法较多,可通过精确控制的化学气相沉积生长高质量单壁碳管,也可通过低成本的方法,如电弧法或激光烧蚀生长的方法制备大量单壁碳管。除此之外,单壁碳管可分散于含分散剂的水溶液中,也可直接分散于有机溶剂,使其便于印刷或打印。

碳纳米管已广泛应用于力学传感器。Kenji Hata 团队[7]提出一种取向排列的单壁碳管薄膜柔性应变传感器。如图 5-3 所示,拉伸时碳纳米管薄膜受力破裂为间隙和岛,其中间隙由束桥接。该柔性应变传感器可以测量高达 280% 力学应变,将该传感器组装在长袜、绷带、手套上,可以监测人体多种运动。鲍哲南团队[8]研发了基于碳纳米管/橡胶的复合薄膜,该碳纳米管具有类似弹簧的结构,适应高达 150% 的应变,不仅具有高灵敏的压力感知能力,还展示出优异的可拉伸性和透明性。

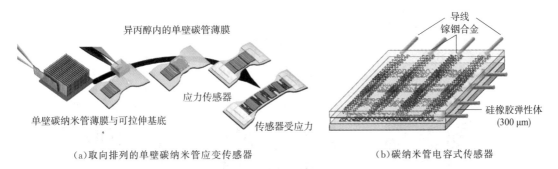

（a）取向排列的单壁碳纳米管应变传感器　　　　　（b）碳纳米管电容式传感器

图 5-3　取向排列的单壁碳纳米管应变传感器和碳纳米管电管式传感器[8]

5.1.2.2　石墨烯

石墨烯是由 sp^2 杂化的碳原子按照六边形紧密排列构成的二维纳米薄膜材料。单层石墨烯结构稳定牢固,理论电子迁移率可达 20 000 cm^2·V^{-1}·s^{-1}。目前,制备石墨烯的方法有很多,如机械剥离、化学气相沉积、异质外延生长等,都可获得高质量石墨烯;但也有其缺点,比如机械剥离产率较低,化学气相沉积需要高温且设备造价高,异质外延制备条件苛刻且石墨烯产物难以转移。而化学还原氧化石墨烯的方法反应条件温和、成本低廉,使得石墨烯能够被大规模制备并与现有的技术兼容。类似于碳管,大尺寸的柔性石墨烯薄膜可通过真空抽滤、喷墨打印、旋涂等方法获得。

石墨烯材料在柔性力学传感器方面也得到广泛应用。如图 5-4 所示,清华大学朱宏伟团队[9]利用化学气相沉积在铜网上制备了织物状石墨烯,并将其用于应变传感,监测人体运动。织物状石墨烯传感器受应力时,产生高密度裂缝,导致电流通路减少,电阻值增大。而上述方法的柔性基底仍为不透气的高分子材料,长期佩戴仍会有不适感。基于此,清华大学任天令团队[10]开发一种负电阻变化特性的石墨烯织物,在不需要传统高分子聚合物封装条件下,可将石墨烯直接制备复合在织物上,通过器件电阻变化实现对人体各种运动进行检测。除织物外,俞书宏团队[11]将石墨烯与 PU 泡沫相复合,制备出石墨烯包覆结构的三维柔性压阻式传感器。石墨烯通过在 GO 溶液中浸涂、HI 还原、热处理,制备出最终的 RGO-PU-HT 块体泡沫复合敏感材料。

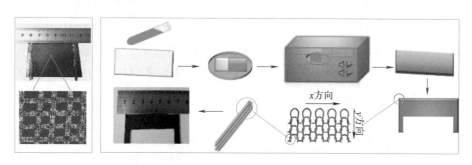

(a)石墨烯织物传感器及响应机制[9]

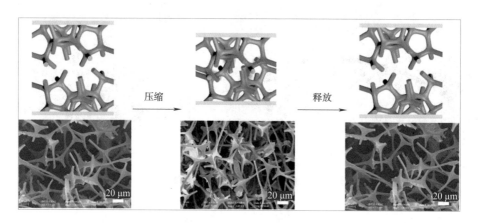

(b)石墨烯/PU 泡沫柔性压阻传感器[11]

图 5-4　石墨烯用于应变传感

5.1.2.3　无定形碳

无定形碳是碳材料的同素异形体中的一大类,指石墨化程度低、无固定形状及周期性结构规律的碳材料,如碳黑等。碳黑价格低廉,导电性良好,是用于力学传感器的理想材料。但碳黑在水溶液中分散性不佳,对此四川大学卢灿辉课题组[12]提出利用纤维素纳米晶、壳聚糖和碳黑作为层层自组装的主要材料,将碳黑组装于高回弹聚氨酯泡沫,如图 5-5 所示,利用碳黑层微小裂纹及 PU 泡沫的三维骨架,实现了宽响应量程(91 Pa~16.4 kPa)。

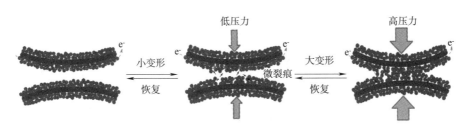

图 5-5 碳黑/PU 柔性压力传感器传感机理[12]

5.1.3 碳基柔性力学传感器应用

柔性力学传感器通常用柔性材料制备而成,与传统的 IC 技术相比,其最显著的属性是易变形、低模量、可拉伸等,克服了其无法变形的限制,能够满足更加复杂的应用环境。随着材料科学、纳米制造等新兴技术的发展,可穿戴式传感器的种类越来越丰富,应用越来越广泛。

5.1.3.1 健康监测

柔性力学传感器因其轻便、灵敏、可实时监控等特点而广受医疗电子领域关注。近年来,一些慢性病多发于青年群体且患病人群占比逐年增加,部分患者需要对身体进行长时间的实时监控从而帮助医疗人员确定病情。图 5-6 中展示了可穿戴器件远距离监测人体健康的概念[13],这些电子器件不仅可以在人体正常活动时实时监测人体的一些基本健康参数(包含脉搏、心率、血压、血氧、呼吸、运动),而且可以通过无线终端设备传输至手持终端设备,且利用互联网技术实现多平台共享数据,方便医生对身体健康做出判断从而提供帮助。在采集各类健康数据时,具有高灵敏度的柔性力学传感器作为检测的基础敏感单元,对于能否准确及时采集健康信号至关重要。

腕部脉搏是动脉血压和心率的关键指标,为无创医学诊断提供重要信息。如图 5-7(a)所示,中科院苏州纳米所张珽课题组提出利用具有微结构表面纹理的丝绸纺织品构造大面积图案化柔性 PDMS 薄膜[14],并通过退火获得了半镶嵌与 PDMS 内的单壁碳管网络结构,制备出高灵敏度(1.8 kPa^{-1})、低检测限(0.6 Pa)的柔性压力传感器,并利用此电子皮肤连续监测脉搏信号。另外,鲍哲南教授领导的研究团队研制了一套监测健康状况的传感系统[15],如图 5-7(b)所示,系统由柔性压阻式传感器贴片收集人体的脉搏、运动等诸多生理信号,缝制在衣服中柔性信号阅读器读取贴片传输出来的生理信号,并通过蓝牙将这些信号传输到手机 App 上。将这些传感系统贴在志愿者的手腕、肩膀、胸口等部位,构成"体域网"(body net),在不影响人们正常活动的情况下监测脉搏、肢体运动、呼吸等信号,信息传输到 App 上,使得健康监测不再依赖医院里复杂的监测系统。

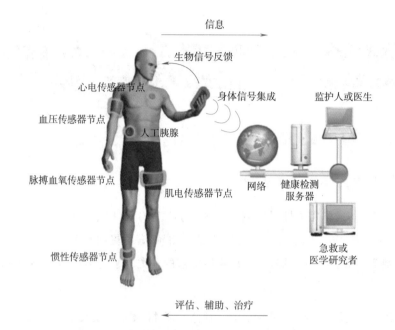

图 5-6　可穿戴器件远程监测人体健康概念图[13]

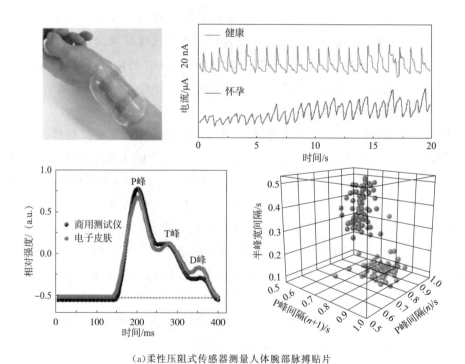

(a)柔性压阻式传感器测量人体腕部脉搏贴片

图 5-7　柔性压阻式传感器测量人体腕部脉搏贴片[14]及其传感系统图[15]

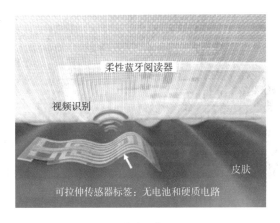

(b)传感系统图

图 5-7　柔性压阻式传感器测量人体腕部脉搏贴片[14]及其传感系统图[15](续)

5.1.3.2　人机协作

随着人类发展和科学进步,制造业未来将呈现大量使用工业机器人、生产自动化趋势。"人机协作"成为推动新一轮技术革新、提高产业优势的重要手段。为了确保机器人在人机协作过程中能够安全、可靠地完成预期任务,未来的人机协作机器人需要具备感知能力:一方面能够实时采集外界信息;另一方面能够进行信号处理,控制机器人实现精细抓取操作。

借助柔性压力传感器,可以实现对物体形状的感知[16]。麻省理工学院的科研人员设计出了一种低成本的触觉手套,如图 5-8 所示,上面分布着 548 个压阻型压力传感器。通过获得详细压力数据分布图,并利用其训练深度学习网络来识别不同物体。另外,鲍哲南课题组设计了仿皮肤棘层的高密度电容式传感器阵列[17]。如图 5-9 所示,利用多个像素点之间不同力学响应差值,可以实现区分正压力及剪切力数值。该柔性剪切力传感器装配于机械臂,可以轻轻触摸浆果(不压破),并握持乒乓球(不脱落),实现多种灵巧操作。

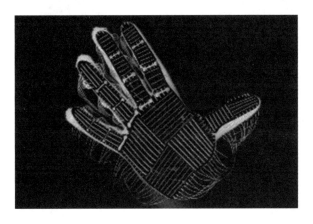

图 5-8　配备柔性压力传感器的触觉手套示意图

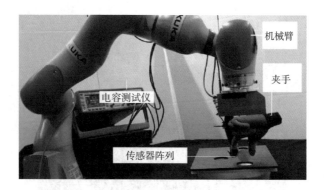

图 5-9　配备柔性剪切力传感器的智能机械臂示意图[17]

5.1.3.3　动作监测

监测人体运动的策略可以分为两种：一种是监测大范围运动，例如手、胳膊和腿的弯曲运动；另一种是监测像呼吸、吞咽和说话过程中胸和颈部的细微运动。适用于这两种策略的传感器必须具备好的拉伸性和高灵敏度，这是传统的基于金属和半导体的应力传感器所不具备的[18]。

Park 等[19]通过构建上下两层带有半球形微结构衬底，以 CNT/PDMS 导电复合物为敏感材料，制备了高灵敏度的电阻式柔性传感器，如图 5-10 所示，其器件灵敏度可达 15.1 kPa^{-1}，能检测 0.2 Pa 微小压力，其响应和恢复时间为 0.04 s，可用于呼吸速率检测及语音识别；另外互锁式结构由于在不同机械刺激下会产生不同形变模式，因此传感能检测和区分不同的力[20]。

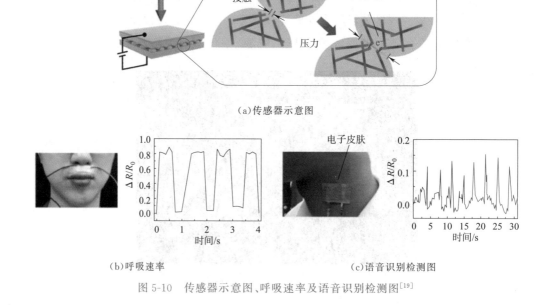

图 5-10　传感器示意图、呼吸速率及语音识别检测图[19]

　　另外,Park 等[21]开发了一种基于可拉伸纱线层层组装石墨烯纳米粒子分散液和聚乙烯醇溶液的应力传感器。如图 5-11 所示,通过对纱线结构进行调控组装具有不同压阻性质、能适用于不同条件应力传感器,例如橡胶纱线型(RY)柔性传感器可用于探测喉部和胸部小幅度振动,尼龙包覆橡胶纱线型(NCRY)柔性传感器能探测大幅度和辨别身体运动部分。

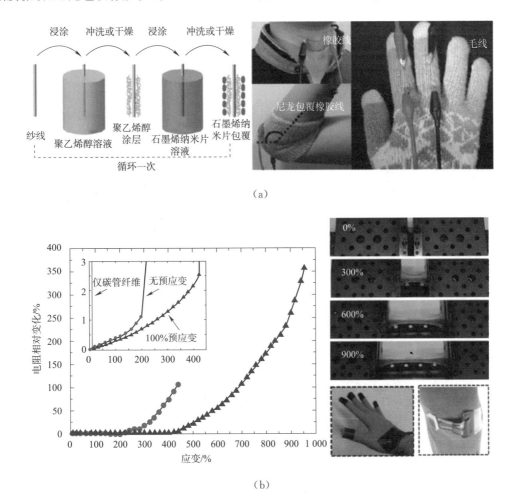

（a）

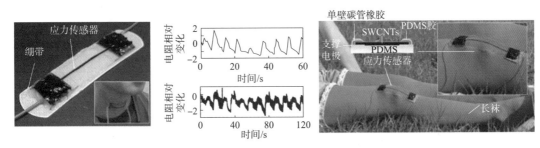

（c）

图 5-11　柔性传感器在运动监测上的应用图[21]

5.1.3.4 精细信号识别

声音是一种压力,被称为声压,当空气收到声波扰动后会在大气压强下叠加一个有声波扰动引起的压强变化。随着柔性力学传感器的深入研究,也有一些研究发现其器件不仅能够检测压力,还能够检测声压。中科院苏州纳米所张珽课题组基于对材料及微结构的优化,提出了一种新型柔性声音振动传感器——柔性仿生电子耳膜[22]。如图 5-12 所示,以 PE-PDMS 薄膜为基础制备了超薄($50~\mu m$)超轻($50~mg$)的柔性力学传感器,结合三明治柔性结构设计与印刷电子技术,实现了对声音的高灵敏检测及语音识别。

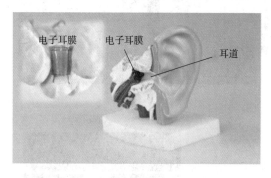
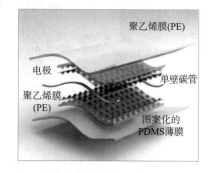

(a)柔性电子耳膜实物图　　　　　　　　　(b)传感器结构示意图

图 5-12　柔性电子耳膜实物图及传感器结构示意图[22]

另外,从仿生视角出发,当手指在粗糙物体表面摩擦时,指纹与物体表面之间产生动态剪切力作用,但手指指纹一般能感知 $1\sim500~Hz$ 范围内的信号,但无法直接量化物体表面纹理间距(λ)。中科院苏州纳米所张珽研究团队采用半导体单壁碳纳米管与微结构聚二甲基硅氧烷/聚乙烯(PDMS/PE)复合薄膜衬底,制备了新型柔性电子指纹传感器[23]。如图 5-13 所示,将此高灵敏(在 $0\sim300~Pa$ 低压力范围为 $3.26~kPa^{-1}$、$600\sim2~500~Pa$ 高压力范围为 $0.025~kPa^{-1}$)柔性指纹传感器应用于表面精细纹理识别。结果表明,根据频谱数据分析所得结果与纹路实际经纬宽度相吻合,可定量辨识出 $15~\mu m\times15~\mu m$ 高精细纹路以及对盲文字母的辨识与区分。

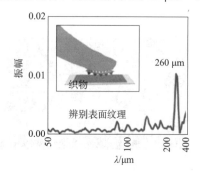
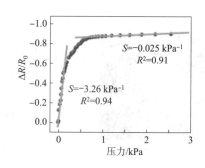

(a)柔性仿生电子指纹对表面纹理/粗糙度识别示意图　　　(b)响应灵敏度

图 5-13　柔性指纹传感器应用于表面精细纹理识别

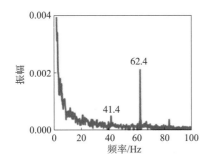

(c)最低检测下限 15 μm×15 μm

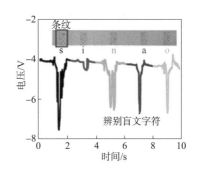

(d)盲文字母(sinao)的辨识应用

图 5-13　柔性指纹传感器应用于表面精细纹理识别(续)

5.2　柔性温湿度传感器

5.2.1　温湿度传感器简介

温湿度是人类生产生活中非常重要的两个环境参数,也是人体健康指标的重要生理参数[24]。近年来,随着人工智能、物联网、智慧城市、智慧农业、软体机器人等新科技的迅速发展,对感知器件即传感器的需求越来越大,无论在数量上、大小、性能等方面,要求不断提高。温湿度传感器作为传感器的一个重要分支,被广泛应用于环境监测、医疗卫生以及军事国防等方面。在精密电子行业,温湿度的精确控制对其产品良率的影响至关重要,这就需要高精度的温度、湿度传感器和配套的控制系统对生产和存储环境进行实时监测和调控,维持一个良好稳定的生产存储环境。同样,人周围环境的温湿度以及人自身的温度变化,也会极大地影响人的感官舒适度,因次,柔性温湿度传感器能够保持原有柔软轻便、易贴合、易变形等特性,一些便携式的可穿戴温湿度传感器能够实时监测周边环境及自身温湿度的变化,并将温度、湿度信号转换为电信号,以数字或图像的显示方式表达,便于读取和识别,并提醒佩戴者进行实时调整以达到舒适的生活体验。

5.2.2　柔性温度传感器

传统温度传感器(如水银温度计、红外探测器等)存在坚硬、易碎或不具备生物相容性等缺点,基于柔性电子技术的柔性温度传感器的开发,为智能医疗和健康诊断系统提供了良好的可穿戴、轻量化的使用特性。穿戴式温度检测器件要求柔性传感器具有良好的灵敏度、稳定性,且能直接贴敷于人体皮肤,并不随手势或行为动作变化产生信号,且佩戴时无异物感或最小异物感[25]。近年来,已研制出多种用于皮肤温度监测的柔性温度传感器,根据传感机制可包含的类别包括:电阻型温度探测器(RTD)[26]、热敏电阻、热电探测器、场效应晶体管[27,28]、光学传感器、比色温度指示器等[29]。这里将着重讨论基于碳基热敏导电材料的柔性温度传感器及其传感机制,并论述电阻型和热敏型温度传感器目前的研究现状。

5.2.3 热敏导电材料

5.2.3.1 单一型温敏材料

常见的热敏导电材料主要包括以下三类:一是纯金属材料,如铂、镍、铜、银及液态金属[30](如 GaIn 合金等),导电率一般为 $3.4×10^6$ S·m^{-1},在 0~100 ℃的温度范围内温度电阻呈线性关系;二是导电高分子聚合物类,如聚吡咯(PPY)、聚(3,4-乙基二氧噻吩)聚苯乙烯磺酸盐等,其导电率高达 300 S·cm^{-1};三是碳基材料,如炭黑、碳纳米管、石墨烯等,基于碳材料传感原理,其主要被用作电阻型温度传感器。

5.2.3.2 复合型温敏材料

随着柔性可延展温度传感器的发展及需求,导电复合材料逐渐受到广泛关注。大多数导电复合材料是通过将导电填料分散到绝缘聚合物基体中形成导电网络,导电性能取决于导电填料的体积分数,其电学行为通过 $I\text{-}V$ 曲线研究表现为欧姆接触。复合材料整体电阻率与绝对温度呈线性或非线性关系,其温度系数(TCR,α)或灵敏度与曲线的斜率有关,α 通过以下公式计算:

$$\alpha = (R_t - R_i)/R_i \cdot \Delta T$$

式中,R_t 和 R_i 为导电复合材料在摄氏温度 t 和 i 时刻电阻值;ΔT 是温度从 i 到 t 变化的差值。在温度变化过程中,导电网络的微观结构主导导电复合材料的导电行为,导电网络的微观结构是由基体和填料之间的热膨胀系数的差异而改变,当温度升高时,由于聚合物基体体积膨胀,相邻两个填料之间的距离变大,从而导致电阻增大,相反则减小。

5.2.4 柔性温度传感器研究现状

5.2.4.1 电阻型温度传感器

电阻型温度传感器(RTD)的工作原理是金属电阻随温度的变化而变化。常用的热敏材料是纯金属,电导率一般为 $3.4×10^6$ S·m^{-1}。通过各种印刷技术,包括喷墨、凹印、丝网印刷、浸渍涂布,或纺织等制造技术,将不同结构或种类的金属温敏材料与柔性碳材料复合,能实现温度检测以用于伤口监测、时空成像、皮肤热成像和治疗等。

Kim 等[31]报道了一种 Pt 电阻型温度传感器集成在柔性医疗器械缝合带内,具有良好的线性响应性能。另外,通过超薄和中性机械平面(NMP)设计,柔性传感器在机械应变下具有良好的稳定性、耐久性和可变形性,可打结、折叠或缠绕指尖。将其应用于植入动物模型切口处,能实现局部温度变化实时监测。对于可拉伸电阻式温度传感器,Yu 等[32]报道了一种基于可拉伸/弯曲基板的柔性温度传感器,通过在预应变为 30%的基底上涂敷 Cr/Au 薄膜层(5 nm/20 nm)敏感材料层,柔性器件可承受高达 30%的可逆拉伸、压缩等机械应变,敏感层或衬底无任何断裂或性能损失发生。

Rogers 等[33]开发了一种基于超薄 Cr/Au(5 nm /50 nm)层的高精密、柔性皮肤状电阻型温度传感器阵列(RTD)。如图 5-14(a)所示,该传感器具有测量精度高、传感能力强、对皮肤表面无侵袭性等特点,可以直接粘贴在皮肤上用于手腕皮肤温度分布成像,如图 5-14(b)所示。此柔性温度传感器的精度,主要取决于阵列中传感阵列数量(n),在 n 分别为 222 与 55 时精度分别达到 12 mK(毫开尔文)与 8 mK。为了演示所制作器件对施加生理刺激或物理刺激下人体皮肤温度分布状态的监测,将 4×4 传感阵列贴敷于掌心,如图 5-14(b)~图 5-14(d)所示,其响应性能与通用红外成像设备测试图像结果数据基本相一致。结果表明,RTD 传感器阵列具有较高精度和映射能力,可用于人体健康、认知状态等生理方面的监测。

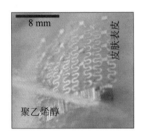

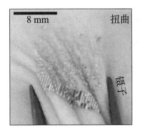

(a)4×4 RTD 传感器阵列贴于人皮肤光学照片　　　　(b)4×4 RTD 传感器阵列贴于掌心红外成像图

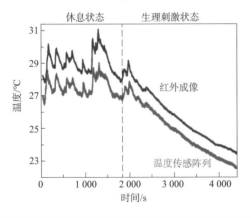

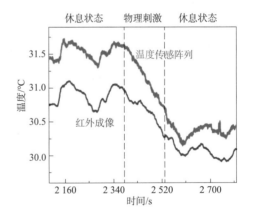

(c)施加生理和物理刺激时红外摄像机测量手掌皮肤变化图　　(d)传感器阵列测量手掌皮肤温度变化图

图 5-14　RTD 传感器阵列成像及温度变化图[33]

5.2.4.2　热敏电阻型温度传感器

对于热敏电阻来说,温度变化会引起传感敏感材料电阻率变化,实现对温度变化的检测。一般来说,热敏电阻的敏感性可以使用温度系数 α 进行量化,通过以下公式进行计算得到:

$$\alpha = \frac{1}{R_t} \cdot \frac{\mathrm{d}R_t}{\mathrm{d}T}$$

式中，R_t 为热敏电阻在温度 t 时阻值。

不同热敏材料具有不同的温度系数，α 越大则响应灵敏度越高。近年来，各种柔性/可延展热敏电阻型温度传感器活性材料已被研究和开发，包括 Au 等金属[33]、NiO 等金属半导体[34]、石墨烯等碳材料[35]，以及各种金属聚合物复合导电材料[36]与碳基聚合物复合材料等[37]。

碳纳米管是常用的一种碳基材料，将其与聚合物结合制备纳米复合材料，可作为热敏传感器敏感材料。例如，利用 CNT/PEDOT:PSS 纳米复合油墨印刷所制备的热响应薄膜柔性温度传感器，能实现在 0.25%～0.63% ℃$^{-1}$ 范围内具有可调的灵敏度[37]。Chen 等[38]将羧基化的 SWNT 引入到超分子聚合物 L 中制备出了柔性自修复热敏 SWNT/L 复合材料，如图 5-15(a) 所示。其中，超分子聚合物 L 由动态氢键连接，赋予了 SWNT/L 良好的自修复性能；而 SWNT 和 L 之间由共价键连接，赋予了 SWNT/L 良好的电学性能。当温度升高时，聚合物分子链的伸展运动使得 SWNT 间的接触性变好，复合材料电阻率降低，从而实现温度响应。另外，由于其具有优异的机械适应性，这种软体热传感器可应用于软体机器人假肢手领域。

石墨烯是一种由碳原子以 sp2 杂化轨道组成的六角型蜂窝晶格结构二维纳米材料，具有良好的电学、热学性能。Lee 等[39]将石墨烯与聚合物混合制备复合热敏材料，其中石墨烯能为复合体系电子转移提供良好的传感通道。如图 5-15(b) 所示，石墨烯基可延展热敏型柔性温度传感器在 360°扭转变形条件下，仍具有良好的机械稳定性，这是由于器件是以三维卷曲石墨烯和纳米纤维素复合材料作为传感电子通道，在相同温度变化条件下，应变在 0% 和 50% 时柔性器件表现出相同的响应和恢复行为、较高灵敏度及可拉伸性能。

与石墨烯相比，氧化石墨烯（GO）和还原氧化石墨烯（rGO）由于层间含有大量羧基、羟基和环氧基等活性官能团，能使其实现对温度、湿度和化学物质等变化信号响应。Ho 等[40]报道了一种以 rGO 和 GO 为敏感传感材料的透明、可拉伸的全石墨烯基多功能传感器矩阵，其由三种功能传感器组成，包括温度、湿度和压力传感器。其中，温度传感器采用 CVD 法所制备优质大面积石墨烯作为电极，rGO 作为温敏材料，如图 5-15(g) 所示，由于电荷跳变传输机制，此全石墨烯基温度传感器电阻值随着温度升高而减小。然而，由于 rGO 含氧官能团和还原缺陷的存在，使得器件同样对湿度等环境条件敏感，这有可能对 rGO 传感器响应性能的稳定有所影响。Trung 等[41]报道了一种以 rGO/PU 纳米复合材料为敏感材料的透明、全弹性 FET 结构温度传感器，该器件以 PU 为栅极、PEDOT:PSS-PU 复合导电材料为源极、漏极和栅极电极，有效降低 rGO 不稳定性，如图 5-15(c) 所示。基于 FET 设计的柔性传感器，具有集成方便、信号放大能力强、在高密度阵列中具有较大可扩展性等特点，其灵敏度最高可达 1.34% ℃$^{-1}$、检测下限 0.2 ℃，且响应重现性好。这些优异的温度传感性能使此全弹性体温度传感器,在检测人体皮肤温度变化方面展现出良好的应用前景。

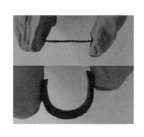
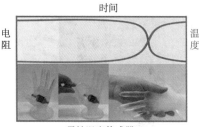

（a）基于 SWNT/L 温敏材料温度传感器
及其应用于软体机器人假肢手性能图[38]

（b）可延展石墨烯基温度传感
器光学照片及温度热响应[39]

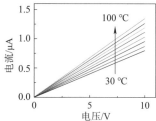
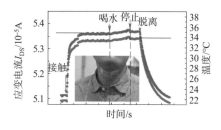

（c）基于 rGO-PU 的 FET 温度传感器设计及用于人体喝热水过程温度检测性能图[41]

图 5-15　柔性自修复热敏 SWNT/L 复合材料特性图

5.2.5　柔性湿度传感器

湿度指标在环境和生理中都有着重要应用价值,基于不同传感机制,湿度传感器可分为电容型、电阻型、重力测量型、微波型、自供能型等,其中电容型、电阻型有着更适合的应用条件,一直吸引着柔性电子领域关注。柔性湿度传感器由于具有相对简单的结构设计和易于集成系统的优点,在未来可穿戴/贴敷式柔性电子领域应用中具有较大优势。为了提高柔性湿度传感器的灵敏度、响应时间、分辨率,不同湿敏材料被选择和设计出来以应用于柔性湿度传感器,如碳材料、半导体金属氧化物、导电聚合物以及二维纳米材料等。

5.2.5.1　电容型柔性湿度传感器

电容型柔性湿度传感器(见图 5-16)一般采用高分子薄膜为介电材料层来制备,当环境湿度发生改变时湿敏介电材料的介电常数发生变化,使其器件电容量发生相应改变,其电容变化量与相对湿度成正比。湿度柔性电容器的主要优点是灵敏度高、响应速度快、湿度滞后性小、容易实现小型化和集成化制造,但其精度一般比湿敏电阻要低一些。

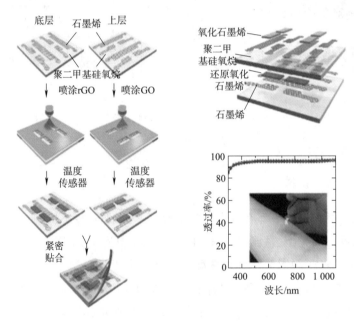

（a）碳纳米管微丝传感单元示意图及器件的光学图片

（b）可拉伸多模态全石墨烯电子皮肤传感器阵列的制备及

全石墨烯 E-skin 传感器矩阵透光率[42]

图 5-16　柔性电容型湿度传感器

Kim 等[42]报道了一种基于碳纳米管微丝电路与 Ecoflex 薄膜介电层的可拉伸 PDMS 衬底平行板电容器。其中，碳纳米管具有优异抗疲劳性能和抗外力损伤能力，能提高敏感薄膜机械性能。随着环境湿度的变化，水分子被吸湿性介质材料吸收/解吸，从而改变介电常数和测量电容。Cho 等[40]研制了一种透明、可拉伸的全石墨烯多功能电子皮肤传感器矩阵，包括湿度、温度和压力三种功能传感器。其中，石墨烯主要用于传感矩阵之间互连电极，GO

和 rGO 分别用于湿度和温度传感器敏感材料,另外顶部聚二甲基硅氧烷(PDMS)衬底表面复合有 rGO 湿度传感器阵列,相同结构 GO 温度传感器以交错叠层结构复合在底部 PDMS 衬底,其中顶部 PDMS 衬底夹在两层石墨烯电极之间作为压力和应变传感器的电容敏感层。

5.2.5.2　电阻型柔性湿度传感器

对于电阻型柔性湿度传感器,湿度变化会引起传感器阻值发生改变,从而实现对湿度变化的响应。例如,Ryhanen 等[43] 报道了在聚萘酸乙酯(PEN)基板上用滴铸法或喷涂法,实现在丝网印刷银叉指电极上沉积氧化石墨烯(GO)薄膜,构建具有良好可拉伸性及透明特征的柔性湿度传感器,如图 5-17(a)所示。当 GO 薄膜厚度降低到 15 nm 时,器件实现快速响应性能(30 ms),可以用于人体呼吸和说话等生理活动的实时监测。Li 等[44] 通过转印方法在 PDMS 衬底之上组装了以大面积多晶 WS$_2$ 薄膜为敏感层、图案化石墨烯为电极的柔性湿度传感器,其转印过程如图 5-17(b)所示。该传感器具有优异的室温湿度响应性能及响应速度,并能在 40% 应变范围内利用延展或柔性来实现响应性能稳定,能用于环境湿度变化与人体呼吸频率的监测。

另外,Chou 等[45] 通过湿法纺丝方法制备出聚乙烯醇包覆单壁碳纳米管复合纤维(SWCNT/PVA)材料,其抗拉强度最高能达 750 MPa,如图 5-17(c)所示。干态纤维在不同湿度条件下,可吸收周围环境水分子后发生溶胀而纤维直径增大,导致碳纳米管纤维之间导电网络距离发生改变而使得整体纤维的电阻值发生变化,从而实现环境湿度变化的感知监测。同时,该复合纤维可编制于织物衬底之中,能作为可穿戴柔性电子器件随时监测穿戴者周围环境湿度变化情况。Jung 等[46] 通过化学气相沉积法(CVD),首先在三维有序柱状衬底上实现二维 MoS$_2$ 片层材料原位生长,而后通过水浸润剥离方法将其转印到 PDMS 三维柱状柔性衬底,如图 5-17(d)所示,三维结构器件设计增加了湿敏材料与环境湿度氛围的接触面积,实现了器件响应灵敏度的提升。

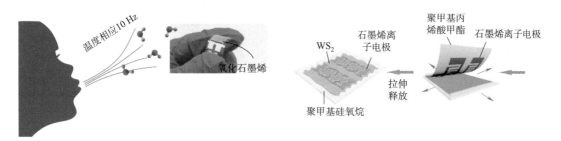

　　(a)在叉指电极上喷涂氧化　　　　　　(b)大面积多晶 WS$_2$ 薄膜及图案化的石墨烯
　　石墨烯湿度传感示意图[43]　　　　　　　　　湿度传感器转印过程[44]

图 5-17　柔性电阻型湿度传感器

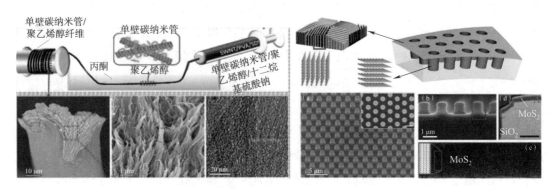

(c)聚乙烯醇包覆单壁碳纳米管的复合纤维制备过程[45]　　　　(d)湿度传感器制备示意图[46]

图 5-17　柔性电阻型湿度传感器(续)

除电阻式、电容式柔性湿敏传感器,还有电解质离子型柔性湿敏传感器、重量型湿敏传感器(利用湿敏薄膜重量变化来改变器件振荡频率)、石英振子式柔性湿敏传感器等,但无论何种柔性湿度传感器,其基本结构组成形式都是在基底或衬底表面涂覆湿敏材料,从而形成湿度敏感薄膜感知层,在与湿度环境相接触后,引起器件质量、阻抗、介电常数等参数发生变化,从而实现柔性湿度传感器对湿度响应性能。

5.2.5.3　自供能型湿度传感器

由于 rGO 纳米片层间含有大量含氧官能团,在湿度条件下水分子能在基团中形成溶度梯度,从而形成自供电体系,在柔性电子领域有良好的应用前景。如图 5-18 所示,当器件暴露在潮湿空气中时,rGO 表面会通过羟基吸附水分子;当 rGO 超薄膜处于静电场时,rGO 表面吸附水分子会产生水合氢离子作为电荷载体,相应地提高 rGO 薄膜导电性,将其作为敏感材料时就可研制出自供电柔性湿度传感器。Qu 等[47]设计了一种层间含有官能团梯度的氧化石墨烯(GO)湿-电能转换薄膜,当接触到水分时,含氧官能团会导致氢离子浓度的梯度分布,引起氢离子的扩散,进而产生电势。基于湿度-电能转换机理,将此薄膜应用于自供能柔性湿度传感器件,可以监测人体呼吸,如图 5-18(b)所示,通过鼻腔吸气和呼气可以引起相对湿度变化,GO 膜将其转化为电能,在没有外部电源情况下,通过输出不同电压脉冲数,实现人体在不同运动程度下呼吸频率实时监测。其中 ΔR_H 指湿度电阻变化。

此外,金属-rGO 复合材料在湿度条件下也可通过相互反应来产生电流,同样此产电机制也可用于设计自供电柔性湿度传感器。Tsukruk 等[48]通过将超薄金属电极沉积在丝状氧化石墨烯生物膜上形成金属-rGO 异质结,研制出一种自供电柔性感湿材料,如图 5-18(d)所示。水分子在暴露的金属-rGO 异质结界面处诱发电解质发生电化学反应,实现电流信号的输出,从而实现对湿度的响应。将此敏感材料用于制备柔性湿度传感器,展现出高的灵敏度和快速响应能力,其与良好的弯曲界面贴敷性使得非常适合应用于可穿戴电子领域。

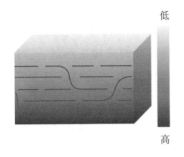

(a)氧化石墨烯含氧官能团梯度分布

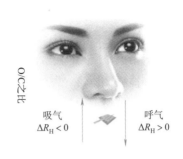

(b)呼气和吸气过程中相对湿度 ΔR_H 变化

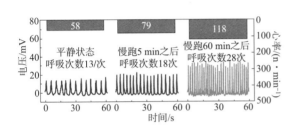

(c)湿度传感器对不同运动状态的评估[47]

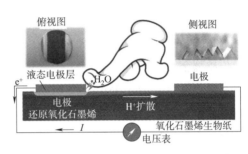

(d)金属-GO 结构和发电机制

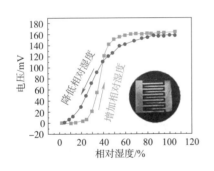

(e)金属-GO 异质结对湿度的响应

(f)柔性金属-GO 的光学照片[48]

图 5-18 自供能型湿度传感器

5.3 柔性汗液传感器

5.3.1 柔性汗液传感器的意义

人体汗液中富含大量潜在的与健康和疾病相关的分子标志物[49]。汗液是汗腺分泌到全身皮肤表面的体液,其中包括 99% 的水、电解质离子(Na^+、Cl^-、K^+、NH_4^+)、代谢小分子(乙醇、皮质醇、尿素和乳酸)、多肽和小分子蛋白质(神经肽和细胞素)等,汗液成分异常变化和其血液浓度水平相关或直接指示某种疾病[50-52]。例如,Na^+ 是人体汗液中最多的电解质,它的浓度可以反映人体不同类别的水盐代谢紊乱症状[53,54];在极端环境中会发生严重脱水情况而产生高钠血症,其汗液和血液中[Na$^+$]远高出正常值[55];研究发现容易抽筋的运动员 Na$^+$流失量比正常运动员多[56];汗液中 K$^+$过量损失则和肌肉活动有关,可能与四肢、咀嚼肌及腹肌等热痉挛相关;汗液中乳酸浓度是身体运行消耗的间接指示剂,更可能是汗腺响应自身运行消耗的直接标记物[57,58]。因此,开发柔性穿戴式汗液传感器对发展个体健康管理和疾病诊断监护具有重要意义。

目前最适合柔性穿戴式汗液监测的电化学传感器,是生物化学传感器领域发展最早和应用最广泛的检测技术,如图 5-19 所示。具有以下特点:(1)低成本、低能耗、易小型化、易集成;(2)需样量少、响应迅速、灵敏度高、选择性好、读取方便;(3)可逆响应性、可实时连续检测等性能。其中,作为信号转换元件(transducer)的电极材料、分子识别元件(receptor)的敏感材料及其界面性质是决定电化学传感器性能的关键。柔性可穿戴电化学传感器需要较好地贴合在人体皮肤弹性屈曲表面对汗液进行实时连续地检测。因此,需要将电化学传感器的电极材料和敏感材料在柔性/可延展基底上制备。传统电化学传感器的电极通常为高模量的导电金属材料(>100 GPa),由于其具有高的导电性和优良的电化学性能,已经在市场上广泛应用了几十年。然而,柔性可穿戴传感器需要贴敷在具有柔软(约 100 kPa)、弹性可延展(应变>30%)、凹凸不平的皮肤表面,传统电化学传感器的材料体系、制备技术、器件结构显然不适用于柔性可穿戴电化学传感器的制备。将性能优异的无机高模量电极材料与柔性、可延展基底复合制备,解决模量不匹配、异质多层材料之间结合力差产生的电极材料破裂、分层等难题,是柔性可穿戴电化学传感技术走向成熟应用的关键挑战之一。

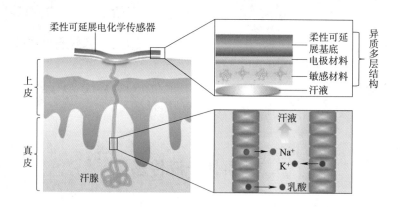

图 5-19　用于穿戴式汗液分析的柔性可延展电化学传感器示意图

5.3.2　基于碳纳米材料的柔性电化学传感器

碳纳米材料包括碳纳米管(CNTs)、石墨烯、碳纳米纤维(CNFs)以及丰富多样化的纳米结构化碳材料,由于具有优异的导电性及柔韧性等物理化学性质,在柔性电化学传感器的构建中已得到了广泛的应用。纯碳纳米材料具有卓越的电子传递特性,因而可以作为良好的电极材料或电子传导介体来实现并提高电活性物质(例如酶、氧化还原介体)与电极之间的电子传递效率。然而,纯碳纳米材料表面疏水,在水溶液中制备和分散非常困难。同时,与具有缺陷的碳纳米材料相比,其电化学活性很低。功能化的碳纳米材料,例如具有含氧官能团的 rGO、GO 以及酸处理的 CNTs,含氮、硼、磷元素的碳纳米材料等,虽然其导电性比纯碳纳米材料有所降低,但这些缺陷的存在从多方面增强了其在电化学传感器中的活性,包括非共价/共价修饰固定生物分子、高灵敏性和选择性的电催化活性、提供复合纳米材料沉积的锚点等[59]。因此,在柔性电化学传感器的构建中,功能化的碳纳米材料受到了广泛的研究和应用。目前,柔性可穿戴电化学传感器主要针对汗液中电解质离子和代谢物小分子进行检测分析,涉及的电化学传感器主要为基于离子选择性电极的电位型传感器和基于酶电极的电流型传感器。

针对柔性/可延展可穿戴电化学传感器的发展和应用需求,基于碳纳米材料的传感器研究着重需要解决两个关键问题:(1)如何实现柔性/可延展性;(2)如何保证甚至提高电化学传感器的稳定性和灵敏度。碳纳米材料本征具有的柔性已经得到了印证,例如基于碳纳米管纤维的可穿戴织物、柔性超薄的石墨烯电极等。在可延展电化学电极制备方面,碳纳米材料需要解决应力应变下的电阻变化问题,碳纳米管交织的网络电极往往对应变比较敏感,因此常作为柔性应变传感器。然而在电化学传感器中,电极的电阻和面积理论上应该保持稳定不变,才能保证电化学传感信号的稳定性和准确性。因此,目前可延展的电化学传感器可采用工程化的结构设计,例如采用岛桥结构等来避免电化学活性区域的面积稳定。在保证和提高电化学传感器稳定性和灵敏度方面,需要根据不同类型传感器的机理机制来合理设计。在全固态离子选择性电极的研究中,碳纳米材料由于具有大比表面积和大电容,以及疏水性质,可以用作固体接触传导层对离子和电子进行信号转换,一方面极大地提高了信号传递效率,另一方面,独特的输水性质有利于避免离子选择性膜内部水层的形成,进而提高了传感器的电位稳定性。而疏水性的碳纳米材料在水溶液制备中却面临着分散困难等问题,因此需要开发两者兼具的柔性电极制备方法。碳纳米材料不仅可以作为柔性电化学电极,同时可以作为传感器敏感材料的添加剂,提高电化学传感器的稳定性和灵敏度。例如,碳纳米管、石墨烯常被分散在离子选择性敏感膜中,提高膜的机械稳定性,促进离子和电子的传导作用[60-62]。碳纳米管也常被掺杂在酶电极敏感膜中,作为电子介体来提高电子传递效率。上述碳纳米材料掺杂的方法可以和柔性基底兼容,因此,在研究和开发柔性可延展可穿戴电化学传感器时,需要充分利用碳纳米材料在传统电化学传感器构建中的研究设计,并结合柔性可延展可穿戴需求,开发出新型高稳定性的传感器,以保证可穿戴汗液分析检测的准确性和稳定性。

5.3.3　碳纳米材料在柔性电化学传感器中的应用

丝网印刷电极技术由于具有低成本、电化学性能优异、可应用于不同基底材料及可大规模制备等特点,在柔性电化学生物传感器的制备中得到了广泛的应用[63]。例如,近年来,美国加州大学圣地亚哥分校(UCSD)的 Joseph Wang 教授及其同事创新性地将电化学传感器与纹身(tattoo)贴纸结合,研发了一系列可直接贴敷在人体皮肤表面的柔性可穿戴电化学生物传感器[64],如图 5-20 所示。其制备方法是通过印刷电极技术将墨水印刷在有脱模剂覆盖的柔性纹身贴纸上,印刷电极墨水中添加了碳纤维(直径 8 μm,长 0.5 mm)来增强电极的机械拉伸和导电性能[65]。这种基于纹身贴纸的可穿戴传感器系统被广泛应用于皮肤表面汗液中化学分子的检测,如 pH 值、NH_4^+、Na^+、乳酸、尿酸等[66-69]。该研究团队进一步研究了基于硅橡胶 Ecoflex 薄膜基底的可延展可穿戴电化学生物传感器[70-72]。通过对碳纳米管和具有可延展性的聚氨酯(PU)黏合剂在多种有机溶剂分散,研发出了可丝网印刷的可延展性导电墨水,并结合蛇形的几何结构设计在 Ecoflex 基底上印刷制备了可延展的电化学电极[73]。

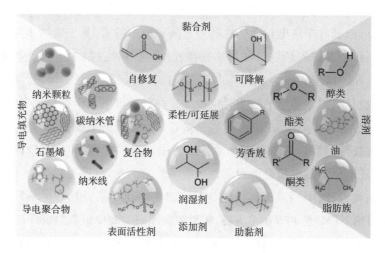

(a)印刷墨水各组分的典型材料类型

(b)丝网印刷设备

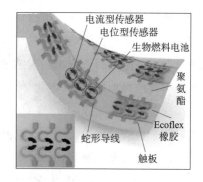

(c)柔性可延展基底上制备不同类型电化学传感器的结构示意图

图 5-20　基于丝网印刷技术的柔性电化学传感器

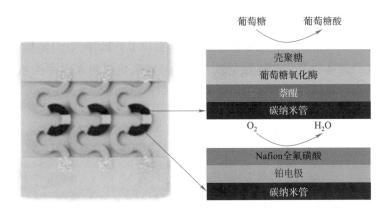

（d）可延展电化学传感器的异质多层结构示意图[64]

图 5-20　基于丝网印刷技术的柔性电化学传感器（续）

化学气相沉积（CVD）方法制备的石墨烯具有高的导电性、透光性、超薄和柔性等特点，因而可以作为良好的柔性电极材料。为增加其电化学活性，Dae Hyeong Kim 研究团队将 CVD 石墨烯与金纳米颗粒和金网格电极结合，在 PDMS 柔性可延展基底上制备了高电化学活性的多功能电化学传感器，并与汗液控制模块和载药微针模块结合，实现了汗液葡萄糖检测和治疗一体的可穿戴智能贴片，如图 5-21 所示[74]。石墨烯本身具有很好的柔性，结合金网格电极、蛇形和超薄结构设计，增强了柔性电极抵抗机械形变和断裂的能力，保证了电极在不同形变下良好的导电性。基于金纳米颗粒掺杂石墨烯（graphene-hybrid, GP-hybrid）的电化学电极具有更大的电化学活性面积和低界面阻抗，增强了电化学性能，包括更大的电流灵敏度、显著的氧化还原电流等（提高基于表面电子传递机制的电化学反应）。

碳纳米管纤维具有优异的导电性（$10^4 \sim 10^5$ S/m）、高强度（抗拉强度约 3 GPa）且轻量柔性等特性，可以通过纺织嵌入在织物中构建柔性可穿戴传感器电极[75]。复旦大学彭慧胜研究团队直接将不同电化学传感器的敏感材料包覆在碳纳米管纤维电极表面形成同轴多层结构，如图 5-22(a) 所示[76]。例如，葡萄糖传感纤维电极结构，包括在碳纳米管纤维表面电沉积制备普鲁士蓝层作为第一层氧化还原介体敏感材料，以及葡萄糖氧化酶和壳聚糖包覆的第二层特异性识别敏感材料；离子选择性电极纤维结构，包括导电聚合物组成的固体接触传导层，以及离子选择性敏感膜组成的第二层。基于上述结构的多种电化学传感器纤维通过编织方法嵌入在运动服里，成功实现了对运动过程中汗液电解质和葡萄糖分子的实时检测。

碳纳米管纤维制备的电化学传感器具有一定的柔性，但其缺乏良好的延展性，因此，其在弹性可延展织物中编织集成仍然存在稳定性和舒适性差等问题和挑战。中国科学院苏州纳米技术与纳米仿生研究所的张珽研究团队研发了一种超级可延展且电化学传感性能稳定的纤维状电位型离子选择性传感器[77]。如图 5-22(b) 所示，该传感器首先提出了一种表面应力重新排布的特殊结构化设计纤维，将褶皱结构和"岛-桥"结构结合在一起，纤维由一侧突出的豆状结构组成，在拉伸过程中，豆状结构区域结构几乎保持不变。基于此结构，将金纳米颗粒修饰的碳纳米纤维薄膜[见图 5-22(c)、(d)]制备包裹在预拉伸的结构化纤维上,离子选择性敏感膜及参比电极材料制备在豆状区域,实现了在拉伸 200%范围内电化学传感性能几乎保持不变的纤维状离子选择性电极。上述可延展电极嵌入在弹性绷带织物中,成功实现了对人体运动过程中汗液钠离子代谢的实时连续监测。

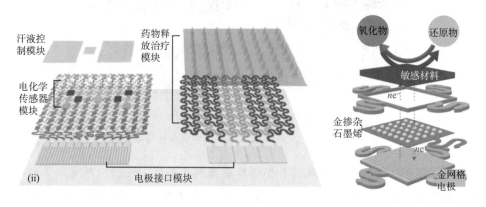

(a)汗液葡萄糖传感和治疗闭环
系统结构示意图

(b)金掺杂石墨烯电化学传
感器异质分层结构示意图

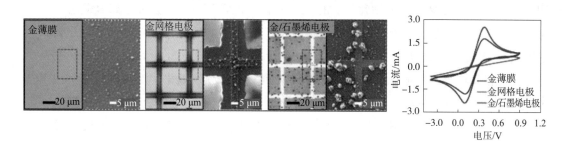

(c)金薄膜电极、金网格电极和金掺杂石墨烯网格
电极的光学和电子显微镜图

(d)金薄膜电极、金网格电极和金
掺杂石墨烯网格电极在铁氰化钾
溶液中的循环伏安曲线图[74]

图 5-21 基于金纳米颗粒掺杂 CVD 石墨烯的柔性电化学传感器
及其汗液葡萄糖传感和治疗闭环系统

基于碳化方法的碳纳米材料也被应用于柔性电化学传感器。清华大学的张莹莹研究团队将蚕丝织物直接碳化制备成了高导电性的氮掺杂柔性碳纳米材料,并以此碳纳米材料在PET 基底上制备了电化学电极,如图 5-22(e)~(g)所示[78]。蚕丝织物碳化后能够保持原有织物的形貌,具有分形多孔网络结构,有利于提高电化学活性面积以及分析物传质效率。碳化温度的提高可以显著降低界面阻抗,提高电子传递速率。氮掺杂的碳化纳米材料具有丰富的活性位点,同时,为构建基于氧化酶的电流型传感器,铂纳米颗粒可以进一步在碳纳米材料上负载,实现对催化产物过氧化氢的高灵敏检测。

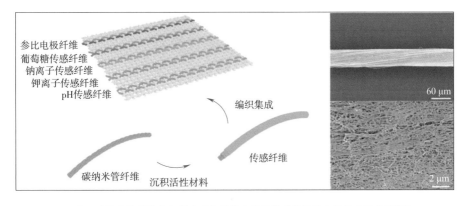

（a）基于碳纳米管纤维电极的多功能柔性电化学传感器及其在织物中的应用[76]

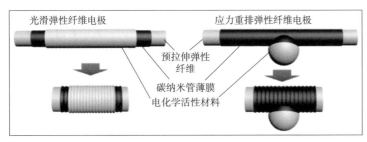

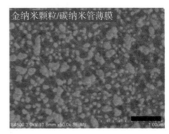

（b）分别在光滑弹性纤维和表面应力重排弹性纤维上
制备碳纳米管薄膜电化学传感器的示意图

（c）金纳米颗粒修饰的碳纳米管薄膜
（AuNP/CNTF）

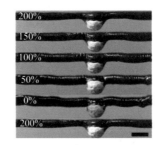

（d）CNTF 的扫面电子显微镜照片[77]

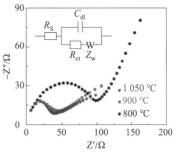

（e）基于蚕丝碳化碳纳
米材料的
多功能柔性电化学传感器

（f）蚕丝织物碳化后的
扫描电子显微镜照片

（g）不同碳化温度制备的蚕丝碳化碳
纳米材料在铁氰化钾溶液中的阻抗图[78]

图 5-22　碳纳米材料的应用特点

5.4 柔性气体传感器

5.4.1 柔性气体传感器简介

随着社会经济不断发展,工业废气和汽车尾气排放的空气污染物、家居制造和装潢产品中释放的挥发性有机物等有毒有害气体,严重破坏了人类的居住环境并危害着人们的身体健康。因此,人类对工作和生活所处环境的空气质量监测提出了更高的需求,气体传感器就是一种可探测所处环境中目标气体分子的浓度并将其转换成可读的电学信号的器件,在军事、工农业、安全、防灾、健康管理和环境监测等领域具有广泛的应用价值。

传统的气体检测设备主要以体积庞大、价格昂贵的传统实验室仪器设备为主,且检测过程中需要复杂的前处理过程和人员的维护,无法满足人们日常生活中对有害气体实时监测的需求。气体传感器按照其检测原理可分为光学气体探测器、电化学气体传感器、催化燃烧气体传感器、电阻式气体传感器等,其中基于半导体材料的电阻式气体传感器由于其灵敏度高、价格低廉、尺寸小、便于携带等优点在物联网的应用中受到广泛的关注[79]。与传统刚性气体传感器相比,柔性气体传感器的轻薄、柔性、可延展等优点在屈曲表面以及柔性电子集成系统的应用中具有不可比拟的优势。气敏材料作为气体传感器件中最重要的组成部分,已成为探索高性能气体传感器关键所在,其中金属氧化物等半导体材料是领域中开发最早且商业应用最为成熟的一类气敏材料,但其工作温度高(200~400 ℃)、选择性差、功耗高等缺点限制了其在柔性电子集成系统中广泛应用[80-82]。随着纳米材料与纳米技术的发展,如碳纳米材料、高分子有机半导体、2D 材料等新型气敏材料被研制并应用于构建柔性室温气体传感器,其中碳纳米材料因其优良的电学特性、良好的化学和热稳定性,以及易于化学修饰等优点在柔性气体传感器中有着广泛而重要的应用。

5.4.2 碳基气敏材料制备及柔性气体器件构筑

不同于传统的刚性气体传感器的平面结构和管壳结构,柔性气体传感器的结构具有多样化的特性(一维纤维结构、二维平面结构以及三维多孔结构),并赋予其可弯折、抗拉伸、易编织等特性,以满足在智能织物以及屈曲、可拉伸的物体和人体上实现对所处工作及生活环境的动态监测。柔性气体传感器的构建主要包括两方面:碳基敏感材料的制备;柔性气体传感器的构建。

5.4.2.1 碳基敏感材料的制备

单一的碳纳米材料中石墨烯及其衍生物的制备方法种类较多,包括化学气相沉积(CVD)、机械剥离、化学氧化还原、化学离子插层法、激光刻蚀等。但基于单一碳材料的柔性气体传感器往往具有灵敏度低、选择性较差等缺点。因此,为提高器件气敏响应性能,相关研究主要致力于高性能碳基复合纳米材料或多孔碳纳米材料制备,例如将金属氧化物、金属硫化物、贵金属纳米等纳米颗粒对碳纳米材料进行物理负载或化学修饰,利用复合物之间的相互耦合作用,增强气体吸附与反应能力[83-85]。常用于制备碳基纳米复合材料技术方法包括:水热法、化学固化法、原位氧化还原以及磁控溅射等。例如,Wu 等[83]以氧化石墨烯(GO)、硫代乙酰胺(TAA)及五水合氯化锡($SnCl_4 \cdot 5H_2O$)为原料,经 180 ℃/11 h 水热反应制备还原氧化石墨烯/二硫化锡(rGO/SnS_2)纳米复合材料。Li 等[86]用 3-氨基丙基三乙氧基硅烷(APTES)修饰氧化锌(ZnO)纳米片后,利用 APTES 上氨基与 rGO 中羧基共价键相互作用,将 ZnO 纳米片固化在 rGO 表面,实现 rGO/ZnO 纳米复合材料可控制备。

5.4.2.2 柔性气体传感器的构建

柔性气体传感器的构建中对于柔性衬底材料的选择主要有以下几类:聚二甲基硅氧烷(PDMS)、聚氨酯(PU)、聚酰亚胺(PI)、聚对苯二甲酸乙二醇酯(PET)、聚甲基丙烯酸甲酯(PMMA)等。在选定柔性衬底之后,碳基纳米敏感材料可以通过静电纺丝、模板转移、自组装、化学固化等方法构建在柔性衬底上以完成柔性气体传感器的制备。如图 5-23 所示,Kim 等[87]所报道便是一种典型的模板转移法,在 Cu 衬底上采用 CVD 法生长三层石墨烯薄膜之后,采用氧等离子刻蚀法获得所需的图形化石墨烯,通过旋涂 PMMA 保护石墨烯图案之后溶解 Cu 衬底并将其转移到柔性透明的 PI 衬底上,最后去除石墨烯表面的 PMMA 完成全石墨烯基气体传感器的构建。

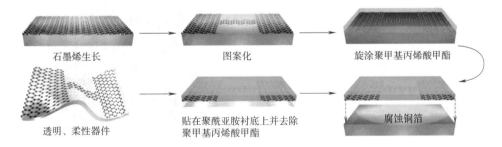

石墨烯生长   图案化   旋涂聚甲基丙烯酸甲酯

透明、柔性器件   贴在聚酰亚胺衬底上并去除聚甲基丙烯酸甲酯   腐蚀铜箔

图 5-23 模板转移法制备全石墨烯基柔性气体传感器的流程示意图[87]

5.4.3 碳基柔性气体传感器应用

基于具有良好电学特性、半导体物理化学性质可调的碳基纳米材料气敏材料,成功研制一系列高性能柔性室温气体传感器,并拓展到多功能柔性气体传感器应用领域。

2016 年,Asad 等[88]将高灵敏的碳基敏感材料与商用的柔性射频识别电子标签(RFID)相结合,设计了一种稳定性好、重复性高、对硫化氢(H_2S)检测限低(100 ppb)的 RFID 无线气体传感器,如图 5-24 所示。在此工作中,通过花状 CuO 纳米管对 SWNT 进行修饰,制备得具有大比表面积的氧化铜/单壁碳纳米管(CuO/SWNT)纳米复合气敏材料,有利于提升器件灵敏度。在构建 RFID 气体传感器时,在电路中引入商用 EM 4034 标准集成 IC 电路,而 CuO/SWNT 敏感浆料则涂布在 RFID 标签的天线表面。当 RFID 气体传感器接触到 H_2S 时,由于其给电子特性,电子将从 H_2S 分子转移到 P 型半导体特性的 CuO/SWNT 中,导致 RFID 标签上天线电阻增加。因此,与没有 H_2S 气氛状态相比,IC 芯片阻抗与 RFID 标签天线的电阻值匹配度降低,使得所探测的反射无线电波数量减少和频率峰值向低频方向移动,从而对有 H_2S 气体实现高灵敏响应。此种 RFID 柔性气体传感器具有无线传输、免电池的特征,在远程健康医疗和环境监测方面具有潜在应用价值。

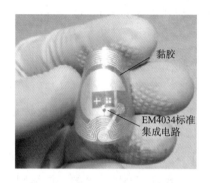

(a)集成标准 EM 4034 IC 的 RFID 标签

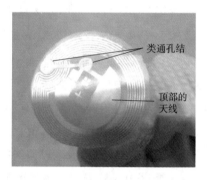

(b)RFID 标签的上表面照片

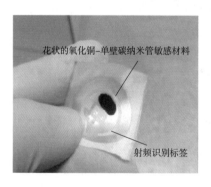

(c)涂布有 CuO/SWNT 敏感材料的
RFID 无线气体传感器照片

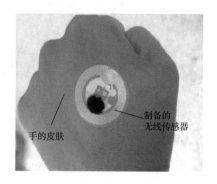

(d)制备的 RFID 无线气体传感器的
实际应用演示图[88]

图 5-24 RFID 无线气体传感器

发展具有抗弯折和兼顾抗拉伸的柔性气体传感器,以实现在大形变应用场景仍具备优异气敏响应性能,也是目前柔性气体传感领域的研究热点之一。例如,Duy 等[89]利用静电纺丝技术层层交叉垂直组装 PU/rGO 纳米纤维,制备出具有一定拉伸性能的柔性薄膜二氧化氮(NO_2)传感器。器件的多层结构设计所产生的交叉位点,为载流子传输提供了更多传输通道,从而使其具有一定抗拉伸性能,即使在较高拉伸形变下(30%,50%)仍具有较为稳定的响应信号,为可拉伸柔性气体传感器发展提供了一个可行的研究方向。

　　在复杂气氛情况下对不同气体分子具备较好的选择性响应能力,也是柔性气体传感器领域的重点发展方向之一。例如,Gao 等[90]分别将 SWNT、MWCNT 及 ZnO 量子点用来修饰 SWNT(ZnO/SWNT),以作为敏感材料包裹在尼龙纤维表面,制备出室温气体传感器阵列,成功实现了对乙醇(C₂H₅OH)、甲醛(HCHO)、氨气(NH₃)三种气体分子选择性区分响应,如图 5-25 所示。气敏测试结果表明,虽然这三种气体传感器电阻在三种气体分子氛围下均有所增加,但是相应增加的程度具有显著的差异性。例如,基于 ZnO/SWNT 传感器对三种气体均具有较好的响应性,而基于 SWNT 传感器则只对 HCHO 和 NH₃ 响应性较为明显,基于 MWCNT 传感器则仅对 NH₃ 具有明显响应。因此,利用三种传感器对不同气体的响应性不同,分别将其与不同颜色 LED 灯相连接并集成于口罩之中,结合逻辑电路设计并制造一种智能口罩,通过口罩上 LED 显示色彩便可分辨所处环境中气体的分子类型。

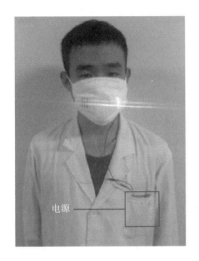

（a）一种集成有三种气体传感器
纤维的多功能智能口罩

（b）所集成的电路的照片

（d）智能口罩在空气
氛围下的光学照片

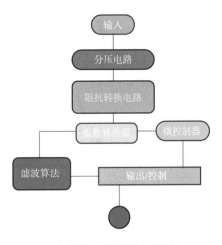

（c）气体传感系统的等效电路图

（e）智能口罩在氨气氛围下的
光学照片

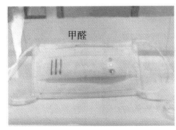

（f）智能口罩在甲醛氛围下的
光学照片

（g）智能口罩在乙醇氛围下的
光学照片

图 5-25　乙醇、甲醛、氨气三种气体分子选择性区分响应

　　2019 年 Huang 等[91]利用酸化处理后亲水特性的多壁碳纳米管(MWCNT),提出了一种基于 MWCNT/PU 超亲水、水下超疏油,能同时检测湿度和化学气体的多功能柔性气体

传感器,其在检测人体呼吸中生理标志性气体方面具有潜在应用价值,如图 5-26 所示。其响应机制是,具有超亲水性的强氧化性酸处理 MWCNT,由于表面富含大量羧基、羟基等含氧官能团,当水分子吸附在 MWCNT 表面时电子将由水分子经含氧官能团转移至 MWCNT,而由于 MWCNT 是以空穴为多子的 P 型半导体,从而导致 MWCNT/PU 纳米纤维整体导电网络电阻值增加。而在化学蒸汽吸附和解吸附过程中,MWCNT/PU 纳米纤维中PU 纳米纤维则会发生脱吸附溶胀和恢复过程,应变导致应力致使致 PU 纳米纤维外围包裹MWCNT 导电网络电阻值发生变化。PU 纳米纤维溶胀程度主要取决于化学蒸汽与 PU 溶胀系数间的差值,由于水分子与 PU 溶胀系数差异很大,因此 PU 纳米纤维因为水分子吸附所导致的溶胀可忽略,从而利用 MWCNT 水敏感性、PU 化学蒸汽敏感性和两者所导致MWCNT/PU 纤维电阻值的变化,实现气传感多功能响应。

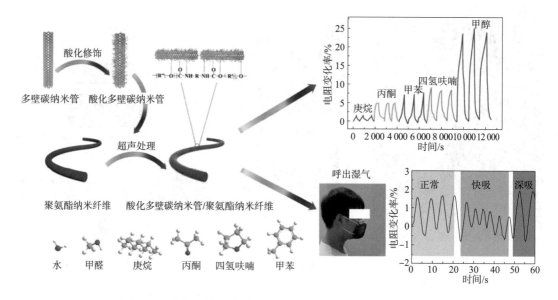

(a)PU/MWCNT 纳米纤维的制备流程以及对湿度和化学蒸汽分子的响应机理示意图

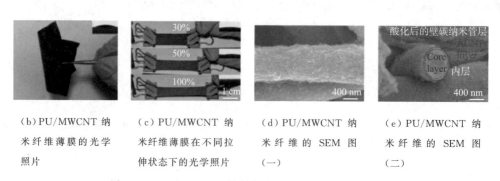

(b)PU/MWCNT 纳米纤维薄膜的光学照片

(c)PU/MWCNT 纳米纤维薄膜在不同拉伸状态下的光学照片

(d)PU/MWCNT 纳米纤维的 SEM 图(一)

(e)PU/MWCNT 纳米纤维的 SEM 图(二)

图 5-26 PU/MWCNT 的制备流程响应机理及光学照片

5.5　多模态柔性集成系统

5.5.1　多模态柔性传感器简介

多模态柔性集成技术采用微纳加工和纳米材料自组装等手段,通过自上而下、自下而上或两者兼容的制造方式,将不同性质的材料、不同功能的器件通过异质异构的方法集成在具有柔性或延展性的衬底上,实现柔性多功能电子系统的构建。虽然基于碳材料的柔性传感器有了较大的发展,但是亟须通过解决柔性器件的集成问题,构建具有多模态感知功能的柔性集成系统。

5.5.2　碳基材料传感器在集成系统中的应用

5.5.2.1　柔性系统集成制造技术。

柔性系统的集成将通过材料选择与制备和器件互联技术相结合方法,在柔性衬底上构建具有信号传感、信息传输及处理功能的柔性混合电子系统,在柔性、保形和可伸展的架构内保持传统电子电路的全部功能,并且在弯曲、不规则和伸展的物体和人体上实现共性贴敷,以满足人体运动检测、人体健康监测、植入式医疗器件领域等对柔性系统多模态的需求。

聚合物材料与传统金属和半导体材料在杨氏模量、黏弹性等机械性能方面有着明显的不同,可用作柔性器件的衬底材料,并且,如 PI、SU-8 等材料的性质与微纳制造技术有一定的兼容性,可以通过对加工工艺的调控,实现器件的柔性化制备和集成,表 5-1 总结了常用聚合物材料的基本电学性能、机械特征及兼容的制备工艺。

表 5-1　常用聚合物材料特性

	聚酰亚胺	SU-8	聚甲基丙烯酸甲酯	聚二甲基硅氧烷	氟化聚合物
介电常数	3.5	5.07	3～4	2.7	2.1～2.2
耗散因子	0.002	0.007	0.02～0.04	0.001	0.000 7
玻璃化温度/℃	360～410	194	45	−125	−97～108
热膨胀系数/(10^{-6}/℃)	20	20～50	50～90	30	125～216
拉伸模量/GPa	2.5～4	4～5	2.24～3.24	$(0.5～1)×10^{-3}$	0.4～1.2
密度	1.42～1.53	1.2	0.9	1.05	2.1
加工工艺	光刻、湿法刻蚀、等离子刻蚀	光刻、等离子刻蚀	光刻、等离子刻蚀	塑模、等离子刻蚀	等离子刻蚀

对于柔性器件的制备与系统的集成,通常采用自下而上的纳米材料生长和自上而下的微纳加工相结合的方法,实现传感材料的生长制备和器件的集成互联。通过传感器敏感材

料的可控组装(水热法等)与微纳结构(裂纹、金字塔等)的设计,以及材料纳米尺度效应与纳米界面效应的调控,实现柔性衬底上敏感材料和敏感单元的制备;通过自上而下的方法,如喷墨打印、MEMS等技术,调控柔性导线的尺寸、布线规律及以及结构设计(蛇形机构、岛桥结构),实现柔性衬底上大面积、跨尺度的器件互联和封装;通过聚合物电解质表面改性方法、应力缓冲层等界面工程,增强功能器件与柔性衬底的黏附力,并结合功能器件层、信息传输和处理层之间的布局设计,综合考虑柔性集成过程中材料、结构和加工工艺的兼容性,可以实现柔性器件的集成。在器件的互联过程中,对于集成度较小、功能较为简单的柔性电子系统,通常采用传统导线或导电胶在平面结构内进行器件连接,如图5-27(a)所示,此方法具有简便且稳定的优势。对于构建功能复杂的电子系统,则需要多层的垂直结构来实现,器件的互联的也更为复杂[92,93],如图5-27(b)所示。此外,为了保证材料之间更好的黏附性,通常需要对材料表面进行适当的处理,如微结构的制备或表面改性等。此方法虽然有利于系统集成度的提升,但是,随着集成层数的增多,叠层方法构建的器件在拉伸、应变下,器件之间的连接稳定性存在一定问题。

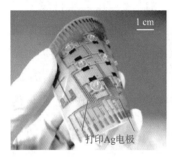 

(a)柔性系统平面结构集成   (b)应力分析、柔性系统垂直结构集成

图 5-27　柔性系统结构集成及应力分析[92,93]

5.5.2.2　多模态碳基材料传感系统应用

近年来在微电子技术、柔性电子学、纳米材料科学及其微纳加工技术等的快速发展推动下,以碳纳米管、石墨烯等碳材料为基础材料的柔性电子技术的不断发展,为传感技术在现代信息产业中的革新升级翻开了新篇章[94-96]。得益于柔性碳纳米材料优异的电学、力学特性和纳米尺度效应,柔性纳米传感器表现出高灵敏度、快速响应-恢复等优异的特性[97-99],但是对于器件的集成和柔性系统的多功能、智能化、集成化仍有待探索。

2016 年 Yamamoto 等基于碳纳米材料,通过集成打印的三轴加速度(AS)传感器、皮肤温度(T)传感器、心电(ECG)传感器和紫外线(UV)检测传感器,提出了一种多模态环境传感系统,可用于柔性可穿戴医疗保健监测设备的制备,如图5-28(a)所示[100]。此系统能够同时检测多种物理信号,可用于不同身体活动状态的健康监测,包括行走、跑步和睡眠等。此外,其多层结构设计具有可拆卸的特点,对使用成本方面的应用具有优势。2017 年 Nakata

等报道了一种集成温度传感器的柔性可穿戴汗液检测系统,可用于汗液 pH 值的测量以及皮肤温度的检测[101]。汗液传感器基于氧化铝(Al_2O_3)绝缘栅介质和氧化铟镓锌(IGZO)半导体构成的场效应晶体管。温度传感器由碳纳米管墨水和 PDOT:PSS 复合材料打印制备在 PET 薄膜上。这种柔性集成装置是有潜力被开发成用于医疗保健和体育运动中的汗水检测的一种化学传感器。

2020 年 Wang 等设计制备了一种同时具备感知和驱动能力微型光驱动软体机器人,如图 5-28(b)所示[102]。此微纳机器人的驱动能力由铁电的聚偏二氟乙烯(PVDF)和光热聚多巴胺还原氧化石墨烯(PDG)这两种具有相反膨胀系数的材料构成的双晶型驱动器实现,利用压阻效应和热电效应感知机器人的驱动变形状态以及体温。此外,使用导电石墨-碳纳米管复合材料制备的应力传感器实现精确的应变反馈。这种集感知、驱动一体的柔性微纳机器人够在主动人机交互、可穿戴机器人、环境数据采集机器人以及驱动传感系统的闭环控制等领域发挥巨大的潜力。

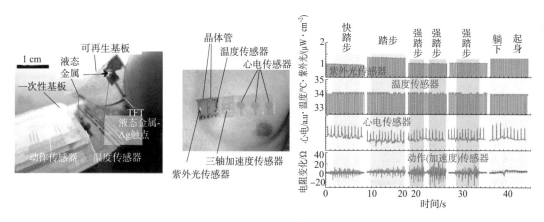

(a)基于单壁碳纳米管的集成加速度传感器、皮肤温度传感器、心电传感器和紫外线检测传感器的
柔性多模态环境传感系统

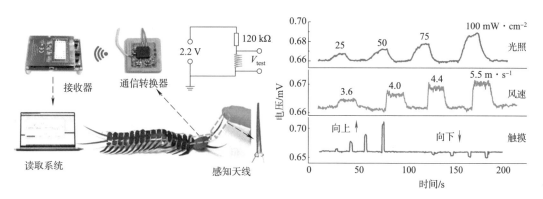

(b)基于光热聚多巴胺还原氧化石墨烯(PDG)的感知和驱动一体微型光驱动软体机器人

图 5-28　多模态碳基材料传感系统

5.6 挑战与展望

目前,许多智能化的检测设备已经大量地采用了各种各样的传感器,其应用早已渗透到诸如工业生产、海洋探测、环境保护、医学诊断、生物工程、宇宙开发、智能家居等方方面面。传感器在某种程度上可以说是决定一个系统特性和性能指标的关键部件。随着信息时代的应用需求越来越高,对被测量信息的范围、精度和稳定情况等各性能参数的期望值和理想化要求逐步提高。针对特殊环境与特殊信号下气体、压力、湿度的测量需求,对普通传感器提出了新的挑战。面对越来越多的特殊信号和特殊环境,新型传感器技术已向以下趋势发展:开发新材料、新工艺和开发新型传感器;实现传感器的集成化和智能化;实现传感技术硬件系统与元器件的微小型化;与其他学科交叉整合的传感器。同时,希望传感器还能够具有透明、柔韧、延展、可自由弯曲甚至折叠、便于携带、可穿戴等特点。

参考文献

[1] LENHARDT R, SESSLER D I. Estimation of mean body temperature from mean skin and core temperature[J]. The Journal of the American Society of Anesthesiologists, 2006, 105(6): 1117-1121.

[2] RICHMOND V L, DAVEY S, GRIGGS K, et al. Prediction of core body temperature from multiple variables [J]. Annals of Occupational Hygiene, 2015, 59(9): 1168-1178.

[3] ZHANG Y H, WANG S D, LI X T, et al. Experimental and theoretical studies of serpentine microstructures bonded to prestrained elastomers for stretchable electronics [J]. Advanced Functional Materials, 2014, 24 (14): 2028-2037.

[4] SEKITANI T, NAKAJIMA H, MAEDA H, et al. Stretchable active-matrix organic light-emitting diode display using printable elastic conductors [J]. Nature Materials, 2009, 8(6): 494-499.

[5] CHORTO A, LIU J, BAO Z. Pursuing prosthetic electronic skin[J]. Nature Materials, 2016, 15 (9): 937-50.

[6] ZHOU X J, PARK J Y, HUANG S M, et al. Band structure, phonon scattering, and the performance limit of single-walled carbon nanotube transistors[J]. Phys Rev Lett, 2005, 95(14).

[7] YAMADA T, HAYAMIZU Y, HATA K, et al. A stretchable carbon nanotube strain sensor for human-motion detection[J]. Nat Nanotechnol, 2011, 6(5): 296-301.

[8] LIPOMI D J, VOSGUERITCHIAN M, BAO Z N, et al. Skin-like pressure and strain sensors based on transparent elastic films of carbon nanotubes[J]. Nat Nanotechnol, 2011, 6(12): 788-792.

[9] WANG Y, WANG L, ZHU H W, et al. Wearable and highly sensitive graphene strain sensors for human motion monitoring[J]. Adv Funct Mater, 2014, 24(29): 4666-4670.

[10] YANG Z, PANG Y, Ren T L, et al. Graphene textile strain sensor with negative resistance variation for human motion detection[J]. ACS Nano, 2018, 12(9): 9134-9141.

[11] YAO H B, GE J, YU S H, et al. A Flexible and highly pressure-sensitive graphene-polyurethane sponge based on fractured microstructure design[J]. Adv Mater, 2013, 25(46): 6692-6698.

[12]　WU X D, HAN Y Y,LU C H,et al. Large-area compliant,low-cost, and versatile pressure-sensing platform based on microcrack-designed carbon black@polyurethane sponge for human-machine interfacing [J]. Adv Funct Mater, 2016, 26(34):6246-6256.

[13]　HANSON M A, POWELL H C, BARTH A T,et al. Body area sensor networks: challenges and opportunities[J]. Computer, 2009, 42(1):58-65.

[14]　WANG X W, GU Y, XIONG Z P,et al. Silk-molded flexible, ultrasensitive, and highly stable electronic skin for monitoring human physiological signals[J]. Adv Mater, 2014, 26(9):1336-1342.

[15]　NIU S M, MATSUHISA N, BEKER L,et al. A wireless body area sensor network based on stretchable passive tags[J]. Nat Electron, 2019, 2(8):361-368.

[16]　SUNDARAM S,KELLNHOFER P, LI Y Z,et al. Learning the signatures of the human grasp using a scalable tactile glove[J]. Nature, 2019, 569(7758):698.

[17]　BOUTRY C M, NEGRE M, JORDA M, et al. A hierarchically patterned, bioinspired e-skin able to detect the direction of applied pressure for robotics[J]. Science Robotics, 2018, 3(24).

[18]　VIRY L,LEVI A,TOTARO M,et al. Flexible three-axial force sensor for soft and highly sensitive Artificial Touch [J]. Advanced Materials,2014,26(17): 2659-2664.

[19]　PARK J,LEE Y,HONG J, et al. Giant tunneling piezoresistance of composite elastomers with interlocked microdome arrays for ultrasensitive and multimodal electronic skins [J]. ACS Nano,2014,8(5): 4689-4697.

[20]　PARK J,LEE Y,HONG J, et al. Tactile-direction-sensitive and stretchable electronic skins based on human-skin-inspired interlocked microstructures [J]. ACS Nano,2014,8(12): 12020-12029.

[21]　PARK J J,HYUN W J,MUN S C,et al. Highly stretchable and wearable graphene strain sensors with controllable sensitivity for human motion monitoring [J]. ACS Applied Materials & Interfaces,2015, 7(11):6317-6324.

[22]　GU Y, WANG X W, GU W,et al. Flexible electronic eardrum[J]. Nano Research,2017, 10(8): 2683-2691.

[23]　CAO Y D, LI T, GU Y,et al. Fingerprint-inspired flexible tactile sensor for accurately discerning surface texture[J]. Samll, 2018, 14(36):1703902.

[24]　YANG J, WEI D, TANG L,et al. Wearable temperature sensor based on graphene nanowalls[J]. RSC Adv, 2015, 5(32): 25609-25615.

[25]　CHEN Y, LU B, CHEN Y,et al. Breathable and stretchable temperature sensors inspired by skin[J]. Sci Rep, 2015, 5: 11505-11516.

[26]　TAKEI K, HONDA W, HARADA S, et al. Toward flexible and wearable human-interactive health-monitoring devices[J]. Adv Healthc Mater, 2015, 4(4): 487-500.

[27]　REN X, PEI K, PENG B,et al. A low-operating-power and flexible active-matrix organic-transistor temperature-sensor array[J]. Adv Mater, 2016, 28(24): 4832-4838.

[28]　WU X, MA Y, ZHANG G,et al. Thermally stable, biocompatible, and flexible organic field-effect transistors and their application in temperature sensing arrays for artificial skin[J]. Advanced Functional Materials, 2015, 25(14): 2138-2146.

[29]　GAO L, ZHANG Y, MALYARCHUK V,et al. Rogers J A. Epidermal photonic devices for quantitative imaging of temperature and thermal transport characteristics of the skin[J]. Nat Commun, 2014(5): 4938-4948.

[30]　TRUNG T Q, LEE N-E. Flexible and stretchable physical sensor integrated platforms for wearable

human-activity monitoringand personal healthcare[J]. Adv Mater, 2016, 28(22): 4338-4372.

[31] KIM D H, WANG S, KEUM H, et al. Thin, flexible sensors and actuators as 'instrumented' surgical sutures for targeted wound monitoring and therapy[J]. Small, 2012, 8(21): 3263-3268.

[32] YU C, WANG Z, YU H, et al. A stretchable temperature sensor based on elastically buckled thin film devices on elastomeric substrates[J]. Applied Physics Letters, 2009, 95(14): 141912-141916.

[33] WEBB R C, BONIFAS A P, ROGERS J A, et al. Ultrathin conformal devices for precise and continuous thermal characterization of human skin[J]. Nat Mater, 2013, 12(10): 938-944.

[34] HUANG C C, KAO Z K, LIAO Y C. Flexible miniaturized nickel oxide thermistor arrays via inkjet printing technology[J]. ACS Appl Mater Interfaces, 2013, 5(24): 12954-12959.

[35] TRUNG T Q, TIEN N T, KIM D, et al. High thermal responsiveness of a reduced graphene oxide field-effect transistor[J]. Adv Mater, 2012, 24(38): 5254-60.

[36] JEON J, LEE H B, BAO Z. Flexible wireless temperature sensors based on Ni microparticle-filled binary polymer composites[J]. Adv Mater, 2013, 25(6): 850-855.

[37] HARADA S, HONDA W, ARIE T, et al. Fully printed, highly sensitive multifunctional artificial electronic whisker arrays integrated with strain and temperature sensors[J]. ACS Nano, 2014, 8(4): 3921-3927.

[38] YANG H, QI D, CHEN X, et al. Soft thermal sensor with mechanical adaptability[J]. Adv Mater, 2016, 28(41): 9175-9181.

[39] YAN C, WANG J, LEE P S, et al. Stretchable graphene thermistor with tunable thermal index[J]. ACS Nano, 2015, 9(2): 2130-2137.

[40] HO D H, SUN Q, Cho J H, et al. Stretchable and multimodal all graphene electronic skin[J]. Adv Mater, 2016, 28(13): 2601-2608.

[41] TRUNG T Q, RAMASUNDARAM S, HWANG B U, et al. An all-Elastomeric transparent and stretchable temperature sensor for body-attachable wearable electronics[J]. Adv Mater, 2016, 28(3): 502-509.

[42] KIM S Y, PARK S, PARK H W, et al. Highly sensitive and multimodal all-carbon skin sensors capable of simultaneously detecting tactile and biological stimuli[J]. Adv Mater, 2015, 27(28): 4178-85.

[43] BORINI S, WHITE R, WEI D, et al. Ultrafast graphene oxide humidity sensors[J]. ACS Nano, 2013, 7(12): 11166-11173.

[44] GUO H, LAN C, LI C, et al. Transparent, flexible, and stretchable WS$_2$ based humidity sensors for electronic skin[J]. Nanoscale, 2017, 9(19): 6246-6253.

[45] ZHOU G, BYUN J H, CHOU T W, et al. Highly sensitive wearable textile-based humidity sensor made of high-strength, single-walled carbon nanotube/poly(vinyl alcohol) filaments[J]. ACS Appl Mater Interfaces, 2017, 9(5): 4788-4797.

[46] ISLAM M A, KIM J H, JUNG Y, et al. Three dimensionally-ordered 2D MoS$_2$ vertical layers integrated on flexible substrates with stretch-tunable functionality and improved sensing capability[J]. Nanoscale, 2018, 10 (37): 17525-17533.

[47] ZHAO F, CHENG H, QU L, et al. Direct power generation from a graphene oxide film under moisture[J]. Adv Mater, 2015, 27(29): 4351-4357.

[48] HU K, XIONG R, TSUKRUK V V, et al. Self-powered electronic skin with biotactile selectivity[J]. Adv Mater, 2016, 28(18): 3549-3556.

［49］　HEIKENFELD J，JAJACK A，FELDMAN B，et al. Accessing analytes in biofluids for peripheral biochemical monitoring［J］. Nat Biotechnol，2019，37（4）：407-419.

［50］　SONNER Z，WILDER E，HEIKENFELD J，et al. The microfluidics of the eccrine sweat gland，including biomarker partitioning，transport，and biosensing implications［J］. Biomicrofluidics，2015，9（3）：031301.

［51］　HARVEY C J，LEBOUF R F，STEFANIAK A B. Formulation and stability of a novel artificial human sweat under conditions of storage and use［J］. Toxicology in Vitro，2010，24（6）：1790-1796.

［52］　GONZALO R J，MAS R，DE H C，et al. Early determination of cystic fibrosis by electrochemical chloride quantification in sweat［J］. Biosens Bioelectron，2009，24（6）：1788-1791.

［53］　CAZALE A，SANT W，GINOT F，et al. Physiological stress monitoring using sodium ion potentiometric microsensors for sweat analysis［J］. Sens Actuat B-Chem，2016（225）：1-9.

［54］　BAKER L B，BARNES K A，ANDERSON M L，et al. Normative data for regional sweat sodium concentration and whole-body sweating rate in athletes［J］. J Sport Sci，2016，34（4）：358-368.

［55］　RING M，LOHMUELLER C，RAUH M，et al. On sweat analysis for quantitative estimation of dehydration during physical exercise［M］. 2015 37th Annual International Conference of the Ieee Engineering in Medicine and Biology Society，2015：7011-7014.

［56］　STOFAN J R，ZACHWIEJA J J，HORSWILL C A，et al. Sweat and sodium losses in NCAA football players：a precursor to heat cramps？［J］. International journal of sport nutrition and exercise metabolism，2005，15（6）：641-652.

［57］　BUONO M J，LEE N V L，MILLER P W. The relationship between exercise intensity and the sweat lactate excretion rate［J］. Journal of Physiological Sciences，2010，60（2）：103-107.

［58］　NIKOLAUS N，STREHLITZ B. Amperometric lactate biosensors and their application in（sports）medicine，for life quality and wellbeing［J］. Microchim Acta，2008，160（1-2）：15-55.

［59］　WONGKAEW N，SIMSEK M，GRIESCHE C，et al. Functional nanomaterials and nanostructures enhancing electrochemical biosensors and lab-on-a-chip performances：recent progress，applications，and future perspective［J］. Chem Rev，2019，119（1）：120-194.

［60］　KIM J，CAMPBELL A S，WANG J，et al. Wearable biosensors for healthcare monitoring［J］. Nat Biotechnol，2019，37（4）：389-406.

［61］　GAO W，EMAMINEJAD S，NYEIN H Y Y，et al. Fully integrated wearable sensor arrays for multiplexed in situ perspiration analysis［J］. Nature，2016，529（7587）：509-514.

［62］　AN Q，JIA F，XU J，et al. Recent progress of all solid state ion selective electrode［J］. Scientia Sinica Chimica，2017，47（5）：524-531.

［63］　KIM J，KUMAR R，BANDODKAR A J，et al. Advanced materials for printed wearable electrochemical devices：A review［J］. Advanced Electronic Materials，2017，3（1）：1600260.

［64］　BANDODKAR A J，JIA W，WANG J. Tattoo-based wearable electrochemical devices：A Review［J］. Electroanalysis，2015，27（3）：562-572.

［65］　JIA W，BANDODKAR A J，VALDÉS R G，et al. Electrochemical tattoo biosensors for real-time noninvasive lactate monitoring in human perspiration［J］. Anal Chem，2013，85（14）：6553-6560.

［66］　GUINOVART T，BANDODKAR A J，WINDMILLER J R，et al. A potentiometric tattoo sensor for monitoring ammonium in sweat［J］. Analyst，2013，138（22）：7031-7038.

［67］　BANDODKAR A J，HUNG V W S，JIA W，et al. Tattoo-based potentiometric ion-selective sensors for epidermal pH monitoring［J］. Analyst，2013，138（1）：123-128.

［68］ WINDMILLER J R，BANDODKAR A J，VALDES R G，et al. Electrochemical sensing based on printable temporary transfer tattoos［J］. Chem Commun，2012，48(54)：6794-6796.

［69］ KIM J，IMANI S，DE A W R，et al. Wearable salivary uric acid mouthguard biosensor with integrated wireless electronics［J］. Biosens Bioelectron，2015，74(1061-1068.

［70］ JEERAPAN I，SEMPIONATTO J R，PAVINATTO A，et al. Stretchable biofuel cells as wearable textile-based self-powered sensors［J］. Journal of Materials Chemistry A，2016，4(47)：18342-18353.

［71］ ABELLÁN L A，JEERAPAN I，BANDODKAR A，et al. A stretchable and screen-printed electrochemical sensor for glucose determination in human perspiration［J］. Biosens Bioelectron，2017(91)：885-891.

［72］ BANDODKAR A J，JEERAPAN I，WANG J. Wearable chemical sensors：present challenges and Future Prospects［J］. ACS Sensors，2016，1(5)：464-482.

［73］ BANDODKAR A J，JEERAPAN I，YOU J M，et al. Highly stretchable fully-printed CNT-based electrochemical sensors and Biofuel Cells：Combining Intrinsic and Design-Induced Stretchability［J］. Nano Lett，2016，16(1)：721-727.

［74］ LEE H，CHOI T K，LEE Y B，et al. A graphene-based electrochemical device with thermoresponsive microneedles for diabetes monitoring and therapy［J］. Nat Nanotechnol，2016(11)：566-572.

［75］ ZHANG Y，DING J，PENG H，et al. Multifunctional fibers to shape future biomedical devices［J］. Adv Funct Mater，2019，29(34)：1902834.

［76］ WANG L，WANG L，ZHANG Y，et al. Weaving sensing fibers into electrochemical fabric for real-time health monitoring［J］. Adv Funct Mater，2018，28(42)：1804456.

［77］ WANG S，BAI Y，ZHANG T，et al. Highly stretchable potentiometric ion sensor based on surface strain redistributed fiber for sweat monitoring［J］. Talanta，2020，214：120869.

［78］ HE W，WANG C，ZHANG Y，et al. Integrated textile sensor patch for real-time and multiplex sweat analysis［J］. Science advances，2019，5(11)：eaax0649-eaax0649.

［79］ KOROTCENKOV G. Metal oxides for solid-state gas sensors：What determines our choice？［J］. Mater. Sci. Eng. B，2007，139(1)：1-23.

［80］ CHOI S W，KATOCH A，SUN G J，et al. Dual functional sensing mechanism in SnO_2-ZnO core-shell nanowires［J］. ACS Appl. Mater. Interfaces，2014，6(11)：8281-8287.

［81］ DIAO K，HUANG Y，ZHOU M，et al. Selectively enhanced sensing performance for Oxidizing Gases based on ZnO nanoparticle-loaded electrospun SnO_2 nanotube heterostructures［J］. Rsc Adv.，2016 6(34)：28419-28427.

［82］ YANG D J，KAMIENCHICK I，YOUN D Y，et al. Ultrasensitive and highly selective gas sensors based on electrospun SnO_2 nanofibers modified by Pd loading［J］. Adv. Funct. Mater，2010，20(24)：4258-4264.

［83］ WU J，WU Z，DING H，et al. Flexible，3D SnS_2/reduced graphene oxide heterostructured NO_2 sensor［J］. Sens. Actuators，B，2020，305：127445.

［84］ SINGH E，MEYYAPPAN M，NALWA H S. Flexible graphene-based wearable gas and chemical sensors［J］. ACS Appl. Mater. Interfaces，2017，9(40)：34544-34586.

［85］ LIU Z，YANG T，Dong Y，et al. A room temperature VOCs gas sensor based on a layer by layer multi-walled carbon nanotubes/poly-ethylene glycol composite［J］. Sensors，2018，18(9)：3113.

［86］ LI W，CHEN R，Qi W，et al. Reduced graphene oxide/mesoporous ZnO NSs hybrid fibers for flexible，stretchable，twisted，and wearable NO_2 ETextile Gas Sensor［J］. ACS Sens，2019，4(10)：

2809-2818.

[87] KIM Y H, KIM S J, KIM Y J, et al. Self-activated transparent all-graphene gas sensor with endurance to humidity and mechanical bending[J]. ACS Nano, 2015, 9(10): 10453-10460.

[88] ASAD M, SHEIKHI M H. Highly sensitive wireless H$_2$S gas sensors at room temperature based on CuO-SWCNT hybrid nanomaterials[J]. Sens. Actuators, B, 2016, 231: 474-483.

[89] DUY L T, TRUNG T Q, HANIF A, et al. A stretchable and highlysensitive chemical sensor using multilayered network of polyurethane nanofbres with self-assembled reduced graphene oxide[J]. 2D Mater, 2017, 4(2): 025062.

[90] GAO Z, LOU Z, CHEN S, et al. Fiber gas sensor-integrated smart face mask for roomtemperature distinguishing of target gases[J]. Nano Research, 2017, 11(1): 511-519.

[91] HUANG X, LI B, WANG L, et al. Superhydrophilic, underwater superoleophobic, and highly stretchable humidity and chemical vapor sensors for human breath detection[J]. ACS Appl. Mater. Interfaces, 2019, 11(27): 24533-24543.

[92] CALLISTER W D. Materials science and engineering: an introduction[M]. 4 th ed. New York: Wiley, 1997.

[93] NEILSEN L E. Mechanical properties of polymers and composites[M]. 2 nd. New York: Marcel Dekker, Inc, 1994.

[94] 赵冬梅, 李振伟, 刘领弟, 等. 石墨烯/碳纳米管复合材料的制备及应用进展[J]. 化学学报, 2014, 72(2), 185-200.

[95] PARK S, VOSGUERICHIAN M, Bao Z. A review of fabrication and applications of carbon nanotube film-based flexible electronics[J]. Nanoscale, 2013, 5(5):1727-52.

[96] LUO S, LIU T. SWCNT/Graphite nanoplatelet hybrid thin films for self-temperature-compensated, highly sensitive, and extensible piezoresistive sensors. Adv. Mater., 2013, 25(39):5650-7.

[97] WANG X, LI G, LIU R, et al. Reproducible layer-by-layer exfoliation for free-standing ultrathin films of single-walled carbon nanotubes[J]. Mater. Chem, 2012, 22(41):21824-7.

[98] WANG X, XIONG Z, LIU Z, et al. Exfoliation at the liquid/air interface to assemble reduced graphene oxide ultrathin films for a flexible noncontact sensing device[J]. Adv. Mater, 2015, 27 (8):1370-5.

[99] WANG X, GU Y, XIONG Z, et al. Silk-molded flexible, ultrasensitive, and highly stable electronic skin for monitoring human physiological signals. Adv. Mater, 2014, 26(9):1336-42.

[100] YAMAMOTO Y, HARADA S, YAMAMOTO D, et al. Printed multifunctional flexible device with an integrated motion sensor for health care monitoring. Sci. Adv., 2016, 1;2(11):e1601473.

[101] NAKATA S, ARIE T, AKITA S, et al. Wearable, flexible, and multifunctional healthcare device with an ISFET chemical sensor for simultaneous sweat pH and skin temperature monitoring. ACS Sens., 2017, 24, 2(3):443-8.

[102] WANG XQ, CHAN KH, CHENG Y, et al. Somatosensory, light-driven, thin-film robots capable of integrated perception and motility[J]. Adv. Mater, 2020, 13;2000351.

第6章 新型生物仿生材料柔性器件

生物材料(biomaterials)经过数百万年的生物进化和自然演变,不断优化材料的组织结构、化学成分以及优良的生物学功能,实现了独特的综合性能,以适应不断变化的外部环境。得益于独特的、精准的结构设计和天然的生物学特性(可降解、生物兼容、自愈、轻质等),这些天然的生物材料表现出了惊人的韧性、刚性和强度,使得它们成为新型柔性电子材料的候选者。近年来,为了揭示和探索这些天然生物材料复杂而巧妙的结构和优异性能应用在柔性电子领域背后的奥秘,科学家们越来越多地从平日里司空见惯的天然材料中发现令人不可思议的组合和排列结构。这些结构的发现使仿生材料的研究进一步融入信息通信、人工智能、创新制造等高新技术,逐渐推动了仿生复合材料在柔性可穿戴电子领域的研究进程,并取得了令人瞩目的进展。

6.1 生物仿生柔性电子简介

随着柔性电子学、材料科学及微纳加工技术的发展,柔性/可穿戴电子技术在医疗设备、便携式电子设备、智能纺织品、能源储存、通信和传感器等系统占据重要地位[1-3]。其中,能够实现对外界信号精准感知的高性能柔性传感器是其中基础的核心元件之一。由于具有良好的曲面共性特征以及轻、柔、韧等特性,柔性传感器在人机交互、智能机器人、人工智能、便携设备、医学诊疗以及健康监护等战略新兴领域具有广阔的实际应用前景[4-5]。目前,对于面向特定的应用场景需求,柔性传感器(flexible sensors)必须满足高灵敏度、高可靠性、高环保、生物兼容和长工作寿命等要求。同时,柔性传感器具有感知外界的能力,可将模仿人类的"五感"感知能力(见图 6-1)[6-11],即"视觉、听觉、嗅觉、味觉、触觉",通过这些感知行为来获取外界信息,同时转化为物种感受:化学感受、光感感受、声音感受、机械感受和温度感受等。

柔性材料是一种低杨氏模量、高度可变形的材料,其智能性通过自身一种或多种性质在外界刺激下的显著变化来衡量。智能柔性材料可以响应外部刺激,产生变形或运动所需的力或扭矩,在承受较大的应力、应变,实现多自由度运动前提下,模拟生物组织或系统变形与运动的能力,广泛应用于智能器件的设计与制备。针对有机物在柔性传感器中的应用,人们提出了新的思路和概念,这些思路旨在满足或超过无机基柔性电子的输出[12]。无机基传感器必须满足以下要求:(1)有源层必须在本质上适应显著的(≥10%)变形;(2)必须能够用高性能有源层材料制造高性能电子皮肤和集成电路;(3)活性电子部件与活体组织的整合必须是可能的。与这些想法相关的挑战包括缺乏活性物质和缺乏制造此类电子皮肤的加工技术。

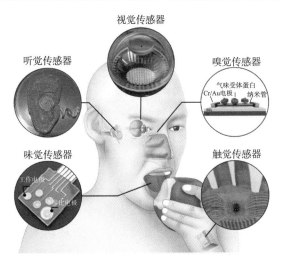

图 6-1　柔性传感器模仿人体五官感知能力[6-11]

为了克服这些挑战,人们对有机材料进行了研究,并在过去几年中取得了广泛的进展。鲍教授的团队在 2010 年取得了一项突破,他们引入了一种由有机材料敏化的完全可生物降解薄膜组成的传感层[13]。这种材料对于心血管监测应用具有高的压力敏感性和快速的响应时间。设计高性能传感薄膜(见图 6-2)[14-17]应考虑以下关键要素:(1)高度有序的三维层

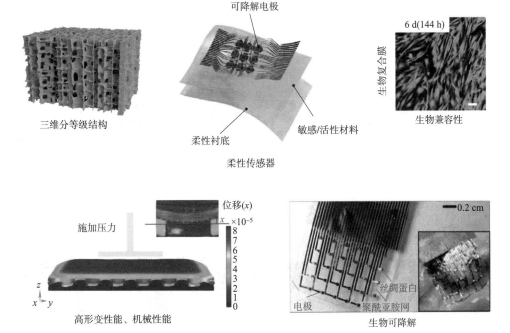

图 6-2　高性能柔性传感器件的关键要素[14-17]

次结构;(2)丰富无毒的低成本材料;(3)可调弹性模量和高机械柔度;(4)完全可生物降解、高自愈性、超疏水性和光学性能。因此,天然生物材料被认为比有机聚合物或无机半导体更好的候选材料。

受自然界生物材料结构和性能的启发[18-20],生物仿生材料(biomimetic materials)为开发环境友好和生物可持续的柔性电子设备(如传感器、晶体管、显示设备、超级电容器、锂离子电池和太阳能电池)提供了巨大的优势和吸引力[21,22]。这些优点集中体现在:(1)生物仿生材料特殊的三维结构(如天然蜂窝和天然蜂窝材料)提供可调弹性模量、高度可变的形变能力和稳定性,使材料能够有效地、高度地适应较大的应力、应变,并实现多自由度运动前提下,模拟生物组织(如人体器官和生物)或系统形变与运动能力;(2)超疏水自清洁表面能有效地降低灰尘颗粒与水的黏附性和接触面积,有助于在各种环境下具有精确监测性和抗干扰性;(3)由于天然材料的特殊组成(包含许多官能团,如羟基、羧基、氨基和胺基),导致其性能超出合成材料和人造材料的性能范围,因此可以提供多种功能(如识别、选择性吸附和传感);(4)无毒、低成本、天然丰富的生物材料具有良好的生物相容性,适合大规模制作柔性电子器件;(5)生物材料具有轻质特性,可以减轻器件与人体长期集成带来的不适感,从而使柔性传感器件能够长期和持续对人体进行健康监测监护。

此外,由于天然生物材料的化学组成和结构特征的多样性,它们很容易通过多种合成方法实现多功能化[30]。调节力学性能、电导率、电子转移速率、溶解度、晶体结构是满足特殊应用需求的有效途径。例如,近年来多个研究组利用天然生物材料制造了柔性/可拉伸的传感器(见图 6-3)[23-29],如植物(木材、朵花、叶子、花粉和纤维素丝)、活体生物(蝴蝶、鱼、昆虫、壁虎、细菌、肽和 DNA)和生物分子(几丁质、多聚多巴胺、花青素、萜烯和脂肪酸)[31-33]。从 2000—2019 年,生物材料作为活性组分被科研人员在各个领域广泛使用,并有大量的文献

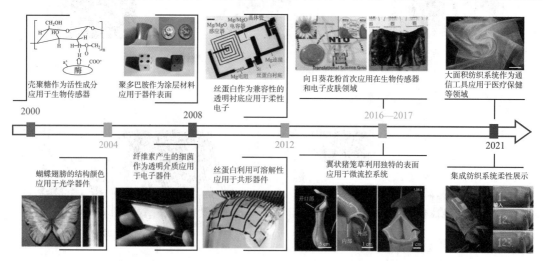

图 6-3　各种生物材料应用于柔性电子领域[23-29]

发表,如图 6-4 所示。这一发展清楚地表明了生物仿生材料在电子、光学和能源等各个领域的重要性。

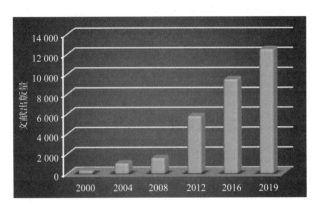

图 6-4　2000—2019 年生物材料在各个领域应用的调查

6.2　生物/仿生材料的基本特性

生物材料自古以来就被使用,它们大部分是从自然界中获得的,并且含有丰富的信息和具有生物活性的特征成分。深入了解生物材料的理化和生物学特性,会拓展生物材料在未来的潜在应用。经过长期的进化生物材料已发展出可以完美地适应周围环境的非凡功能(见图 6-5)[1,34,35]。随着近年来微纳技术的不断发展,仿生学(Bionics)逐渐从宏观尺度上的形态仿生向微观尺度上的结构仿生发展。在众多的仿生研究中,功能和结构仿生一直是仿生学中非常重要的研究内容。结构仿生研究从大自然获取灵感设计出各种新型功能性仿生

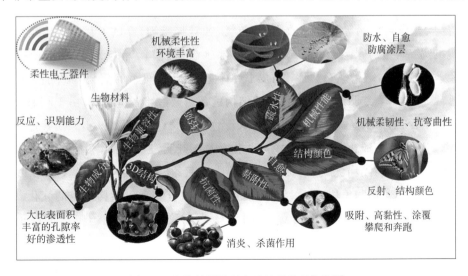

图 6-5　生物材料展现出独特的特性[1,34,35]

材料结构,诸如仿生纳米材料、仿生多尺度材料、智能仿生材料等[36-38]。一般来说,生物结构是一种能够对外界激励做出反应的有机-无机复合材料的结构,不同的仿生材料结构对于不同的外部激励(光、声、气味、温度、湿度等)有着不同反馈效果[39],因此,在智能材料的结构和功能仿生中,第一步就是选择合适的生物材料的特性,然后才是研究其微观尺度的结构和宏观属性之间的关系。

6.2.1　结构色的研究

通过虹彩结构色、色素沉着色或两种颜色的叠加产生的生物有机体的各种颜色特征引起了科学家广泛的研究兴趣。纵观结构色的研究历史,最早可以追溯到 1665 年,英国著名科学家罗布特·胡克(Robert Hooke,1635—1703)的著作《显微术》一书,他通过观察孔雀羽毛色彩在浸湿后的变化,提出了基于交替反射机理的结构色形成的推论[40]。此外,同时代的著名物理学家艾萨克·牛顿,也对结构色提出过一些理论假设[41,42],然而局限于当时的电磁波理论未被建立的现状和仪器科学发展的滞后,结构色的研究并没有能够得到量化,而且这种情况也一直延续到 19 世纪后期,直至麦克斯韦方程组的建立和波动理论的完善。

在自然界中,结构色彩是由高度精确和周期性的层次结构与光的相互作用和传递而形成的一种典型的自然特征[43]。结构色可以呈现出惊人的功能,并具有更有效的光利用和能量消耗。结构色还具有无限的耐光性,并且由于结构显色并不使用任何化学染料,因此其环境不造成任何危害。特别是,可调结构色彩被许多生物用作适应周围环境的自然信号,如通信、捕食、伪装等。例如,蝴蝶的翅膀由于其有序的周期性和层次性结构,产生各种美丽和惊人的彩虹色。蝴蝶(夜明珠闪蝶)在其翅膀的上表面和下表面具有诱人的双色,分别是亮蓝色和迷彩棕色[见图 6-6(a)][44]。这样的结构色可以有效地避免捕食者,例如一些鸟、蛇、青蛙、壁虎和蜥蜴等。类似的,一些鱼类(如霓虹脂鲤)提供了利用结构颜色来回应周围环境的另一个例子[45]。在许多不同的外部刺激(如捕食者、流动液和温度等)下,霓虹脂鲤会改变它们的结构颜色,而它们皮肤细胞中血小板间距的变化导致了它们的干扰颜色。通常情况下,霓虹脂鲤呈现出青色的结构色。当被追捕者追逐时,由于相邻反射板的间距同时发生变化,这种鱼的结构颜色迅速从青色变为黄色[见图 6-6(b)]。其他外部刺激(如水),也会导致结构颜色的变化。大量的水流入霓虹脂鲤的表面,会使鱼的皮肤细胞膨胀,导致相邻血小板间隔增大,从而提出了由肿胀引起的间距变化机制[46]。除了一些鱼类外,其他昆虫(如独角仙和龟甲虫)[47,48]也通过类似的过程表现出结构颜色的变化。这种自然的结构色彩特征与其特殊的生物功能相结合,为能源、光学和电子应用提供了巨大的潜力。

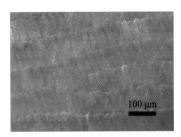

(a)蝴蝶结构颜色[44]

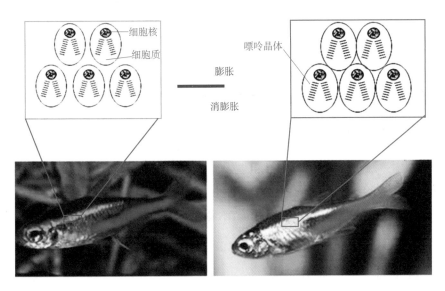

(b)霓虹脂鲤结构颜色[45]

图 6-6 自然界中结构颜色示例

6.2.2 浸润特性的研究

疏水性是生物材料最常见的自然特性,并且极端依赖于材料表面的形貌[49]。超疏水材料因其具有广泛的应用前景而受到越来越多的关注,如用于印刷、微流控器件、防腐涂料、纳米颗粒组装、防水、油水分离、电池、高灵敏度传感器及光学器件等,粗糙度一直被认为是影响表面润湿性的关键因素如图 6-7 所示[50]。自然界有很多疏水的例子,不同微观尺度的排列,在宏观上却体现了不一样的效果。例如,荷叶表现出超疏水性,与水接触角约为 150°,并具有自洁性。Cassie-Baxter 方程可用于描述自清洁特性,该特性通过水滴的运动去除灰尘和颗粒[51,52]。除了自清洁特性外,Mele[53]和 Feng[54]等还报道了由平行微槽组成的鹤望兰和水稻叶片表现出超疏水特性。由于超疏水性的各向异性,液滴可以沿着平行于微槽的方向移动。该方法可用于开发具有实际应用价值的流体输送系统。

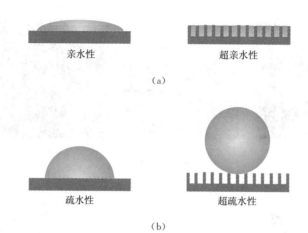

图 6-7 表面疏水性和亲水性[50]

　　另一个典型的例子是蝴蝶的翅膀,它们表现出超疏水特性和定向附着。这种不润湿的特性使水滴在轻微颤抖时很容易从蝴蝶的翅膀上掉下来,从而有利于雨中飞翔。Barthlott和他的同事研究了97个昆虫翅膀的润湿性和表面结构[55],发现不同的蝴蝶种族具有高度疏水性的翅膀[56]。疏水性的机制,即在粗糙表面内部存在空气层,可以减少液体渗透、离子渗透、传热等。2017年,Shen等人制造了一种由花粉制成的电子皮肤,作为具有疏水特性的生物材料,其水接触角约为100°,并且确定疏水特性对电子信号的稳定性和耐水性具有重要影响[29]。

6.2.3　三维生物结构的研究

　　生物材料是具有结构多样性的复合材料,跨越多个数量级的长度[57,58]。其多尺度分层三维结构是由结构设计元素(如小纤维、管、开孔和闭孔泡沫和平板)重复排列构成的。根据其结构设计元素可分为八类:纤维结构、螺旋结构、梯度结构、层状结构、管状结构、蜂窝状结构、缝合结构和重叠结构如图 6-8 所示[19,59,60]。

　　天然的木材是由开放空间(内腔)和相互连接的单元格(管胞)组成的天然蜂窝状结构的材料。由于空间布局和内部结构的不同,各种木材具有不同的多孔微结构[61]。例如,软木种(如松树)由均匀致密的矩形细胞组成,而硬木种中发现了大量尺寸为 $1\sim100~\mu m$ 的致密管状细胞[62]。另外一个例

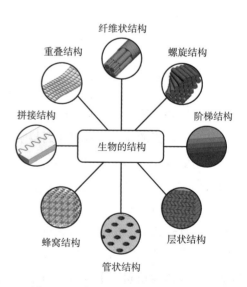

图 6-8　生物材料的各种 3D 结构[58]

子是壁虎的脚,由大量排列良好的微尺度毛发组成,呈现出独特的多尺度层次结构[63],使其具有多种功能,包括其优异的黏着性、超疏水性和自清洁性[64-69],如图 6-9 所示[25,68,69]。

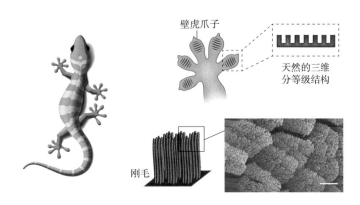

图 6-9　壁虎爪子的天然三维结构[25,68,69]

贝壳(如鲍鱼壳)具有两层不同的微观结构,可以分为柱状方解石层和内部珍珠文石层。方解石层明显更硬,主要应用于防止渗透的外壳。相比之下,内部珍珠层较为柔软,能够承受较大的非弹性变形。其结构包括大量直径为 $5\sim8~\mu m$,厚度约 $400~\mu m$ 的微小文石多角形片以及厚度为 $20\sim30~nm$ 的有机材料层[70]。由于其高度预排列的层次结构以及其砂浆结构,珍珠层显示出卓越的力学性能。

6.2.4　机械性的研究

生物材料的力学性能包括柔性、刚度、强度、断裂韧性等,它们对于生物材料在各个领域的应用是很重要的,生物材料独特的 3D 结构对力学性能有重要的影响。

Meyers 和合作者发现在生物材料中,不同的结构设计元素导致不同的力学性能[70]。例如,石鳖的外骨骼包括许多单独的鳞片,具有显著的机械灵活性。重叠的鳞片或板片的组合使其显示出改进的力学性能[见图 6-10(a)][71]。同时重叠的结构也决定了连续的运动行为,例如弯曲、变形和悬垂,这促使许多研究人员设计出具有显著机械柔韧性的新型生物复合材料,用于柔性绿色电子产品[72]。这种重叠结构在几种生物中很常见,包括鲨鱼皮肤、鱼鳞、蝴蝶翅膀、海马尾巴,以及穿山甲等。由类细胞结构组成的纳米到微观结构元素的生物复合材料是构建高效的柔性电子设备的一个很好的例子[见图 6-10(b)][19,73]。由致密的外壳和细胞核心组成的夹层结构在细胞内部和致密壁之间形成一种协同作用。结果表明,夹层结构的力学性能优于简单混合结构的力学性能。此外,较少矿化的螺旋结构也提供了三个主要的结构属性[见图 6-10(c)][19]:(1)通过以不同角度堆积纤维层或纤维层在纤维平面的多个方向上提供了各向同性;(2)提供了增加的韧性,因为未对准的纤维平面会分散裂纹的扩展,强迫其在多个平面上传播;(3)上述各向同性提供了纤维结构抗压强度和刚度的显著增加。最令人印象深刻的是,许多扭曲的铺层结构能够重新调整其纤维结构,以适应平面内施加的外力。实际上,其他生物材料的力学性能也被 Meyers 研究组所重视,并提供了描述其结构优势和基本力学性能的方程[19]。

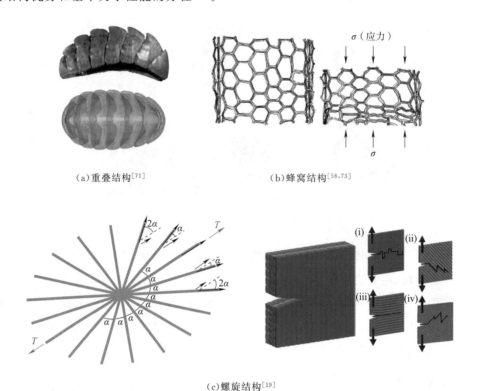

(a)重叠结构[71]   (b)蜂窝结构[58,73]

(c)螺旋结构[19]

图 6-10　生物材料的力学性能

6.2.5　黏附结构的研究

　　生物材料的特点是几乎对所有类型的表面都有很强的附着力。生物利用这些吸附能力来达到储能、觅食、寻找配偶等目的。许多生物材料都有很强的附着力,如生物分子[74]、动物皮肤[75]和一些植物[76]。Dauskardt 实验室详细研究了有机半导体和器件的黏合能和内聚能[77,78]。他们发现附着力取决于化学键、范德瓦尔斯作用和链纠缠。例如,聚多巴胺是最著名的天然黏合剂,它既依赖于非共价键又依赖于共价键。在碱性条件下,聚多巴胺可以通过 Michael-type 加成反应或通过芳基-芳基偶联,以共价偶联的方式非常牢固地黏附在有机表面上[25]。此过程取决于邻苯二酚氧化为醌的过程。聚多巴胺的强附着力引起了人们对其复合材料和功能基底的广泛关注。另外,在过去的十年里,壁虎因为能够附着在不同粗糙度的表面上而受到人们的重视(见图 6-11)[79]。这种有趣的黏附特性是由数百万根细小的足毛(刚毛)排列而成的,其分裂成数百个纳米级的末端(匙形)。它们通过强大的范德华力在不同的表面上形成共形连接。

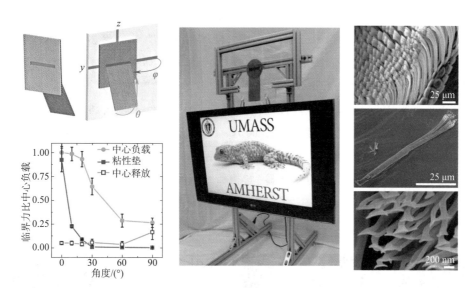

图 6-11　壁虎爪子黏附性研究[79]

6.2.6　生物相容性及生物降解性的研究

生物兼容性是确保特定材料能在生物医学以及工业领域上发挥合适的用途的关键之一,对"绿色电子"的应用来说生物兼容性显得尤为重要[80]。优异的生物降解性和生物相容性是设计和开发新型生理相容度高的材料的关键,可以大大降低人工合成材料的管理带来的严重负面影响的发生率。聚多巴胺是一种生物组织的黑色素中的主要色素,由儿茶酚、胺、亚胺等官能团组成,具有生物可降解性和生物相容性[81]。Liu 等的研究通过观察静脉注射单一剂量超过一个月的时间的大鼠的健康行为,包括探索行为、活动、梳理、饮食、排尿或神经状态,证实多巴胺-黑色素具有低毒性以及优异的生物相容性[82]。许多检测表明,聚多巴胺涂层以与材料无关的方式促进细胞黏附和在基底上繁殖,并且这与基底材料无关。这些研究充分地证实了聚多巴胺的细胞毒性并不显著。

事实上,许多生物材料在自然界是生物相容和生物降解的。蚕丝(silk)是一种被广泛使用的自然材料,由丝胶蛋白和丝素蛋白组成,具有生物相容性[83]、生物可吸收性[84]、水溶性[85],以及可调控的溶解浓度[86]。Huang 和他的合作者证实了基于蚕丝的水凝胶有着良好的哺乳动物细胞黏附性、低毒性以及优异的生物相容性[87]。他们通过对在水凝胶表面培养人间充质干细胞(hMSCs),以活细胞/死细胞染色来评估生物相容性。结果显示,接种于基于丝弹性蛋白(SELP)的水凝胶上的 hMSCs,与接种于对照组织培养板(TCP)表面的对比,细胞黏附力相似,通过观察活/死染色的荧光成像,表明其支持细胞生长和增殖 14 天。更重要的是,通过对拉伸状态下的 hMSCs 的观察,所有的测试表面都表明 14 天中 hMSCs 生长良好。这个结果表明 SELP 水凝胶细胞毒性极低。同样,天然壳聚糖(chitosan)也是一种典型的生物相容的、低细胞毒性的材料,实验室白鼠的壳聚糖的半数致死量(LD50)为 16 g·kg^{-1},接近于糖和盐。对于白鼠来说,食物中壳聚糖占 19% 依然是安全的[88]。聚多巴胺纳米颗粒的颜色随着其被吸收而逐渐变淡,表明了其生物降解性。此外,有研究考察了过氧化氢对黑色素的彻底降解过程,过程中产生吡咯-2,3-二羧酸和吡咯-2,3-二羧酸[89]。再则,一些微生物能产生酶来降解聚多巴胺。例如,具有可水解的化学键的天然蛋白质、纤维素和淀粉生物分子通常易被微生物产生的水解酶所降解[90]。同时,Partlow 等报道了一种可降解的天然蚕丝材料[91],基于蚕丝蛋白的水凝胶在小鼠皮下植入(见图 6-12)[91]。结果表明,植入四周后,蚕丝蛋白凝胶相互融合并且形状变得不明显,与相邻组织间的界面也变得不那么清晰。此外,许多生物相容性好、生物可吸收或生物可降解的生物材料,如聚磷酸盐、聚乳酸、聚醚、聚酯和聚多元醇,广泛存在于自然界中,也被应用到柔性电子器件中[92-94]。

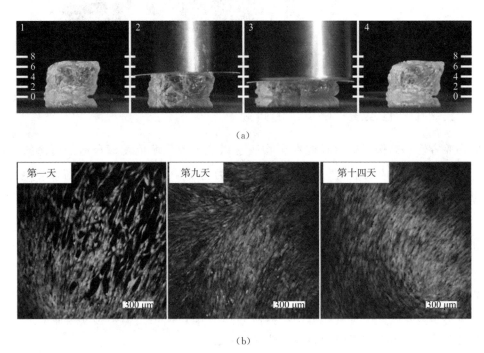

图 6-12 天然蚕丝蛋白水凝胶的生物兼容性[91]

6.2.7 抗菌活性的研究

许多动植物可以抵御外部干扰,并通过其表面的抗菌功能更好地保护自己。基于内部的抗菌特性,脂肪酸和萜烯可作为无垢角质层表面[95]。一项定性研究表明,T. bielanensis 可以进入白色念珠菌、金黄色葡萄球菌和大肠杆菌,分别代表真菌、革兰氏阴性菌和革兰氏阳性菌[96]。培养 4 天后未见明显沉积。同时,萜烯类化合物对植物和昆虫有保护作用,保护表皮不被微生物附着。此外,一些研究表明,脂质层并不与表皮共价连接,因为脂质层可以通过溶剂提取,也可以在动物运动过程中以灰尘颗粒的形式机械脱落。油脂移动到表面,从而不断地恢复涂层[97]。同时,脂质膜可作为牺牲层,不断复制,避免微生物定植。

　　天然低聚原花青素(OPC)是一种抗炎药,具有治疗神经退行性疾病的多种功效[98]。此外,半亲水的 OPC 通过其芳香结构和丰富的羟基基团作为结构稳定剂,有利于纳米水凝胶的自黏附,使其结构发展成为生物稳定的三维抗炎神经界面[99]。Chen 等报道了一种新型的 3D 纳米载体,该载体使用来源于天然葡萄的天然抗氧化剂原花青素类物质(见图 6-13)[100],具有抗生物污垢性能。此外,用抗-ED1、抗-GFAP 和抗-NeuN 在植入部位周围进行免疫染色之后表明,以少聚原花青素为基础的探针显著减少了星形胶质细胞的数量,并激活了小胶质细胞,从而提高了移植后 28 天的存活率。

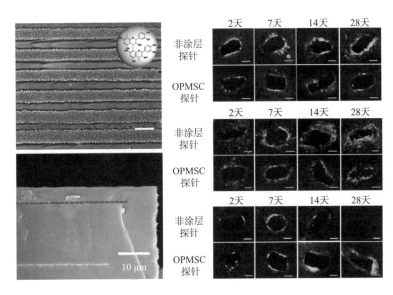

图 6-13　天然葡萄中抗氧化剂原花青素类物质的抗菌性研究[100]

6.2.8　其他性能的研究

　　除了上述提及的性质以外,生物材料其他相关的性质也应该被讨论,例如轻质[101]、耐磨损[102,103]、顺磁性[104]、自愈性[105]以及可调的光学性质[106]。其中,丝、几丁质、木材以及胡桃酮具有轻质、柔韧性好、表面粗糙等特点。基于纤维素的气凝胶有着 99.6% 的孔隙度,密度为 5.6 mg/cm³,80% 的拉伸形变所需的应力为 8.9 kPa[107]。此外,生物材料显示出各种抗磨的生物功能,如石鳖的齿形齿,它是由紧密堆积的棒状结构的磁铁矿组成,用于从岩石表面刮擦藻类。一种古老的塞内加尔多鳍鱼(P. senegalu)的鳞片在其硬鳞质层中含有类似杆状的拟棱柱状磷灰石结晶,可以抵御捕食者的攻击。此外,黑色素还表现出顺磁性和可调的光学特性[108]。更重要的是,一些新的功能,如防伪、催化、电气和化学性能,可以整合到生物材料中。这些独特的性能为生物材料在许多领域提供了新的用途。

6.3　生物材料的优化

　　生物材料因其独特的生物活性而被广泛认为是最有吸引力的医用材料之一。然而,生物材料固有的低导电性仍然是其在电子材料中实际应用的最大障碍之一。由于其结构和组成的多样性,生物材料可以相对容易地通过多种合成方法进行功能化。这种功能化可以通过改变导电性、力学性能、晶体结构和溶解度来创造前所未有的性能和功能,以满足特定应用的需求。

6.3.1　生物材料

6.3.1.1　生物体基生物材料

　　人们普遍认为,天然材料是以聚合物和矿物为基础的复合材料,微尺度上的结构决定了其具有多种性能。尽管受生物启发的材料在医学诊疗设备和基础科学中的作用越来越大,但增长最快的领域可能是此类材料在医学和生物学以外的领域的应用。例如,就像细胞外基质的碎片促进哺乳动物细胞的黏附一样,对于人工合成材料,模仿生物体[如贻贝,见图 6-14(a)和壁虎[见图 6-14(b)]表面结构可提高合成黏合剂在医疗和工业应用中的性能[25, 109]。同样,自然界中的传感材料也在推动仿生传感器的发展,例如,昆虫复眼结构已经被用到人工材料中,旨在再现这些自然传感器的功能[110]。尽管自组装技术在构建纳米级器件时很有用,但仅通过组装来合成聚合物并不足以提供此类器件所需的分等级结构。

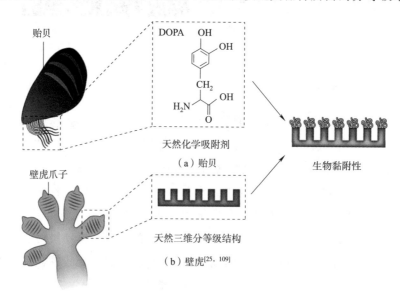

图 6-14　生物体基生物材料

6.3.1.2　植物基生物材料

在这里,植物(plant)是指包括树桩、叶子、花和花粉在内的自然物质的总称。它们是天然的生物聚合物复合物,呈现出复杂的结构,长度跨越了多个数量级[76]。植物材料的 3D 分等级结构如图 6-15 所示[76, 111-114]。在宏观生物水平上,植物结构的种间差异一般包括大小、表面形态、形态、孔径和其他特征,如密度、热导率、强度和弹性[115,116]。例如,花、花粉和树桩的表面具有明显的分等级结构和有序的、交替的纵向条纹。这些独特的结构特征激发了研究人员使用天然生物作为模板合成活性仿生物质[117]。此外,植物生物材料的主要成分是纤维素,它是一种天然聚合物,由数千个 D-葡聚糖单元组成的链通过 β-1-4 键连接[118]。纤维素具有特殊的抗拉强度和模量(分别为 140 和 7.5 GPa)[119],其前体衍生物质除了具有特殊的生物相容性和生物降解性外,还具有独特的光学特性。因此,纤维素基薄膜被广泛应用于大规模工程,包括航空航天、风力涡轮机叶片、汽车应用、舒适织物和特定运动纺织品等。这些薄膜还用于许多商用薄膜和可穿戴电池、传感器和电子产品市场[120-122]。

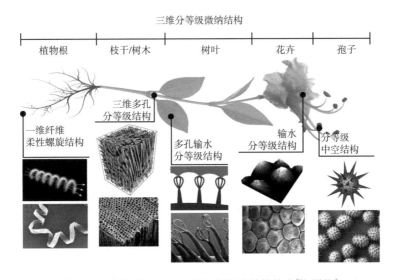

图 6-15　植物基生物材料以及各部分结构特点[76, 111-114]

6.3.1.3　生物分子基生物材料

生物分子(biomolecules)是包括微生物、植物和动物在内的所有生命形式的基础,负责可再生性、可持续性和死亡率。单体、低聚物和大分子如氨基酸、肽、蛋白质、碱基、核苷酸、寡核苷酸、核酸(DNA/RNA)、单糖、寡糖、多糖和脂质是生命的主要组成部分[123-125]。生物分子有趣的分子识别特性对于维持所有生物体的结构和功能活性至关重要。生物分子的一个独特性是能够通过层次结构,产生刚性和柔性的生物系统和材料[126,127]。例如,胶原蛋白、角蛋白、弹性蛋白等生物大分子可以形成功能性的组装体,明胶可以形成坚固的可消费凝胶,蚕丝可以形成高强度纤维(功能性淀粉样蛋白)和凝胶,而一些肽和蛋白质会产生致病的有毒淀粉样结构。由分子识别驱动的分子间和分子内相互作用以及生物分子的组织对生物材料的形成至关重要[128]。无论是直接加工还是与合成材料结合,生物分子的化学、生物和机械性质在新型生物材料的制备中都起着重要作用,如图 6-16 所示[129,130]。

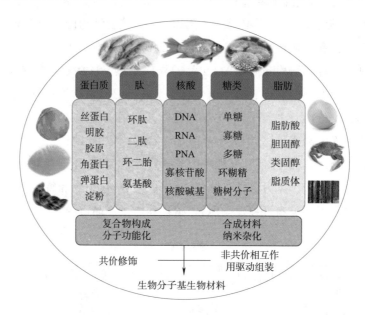

图 6-16 来自植物和动物中不同种类的生物分子(单体、低聚体和大分子)[129]

6.3.2 仿生材料

仿生材料(bionic material)是指模仿生物的结构或特性而开发的人工材料。仿生材料学是仿生学的一个重要分支,是化学、材料学、生物学、物理学等学科的交叉。在分子、细胞组织和生物体水平理解决定生物系统的结构组织原理和机制,以及结构与功能之间的关系。此外,即使基本的物理/化学原理相同,通过人工合成的仿生材料也可能与天然材料具有截然不同的结构,这是由于生物环境对天然材料的边界条件和限制[131],因此,仿生材料研究应该至少包括有三个不同的互补研究方向,如图 6-17 所示[132]。

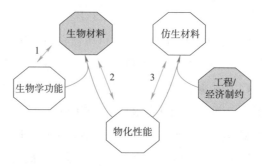

图 6-17 仿生材料结构-功能关系示意图[132]

(1)仿生材料的研究始于阐明生物材料的结构-功能关系。

(2)第二个重要步骤是提取这种结构-功能关系的内在物理/化学原理(使用实验和理论),以便使它们成为材料科学和工程中有用的概念。

(3)根据这些物理/化学原理,并考虑工程和经济方面的限制,开发合成和制造仿生材料的途径。

仿生材料的最大特点是可设计性,人们可提取出自然界的生物原型,探究其功能性原理,并通过该原理设计出能够有效感知到外界环境刺激并迅速做出反应的新型功能材料。作为 21 世纪新材料领域的重大方向之一,仿生材料的研究将融入信息通信、人工智能、创新制造等高新技术,逐渐使传统意义上的结构材料与功能材料的分界消失,从而实现材料的智能化、信息化、结构功能一体化。现如今仿生新材料在建筑行业、生物医疗、信息通信、节能减排等领域已经得到了较为广泛的应用。例如,模仿甲虫鞘翅结构设计的建筑混凝土夹芯板、模仿蜂巢设计的蜂窝泡沫橡胶、模仿变色龙设计的柔性变色皮肤、模仿鲨鱼盾鳞结构设计的防污减阻材料等。

6.4　生物仿生材料作为柔性电子器件活性材料

虽然无机材料在能源、传感器、LED 或柔性显示器、激光、探测器、催化、电路元件、微型存储器元件、光电二极管、太阳能电池等领域有着广泛的应用,但由于其合成条件苛刻、成本高、细胞毒性大、不易降解等特点,在某些特定的工业领域经常受到限制[133]。此外,随着纳米医学和生物电子学等领域的快速发展,以及"无处不在的传感器网络",对新型功能材料的需求日益扩大,生物材料的多样性为这些需求提供了可能性,并已开始在材料工程、物理、化学等领域开辟新的机遇。

6.4.1　传统功能性纳米材料柔性电子器件存在的问题

柔性和可穿戴设备(flexible and wearable device)具有灵活、易于生产、生物相容、廉价、轻便和多功能等特点[134-137],关注的焦点是如何赋予可穿戴设备尽可能多的新功能。开发新一代柔性和耐磨电子产品,特别是与生物有关的应用,需要高机械柔韧性和生物相容性,例如生物医学诊断和治疗、电子皮肤传感器和大脑/机器接口等。功能纳米材料由于其优异的电性能、结构性能和光学性能,在过去几十年中已经被广泛地应用于柔性和耐磨器件中。然而,由于其制备步骤和方法复杂、机械柔韧性差、成本高、毒性大、不相容和不可降解等问题,功能纳米材料在食品、医药、生物和大规模工业应用等诸多领域的应用受到了严重的限制[138]。

(1)矿产资源的有限性很难满足长期以来不断增长的需求和随后的储能装置的生产量,这必然导致价格上涨。

（2）现有的电子和储能装置在使用寿命以后不可生物降解，将产生大量的电子垃圾。

（3）功能纳米材料和人造功能材料的制备过程很复杂，通常需要极端条件，限制了其低成本大规模制造能力。

（4）尽管各种三维仿生人工功能材料的制备已经取得了很大的进展，但关键的挑战仍然存在，在模拟或精确地再现生物材料以获得优异的机械柔韧性方面存在局限性。

功能性纳米材料的柔韧性很大程度上取决于它们的机械特性，与结构和构建块的尺寸完全相关[139]。因为晶体材料的屈服应力与结构层次中晶粒尺寸的平方根成反比，这种天然的脆性材料能够产生具有可调谐的有效弹性模量的功能纳米结构。组织良好的层次结构和多孔结构有助于机械柔性材料的广泛应用，特别是对响应外部刺激的柔性电子皮肤，这是最常见的应用之一[140,141]。制备多尺度层次表面或三维多孔结构有多种合成方法和策略，现有的方法可分为自下而上、自上而下和混合方法。基于这些方法可以制备多层次和复杂的结构，例如蜂窝、多壳中空、海胆状、刷状、花状、树状和分支结构。

传统功能性纳米材料的制备通常对能量要求很高，会释放出有毒物质，污染环境。高成本和有限的生物相容性阻碍了这些合成功能材料在许多领域的广泛应用。尤其是非生物相容性或不可生物降解的外部载体的持久堆积，对人体和其他物体都是极为不利的。因此，优异的生物降解性和生物相容性对于新型生理友好材料的设计和发展至关重要[142]。除了低成本的大规模制造能力外，获得环境效益和高性能的最有希望的策略之一，是通过使用生物相容性和可生物降解的材料。在大多数情况下，天然功能材料被证实具有良好的生物相容性。根据其化学成分和自然性质，可以使用各种仿生高分子材料，如壳聚糖、纤维素、纸张等[143-145]。生物相容性材料最有潜力的一个方面是它们在生物相关应用的生物集成电子器件中的应用，如大脑/机器接口、生物医学诊断和治疗以及传感器皮肤。

6.4.2　生物仿生材料作为柔性电子材料的优势

考虑到生物材料的众多独特性质，毫无疑问，它们是目前研究最广泛、应用范围最广的材料。生物仿生材料不仅可以作为方便的活性合成前驱体，也可以作为电子器件的复杂驱动器[146,147]。生物活性材料或生物基复合材料在柔性电子器件中的应用可以克服传统合成材料存在的诸多问题：

（1）与其他人造或合成材料相比，独特的层次结构提供了更大的表面积和可裁剪的力学性能。一方面，高比表面积确保外部刺激（电解质、生物标记物、气体分子等）与材料表面有效接触，促进电荷通过传感层—目标分子界面的转移。另一方面，不同的力学性能允许合成具有可调有效弹性模量的材料，从而赋予它们更优异的性能。

（2）高度有序的多层多孔纳米结构具有独特的功能，如结构颜色、超疏水性、选择性过滤能力、定向黏附性、抗反射特性等，从而赋予柔性器件更加优异与多样的功能。

（3）生物相容性、生物降解性和轻量化特性，允许人们连续和长期使用柔性可穿戴电子设备,从而赋予它们良好的长期稳定性和环境友好性。

(4)生物材料丰富的可再生资源和低廉的成本,使其成为各种用途的柔性、可穿戴电子器件的潜在发展对象,并赋予其低成本的大规模生产能力。

(5)天然生物材料表面有大量的活性基团,通过多种合成方法很容易实现功能化和修饰。因此,天然的生物功能表面往往需要完成多种功能,这些功能是通过其高度可裁剪的组成和结构实现的。改变化学结构是通过改变容量、溶解度、晶体结构、电子转移速率、离子导电性以及机械特性来满足特定应用需求的最终途径。

(6)层次结构通过强和弱可调键的组合来扣住,以提供优良的固定特性,同时仍然能够适应、重塑和自我修复其结构,并探索其他设计空间,以大力转换外部刺激。

(7)积木被收集成多尺度的层次结构,然后对外部刺激(如机械应力)做出相当大的反应,以进一步改善材料的功能特性。

6.5　生物仿生材料在柔性电子领域的应用

6.5.1　生物仿生材料基柔性衬底

柔性电子学(flexible electronics)能够适应柔软和弯曲的表面,在人体健康监测和生物医学诊断中有着广阔的应用前景。传统的柔性器件使用聚合物弹性薄膜,如聚二甲基硅氧烷(PDMS)、聚酰亚胺(PI)和聚对苯二甲酸乙二醇酯(PET)作为基底,以便与生物系统的弯曲表面接触。然而,设备和高弯曲表面之间的机械差异会导致覆盖物不适,并导致保形接触随着长期使用而变差。此外,目前大多数基板是不可生物降解的,生物相容性低。例如,塑料需要 450 年才能分解。然而,许多传感器和手机等柔性显示器的使用寿命平均为 18 个月[148]。因此,电子应用会产生大量浪费。基于此可生物降解材料有望取代不可生物降解材料应用于柔性电子器件[149]。在这种情况下,设计柔性电子器件时需要考虑的两个关键问题是:(1)克服活性膜在受到应变/应力和扭时导致的性能下降,以确保器件的力学稳定性;(2)确定合适的基底和渗透屏障层,以确保操作稳定性和抗降解性。

如前所述,生物材料是自然界中最大的材料体系,具有优良的生物相容性、生物降解性、多功能性、可持续性和低成本等特点。例如,丝素蛋白为生物相容性和可植入性器件的开发提供了一个有效的平台,它们能够与组织或器官的弯曲表面进行无缝和无创的接触。优异的力学性能、生物兼容性和绝缘性使丝素蛋白有望成为优异的支撑和封装材料应用在柔性电子器件上。此外,丝素蛋白在生物降解性和生物吸附性方面也显示出显著的优势。

转印技术是在丝素蛋白薄膜上制备柔性电子器件的有效方法,它避免了传统 CMOS 工艺中对材料的电子和物理性能的损害[150]。利用 PDMS 印章可以将嵌入在聚酰亚胺薄膜中的硅基晶体管转移到丝素蛋白薄膜上[见图 6-18(a)][137, 151]。转移后的器件表现出良好的机械柔韧性,有很小的曲率半径(约 5 mm)。由于丝蛋白的分解和蛋白水解活性,丝蛋白膜可以通过高度可控的过程溶解在水中[见图 6-18(b)]。此时,尽管丝素蛋白基质已溶解,但器件仍显示出稳定的电性能,电子迁移率(从约 500 $cm^2 \cdot V^{-1} \cdot s^{-1}$ 到440 $cm^2 \cdot V^{-1} \cdot s^{-1}$)和阈值电压(从约 0.2 V 到约 0.5 V)仅发生轻微变化,为其作为可植入器件铺平了道路[见图 6-18(c)]。在小鼠体内植入装置并在两周后取出,结果表明,尽管丝基质部分溶解,但没有引起炎症,说明丝素蛋白的生物相容性及其作为生物集成植入装置模块的可行性。

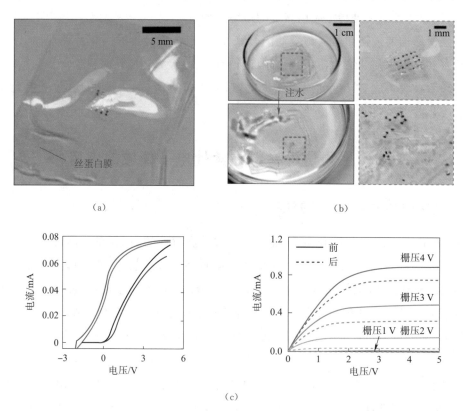

图 6-18　丝素蛋白薄膜作为晶体管柔性衬底具有好的柔韧性和生物兼容性[137,151]

　　丝素蛋白还为实现电子器件与高度曲线表面(如大脑)之间的共形接触提供了有效的解决方案,这对于获得用于神经监测的精确信号至关重要[152]。通过在沉积有丝素蛋白的聚酰亚胺薄膜(约 2.5 μm)上转印电极阵列,可以构建用于脑—计算机接口的共形生物集成器件[17]。在丝基质溶解后,由于毛细管力的作用,电极阵列会自动覆盖到人脑模型的曲面。通过蚀刻将 PI 膜做成网格图案,可进一步提高保形覆盖率,有助于在对猫科动物大脑活动的生理测量方面取得优异的性能[17]。丝膜的"自我牺牲"行为使人机界面的精细工程化成为可能,并允许电子设备与活体组织和器官的紧密结合。最近,科研人员设计了一种基于石墨烯的丝素膜无线传感器,可以包裹在多种生物组织上,如牙齿和肌肉(见图 6-19)[153]。利用生物识别肽对石墨烯膜进行功能化处理后,该装置能够实现低至单个细菌的高灵敏生物传感。该传感器的细菌检测性能依赖于石墨烯薄膜的导电性变化,可以通过与无线线圈的集成实现远程监控。通过将传感器转移到牙齿上,在丝质基质溶解后,传感元件与牙齿之间实现了无缝接触,使传感器能够对呼出的气体做出快速反应,有望用于无创生物医学诊断。

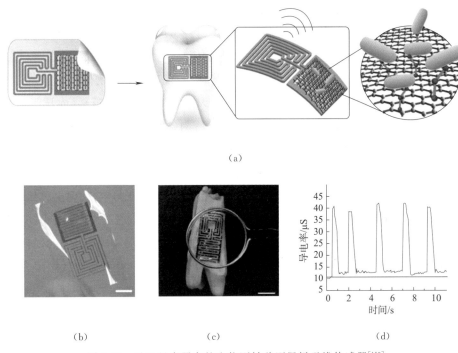

图 6-19　基于丝素蛋白的生物可转移石墨烯无线传感器[153]

几丁质[聚 β-(1,4)-N-乙酰-D-葡萄糖胺]是一种天然结构多糖,是一种非常理想的柔性基质材料[154]。天然几丁质是头足类内骨骼、节肢动物外骨骼和真菌细胞壁的主要成分,无毒,可生物降解,生物相容,机械强度高[155]。通过简单的自下而上的自组装方法,科研人员构建了一种全新的透明甲壳素基底。这项工作首次将透明甲壳素纸应用于柔性光电器件,如有机发光二极管(OLED)。此外,Zhang 等展示了一种天然甲壳素透明基底,该材料通过与上面类似的自下向上方法合成。通过化学法制备出甲壳素纳米纤维膜[156]。众所周知,纤维素存在于多种生物,如木材、植物、树木、细菌、藻类、被膜类等,是一种天然的包装材料和柔性基底[157]。Nogi 和同事在 2009 年使用抛光方法获得了一种光学透明的纤维素基基板[158]。同时,Okahisa 和同事还报道了一种光学透明木质纤维素基板,并将该基板应用于柔性 OLED 显示器[159]。与其他基材相比,木质纤维素纳米复合材料具有较低的杨氏模量和较低的热膨胀系数(CTE)。

6.5.2　生物仿生材料基柔性生物传感器

生物传感器(Biosensor)是生物材料应用最重要、研究最广泛的领域之一。生物材料具有独特的生物活性,具有显著的亲水性和生物相容性,能与多种分子发生二次反应,是理想的生物传感用活性材料。

6.5.2.1 柔性场效应管生物传感器

在研究的早期阶段,研究人员首先尝试使用生物材料来直接制作生物电子器件。例如,Rolandi 和同事首先采用马来壳聚糖生物复合物作为传感层,提出了柔性场效应晶体管生物传感器[160]。结果表明场效应质子迁移率为$(4.9 \times 10^3 \mathrm{cm}^2 \cdot \mathrm{V}^{-1} \cdot \mathrm{s}^{-1})$。这表明,通过额外的优化,这些器件可以与传统的电子传导器件相结合,实现广泛的生物传感应用。

另一个成功的例子是我们的研究小组利用一种天然的花粉微胶囊材料(向日葵花粉,定义为 SFPs)和还原氧化石墨烯(rGO)涂层进行功能化,所制备的柔性 FET 生物传感器在水介质中表现出显著的稳定性[见图 6-20(a)][114]。此外,抗体层可锚定在传感层的表面以有效识别前列腺特异性抗原(PSA),这是一种可用于诊断男性前列腺癌的生物标记物[见图 6-20(b)]。此外,这种生物传感器还被用于在电解质溶液中建立无标签柔性电子传感,表现出稳定的传感性能。PSA 的超低检测限为 1.7 fmol[见图 6-20(c)]以及优异的机械柔性[见图 6-20(d)][161]。2014 年,Pak 教授研制了一种将丝素蛋白用作葡萄糖传感的衬底和栅极介电材料的生物相容性石墨烯场效应管。将丝素介电薄膜与葡萄糖氧化酶结合,作为葡萄糖敏感层,在葡萄糖催化反应下调控石墨烯的电导率。该石墨烯场效应晶体管生物传感器显示稳定的酶作用以及$(0.1 \sim 10) \times 10^{-3}$ mol 之间的线性葡萄糖反应,表明该装置在植入式连续葡萄糖监测应用

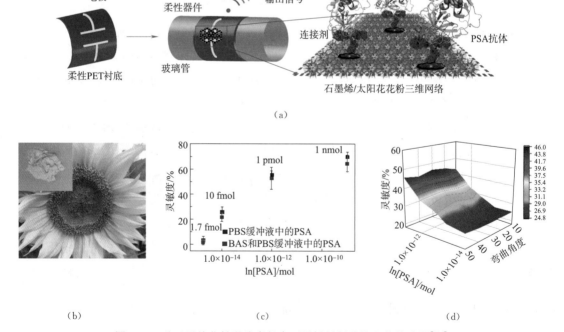

图 6-20 基于天然花粉微胶囊复合石墨烯材料柔性生物传感器[114]

中具有很大的潜力。另外,科研人员研制了一种类似 RFID 的丝绸传感器,该器件整合了生物相容的丝绸基底和无线天线。这种传感器可以适应不同的食品表面,以便对食品进行精确的质量监控(见图 6-21)[162]。丝素蛋白膜还可以通过改变其几何和介电特性,有助于在腐败和变质方面对食品质量进行连续监测。丝素蛋白在无线传感器中的主动(识别)和被动(基底)功能为植入式或生物相容性多功能柔性可穿戴电子器件的应用提供了潜在的途径。

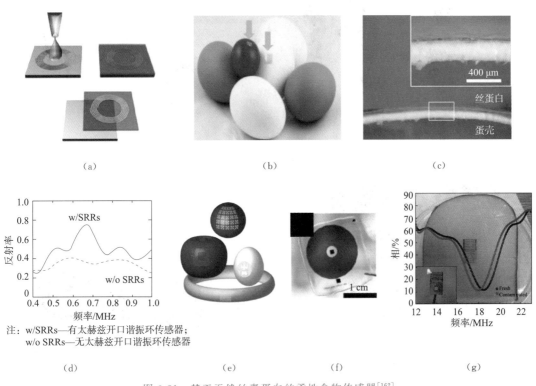

图 6-21 基于天然丝素蛋白的柔性食物传感器[162]

6.5.2.2 柔性电化学生物传感器

由于其良好的生物相容性和机械柔韧性,许多生物材料也被广泛应用于柔性电化学生物传感器。特别是碳纳米管、石墨烯、半导体纳米颗粒等。

Javey 和同事报告了基于碳纳米管/壳聚糖生物复合材料的可穿戴生物传感器阵列,可用于检测电解质(如钠和钾离子)和汗液代谢物(如葡萄糖和乳酸)[见图 6-22(a)][163]。可穿戴电化学生物传感器的照片和电路示意图如图 6-22(b)和图 6-22(c)所示。该传感器对葡萄糖和乳酸盐具有很高的灵敏度,分别为 220 nA·mmol^{-1} 和 2.35 nA·μmol^{-1}[见图 6-22(d)]。此外,生物传感器也显示出良好的长期稳定性和重复性。此外,通过检测柔性印制电路板(FPCB)和传感器阵列在不同弯曲状态下的力学性能(曲率半径分别为 1.5 cm 和 3 cm),研究了机械变形对器件性能的影响[见图 6-22(e)]。此外,Shan 和同事报道了一种基于壳聚糖/石墨烯/金复合材料的电化学生物传感器用于监测葡萄糖含量[164]。在该工作中,葡萄糖氧化酶被固定在壳聚糖基复合传感膜的表面,在葡萄糖存在时将 O_2 还原为 H_2O_2。所制备的壳聚糖基复合传感膜具有良好的重复性,6 次连续测量的标准偏差为 4.7%,线性范围为 2～14 mmol 的安培响应,葡萄糖的检测下限为 180 μmol。

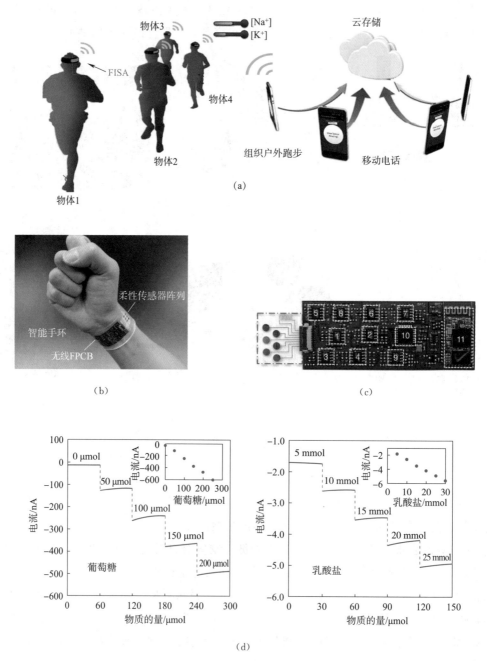

图 6-22　基于壳聚糖生物复合材料的柔性电化学生物传感器[163]

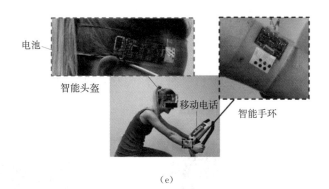

电池

智能头盔

移动电话

智能手环

(e)

图 6-22 基于壳聚糖生物复合材料的柔性电化学生物传感器(续)[163]

6.5.3 生物仿生材料基柔性电子传感器

由于对新型绿色、智能和环保电子材料的需求,人们提出将花卉、木材、树木、花粉、树叶和树根等天然植物作为电子皮肤的基本活性单元[165-167]。植物资源丰富、可再生、无毒、可生物降解、生物相容性好、成本低,这些特性使得利用天然植物开发安全且商业化的电子皮肤具有吸引力[168-170]。

6.5.3.1 电子皮肤传感器

电子皮肤(e-skin)具有"触觉",能够融合各种传感器。将它们集成在弹性或柔性基板上,可以模拟或者增强人体皮肤的功能。电子皮肤中常用的传感材料需要介电弹性体,例如高 k 聚合物[171, 172]、导电聚合物[173]或半导体[174]和可嵌入弹性体中的金属纳米材料[175, 176]。然而,表现出黏弹性传导的弹性体会导致响应时间慢(≈ 10 s)。聚合物的扩展热膨胀也导致本征电学特性随温度变化。为了克服这些问题,电子皮肤的结构设计必须与先进的几何构造相结合,才能有效地将外部压力转换为电信号。

自然界生物材料有效地进化了它们的微观和纳米结构,以最大限度地响应生态变化。植物复杂的多层次形态依赖于纤维结构,这些形态包括杨絮、柳絮的管状结构[177]、木材的蜂窝和泡沫结构[178]、向日葵花粉的类胆和中空结构[114]和棒状石松孢子的细胞结构[179]。植物材料的三维、多层次结构和优异的力学性能使其能够用作生物相容性模板或生物框架,为电子皮肤提供高性能的三维材料。通过简单的植物纤维热处理和冷冻干燥,可以合成具有可控孔径的 3D 植物纤维基材料[见图 6-23(a)][180]。将杨絮纤维分散在乙醇中作为压力传感器的电极材料,可以制备出具有良好三维网络结构、密度低至 4.3 mg·cm^{-3}、导电性好的材料。用亚氯酸钠活化杨絮柳絮纤维可以进一步调整其形态和多孔结构[见图 6-23(b)]。杨絮柳絮纤维的中空管状结构在活化和碳化后倾向于产生具有粗糙表面的二维(2D)碳纳米片,从而得到具有大比表面积的电极[见图 6-23(c)]。碳基微孔气凝胶是由未加工的杨絮柔毛纤维制成,用作柔性压力传感器的传感层,具有高导电性(0.47 S·cm^{-1})和高压缩性

(80%)[见图 6-23(d)][180]。Ding 和他的同事通过类似的方法报道了一种魔芋葡甘聚糖
(KGM)衍生的碳纳米纤维气凝胶[181]。该气凝胶具有令人感兴趣的特性,包括极低的密度
(最小 0.14 mg·cm^{-3})、极高的压缩性、好的泊松比、良好的热稳定性、高的弹性响应电导率
和高压灵敏度等,是一种理想的传感材料。图 6-23(e)为拉伸、灵敏度示意图,图 6-23(f)为
压缩周期、灵敏度示意图。

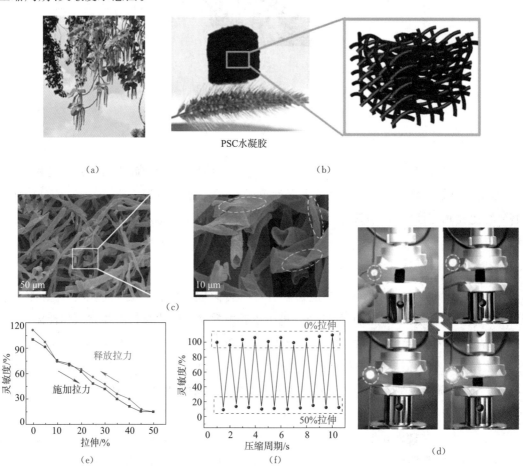

图 6-23　基于植物仿生三维结构的柔性压力传感器[180]

除了将植物材料用作具有三维、多层次结构的电子材料的生物模板或生物框架外,植物
材料独特的纳米和微观结构还可以直接用作模具,以更加经济高效和可扩展的方式制造图
形电极[182]。例如,Sun 和同事证明,可以使用低成本、环境友好的新鲜香蕉叶作为模板来制
作高性能电子皮肤[183]。光刻后,PDMS 基板可以被赋予精确的植物叶片表面微结构。在两
个微结构 PDMS 基板之间形成互锁结构,从而有效地增强了电子传输,从而获得在低压
(0~100 Pa)下具有高达(10 000 次循环)稳定性、具有快速响应/松弛时间(36/30 ms)和高
灵敏度(10 kPa^{-1})的压阻型电子皮肤。其他三维植物器官结构(如玫瑰花瓣[184]、荷叶[185]和
含羞草叶[186])也被用来制作三维活性电极,从而得到性能优异的柔性电子皮肤[184]。

除了上述在电极材料或弹性基底表面构建三维微结构的策略外,可通过细微机械变形的超疏水天然材料也是电子皮肤的理想候选材料。例如,受天然、多层、多孔结构的药用海绵的启发,使用药用海绵模板[187]制作了具有海绵状结构的 PDMS 薄膜。基于该材料的电子皮肤具有高灵敏度(0.63 kPa^{-1})、快速响应时间(40 ms)和高稳定性(10 000 次循环)等特点。大孔径的分层介电层显示出优异的可变形性,使材料能够承受极端应力,从而产生高灵敏度。

类似地,结合了刚性纤维素和弹性聚异戊二烯(天然橡胶)的纳米结构弹性体,即被用来模拟人类皮肤的力学性能[165]。这种纳米结构的弹性体显示出与人类皮肤非常相似的高度非线性的力学性能,这些材料断裂时的最大应变也非常接近人类皮肤(50%～150%)。此外,通过改变纳米结构弹性体材料的化学组成,可以很容易地控制纤维素基交联刷状聚合物的润湿性。

超疏水性是电子皮肤的一个重要考虑因素,以满足全天候使用的要求[188]。Wang 报道了一种高度敏感和可穿戴的电子皮肤,它使用天然的、层次分明的向日葵花粉作为活性物质。这种材料在足够低的检测限(1.6 Pa)下能有效地感知多种外部刺激,并且具有高的灵敏度[S_1(低压力下的灵敏度)=56.36 kPa^{-1} 和 S_2(高压力下的灵敏度)=2.51 kPa^{-1}](见图 6-24)[29]。由于向日葵花粉具有超疏水特性[189]和多层次结构,产生的连锁结构具有抗吸水性。

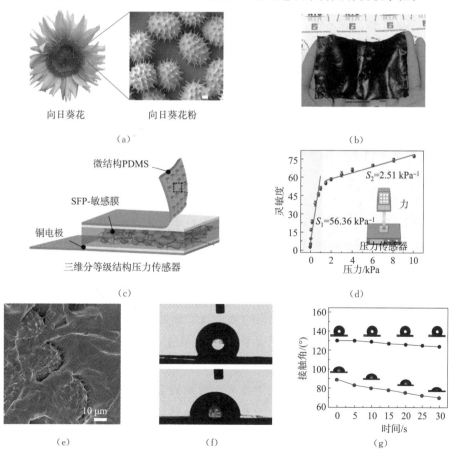

图 6-24　基于向日葵花粉和碳纳米管复合仿生材料的柔性压力传感器[29]

基板材料的选择对柔性电子器件的结构有很大的影响。柔性聚合物、橡胶和金属箔由于其良好的热稳定性、耐化学性和机械柔韧性而被广泛用作基板[190-194]。然而,对于电子皮肤来说,这些特性是不够的,还需要具有生物相容性、可生物降解性和低密度等特性的基质材料。近年来,一些研究者将植物材料作为制备电子皮肤的柔性基板。纸主要由纤维素纤维组成[185],薄、重量轻、价格便宜,可通过纸浆加工制成是理想的电子皮肤基板。Badhulika和同事使用纸上沉积石墨的加工方法,在没有洁净室或溶剂的情况下,制造了叉指电容式(IDC)触摸传感器[192]。为了研究带有多个触摸传感器的触摸板的输出特性,研究了4个按键连接到4个LED的触摸板的功能。当手指接触触摸板上的一个按键时,电容随介电常数的增加而增加。多个按键可以同时响应手指触摸并触发相应的LED。由于使用了纸基板,触摸板经久耐用,并能继续精确操作。材料多次折叠和展开后,只观察到电容的微小变化。纸基电子皮肤很容易处理,通常在两到三周内就能生物降解,不像聚酰亚胺这样的塑料物质,需要大约30年才能降解[149]。因此,该方法允许使用较便宜的材料制造经济和环境友好、可持续的绿色电子产品。为了检测各种物理和化学刺激,Jeon等展示了基于纸张基底的多种功能电子皮肤[193]。他们采用垂直堆叠的双模器件结构,在压力传感器上安装温度传感器,两个传感器的工作原理不同,以尽量减少干扰效应。5×5双模传感器阵列具有干扰小、响应速度快、抗干扰能力强等特点。当用笔触摸传感器阵列时,传感器仅对压力刺激做出响应。当用手指轻轻触摸传感器阵列时,它对压力和温度都做出响应。

6.5.3.2 柔性光电探测器

光电探测器已广泛应用于生物医学成像、遥感、光谱与光通信等领域[195]。近年来,青蛙、甲虫和章鱼等生物体对光的生物响应启发人们将各种生物材料或人造传感器中智能材料与精密光学结构相结合,从而获得性能优于传统光电探测器的柔性器件。此外,无机/生物分子纳米复合材料具有独特的电子和光电特性,为研制高性能光电器件提供了巨大机遇。在最近的一项研究中,Wu等探索了生物分子细胞色素c(Cyt c,PDB ID:1HRC)吸附在s-SWCNTs上形成复合材料的过程[196]。近红外(NIR)检测中,由于s-SWCNTs的高激子吸收和sSWCNT/Cyt c界面的有效激子分离,获得了高达90%的高外量子效率(EQE)和高响应率。其他生物分子,如多肽和氨基酸,具有优异的电荷传输性质。Deng等采用了一种温和、环保的策略,研制了氨基酸功能化的氧化石墨烯薄片[197]。通过聚(3,4-乙烯二氧噻吩):聚苯乙烯(PEDOT:PSS)修饰后,功能化的有机光电探测器表现出优异的光电响应特性。

除了活性材料外,人们还研究了用于光电探测器的生物质柔性基底。纤维素结构材料(如纸),最近引起了人们对其应用于可穿戴光电探测器的研究兴趣。虽然聚乙烯(PET)薄膜和玻璃仍在工业上广泛使用,但纤维素结构可以降低制造成本,并且是环保的。Lin等演示了一种使用简单的三明治结构,在纤维素材料上制作基于氧化锌纳米晶体的柔性紫外光电探测器的方法(见图 6-25)[198]。活性材料嵌在这种结构的上下两边。该柔性光电探测器对紫外光具有良好的传感性能,这种大体积比的结构有利于活性纳米材料的黏附,从而减少了材料的沉积。交错纤维素结构的高孔隙率也使光可以通过结构散射,从而增加了嵌入的活性材料对光的吸收。

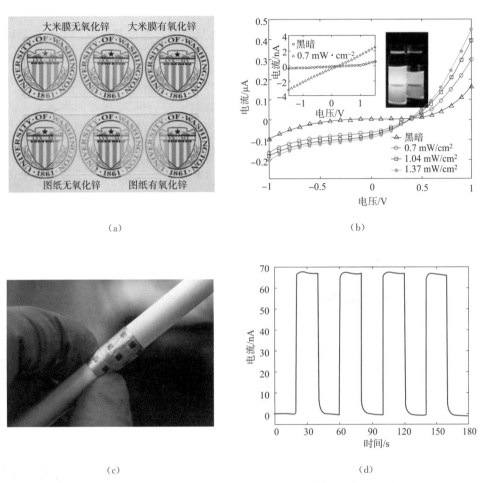

(a)

(b)

(c)

(d)

图 6-25　基于氧化锌纳米晶体-纤维素的柔性紫外光电探测器[198]

6.5.3.3　柔性晶体管

场效应晶体管(FET)是电子器件中最重要、最基本的器件之一,一直是信息领域的研究热点[199]。近年来,生物材料如丝素、纤维素纳米纤维和其他复合生物材料,作为柔性场效应晶体管的构建材料被广泛研究[200]。除了活性层中无机/有机材料的影响外,介电材料的性质及其与活性层的界面在决定迁移率和工作电压方面也起着重要的作用。为了得到稳定和低工作电压的柔性晶体管,活性界面应该是疏水的,并必须提供足够高的电容。Guha 等使用了二苯丙氨酸纳米结构作为栅极电介质[201]。在他们的研究中,肽层纳米结构的形成是减弱偏置压力效应的必要条件。作为电介质层,开关比和负载率分别为 10^2 和 $2.5 \sim 3.0 \ cm^2 \cdot V^{-1}$。

即使在暴露空气中,这个器件的性能也能保持数天稳定。此外,为了进一步提高有机场效应晶体管(OFET)的性能,他们加入了纳米管结构,减少了层的厚度,从而大大降低了表面粗糙度,改善了共轭分子/聚合物与介电层之间的界面。

纤维素纤维也可以用作晶体管或功能介电层的衬底。Hu 等展示了在纳米管上制作的具有高透明度的柔性 OFET,并观察到有益的良好机械柔性和电气特性,如图 6-26(a)所示[202]。人们认为,纤维素纳米材料与聚合物介质之间的结合能以及纤维基质的有效应力释放促进了这些性能的提升。在弯曲和折叠状态下,只观察到不到 10% 的差异。纳米颗粒晶体管的透光率高达 83.5%。柔性生物电子器件的结构可以通过使用许多不同的半导体材料来改变如图 6-26(b)和图 6-26(c)所示。在另一项研究中,Zhang 和他的同事报道了一种二硫化钼光电晶体管,这种晶体管制作在柔性、透明、可生物降解的基片上,基片上有一个电解质栅介质如图 6-26(d)所示[203]。该装置采用高度透明、可弯曲、可生物降解的纳米材料作为支撑层和钝化层。该器件的反射率约为 1.5,照明功率为 1/10 nW,远高于其他典型的背栅光电晶体管,如图 6-26(e)和图 6-26(f)所示。该器件在连续的偏置电压和光照条件下具有较宽的光谱范围和较好的稳定性。

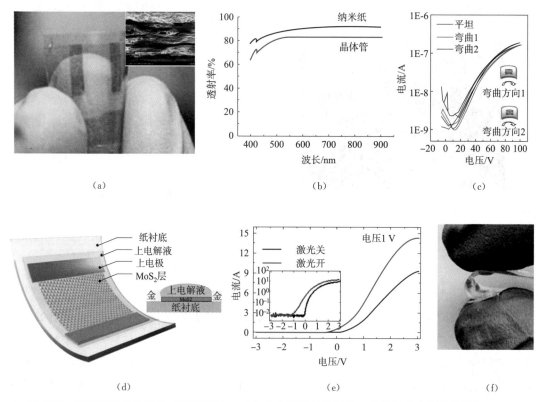

图 6-26 基于纤维素的柔性 OFET[202](a~c)和生物可降解的柔性二硫化钼光电晶体管[203](d~f)

此外,丝素蛋白由于其优异的介电性能、机械柔韧性和加工性能而成为 OFETs 的介电

材料。与无机栅介质相比,丝素膜能改善有机半导体的结晶性能。利用在 PET 衬底上沉积
柔性五茂铁,以用丝素薄膜作为栅极电介质,如图 6-27(a)、图 6-27(b)所示[204],所构建的 OFET
具有高迁移率值(23.2 cm² · V⁻¹ · s⁻¹)和低工作电压(−3 V),如图 6-27(c)和 6-27(d)所
示[205],高迁移率归因于五苯更好的结晶度和丝素蛋白基底上低的界面散射。如掠入射 X 射
线衍射(GIXRD)谱图[见图 6-27(e)]所示,在相同沉积厚度(25 nm)的五苯薄膜上,作为载
流子传输通道的五苯正交相的数量约为丝素体上的三倍。当并五苯薄膜厚度大于 30 nm
时,对电荷输运至关重要的薄膜相变得突出,并且在丝素蛋白上的并五苯薄膜相的数量大约
是在二氧化硅上的四倍如图 6-27(f)所示[204]。GIXRD 结果表明,使用丝素蛋白作为栅极电
介质减少了很大一部分并五苯的非晶态形式,导致23.2 cm² · V⁻¹ · s⁻¹的高迁移率值。相
比之下,具有 SiO₂ 栅介质的并五苯 OTFT 显示出较低的迁移率值 0.22 cm² · V⁻¹ · s⁻¹,这
些结果表明,引入丝素蛋白将有利于研制具有更好的器件性能的 OFET。

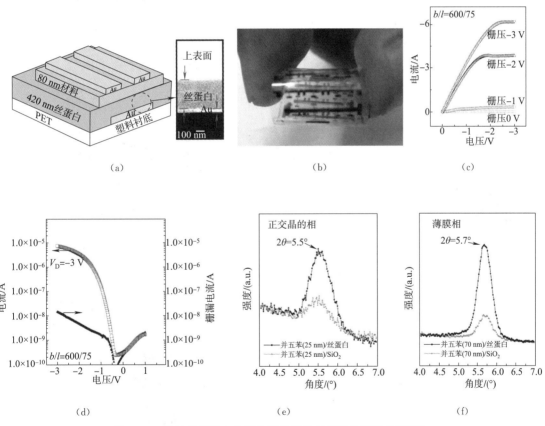

图 6-27 基于丝素蛋白为栅介质的柔性有机场效应晶体管[204]

6.5.3.4 柔性气体传感器

柔性气体传感器在环境监测和医疗保健等方面具有巨大的应用潜力,开发生物相容性、
柔性和可穿戴的传感平台,高精度检测有毒和有害气体分子仍然是一个要攻克的难题。传

统材料,金属氧化物半导体(MOS),如 SnO_2、$\alpha\text{-}Fe_2O_3/Fe_3O_4$、$ZnO$、$Co_3O_4$、$NiO$ 和 CuO/Cu_2O;碳材料,如石墨烯、碳纳米管和碳量子点;还有一些聚合物,如聚噻吩(P_3HT)、聚苯胺(PANI)和聚吡咯(PPY),已经作为传感材料,在非柔性气体传感器中得到了广泛应用[206,207]。在制造"绿色"气体传感器方面,与传统传感材料相比,生物或基于生物材料的复合材料作为一种高效的传感材料,具有许多优点,如柔性好、比表面积大、生物相容、可生物降解、重量轻、成本低等[208]。在传感平台中使用生物材料作为基本组件,可以制造低成本气体传感器用于即时诊断。例如,最近 Wang 等演示了一种基于生物材料的柔性气体传感器,该传感器由蝴蝶翅膀和表面功能化石墨烯构成,如图 6-28(a)、图 6-28(b)所示[208]。蝴蝶翅膀作为天然构建模块,与褶皱的 rGO 一起被功能化,然后沉积在生物相容的实验室用滤纸表面,得到一个三维结构,可以检测与糖尿病有关的挥发性有机化合物(VOCs)。由于蝴蝶翅膀表面的活性基团(—NH_2)比例很高,因此基于蝴蝶翅膀的柔性气体传感器,即便在呼出气体的丙酮浓度低至 20 ppb 时,也可以实现对与糖尿病相关的丙酮气体进行快速检测($\leqslant$1 s)。在不同的拉伸条件下,该器件具有良好的力学性能和稳定性如图 6-28(c)、图 6-28(d)所示。

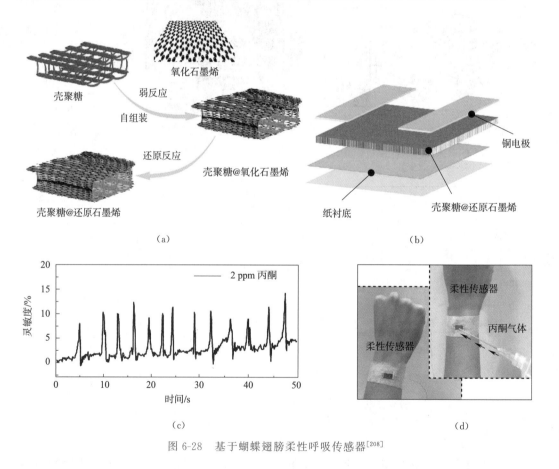

图 6-28 基于蝴蝶翅膀柔性呼吸传感器[208]

除了蝴蝶翅膀的修饰成分(—NH_2)外,它还具有固有的结构颜色,可以通过结构颜色的变化来识别各种可挥发性有机物气体[209]。Potyrailo 等开发了一种基于蝴蝶翅膀的气体传感器阵列[210]，这种传感器基于梯度界面化学和闪蝶的虹彩纳米结构。即使是在混合物中，在不同的湿度条件下，这种传感器也可以检测这些蒸汽。本质上，闪蝶鳞屑的层级纳米结构在不同气体(如甲醇、水以及二氯乙烯同分异构体)的选择性反应中提供了一种特殊的传感机制。不同极性的蒸汽在物理吸附和可冷凝蒸汽的毛细冷凝的共同作用下，大部分被吸附到脊线的特定区域。

6.5.3.5　柔性湿度传感器

柔性/可穿戴湿度传感器已广泛应用于生物医学领域[207]。这些设备需要具有灵活性，以适应重复运动产生的压力，同时保持与人体皮肤的安全接触，从而将长期接触造成的伤害降至最低，并为佩戴者提供最大的舒适度[211]。尽管先前用于健康监测的生物相容性可穿戴系统在生理监测期间表现出良好的长期稳定性，但由于生物相容性和高性能之间的权衡，获得同时满足所有这些要求的合适材料是一项挑战。目前，提高设备与人体相容性的最常用方法集中在设备结构的设计上[212,213]。例如，具有类似于生物系统的力学性能的超薄电子设备可减少人机交互产生的不利免疫反应[8]。此外，开发低成本、本质上具有生物相容性和生物可降解性的材料，在不影响传感性能的前提下提供优异的力学性能，是制造高性能柔性传感器的另一种途径。

例如，近期报告了完全由生物相容性和可生物降解的天然多糖材料制成的柔性水分触发生物质子器件。基于多糖的柔性生物质子器件可以由天然材料合成并分解回环境中，如图 6-29(a)~(d)所示[15]。这种传感器能够满足监测人类呼吸状态的所有要求，包括生物降解性、生物相容性、具有优异灵敏度(2084.7%)和快速响应时间(29 ms)的识别湿度刺激的能力，如图 6-29(e)、图 6-29(f)所示。此外，传感器已成功地应用于智能、非接触式多级开关和新型、灵活的智能设备非接触屏。细胞毒性试验证实，该传感器具有良好的生物相容性和生物降解性，消除了传感器与人体皮肤结合带来的伤害，显示了这些传感器在未来人机交互系统中的潜力。

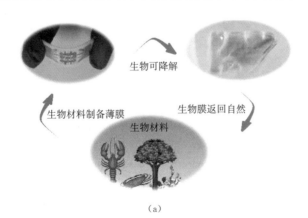

(a)

图 6-29　基于天然壳聚糖复合生物膜柔性湿度传感器[15]

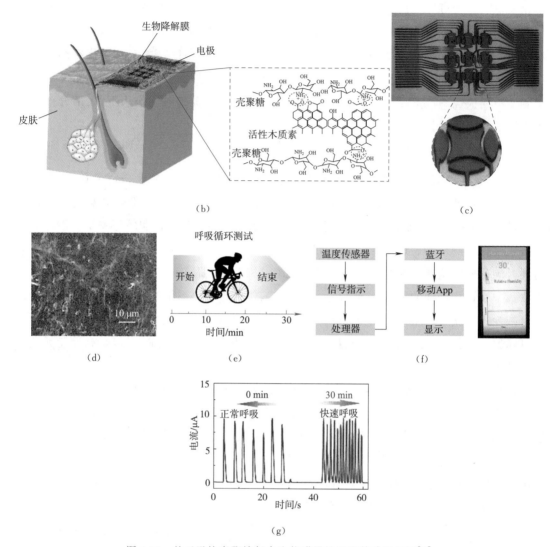

图 6-29 基于天然壳聚糖复合生物膜柔性湿度传感器(续)[15]

参考文献

[1] WANG L L,CHEN D,JIANG K,et al. New insights and perspectives into biological materials for flexible electronics[J]. Chem. Soc. Rev.,2017,46：6764-6815.

[2] LIU Z,XU J,CHEN D,et al. Flexible electronics based on inorganic nanowires[J]. Chem. Soc. Rev.,2015(44)161-192.

[3] LOU Z,SHEN G. Flexible photodetectors based on 1D inorganic nanostructures[J]. Adv. Sci.,2016,3:1500287.

[4] BOUTRY C M,KAIZAWA Y,SCHROEDER B C, A stretchable and biodegradable strain and pressure

Sensor for Orthopaedic Application[J], Nat. Electron.，2018，1:314-321.

[5]　PU X,LIU M,CHEN X. Ultrastretchable, transparent triboelectric nanogenerator as electronic skin for biomechanical energy harvesting and tactile sensing[J]. Sci. Adv.，2017，3:e1700015.

[6]　KO H C,STOYKOVICH M P, SONG J, et al. A hemispherical electronic eye camera based on compressible silicon optoelectronics[J]. Nature,2008，454:748.

[7]　MANNOOR M S,JIANG Z W,JAMES T,et al. 3D printed bionic ears. Nano Lett,2013，13:2634.

[8]　GOLDSMITH R, MITALA J J, JOSUE J, et al. Biomimetic chemical sensors using nanoelectronic readout of olfactory receptor proteins[J]. ACS Nano 2011，5:5408.

[9]　TAHARA Y,NAKASHI K,JI K,et al. Development of a portable taste sensor with a lipid/polymer membrane[J]. Sensors,2013，13:1076.

[10]　WANG S,XU J,WANG W,et al. Skin electronics from scalable fabrication of an intrinsically stretchable transistor array[J]. Nature,2018,555:83.

[11]　JUNG Y H,PARK B,KIM J U,et al. Bioinspired electronics for artificial sensory systems[J]. Adv. Mater.，2019,31:1803637.

[12]　WANG L L,WANG K,LOU Z,et al. Plant-based modular building blocks for"Green" electronic skins [J]. Adv. Funct. Mater.,2018,28:1804510.

[13]　BOUTRY C M,NGUYEN A,BAO Z,et al. A sensitive and biodegradable pressure sensor array for cardiovascular monitoring[J]. Adv. Mater.，2015,27:6954.

[14]　ZHAO S, ZHANG H B, LUO J Q, et al. Highly electrically conductive three-dimensional $Ti_3C_2T_x$ MXene/reduced graphene oxide hybrid aerogels with excellent electromagnetic interference shielding performances[J]. ACS Nano, 2018, 12:11193-11202.

[15]　WANG L L,LOU Z,WANG K,et al. Biocompatible and biodegradable functional polysaccharides for flexible humidity sensors[J]. Research 2020, 2020:8716847.

[16]　WANG K,LOU Z,WANG L,et al. Bioinspired interlocked structure-induced high deformability for two-dimensional titanium carbide(MXene)/Natural Microcapsule-Based Flexible Pressure Sensors[J]. ACS Nano 2019, 13:9139-9147.

[17]　KIM D H,VIVENTI J,AMSDEN J J,et al. Dissolvable films of silk fibroin for ultrathin conformal bio-integrated electronics[J]. Nat. Mater.，2010, 9:511-517.

[18]　HAN S C,LEE J W,KANG K. A new type of low density material:shellular[J]. Adv. Mater.，2015, 2:5506-5511.

[19]　NALEWAY S E,PORTER M M,Meyers M A. Structural design elements in biological materials: application to bioinspiration[J]. Adv. Mater.，2015, 27: 5455-5476.

[20]　FENG L,LI S H,LI Y S,et al. Super-hydrophobic surfaces: from natural to artificial[J]. Adv. Mater.，2002, 14:1857-1860.

[21]　WANG L,JACKMAN J A,PARK J H, et al. A flexible, ultra-sensitive chemical sensor with 3D biomimetic templating for diabetes-related acetone detection[J]. J. Mater. Chem. B, 2017, 5: 4019-4024.

[22]　LI J,WANG L,LI L,et al. Metal sulfides@carbon microfiber networks for boosting lithium ion/sodium ion storage via a general metal-aspergillus niger bioleaching strategy[J]. ACS Appl. Mater. Interface. 2019, 11:8072-8080.

［23］ SUGAWARA K，TAKANO T，FUKUSHI H，et al. Giucose sensingby a carbon-paste eiectrode containing chitin modified withgiucose oxidase［J］. J. Electroanal. Chem.，2000，482：81-86.

［24］ PARKER A R，TOWNLEY H E，Biomimetics of photonic nanostructures［J］. Nat Nanotechnol，2007，2：347-353.

［25］ LEE H，DELLATORE S M，MILLER W M，et al. Mussel-inspired surface chemistry for multifunctional coatings［J］. Science，2007，318：426-430.

［26］ NOGI M，YANO H，Transparent nanocomposites based on cellulose produced by bacteria offer potential innovation in the electronics device industry［J］. Adv. Mater.，2008，20：1849.

［27］ HWANG S W，TAO H，KIM D H，et al. A physically transient form of silicon electronics［J］. Science，2012，337：1640-1644.

［28］ CHEN H，ZHANG P，ZHANG L，et al. Continuous directional water transport on the peristome surface of nepenthes alata［J］. Nature，2016，532：85-89.

［29］ WANG L L，JACKMAN J A，TAN E L，et al. High-performance，flexible electronic skin sensor incorporating natural microcapsule actuators［J］. Nano Energy，2017，36：38-45.

［30］ SHI X，ZOU Y，ZHAI P，et al. Large-area display textiles integrated with functional systems［J］. Nature，2021，591：240.

［31］ ZELZER M，ULIJN R V. Next-generation peptide nanomaterials：molecular networks，interfaces and supramolecular functionality［J］. Chem. Soc. Rev.，2010(39)3351-3357.

［32］ SUGINTA W，KHUNKAEWLA P，SCHULTE A. Electrochemical biosensor applications of polysaccharides chitin and chitosan［J］. Chem. Rev.，2013，113：5458-5479.

［33］ TSIGOS I，MARTINOU A，KAFETZOPOULOS D，et al. Chitin deacetylases：new，versatile tools in biotechnology［J］. Trends in Biotechnology，2000，18：305-312.

［34］ LOU Z，CHEN S，WANG L，et al. Ultrasensitive and ultraflexible e-skins with dual functionalities for wearable electronics［J］. Nano Energy，2017，38：28-35.

［35］ LIU Y L，AI K L，LU L H. Polydopamine and its derivative materials：synthesis and promising applications in energy，environmental，and biomedical fields［J］. Chem. Rev.，2014，114：5057-5115.

［36］ NIEMEYER C M. Nanoparticles proteins and nucleicacids biotechnology meets materials science. ang［J］. Chem. Int. Edit. 2001，40：4128-4158.

［37］ ORME C，NOY A，WIERZBICKI A. Formation of chiral morphologies through selective binding of amino acids to calcite surface steps［J］. Nature，2001，411：775.

［38］ LU Y，LIU J. Smart nanomaterials inspired by biology：dynamic assembly of error-free nanomaterials in response to multiple chemical and biological stimuli［J］. Acc. Chem. Res. 2007，40：315-323.

［39］ BUCK L，AXEL R. A novel multigene family may encode odorant receptors：a molecular basis for odor recognition［J］. Cell 1991，65：175-187.

［40］ HOOKE R. Micrographia：or some physiological descriptions of minute bodies made by magnifying glasses，witli observations and inquiries thereupon［M］，Courier corporation，2003.

［41］ NEWTON I. Opticks，or a treatise of the reflections，refractions，inflections colours of light ［J］. Courier Corporation，1979.

［42］ KINOSHITA S，YOSHIOKA S，KAWAGOE K. Mechanisms of structural colour in the morpho butterfly：cooperation of regularity and irregularity in an iridescent scale［J］. Proceedings of the royal society of London. Series B: Biological Sciences, 2002, 269:1417-1421.

[43] VUKUSIC P,SAMBLES J R. Photonic structures in biology[J]. Nature,2003,424:852.

[44] MIYAKO E,SUGINO T,OKAZAKI T,et al. Self-assembled carbon nanotube honeycomb networks using a butterfly wing template as a multifunctional nanobiohybrid[J]. ACS Nano, 2013, 7:8736-8742.

[45] ZHAO Y J,XIE Z Y,GU H C, et al. Bio-inspired variable structural color materials[J]. Chem. Soc. Rev., 2012, 41:3297-3317.

[46] LYTHGOE J N,SHAND J. The structural basis for iridescent colour changes in dermal and corneal iridophores in fish[M]. J Exp. Biol., 1989:313-325.

[47] VIGNERON J P,PASTEELS J M,WINDSOR D M,et al. Switchable reflector in the panamanian tortoise beetle charidotella egregia(chrysomelidae: cassidinae)[J]. Phys. Rev. E, 2007, 76:031907.

[48] LIU F,DONG B Q,LIU X H,et al. Structural color change in longhorn beetles tmesisternus isabellae[J]. Optics Express, 2009, 17:16183-16191.

[49] LI Y,LEE E J,CHO S O. Superhydrophobic coatings on curved surfaces featuring remarkable supporting force[J]. J. Phys. Chem. C, 2007, 111:14813.

[50] KUANG M,WANG J,JIANG L. Bio-inspired photonic crystals with superwettability[J]. Chem. Soc. Rev., 2016, 45:6833.

[51] SU Y,JI B,ZHANG K,et al. Nano to micro structural hierarchy is crucial for stable superhydropho [J]. Langmuir, 2010, 26:4984-4989.

[52] DARMANIN T,GUITTARD F. Superhydrophobic and superoleophobic properties in nature[J]. Mater. Today, 2015, 18:273-285.

[53] MELE E,GIRARDO S,PISIGNANO D. Strelitzia reginae leaf as a natural template for anisotropic wetting and superhydrophobicity[J]. Langmuir, 2012,28:5312-5317.

[54] FENG L,LI S H,LI Y S,et al. Design and creation of superwetting/antiwetting surfaces[J]. Adv. Mater., 2002, 14:1857-1860.

[55] WAGNER T,NEINHUIS C,BARTHLOTT W. Wettability and contaminability of Insect wings as a function of their surface sculptures[J]. Acta Zoologica, 1996, 77:213-225.

[56] WATSON G S,CRIBB B W,WATSON J A. How micro/nanoarchitecture facilitates anti-wetting: an elegant hierarchical design on the termite wing[J]. ACS Nano, 2010, 4:129-136.

[57] WEGST U G K,BAI H, SAIZ E,et al. Bioinspired structural materials[J]. Nat. Mater., 2015, 14: 23-36.

[58] WILLIAMS D F. On the nature of biomaterials[J], Biomaterials 2009, 30:5897-5909.

[59] BARTHELAT F,TANG H,ESPINOSA H D,et al. On the mechanics of mother-of-pearl: a key feature in the material hierarchical structure[J]. J. Mech. Phys. Solids, 2007, 55:306-337.

[60] BARTHELAT F,ESPINOSA H D. An experimental investigation of deformation and fracture of nacre-mother of pearl[J]. Experimental Mechanics, 2007, 47:311-324.

[61] MICHAEL T P,ANDRÁS V, JOHN D,et al. Development of the metrology and imaging of cellulose nanocrystals[J]. Meas. Eas. Sci. Technol., 2011, 22:024005.

[62] BUDAKÇL M,PELIT H,SÖNMEZ A,et al. The effects of densification and heat post-treatment on hardness and morphological properties of wood materials[J]. Bioresources, 2016, 11:7822-7838.

[63] ARZT E,GORB S,SPOLENAK R,et al. From micro to nano contacts in biological attachment devices[J].

Proc. Natl. Acad. Sci. U S A, 2003, 100:10603-10606.

［64］ GAO H J,WANG X,YAO H M,et al. Mechanics of hierarchical adhesion structures of geckos[J]. Mech. Mater., 2005, 37:275-285.

［65］ BHUSHAN B. Adhesion of multi-level hierarchical attachment systems in gecko Feet[J]. J Adhes. Sci Technol., 2007, 21:1213-1258.

［66］ YAO H,GAO H. Mechanical principles of robust and releasable adhesion of gecko[J]. J Adhes. Sci Technol., 2007, 21:1185-1212.

［67］ YAO H,GAO H. Modeling ionic-strength effects on cation adsorption at hydrous oxide-solution interfaces[J]. J. Colloid Interface Sci., 2006, 298: 564-572.

［68］ BAE W G, KIM H N, KIM D, et al. 25th Anniversary article: scalable multiscale patterned structures inspired by nature: the role of hierarchy[J]. Adv. Mater., 2014, 26:675-700.

［69］ HEIM M,ROMER L,SCHEIBEL T. Hierarchical structures made of proteins. The complex architecture of spider webs and their constituent silk proteins[J]. Chem. Soc. Rev., 2010, 39:156-164.

［70］ MEYERS M A,LIN A Y M,CHEN P Y,et al. Mechanical strength of abalone nacre: role of the soft organic Layer[J]. J Mech. Behav. Biomed., 2008, 1:76-85.

［71］ CONNORS M J,EHRLICH H,HOG M,et al. Three-dimensional structure of the shell plate assembly of the chiton tonicella marmorea and its biomechanical consequences[J]. J. Struct. Biol., 2012, 177:314-328.

［72］ VERNEREY F J,MUSIKET K,BARTHELAT F. Frictionless contact of a functionally graded magneto-electro-elastic layered half-plane under a conducting punch[J]. Int. J. Solids. Struct., 2014, 51:274-283.

［73］ MEYERS M A,CHEN P Y,LIN A Y M,et al. Biological materials: structure and mechanical properties[J]. Prog. Mater. Sci. 2008, 53:1.

［74］ HARRINGTON M J,MASIC A,ANDERSEN N H, et al. Iron-clad fibers: a metal-based biological strategy for hard flexible coatings[J]. Science, 2010, 328:216-220.

［75］ TEYSSIER J, SAENKO S V, VAN D M D,et al. Photonic crystals cause active colour change in chameleons[J]. Nat. Commun., 2015, 6:6368.

［76］ ZHU H,LUO W,CIESIELSKI P N,et al. Wood-derived materials for green electronics, biological devices, and energy applications[J], Chem. Rev., 2016, 116: 9305-9374.

［77］ BRUNER C, DAUSKARDT R. Role of molecular weight on the mechanical device properties of organic polymer solar cells[J]. Macromolecules, 2014, 47:1117-1121.

［78］ DUPONT S R,NOVOA F,VOROSHAZI E,et al. Decohesion kinetics of PEDOT:PSS conducting polymer films[J]. Adv. Funct. Mater., 2014, 24:1325-1332.

［79］ BARTLETT M D,CROLL A B,KING D R,et al. Looking beyond fibrillar features to scale gecko-like adhesion[J]. Adv. Mater., 2012, 24:1078-1083.

［80］ VLADU M L. "Green" electronics: biodegradable and biocompatible materials and devices for sustainable future[J]. Chem. Soc. Rev., 2014, 43:588-610.

［81］ SIMON J D,PELES D N. The red and the black[J]. Acc. Chem. Res., 2010, 43:1452-1460.

［82］ LIU Y, AI K, LIU J, et al. An efficient near-infrared photothermal therapeutic agent for in vivo cancer therapy[J]. Adv. Mater., 2013, 25: 1353-1359.

［83］ ALTMAN G H, DIAZ F,JAKUBA C,et al. Silk-based biomaterials[J]. Biomaterials, 2003, 24:401-

416.

［84］ UROKKANEN P，BÖSTMAN O，HIRVENSALO E，et al. Bioabsorbable fixation in orthopaedic surgery and traumatology[J]. Biomaterials，2000，21:2607-2613.

［85］ JIN H J,PARK J,KARAGEORGIOU V,et al. Water-stable silk films with reduced β-sheet content [J]. Adv. Funct. Mater.，2010，15，1241-1247.

［86］ LU Q,HU X,WANG X,et al. Water-insoluble silk films with silk structure[J]. Acta Biomater.，2010，6:1380-1387.

［87］ HUANG W W,TARAKANOVA A,DINJASKI N,et al. Design of multistimuli responsive hydrogels using integrated modeling and genetically engineered silk-elastin-like proteins[J]. Adv. Funct. Mater. ，2016，26:4113-4123.

［88］ KUMIRSKA J,CZERWICKA M，KACZYNSKI Z,et al. Application of spectroscopic methods for structural analysis of chitin and chitosan[J]. Mar. Drugs，2010，8:1567-1636.

［89］ PEZZELLA A，NAPOLITANO A,PALUMBO A,et al. An integrated approach to the structure of sepia melanin. evidence for a high proportion of degraded 5,6-dihydroxyindole-2-carboxylic acid units in the pigment backbone[J]. Tetrahedron，1997，53:8281-8286.

［90］ ZHANG X,GOZUKARA Y,SANGWAN P,et al. Biodegradation of chemically modified wheat gluten-based natural polymer materials[J]. Polym. Degrad. Stabil.，2010，95:2309-2317.

［91］ PARTLOW B P,HANNA C W,KOVACINA J R,et al. Highly tunable elastomeric silk biomaterials[J]. Adv. Funct. Mater.，2014，24:4615-4624.

［92］ DONG R，ZHOU Y,HUANG X,et al. Functional supramolecular polymers for biomedical applications[J]. Adv. Mater.，2015，27:498-526.

［93］ YUI N,KATOONO R，YAMASHITA A，et al. Functional cyclodextrinpolyrotaxanes for drug delivery[J]. Adv. Polym. Sci.，2008，222:115-173.

［94］ APPEL E A,BARRIO J,LOH X J,et al. Supramolecular polymeric hydrogels[J]. Chem. Soc. Rev.，2012，41:6195-6214.

［95］ DESBOIS A P, LAWLOR K C. Antibacterial activity of long-chain polyunsaturated fatty acids against propionibacterium acnes and staphylococcus aureus[J]. Mar Drugs，2013(11):4544-4557.

［96］ HELBIG R,NICKERL J,NEINHUIS C,et al. Smart Skin Patterns Protect Springtails[J]. PLOS One，2011，6:25105.

［97］ NICKERL J,TSURKAN M,HENSEL R,et al. The multi-layered protective cuticle of collembola: a chemical analysis[J]. Journal of the Royal Society Interface，2014，11:20140619.

［98］ BAGCHI D， BAGCHI M,STOHS S J,et al. Free radicals and grape seed proanthocyanidin extract: importance in human health and disease prevention[J]. Toxicology，2000，148:187-197.

［99］ ZHAI W， CHANG J,LIN K，et al. Crosslinking of decellularized porcine heart valve matrix by procyanidins[J]. Biomaterials，2006，27:3684-3690.

［100］ HUANG W C,LAI H Y,KUO L W,et al. Multifunctional 3D patternable drug-Embedded nanocarrier-based interfaces to enhance signal recording and reduce neuron degeneration in neural implantation[J]. Adv. Mater.，2015，27:4186-4193.

［101］ HU L B,CUI Y. Energy and environmental nanotechnology in conductive paper and textiles[J]. Energy Environ. Sci.，2012，5:6423-6435.

[102] MENG J,ZHANG P,WANG S, et al. Recent progress of abrasion-resistant materials: learning from nature[J]. Chem. Soc. Rev., 2016, 45:237-251.

[103] FRATZL P,KOLEDNIK O,FISCHER F D,et al. The mechanics of tessellations-bioinspired strategies for fracture resistance[J]. Chem. Soc. Rev., 2016, 45:252-267.

[104] WEAVER J C, WANG Q, MISEREZ A, et al. Analysis of an ultra hard magnetic biomineralsin chiton radular teeth[J]. Mater. Today, 2010, 13:42-52.

[105] WU H,HUANG Y,XU F,et al. Energy harvesters for wearable and stretchable electronics: from flexibility to stretchability[J]. Adv. Mater., 2016, 28:9881.

[106] WICKHAM A, SJÖLANDER D, BERGSTRÖM G, et al. Near-infrared emitting and pro-angiogenic electrospun conjugated polymer scaffold for optical biomaterial tracking[J]. Adv. Funct. Mater., 2015, 25:4274-4281.

[107] YANG X,CRANSTON E D. Chemically cross-linked cellulose nanocrystal aerogels with shape recovery and superabsorbent properties[J]. Chem. Mater., 2014, 26:6016-6025.

[108] FELIX C C,HYDE J S,SARNA T,et al. Interactions of melanin with metal ions: electron spin resonance evidence for chelate complexes of metal ions with free radicals[J]. J Am. Chem. Soc., 1978, 100: 3922-3926.

[109] LEE H,SCHERER N F,MESSERSMITH P B. A reversible wet/dry adhesive inspired by mussels and geckos[J]. Nature, 2007, 448:338-341.

[110] JEONG K H,KIM J,LEE L P. Biologically inspired artificial compound eyes[J]. Science, 2006, 312:557-561.

[111] KAMATA K, SUZUKI S,OHTSUKA M,et al. A fabrication of left-handed metal microcoil from spiral vessel of vascular plan[J]. Adv. Mater., 2011, 23:5509.

[112] BARTHLOTT W,SCHIMMEL T,WIERSCH S, et al. The salvinia paradox: superhydrophobic surfaces with hydrophilic pins for air retention under water[J]. Adv. Mater., 2010, 22: 2325-2328.

[113] JI W F,LI C W,YU S K,et al. Biomimetic electroactive polyimide with rose petal-like surface structure for anticorrosive coating application[J]. Express Polym. Lett., 2017, 11:635-644.

[114] WANG L,JACKMAN J A,NG W B,et al. Flexible, graphene-coated biocomposite for highly sensitive, real-time molecular detection[J]. Adv. Funct. Mater., 2016, 26:8623-8630.

[115] DONALDSON L. Improving batteries by mimicking nature[J]. Mater. Today., 2017, 20:339-340.

[116] CHEN G Q,PATEL M K. Plastics derived from biological sources: present and future: a technical and environmental review[J]. Chem. Rev., 2012, 112:2082-2099.

[117] SONG J,CHEN C,WANG C,et al. Superflexible wood[J]. ACS Appl. Mater. Interfaces., 2017, 9:23520-23527.

[118] GARDNER K H,BLACKWELL J. Hydrogen bonding in native cellulose[J]. Biochimica Et Biophysica Acta., 1974, 343:232.

[119] Šturcová A,Davies G R,Eichhorn S J. Elastic modulus and stress-transfer properties of tunicate cellulose whiskers[J]. Biomacromolecules. 2005, 6:1055-1061.

[120] HUNT M A,SAITO T,BROWN R H,et al. Patterned functional carbon fibers from polyethyene[J]. Adv. Mater., 2012, 24:2386.

[121] LEE M,CHEN C Y,WANG S,et al. A hybrid piezoelectric structure for wearable nanogenerators

[J]. Adv. Mater.，2012，24:1759-1764.

[122]　GUMENNIK A，STOLYAROV A M，SCHELL B R，et al. All-in-fiber chemical sensing[J]. Adv. Mater.，2012，24:6005-6009.

[123]　KRISHNAMURTHY R. Giving rise to life: transition from prebiotic chemistry to protobiology[J]. Acc. Chem. Res.，2017，50:455-459.

[124]　MALAFAYA P B，SILVA G A，REIS R L. Natural-origin polymers as carriers and scaffolds for biomolecules and cell delivery in tissue engineering applications[J]，Adv. Drug Deliv. Rev.，2007，59:207-233.

[125]　AVINASH M B，GOVINDARAJU T. Architectonics: design of molecular architecture for functional applications[J]，Acc. Chem. Res.，2018，51:414-426.

[126]　CHEN F M，LIU X. Advancing biomaterials of human origin for tissue engineering[J]，Prog. Polym. Sci.，2016，53:86-168.

[127]　ARIGA K，LI J，FEI J，et al. Nanoarchitectonics for dynamic functional materials from atomic-/molecular-level manipulation to macroscopic action[J]. Adv. Mater.，2016，28:1251-1286.

[128]　MANCHINEELLA S，GOVINDARAJU T. Chapter 13 stimuli-responsive material inspired drug delivery systems and devices. stimuli-responsive drug delivery systems[M]. The Royal Society of Chemistry，2018:317-334.

[129]　DATTA L P，MANCHINEELLA S，GOVINDARAJU T. Biomolecules-derived biomaterials[J]，Biomaterials 2020，230:119633.

[130]　ARIGA K. Nanoarchitectonics: a navigator from materials to life[J]. Mater. Chem. Front.，2017，1:208-211.

[131]　FRATZL P. Bio biomimetic materials research what can we really learn from nature's structural materials [J]. J. R. Soc，Interface，2007，4:637.

[132]　AIZENBERG J，FRATZL P. Biological and biomimetic materials[J]Adv. Mater.，2009，21:387-388.

[133]　JIAN Z，HU Y S，JI X，et al. NASICON-structured materials for energy storage[J]. Adv. Mater.，2017，29:1601925.

[134]　BAR M S，HAICK H. Flexible sensors based on nanoparticles[J]. ACS Nano，2013，7:8366-8378.

[135]　SEGEVBAR M，KONVALINA G，HAICK H. High-resolution unpixelated smart patches with antiparallel thickness gradients of nanoparticles[J]. Adv Mater，2015，27:1779-1784.

[136]　KAHN N，LAVIE O，PAZ M，et al. Dynamic nanoparticle-based flexible sensors: diagnosis of ovarian carcinoma from exhaled breath[J]. Nano Lett.，2015，15:7023-7028.

[137]　ZHU B W，WANG H，LEOW W R，et al. Silk fibroin for flexible electronic device[J]. Adv. Mater.，2016，28:4250-4265.

[138]　SCHIRHAGL R，WEDER C，LEI J，et al. Bioinspired surfaces and materials[J]. Chem. Soc. Rev.，2016，45:234-236.

[139]　SHAN Z W，ADESSO G，CABOT A，et al. Ultra high stress and strain in hierarchically structured hollow nanoparticles[J]. Nat. Mater.，2008，7:947-952.

[140]　PAN L，CHORTOS A，YU G，et al. An ultra-sensitive resistive pressure sensor based on hollow-sphere microstructure induced elasticity in conducting polymer film[J]. Nat. Commun.，2014，5:3002.

[141]　LOU Z，WANG L L，JIANG K，et al. Reviews of wearable healthcare systems: materials，devices and system integration[J]. Mater. Sci. Eng. R，2020，140:100523.

［142］ LEE M,JEON H,KIM S. A highly tunable and fully biocompatible silk nanoplasmonic optical sensor ［J］. Nano Lett., 2015, 15:3358-3363.

［143］ ZHAO S,ZHANG Z,SÈBE G, et al. Multiscale assembly of superinsulating silica aerogels within silylated nanocellulosic scaffolds: improved mechanical properties promoted by nanoscale chemical compatibilization［J］. Adv. Funct. Mater., 2015, 25:2326-2334.

［144］ BI H,HUANG X,WU X,et al. Carbon microbelt aerogel prepared by waste paper: an efficient and recyclable sorbent for oils and organic solvents［J］. Small, 2014, 10:3544-3550.

［145］ KOBAYASHI Y,SAITO T,ISOGAI A. Aerogels with 3D ordered nanofiber skeletons of liquid-crystalline nanocellulose derivatives as tough and transparent insulators［J］. Angew. Chem. Int. Edit., 2014, 53:10394-10397.

［146］ HUYNH T P, SONAR P,HAICK H. Advanced materials for use in soft self-healing devices［J］. Adv. Mater., 2017, 29:1604973.

［147］ JUNG Y H,CHANG T H,ZHANG H,et al. High-performance green flexible electronics based on biodegradable cellulose nanofibril paper［J］. Nat. Commun., 2015, 67170.

［148］ ROBINSON B H. E-waste: An assessment of global production and environmental impacts［J］. Sci. Total. Environ., 2009, 408:183-191.

［149］ VLADU M I,GLOWACKI E D, VOSS G,et al. Green and biodegradable electronics［J］. Mater. Today, 2012, 15:340-346.

［150］ Jung M W,Myung S,Kim K W,et al. Fabrication of graphene-based flexible devices utilizing a soft lithographic patterning method［J］. Nanotechnology, 2014, 25:285302 .

［151］ KIM D H,KIM Y S,AMSDEN J,et al. Silicon electronics on silk as a path to bioresorbable, implantable devices［J］. Appl. Phys. Lett., 2009, 95:133701.

［152］ QI D,LIU Z, YU M,et al. Highly stretchable gold nanobelts with sinusoidal structures for recording electrocorticograms［J］. Adv. Mater., 2015, 27:3145.

［153］ MANNOOR M S,TAO H,CLAYTON J D,et al. Graphene-based wireless bacteria detection on tooth enamel［J］. Nat. Commun., 2012, 3, 763.

［154］ JIN J,LEE D,IM H G,et al. Chitin nanofiber transparent paper for flexible green electronics［J］. Adv. Mater., 2016, 28:5169-5175.

［155］ JIN J,REESE V,COLER R,et al. Chitin microneedles for an easy-to-use tuberculosis skin test［J］. Adv. Healthc. Mater., 2014, 3:349-353.

［156］ DUAN B,CHANG C, ZHANG L, et al. High strength films with gas-barrier fabricated from chitin solution dissolved at low temperature［J］. J. Mater. Chem. A, 2013, 1:1867-1874.

［157］ XING Q,AN D,ZHENG X,et al. Monitoring seaweed aquaculture in the yellow sea with multiple sensors for managing the disaster of macroalgal blooms［J］. Remote Sensing of Environment, 2019, 231:111279.

［158］ NOGI M,IWAMOTO S,NAKAGAITO A N,et al. Optically transparent nanofiber paper［J］. Adv. Mater., 2009, 21:1595-1598.

［159］ OKAHISA Y,YOSHIDA A,MIYAGUCHI S,ET AL. Optically transparent wood-cellulose nanocomposite as a base substrate for flexible organic light-emitting diode displays［J］. Compos. Sci. Technol., 2009, 69:1958-1961.

[160] ZHONG C,DENG Y,ROLANDI M,et al. A polysaccharide bioprotonic field-effect transistor[J]. Nat. Commun., 2011, 2:476.

[161] YOU X,PAK J J. Graphene-based field effect transistor enzymatic glucose biosensor using silk protein for enzyme immobilization and device substrate[J]. Sens. Actuators B, 2014, 202: 1357-1365.

[162] TAO H,BRENCKLE M A,YANG M M,et al. Silk-based conformal, adhesive, edible food sensors[J]. Adv. Mater., 2012, 24:1067-1072.

[163] GAO W,EMAMINEJAD S,NYEIN H Y,et al. Fully integrated wearable sensor arrays for multiplexed in situ perspiration analysis[J]. Nature, 2016, 529:509-514.

[164] SHAN C,YANG H,HAN D,et al. Graphene/AuNPs/chitosan nanocomposites film for glucose biosensing[J]. Biosens. Bioelectron., 2010, 25:1070-1074.

[165] WANG Z,JIANG F,ZHANG Y,et al. Bioinspired design of nanostructured elastomers with cross-linked soft matrix grafting on the oriented rigid nanofibers to mimic mechanical properties of human skin[J]. ACS Nano, 2015, 9:271.

[166] YAN C,WANG J,KANG W,et al. Highly stretchable piezoresistive graphene-nanocellulose nanopaper for strain sensors[J]. Adv. Mater., 2014, 26:2022-2027.

[167] GUO R,YU Y,ZENG J,et al. Bio-mimicking topographic elastomeric petals(e-petals) for omnidirectional stretchable and printable electronics[J]. Adv. Sci., 2015, 2:1400021.

[168] WEGST U G K,BAI H,SAIZ E, et al. Bioinspired structural materials[J]. Nat. Mater., 2014, 14:23.

[169] CHEN P Y,MCKITTRICK J,MEYERS M A,et al. Biological materials: functional adaptations and bioinspired designs[J]. Prog. Mater. Sci., 2012, 57:1492-1704.

[170] CHEN Q,PUGNO N M. Bio-mimetic mechanisms of natural hierarchical materials: a review[J]. J Mech. Behav. Biomed., 2013, 19:3.

[171] YANG Y,ZHU B,YIN D,et al. Flexible self-healing nanocomposites for recoverable motion sensor[J]. Nano Energy, 2015, 17:1-9.

[172] LIU Q,LU G,XIAO Y,et al. High-κ organometallic lanthanide complex as gate dielectric layer for low-voltage, high-performance organic thin-film transistors[J]. Thin Solid Films, 2017, 626:209-213.

[173] LOU Z,CHEN S,WANG L,et al. An ultra-sensitive and rapid response speed graphene pressure sensors for electronic skin and health monitoring[J]. Nano Energy, 2016, 23:7-14.

[174] KALTENBRUNNER M,SEKITANI T,REEDER J,et al. An ultra-lightweight design for imperceptible plastic electronics[J]. Nature, 2013, 499:458.

[175] TEE B C, WANG C,ALLEN R,et al. An electrically and mechanically self-healing composite with pressure- and flexion-sensitive properties for electronic skin applications[J]. Nat. Nanotechnol., 2012, 7:825-832.

[176] GE J,YAO H B,WANG X,et al. Stretchable conductors based on silver nanowires: improved performance through a binary network design[J]. Angew. Chem. Int. Ed., 2013, 52:1654-1659.

[177] ZANG L,BU Z,SUN L,et al. Hollow carbon fiber sponges from crude catkins: an ultralow cost absorbent for oils and organic solvents[J]. RSC Advances, 2016, 6:48715-48719.

[178] SELVAKUMAR M,PAWAR H S,FRANCIS N K,et al. Excavating the role of aloe vera wrapped mesoporous hydroxyapatite frame ornamentation in newly architectured polyurethane scaffolds for

osteogenesis and guided bone regeneration with microbial protection[J]. ACS Appl. Mater. Interfaces, 2016, 8:5941-5960.

[179] WANG L, NG W, JACKMAN J A, et al. Graphene-functionalized natural microcapsules: modular building blocks for ultrahigh sensitivity bioelectronic platforms[J]. Adv. Funct. Mater., 2016, 26: 2097-2103.

[180] LI L, TAO H, SUN H, et al. Pressure-sensitive and conductive carbon aerogels from poplars catkins for selective oil absorption and oil/water separation[J]. ACS Appl. Mater. Interfaces, 2017, 9:18001.

[181] SI Y, WANG X, DING B, et al. Ultralight biomass-derived carbonaceous nanofibrous aerogels with super-elasticity and high pressure-sensitivity[J]. Adv. Mater., 2016, 28:9512-9518.

[182] LIU Z, WANG X, QI D, et al. High-adhesion stretchable electrodes based on nanopile interlocking [J]. Adv. Mater., 2017, 29:1603382.

[183] NIE P, WANG R, SUN J, et al. High-performance piezoresistive electronic skin with bionic hierarchical microstructure and microcracks[J]. ACS Appl. Mater. Interfaces, 2017, 9:14911.

[184] WEI Y, CHEN S, LIN Y, et al. Cu-Ag Core-shell nanowires for electronic skin with a petal molded microstructure[J]. J. Mater. Chem. C, 2015, 3:9594-9602.

[185] KÜ. RSCHNER W M, Leaf sensor for CO_2 in deep time[J]. Nature, 2001, 411:247-248.

[186] SU B, GONG S, MA Z, et al. Mimosa-inspired design of a flexible pressure sensor with touch sensitivity [J]. Small, 2015, 11:1886-1891.

[187] KANG S, LEE J, LEE S, et al. Highly sensitive pressure sensor based on bioinspired porous structure for real-time tactile sensing[J]. Adv. Electron. Mater., 2016, 2:1600356.

[188] KIM H, YOON J, LEE G, et al. Encapsulated, high-performance, stretchable array of stacked planar micro-supercapacitors as waterproof wearable energy storage devices[J]. ACS Appl. Mater. Interfaces, 2016, 8:16016.

[189] BOHNE G, WOEHLECKE H, EHWALD R, et al. Water relations of the pine exine[J]. Annals of Botany, 2005, 96:201-208.

[190] KURIBARA K, WANG H, UCHIYAMA N, et al. Organic transistors with high thermal stability for medical applications[J]. Nat. Commun., 2012, 3: 723.

[191] LI T, LUO H, QIN L, et al. Flexible capacitive tactile sensor based on micropatterned dielectric layer [J]. Small, 2016, 12:5042.

[192] GOPALAKRISHNAN A, VISHNU N, BADHULIKA S. Cuprous oxide nanocubes decorated reducedgraphene oxide nanosheets embedded in chitosan matrix: a versatile electrode material for stable supercapacitor and sensing applications[J]. J. Electroanal Chem.,2019,834:187-195.

[193] JUNG M, KIM K, JEON S, et al. Paper-based bimodal sensor for electronic skin applications[J]. ACS Appl. Mater. Interfaces, 2017, 9:26974-26982.

[194] PURANDARE S, GOMEZ E F, STECKL A J, et al. High brightness phosphorescent organic light emitting diodes on transparent and flexible cellulose films[J]. Nanotechnology, 2014, 25:094012.

[195] HU X, ZHANG X, LIANG L, et al. High-performance flexible broadband photodetector based on organolead halide perovskite[J]. Adv. Funct. Mater., 2015, 24:7373-7380.

[196] GONG Y P, LIU Q F, WU J, et al. Wrapping cytochrome C around single-wall carbon nanotube:

engineered nanohybrid building blocks for infrared detection at high quantum efficiency[J]. Sci Rep，2015，5：1-9.

[197] HU Z，LI C，DENG X，et al. Biomaterial functionalized graphene oxides with tunable work function for high sensitive organic photodetectors[J]. RSC Adv.，2015，5：99431-99438.

[198] WU J，LIN L Y. A flexible nanocrystal photovoltaic ultraviolet photodetector on a plant membrane[J]. Adv. Opt. Mater.，2015，3：1530-1536.

[199] LEE S K，LEE J B，SINGH J，et al. Drying-mediated self-assembled growth of transition metal dichalcogenide wires and their heterostructures[J]. Adv. Mater.，2015，27：4142-4149.

[200] FUJISAKI Y，KOGA H，NAKAJIMA Y，et al. Transparent nanopaper-based flexible organic thin-film transistor array[J]. Adv. Funct. Mater.，2014，24：1657-1663.

[201] CIPRIANO T，KNOTTS G，GUHA S，et al. Electron-beam-induced deposition as a technique for analysis of precursor molecule diffusion barriers and refactors[J]. ACS Appl Mater Interfaces，2014，6：21408-21415.

[202] HUANG H，ZHU Y，HU L. Highly transparent and flexible nanopaper transistors[J]. ACS Nano，2013，7：2106-2113.

[203] ZHANG Q，BAO W，A. GONG，et al. A highly sensitive, highly transparent, gel-gated mos_2 phototransistor on biodegradable nanopaper[J]. Nanoscale，2016，8：14237-14242.

[204] WANG C H，HSIEH C Y，HWANG J C. Flexible organic thin-film transistors with silk fibroin as the gate dielectric[J]. Adv. Mater.，2011，23：1630.

[205] NOMURA K，OHTA H，TAKAGI A，et al. Room-temperature fabrication of transparent flexible thin-film transistors using amorphous oxide semiconductors[J]. Nature，2004，432：488.

[206] WANG L，CHAI R，LOU Z，et al. Highly sensitive hybrid nanofibers-based room-temperature co sensors：experiments and density-functional theory simulations[J]. Nano Research，2017，2018，11：1029-1037.

[207] WANG L L，CHEN S，LI W，et al. Grain boundary-induced drastic sensing performance enhancement of polycrystalline microwire printed gas sensors[J]. Adv. Mater.，2019，31：1804583.

[208] ZHAO S，WANG Y，WANG L，et al. Preparation, characterization and catalytic application of hierarchically porous $LaFeO_3$ from a pomelo peel template[J]. Inorg. Chem. Front.，2017，4：994-1002.

[209] POTYRAILO R A，GHIRADELLA H，VERTIATCHIKH A，et al. Morphobutterfly wing scales demonstrate highly selective vapour response[J]. Nat Photon，2007，1：123-128.

[210] POTYRAILO R A，BONAM R K，HARTLEY J G，et al. Towards outperforming conventional sensor arrays with fabricated individual photonic vapour sensors inspired by morpho butterflies[J]. Nat. Commun.，2015，6：7959.

[211] JEONG Y，PARK J，LEE J，et al. Ultrathin, biocompatible, and flexible pressure sensor with a wide pressure range and its biomedical application[J]. ACS Sens.，2020，5：481-489.

[212] LEE H，CHOI T K，LEE Y B，et al. A Graphene-based electrochemical device with thermoresponsive microneedles for diabetes monitoring and therapy[J]. Nat. Nanotechnol.，2016(11)：566-572.

[213] WEBB R C，BONIFAS A P，BEHNAZ A，et al. Ultrathin conformal devices for precise and continuous thermal characterization of human skin[J]. Nat. Mater.，2013(12)：938-944.

第7章 面向生物医疗的无机柔性光电子器件

柔性光电子技术正深刻地影响着这个时代。无机材料作为传统光电子技术的核心材料体系,在柔性光电子领域扮演着重要角色。当下,探索无机柔性光电子器件与生物系统的完美结合已成为最激动人心的课题之一,推动着生物医疗、人工智能、人机互联等技术的飞速发展。本章首先围绕Ⅳ族和Ⅲ-Ⅴ族半导体,系统论述无机柔性材料的常见制备工艺及材料结构、生物相容性柔性器件的设计及组装方法,介绍了柔性光电子材料与器件在生物医疗领域中的应用,探讨了生物集成光电子体系的核心技术进行。其次,由于类石墨烯单层或少层半导体具有优异的电学、光学、机械和热学性能,通过阐述二维半导体的材料特性、制造工艺、柔性器件性能和应用,讨论新一代低成本、高性能、透明、柔性可穿戴二维器件在推动柔性光电子技术发展中的潜能。最后,回顾总结近年来从微波到可见光不同波段产生响应的柔性光学超材料和等离子激元器件的光学结构设计、柔性基底的力学和光学性质,以及与其匹配的微纳加工技术。

7.1 无机半导体柔性光电子器件

7.1.1 Ⅳ族半导体器件

7.1.1.1 硅

1. 单晶硅

单晶硅成本低廉、储量丰富,拥有良好的电学、光学、热学特性,在现代半导体工业体系中占据着无可替代的地位。此外,优良的生物相容性和机械特性进一步激发了学者们对单晶硅的研究热情,使其成为柔性光电子领域备受瞩目的核心材料之一。

各向异性刻蚀是柔性单晶硅的常见制备方法。最典型的例子是使用氢氟酸溶液刻蚀 SOI 衬底,如图 7-1(a)所示。在这种衬底中,SiO_2 牺牲层将单晶硅薄层固定在硅基支撑衬底上,衬底浸泡在 HF 溶液中时,SiO_2 绝缘层将发生反应:$SiO_2 + 6HF \rightarrow 2H_2O + 2H^+ + SiF_6^{2-}$,通过选择性刻蚀使得顶层的硅薄膜从衬底上剥落。图 7-1(b)所示为通过此方法制备的单晶硅薄膜(厚约 50 nm)的扫描电镜(SEM)图。这种方法简单方便,使用商用 SOI 衬底即可制备厚度低达 20 nm 的单晶硅膜[1],还可通过金属掩模实现柔性单晶硅的图形化[2],得到了广泛应用。

　　然而 SOI 衬底造价高昂，且底层大部分原材料无法得到利用，使用该方法大规模生产柔性单晶硅薄膜并不实际。因此，直接在单晶硅片上剥离单晶硅薄膜的工艺应运而生。其中，以 KOH 溶液和 TMAH 溶液的各向异性刻蚀最具有代表性。

　　如图 7-1(c)所示，KOH 可对 Si 片进行各向异性刻蚀[3]。当 Si 片浸没于 KOH 溶液中时，发生反应 $Si + 2OH^- + 2H_2O \rightarrow Si(OH)_2O_2^{2-} + 2H_2$，KOH 溶液在(110)面的刻蚀速率比(111)面快数百倍，从而实现特定方向单晶硅薄膜的剥落。图 7-1(d)所示为使用 KOH 溶液从 Si(111)上剥落单晶硅膜 SEM 图，此时<110>方向几乎贯通而(111)面基本完好[4]。图 7-1(e)所示为使用 KOH 各向异性蚀刻制备柔性单晶硅纳米带的过程，在这个例子中，体硅材料首先通过反应离子刻蚀方法在垂直沟道的侧壁上构造纹波结构，使得体硅材料的(110)面暴露，再通过金属的斜角蒸镀作为掩模，最后使用 KOH 各向异性蚀刻，得到易于释放或转移的多层柔性单晶硅纳米带[5]。同时，该方法经证实可用于大尺寸的柔性单晶硅制备，图 7-1(f)所示为基于 KOH 刻蚀制备的直径达 4 英寸(1 英寸=2.54 cm)的柔性单晶硅膜[6]。值得注意的是，KOH 对 SiO_2 也具有一定的腐蚀性，而且 K^+ 直径较小存在扩散污染的可能。

　　相比于 KOH 刻蚀系统，TMAH 刻蚀硅的表面更加光滑，且速率较慢便于控制，同时对 SiO_2 几乎不腐蚀，加之四甲基铵离子很大不易扩散进入硅晶格中，能够有效避免离子扩散污染[7]。虽然 TMAH 系刻蚀系统具有较低的刻蚀速率和各向异性比(此处指(110)/(111)刻蚀速率比值[8])，但在目前仍具有不可替代的优势。图 7-1(g)所示为 TMAH 溶液各向异性刻蚀所得的单晶硅微型太阳能电池阵列，具锚固结构(红色箭头所指)，这种结构通常使用特定的光刻胶构造，从而将待剥离的器件固定在原始位置[9]。

　　热氧化循环法可以实现超薄柔性单晶硅薄膜的制备。在此过程中，首先采用传统的湿法氧化炉通入氢气和氧气对 SOI 晶圆进行氧化。再使用 HF 酸溶液等蚀刻剂去除生长的 SiO_2，得到厚度约为 16 nm 的薄顶部 Si 层。顶部硅的表面用紫外线清洁剂氧化 1 h，生长的 SiO_2 用刻蚀剂去除，每次重复将使 Si 层厚度减小 0.74 nm，不断重复此步骤可使顶部硅的厚度不断降低。图 7-1(h)所示为热氧化刻蚀循环法制备的超薄硅膜，厚度约 7 nm。这种方法虽然相对烦琐，但制备的薄膜具有量子限制效应以及高弯曲柔度和光学透明性，具有可观的应用前景[10]。

　　除了以上介绍的湿法刻蚀工艺以外，一些与干法工艺因其小咬边和高各向异性也受到了关注[11]。例如，RIE 干法刻蚀工艺也可被应用于柔性硅的制备，通过对 SOI 晶圆的刻蚀，晶圆底部的支撑硅衬底被完全移除，这样形成的柔性硅保留了其下的 SiO_2 层，可以作为系统的封装层。图 7-1(i)所示为 RIE 干法刻蚀所得的 SiO_2 封装柔性单晶硅纳米薄膜[12]。

　　另一种制备柔性单晶硅的方法是控制剥落法(CST)，该方法是一种"无切口"的手段，可直接从由相同材料制成的基板上剥离薄膜半导体薄膜和器件。通过控制剥落法，柔性的薄膜、外延层和完全成形的器件可以由半导体晶片上直接制备，如图 7-1(j)所示[3]。在该方法中，特定厚度的金属层(如镍)通过溅射法等工艺沉积到硅晶片上，并在沉积或退火过程中通过热膨胀失配在金属层内部引入拉应力。然后通过机械方法在晶圆边缘制造裂纹，并引导其沿着平行于晶圆表面方向扩展,最终获得柔性单晶硅膜。在最后,常使用 TMAH 对特定的残余硅进行选择性去除,从而进一步提高硅膜的柔性。图 7-1(k)所示为展示了基于控制剥落法制备的柔性硅器件阵列[13]。

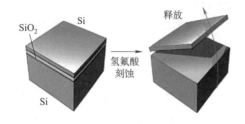

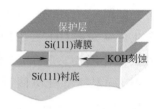

(a)使用氢氟酸溶液从 SOI 衬底上 剥落单晶硅膜示意图[1]　(b)使用 SOI 剥落法获得的 50 nm 厚单晶硅纳米薄膜[1]　(c)各向异性刻蚀法示意图[3]

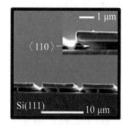
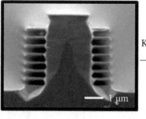

(d)使用 KOH 溶液从 Si(111) 上剥落单晶硅膜 SEM 图[4]　(e)使用 KOH 各向异性刻蚀制备 柔性单晶硅纳米带的过程[5]

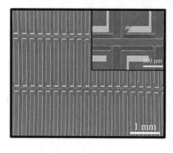
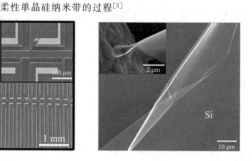

(f)基于 KOH 刻蚀制备的直径 4 英寸的柔性单晶硅膜[6]　(g)TWAH 溶液各向异性刻蚀所得的 具锚固结构(红色箭头所指)[9]　(h)热氧化刻蚀循环法制备的 超薄硅膜[10]

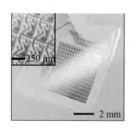
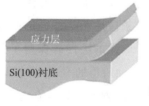
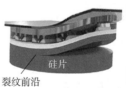

(i)RIE 干法刻蚀所得的 SiO₂ 封装单晶硅纳米薄膜[12]　(j)控制剥落法制备柔性单 晶硅示意图[3]　(k)基于控制剥落法获得的 柔性硅器件阵列[13]

图 7-1　柔性单晶硅的常见制备工艺

随着半个多世纪以来硅加工技术的飞速发展，多种多样的柔性硅基光电子器件被成功研发。这些器件往往拥有良好的机械性能和生物相容性，在生物医疗领域的应用具有得天独厚的优势，因而受到了广泛的关注与研究。

单晶硅可被应用于柔性电路系统。图 7-2(a)所示为一个基于单晶硅纳米材料设计制作的柔性 CMOS 阵列集成电路，图中展现了三种不同的形变：对角拉伸、扭曲和弯曲，插图为每种情况相应彩色 SEM 图像。该阵列使用了"桥式结构"的柔性单晶硅带进行连接，极大减小了节点处的形变，大大削弱应力对器件性能的影响，因而具有极高延展性且性能不输于在硅片上制备的传统器件[14]。

单晶硅基光电探测器在面向生物医疗的柔性电子中也得到了广泛的应用。如图 7-2(b)所示，单晶硅基薄膜光电探测器阵列被转移到可压缩弹性基板上，基板形变为半球形后再将阵列转移到匹配的半球形玻璃基板上，然后添加带有集成成像透镜的半球形盖，并与外部控制电子设备连接，从而集成为高性能半球形电子眼摄像头[15]。

良好的生物相容性使得单晶硅成为植入式器件的理想材料。图 7-2(c)所示为一对集成于柔性颅内荧光成像探针上的单晶硅 CMOS 图像传感器，该传感器与发光二极管、吸收滤波器集成于柔性衬底上，以便将其植入组织中进行高分辨率深部脑荧光成像。结合压敏染料，该系统可检测神经元电位状态，同时采集左右视觉皮层的生理信号[16]。

由于单晶硅在生物体内可降解，其在瞬态电子器件方面的应用越来越受到人们重视。图 7-2(d)所示为一种硅基瞬态晶体管，该晶体管基于柔性超薄单晶硅，利用镁薄膜制作电极并进行互连，采用 SiO_2 和 MgO 作为电介质材料，选用丝素蛋白提供机械支撑。器件植入生物体内后，可以正常工作并展现了良好的生物相容性，植入 10 小时之后失效，2 周内即可完全降解[17]。近十年来，柔性单晶硅基可降解器件成了生物传感的常客，Yu 等在 30 mm 聚乳酸-乙醇酸上加工制造了单晶硅基瞬态电路，能够植入患者体内进行癫痫生理活动的监控，并在数个月内完全降解[18]。Bai 等将硅探测器与可降解光纤、锌电极集成到柔性 PLGA 基底上，构造了可实时监控生物神经状况的瞬态电路，器件在植入小鼠后 45 天内完全降解并能够很好地监测生物的神经状况[19]。

柔性单晶硅基太阳能电池也可被应用于生物医疗。图 7-2(e)所示为可降解的植入式单晶硅太阳能电池阵列。该阵列具备一定的柔性和延展性，可在生物皮下正常工作，提供可靠稳定的电能。电池在植入小鼠后的 4 个月内便完全降解，不会引起周围组织的炎症反应。证实了硅基微型光伏电池可作为生物可降解的电源，有望在各种各样的瞬态生物医学植入电子设备[20]。

图 7-2(f)所示为一种可降解的植入式柔性单晶硅光波导。柔性单晶硅光波导植入小鼠后，15 天内即完全降解，表现出优秀的生物相容性。基于近红外光谱法，该系统被成功应用于监测葡萄糖等生化物质，并跟踪氧饱和度等生理参数，证实其在生物医学领域中具有相当的应用前景[21]。

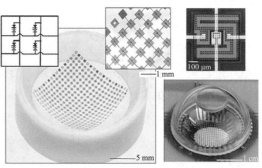

（a）基于单晶硅纳米材料设计制作的
柔性 CMOS 集成电路[14]

（b）由单晶硅光电探测器集成的
电子眼摄像头[15]

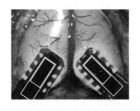
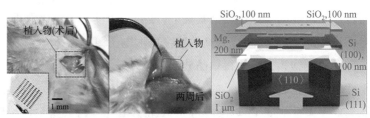

（c）集成于柔性颅内荧光成像探针
上的单晶硅 CMOS 图像传感器

（d）硅基瞬态晶体管[17]

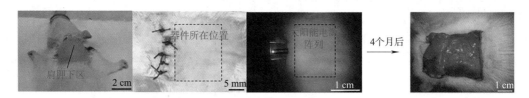

（e）可降解的植入式单晶硅太阳能电池阵列[20]

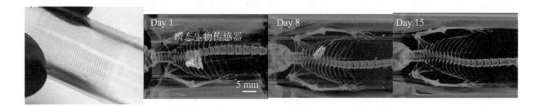

（f）可降解的植入式柔性单晶硅光波导[21]

图 7-2　单晶硅在柔性光电子中的应用

2. 非晶硅

　　硅的半导体特性是由硅原子间共价键的特性决定的,这种特性不仅受到机械应变的影响,还与晶粒取向息息相关[22]。因而单晶硅、多晶硅和非晶硅之间的物理化学性能迥异。相较于单晶硅,柔性非晶硅材料具有成本低廉、工艺易于控制等优势,这些特性有力地推动了非晶硅相关产业的发展,也吸引了研究人员的目光。

先进沉积技术为高质量柔性非晶硅的制备奠定了基础。目前非晶硅薄膜主要通过化学气相沉积法(CVD)制备。图 7-3(a)所示为等离子体增强化学气相沉积(PECVD)法制备非晶硅薄膜示意图[3],此过程中,硅烷(SiH_4)和氢气(H_2)的混合气体被通入真空反应室中,在外置偏压作用下形成等离子体。带正电的离子(如 SiH_3^+ 和 H^+)轰击衬底,在衬底上沉积氢化非晶硅(a-Si∶H)。在这一过程中,氢气的引入对于 a-Si∶H 性能的影响至关重要,因为氢气能够通过形成 Si-H 键来钝化 a-Si 中的悬挂键缺陷,从而大大降低缺陷密度[23]。同时,a-Si∶H 的 N 型掺杂和 P 型掺杂可以通过引入磷化氢(PH_3)和二硼烷(B_2H_6)等气体来实现,基于此原理可以有效地构造各式各样的非晶硅异质结器件。PECVD 法具有成膜质量好、沉积速率高等优势,特别是此方法可以在相对较低的温度下进行(200~400 ℃)[3],能够与众多柔性衬底相兼容,是目前柔性非晶硅重要的制备手段。

a-Si∶H 在可见光谱范围(10^2~10^3 nm)内具有较高的光学吸收系数,且无毒无害、成本低廉,是光伏器件的常用材料。图 7-3(b)所示为一种基于 PECVD 法制备的 3D 结构柔性非晶硅太阳电池。此器件制备过程中,使用 PECVD 法在具有纳米凹痕阵列的柔性钛箔上沉积 a-Si∶H,并在顶部附着抗反射纳米柱膜,由此构造具有双层纳米图形的柔性非晶硅太阳电池。在此结构下,入射光能够得到更加充分的利用,因此电池性能大大提高。即使经过 10 000 次弯曲循环,该非晶硅电池的能量转换效率仍能维持在初始效率的 97.6%,具备良好的机械性能[24]。

a-Si∶H 在光电探测领域也经常用到,图 7-3(c)所示为柔性混合石墨烯/a-Si∶H 多光谱光电探测器实物(左)和弯曲条件下电光特性表征图(右)。该工作通过 CVD 法制备了大面积石墨烯透明导电电极,与传统铝掺杂氧化锌(ZnO∶Al)电极相比,探测器在 $\lambda=320$ nm 紫外(UV)区域的光谱响应增强了 440%。探测器的最大响应率在紫外波段(320 nm)与可见光(510 nm)间可谐调。基于聚酰亚胺(PI)衬底的柔性多光谱光电二极管在使用双层石墨烯电极时,最大光谱响应为 238.57 mA·W^{-1}[30]。

a-Si∶H 的生物降解性已经得到证实。将镁、氧化锌等可降解材料与硅基材料结合,可以形成完全可降解的柔性多晶硅器件[17,25]。图 7-3(d)所示为一种氢化非晶硅(a-Si∶H)薄膜太阳能电池室温下在去离子水中的降解过程,该电池的 Mg 电极和 ZnO 导电氧化物层浸泡几个小时内即被降解,随后数天内 a-Si∶H 层被破坏。图 7-3(e)所示为降解过程中太阳能电池 IV 特性曲线的变化,器件在一个小时内就近乎报废[26]。

为了更好地发挥柔性非晶硅生物相容的优势,人们尝试将非晶硅与各种各样的衬底相集成。PET 等聚合物材料是柔性非晶硅的常用衬底,但面临低热耐性和高热膨胀率等问题;高质量的塑料可以缓解这些问题,但价格昂贵[27]。纤维素纸因其机械性能佳、价格低廉、环境友好,成了柔性非晶硅衬底的一个选择。图 7-3(f)所示为一种柔性非晶硅太阳能电池的 J-V 特性曲线(电池直径为 2.5 mm,在 AM 1.5 照明条件下)。该电池在柔性纤维素纸衬底的性能不输于传统的刚性玻璃衬底,其中插图为该电池的实物图[28]。

除了太阳能电池以外,柔性非晶硅在光电传感、生化监控等领域均得到了应用。图 7-3(g)所示为一种柔性非晶硅 X 射线探测器,采用了 PIN 型结构,通过 PECVD 法制备。PIN 二极管暗电流为 1.7 pA/mm²,理想系数为 1.36,填充系数为 0.73[29]。

a-Si:H 也是光电探测领域的常客,图 7-3(c)所示为柔性混合石墨烯/a-Si:H 多光谱光电探测器实物(左)和弯曲条件下电光特性表征图(右)[30]。该工作通过 CVD 法制备了大面积石墨烯透明导电电极,与传统铝掺杂氧化锌(ZnO:Al)电极相比,探测器在 $\lambda = 320$ nm 紫外(UV)区域的光谱响应增强了 440%。探测器的最大响应率在紫外波段(320 nm)与可见光(510 nm)间可谐调。基于聚酰亚胺(PI)衬底的柔性多光谱光电二极管在使用双层石墨烯电极时,最大光谱响应为 238.57 mA·W^{-1}[30]。

3. 多晶硅

相对较低的迁移率制约了非晶硅在柔性光电子领域的应用,因而越来越多的目光转而投向工艺相近、电学性能更佳的多晶硅材料[35]。

低温多晶硅薄膜晶体管,作为多晶硅材料最瞩目的应用之一,目前被广泛用于制作各类柔性传感器件。图 7-3(h)所示为基于多晶硅的 pH 计,pH 传感器利用低温多晶硅薄膜晶体管(LTPS-TFT)作为有源器件,具有优良的电学特性和鲁棒性,这种设计还可为今后进一步开发 CMOS 结构奠定基础。经表征,pH 计展现出了接近理想的能斯特响应(约 59 mV/pH),基于经典吸附键结模型导出的理想因子 $\alpha \approx 1$[31]。

图 7-3(i)所示为一种基于多晶硅薄膜晶体管的柔性压电传感器。通过 PECVD 法和多样的退火技术,这个厚度不到 10 μm 的压电器件成功集成于柔性聚酰亚胺衬底上。即使在重复弯曲 10^6 次之后,该传感器仍可以正常工作。

除了基础的器件开发外,也有一些工作围绕多晶硅器件的柔性电路设计展开,图 7-3(j)所示为一种柔性基于多晶硅的传感电路,在 PI 衬底上,实现了一种基于低温多晶硅薄膜晶体管(LTPS-TFT)的前置放大电路,用于集成延伸式离子感测场效电晶体管(EG-ISFET)。此电路将传感器和前置放大器集成在同一个芯片上,适用于柔性生物传感和可穿戴应用。

为了评估多晶硅的生物相容性,学者在生物体内及体外对多晶硅进行了毒理学测试。如图 7-3(k)所示,差分干涉对比图(上)和荧光图(下)共同展示了在多硅薄膜表面培养的 L929 系列小鼠纤维细胞的活力情况,其中荧光图中的绿色和红色分别对应存活和死亡的细胞。结果表明,7 天后细胞存活率仍达 95% 以上,证实了多晶硅具备良好的生物相容性[26]。

良好的生物相容性也为柔性多晶硅在植入式器件中的应用铺平了道路。图 7-3(l)所示为一款用于脑成像的柔性多晶硅温度传感器。该温度计被成功植入小鼠中,并在手术后的 24 个小时之后进行测试。测试结果显示,与金基温度传感器相比,这款柔性多晶硅温度计具有较低的噪声背景和良好的测量精度[34]。

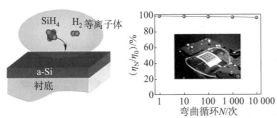

（a）PECVD 法制备
非晶硅薄膜[3]

（b）基于 PECVD 法制备的 3D
结构柔性非晶硅太阳电池[24]

（c）柔性混合石墨烯

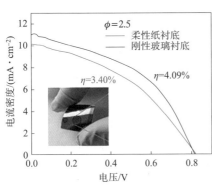

（d）一种氢化非晶硅（a-Si：H）薄膜太阳能电池室温下
在去离子水中的降解过程[26]

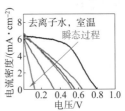

（e）氢化非晶硅（a-Si：H）
薄膜太阳能电池降解过程中
Ⅳ特性曲线的变化[26]

（f）一种柔性非晶硅太阳能电池的
J-V 特性曲线

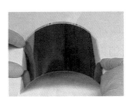

（g）柔性非晶硅 X 射线
探测器[29]

（h）基于多晶硅的
pH 计[31]

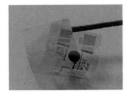

（i）基于多晶硅薄膜晶体
管的柔性压电传感器[32]

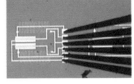

（j）柔性多晶硅
传感电路[33]

图 7-3　非晶硅和多晶硅在面向生物医疗柔性光电子中的应用

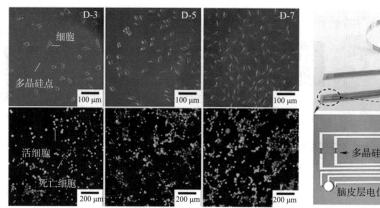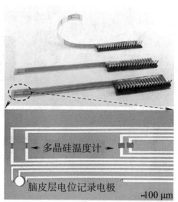

(k)多晶硅的降解行为和细胞活力[26]　　　　　(l)用于脑成像的柔性多晶硅温度计[34]

图 7-3　非晶硅和多晶硅在面向生物医疗柔性光电子中的应用(续)

4. 纳米硅

除了以上介绍的单晶硅、非晶硅、多晶硅外,纳米科技最杰出的成果之一——纳米硅也备受关注。纳米硅具有优良的电学和机械性能、良好的生物相容性和宽吸收波长范围等优点,目前已被广泛应用于生物医学领域[36]。

纳米硅的合成方法多种多样,主要有湿法蚀刻、化学还原法、气固液生长(VLS)法等手段。湿法刻蚀主要有电化学刻蚀和金属辅助化学刻蚀两类。在电化学蚀刻过程中,硅片被暴露于 HF 溶液中,通电后硅片表面形成双电层并被刻蚀,通过合适的掩模(如 SiO_2)进行保护即可实现多种纳米结构[37]。金属辅助化学刻蚀则是利用了 HF/H_2O_2 溶液中靠近贵金属(如金、银)的硅原子会被更快氧化并溶解的性质。如图 7-4(a)所示,通过在硅表面沉积金属纳米粒子,在 HF/H_2O_2 刻蚀过程中金属粒子沉入硅中,从而在金属纳米粒子下的硅被刻蚀,而未被覆盖的硅则保持完整,形成一维纳米硅阵列[38]。化学还原法是加工三维纳米硅结构的有效手段,图 7-4(b)所示为基于化学还原法制得的硅纳米晶 TEM 图,在 650 ℃ 左右时镁(Mg)促使二氧化硅还原:$2Mg(g) + SiO_2(s) \rightarrow 2MgO(s) + Si(s)$,基于该原理可实现三维介孔硅的高效制备[39]。VLS 法是目前最常用的自下而上制备硅纳米线的方法。其基本原理是在低共熔温度下,贵金属粒子(如金、银)能够催化气态硅合成固态的金属-半导体合金。气相前体(如硅烷)的不断输入使得合金饱和,硅形核析出,随着反应的进行,就形成了单向生长的纳米硅线。图 7-4(c)所示为一种通过在 VLS 法制备过程中压力骤变构造的弯曲式硅纳米线[40]。

具有三维介观结构的纳米硅是一类新兴材料,在柔性光电子和生物电子领域有着广阔的应用前景。目前,纳米硅的几何结构控制和纳米尺度图形化仍然是一个挑战[41]。在实际中,各种合成手段往往会互相结合,从而获得更加多样的纳米结构。例如,在 VLS 法合成纳米硅后,利用湿法刻蚀去除之前使用的六角介孔二氧化硅模板,就获得了图 7-4(d)中的微桥互连单向排列硅纳米线阵列[42]。为了实现纳米硅的微观尺度图形化加工,金属纳米颗粒被用于辅助湿法刻蚀。这是因为金属在一定的温度下可以扩散进入纳米硅中,若在合成纳米硅的过程中使用金属催化,那么一部分金属颗粒就会进入纳米硅中。然后使用 KOH 溶液等刻蚀剂进行刻蚀时,无金属保护的硅就会溶解,由此构造纳米硅的微观三维结构,如图 7-4(e)所示[43]。

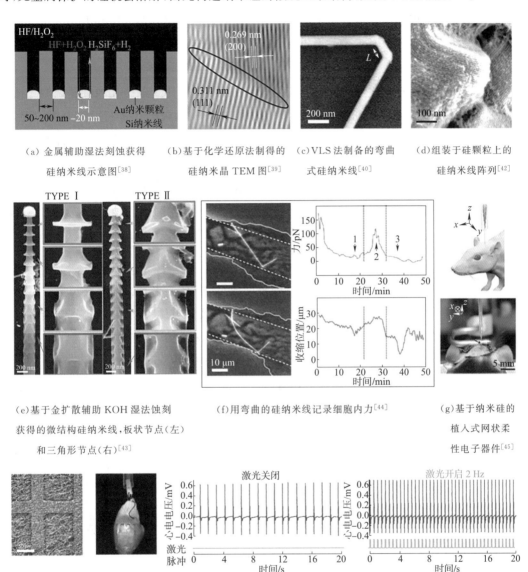

(a) 金属辅助湿法刻蚀获得硅纳米线示意图[38]

(b) 基于化学还原法制得的硅纳米晶 TEM 图[39]

(c) VLS 法制备的弯曲式硅纳米线[40]

(d) 组装于硅颗粒上的硅纳米线阵列[42]

(e) 基于金扩散辅助 KOH 湿法蚀刻获得的微结构硅纳米线,板状节点(左)和三角形节点(右)[43]

(f) 用弯曲的硅纳米线记录细胞内力[44]

(g) 基于纳米硅的植入式网状柔性电子器件[45]

(h) 用于心肌细胞光刺激起搏系统的硅纳米线器件[46]

图 7-4 纳米硅的常见制备工艺及在柔性电子中的应用

纳米硅的结构尺寸将有助于它们与生物系统的集成。因为小尺寸的器件拥有更好的生物相容性,并能与细胞和组织形成侵入性较小的界面,是面向细胞应用的理想器件材料[47]。比如,弯曲的硅纳米线可以作为细胞内力测量的独立平台。如图 7-4(f)所示,人主动脉平滑肌细胞(HASMCS)通过细胞的自然内吞途径内化了弯曲的硅纳米线,该结构的弯曲处起到了固定的作用,在细胞舒展和收缩状态下均保持在特定的位置,因而能够在活体细胞成像过程中对随时间变化的偏转进行精确监测[44]。

柔性纳米硅器件的植入目前可以通过注射器来实现,如图 7-4(g)所示,基于纳米硅的网状柔性电子器件通过口径为数百微米的玻璃针被成功植入小鼠的侧脑室和海马区。由于所需的颅窗尺寸比其他电子平台的尺寸小得多,这种植入方法有效降低了手术的侵袭性[45]。器件植入之后未引发炎症,并在植入后 8 个月内均可产生可靠的神经活动测量结果[48]。

硅纳米线生物相容、可生物降解、非遗传等特点使其成为用于制作无线神经调制光遗传学器件的潜在材料之一[49]。对介孔硅纳米线束用 532 nm 激光脉冲进行的光刺激表明,多孔硅粒子可以在高达 20 Hz 的背根神经节神经元中产生尖峰序列,证实了纳米硅在光遗传学中应用的可行性[42]。图 7-4(h)所示为一种用于心肌细胞光刺激起搏系统的柔性硅纳米线器件,该器件中的聚合物-硅纳米线复合网格可用于将一定频率的低辐射光输入转换为心脏细胞中的刺激信号,使得细胞以目标频率跳动[46]。其中,左图为硅纳米线沉积在柔性网格衬底上,中图为器件被贴合在兔子心脏上,右图为光刺激下记录的心电图[46]。

7.1.1.2 锗

锗(Ge)与硅同属于第一代半导体材料的核心成员,拥有着相当长的研究历史。尽管目前硅因其价格低廉、性能优良等优势成了半导体工业的最核心材料,但是间接带隙能带结构和相对较低的空穴迁移率始终制约着硅的进一步发展。相比于硅,锗材料通常具有更高的迁移率和载流子浓度,同时在宽波长范围下具有良好的吸收系数,且与硅工艺可以相互兼容[50],在柔性光电子领域同样扮演着重要角色。

柔性锗材料的制备方法与 Si 类似。制备柔性 Ge 的常用方法是绝缘层上锗(GOI)剥落法,即使用 HF 溶液刻蚀商用 GOI 衬底中间的 SiO_2 层从而获得顶部柔性 Ge 膜,图 7-5(a)所示为使用此法制备的柔性单晶 Ge 膜,根据实际需求制备的柔性 Ge 膜可以转移到各种基底上,如 PET 衬底(上图)、光电二极管阵列等(下图)[51]。除了湿法工艺外,简单、通用、低成本的控制剥落法也同样适用于柔性 Ge 的制备[52],如图 7-5(b)所示,通过调整沉积的 Ni 金属层的厚度和应力,并构造合适的裂纹,就可以在基底的预定深度控制剥落顶层材料,获得形貌良好的柔性 Ge 膜[53],其中左侧为示意图,右上侧为剥落后 Ge 单晶膜平面图,右下为截面图。CVD 法作为目前材料生长的重要手段,常用于柔性锗的制备,特别是构造纳米结构[54]。例如,通过结合金属催化的 CVD 法可以制备锗-硅核壳结构纳米线[55],改变通入气体构造其各向异性结构等[55,56]。

Ge 是一种间接带隙半导体材料,禁带宽度为 0.66 eV,价带最大值在倒易空间中波矢 k 为零的 Γ 点,而导带最小值则在 L 点。Ge 的能带结构对原子间的距离非常敏感,在双轴拉伸应变条件下,导带的能量降低,其中 Γ 谷比 L 谷降低得更快。因此,当晶格变大 2% 左右时,Ge 就转变为了直接带隙半导体[57]。图 7-5(c)所示为 Ge 在 1.9% 双轴拉伸应变前后的能带结构,应力工程能够实现 Ge 从间接带隙半导体到直接带隙半导体的转变[58],这种性质有力地推动了其在光电子领域的应用[59,60]。

比如,通过应力工程可以实现 Ge 纳米膜的发光和粒子数反转。Ge 纳米膜被转移到柔性的 PI 衬底上,同时用 PI 衬底将一个容器封口,在容器内部通入高压气体后 PI 衬底连同其上的 Ge 纳米膜在气压差的作用下受到拉应力作用发生形变,实验装置如图 7-5(d) 所示。其中,周期性的黑点是用于加速从 GOI 释放柔性 Ge 膜的刻蚀剂渗入孔对应变后的纳米膜进行光电性能表征,发现应力作用下 Ge 的发光性能显著提高,这为 Ge 薄膜在柔性发光器件领域的应用打开了思路[61]。

锗纳米膜还可以集成到柔性光电子系统中。例如,具有 3D 褶皱结构的锗薄膜可以有效改善探测器性能,如图 7-5(e) 所示。其中,左侧为在 Ge 光电探测器拉应力下的 I-V 特性及实物图右侧为锗纳米膜的扫描电镜图[62]。光电响应研究表明,与使用平坦锗纳米膜的平面光电探测器相比,褶皱锗基光电探测器具有更高的光电响应效率。此外,皱纹光电探测器展现出了高响应速度和达 8.56% 的伸缩比。微型化是面向生物医疗的柔性光电子器件必然的趋势,超薄 Ge 纳米薄膜(10 nm 左右)被验证在异质衬底上具有良好的光电吸收能力,可用于制作高性能光电探测器[63]。

（a）使用 GOI 方法获得的柔性
Ge 单晶膜阵列[51]

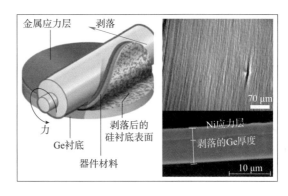

（b）控制剥落法制备单晶 Ge 薄膜[53]

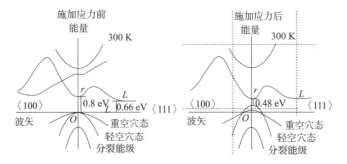

（c）通过应力工程调控 Ge 的能带由间接带隙向直接带隙转变[58]

图 7-5　锗薄膜的常见制备手段及其在柔性光电子中的应用

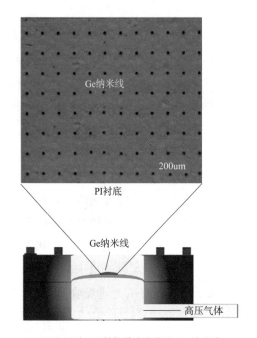

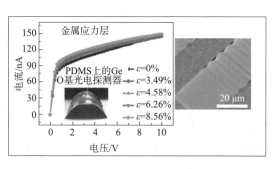

(d)通过引入双轴拉伸应变实现 Ge 纳米线 发光实验装置示意图[61]

(e)用于可伸缩光电探测器的褶皱单晶锗纳米膜

图 7-5　锗薄膜的常见制备手段及其在柔性光电子中的应用(续)

7.1.1.3 碳

1. 金刚石

金刚石是自然界热导率和硬度最高的材料之一,在纳机电系统(NEMS)中有巨大的应用潜力[64]。此外,相比于其他固态电极,金刚石电极拥有电化学窗口宽、背景电流低且稳定、生物相容性好、响应速率快、稳定性佳等优点,这些独特的性能使得金刚石成为生物传感领域最有前景的材料之一[65]。

金刚石的独特性能与其微观结构密切相关。金刚石为面心立方结构,原子间主要通过 sp^3 杂化轨道共价连接排列为四面体。金刚石中的 C—C 键很强,绝大部分的价电子都参与了共价键的形成,自由电子极少,导致金刚石导电性能不佳[66]。此外,在强共价键作用下,金刚石通常是硬度极高的刚性材料,这给它的加工和集成工艺提出了更高的要求,制约了金刚石材料的进一步发展与应用。

掺杂是改善金刚石导电性的常用手段。在众多元素中,硼和氮是最常用的掺杂原料,分别用于构造 P 型和 N 型金刚石材料。由于硼原子半径很小,易于实现较高的掺杂浓度,因而掺硼金刚石(BDD)可以达到较高的导电性,成为最广泛使用的金刚石材料[67]。

金刚石的 CVD 制备工艺取得了较大的进展,目前已可以构造各种各样的金刚石纳米结构。图 7-6(a)所示为基于 CVD 法合成的微纳结构金刚石,从左至右依次为金刚石纳米线[68]、纳米片[69]、纳米颗粒[70]和疏松多孔结构[71]。为制备金刚石,通常在 CVD 系统中通入甲烷（CH_4）和 H_2 混合气体，其中 CH_4 作为碳原料，H_2 能够大大提高碳沉积速率并提高金刚石的质量。气体活化过程通常采用热学和等离子等方法实现[72]。

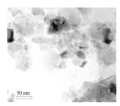

(a)基于 CVD 法合成的微纳结构金刚石[71]

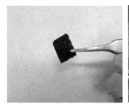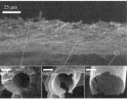

(b)无支撑金刚石纸[73]　　　　　　　　　　　　(c)柔性金刚石网状膜[74]

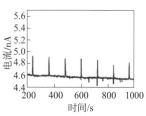

(d)基于掺硼金刚石的柔性电化学探测器件[76]　　　(e)基于掺硼金刚石的植入式多巴胺传感器[77]

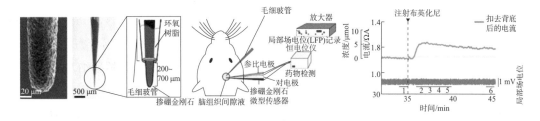

(f)一种用于实时检测局部药物的微传感系统[78]

图 7-6　金刚石在生物医疗柔性电子中的应用

日益成熟的制备工艺有力地推动了金刚石在柔性电子领域的发展。例如，基于 CVD 法可以制备厚度为 $50\ \mu m$ 的金刚石纸超级电容器，如图 7-6(b)所示，该电容器由金刚石纳米管堆叠而成，具有较小的质量比电容（约 $1\ F\cdot g^{-1}$）和宽电位窗口（达 $2.5\ V$）[73]。其中，左侧为实物图，右侧为微观结构图。然而，基于传统衬底（如商用硅片）制备的金刚石往往柔性程度不佳，为了优化金刚石的机械性能，有两种手段被广泛采用。一种手段是使用新型生长衬底,比如多孔材料(如多孔 SiC)作为衬底构造金刚石复合物,再使用刻蚀剂移除衬底,就可以得到如图 7-6(c)所示的柔性金刚石网状膜(左侧为实物图,右侧为微观结构);另一种手段则是将金刚石从生长基底转移到柔性材料(如 parylene-C 上,从而提高其柔性程度[74]。图 7-6(d)所示为一种基于金刚石的柔性电化学探测器,2.7 μm 的薄金刚石被转移到 parylene-C 衬底上,parylene-C 与金刚石间稳固的黏合确保了探测器优良的机械性能[75-76]。

金刚石材料生物相容性佳、稳定性好,十分适合作为植入式器件用于生物医疗领域,特别是用于神经递质的检测。图 7-6(e)所示为一种基于 BDD 的植入式多巴胺传感器,通过在钨丝上沉积 BDD,制备具有小尖端(直径 5 μm,长 250 μm)的 BDD 微电极。其中,左侧为实验图,右侧为刺激下产生的信号反馈。实验证实,金刚石传感器具有宽电化学窗口、低背景电流、高灵敏度和多巴胺检测选择性等优点,相对于传统的碳纤维电极在以上方面均具有一定优势[77]。除了神经递质外,各种外部引入的药物也可以通过金刚石植入式探针监测。图 7-6(f)所示为一种用于实时检测局部药物的微传感系统(左侧为探针图,中部为实验示意图,右侧为检测布美他尼时的信号反馈),能够在小鼠脑部中监测到布美他尼、拉莫三嗪等药物的信号,具有良好的稳定性[78]。

2. 碳纳米管

碳纳米管(CNT)是一种管状的碳基纳米结构,有着较高的本征载流子迁移率、电导率和机械柔性,在柔性电子领域前景广阔[79]。

高质量碳纳米管薄膜制备技术是实现碳纳米管在柔性电子领域广泛应用的基础。理想的碳纳米管制备方案不仅要足够简便、可靠、适用于大面积生产,还应能够控制纳米管的总体空间布局、管密度、纳米管长度和取向,因为这些参数直接关系到薄膜的电学、光学和机械性能[80]。在此,介绍两类目前常用的碳纳米管制备手段——溶液沉积法、CVD 法。

溶液沉积法的原理十分简单,在沉积过程中,需要利用表面活性剂来保持碳纳米管溶液稳定,沉积完成后通过蒸发等手段去除溶剂。这种方法与众多衬底相兼容,且成本低廉、可用于大面积生产。实际中常使用基于控制凝絮过程的溶液沉积法,如图 7-7(a)所示[80]。该方法通过添加可与悬浊液溶剂混溶且与表面活性剂相互作用的液体,破坏碳纳米管溶液的稳定性,从而将碳纳米管驱离溶液,有效地改善沉积质量[81]。在沉积过程中,通过将碳纳米管的甲醇和水悬浮液同时引入快速旋转的基底上,在基底表面形成一层薄液膜,从而制备分布更加均匀的碳纳米管薄膜[82]。然而,溶液沉积法在沉积前需要通过超声等方法将碳纳米管均匀分布于溶液中,既麻烦也可能影响纳米管的性能。并且,沉积过程中可能会引入有机杂质,对器件性能产生影响[80]。

相比于溶液沉积法,CVD 法成本更高、工艺相对复杂,但是可控性强,生长的碳纳米管具有纯度高、分布均匀、形貌结构佳等优点。图 7-7(b)所示为 CVD 法制备单层碳纳米管示意图,生长过程中,将带有催化剂颗粒的基底放置在一个真空腔中,通入碳原料气体和氢气,设置恰当的温度(通常大于 800 ℃)、压强实现碳纳米管的生长[83]。图 6-7(c)所示的碳纳米管网络就是 CVD 法制备碳纳米管的实例,该结构使用了铁蛋白催化剂,以甲烷作为碳原料进行制备[80]。

目前,先进的 CVD 工艺使碳纳米管的复杂微纳结构成为可能。Kang 等通过作为催化剂的铁纳米材料在石英衬底上的图形化沉积实现了完全对准的单壁碳纳米管图等,如图 7-7(d)所示[84]。Kocabas 等发现 CVD 过程中气流对碳纳米管排列产生影响,并基于此实现了蛇形纳米管线的制备,如图 7-7(e)所示[85]。

碳纳米管薄膜阵列展现出良好的电学、光学和机械性能,已被集成于多种多样的柔性电子器件中。Cao 等采用转印 CVD 技术制备了碳纳米管网络薄膜,并将之作为源极/漏极、栅极和半导体通道,实现了如图 7-7(f)所示的透明、柔性、电学性能良好的薄膜晶体管(TFT)[86]。图 7-7(g)所示为 Xiang 等开发的低功耗、易转移的碳纳米管基柔性集成电路和薄膜晶体管,该电路可从柔性可降解的原始基底转移到皮肤、树叶等多种表面上[87]。为了克服碳纳米管可穿戴设备在形变过程中导电性能恶化的问题,Hong 等开发了一种“横向梳理”结构的碳纳米管网络可伸缩电极[见图 7-7(h)所示],并将其应用于可贴合在人类皮肤的能量采集存储装置,证实了该碳纳米管柔性电极作为可穿戴电子设备电源模块的潜力[88]。除了供能装置外,碳纳米管还被广泛用于生理信息监控中。Wang 等将碳纳米管基 TFT 作为背板驱动有机光电二极管(OLED),结合压力传感器制作了压力可视化的电子皮肤[见图 7-7(i)所示],实现了碳纳米管在人机交互式电子皮肤中的应用[89]。该电子皮肤可以实现压力可视化,但对于生理信息监控效果仍有很大的改善空间。为了更好地实现生理信息监控过程中的人机交互,Koo 等开发了一种基于超薄电极和 p-MOS 信号放大器的可穿戴心电监护仪[见图 7-7(j)所示],该系统与颜色可协调的 OLED 相集成,可根据生理信号呈现不同的颜色,反复变形后仍展现出良好的稳定性和可靠性[90]。碳纳米管还可用于体液监测,Zhang 等基于特制的塑料质柔性衬底,构造了以碳纳米管薄膜为沟道材料的高性能 CMOS 电子器件,实现了碳纳米管电路和湿度传感器的集成。如图 7-7(k)所示,该系统具备良好的机械性能,可原位对传感信息进行数据处理,可被应用于人体皮肤出汗情况的监控[91]。其中,左侧为实物图,右侧为装置频率—湿度曲线。

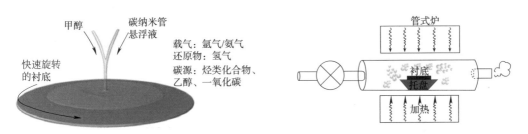

(a)基于控制凝絮过程的溶液沉积法制备碳纳米管示意图[80]　　(b)CVD 法制备单层碳纳米管示意图[83]

图 7-7　碳纳米管在生物医疗柔性电子中的应用

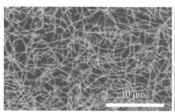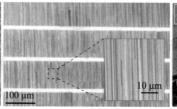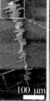

(c)碳纳米管网络[80]　　(d) 完全对准、线性的单壁碳纳米管图案[84]　　(e) 自组织纳米管蛇形线[85]

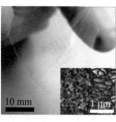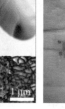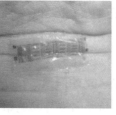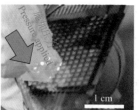

(f)透明、柔性的碳纳米管薄膜晶体管[86]　(g)可转移至皮肤上的碳纳米管柔性电路[87]　(h)基于碳纳米管的可穿戴能量采集存储装置[88]　(i)压力可视化的电子皮肤[89]

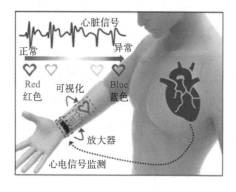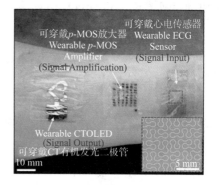

(j)碳纳米管可穿戴心电监护仪[90]

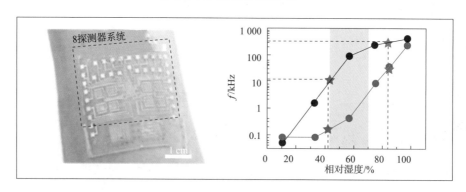

(k)碳纳米管汗液传感器[91]

图 7-7　碳纳米管在生物医疗柔性电子中的应用(续)

3. 石墨烯

石墨烯是一种理想的二维结构材料,拥有着卓越的机械、电学和热学性能,是近 15 年来最受关注的材料之一[92]。石墨烯的机械性能十分优异,其断裂应变约为 25%,杨氏模量约为 1 TPa[93],这使得它非常适用于柔性电子器件。除此以外,石墨烯能够通过自上而下的方法实现对规模化器件加工,与现有的半导体工艺兼容[94]。这些优点使得石墨烯在柔性电子领域前景广阔。

目前使用最广泛的石墨烯制备方法有两种:CVD 法和化学剥落(CE)法。在 CVD 法中,通常采用金属基底作为催化剂和衬底。制备时,碳原子在一定温度下扩散到金属薄膜中,此后的冷却过程中由于溶解性降低,碳原子从金属薄膜中析出,并在金属表面形成石墨烯层[95]。与 CVD 法石墨烯工艺相比,化学剥落(CE)法具有产量大、成本低的优点,有利于实际应用[96]。化学剥落法过程中,首先使用强酸和氧化剂氧化石墨,再通过超声波去除石墨层,最后通过超速离心从未剥落的薄片中提纯剥落的薄片,并通过化学还原改善产物的电学性能[97]。

石墨烯出色的压电性能使其十分适用于制作应变和触觉传感器[98]。Sun 等开发了一款基于石墨烯晶体管的压电驱动有源矩阵应变传感器阵列,该器件可实现多参数监测,具有较高的灵敏度和空间分辨率。可以产生瞬时脉冲输出信号对抗外部应变的压电纳米发电机也被集成到了传感器阵列上。所得到的器件阵列在应变作用下能快速保持输出值,适用于实时传感[99]。

石墨烯基柔性生物传感器同样引人瞩目。Mannoor 等实现了一种可附着在牙釉质上的石墨烯基可移动传感器,能够很好地监测病人的健康情况。这种石墨烯传感器作为电极植入组织和器官后,被用于检测导致手术感染和胃溃疡的细菌,相比于传统方法具有更高的灵敏度[100]。

此外,石墨烯还可以有效地用作脑机接口的透明电极。石墨烯电极可用于脑细胞活动的高分辨率电生理记录,它们的高透明度可用于对大脑底层组织进行光学成像和光遗传学调制。在成年大鼠动物模型上进行的体内神经记录实验结果显示,石墨烯电极的噪声比用金制成的电极低 6 倍[101]。

7.1.2　Ⅲ-Ⅳ族半导体器件

7.1.2.1　GaAs 与 GaP

砷化镓(GaAs)等Ⅲ-Ⅴ族半导体由于其直接带隙和高载流子迁移率,在光伏器件、射频设备、发光器件等众多应用中比硅、锗等Ⅳ族材料更有优势。

选择性刻蚀法主要是通过选择性地湿法刻蚀工艺溶解牺牲层,使得 GaAs 器件与其原始基板相分离。基于Ⅲ-Ⅴ化合物半导体的光电器件通常通过金属有机化学气相沉积(MOCVD)或分子束外延(MBE)等方法生长在晶格匹配的衬底上。生长过程中,在不影响材料质量和器件性能的情况下,可以在有源器件层叠层和基板之间插入一个晶格匹配的牺牲层。这种牺牲层可以选择性地去除(通常通过湿法蚀刻),从而从生长基板上释放Ⅲ-Ⅴ薄膜器件[4]。如图 7-8(a)所示,Yoon 等使用外延生长的多层结构 GaAs 和 $Al_xGa_{1-x}As$ 叠层,通过氢氟酸(HF)溶液去除 $Al_xGa_{1-x}As$,批量获得了柔性 GaAs 纳米薄膜[102]。值得注意的是,对于 HF 溶液,通常 $Al_xGa_{1-x}As$ 牺牲层中 x 需要大于 0.7 时,可确保 HF 溶液高选择性地刻蚀,如图 7-8(b)所示。这种选择性刻蚀法可以获得原子级光滑表面,并实现大面积的尺寸控制[1]。

控制剥落法也是常见的柔性 GaAs 制备手段,这种方法可以在室温下使用相对廉价的设备进行,可从晶圆乃至半导体锭上直接剥落柔性 GaAs。图 7-8(c)示意性地说明了控制剥落过程[103]。过程中,首先沉积具有临界厚度的拉伸应力层,然后在应力层表面构建柔性手柄层,接下来在晶圆边缘附近引发裂纹,最后机械地引导断裂穿透基底从而获得柔性的 GaAs 膜。基于这种手段,Bedell 等成功地从锗基板上剥落了厚度约为 $1~\mu m$ 的Ⅲ-Ⅴ单结外延层,如图 7-8(d)所示[52]。在该过程中,镍应力层除了提供机械应力外,还起到提供背面欧姆接触的作用。

纳米结构的Ⅲ-Ⅴ族化合物半导体工艺得到了长足的发展,目前已经能够实现高质量的 GaAs 纳米材料制备。例如,通过衬底的应变诱导可实现柔性的管状纳米结构 GaAs。合适的牺牲层可以减小器件层内的应变,这种应变也可用于诱导形状转换。如果纳米材料生长在晶格常数较大(或较小)的衬底上,则释放的纳米材料在应力作用下可以卷曲成管状形状[9]。这一概念如图 7-8(e)所示。以 InAs/GaAs 异质结和 AlAs 牺牲层为例,InAs 外延层的晶格常数大于基底,因而受到压缩应变;顶部 GaAs 外延层的晶格常数较小,处于拉伸应变之下。当牺牲层被选择性蚀刻之后,InAs 层倾向于膨胀,而 GaAs 层则压缩。两个反向力 F_1 和 F_2 产生净动量 M,使 InAs/GaAs 异质结纳米膜卷起,从而可以形成管状、环状和线圈等众多微纳结构[104]。图 7-8(f)所示为基于应变诱导自滚动形成的 InGaAs/GaAs 异质结纳米管,制备过程的牺牲层为 $Al_{0.6}Ga_{0.4}As$[105]。这种方法可以实现纳米结构柔性 GaAs 的低成本制备,是一种富有前景的手段。

除了纳米管和 GaAs 薄膜外,因其独特的机械和电学性能,一维 GaAs 材料也备受关注。高质量的单晶 GaAs 纳米线可以通过气固液(VLS)法制备,结合金属催化剂和过程控制,能够实现精巧的微纳异质结构。Gudiksen 等提出了一种纳米线超晶格制备工艺,并以 GaAs/GaP 为例进行了验证[106]。图 7-8(g)描述了此工艺的基本过程,首先在纳米团簇催化剂作用下通过激光辅助催化生长半导体纳米线;其次,生长过程中停止注入第一反应物,并引入第二反应物,纳米线末端的催化剂引导生长另一种材料。制备过程中重复上述工艺的基本过程,就形成了 GaAs/GaP 纳米线超晶格,如图 7-8(h)所示。

在所有已报道的单结太阳能电池中,GaAs 太阳能电池具有最高的能量转换效率,并接近了肖克利-奎伊瑟极限[113]。传统的 GaAs 光伏器件通常在刚性基底上制备,但是基于选择性刻蚀等方法,GaAs 太阳能电池可以被转移并与柔性衬底[如聚二甲基硅氧烷(PDMS)、聚酰亚胺]结合,集成柔性、可伸缩的光电子系统。图 7-9(a)所示为 Lee 等开发的柔性 GaAs 太阳能电池阵列,其中,左图为实物图,右图为变曲情况下的电镜图。该阵列使用 PDMS 作为基底,在双轴应变高达 20% 的循环试验中,电池的光电转换效率始终维持在 13% 左右[107]。

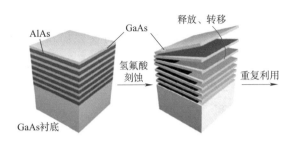

（a）选择性刻蚀法制备 GaAs 薄膜示意图[102]

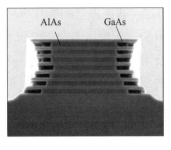

（b）AlAs 被刻蚀过程中的横截面扫描电镜图[102]

（c）控制剥落法制备 GaAs 示意图[103]

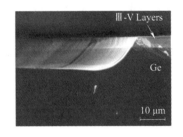

（d）从 Ge 衬底上控制剥落Ⅲ-Ⅴ族外延层[52]

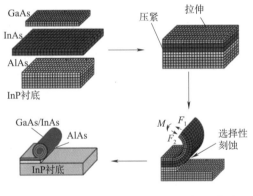

（e）应变诱导的自滚动形成Ⅲ-Ⅴ族纳米管机理[104]

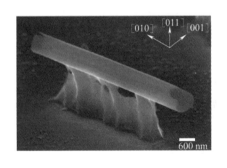

（f）自滚动形成的 InAs/GaAs 纳米管[105]

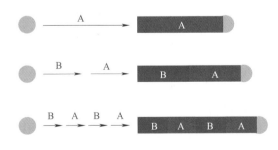

（g）纳米团簇催化剂合成半导体纳米线超晶格示意图，纳米团簇催化剂（金色），半导体纳米线（蓝色），另一种材料（红色）[106]

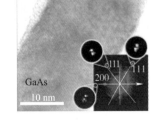

（h）合成的 GaAs/GaP 纳米线异质结[106]

图 7-8　柔性 GaAs 基与 GaP 基材料的常见制备工艺

GaAs 基探测器拥有优异的性能,特别是在近红外成像领域的应用中有明显的优势。图 7-9(b)所示为由 GaAs 探测器阵列组成的近红外成像器件,其中包括器件扫描电镜图(左)及未互联探测器单元(左图插图),器件记录的近红外成像图(右)及对应的原始图片(右图插图)[102]。该器件由 GaAs 光电二极管和阻流二极管互连阵列组成,使用环氧树脂作为基底提供机械支撑,正常工作时阵列的像素捕获率高于 70%[102]。

除了光伏器件和探测器外,柔性 GaAs 基发光系统因其在光遗传学的巨大潜力也获得了广泛的关注。如图 7-9(c)所示,Kim 等开发了基于可伸缩、可扭曲的 GaAs 微型 LED(μ-iLEDs)和微型光电探测器(μ-iPDs)阵列的光电子系统,并使用 PDMS 涂层对该系统进行封装,植入活体动物后仍可正常工作长达数月[108]。图中,从左至右依次为 PDMS 基底上弯曲的 GaAs 基 LED 阵列,植入于动物模型皮下照片及器件阵列(中图插图),手套上的微型 GaAs 基红光 LED 阵列[108]该系统通过转印技术将器件转移到弹性基板上,并采用了可拉伸的"波浪型"金属互连,这种方式已经成为实现Ⅲ-Ⅴ族 LED 柔性器件的重要手段。Park 等将超薄的 AlInGaP 红光 LED 结构外延生长在具有 AlAs 牺牲层的 GaAs 基底上,并通过氢氟酸蚀刻释放,然后将器件转印到预拉伸的 PDMS 衬底上,当 PDMS 基板的预应变释放后,金属互连线将形成波浪状结构,如图 7-9(d)所示。此时器件之间的互连线通过由弧形桥梁结构支撑,该结构可根据施加的应变而变形。这种设计对 LED 的平面发射特性的影响可忽略不计(24%应变下发射波长偏移约 0.3 nm)[109]。如图 7-9(e)所示,另一个转印的例子是硅基片上激光,其基本原理是先在硅片上构造互联金属 In/Ag,再利用 PDMS 印章将 GaAs 激光器转印到硅衬底上的互联金属处,最后加热固化使激光器固定在硅片上。这种手段简单实用,是下一代光电子系统集成过程的普适性工艺[110]。

近 10 年来,可植入的柔性光电子器件与系统已成为生命科学研究及医疗临床应用不可缺少的工具[114]。尽管植入式器件与系统的性能和功能不断得到改善和扩展,但供能问题始终困扰着大多数植入式设备。如图 7-9(f)所示,Song 等通过使用柔性、超薄和高效的 InGaP/GaAs 太阳能电池,设计了一种植入式太阳能电池,该电池使用生物相容性材料进行转移组装和封装,可用于皮下发电[110]。该电池体积很小,只需要一个简单的皮肤外科手术就可以实现器件的植入。该柔性Ⅲ-Ⅴ族化合物光伏器件阵列能够提供足够的能量来驱动与之连接的其他植入式设备,如传感装置和 LED 等[115]。

目前,植入式器件在理解哺乳动物大脑的功能和实现神经的行为调控过程中扮演着十分重要的角色[116]。传统的光学方法利用基因编码的钙指示剂(GECIs)作为细胞动力学特征的荧光标记,通过植入光纤来记录动物在焦虑、社会互动、运动等过程中的神经信号[117]。但是,这种方法中植入的光纤波导往往会阻碍动物的运动,从而限制了对动物自然行为的研究;此外,大脑中柔软的组织容易被坚硬的光纤探针损伤,可能导致植入物脱离[118]。因此,Lu 等开发了一种基于 GaAs 材料的无线可植入荧光计来替代光纤,如图 7-9(g)所示。图中从左至右依次为探针针尖的彩色扫描电镜图,工作中的集成系统,植入荧光计后可自由移动的老鼠图像(右)[111]。该荧光计为 μ-iLED 和 μ-iPD 并排结构,使用 PI 衬底提供机械支撑,通过基于 GaAs/In$_x$Ga$_{1-x}$P/Al$_y$Ga$_{1-y}$As 异质结的光电探测器对动物大脑深处的钙指示信号进行捕捉,并在探测器上集成了吸收器来增强检测效果[111]。这种设计在保证探测效果的同时,也使得被植入的动物可以不受拘束地自由活动。

  光子上转换过程在生物医疗、光能利用、红外成像等方面有着重要的应用。通过设计上转换材料和结构将"生物透明窗口"(800~1 000 nm)内的红外光子转换为可见光,对于生物医学诊断和治疗的意义重大[119]。然而,传统的上转换过程通常基于非线性发光材料,需要相干光或高功率激励源,在频率转换效率和响应时间等方面存在一定的局限性[120]。为此,Ding 等利用 GaAs 材料设计制备了如图 7-9(h)所示的微型植入式波长上转换器件,成功地实现了红外光到可见光的高效、快速上转换。该图从左至右依次为器件原理示意图(左上)及红外光源照射下的器件阵列(左下),植入后的裸鼠照片(中),在神经细胞中的上转换器件(右),用于记录神经元光电流信号的膜片钳吸液管(右图插图)[112]。该器件在低光照下就可正常工作,响应时间仅为纳秒量级,且具有良好的生物相容性。封装后的微型器件被植入活体动物体内,实现了对生物神经系统的有效光遗传调控[113]。

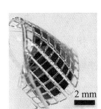

(a)柔性 GaAs 太阳能电池阵列[107]　　　　(b)由 GaAs 探测器阵列组成的近红外成像器件

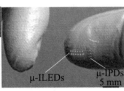

(c) 柔性防水 GaAs 基发光器件　　(d)基于 AlInGaP 的　(e) 硅衬底上的微型
　　　　　　　　　　　　　　柔性 LED 阵列[109]　　GaAs 激光器[110]

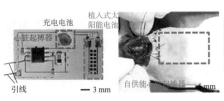

(f)基于柔性 GaAs 太阳能电池阵列的自供能心脏起搏器

图 7-9　GaAs 及 GaP 在面向生物医疗柔性光电子中的器件与应用

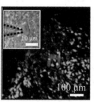

（g）面向深脑研究的无线植入式荧光计　　　（h）基于 GaAs 的植入式上转换光源

图 7-9　GaAs 及 GaP 在面向生物医疗柔性光电子中的器件与应用(续)

7.1.2.2　GaN

GaN 是一种室温下禁带宽度为 3.4 eV 的直接带隙半导体,通过掺杂 In 和 Al 构造的 AlInGaN 材料体系的禁带宽度在 0.7~6.5 eV 范围内可调谐,覆盖了从红光区到紫外的全部范围[121-123],在蓝光 LED、蓝光激光器和紫外探测器等应用中扮演着至关重要的角色[124]。此外,GaN 基材料具有相对较低的热生成率和高的击穿电场,在大功率器件和高频器件有广阔的应用前景[125]。

GaN 通常使用刚性的蓝宝石(主要成分为 Al_2O_3)材料作为衬底[126]。为了制备柔性的 GaN 材料与器件,激光剥离法是一种常见的手段。如图 7-10(a)所示,蓝宝石衬底上的 GaN 材料与器件通过晶圆键合技术与导热性好的导电衬底(如金属、硅等)结合,利用可以透过蓝宝石衬底的脉冲式 KrF 或 Nd:YAG 激光从背面对器件进行照射,激光穿过蓝宝石衬底在蓝宝石/GaN 界面处被吸收,导致界面处的 GaN 温度升高并在高温下分解为金属 Ga 和 N_2,顶部的 GaN 与衬底相分离,从而获得柔性的 GaN 薄膜[127,128]。

传统的蓝宝石衬底价格不菲,且热导率相对不高、大尺寸的蓝宝石衬底制备困难,因此,研究者们开发了 GaN 材料在硅晶片上的生长工艺[124]。利用各向异性刻蚀法对硅材料进行选择性刻蚀,就可以得到柔性 GaN 薄膜。如图 7-10(b)所示,使用 KOH 溶液对硅片进行各向异性刻蚀时,<110>方向上的硅材料被迅速刻蚀溶解,而(111)方向的硅衬底保持完好,获得具有支撑结构的柔性 GaN 薄膜[129]。图中下部为刻蚀后硅片上 GaN 膜示意图。[129]这种方法大大降低了成本且简单便捷,但是由于晶格失配,高质量的 GaN 薄膜难以在硅衬底上制备[130]。

另一种柔性 GaN 材料的制备手段是控制剥落法。图 7-10(c)所示为基于此法制备的柔性 GaN[131]。为了促进柔性 GaN 材料的剥离,在不破坏晶格匹配外延生长连续性的情况下,单层石墨烯被应用于Ⅲ-Ⅴ族化合物生长基底上。如图 7-10(d)所示,插入的石墨烯层可显著降低外延生长的Ⅲ-Ⅴ层与基板之间的机械结合,从而使薄膜器件更容易剥落,借助热释放胶带和 Ni 应力层就可以实现柔性 GaN 材料的制备[132]。

图 7-10(e)所示的 GaN 基蓝光 LED 已成为最重要的光电器件之一,被广泛地应用于照明、显示等众多领域[129]。利用先进的剥离手段,传统的刚性 GaN 材料与器件可以被加工为图 7-10(f)所示的柔性、可延展的形式[133],在柔性光电子领域应用前景广阔。微型薄膜 GaN

基 LED 可通过转印技术集成到 PDMS[128]、PET[129] 等柔性衬底上,构造可弯曲、可拉伸的柔性 LED 阵列,如图 7-10(g)、图 7-10(h)所示。相比于传统的刚性衬底,这些柔性阵列具有更好的生物相容性,如改善器件贴合在皮肤上的舒适度、减少植入过程中的损伤等。然而,目前与柔性基底集成的 GaN 基 LED 在伏安特性、量子效率等指标上仍然相对较低。为此,Li 等提出了一种新型的柔性 GaN 基 μLED 阵列制备技术。该手段采用图案化蓝宝石衬底(PSSS)作为生长基底制备了高性能的 GaN 基微型 LED,利用激光剥离法和 PDMS 印刷转移技术在柔性 PDMS 衬底上实现了 μLED 阵列[134]。通过沉积荧光粉,实现了该柔性 LED 阵列的彩色发光,如图 7-10(i)所示,图中上部为 LED 阵列照片,下部为沉积荧光粉后的照片[134]。

　　GaN 基微型 LED 因其光电性能优良,且体积小、厚度薄,可以作为光刺激源植入到生物体内中,为临床治疗和生命科学研究提供了强有力的工具。例如,GaN 基 LED 与 CMOS 成像器集成可构造植入式颅内成像器;植入式 GaN 基 LED 阵列可实现多点刺激,能够用于研究动物的光遗传学行为[138]。

　　现有的神经接口技术,如与药物输注的外部药物供应相连的金属套管和光遗传学的栓系光纤,不适用于对自由活动的动物进行微创、无拘束式研究。因此,Jeong 等将 GaN 基微型 LED 与微流体通道集成为了可注射探针[见图 7-10(j)],并将其植入小鼠脑部应用于闭环光遗传学调控和药物输送[135]。此探针用于闭环光遗传学调控和药物输送,左图为器件结构图,左图中插图为探针针尖与传统金属套管对比,右上图无线光电流系统示意图,中图上侧为无线模块,中图左侧为系统植入一周后的健康大鼠,右图下侧为无线控制小鼠旋转示意图[135]。GaN 基微型 LED 以光为刺激媒介能够成功调控小鼠进行转圈行为,微流体通道为药物输送提供了途径,植入后小鼠生理状况保持良好,这种设计为新型神经接口的开发提供了思路。光电子器件与生物系统的集成对于生物医疗的发展有着重要的意义,为了实现更多功能,Kim 等将微电极、光电探测器、GaN 基微型 LED 和温度传感器集成在同一个探针上[见图 7-10(k)],植入后探针上各模块均保持了良好的工作性能[136]。图中左侧为器件示意图,右上侧为光功率密度随输入电流的变化趋势,右下侧为植入后健康自由移动的老鼠[136]

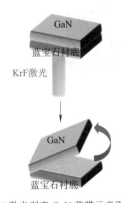

(a)激光剥离 GaN 薄膜示意图

(b)各向异性刻蚀硅获得 GaN

(c)控制剥落法获得柔性 GaN 膜实物图[131]

图 7-10　柔性 GaN 基材料常见加工工艺及在柔性光电子中的应用

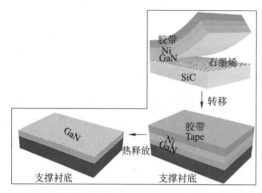

(d)机械剥离法从石墨烯上获得 GaN 膜示意图[132]

(e)InGaN 蓝光 LED
器件[129]

(f)基于纳米刻蚀制备
的 GaN 薄膜[133]

(g)基于 PDMS 衬底的柔性
GaN 基紫光 LED 阵列[128]

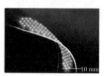

(h)基于 PET 衬底的柔性
InGaN 蓝光 LED 阵列[129]

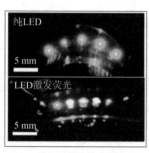

(i)一种新型转移技术制备的
柔性 GaN 基 micro-LED 阵列

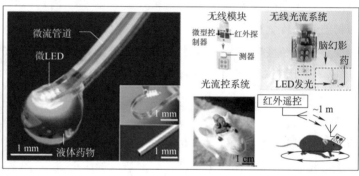

(j)集成了 GaN 微型 LED 和微流体通道的可注射探针

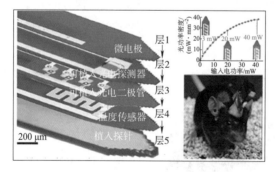

(k)集成了多层微电极、光电探测器、
GaN 基微型 LED 和温度传感层的多功能探针

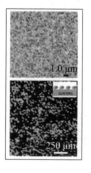

(l)用于捕获特定细胞的
GaN 纳米线平台

图 7-10　柔性 GaN 基材料常见加工工艺及在柔性光电子中的应用(续)

　　GaN 材料具有良好的生物相容性[139]，并且理化性质较为稳定，基于 GaN 材料的生物传感器已被用于抗体检测、细胞监控等生物领域，GaN 纳米线结构还可被用于特定细胞的捕获，如图 7-10(l)所示[137]，图中上侧为平台扫描电镜图，下侧为捕获细胞后的荧光图[137]。

7.1.2.3　InP

磷化铟(InP)禁带宽度为 1.35 eV,载流子迁移率高,发光性能好,是一种十分重要的 Ⅲ-Ⅴ 族半导体材料[140]。与 GaAs 或 Si 材料相比,InP 拥有的高抗辐射损伤能力使其在航天科技等应用具有独特优势。此外,尽管光电转换效率不及 GaAs 基器件,InP 基太阳能电池具有较低的开路电压和填充因子,在光伏器件领域仍具有相当的竞争力。InP 的高热导率和高频特性使其与 GaN 一同成为高频毫米波最具竞争力的材料之一。

对于实现 InP 在柔性光电子领域的应用,框架辅助薄膜转移工艺是一种简单实用的方法。首先,InP 基器件利用 MOCVD 等常规手段生长在牺牲层衬底上(如 InGaAs),然后通过刻蚀工艺在器件上构造小孔,并在器件顶部制备金属框架提供支撑,用于增强柔性器件的机械强度。接下来利用湿法刻蚀工艺释放顶部的柔性器件,在此过程中,器件上的小孔使得选择性刻蚀液更好地与牺牲层接触,金属框架提供支撑的同时还能作为器件的接触层将器件转移到 PET 等柔性基底中[141]。框架辅助薄膜转移工艺中,金属框架可以被其他方式替代,例如,Chang 等利用 SiO₂ 提供保护和机械支撑,使用 PDMS 进行转印,也能实现微型 InP 器件的转移[142]。

InP 可用于柔性电子系统中的光源模块。Jevtics 等将 InP 纳米线微型近红外激光光源与 SU-8 波导器件一同集成到柔性衬底上,该系统在 1.6 cm 的弯曲半径下仍能正常工作[143]。此外,InP 系统十分适用于制作 1.55 μm 波段可谐调器件,在垂直腔面发射激光器(VSCEL)等领域前景广阔。Strassner 等通过低压 MOCVD 生长工艺制备了 123 nm 厚的柔性 InP 薄膜,并提高掺杂水平优化其机械性能。该 InP 薄膜的最大谐调率为15.15 nm/V,被用于构造可谐调微腔[144]。除了发光器件外,InP 还被广泛应用于光电探测领域。Yang 等将厚度为 1 μm 的 InP 基 P-i-N 型光电二极管转移到 PET 衬底上。器件在 533 nm 绿光区响应度为 0.12 A/W,弯曲半径大于 38.1 mm 时仍可以正常工作,有望在可穿戴领域得到应用[141]。

7.1.2.4　InAs 与 GaSb

相比于 Ⅲ-Ⅴ 族化合物半导体的其他成员,砷化铟(InAs)和锑化镓(GaSb)拥有着较窄的禁带宽度,室温下前者为 0.36 eV,后者为 0.80 eV。加之 InAs 和 GaSb 均为直接带隙半导体材料,载流子迁移率高,在光电子器件特别是红外器件中应用潜力巨大。

InAs 本征状态下为 N 型半导体,本征 GaSb 呈 P 型导电特性,二者晶格失配率很低,InAs/GaSb 异质结能够形成 Ⅱ 型能带结构,是一种较为理想的材料体系。近年来很多学者在 InAs/GaSb Ⅱ 型超晶格体系做了深入的探索,如 Manurkar 等基于 InAs/GaSb Ⅱ 型超晶格构造了高性能的长波红外百万像素级焦平面阵列[145],Hoang 等基于 InAs/GaSb/AlSb 异质结构造了红外三色成像器,在红外短波、中波、长波段均具有明显的响应[146]。基于 InAs/GaSb 的 Ⅱ 型超晶格的优势主要是直接带隙吸收,较大的有效质量以及较小的俄歇复合几率,但也受制于较短的非平衡载流子寿命[147]。

因其高载流子迁移率和优秀的导电特性,InAs 和 GaSb 柔性材料可被应用于传统器件的优化。Fujita 等将 GaInAsP 纳米薄膜应用于激光器,抑制了 94% 的自发辐射,并将优先发射引导到垂直模式,将输出效率提高了将近 5 倍[148]。在这种系统中,纳米薄膜的厚度通常是发射波长的一小部分,以保证单模行为。Javey 等将 InAs 纳米薄膜与硅晶体管相集成,通过 InAs 纳米薄膜的量子局域效应大大改善了与栅极的静电耦合并降低了最大电流,使得器件的开光比提高了几个数量级[149]。在这项工作中,InAsO$_x$ 通过热生长法被引入到 InAs 薄膜上,基于表面钝化效应克服 InAs 缺陷较多的问题,有效地改善了薄膜质量。

7.2 二维半导体柔性光电子器件

7.2.1 二维半导体柔性器件基础

7.2.1.1 材料特性

类石墨烯二维材料及其异质结材料在纳米电子学领域引起了科研人员极大的研究兴趣。广义的原子层状晶体包括二维过渡金属硫化物(TMDs)、单原子屈曲晶体,如黑磷(BP 或磷烯)和双原子六角氮化硼(h-BN)等。这类二维材料可以通过剥离块状材料获得小尺寸薄层,也可通过外延生长和化学气相沉积(CVD)大面积制备。这种原子级超薄的单层或少层晶体具有极强的层内共价键和较弱的层间范德华力,因此二维半导体的电学、光学和机械性能优异[150-153]。二维材料是一套完整的材料体系,包括导体、半导体和绝缘体,且在柔性聚合物基底上是透明的且机械兼容的,这使得它们有希望引领下一代柔性电子产品的发展[154]。

柔性电子产品由于在可穿戴传感器[155-157]、电子皮肤[158-160]和智能、便携式的低成本一次性器件中的独特应用而受到广泛关注[25,161,162]。由于传统有机和非晶半导体薄膜晶体管的电荷迁移率低,其在柔性电子产品中主要局限于低频应用[163]。应变隔离和中立力学平面设计策略使无机晶体半导体实现了惊人的延展性和人体集成电子学性能;然而,这种方案往往需要较高的材料成本和复杂的加工技术[164]。另一方面,以石墨烯为代表的二维材料已经表现出迄今为止最高的器件迁移率($\approx 10^4$ cm^2·V^{-1}·s^{-1})、超大杨氏模量($\approx 1\,000$ GPa)、高断裂应变极限($\approx 25\%$)以及良好的透光性($>90\%$)[165-167]。传统无机半导体的柔性应用需要依靠力学设计将本征应变降到 1% 以下,以防止材料断裂。相比之下,更高的杨氏模量和断裂应变极限使得石墨烯对极限变形有更大的耐受性。二维材料具有良好的电学、热学和光学性能,是与低模量弹性体集成的理想材料,在经受较大机械形变的情况下,保持高性能的电子和光电器件[167]。目前,大面积柔性石墨烯电极的商业滚轧生产已经实现[166,168]。

然而,石墨烯的带隙为零,这阻碍了它作为数字晶体管在全柔性集成电路中的应用。二维半导体晶体,如 MoS$_2$ 和黑磷,由于其较大的可调带隙(可通过厚度、应变等进行调整),以及良好的机械和光学性能,可以很容易地满足应用要求。根据薄膜厚度,TMDs 和 BP 的带隙值通常在 1.1~2.5 eV 和 0.3~2 eV 之间,并且最高电荷迁移率分别可以达到约 200 cm^2·V^{-1}·s^{-1} 和 1 000 cm^2·V^{-1}·s$^{-1[150,167-176]}$。此外,当以 2D h-BN 为绝缘层,石墨烯为电极时,可以实现快速、柔性、低成本且透明的异质结数字晶体管和光电子器件[177-179]。此外,与二维材料相比,体材料的比表面积有限,因此发生在表面的化学吸附和反应只能引起有限的电信号变化。与体积相同的体材料相比,二维材料的可用表面积是巨大的。表面上的任何化学吸附都会引发单层或少层材料的电学性质发生巨大变化,因此它们是传感器件中化学和生物分子信息探测材料,以及能源应用中的电荷存储/转移材料的理想选择[180,181]。

7.2.1.2　二维半导体机械性能

与石墨烯类似,二维半导体与传统的体相半导体相比具有更好的机械性能。由于单层 TMDs,如 MoS$_2$、WS$_2$、MoSe$_2$ 和 WSe$_2$ 相近的原子结构和键合强度,它们具有相似的机械性能;然而,它们的极限强度和整体应力响应还是会受化学组分和加载方向的影响[182]。单层 MoS$_2$ 和 WS$_2$ 测量出的 2D 面内模量(E_{2D})约 170 N·m^{-1}[见图 7-11(a)],而 3D 杨氏模量 (E_{3D}) 在相关文献报道中约 170 N·m^{-1} 和 270 GPa[183,184]。而在另一种情况下,多层 MoS$_2$ 被测量出类似的有效模量 ≈330 GPa[185]。作为研究最多的屈曲 2D 晶体,黑磷的 E_{3D} 略低于 TMDs,并且高度依赖于加载方向。图 7-11(b) 所示为载荷力与 AFM 尖端位移曲线的关系,分别采用 armchair 和 zigzag 条带,其中 Δz 为位移,δ_{BP} 为畸变,E_{zig} 和 E_{arm} 分别为 zigzag 方向和 armchair 方向的杨氏模量。单层黑磷的 zigzag 方向和 armchair 方向的理论模量值(E_{zig}, E_{arm})分别为 166 GPa 和 44 GPa[186]。厚度在 14 nm 左右的少层黑磷在 zigzag 和 armchair 方向上的平均 E_{3D} 分别被测得为 58.6 Pa 和 27.2 Pa[图 7-11(c)][187]。另一组实验在不考虑加载方向的情况下,少层黑磷(14.3 nm)的 E_{3D} 更高,约为 276 GPa,断裂应变约为 9%[188]。黑磷的一个有趣特性是,由于褶皱的单层结构,其在 zigzag 上具有负的平面外泊松比,这可能带来新的材料功能[189]。

通过范德华相互作用将二维薄片堆叠到另一种二维薄片上,并形成具有所需带隙结构的异质结,是二维材料最有前景的优势之一。石墨烯/MoS$_2$ 的双层结构和石墨烯/MoS$_2$/石墨烯的三层结构具有相似的极限强度和断裂应变,但基本都大于单层和双层 MoS$_2$,这主要得益于石墨烯层提供的机械增强作用[190]。

层间耦合对二维异质结器件的性能起着重要作用,双层异质结构测得的 E_{2D} 总是低于每层 E_{2D} 之和,这意味着存在基于层间相互作用的层间滑动。这种“相互作用系数”α 描述了覆盖层对测量模量的影响,取值范围为 0~1,它可能取决于层间摩擦因数、层间范德华相互作用以及与压痕深度相关的应变。石墨烯同层膜之间的强相互作用防止了测量过程中的层间滑动,相应的石墨烯/石墨烯双层的 α 值几乎为 1。MoS$_2$/WS$_2$ 异质结的 α 值为 0.8,而相比之下 MoS$_2$/MoS$_2$ 双层中为 0.75,但在 MoS$_2$/石墨烯异质结中则仅为 0.69,如图 7-11(d) 所示[184]。

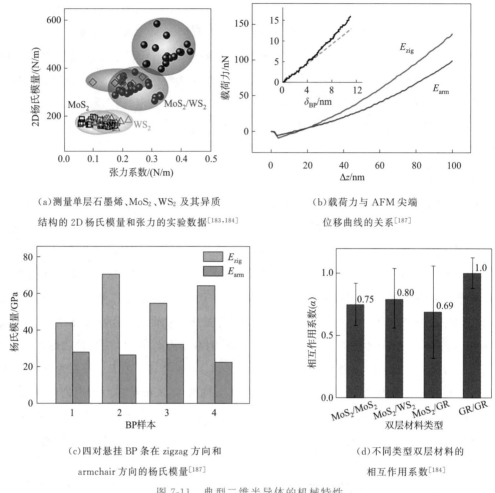

（a）测量单层石墨烯、MoS₂、WS₂ 及其异质
结构的 2D 杨氏模量和张力的实验数据[183,184]

（b）载荷力与 AFM 尖端
位移曲线的关系[187]

（c）四对悬挂 BP 条在 zigzag 方向和
armchair 方向的杨氏模量[187]

（d）不同类型双层材料的
相互作用系数[184]

图 7-11 典型二维半导体的机械特性

7.2.1.3 二维半导体应变调控

利用原位透射电子显微镜，Casillas 等在图 7-12（a～f）中展示了三层 MoS₂ 的超弹性和
伸缩性，并发现有证据表明在弯曲过程中存在明显的键合重构，并且 MoS₂ 片具有出色的恢
复初始键合结构的能力[191]。一些团队还进一步研究了应变对材料性能的影响，并实现了一
些新的应变工程应用。例如，有观点认为机械应变可以减小半导体 TMDs 的带隙，并引发
直接带隙与间接带隙间的转变，或半导体与金属间的转变[192]。机械弯曲不仅可以改变
MoS₂ 和黑磷纳米带中的费米能级和电荷局部化，而且会对带隙、带边和有效质量产生相当
大的影响[193]。如图 7-12（g）和图 7-12（h）所示，WSe₂ 在 1.35% 的单轴拉伸应变下出现了
100 meV 的带隙减小，这与 WSe₂ 导带边缘的变化有关，并导致了电子肖特基势垒的减
小[194]。图 7-12（h）中红色和蓝色数据点是由实验得出的单轴拉伸应变引起的 WSe₂ 中价带
和导带边缘的计算能量变化。红色和蓝色实线表示由于单轴拉伸应变引起的价带和导带边

缘的能量变化[194]。在图 7-12(i)和图 7-12(j)中观察到在少层 MoS₂ 被施加 1.5% 的单轴拉伸应变的情况下,拉曼面内模式(高达 −5.2 cm⁻¹)和光致发光(PL)能量(高达 −88 meV)发生的显著变化[195]。图 7-12(j)中箭头指示应变增加的方向,随着应变的施加,A 模式的变化不会像 E 模式那样大。

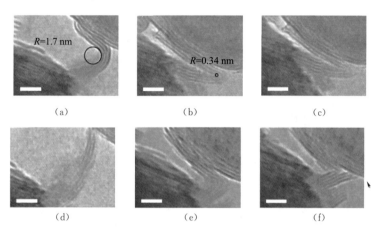

(a)~(f)TEM 图像序列展示了 MoS₂ 薄片最大弯曲极限,比例尺为 5 nm[191]

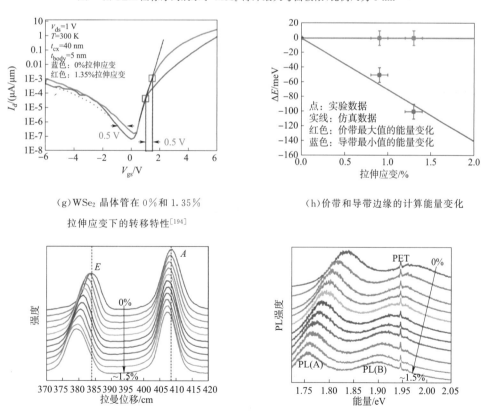

(g)WSe₂ 晶体管在 0% 和 1.35%
拉伸应变下的转移特性[194]

(h)价带和导带边缘的计算能量变化

(i)拉曼光谱

(j)PL 光谱随应变的变化[195]

图 7-12　二维半导体的弹性和应变工程

由于黑磷的屈曲结构,通过改变键长和键角,外加机械应变的方向和类型将在各种应变条件下影响带隙调制的大小,从而诱导直接-间接的带隙转变,并显著调制黑磷中电子和空穴的有效质量[196-202]。双轴应变可以调节单层黑磷 1.5 eV 的光学带隙和激子能量,这可以用于光电器件设计中[199]。双层黑磷在垂直于其表面的轻微压缩下产生新的导带最小值,该导带最小值与面内声学声子解耦,可以实现 $7×10^4$ cm²·V⁻¹·s⁻¹ 的超高电子迁移率,这比报道的基态黑磷高两个数量级[203]。这些理论和实验研究都表明,对于柔性器件应用来说,二维半导体不仅拥有理想的机械性能,还具备获得全新的电子和光电性能的应变工程能力。

7.2.1.4　二维半导体制备技术

(1)剥离。由于 2D 材料的层间范德华相互作用较弱,利用胶带进行机械剥离就可以获得原始的单层和少层 2D 材料。单层和少层的微米级 TMDs 和 BP 可以通过这种机械剥离法得到。液相剥离法,包括锂插层和有机溶剂超声,可以一次制备大量的单层和少层的 2D 晶体;然而,这种方法通常会导致亚微米级的晶体缺乏规则的形状和均匀的厚度,并且可能改变其电学性能,因此不是制备高性能数字晶体管的最佳选择,但适用于低成本的印刷柔性电子产品[150-153,169,171,204,205]。

(2)CVD 生长。只有实现大规模 CVD 生长方法后,柔性石墨烯器件才能迅速发展[94,95,167,168,206]。同样,对于柔性二维半导体器件来说,自下向上的可控生长技术是发展和应用器件非常必要的,相关技术包括 CVD 生长、外延生长、液相沉积等。TMDs 及其异质结可以按照所需的尺寸、厚度和位置生长,它们的单晶尺寸可达数十微米,多晶尺寸可达厘米级别[207-213]。

通过调整生长参数和前驱体化学计量比,CVD 法可以获得具有可控层厚的高质量大规模二维材料。这里主要包括两种策略:一种是直接使用二维材料粉末作为前驱体[207],另一种是利用 MoO_2、MoO_3、Mo 和 $(NH_4)_2MoS_4$ 等前驱体进行化学反应,俗称硫化和硒化。典型的结果是通过逐层硫化产生的 10 μm 左右的单晶[208],精确的层数(2~12 层)[209],以及毫米或厘米尺寸的大面积晶体。在这个过程中也有可能控制晶畴大小[214]并通过层厚度影响载流子迁移率[215]。这些早期探索的 CVD 薄膜只有中等质量,所得晶体管器件的迁移率通常也较低,有些甚至低于 1 cm²·V⁻¹·s⁻¹,开关比在 10^5 左右,仍低于最早通过机械剥离得到的 TMDs。然而,随着生长条件的不断改善,已经证明 CVD 的单层 MoS_2 最高可以达到 500 cm²·V⁻¹·s⁻¹的迁移率,这与具有低温载流子迁移率的机械剥离晶体相当[216]。CVD 生长的 MoS_2 和 S[217],以及蓝宝石衬底上的分解生长的 MoS_2[218]均实现了厘米级别的尺寸和大约 46 cm²·V⁻¹·s⁻¹和 196 cm²·V⁻¹·s⁻¹的高电子迁移率。同时,其他 TMDs 材料,如 $MoSe_2$、WSe_2 和 ReS_2,都已经可以在硒化后获得 5~50 μm 的晶体尺寸,并具有高的双极性迁移率和开关比[219-224]。

(3)异质结生长。在 h-BN 或外延石墨烯上直接生长 TMDs 晶体可以形成大面积的范德华异质结构,其中底层外延层的性质决定了异质结的性质。应变、起皱和缺陷可以作为覆盖层横向生长的形核中心。在外延石墨烯上直接合成的 TMDs 显示出原子级的锐利界面,

与只有 MoS_2 的薄膜相比,MoS_2/石墨烯异质结的光响应提高了 10^3 倍[178]。使用 3 型炉 CVD 装置将 WS_2 直接沉积生长到高质量的 h-BN 上,可以得到具有有限晶体取向的三角形 WS_2。该 WS_2 的 PL 光谱在 2.01 eV 处存在强烈尖锐的发射峰,证明了 WS_2 原子层的高结晶度和清洁界面[179]。具有适合尺寸和密度的少层 WS_2 和 MoS_2 周期图案及其垂直异质结阵列,都可以通过热还原硫化工艺实现大量生产。这种两步沉积法可以有效地防止 TMDs 发生不相同的混合,从而使垂直维度的 WS_2 和 MoS_2 之间形成清晰的良好界面[225]。除了外延垂直异质结生长之外,成分调制的 MoS_2/$MoSe_2$ 和 WS_2/WSe_2 横向异质结还可以通过在生长期间原位调制气相反应物来制备。WSe_2/WS_2 异质结不仅可以用来制备横向 PN 结二极管和光电二极管,还能创建高电压增益的互补反相器[226]。

（4）特定区域图案化生长。目前也可以直接根据所需的图案大规模均匀地生长 MoS_2。Au 催化剂首先通过常规光刻被图案化,"$Mo(CO)_6$" 蒸气在其上分解成 Mo-Au 表面合金,该合金是生长 MoS_2 原子层的理想 Mo 源。当暴露在 H_2S 中时,这种表面合金转变成具有所需图案的少层 MoS_2,这些图案可以被隔离并转移到任意衬底上[227]。如图 7-13（a）所示,这种方法既可以生长普通的大面积晶体（如左半部分）,也可以获得特定图案化的 MoS_2（如右半部分）。Mo 源材料的图案化种子可以在预定位置生长微米级分辨率的 MoS_2 薄片。由于单层薄片在预定位置已经被隔离,进一步制造成晶体管只需要一个光刻步骤[228]。图 7-13（b）中展示了在特定位置生长并形成图案的 MoS_2 薄片的光学显微图,图 7-13（c）所示为较高放大率下的选定区域[见图 7-13（b）中的虚线正方形],比例尺为 20 μm,插图是所选 MoS_2 薄片（虚线正方形）的 AFM 图像。一种大面积、少层 MoS_2/WS_2 垂直异质结阵列构成的可伸缩光电探测器产品如图 7-13（d）所示。图 7-13（e）中展示了它放大的光学视图[225]。这种新颖简便的生长策略对于在柔性衬底上获得低成本、大规模功能器件是不可或缺的。

（5）聚合物基底上的直接生长。通过磁控溅射和激光退火的方法在可延展聚合物材料上合成超薄（10 nm）TMDs 薄膜是可行的。在图 7-13（f）中,可以在聚二甲基硅氧烷（PDMS）基底的右下角看到大面积薄膜,图 7-13（g）展示了沉积的 MoS_2 薄膜的 AFM 形貌。这种溅射和激光退火的组合方式可以实现商业化的量产,并且有利于图案化,所得的柔性器件的电学性能与退火工艺相关[229]。通过使用溶液处理 $(NH_4)_2MoS_4$ 薄膜的方法,可以在 450 ℃ 的低温下合成晶圆级尺寸、均匀并符合化学计量比的 MoS_2 层。图 7-13（h）展示了该两步工艺的温度-时间剖面示意图和 $(NH_4)_2MoS_4$ 的热重分析（TGA）曲线。插图显示了直接在聚酰亚胺薄膜上合成的均匀且化学计量比的 MoS_2 层的照片。这种在生长温度方面的重大进步使得在聚合物衬底上直接合成高质量的 MoS_2 成为可能,这将进一步简化柔性电子器件的制备和应用[230]。

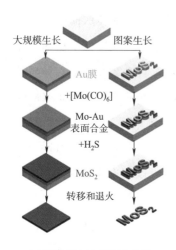

（a）形成 Mo-Au 表面合金和 MoS$_2$ 原子层[227]

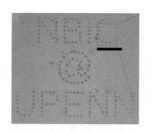

（b）在 NBIC@UPEN 的位置生长的 MoS$_2$ 薄片的光学显微照片[228]

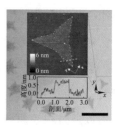

（c）MoS$_2$ 薄片的 AFM 图像[228]

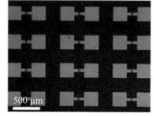

（d）SiO$_2$/Si 衬底上的 MoS$_2$/WS$_2$ 垂直异质结器件阵列[225]

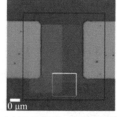

（e）MoS$_2$/WS$_2$ 垂直异质结器件的光学显微镜图像[225]

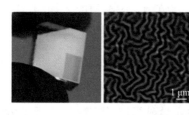

（f）大面积（3 mm× 5 mm）激光在一片 PDMS 上退火 MoS$_2$[229]

（g）沉积的非晶态 MoS$_2$ 的 AFM 显微照片

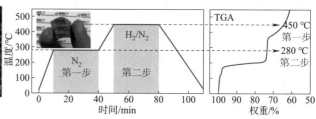

（h）温度-时间剖面示意图及（NH$_4$）$_2$MoS$_4$ 的 TGA 曲线[230]

图 7-13　用于柔性器件应用的 2D 半导体的大规模生长

（6）转移技术。通过使用纳米压印技术，可以将浮雕结构预图案化到体相 MoS$_2$ 膜上，将该体相 MoS$_2$ 膜作为印章，用于在厘米尺度区域的 SiO$_2$ 衬底上打印出有序排列的 MoS$_2$ 像素图案。这样印刷得到的 MoS$_2$ 薄片可用于构建具有优异电学性能的工作 N 型 FET[231]。将少层 MoS$_2$ 从硅/聚乙烯醇（PVA）/聚甲基丙烯酸甲酯（PMMA）叠层上的体相晶体上机械剥离，随后进行晶体管器件制备过程中的感光步骤。接下来，PVA 牺牲层在水中溶解之后，顶部带有器件的 PMMA 膜可以被转移到另一个预设的衬底上[232]。二维材料快速干净的转移是成功制备多种组分垂直异质结的前提[233]，由聚乙烯吡咯烷酮（PVP）和聚乙烯醇（PVA）两种聚合物组成的水溶性转移介质可以与 CVD 生长的 TMDs 及其异质结构形成强相互作用，从而实现简单有效的转移。结果证明，这种转移是非破坏性的、产率高，并能很好地保留原始材料性能[234]。

7.2.2 二维半导体柔性器件

7.2.2.1 柔性晶体管

逻辑晶体管具有直接和应变可调带隙特性、异质结构建简单、透光性良好和机械强度高等优点,是近几年来被研究最多的柔性二维器件。柔性二维场效应晶体管(FET)设计的典型例子如图 7-14(a)~(c)所示。最早的例子包括具有离子凝胶栅电介质的 MoS_2 双层电晶体管,其弯曲半径为 0.75 mm,在 0.68 V 的低工作电压下,有 12.5 $cm^2 \cdot V^{-1} \cdot s^{-1}$ 电子迁移率为和 10^5 的开关比[235]。在刚性硅基底上制备的 MoS_2 也可以转移到柔性衬底上以实现 5 mm 的弯曲半径,19 $cm^2 \cdot V^{-1} \cdot s^{-1}$ 的迁移率,以及 10^6 的开关比[232]。通过在柔性衬底上使用诸如 HfO_2 的传统固态高 k 介质,MoS_2 晶体管可以实现超过 10^7 的高开关比,30 $cm^2 \cdot V^{-1} \cdot s^{-1}$ 的低场迁移率,降至 1 mm 的弯曲半径[236]。最近一项工作成功地将一种基于溶液的聚酰亚胺(PI)柔性基底用于柔性晶体管制备,它使用了杂化有机/无机栅绝缘体和多层 MoS_2,其中嵌入了激光焊接的银纳米线。该晶体管具有高达 141 $cm^2 \cdot V^{-1} \cdot s^{-1}$ 的场效应迁移率,并在 1 000 次弯曲循环后保持性能稳定,其结果如图 7-14(d)和图 7-14(e)所示[237]。图 7-14(e)中插图为加载在多模态弯曲测试仪上的柔性设备的照片,弯曲半径固定在 10 mm。

由于载流子迁移率的限制,刚性 MoS_2 晶体管的最大振荡频率(50 GHz)可以与最好的石墨烯器件相媲美,但无法与传统的硅和III-V族射频(RF)器件竞争。然而,柔性 MoS_2 晶体管的最大振荡频率(10.5 GHz)[238],接近柔性基底上的石墨烯晶体管(15.7 GHz)[239]、硅纳米膜晶体管(12 GHz)[240]和III-V族晶体管(22.9 GHz)[241]的水平。大面积柔性 CVD 生长的 MoS_2 晶体管具有 $f_r L_g \approx 2.8$ GHz μm(f_r 为截止频率,L_g 为栅极长度)和 $V_{eff} \approx 1.8 \times 10^6$ $cm \cdot s^{-1}$ 的 RF 性能,在 10 000 次机械弯曲循环后仍保持良好的电鲁棒性。此外,RF 电路的其他构建模块,如放大器、混频器和无线 AM 接收器也被演示过[242]。基于 CVD 生长的大面积 TMDs 单层,与 P 型 WSe_2 晶体管和 N 型 MoS_2 晶体管组合起来,构成的高性能 CMOS 反相器具有达到 110 倍的电压增益、大噪声容限,低功耗和高度柔性等优点[243]。如图 7-14(f)所示,基于 CVD MoS_2 的集成柔性薄膜晶体管具有厘米级以上的大面积和与传统半导体制造工艺兼容的器件结构;1%以下的轻度应变对该器件迁移率的影响不大[244];插图是器件在 ≈1% 的应变和随应变变化的归一化迁移率下的光学图像[244]。

通过取代传统的金属源/漏电极和高 k 栅介质,石墨烯和 h-BN 可以集成到 MoS_2 晶体管中,构成完整的柔性二维异质结器件平台,从而最终实现兼顾柔性、透明性和器件性能的器件。一种以 WS_2 作为两层石墨烯之间的原子薄势垒的垂直 FET 被制备出来,它的电流调制超过 1×10^6,且具有高 ON 电流[245]。一种由柔性 MoS_2 沟道和 CVD 生长的石墨烯源/漏电极组成的具有适当迁移率和开关比的晶体管,其 MoS_2/石墨烯界面处的肖特基势垒与

MoS_2/金属界面相当[246],这种 CVD 生长的大面积 MoS_2 和石墨烯被用于制备柔性集成电路和具有异质结欧姆接触的多功能电子产品[247]。这些具有 MoS_2 沟道、h-BN 介质和石墨烯栅极的柔性 FET 已经展现出高达 45 $cm^2 \cdot V^{-1} \cdot s^{-1}$ 的场效应迁移率和低于 10 V 的工作栅极电压[248]。

一种使用液体剥离 BP 纳米片的存储器,展现出高达 3×10^5 的高开关电流比的双稳态阻变开关行为,并具有良好的存储稳定性和环境稳定性[249]。一种柔性 PI 上封装的底部门控 BP 双极性 FET 拥有 ≈ 310 $cm^2 \cdot V^{-1} \cdot s^{-1}$ 的低场空穴迁移率和 8ρ $cm^2 \cdot V^{-1} \cdot s^{-1}$ 的电子迁移率,如图 7-14(g)所示,其可用于数字逆变器、倍频器、模拟放大器和 AM 解调器。它拥有良好的机械鲁棒性,可以承受 5 000 次高达 2% 的单轴拉伸应变弯曲循环,其间没有明显的迁移率变化,如图 7-14(h)和图 7-14(i)所示[250]。另一项工作中的柔性 BP 晶体管实现了 ≈ 233 $cm^2 \cdot V^{-1} \cdot s^{-1}$ 的低场迁移率,在 -2 V 的 V_{DS} 下具有 ≈ 100 $\mu A \cdot \mu m^{-1}$ 的电流密度,以及 $\approx 6 \times 10^6$ $cm \cdot s^{-1}$ 的高饱和速度。其获得的最大振荡频率为 $\approx 14.5 \times 10^3$ MHz,同时也改善了空气稳定性,即使在 1.5% 应变下也能保持良好的性能。柔性 BP 晶体管在单轴拉伸应变高达 1.5% 下测量的归一化非本征 FT 的机械稳定性如图 7-14(j)所示[251]。

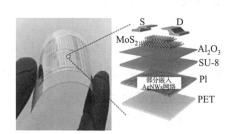

(a)弯曲的柔性 MoS_2 晶体管阵列的
照片及柔性器件逐层结构示意图[237]

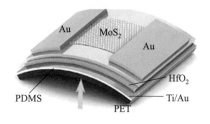

(b)可弯曲 MoS_2 晶体管的
另一个示意图[244]

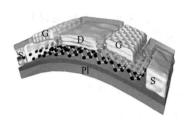

(c)柔性 BP 晶体管的图解[251]

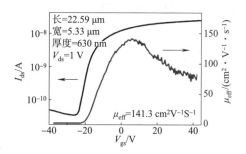

(d)柔性 MoS_2 晶体管的转移特性曲线和
场效应迁移率[237]

图 7-14　柔性二维晶体管的应用和性能

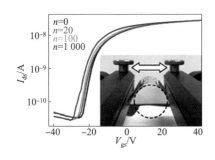

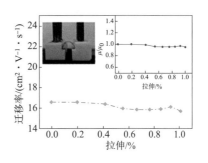

(e)循环弯曲下相对于弯曲循环
次数与传递特性的比较[237]

(f)载流子迁移率对应变的依赖性

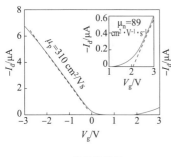

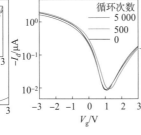

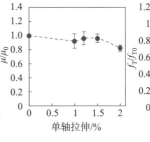

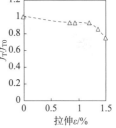

(g)传输特性的
线性图[250]

(h)多循环三点
弯曲结果[250]

(i)在单轴拉伸应变增加下归
一化低场空穴迁移率的器件[250]

(j)柔性 BP 晶体管
的机械稳定性[251]

图 7-14 柔性二维晶体管的应用和性能(续)

7.2.2.2 柔性光电器件

由于二维材料具有优异的透光性和直接可调的带隙,基于它的柔性光电器件也得到了广泛的发展。通过在柔性云母衬底上直接外延生长单晶超薄 GaSe 纳米板,制备了柔性光电探测器,即使在弯曲的情况下也能观察到有效的光响应[252]。图 7-15(a)所示为在云母衬底上的 GaSe 器件阵列的照片,其在暗态和白光下的 *I-V* 特性如图 7-15(b)所示。在弯曲半径达 35 mm 后,光电流略有下降,在偏置电压为 10 V 的偏置电压下弯曲前后开关可见光时源漏电流的时间轨迹,如图 7-15(c)所示。基于 MoS_2 的晶圆级均匀可见光光电探测器阵列形成在 PI 基底上,表现出与器件位置无关的均匀光电流。如图 7-15(d)所示,在 5 mm 半径弯曲循环 10^5 次前后的光电流仍然是可比较的,并且如图 7-15(e)所示,在 10^5 次弯曲循环之后,光电流的确切下降仅为 5.6%[230]。图 7-15(f)所示为在黑暗中测量 PET 薄膜上的少层 InSe 光电探测器的 *I-V* 曲线、示意图和照片,其宽带探测范围从可见光到近红外区域,具有高达 3.9 A·W^{-1} 的高光响应度,约 50 ms 的响应时间,以及长期的光开关稳定性,图 7-15(g)所示为响应度和计算比探测度在 $V_{ds}=10$ V 时在平面和弯曲状态下获得的照明强度函数,红色实线是实验数据的拟合[253]。PI 衬底上的 MoS_2/石墨烯异质结在背栅电压为 -15 V 时具有 33.2 A·W^{-1} 的光响应度[246]。一种范德华外延生长

获得二维 $Pb_{1\sim x}Sn_xSe$ 纳米片($\approx 15\sim 45$ nm),在云母片上进行了测试,展现出从紫外光到红外光的快速、可逆和稳定的光响应[254]。一种利用热还原硫化过程产生的少层 WS_2,MoS_2 及其异质结的周期性阵列,具有可控的尺寸,密度和几何形状。所制作的光电探测器具有 2.3 A·W^{-1} 的响应度,并且可以转移到具有相应性能的柔性衬底上[225]。脉冲激光沉积技术可以制备大面积高结晶性的 WSe_2 薄膜,并制成具有柔性、透光性、高稳定性和超宽带的光电探测器。这种器件在可见光范围内表现出 72% 的优异平均透光率和高光响应特性,包括从 $370\sim 1\,064$ nm 的超宽探测光谱范围,接近 0.92 A·W^{-1} 的可逆光响应度,高达 180% 的外部量子效率,以及 0.9 s 的较快响应时间[255]。

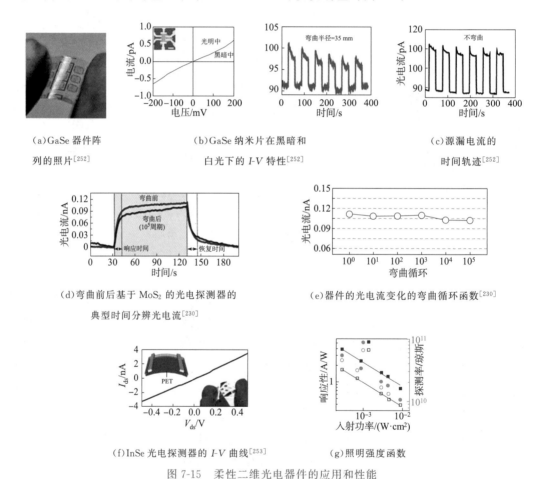

(a)GaSe 器件阵列的照片[252]　　(b)GaSe 纳米片在黑暗和白光下的 *I-V* 特性[252]　　(c)源漏电流的时间轨迹[252]

(d)弯曲前后基于 MoS_2 的光电探测器的典型时间分辨光电流[230]　　(e)器件的光电流变化的弯曲循环函数[230]

(f)InSe 光电探测器的 *I-V* 曲线[253]　　(g)照明强度函数

图 7-15　柔性二维光电器件的应用和性能

7.2.2.3　柔性传感器

MoS_2 FET 可用作压阻式应变传感器件,图 7-16(a)显示在不同弯曲半径的多次弯曲循环后阈值电压没有明显变化,在给定弯曲循环次数后,在平坦状态下顺序测量所有器件。图 7-16(b)中绘制了柔性 MoS_2 晶体管在平坦状态(实线)和拉伸状态(虚线,施加应

变 $\varepsilon = 0.07\%$)下测量的典型传输曲线这暗示了其传感机制。MoS_2 中压阻源自应变引起的带隙变化;通过绘制三层 MoS_2 不同应变值下的光学反射光谱,发现不同反射光谱中波谷位置的波长(λ)对应的带隙(E_g)可以由公式 $E_g = 1\,240/\lambda$ 估算出,如图 7-16(c)所示。提取的带隙随应变的增加而线性减小,每施加百分之一应变对应 -0.3 eV 的带隙变化。此外,在实际传感应用中,通过施加栅极偏压调制 MoS_2 费米能级,可以将应变灵敏度调谐 1 个数量级以上[256]。一种基于 MoS_2 薄膜沟道和氧化石墨烯电极的溶液处理柔性薄膜晶体管阵列,被用作检测 NO_2 的气体传感器,该传感器具有高性能、易操作和高耐久等特点。用 Pt 纳米颗粒对 MoS_2 薄膜进行功能化可以进一步提高约 3 倍的灵敏度。通过使用 MoS_2-PtNPs 作为沟道,实现了 2 ppb 的理论检测限[257]。图 7-16(d)所示为由弯曲的 PI 衬底上的 MoS_2 沟道和叉指石墨烯电极组成的二维杂化柔性器件结构的光学图像和扫描电子显微镜(SEM)图像。该器件可以灵敏地检测 NO_2 气体分子(>1.2 ppm)以及 NH_3 气体分子(>10 ppm),并且在 5\,000 次弯曲循环之后未发现气体传感特性的严重退化。图 7-16(e)所示为比较柔性异质结构器件在 5\,000 次弯曲循环试验前后的气体响应特性。插图是弯曲测试条件的 3D 示意图像[258]。同一团队还报告了基于二维金属($NbSe_2$)-半导体(WSe_2)的柔性、可穿戴和可洗涤的 NO_2/NH_3 气体传感器,该器件可以通过简单 CVD 法一步制备预图案化的 WO_3 和 Nb_2O_5。与 Au/WSe_2 结构的控制器件相比,二维 $NbSe_2/WSe_2$ 器件的气敏性能显著增强,这可能是由于 $Nb_xW_{1\sim x}Se_2$ 过渡合金结的形成,降低了肖特基势垒高度。这将使感应气体分子吸附的通道更容易收集电荷。这种柔性衬底上的器件即使在洗涤之后,也能保持出色的气敏特性和耐久性,如图 7-16(f)所示[259]。

由于二维材料具有非同寻常的化学敏感性、机械伸缩性、显著的生物适应性以及易于功能化的特性,它们在生物医学相关应用中也有巨大潜力[260-262]。基于刚性 MoS_2 FET 的生物传感器的典型例子如图 7-16(g)所示[263]。其中,f_m 为浓度的计量单位,指 10^{-5} mol/L。对于生物传感,一种覆盖 MoS_2 通道的介电层被功能化为专门捕获目标生物分子的受体。带电的生物分子被捕获后,会产生门控效应,从而调制器件电流。一种采用 Ag/AgCl 电极形式的电解质栅极被用于向电解质施加偏压。源极和漏极触点上也会覆盖介电层,以保护它们免受电解质的影响。pH 传感器的灵敏度定义为 $S_{n\text{-}pH} = (I_{pH2} - I_{pH1})/I_{pH1} \times 100$,其中 I_{pH1} 和 I_{pH2} 是器件两种不同 pH 电解质(pH1$>$pH2)下的晶体管电流值。当 pH 从 4 变化到 5 时,传感器拥有 713 的最高灵敏度,而器件在较宽的 pH 范围(3~9)内是可以有效工作的。即使在 100 飞摩尔浓度下,也实现了超灵敏且明确的蛋白质传感,灵敏度为 196。该性能超过石墨烯器件的 74 倍以上。

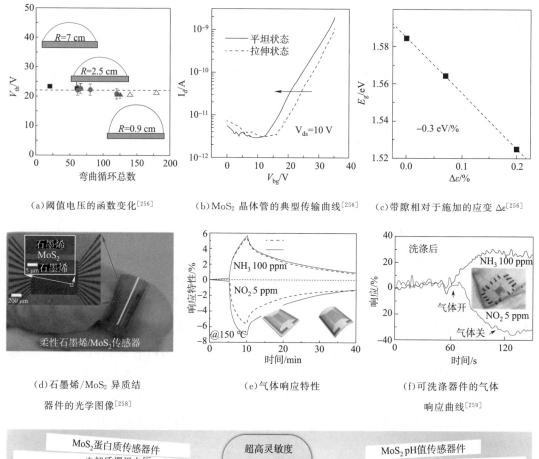

(a) 阈值电压的函数变化[256]　　(b) MoS₂ 晶体管的典型传输曲线[256]　　(c) 带隙相对于施加的应变 Δε[256]

(d) 石墨烯/MoS₂ 异质结　　　　　(e) 气体响应特性　　　　　　　(f) 可洗涤器件的气体

　器件的光学图像[258]　　　　　　　　　　　　　　　　　　　　响应曲线[259]

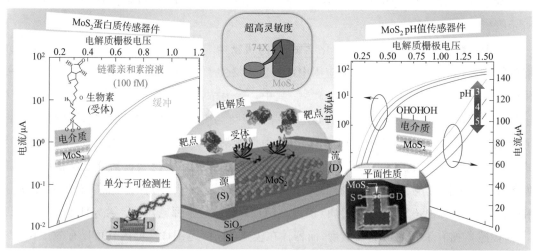

(g) 基于刚性 MoS₂ FET 的生物传感器的典型例子

图 7-16　柔性二维传感器的应用和性能

7.2.2.4　柔性超级电容器

二维材料具有较高的电化学活性和较高的能量密度,是构建柔性超薄超级电容器和电池电极的理想材料平台。电极的高导电性和超薄厚度增强了电子输运,缩短了离子扩散路径,并增加了电极与电解质的接触,从而实现了高性能的储能应用。一种无机石墨烯类似物,a1-钒基磷酸盐超薄纳米片,原子层数少于 6,可用于在全固态中构建柔性超薄薄膜赝电容[264],如图 7-17(a)所示。其中 VOPO₄/石墨烯杂化层用作工作电极,PVA/LiCl 凝胶用作电解质[264]。该器件结构表现出极高的比电容(高达 8 360.5 $\mu F \cdot cm^{-2}$)、高氧化还原电压(高达1 V)、优异的伸缩性、长循环寿命和稳定性,如图 7-17(b)所示,实现了 1.7 $mW \cdot h \cdot cm^{-2}$ 的超高能量密度和 5.2 $mW \cdot cm^{-2}$ 的功率密度。另一种基于 2D $V_2O_5 \cdot H_2O$/石墨烯纳米复合材料的高电化学性能的全固态薄膜超级电容器,如图 7-17(c)所示,具有高单位电容(11 718 $\mu F \cdot cm^{-2}$,电流密度为 0.25 $A \cdot m^{-2}$)、长循环寿命(超过 2 000 次)、出色的速率能力、较小的电荷转移电阻和超弹性,以及在 10.0 $mW \cdot cm^{-2}$ 功率密度下的高能量密度(1.13 $mW \cdot h \cdot cm^{-2}$),如图 7-17(d)所示[265]。通过 BP 纳米片在水中的可伸缩液相剥离,可以生产高浓度的少层 BP 纳米片状分散体,其具有高质量和高稳定性的特点。通过将这种 BP 纳米片与高导电性石墨烯片结合,可用作高性能、柔性的纸状锂离子电池电极,并显示出 501 $mA \cdot h \cdot g^{-1}$ 的高比电容、优异的速率性能以及在 500 $mA \cdot g^{-1}$ 的电流密度下的长时间循环能力如图 7-17(e)、图 7-17(f)所示[266]。二维锡硒化物纳米结构,包括纯 $SnSe_2$ 纳米盘和纯 SnSe 纳米片,已经被成功合成并用于制备柔性全固态超级电容器,其比电容分别为 168 $F \cdot g^{-1}$ 和 228 $F \cdot g^{-1}$。用这两种硒化锡器件具有高的面积电容、良好的循环稳定性、优秀的伸缩性和理想的机械稳定性[267]。

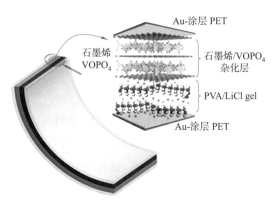

（a）柔性超薄膜赝电容器的示意图

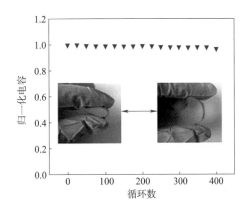

（b）赝电容在反复弯曲/伸展变形下的循环稳定性[264]

图 7-17　柔性超级电容器的应用和性能

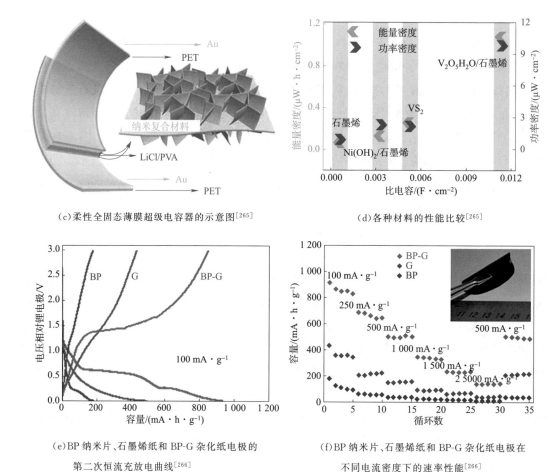

(c)柔性全固态薄膜超级电容器的示意图[265]

(d)各种材料的性能比较[265]

(e)BP 纳米片、石墨烯纸和 BP-G 杂化纸电极的
第二次恒流充放电曲线[266]

(f)BP 纳米片、石墨烯纸和 BP-G 杂化纸电极在
不同电流密度下的速率性能[266]

图 7-17　柔性超级电容器的应用和性能(续)

7.2.3　二维半导体可穿戴器件

7.2.3.1　可拉伸器件设计

对于前文所探讨的柔性器件,其可弯曲结构主要由两种策略构建:柔性材料或柔性结构。当材料足够薄时,弯曲应变随厚度的增加而减小;通过将薄材料置于中立力学平面中,可以使弯曲应变最小化。单层或少层二维材料是原子级薄且柔性的,具有远超脆性体半导体的本征机械性能,二维材料器件只需简单地放置在柔性聚合物基底上,就可以在多次弯曲循环下保持性能,因此能够进行弯曲和温和应变变形的柔性二维器件已经成为实现高性能、低成本、透明和可穿戴电子产品的基本方式。然而,为了获得真正的可穿戴和可人体集成的电子器件功能,必须进一步探究新型器件结构以实现可延展和共形的二维半导体器件。通过使用离子凝胶栅介质,可伸展的 MoS_2 薄膜晶体管已经可以被拉伸 6%[268]。借鉴可延展石墨烯电子产品中的经验,主要有两种方法可以帮助二维材料实现可拉伸性。第一种方法

需要首先预应变弹性体基底,然后将石墨烯片转移到预应变基底上,再进行应变释放。石墨烯形成完全[见图 7-18(a)或部分[见图 7-18(b)]结合到基底的褶皱和屈曲图案,这取决于界面附着力和薄膜厚度等。这样的方案已经获得了 450% 以上的可逆延展性,可以在电极中可靠应用[269,270]。第二种方法是基于应变隔离和中立力学平面设计原则的。相应材料在对发光二极管的可拉伸透明石墨烯电极的早期探索中,已经展现出超过 100% 的延展性[271]。图 7-18(c)所示为适当封装的可伸展蛇形阵列中的图案化石墨烯片,具有非常高的延伸性和一致性,已经成功地集成到皮肤表面作为电触觉模拟器[272]。

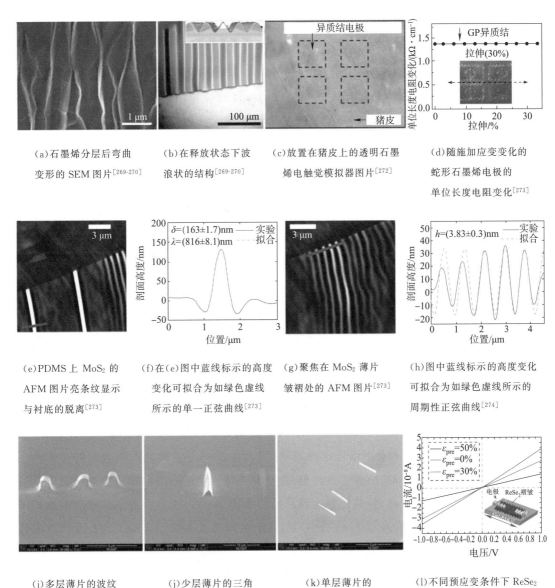

(a)石墨烯分层后弯曲变形的 SEM 图片[269-270]

(b)在释放状态下波浪状的结构[269-270]

(c)放置在猪皮上的透明石墨烯电触觉模拟器图片[272]

(d)随施加应变变化的蛇形石墨烯电极的单位长度电阻变化[273]

(e)PDMS 上 MoS₂ 的 AFM 图片亮条纹显示与衬底的脱离[273]

(f)在(e)图中蓝线标示的高度变化可拟合为如绿色虚线所示的单一正弦曲线[273]

(g)聚焦在 MoS₂ 薄片皱褶处的 AFM 图片[273]

(h)图中蓝线标示的高度变化可拟合为如绿色虚线所示的周期性正弦曲线[274]

(i)多层薄片的波纹几何结构

(j)少层薄片的三角几何结构

(k)单层薄片的针状几何结构[274]

(l)不同预应变条件下 ReSe₂ 皱褶器件的 I-V 曲线[274]

图 7-18　实现可拉伸二维半导体器件的策略

已经出现了一些对用于机械控制褶皱和波纹的二维半导体结构进行研究的基础工作。图 7-18(d)～(g)所示为用于测量少层 MoS_2 和柔软弹性体底之间的黏附性的屈曲计量结果。界面韧性和附着力值可以通过屈曲分层曲线计算出来[273]。通过施加大预应变(100%)和快速释放工艺,图 7-18(h)～(j)所示为具有不同层厚的 $ReSe_2$ 褶皱的三种不同形貌,其中的多层薄片形成波纹图形,少层薄片形成三角图形,而单层薄片形成针状图形。由褶皱引起的局部应变调制了光电特性;不同预应变条件下的 I-V 曲线结果如图 7-18(k)所示[274]。这些结果表明了在带隙应变工程中,可伸展的 2D 结构,以及具有精确机械控制柔软曲线形表面的先进器件集成,拥有巨大的开发潜力。

7.2.3.2 可穿戴光电器件应用

若要满足更高级的柔性器件应用,如集成到人体,器件仅具有简单的柔性和可弯曲性是不够的,还需要大于 30% 的延展性才能与表皮的弹性特性相匹配[275]。在实际的处理和应用中,特殊的结构设计和弹性基底上的黏合配置是实现大延展性和可靠性的关键。波浪形结构可以使材料实际承受的最大应变比施加的应变降低 10～20 倍[276]。薄膜结构的器件也可以构成网状,并仅在节点处与预应变基底黏合,产生屈曲的弧形结构,从而可以自由活动并承受 100% 以上的外加应变[14]。随着进一步的技术改进,使用蛇形或分形设计将薄膜器件完全黏合在预应变或非应变弹性基底上,实现大约 300% 的超高延展性[277-281]。在 2015—2017 年间,压缩屈曲的新研究成果可以形成复杂的 3D 结构,能够实现以前在平面结构中不可能实现的器件功能[282-288]。可拉伸石墨烯器件必须在弹性基底上遵循同样的中性力学平面策略和应变分离策略。有几项研究旨在打破石墨烯的拉伸应变极限,其中一项是将石墨烯片材完全黏合到预应变基底上,这类器件具有高达 200% 的拉伸能力[289,290]。另一种方法是在聚二甲基硅氧烷(polydimethylsiloxane,PDMS)衬底上封装和黏合石墨烯截断结构或蛇形网格,实现器件中的机械应变最小化,因此延展性高达 50%[291-295]。在 2018 年,人们开始探索将特殊的 3D 结构用于石墨烯异质结光电探测器[296]。

通过将石墨烯键合在预应变聚合物衬底上,然后控制应变释放,可以形成皱缩/弯曲的纳米结构[290,297,298]。这个策略形成的褶皱结构可以用大的应变来重新拉伸。图 7-19(a)所示为 Kang 等制造的褶皱的石墨烯光电探测器[297]。将 50 nm 金膜热沉积到重新拉伸的皱缩石墨烯上,随后再进行一次应变释放过程,使金能够与皱缩的石墨烯形成协调接触。这种褶皱结构不仅提高了延展性,使其能够达到原始长度的 200%,而且面密度的增加也提高了光吸收率,从而使响应度提高了 400%。图 7-19(b)所示为人脑模型表面上的高度可延展性的光电探测器。在约 11.1% 的拉伸弯曲应变下,该器件的动态光响应始终保持一致。此外,通过调制光传输,将皱缩的石墨烯光电探测器与胶体光子晶体集成在一起,实现了波长选择。通过褶皱结构与光敏材料或等离子体纳米结构的集成,可以实现器件响应度的进一步改善,这与使用稀土掺杂的上转换纳米颗粒类似[290,298]。

　　黏合在弹性体基底上的石墨烯可拉伸截断结构和蛇形网格是可拉伸石墨烯器件的重要解决方案。较早的例子包括用于 LED 的可拉伸石墨烯互连[271]、石墨烯电子文身[293] 和用于生物医学应用的表皮传感器[292,294]。一种复杂的可伸缩的蛇形设计石墨烯器件及其置于在人类皮肤上的图片被展示于图 7-19（c）和图 7-19（d）[292]。这种复杂器件能够形成可佩戴的贴片，以通过汗液监测糖尿病，并利用微针阵列实施治疗功能，这为治疗慢性糖尿病提供了新的方法。然而，我们还是将注意力集中到了一个基于可拉伸截断结构的可植入眼视网膜的例子上，它体现了可拉伸石墨烯异质结构光电探测器在生物医学上的应用前景。Choi 等演示了由石墨烯/MoS$_2$ 异质结构制成的曲面图像传感器（CurvIS）阵列，如图 7-19（e）～（g）所示[291]。该阵列被制造成截断的二十面体形状，具有 420 nm 聚酰亚胺薄膜的双面封装插图为单个器件结构，如图 7-19（e）所示，以便在转移到半球形 PDMS 表面后机械应力最小化。随后将 2 nm 厚的石墨烯图案化为交叉型源极/漏极，同时将 MoS$_2$ 转移到石墨烯电极上作为光吸收层。与未截断的圆形器件相比，截断的二十面体设计展现的最大应变为 0.4%，远小于圆形器件的 1.89%。这样制备的异质结展现出优异的光响应。得益于 MoS$_2$ 的高吸收率，它的响应度比相同厚度的硅基光电二极管高 2～3 个数量级。图 7-19（f）所示的插图展示了由该阵列捕获的图像，证明该异质结构器件具有良好的成像能力。此外，该柔性光电器件的应力低于 0.61 MPa，符合人眼模型。附加上超薄神经接口电极，阵列就可以模拟人眼工作，如图 7-19（g）所示。活体动物实验表明，人工视网膜可以很好地与探测光开关的阵列一起工作，并通过神经接口电极将相应的脉冲传导到视神经。

　　在 2018 年，一种更先进的基于压缩屈曲石墨烯异质结构的光电探测方案被开发出来，其中二维平面结构被替换为 MoS$_2$/石墨烯光电探测器的 3D 阵列，如图 7-19（h）～（j）所示[296]。其中，图 7-19（h）的半球上有 MoS$_2$（绿色）、石墨烯（浅灰色）和负性光刻胶（PR，SU-8）（灰色）[296]，图 7-19（i）左半部分显示了（h）中红色框区域的放大视图，插图为主图像中单位器件的示意图；右半部分对应的是应变分布的有限元分析结果[296]该方案中的关键策略是，在预拉伸的弹性基底与封装负光抗蚀剂层的选定区域之间形成强黏合，随后释放基底开始全 3D 结构的组装。其中的分析建模和全 3D 有限元分析技术对于预测和获得所需的几何形状非常有帮助，同时避免了开裂或其他形式的机械降解。最佳的 3D 形状包括半球体、八角棱锥体和八角棱柱体。在这种由单层聚合物支撑的超薄半导体光敏电阻中，石墨烯和 MoS$_2$ 分别扮演了电极和沟道的角色。如图 7-19（j）所示，这种设计不仅可以监测入射光的强度，而且能够实现入射光方向的监测，展示了两种测量角度（θ 和 ϕ）以供比较。由此可见，基于复杂 3D 结构的石墨烯杂化器件可以实现更多的功能。

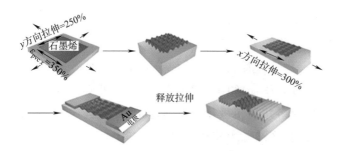

(a)可拉伸石墨烯光电探测器的
制造工艺示意图[297]

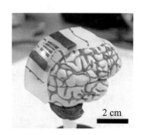

(b)高度可延展和共形的器件
放置于人脑模型上[297]

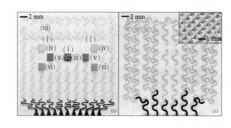

(c)石墨烯电化学传感器阵列(左)、治疗阵列(右)
和载药微针的放大视图(插图)[292]

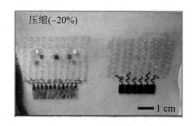

(d)变形时的人体皮肤上的糖尿病补丁[292]

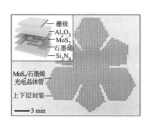

(e)光电晶体管阵列的图像
和单个器件结构[291]

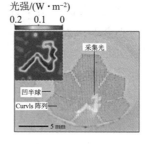

(f)眼睛模型中的高密度
曲面图像传感器阵列
的图像[291]

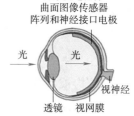

(g)带有柔软光电器件的
眼部结构示意图[291]

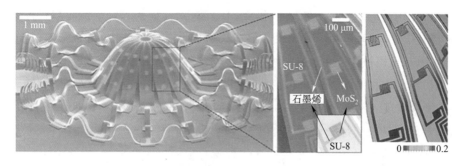

(h)石墨烯/MoS₂光电探测器的SEM图像

(i)视图及分析结构

图7-19　可延展的二维光电器件

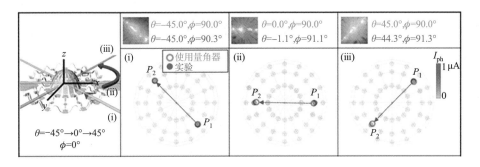

(j)以不同的入射角测量穿过 3D 表面的光电流[296]

图 7-19　可延展的二维光电器件(续)

7.3　柔性光子器件

7.3.1　柔性光子器件基础

7.3.1.1　器件特点

无机柔性电子学在近年得到了蓬勃的发展并对信息电子科学领域产生了巨大影响。利用传统无机材料和新颖力学结构所制备的高性能可延展的多功能传感器和能源器件已经对医疗及能源产业带来了变革。无机刚性的半导体材料在亚微米厚度可以具备柔性和弯曲的性质[299,300]，而岛状半导体器件和桥状蛇形金属导线的设计可以实现隔离应变的作用[164]，从而在实现器件高性能的同时达到极高的延展性和良好的力学性质。柔性电子器件已经应用在了人体皮肤体征传感[275,301]、大脑及心脏电学信号探测与治疗[302,303]、仿生电子眼[15,304,305]、柔性太阳能电池[107,306,307]、储能电池和 LED 照明系统等[108-129,308]。与柔性电子学相比，光子器件局限在小面积原型制备和基础性质研究，还难以实现柔性可延展的性能和适用于人体或者弯曲表面的应用。为了实现柔性光子学的发展和光子器件的多功能应用，光学超材料结构已经在近几年实现了具备一定的柔性可弯曲的性质。柔性可延展电子器件力学设计的目的在于尽可能降低应力作用对其功能的影响。与之相反的是，光子器件则可通过应力作用对单元结构间的几何关系进行改变而产生很强的谐振性质调控。

光学超材料具有人工制成的毫米、微米或者纳米单元结构，其单元结构尺寸远小于响应波段的波长而被称作"超原子"，由超原子所组成的体材料可以视为适用麦克斯维尔方程的有效介质。单元结构通过与入射电磁场的电场及(或)磁场产生极强的耦合谐振，导致了此类材料有非常独特的性质，包括等离子激元的激发、负折射率、反常的反射折射效应、完美吸收、亚波长聚焦等[309-317]。等离子激元器件由亚波长金属纳米结构组成，其激发产生在电介质和金属材料的界面上。在入射电磁场的作用下，金属的自由电子云相对于固定的正离子核进行集体振动,与光子的电场形成谐振产生等离子激元并被紧紧束缚在表面。表面等离子激元可以将光聚集在纳米尺度并增强电场强度,实现了一些特殊的光学谐振特征,如法诺谐振等[318,319],并在生物分子传感[320-323]、增强拉曼信号[324-326]、亚波长成[327]和能源领域[328,329]有着广泛应用。此外,纳米尺度的等离子激元结构将有可能实现协同调控光子传播和电子运动的功能。除了纳米金属结构与光的电场产生极强谐振特性外,与光的磁场产生极强谐振的研究也开启了负折射率的研究领域并产生了广泛的影响。2001年,研究人员[311]第一次使用双开口环谐振器结构在实验上证明微波波段的负折射率,研究人员一步步将负折射率的响应波段推进到太赫兹波段[330,331]、电信波段[312,332]甚至可见光波段[333-335]。领域研究重点在于使得超材料单元结构与电磁场的电场和磁场进行响应产生负的介电常数(permittivity)和磁导率(permeability)数值,并通过进一步的结构设计降低光的损耗来提高材料性能。由于单元结构的几何大小和响应波段有直接的关系,其设计也由毫米大小的开口环谐振器,衍变为微米及亚微米的开口环谐振器、金属条、渔网状超材料等。由于对光波传导方向的改变和光波谐振性质的调控,光学超材料的兴起将有可能实现物件的隐身作用,超级棱镜中的亚波长成像技术,变化光学、生物化学传感器,柔性高像素显示器,皮肤光子器件等领域的发展如图7-20所示。

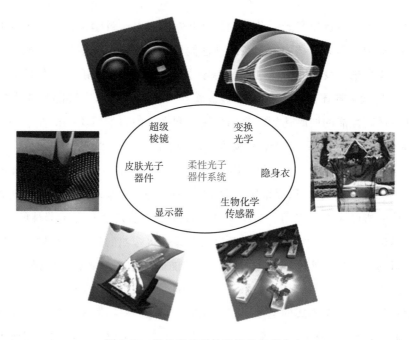

图 7-20　柔性光子器件系统的应用方向

新的研究热点要求我们能够进一步调控光学超材料与入射电磁场的相互作用,改变光波的传导、透射、反射和吸收以得到理想的性质,进而实现很多自然材料所没有的光学性质及应用。如果要真正实现理论上的超级应用,如光子信息传送、隐身装置、超级棱镜、完美吸光器、能源采集和传感器等,还迫切需要发展能够量产大面积纳米结构,以及柔性可延展超材料器件的制备工艺技术。自 2010 年起,科研人员已经在此领域开展工作,实现了有一定柔性性能的超材料和等离子激元器件,并得到了由应变可调控的光学性质变化。但与柔性电子学目前的技术和发展相比,真正实现柔性光子器件的应用还有一定距离。这主要是由于大部分光子器件依赖于传统刚性小面积纳米结构的制备工艺,如电子束曝光等,其光学性质通常是各向异性们,因此需要校准入射光的偏振方向。而仅仅实现可弯折的光学器件还无法对其谐振性质进行有序的调控。

7.3.1.2 基底材料

为了实现柔性光学超材料器件及其在任意表面上的功能性,聚合体材料由于有较低杨氏模量能够轻易地保形贴合物体表面,并实现轻薄透明等特性,是理想基底材料的选择。弹性体材料由于其可拉伸性可以产生机械调控而不需要外在的制动器或者偏压,一些以弹性体材料为基底的可调控光学器件已经应用在生物传感器、无线电应变传感器和吸收器等方向。选择适合于光学超材料的柔性基底需要着重考虑在工作波段内(微波到紫外)的电磁性质和力学性质,这包括:(1)低介电常数和折射率,用来保持超材料的谐振强度和带宽,并降低由基底反射产生的损失;(2)低吸收常数,用来增强光波的透射和传播。除了基底材料良好的电磁性质外,其力学性质特别是杨氏模量也非常重要,基底材料需要能承受较大的可重复、可逆的力学形变。但同时要与微纳加工工艺有很好的兼容性,这包括具有一定的耐热性和抵抗普通化学腐蚀的性质等。综上所述,柔性光学器件可用的柔性基底材料包括聚二甲硅氧烷(polydimethysiloxane,PDMS)、聚酰亚胺(polyimide,PI)、聚对苯二甲酸乙二醇酯(polyethylene terephthalate,PET)、聚乙烯萘(polyethylene naphthalene,PEN)、聚亚安酯(polyurethane,PU)和聚甲基丙烯酸甲酯(polymetylmethacrylate,PMMA)等。其中最常用的材料包括 PDMS、PI 及 PET。

1. PDMS

PDMS 是有着低表面能,有良好生物兼容性和柔软拉伸性的弹性体材料[336,337]。其工作范围为 −50～200 ℃,具有极低的在千帕(kPa)到兆帕(MPa)量级不等的杨氏模量和低吸收损失。与传统微加工及特殊的软压印工艺相兼容,使其更适于柔性可调控的超材料。PDMS 有非常优越的弹性性质,通常可以承受 120% 以上可逆的拉伸,而且在非常大的光谱范围内有很好的透明度,适合用于宽波段的力学应变光学调控。但是,PDMS 有较大的热膨胀系数(3.1×10^{-4} ℃$^{-1}$),这导致在其表面蒸镀的金属容易产生微褶皱,但这可以通过仔细控制蒸镀温度或者增加封装层来平衡应力。PDMS 对温度变化及有机溶剂也非常敏感,这可能会对超材料的几何形状产生影响。除此之外,PDMS 表面是疏水的,这很难在其表面应用光刻胶,但表面活性处理则可以增强亲水性。

2. PI

PI 也常称为 Kapton 胶带,在柔性电子器件有着广泛的应用[338]。PI 有 2.5 GPa 的杨氏模量,在较大拉力下可实现 50% 的拉伸[339]。PI 是与传统微加工工艺相兼容最好的聚合体材料之一,和金属等材料有较强的黏性和应变离域作用。工作温度在 $-269 \sim 400$ ℃之间,可以承受各种物理金属蒸镀过程。其低热膨胀系数也与大部分金属和氧化物兼容。PI 能使用光刻胶并对酸溶液等有抵抗性,所以能使用光刻技术直接制备高精度的微米结构,如太赫兹超材料。

3. PET

PET 应用于射频识别技术贴纸、液晶显示器膜和电容触摸传感器等[340]。在可见光范围内是透明的,在太赫兹范围内近似 PDMS,其介电常数为 2.86,工作温度为 $-80 \sim 180$ ℃,有较低的热膨胀系数,与金属和光刻胶有较好的黏性。由于其杨氏模量达到 $2 \sim 2.7$ GPa,这使得 PET 是柔性超材料实现弯折透明性能的选择之一,但无法实现柔软拉伸性。

微纳加工工艺的成熟已经使得微米及纳米级别的超材料在传统及非常规的基底上实现,包括传统的微米光刻技术[341-349]、电子束曝光技术[350,353]、纳米软压印技术[354-356]、纳米粒子自组装[357,364]、纳米掩膜板技术[365,366]、激光直写技术等。为了控制制备工艺参数,柔性基底通常通过旋涂、层压、挤压、刮涂等方法与硅片载体结合得到足够的机械强度。在此过程中,弹性体材料需要有光滑无气泡的表面。除此之外,也可以通过传统工艺在刚性基底制备完整的超材料后利用剥离转印技术转移到柔性基底上。

7.3.1.3 制备工艺

1. 光刻技术

光刻技术是制作太赫兹波段超材料的常用传统工艺,通过得到高精确度的亚波长结构（30 μm～3 mm）,微波和太赫兹波段的单层及多层超材料已得到广泛的研究和应用。直接在柔性基底上制作超材料需要将基底的表面处理为亲水性,但通常的等离子表面激活只能持续很短时间,而且基底材料需要经受光刻过程中的有机腐蚀性溶液和高温材料蒸镀等,这使得直接在柔性基底上应用光刻技术较为困难。

2. 电子束曝光

电子束曝光也是制作可见光和近红外波段负折射率超材料和等离子激元的传统工艺之一,通过高能电子束对光刻胶 PMMA 的曝光显影和金属蒸镀后剥离光刻胶,能够得到低至几纳米精确度小尺寸的结构。由此得到的亚波长单元结构可以使得超材料的谐振波段达到可见光和近红外。虽然电子束曝光可以得到高质量的亚微米结构,但是其主要限制在于无法快速得到大面积的结构和有厚度的多层结构。长时间序列化的曝光导致 3 mm×3 mm 的器件面积需要耗费 24 h 以上,系统的不稳定性导致大面积曝光的器件产生拼接错误和散光问题,以及精确度降低和对准偏差。

3. 掩模板技术

掩膜板技术可以通过镂空模板直接蒸镀材料来得到单层和多层的微米或纳米结构,这项技术避免了任何光刻和湿法刻蚀的过程。利用这种方法,低至 100 nm 宽的结构可以在任意的柔性基底上产生,也可以重复使用掩膜板实现高产量。但是,在蒸镀过程中原子在掩膜板和基底空隙的扩散会导致结构产生形变,并且多次使用后掩膜板的分辨率会降低。器件的面积也将取决于掩膜板的大小,首次制作掩膜板也将依赖于电子束曝光等技术而导致很难真正实现大面积和低成本。

4. 软压印技术

软压印技术是可以在聚合体材料实现微米或者纳米尺度的特殊工艺技术。此技术可以避免在光刻或者电子束曝光技术中所出现的问题,如不会受到衍射限制,不需要高能辐射,且成本低廉。纳米软压印技术需要使用的弹性体印章是浇筑并复制了主结构的 PDMS。主结构可由相应的光刻或者电子束曝光技术来实现。软压印的过程包括将预聚合物置于载体上,将 PDMS 印章压印在表面后进行后固化处理。移除印章后得到了与印章完全相反而与主结构完全相同的聚合体或有机材料结构。软压印技术可以去除聚合体材料的高温膨胀、低附着力、低加工温度和化学不稳定性等缺点,而且适用于不同大小的结构和弯曲表面。

5. 转印技术

转印技术可以将任何在硅或者刚性基底上加工的半导体、功能氧化物和金属材料结构由弹性体印章揭取下来并转印到任意的基底上。这项技术可以兼容现有的高温加工技术,但是也需要非常精确的控制转印结构与供给基底及接受基底的黏附力关系。目前此技术已经实现了半自动化,可满足实验室及小规模量产的需求。

6. 自组装技术

纳米大小的金属粒也可以通过自组装技术聚集在液体或者基底表面形成一层金属离子薄膜,进一步地转移至弹性体材料,可以实现柔性等离子激元等应用。自组装技术指纳米颗粒通过非共价键的作用形成稳定有序的图形,通常聚苯乙烯(polystyrene,PS)的分子小球能形成大面积的六边形结构并在等离子刻蚀后成为金属镀膜的模板,而金或者银的纳米颗粒则也可以直接自组装为六边形结构。虽然纳米自组装技术可以低成本地制作较大面积金属纳米结构,但其存在较多无法预测的缺陷和局部的无序导致对其光学性质的预测和分析有一定难度。

由于大部分微加工技术只能制备平面单层的超材料结构,这限制了超材料可能实现的应用,如超越衍射限制的成像技术、隐身装置以及传感器等。利用平面制备工艺将单层材料叠加后可以得到多层三维超材料结构,但得到的多层结构也同样遭受各向异性的谐振反应。更为先进的应用(如隐身装置)需要真正各向同性的超材料,并在一定体积范围内控制空间上的介电常数和磁导率。平面制备工艺难以制备各向同性并且介电常数和磁导率为负的超材料,所以需要发展更为先进的制备工艺来实现有着亚波长结构且反应各向同性的三维超材料。潜在的制备工艺包括三维激光直写、聚焦离子束刻蚀、立体微米印刷、多光子聚合、多层电镀和干扰光刻等。

7.3.2　柔性光子器件应用

7.3.2.1　柔性负折射率超材料

2001 年,Smith 等[311]首次在实验上证明了微波波段的负折射率。图 7-21 所示的结构,双开口环谐振器在特定波段 10.2~10.6 GHz 间实现了负的磁导率,而铜导线则重叠此波段实现了负的介电常数。测量由此超材料制成的棱镜折射角为 −61°,表明此材料的折射率为 $n = -2.7 \pm 0.1$。

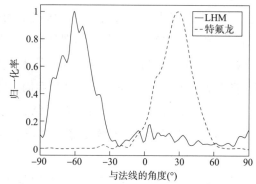

图 7-21　首次实验证明在微波波段显现负折射率的超材料[311]

利用类似的设计并通过普通金属蒸镀和光刻的方法可以在 PI 薄膜上制作双开口环谐振器来实现无线测量应变[341]。与硅基底相比,柔性 PI 基底的使用在外加机械负荷的情况下实现了更高的灵敏度(29.776 kH/N)和线性响应(减小 3% 的非线性误差)。在通过理论计算和实验研究毫米大小多层单开口谐振器单元结构位置相对移动后,透射光谱显示在不同层单元结构相互错开最大距离时谐振频率变大[342]。

通过按比例缩小开口环谐振器的尺寸,在 5.5 μm PI 薄膜上制作外围边长在 50 μm 左右的单元结构可以得到谐振频率在 1 THz 左右的太赫兹波段超材料[343],如图 7-22 所示。多次弯折器件后其透射光谱保持与初始一致,由于其基底的超薄柔软度,器件可以轻易包裹在半径为 3 mm 的柱状表面。使用厚度为 51 μm 的透明胶带制备的单层和双层开口环谐振器超材料实现了非常低的插入损失(0.6 dB)和波段拒绝比例(30 dB)[344],将其贴在弯曲的 PET 瓶或者金属表面,双层超材料响应反射性质也保持不变。如果将 1~5 层制备在 PEN 上的单开口环谐振器叠加起来,则得到了层数越多谐振更强的实验结果,这也为应用窄波段太赫兹滤波器提供了实验基础[345]。与之相反,通过叠加 5 层有着不同几何大小和谐振频率的单开口环谐振器,则可实现半峰全宽在 0.38 THz 宽波段滤波器的应用,这比单层超材料的波宽增加了 4.2 倍[346]。利用传统光刻在柔性 PI 基底上制备的 PI-金属-PI-金属-

PI 的多层微米开口环谐振器结构避免了在刚性基底的法布里-珀罗（Fabry-Perot）反射，实现了中心频率在 0.89 THz 的柔性宽波段的带通滤波器，在 0.69 THz 频率有 3 dB 带宽，且透射性质对偏振及样品弯曲度不敏感[347]。而在柔性 PI 基底上制备的单层及多层的"I"形状的金属超材料[348]，实现了分别为 38.6（拟静态值 20）和 33.2（拟静态值 8）的超高折射率，如图 7-23(a)所示。实验结果显示了通过精确的谐振结构设计可以对光学材料最重要的参数折射率，实现期望的数值获取，而这在未来应用超材料于变换光学领域具有巨大意义。通过光刻将两层微米渔网超材料嵌入三层 PDMS 中，最后得到了响应在太赫兹波段的柔软超材料的实验也证明了 PDMS 在太赫兹波段的折射率和吸收率适合超材料的应用[337]。此外，研究人员通过结合光刻和电镀的方法得到了竖立的在太赫兹波段响应的开口环谐振器结构[349]，如图 7-23(b)所示。

图 7-22　在 PI 上制备的有着太赫兹波段响应性能的单、双开口环谐振器[343]

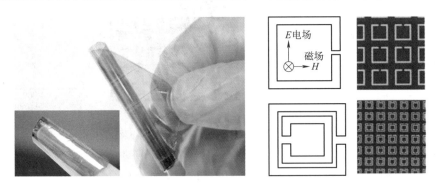

(a)I 型超材料设计

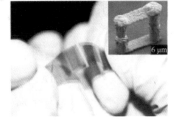

(b)柔性单开口环谐振器超材料

图 7-23　超高折射率的 I 型超材料设计[348]和站立的柔性单开口环谐振器超材料[349]

　　柔性超材料在微波和太赫兹波段由于制备工艺如传统光刻技术的成熟,已经实现了如上所述的较多例子和应用,而在电信波段和可见光波段,由于其单元结构"超原子"结构多在亚微米大小,其结合柔性基底的制备工艺更为复杂而示例有限。利用倒装芯片转移技术(flip chip transfer)将电子束曝光得到的 600 nm 周期的三层超材料转移到 PET 基底上,并显示了其作为吸收器的应用[350]。同样利用电子束曝光的方法也可以得到单层响应波段在 620 nm 的金属超材料结构,包括纳米天线和渔网超材料[351]。在 PEN 上直接使用电子束曝光制备 30～80 nm 线宽的开口环谐振器结构和利用镍作为牺牲层,将电子束曝光得到的单开口环谐振器转移到 PDMS 基底上得到了响应波段在可见光及红外的器件,成功地实现了分子检测上的应用,如图 7-24[352,353] 所示。

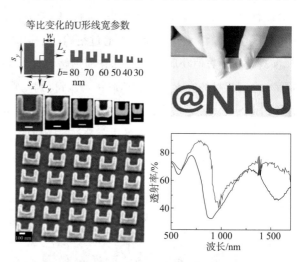

图 7-24　使用电子束曝光方法在柔性基底上制备的单开口环谐振器[352]

　　渔网状超材料由纳米转移技术实现了超大面积的三维多层结构[354,355],如图 7-25 所示。此技术通过纳米软压印的方法在硅基底上制作具有精细结构的渔网状"印章",通过电子束蒸镀生长多层渔网状超材料作为"墨水",再利用纳米转移的方法将面积高达数十平方厘米,结构周期却低至 850 nm 和 300 nm 的超材料转印至柔软的基底(如 PDMS)。此技术实现了 2 μm 电信波段到 350 nm 可见光波段的高质量负折射率超材料,其生产效能比电子束曝光和聚焦离子束刻蚀等技术提高近千万倍。

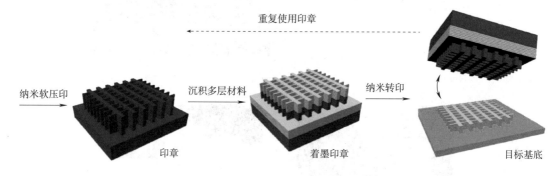

(a) 制作硅印章,生长超材料墨水和特印至柔性基底

图 7-25　由纳米转移技术制备的大面积多层渔网状超材料[354]

(b)沉积多层后的 10 cm×10 cm 硅印章　　　　(c)被转移到柔性衬底后的纳米薄层

图 7-25　由纳米转移技术制备的大面积多层渔网状超材料(续)[354]

　　而后发展的软压印—生长—剥离这种高效低成本并可以与商用纳米压印机相兼容的技术轻易得到了器件面积高达 4 cm² 而单元结构低至 300 nm 的多层网状超材料结构[356]，如图 7-26 所示。关键步骤包括压印柔性基底、生长超材料、剥离顶层无用材料。这是首次在可见光波段实现了大面积快速制备多层负折射率超材料，并且直接集成在柔性基底上实现了高质量的负折射率响应性质。此类技术为真正实现宏观的在可见光波段可用的隐身装置及超越衍射极限的超级透镜应用产生了巨大影响。

图 7-26　由纳米软压印技术制备的大面积可见光渔网状超材料[356]

7.3.2.2 可拉伸光子器件的光学调控

除了在柔性基底上实现可弯折的性质外,研究人员还利用不同技术对超材料进行谐振性质的调控,包括机械拉伸、光激发等。通过光刻技术得到的集成在 PDMS 基底上的 I 形状超材料,在施加了 10% 的应变后实现了 0.7 THz 和 8.3% 谐振频率的调控[367]。通过转印技术在 PI 基底上制作置于砷化镓结构上的单开口环谐振器超材料,通过对砷化镓进行光的激发来对超材料响应进行调控。实验结果实现了响应频率在 0.98 THz 和 60% 的透光率调节[368]。通过将柔软的 PDMS 预拉伸至 65% 的应变,再把光刻制成的微米蜂窝超材料结构转移到 PDMS 上放松产生褶皱现象,可以得到微米尺寸太赫兹波段超材料的可逆拉伸可调控的器件。此器件能够反复达到 52.1% 的应变并对其性质不产生影响,并得到 90% 的透光率的调控[369]。通过电子束曝光制备不同的开口环谐振器与金属条等亚微米单元结构并与 PDMS 结合后,可通过机械拉伸将一组开口环谐振器的间距产生 50% 的变化,得到了最大为 400 nm 波段的谐振调控[370],如图 7-27 所示。但实验观察到释放后的 PDMS 基底产生非线性变化导致其间距相比原始结构变小,而无法得到完全可逆的光学调控。

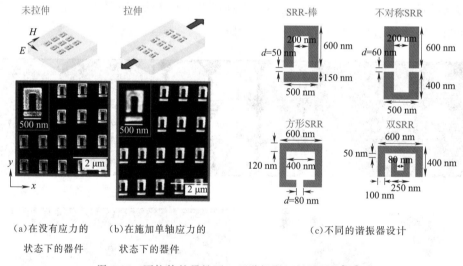

(a)在没有应力的　　(b)在施加单轴应力的　　(c)不同的谐振器设计
　 状态下的器件　　　　 状态下的器件

图 7-27　可拉伸的柔性开口环谐振器超材料器件[370]

微机电系统可以通过调控光学超材料的单元结构关系而实现对等离子激元的调控,其理论和系统因素的影响在相关综述中有着较为全面的讨论[371]。等离子激元结构主要是由几十纳米至几百纳米的贵金属和重掺杂半导体结构组成,传统的工艺主要是通过电子束曝光得到形状和间距控制很好的小面积结构,或者通过化学合成及液态自组装方法得到金属粒子、金属粒子团簇或者金属小球层薄膜。后者成本低廉,面积也可以轻易达到毫米级别并可以直接转移到柔性基底上,但是其排列结构相对不规则并且有较多缺陷使得对光学性质的预测产生困难。早期的工作包括简单的表面处理 PDMS 后将金的纳米颗粒直接吸附在表面或者在液体表面自组装一层金粒子后再用 Langmuir-Schaefer 方法向 PDMS 转移[357]。前者由于表面处理后的硬化,实现了初始吸收谐振在 560 nm 最大波宽为 40 nm 的调控,而后一种方法实现了初始谐振在 600 nm 及最大波宽为 70 nm 的调控。有着类似原理的工作报道了在液体表面自组装 20 nm 的金粒子层再转移到 PDMS 上实现了单轴 35% 和双轴 24% 的应变拉伸实验并系统研究了自组装粒子结构在拉伸过程中的间距变化,如图 7-28 所示[358]。除了金纳米小球结构以外,有相关报道将溶液合成的纳米星状结构和金纳米团簇转移至 PDMS 的方法实现了增强拉曼信号强度的分子传感器[359,360]。

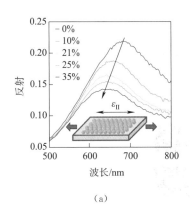

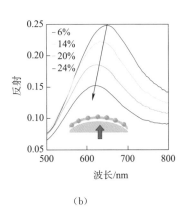

（a）　　　　　　　　　　　　（b）

图 7-28　由自组装形成的等离子激元纳米颗粒薄膜实现的

单轴与双轴拉伸性与谐振性质调控[358]

除了拉伸应变外,也有报道自组装的银纳米结构与一层薄膜导体形成一个柔性的压力传感器,按压可以改变银纳米结构与薄膜导体的距离而改变其谐振频率以实现压力传感[361]。通过利用 PS 小球自组装并刻蚀减小大小后转移到 PDMS 基底,随后在 PS 小球上静电吸附金纳米小球。此器件可以达到 30% 左右的应变和 581~625 nm 的调控,并在 20% 应变下产生的拉曼信号强度为无应变状态的 1 000 倍[362]。等离子激元效应也可以通过与光的强烈作用降低光反射。通过在聚四氟乙烯(Teflon)薄膜自组装 PS 小球作为等离子腐蚀掩膜,在刻蚀后得到了大面积的 Teflon 纳米圆锥体结构,在表面镀上一层金材料后实现了很好的宽波段低反射性质(450~900 nm 波段,0~70°角度小于 1% 的光反射)[363]。有研究报道通过直接浇筑 PDMS 在自组装的 PS 小球结构上获得了纳米空隙结构,并在表面镀上银材料后研究了不同尺寸结构的光学性质和其表面增强拉曼光谱应用[364],也可以通过干涉光刻得到不同亚微米结构再将纳米金粒子在高温反应下填充结构空隙并转移到 PDMS 基底上来实现对光谱的调控[372]。

虽然自组装纳米结构制备简单便宜,但是由于其结构是六边形而且在大范围内存在较多缺陷,包括空位,多余粒子的点缺陷,有着位错的线缺陷和自组装多于一层的面缺陷等。为了更加详细地研究柔性可拉伸等离子激元结构在间距改变的情况下光学性质的改变,我们必须有非常精确控制纳米结构几何大小与间距的技术。研究人员详细报道了一对置于弹性体材料上的金纳米粒子在不同的偏振方向下改变间距从 5 nm 到 5 000 nm 的实验中其光谱的变化,如图 7-29 所示。对于半径为 50 nm 的金纳米粒子,如果偏振方向和间距改变方向一致,则谐振波段随着间距增加而蓝移,如果偏振方向和间距改变方向垂直,则谐振波段受间距影响有限。而对于半径为 125 nm 的金纳米粒子则结果有很大不同。在间距 5~100 nm 变化中,偏振方向与间距改变方向一致时,谐振波段随着间距增加而蓝移,而在间距 100~500 nm 变化时,只有偏振方向与间距改变方向垂直时,谐振波段随着间距增加而红移。由于实验以一对粒子为主,可以很好地去除散射等因素的影响,进而清楚地分析实验结果的物理性质。实验中也实时地施加了高达 90% 的应变并研究了在不同偏振条件下实时的谐振调控[373]。相似的工作也将一对 1 μm 的金纳米条置于弹性体材料并实现了 5 nm 以下的间距调控,并利用其谐振可调控的原理实现了可调表面增强拉曼光谱的应用[374]。

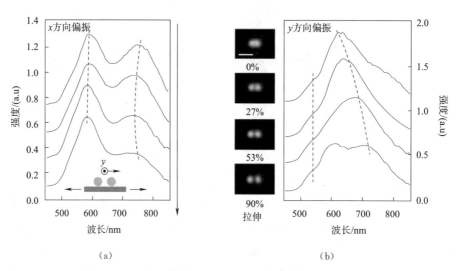

图 7-29　一对金纳米粒子在不同偏振方向施加间距变化后
产生的光学性质调控[373]

纳米掩膜板技术可以通过镂空掩膜板将任何等离子激元材料直接蒸镀到任意的柔性基底上,并能得到非常精确和微小的结构,包括蝴蝶结形等离子激元二聚体和纳米天线等,如图 7-30 所示。其结构可以实现 100 nm 的大小和最小 23 nm 的间距,并在基底为 PDMS 的拉伸实验中实现最大 21.3% 的应变调控。实验测得在拉伸后周期增大 16% 的情况下,谐振波长从 3 000 nm 移至 3 230 nm。但是此技术局限于小面积,材料蒸镀过程中原子在基底上的扩散导致的结构形变,以及掩膜板多次使用后分辨率下降[365,366]。

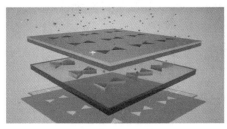
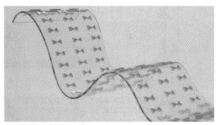

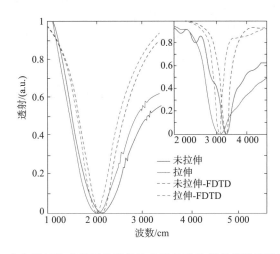

图 7-30　由掩膜板技术得到的蝴蝶结天线状柔性等离子激元器件[365,366]

　　而通过大面积纳米转移的新型技术制备的面积高达 4 cm²、周期为 300 nm、间距为 50 nm 的等离子激元阵列,可以实现在高达 107% 应变下可逆的拉伸[375]。如此大范围的机械调控也实现了对等离子激元阵列几何关系的巨大调控,实现了接近从 770 nm 到 1 310 nm 超宽波段的透射光调控,如图 7-31 所示。除此之外,纳米尺度大面积非连续结构首次在巨大拉伸实验中也出现了半规则的褶皱现象。这对研究纳米等离子激元结构的力学调控有非常重要的意义。此工作对实现力学性质与人体皮肤相匹配的等离子激元器件有着重要的推动作用,也许会在不久的将来实现可穿戴的等离子激元传感器。大部分的等离子激元纳米结构都是局域化增强电场而无法传播,为了实现未来以光子为信号的光路设计,需要实现可控的在曲面的表面等离子激元传播。近期工作则显示了等离子激元可以在非常柔软轻薄的薄膜上从中红外到微波宽波段的共形传播[376],这为未来实现柔性光子传导器件提供了理论与实验的基础。

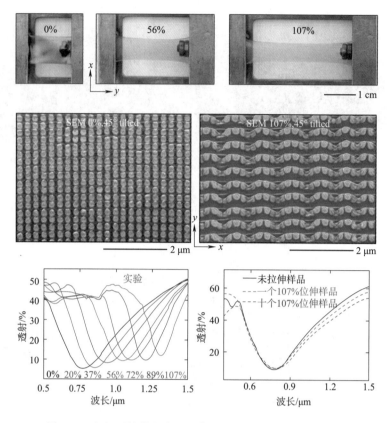

图 7-31 超级可拉伸的大面积等离子激元纳米粒子结构[375]

参考文献

［1］ ROGERS J A，LAGALLY M G，NUZZO R G. Synthesis，assembly and applications of semiconductor nanomembranes［J］. Nature，2011(477)：45-53.

［2］ MENARD E，LEE K J，KHANG D Y，et al. A printable form of silicon for high performance thin film transistors on plastic substrates［J］. Appl. Phys. Lett.，2004(84)：5398-5400.

［3］ SHENG X，WANG S，YIN L. Flexible，Stretchable，and biodegradable thin-film silicon photovoltaics，advances in silicon Solar Cells［M］. Cham：Springer International Publishing，2018：161-175.

［4］ XU H，YIN L，LIU C，et al. Recent advances in biointegrated optoelectronic devices［J］. Adv. Mater.，2018(30)：1800156.

［5］ KO H C，BACA A J，ROGERS J A. Bulk quantities of single-crystal silicon micro-/nanoribbons generated from bulk wafers［J］. Nano Lett.，2006(6)：2318-2324.

［6］ WANG S，WEIL B D，LI Y，et al. Large-area free-standing ultrathin single-crystal silicon as processable materials［J］. Nano Lett.，2013(13)：4393-4398.

［7］ FAN Y，HAN P，LIANG P，et al. Differences in etching characteristics of TMAH and KOH on preparing inverted pyramids for silicon solar cells[J]. Appl. Surf. Sci.,2013(264):761-766.

[8] SHIKIDA M,SATO K,TOKORO K,et al. Differences in anisotropic etching properties of KOH and TMAH solutions[J]. Sensors and Actuators A: Physical,2000(80):179-188.

[9] YODER M A,YAO Y,HE J,et al. Optimization of photon and electron collection efficiencies in silicon solar microcells for use in concentration-based photovoltaic systems[J]. Advanced Materials Technologies,2017(2):1700169.

[10] JANG H,LEE W,WON S M,et al. Quantum confinement effects in transferrable silicon nanomembranes and their applications on unusual substrates[J]. Nano Lett.,2013(13):5600-5607.

[11] ZIAIE B,BALDI A,LEI M,et al. Hard and soft micromachining for BioMEMS: review of techniques and examples of applications in microfluidics and drug delivery[J]. Adv. Drug Del. Rev.,2004(56): 145-172.

[12] FANG H,ZHAO J,YU K J,et al. Ultrathin,transferred layers of thermally grown silicon dioxide as biofluid barriers for biointegrated flexible electronic systems[J]. Proceedings of the National Academy of Sciences,2016(113):11682.

[13] SHAHRJERDI D,BEDELL S W. Extremely flexible nanoscale ultrathin body silicon integrated circuits on plastic[J]. Nano Lett.,2013(13) 315-320.

[14] KIM D H,SONG J,CHOI W M,et al. Materials and noncoplanar mesh designs for integrated circuits with linear elastic responses to extreme mechanical deformations[J]. Proceedings of the National Academy of Sciences,2008(105):18675.

[15] KO H C,STOYKOVICH M P,SONG J,et al. A hemispherical electronic eye camera based on compressible silicon optoelectronics[J]. Nature,2008(454):748-753.

[16] OHTA J,OHTA Y,TAKEHARA H,et al. Implantable microimaging device for observing brain activities of rodents[J]. Proc. IEEE,2017(105):158-166.

[17] HWANG S W,KIM D H,TAO H,et al. Materials and fabrication processes for transient and bioresorbable high-performance electronics[J]. Adv. Funct. Mater.,2013(23):4087-4093.

[18] YU K J,KUZUM D,HWANG S W,et al. Bioresorbable silicon electronics for transient spatiotemporal mapping of electrical activity from the cerebral cortex[J]. Nature Materials,2016(15):782-791.

[19] BAI W,SHIN J,FU R,et al. Bioresorbable photonic devices for the spectroscopic characterization of physiological status and neural activity[J]. Nature Biomedical Engineering,2019(3):644-654.

[20] LU L,YANG Z,MEACHAM K,et al. Biodegradable monocrystalline silicon photovoltaic microcells as power supplies for transient biomedical implants [J]. Advanced Energy Materials, 2018 (8):1703035.

[21] BAI W,YANG H,MA Y,et al. Flexible transient optical waveguides and surface-wave biosensors constructed from monocrystalline silicon[J]. Adv. Mater.,2018(30):1801584.

[22] HEREMANS P,TRIPATHI A K,SMITS E C P,et al. Mechanical and electronic properties of thin-film transistors on plastic,and their integration in flexible electronic applications[J]. Adv. Mater.,2016 (28):4266-4282.

[23] HE R,DAY T D,SPARKS J R,et al. High pressure chemical vapor deposition of hydrogenated amorphous silicon films and solar cells[J]. Adv. Mater.,2016(28):5939-5942.

[24] LIN Y,XU Z,YU D,et al. Dual-layer nanostructured flexible thin-film amorphous silicon solar cells

with enhanced light harvesting and photoelectric conversion efficiency[J]. ACS Applied Materials &. Interfaces,2016(8):10929-10936.

[25]　HWANG S W, TAO H, KIM D H, et al. A Physically transient form of silicon electronics[J]. Science,2012(337):1640.

[26]　KANG S K, PARK G, KIM K, et al. Dissolution chemistry and biocompatibility of silicon- and germanium-based semiconductors for transient electronics[J]. ACS Applied Materials &. Interfaces, 2015 (7):9297-9305.

[27]　ANDERSEN T R, DAM H F, ANDREASEN B, et al. A rational method for developing and testing stable flexible indium-and vacuum-free multilayer tandem polymer solar cells comprising up to twelve roll processed layers[J]. Sol. Energy Mater. Sol. Cells,2014(120):735-743.

[28]　ÁGUAS H, MATEUS T, VICENTE A, et al. Thin film silicon photovoltaic cells on paper for flexible indoor applications[J]. Adv. Funct. Mater.,2015(25):3592-3598.

[29]　MARRS M, BAWOLEK E, SMITH J, et al. Flexible amorphous silicon PIN diode x-ray detectors [C]. SPIE Defense, Security, and Sensing, 2013:8730.

[30]　SCHNEIDER D S, BABLICH A, LEMME M C. Flexible hybrid graphene/a-Si:H multispectral photodetectors[J]. Nanoscale,2017(9):8573-8579.

[31]　MAIOLO L, MIRABELLA S, MAITA F, et al. Flexible pH sensors based on polysilicon thin film transistors and ZnO nanowalls[J]. Appl. Phys. Lett.,2014(105):093501.

[32]　MAITA F, MAIOLO L, MINOTTI A, et al. Ultraflexible tactile piezoelectric sensor based on low-temperature polycrystalline silicon thin-film transistor technology[J]. IEEE Sens. J.,2015(15): 3819-3826.

[33]　KEREN D M, EFRATI A, MAITA F, et al. Low temperature poly-silicon thin film transistor flexible sensing circuit[J]. City,2016(06):1-3.

[34]　WU Z, LI C, HARTINGS J, et al. Polysilicon-based flexible temperature sensor for brain monitoring with high spatial resolution[J]. Journal of Micromechanics and Microengineering,2016(27):025001.

[35]　COSTA C J, SPINA F, LUGODA P, et al. Flexible sensors-from materials to applications [J]. Technologies,2019(7).

[36]　LEDESMA H A, TIAN B. Nanoscale silicon for subcellular biointerfaces[J]. Journal of Materials Chemistry B,2017(5):4276-4289.

[37]　SCHUSTER R, KIRCHNER V, ALLONGUE P, et al. Electrochemical micromachining[J]. Science, 2000(289):98.

[38]　UM H D, KIM N, LEE K, et al. Versatile control of metal-assisted chemical etching for vertical silicon microwire arrays and their photovoltaic applications[J]. Sci. Rep.,2015(5):11277.

[39]　BAO Z, WEATHERSPOON M R, SHIAN S, et al. Chemical reduction of three-dimensional silica micro-assemblies into microporous silicon replicas[J]. Nature,2007(446):172-175.

[40]　TIAN B, KARNI T C, QING Q, et al. Three-dimensional, flexible nanoscale field-effect transistors as localized bioprobes[J]. Science,2010(329):830.

[41]　ELBERSEN R, VIJSELAAR W, TIGGELAAR R M, et al. Fabrication and doping methods for silicon nano-and micropillar arrays for solar-cell Applications: A Review[J]. Adv. Mater., 2015 (27): 6781-6796.

[42] JIANG Y,WONG R C S,LUO Z,et al. Heterogeneous silicon mesostructures for lipid-supported bioelectric interfaces[J]. Nature Materials,2016(15):1023-1030.

[43] LUO Z,JIANG Y,MYERS B D,et al. Atomic gold-enabled three-dimensional lithography for silicon mesostructures[J]. Science,2015(348):1451.

[44] ZIMMERMAN J F,MURRAY G F,WANG Y,et al. Free-standing kinked silicon nanowires for probing inter- and intracellular force dynamics[J]. Nano Lett.,2015(15):5492-5498.

[45] LIU J,FU T M,CHENG Z,et al. Syringe-injectable electronics[J]. Nature Nanotechnology,2015 (10):629-636.

[46] PARAMESWARAN R,KOEHLER K,ROTENBERG M Y,et al. Optical stimulation of cardiac cells with a polymer-supported silicon nanowire matrix,Proceedings of the National Academy of Sciences, 2019(116):413.

[47] DUAN X,FU T M,LIU J,et al. Nanoelectronics-biology frontier：from nanoscopic probes for action potential recording in live cells to three-dimensional cyborg tissues[J]. Nano Today,2013(8): 351-373.

[48] FU T M,HONG G,ZHOU T,et al. Stable long-term chronic brain mapping at the single-neuron level [J]. Nat. Methods,2016(13):875-882.

[49] TIAN B,LIEBER C M. Nanowired bioelectric interfaces[J]. Chem. Rev.,2019(119):9136-9152.

[50] SONG Y,ZHOU H,XU Q,et al. Mobility enhancement technology for scaling of CMOS devices： overview and status[J]. J. Electron. Mater.,2011(40):1584.

[51] YUAN H C,SHIN J,QIN G,et al. Flexible photodetectors on plastic substrates by use of printing transferred single-crystal germanium membranes[J]. Appl. Phys. Lett.,2009(94):013102.

[52] BEDELL S W,SHAHRJERDI D,HEKMATSHOAR B,et al. Kerf-less removal of Si,Ge,and Ⅲ-Ⅴ layers by controlled spalling to enable low-cost PV technologies[J]. IEEE Journal of Photovoltaics,2012 (2):141-147.

[53] JAIN N,CROUSE D,SIMON J,et al. Ⅲ-Ⅴ Solar cells grown on unpolished and reusable spalled ge substrates[J]. IEEE Journal of Photovoltaics,2018(8):1384-1389.

[54] ZHANG A,LIEBER C M. Nano-bioelectronics[J]. Chem. Rev.,2016(116):215-257.

[55] LAUHON L J,GUDIKSEN M S,WANG D,et al. Epitaxial core-shell and core-multishell nanowire heterostructures[J]. Nature,2002(420):57-61.

[56] KEMPA T J,KIM S K,DAY R W,et al. Facet-selective growth on nanowires yields multi-component nanostructures and photonic devices[J]. J Am Chem Soc,2013(135):18354-18357.

[57] LIU J,SUN X,PAN D,et al. Tensile-strained,n-type Ge as a gain medium for monolithic laser integration on Si[J]. Opt. Express,2007(15):11272-11277.

[58] BOZTUG C,PÉREZ J R S,CAVALLO F,et al. Strained-germanium nanostructures for infrared photonics [J]. ACS Nano,2014(8):3136-3151.

[59] GREIL J,LUGSTEIN A,ZEINER C,et al. Tuning the electro-optical properties of germanium nanowires by tensile strain[J]. Nano Lett.,2012(12):6230-6234.

[60] LIU J,BEALS M,POMERENE A,et al. Waveguide-integrated,ultralow-energy GeSi electro-absorption modulators[J]. Nature Photonics,2008(2):433-437.

[61] PÉREZ J R S,BOZTUG C,CHEN F,et al. Direct-bandgap light-emitting germanium in tensilely

strained nanomembranes[J]. Proceedings of the National Academy of Sciences,2011(108):18893.

[62] GUO Q,FANG Y,ZHANG M, et al. Wrinkled single-crystalline germanium nanomembranes for stretchable photodetectors[J]. IEEE Trans. Electron Devices,2017(64):1985-1990.

[63] XIA Z,SONG H,KIM M, et al. Single-crystalline germanium nanomembrane photodetectors on foreign nanocavities[J]. Science Advances,2017(3):e1602783.

[64] FAIRCHILD B A,OLIVERO P,RUBANOV S,et al. Fabrication of ultrathin single-crystal diamond membranes[J]. Adv. Mater.,2008(20):4793-4798.

[65] YANG N,YU S,MACPHERSON J V,et al. Conductive diamond: synthesis,properties,and electrochemical applications[J]. Chem. Soc. Rev.,2019(48):157-204.

[66] MCCREERY R L. Advanced carbon electrode materials for molecular electrochemistry[J]. Chem. Rev.,2008(108):2646-2687.

[67] LIU Y,ZHANG Y,CHENG K,et al. Selective electrochemical reduction of carbon dioxide to ethanol on a boron- and nitrogen-co-doped nanodiamond,angew[J]. Chem. Int. Ed.,2017(56):15607-15611.

[68] ARADILLA D,GAO F,MALANDRAKIS G L,et al. Designing 3D multihierarchical heteronanostructures for high-performance on-chip hybrid supercapacitors: poly(3,4-(ethylenedioxy)thiophene)-coated diamond/silicon nanowire electrodes in an aprotic ionic liquid[J]. ACS Applied Materials & Interfaces,2016(8):18069-18077.

[69] SHALINI J,SANKARAN K J,DONG C L,et al. In situ detection of dopamine using nitrogen incorporated diamond nanowire electrode[J]. Nanoscale,2013(5):1159-1167.

[70] HEYER S,JANSSEN W,TURNER S, et al. Toward deep blue nano hope diamonds: heavily boron-doped diamond nanoparticles[J]. ACS Nano,2014(8):5757-5764.

[71] PETRÁK V,FRANK O,ZUKAL A,et al. Fabrication of porous boron-doped diamond on SiO_2 fiber templates[J]. Carbon,2017(114):457-464.

[72] PAKES C I,GARRIDO J A,KAWARADA H. Diamond surface conductivity:properties,devices,and sensors[J]. MRS Bull.,2014(39):542-548.

[73] GAO F,NEBEL C E. Diamond-based supercapacitors: realization and properties[J]. ACS Applied Materials & Interfaces,2016(8):28244-28254.

[74] ZHUANG H,YANG N,FU H,et al. Diamond network: template-free fabrication and properties[J]. ACS Applied Materials & Interfaces,2015(7):5384-5390.

[75] FAN B,ZHU Y,RECHENBERG R,et al. A flexible, large-scale diamond-polymer chemical sensor for neurotransmitter detection, solid-state sensors[C]. actuactors and microsystems Workshop, 2016:320-323.

[76] FAN B,ZHU Y,RECHENBERG R,et al. Large-scale,all polycrystalline diamond structures transferred onto flexible Parylene-C films for neurotransmitter sensing[J]. Lab on a Chip,2017(17):3159-3167.

[77] SUZUKI A,IVANDINI T A,YOSHIMI K,et al. Fabrication,characterization,and application of boron-doped diamond microelectrodes for in vivo dopamine detection[J]. Anal. Chem.,2007(79):8608-8615.

[78] OGATA G,ISHII Y,ASAI K,et al. A microsensing system for the in vivo real-time detection of local drug kinetics[J]. Nature Biomedical Engineering,2017(1):654-666.

[79] PARK S,VOSGUERICHIAN M,BAO Z. A review of fabrication and applications of carbon nanotube

film-based flexible electronics[J]. Nanoscale,2013(5):1727-1752.

[80] CAO Q,ROGERS J A. Ultrathin films of single-walled carbon nanotubes for electronics and sensors: a review of fundamental and applied aspects[J]. Adv. Mater.,2009(21):29-53.

[81] PARK J U,MEITL M A,HUR S H,et al. In situ deposition and patterning of single-walled carbon nanotubes by laminar flow and controlled flocculation in microfluidic channels[J]. Angew. Chem. Int. Ed.,2006(45):581-585.

[82] MEITL M A,ZHOU Y,GAUR A,et al. Solution casting and transfer printing single-walled carbon nanotube films[J]. Nano Lett.,2004(4):1643-1647.

[83] ISLAM A E,ROGERS J A,ALAM M A. Recent progress in obtaining semiconducting single-walled carbon nanotubes for transistor applications[J]. Adv. Mater.,2015(27):7908-7937.

[84] KANG S J,KOCABAS C,OZEL T,et al. High-performance electronics using dense,perfectly aligned arrays of single-walled carbon nanotubes[J]. Nature Nanotechnology,2007(2):230-236.

[85] KOCABAS C,KANG S J,OZEL T,et al. Improved synthesis of aligned arrays of single-walled carbon nanotubes and their implementation in thin film type transistors[J]. The Journal of Physical Chemistry C,2007(111):17879-17886.

[86] CAO Q,HUR S H,ZHU Z T,et al. Highly bendable,transparent thin-film transistors that use carbon-nanotube-based conductors and semiconductors with elastomeric dielectrics[J]. Adv. Mater.,2006(18):304-309.

[87] XIANG L,ZHANG H,DONG G,et al. Low-power carbon nanotube-based integrated circuits that can be transferred to biological surfaces[J]. Nature Electronics,2018(1):237-245.

[88] HONG S,LEE J,DO K,et al. Stretchable electrode based on laterally combed carbon nanotubes for wearable energy harvesting and storage devices[J]. Adv. Funct. Mater.,2017(27):1704353.

[89] WANG C,HWANG D,YU Z,et al. User-interactive electronic skin for instantaneous pressure visualization [J]. Nature Materials,2013(12):899-904.

[90] KOO J H,JEONG S,SHIM H J,et al. Wearable electrocardiogram monitor using carbon nanotube electronics and color-tunable organic light-emitting diodes[J]. ACS Nano,2017(11):10032-10041.

[91] ZHANG H,XIANG L,YANG Y,et al. High-performance carbon nanotube complementary electronics and integrated sensor systems on ultrathin plastic foil[J]. ACS Nano,2018(12):2773-2779.

[92] NOVOSELOV K S,Geim A K,MOROZOV S V,et al. Electric field effect in atomically thin carbon films[J]. Science,2004(306):666.

[93] LEE C,WEI X,KYSAR J W,et al. Measurement of the elastic properties and intrinsic strength of monolayer graphene[J]. Science,2008(321):385.

[94] JANG H,PARK Y J,CHEN X,et al. Graphene-based flexible and stretchable electronics[J]. Adv. Mater.,2016(28):4184-4202.

[95] YAN C,CHO J H,AHN J H. Graphene-based flexible and stretchable thin film transistors [J]. Nanoscale,2012(4):4870-4882.

[96] WANG C,XIA K,WANG H,et al. Advanced carbon for flexible and wearable electronics[J]. Adv. Mater.,2019(31):1801072.

[97] FERRARI A C,BONACCORSO F,FAL'KO V,et al. Science and technology roadmap for graphene, related two-dimensional crystals,and hybrid systems[J]. Nanoscale,2015(7):4598-4810.

[98] SMITH A D,NIKLAUS F,PAUSSA A,et al. Electromechanical piezoresistive sensing in suspended graphene membranes[J]. Nano Lett.,2013(13):3237-3242.

[99] SUN Q,SEUNG W,KIM B J,et al. Active matrix electronic skin strain sensor based on piezopotential-powered graphene transistors[J]. Adv. Mater.,2015(27):3411-3417.

[100] MANNOOR M S,TAO H,CLAYTON J D,et al. Graphene-based wireless bacteria detection on tooth enamel[J]. Nature Communications,2012(3):763.

[101] KUZUM D,TAKANO H,SHIM E,et al. Transparent and flexible low noise graphene electrodes for simultaneous electrophysiology and neuroimaging[J]. Nature Communications,2014(5):5259.

[102] YOON J,JO S,CHUN I S,et al. GaAs photovoltaics and optoelectronics using releasable multilayer epitaxial assemblies[J]. Nature,2010(465):329-333.

[103] BEDELL S W,FOGEL K,LAURO P,et al. Layer transfer by controlled spalling[J]. J. Phys. D: Appl. Phys.,2013(46):152002.

[104] LI X. Strain induced semiconductor nanotubes: from formation process to device applications[J]. J. Phys. D:Appl. Phys.,2008(41):193001.

[105] CHUN I S,VERMA V B,ELARDE V C,et al. InGaAs/GaAs 3D architecture formation by strain-induced self-rolling with lithographically defined rectangular stripe arrays[J]. J. Cryst. Growth,2008(310): 2353-2358.

[106] GUDIKSEN M S,LAUHON L J,WANG J,et al. Growth of nanowire superlattice structures for nanoscale photonics and electronics[J]. Nature,2002(415):617-620.

[107] LEE J,WU J,SHI M,et al. Stretchable GaAs photovoltaics with designs that enable high areal coverage [J]. Adv. Mater.,2011(23):986-991.

[108] KIM R H,KIM D H,XIAO J,et al. Waterproof AlInGaP optoelectronics on stretchable substrates with applications in biomedicine and robotics[J]. Nature Materials,2010(9):929-937.

[109] PARK S I,XIONG Y,KIM R H,et al. Printed assemblies of inorganic light-emitting diodes for deformable and semitransparent displays[J]. Science,2009(325):977.

[110] SHENG X,ROBERT C,WANG S,et al. Transfer printing of fully formed thin-film microscale GaAs lasers on silicon with a thermally conductive interface material[J]. Laser & Photonics Reviews,2015 (9):L17-L22.

[111] LU L,GUTRUF P,XIA L,et al. Wireless optoelectronic photometers for monitoring neuronal dynamics in the deep brain[J]. Proceedings of the National Academy of Sciences,2018(115):E1374.

[112] DING H,LU L,SHI Z,et al. Microscale optoelectronic infrared-to-visible upconversion devices and their use as injectable light sources[J]. Proceedings of the National Academy of Sciences, 2018 (115):6632.

[113] GREEN M A,HISHIKAWA Y,WARTA W,et al. Solar cell efficiency tables(version 50)[J]. Progress in Photovoltaics:Research and Applications,2017(25):668-676.

[114] FEINER R,DVIR T. Tissue-electronics interfaces:from implantable devices to engineered tissues [J]. Nature Reviews Materials,2017(3):17076.

[115] SONG K,HAN J H,LIM T,et al. Subdermal flexible solar cell arrays for powering medical electronic implants[J]. Advanced Healthcare Materials,2016(5):1572-1580.

[116] ZHAO Y,LIU C,LIU Z,et al. Wirelessly operated,implantable optoelectronic probes for optogenetics in

freely moving animals[J]. IEEE Trans. Electron Devices,2019(66):785-792.

[117] GUNAYDIN L A,GROSENICK L,FINKELSTEIN J C,et al. Natural neural projection dynamics underlying social behavior[J]. Cell,2014(157):1535-1551.

[118] SRIDHARAN A,RAJAN S D,MUTHUSWAMY J. Long-term changes in the material properties of brain tissue at the implant-tissue interface[J]. Journal of Neural Engineering,2013(10):066001.

[119] MURA S, NICOLAS J, COUVREUR P. Stimuli-responsive nanocarriers for drug delivery [J]. Nature Materials,2013(12)991-1003.

[120] ZHANG F. Photon upconversion nanomaterials[M]. BerLin:Springer,2015.

[121] CHO J,PARK J H,KIM J K,et al. White light-emitting diodes: history,progress,and future [J]. Laser & Photonics Reviews,2017(11):1600147.

[122] NAKAMURA S. GaN growth using gan buffer layer[J]. Jpn. J. Appl. Phys.,1991(30):L1705-L1707.

[123] LI G,WANG W,YANG W,et al. GaN-based light-emitting diodes on various substrates: a critical review[J]. Rep. Prog. Phys.,2016(79):056501.

[124] VURGAFTMAN I,MEYER J R,MOHAN L R R. Band parameters for Ⅲ-Ⅴ compound semiconductors and their alloys[J]. J. Appl. Phys.,2001(89):5815-5875.

[125] FLETCHER A S A, NIRMAL D. A survey of gallium nitride HEMT for RF and high power applications[J]. Superlattices Microstruct.,2017(109):519-537.

[126] LIU L,EDGAR J H. Substrates for gallium nitride epitaxy[J]. Materials Science and Engineering: R:Reports,2002(37):61-127.

[127] 史钊,李丽珠,赵钰,等. 植入式生物医疗光电子器件与系统[J]. 中国激光,2018(45):0207001-0207001.

[128] KIM T I,JUNG Y H,SONG J,et al. High-efficiency,microscale GaN light-emitting diodes and their thermal properties on unusual substrates[J]. Small,2012(8):1643-1649.

[129] KIM H S,BRUECKNER E,SONG J,et al. Unusual strategies for using indium gallium nitride grown on silicon(111) for solid-state lighting[J]. Proceedings of the National Academy of Sciences,2011(108):10072.

[130] KUKUSHKIN S,OSIPOV A,BESSOLOV V,et al. Substrates for epitaxy of gallium nitride: New materials and techniques[J]. Reviews on Advanced Materials Science,2008(17).

[131] BEDELL S W,LAURO P,OTT J A,et al. Layer transfer of bulk gallium nitride by controlled spalling [J]. J. Appl. Phys.,2017(122):025103.

[132] KIM J,BAYRAM C,PARK H,et al. Principle of direct van der Waals epitaxy of single-crystalline films on epitaxial graphene,Nature Communications,2014(5):4836.

[133] ZHANG Y,SUN Q,LEUNG B,et al. The fabrication of large-area,free-standing GaN by a novel nanoetching process[J]. Nanotechnology,2010(22):045603.

[134] LI L,LIU C,SU Y,et al. Heterogeneous integration of microscale GaN light-emitting diodes and their electrical,optical,and thermal characteristics on flexible substrates[J]. Advanced Materials Technologies,2018(3):1700239.

[135] JEONG J W,MCCALL J G,SHIN G,et al. Wireless optofluidic systems for programmable in vivo pharmacology and optogenetics[J]. Cell,2015(162):662-674.

[136] KIM T I,MCCALL J G,JUNG Y H,et al. Injectable,cellular-scale optoelectronics with applications for

wireless optogenetics[J]. Science,2013(340):211.

[137] LI J,QI C,LIAN Z,et al. Cell-capture and release platform based on peptide-aptamer-modified nanowires[J]. ACS Applied Materials & Interfaces,2016(8):2511-2516.

[138] WU F,STARK E,KU P C,et al. Monolithically integrated μLEDs on silicon neural probes for high-resolution optogenetic studies in behaving animals[J]. Neuron,2015(88):1136-1148.

[139] JEWETT S A,MAKOWSKI M S,ANDREWS B,et al. Gallium nitride is biocompatible and non-toxic before and after functionalization with peptides[J]. Acta Biomater.,2012(8):728-733.

[140] LUO L B,ZOU Y F,GE C W,et al. A Surface plasmon enhanced near-infrared nanophotodetector [J]. Advanced Optical Materials,2016(4):763-771.

[141] YANG W,YANG H,QIN G,et al. Large-area InP-based crystalline nanomembrane flexible photodetectors [J]. Appl. Phys. Lett.,2010(96):121107.

[142] CHANG T H,FAN W,LIU D,et al. Selective release of InP heterostructures from InP substrates [J]. Journal of Vacuum Science & Technology B,2016(34):041229.

[143] JEVTICS D,HURTADO A,GUILHABERT B,et al. Integration of semiconductor nanowire lasers with polymeric waveguide devices on a mechanically flexible substrate[J]. Nano Lett.,2017(17):5990-5994.

[144] STRASSNER M,ESNAULT J C,LEROY L,et al. Fabrication of ultrathin and highly flexible InP-based membranes for microoptoelectromechanical systems at 1.55 μm[J]. IEEE Photonics Technology Letters,2005(17):804-806.

[145] MANURKAR P,DARVISH S R,NGUYEN B M,et al. High performance long wavelength infrared mega-pixel focal plane array based on type-Ⅱ superlattices [J]. Appl. Phys. Lett., 2010 (97):193505.

[146] HOANG A M,DEHZANGI A,ADHIKARY S,et al. High performance bias-selectable three-color Short-wave/Mid-wave/Long-wave Infrared Photodetectors based on Type-Ⅱ InAs/GaSb/AlSb superlattices[J]. Sci. Rep.,2016(6):24144.

[147] ROGALSKI A,MARTYNIUK P,KOPYTKO M. InAs/GaSb type-Ⅱ superlattice infrared detectors: Future prospect[J]. Applied Physics Reviews,2017(4):031304.

[148] FUJITA M,TAKAHASHI S,TANAKA Y,et al. Simultaneous inhibition and redistribution of spontaneous light emission in photonic crystals[J]. Science,2005(308):1296.

[149] KO H,TAKEI K,JAVEY A,et al. Ultrathin compound semiconductor on insulator layers for high-performance nanoscale transistors[J]. Nature,2010(468):286-289.

[150] WANG Q H,ZADEH K K,et al. Electronics and optoelectronics of two-dimensional transition metal dichalcogenides[J]. Nature Nanotechnology,2012(7):699-712.

[151] BUTLER S Z,HOLLEN S M,CAO L,et al. Progress,challenges,and opportunities in two-dimensional materials beyond graphene[J]. ACS Nano,2013(7):2898-2926.

[152] FIORI G,BONACCORSO F,IANNACCONE G,et al. Electronics based on two-dimensional materials [J]. Nature Nanotechnology,2014(9):768-779.

[153] BHIMANAPATI G R,LIN Z,MEUNIER V,et al. Recent advances in two-dimensional materials beyond graphene[J]. ACS Nano,2015(9):11509-11539.

[154] AKINWANDE D,PETRONE N,HONE J. Two-dimensional flexible nanoelectronics[J]. Nature

Communications,2014(5):5678.

[155]　KIM D H,GHAFFARI R,LU N,et al. Flexible and stretchable electronics for biointegrated devices [J]. Annu. Rev. Biomed. Eng.,2012(14):113-128.

[156]　STOPPA M,CHIOLERIO A. Wearable electronics and smart textiles: a critical review [J]. Sensors, 2014(14).

[157]　WINDMILLER J R,WANG J. Wearable electrochemical sensors and biosensors: a review [J]. Electroanalysis,2013(25):29-46.

[158]　HAMMOCK M L,CHORTOS A,TEE B C K,et al. 25th Anniversary article: the evolution of electronic skin(e-skin): a brief history,design considerations,and recent progress[J]. Adv. Mater., 2013(25):5997-6038.

[159]　SEKITANI T,SOMEYA T. Stretchable organic integrated circuits for large-area electronic skin surfaces[J]. MRS Bull.,2012(37):236-245.

[160]　WANG X,DONG L,ZHANG H,et al. Recent progress in electronic skin[J]. Advanced Science, 2015(2):1500169.

[161]　SIEGEL A C,PHILLIPS S T,DICKEY M D,et al. Foldable printed circuit boards on paper substrates[J]. Adv. Funct. Mater.,2010(20):28-35.

[162]　RUSSO A,AHN B Y,ADAMS J J,et al. Pen-on-paper flexible electronics[J]. Adv. Mater.,2011 (23):3426-3430.

[163]　NATHAN A,AHNOOD A,COLE M T,et al. Flexible electronics: the next ubiquitous platform [J]. Proc. IEEE,2012(100):1486-1517.

[164]　ROGERS J A,SOMEYA T,HUANG Y. Materials and mechanics for stretchable electronics [J]. Science,2010(327):1603.

[165]　NOVOSELOV K S,FAL'KO V I,COLOMBO L,et al. A roadmap for graphene[J]. Nature,2012 (490):192-200.

[166]　BAE S,KIM H,LEE Y,et al. Roll-to-roll production of 30-inch graphene films for transparent electrodes[J]. Nature Nanotechnology,2010(5):574-578.

[167]　BONACCORSO F,SUN Z,HASAN T,et al. Graphene photonics and optoelectronics[J]. Nature Photonics,2010(4):611-622.

[168]　KOBAYASHI T,BANDO M,KIMURA N,et al. Production of a 100-m-long high-quality graphene transparent conductive film by roll-to-roll chemical vapor deposition and transfer process[J]. Appl. Phys. Lett.,2013(102):023112.

[169]　GANATRA R,ZHANG Q. Few-Layer MoS$_2$: A promising layered semiconductor[J]. ACS Nano, 2014(8):4074-4099.

[170]　JARIWALA D,SANGWAN V K,LAUHON L J,et al. Emerging device applications for semiconducting two-dimensional transition metal dichalcogenides[J]. ACS Nano,2014(8):1102-1120.

[171]　KOU L,CHEN C,SMITH S C. Phosphorene: fabrication,properties,and applications[J]. The Journal of Physical Chemistry Letters,2015(6):2794-2805.

[172]　RADISAVLJEVIC B,RADENOVIC A,BRIVIO J,et al. Single-layer MoS$_2$ transistors[J]. Nature Nanotechnology,2011(6):147-150.

[173]　YOON Y,GANAPATHI K,SALAHUDDIN S. How good can monolayer MoS$_2$ transistors be?

[J]. Nano Lett.,2011(11):3768-3773.

[174] FANG H,CHUANG S,CHANG T C,et al. High-performance single layered WSe$_2$ p-FETs with chemically doped contacts[J]. Nano Lett.,2012(12):3788-3792.

[175] LIU W,KANG J,SARKAR D,et al. Role of metal contacts in designing high-performance monolayer n-type WSe$_2$ field effect transistors[J]. Nano Lett.,2013(13):1983-1990.

[176] LI L,YU Y,YE G J,et al. Black phosphorus field-effect transistors[J]. Nature Nanotechnology, 2014(9):372-377.

[177] GEIM A K,GRIGORIEVA I V. Van der Waals heterostructures[J]. Nature,2013(499):419-425.

[178] LIN Y C,LU N,LOPEZ N P,et al. Direct Synthesis of van der Waals Solids[J]. ACS Nano,2014 (8):3715-3723.

[179] OKADA M,SAWAZAKI T,WATANABE K,et al. Direct chemical vapor deposition growth of ws$_2$ atomic layers on hexagonal boron nitride[J]. ACS Nano,2014(8):8273-8277.

[180] RAO C N R,GOPALAKRISHNAN K,MAITRA U. Comparative study of potential applications of graphene,MoS$_2$, and other two-dimensional materials in energy devices,sensors,and related areas [J]. ACS Applied Materials & Interfaces,2015(7):7809-7832.

[181] BONACCORSO F,COLOMBO L,YU G,et al. Graphene,related two-dimensional crystals,and hybridsystems for energy conversion and storage[J]. Science,2015(347):1246501.

[182] LI J,MEDHEKAR N V,SHENOY V B. Bonding charge density and ultimate strength of monolayer transition metal dichalcogenides[J]. The Journal of Physical Chemistry C,2013(117):15842-15848.

[183] BERTOLAZZI S,BRIVIO J,KIS A. Stretching and breaking of ultrathin MoS$_2$[J]. ACS Nano,2011 (5):9703-9709.

[184] LIU K,YAN Q,CHEN M,et al. Elastic properties of chemical-vapor-deposited monolayer MoS$_2$, WS$_2$,and their bilayer heterostructures[J]. Nano Lett.,2014(14):5097-5103.

[185] GOMEZ A C,POOT M,STEELE G A,et al. Elastic properties of freely suspended MoS$_2$ nanosheets [J]. Adv. Mater.,2012(24):772-775.

[186] WEI Q,PENG X. Superior mechanical flexibility of phosphorene and few-layer black phosphorus [J]. Appl. Phys. Lett.,2014(104):251915.

[187] TAO J,SHEN W,WU S,et al. Mechanical and electrical anisotropy of few-layer black phosphorus [J]. ACS Nano,2015(9):11362-11370.

[188] WANG J Y,LI Y,ZHAN Z Y,et al. Elastic properties of suspended black phosphorus nanosheets [J]. Appl. Phys. Lett.,2016(108):013104.

[189] JIANG J W,PARK H S. Negative poisson's ratio in single-layer black phosphorus[J]. Nature Communications,2014(5):4727.

[190] ELDER R M,NEUPANE M R,CHANTAWANSRI T L. Stacking order dependent mechanical properties of graphene/MoS$_2$ bilayer and trilayer heterostructures[J]. Appl. Phys. Lett.,2015 (107):073101.

[191] CASILLAS G,SANTIAGO U,BARRÓN H,et al. Elasticity of MoS$_2$ sheets by mechanical deformation observed by in situ electron microscopy[J]. The Journal of Physical Chemistry C,2015(119):710-715.

[192] JOHARI P,SHENOY V B. Tuning the electronic properties of semiconducting transition metal dichalcogenides by applying mechanical strains[J]. ACS Nano,2012(6):5449-5456.

［193］ YU L，RUZSINSZKY A，PERDEW J P. Bending two-dimensional materials to control charge localization and fermi-level shift［J］. Nano Lett.，2016(16)：2444-2449.

［194］ SHEN T，PENUMATCHA A V，APPENZELLER J. Strain engineering for transition metal dichalcogenides based field effect transistors［J］. ACS Nano，2016(10)：4712-4718.

［195］ MCCREARY A，GHOSH R，AMANI M，et al. Effects of uniaxial and biaxial strain on few-layered terrace structures of MoS₂ grown by vapor transport［J］. ACS Nano，2016(10)：3186-3197.

［196］ JIANG J W，PARK H S. Analytic study of strain engineering of the electronic bandgap in single-layer black phosphorus［J］. Physical Review B，2015(91)：235118.

［197］ ELAHI M，KHALIJI K，TABATABAEI S M，et al. Modulation of electronic and mechanical properties of phosphorene through strain［J］. Physical Review B，2015(91)：115412.

［198］ PENG X，WEI Q，COPPLE A. Strain-engineered direct-indirect band gap transition and its mechanism in two-dimensional phosphorene［J］. Physical Review B，2014(90)：085402.

［199］ ÇAKIR D，SAHIN H，PEETERS F M. Tuning of the electronic and optical properties of single-layer black phosphorus by strain［J］. Physical Review B，2014(90)：205421.

［200］ WANG C，XIA Q，NIE Y，et al. Strain-induced gap transition and anisotropic Dirac-like cones in monolayer and bilayer phosphorene［J］. J. Appl. Phys.，2015(117)：124302.

［201］ WANG G，LOH G C，PANDEY R，et al. Out-of-plane structural flexibility of phosphorene ［J］. Nanotechnology，2015(27)：055701.

［202］ HU T，HAN Y，DONG J. Mechanical and electronic properties of monolayer and bilayer phosphorene under uniaxial and isotropic strains［J］. Nanotechnology，2014(25)：455703.

［203］ STEWART H M，SHEVLIN S A，CATLOW C R A，et al. Compressive straining of bilayer phosphorene leads to extraordinary electron mobility at a new conduction band edge［J］. Nano Lett.，2015(15)：2006-2010.

［204］ HUANG X，ZENG Z，ZHANG H. Metal dichalcogenide nanosheets：preparation，properties and applications［J］. Chem. Soc. Rev.，2013(42)：1934-1946.

［205］ WANG F，WANG Z，WANG Q，et al. Synthesis，properties and applications of 2D non-graphene materials［J］. Nanotechnology，2015(26)：292001.

［206］ KIM K S，ZHAO Y，JANG H，et al. Large-scale pattern growth of graphene films for stretchable transparent electrodes［J］. Nature，2009(457)：706-710.

［207］ WU S，HUANG C，AIVAZIAN G，et al. Vapor-solid growth of high optical quality mos₂ monolayers with near-unity valley polarization［J］. ACS Nano，2013(7)：2768-2772.

［208］ WANG X，FENG H，WU Y，et al. Controlled synthesis of highly crystalline MoS₂ flakes by chemical vapor deposition［J］. J Am Chem Soc，2013(135)：5304-5307.

［209］ LEE Y，LEE J，BARK H，et al. Synthesis of wafer-scale uniform molybdenum disulfide films with control over the layer number using a gas phase sulfur precursor ［J］. Nanoscale，2014(6)：2821-2826.

［210］ LEE Y H，ZHANG X Q，ZHANG W，et al. Synthesis of large-area MoS₂ atomic layers with chemical vapor deposition［J］. Adv. Mater.，2012(24)：2320-2325.

［211］ ZHAN Y，LIU Z，NAJMAEI S，et al. Large-area vapor-phase growth and characterization of MoS₂ atomic layers on a SiO₂ substrate［J］. Small，2012(8)：966-971.

［212］ YU Y,LI C,LIU Y,et al. Controlled scalable synthesis of uniform,high-quality monolayer and few-layer MoS_2 films[J]. Sci. Rep.,2013(3):1866.

［213］ LIU K K,ZHANG W,LEE Y H,et al. Growth of large-area and highly crystalline MoS_2 thin layers on insulating substrates[J]. Nano Lett.,2012(12):1538-1544.

［214］ ZHANG J,YU H,CHEN W,et al. Scalable growth of high-quality polycrystalline MoS_2 monolayers on SiO_2 with tunable grain sizes[J]. ACS Nano,2014(8):6024-6030.

［215］ PARK J,CHOUDHARY N,SMITH J,et al. Thickness modulated MoS_2 grown by chemical vapor deposition for transparent and flexible electronic devices[J]. Appl. Phys. Lett.,2015(106):012104.

［216］ SCHMIDT H,WANG S,CHU L,et al. Transport properties of monolayer MoS_2 grown by chemical vapor deposition[J]. Nano Lett.,2014(14):1909-1913.

［217］ DUMCENCO D,OVCHINNIKOV D,MARINOV K,et al. Large-area epitaxial monolayer MoS_2[J]. ACS Nano,2015(9):4611-4620.

［218］ MA L,NATH D N,LEE E W,et al. Epitaxial growth of large area single-crystalline few-layer MoS_2 with high space charge mobility of 192 $cm^2 \cdot V^{-1} \cdot s^{-1}$[J]. Appl. Phys. Lett.,2014(105):072105.

［219］ XU K,WANG Z,DU X,et al. Atomic-layer triangular WSe2 sheets:synthesis and layer-dependent photoluminescence property[J]. Nanotechnology,2013(24):465705.

［220］ HUANG J K,PU J,HSU C L,et al. Large-area synthesis of highly crystalline WSe_2 monolayers and device applications[J]. ACS Nano,2014(8):923-930.

［221］ CHANG Y H,ZHANG W,ZHU Y,et al. Monolayer mose2 grown by chemical vapor deposition for fast photodetection[J]. ACS Nano,2014(8):8582-8590.

［222］ WANG X,GONG Y,SHI G,et al. Chemical vapor deposition growth of crystalline monolayer $MoSe_2$ [J]. ACS Nano,2014(8):5125-5131.

［223］ LIU B,FATHI M,CHEN L,et al. Chemical vapor deposition growth of monolayer WSe_2 with tunable device characteristics and growth mechanism study[J]. ACS Nano,2015(9):6119-6127.

［224］ KEYSHAR K,GONG Y,YE G,et al. Chemical vapor deposition of monolayer rhenium disulfide (ReS_2)[J]. Adv. Mater.,2015(27):4640-4648.

［225］ XUE Y,ZHANG Y,LIU Y,et al. Scalable production of a few-layer MoS_2/WS_2 vertical heterojunction array and its application for photodetectors[J]. ACS Nano,2016(10):573-580.

［226］ DUAN X,WANG C,SHAW J C,et al. Lateral epitaxial growth of two-dimensional layered semiconductor heterojunctions[J]. Nature Nanotechnology,2014(9):1024-1030.

［227］ SONG I,PARK C,HONG M,et al. Patternable large-scale molybdenium disulfide atomic layers grown by gold-assisted chemical vapor deposition[J]. Angew. Chem. Int. Ed.,2014(53):1266-1269.

［228］ HAN G H,KYBERT N J,NAYLOR C H,et al. Seeded growth of highly crystalline molybdenum disulphide monolayers at controlled locations[J]. Nature Communications,2015(6):6128.

［229］ MCCONNEY M E,GLAVIN N R,JUHL A T,et al. Direct synthesis of ultra-thin large area transition metal dichalcogenides and their heterostructures on stretchable polymer surfaces[J]. J. Mater. Res.,2016(31):967-974.

［230］ LIM Y R,SONG W,HAN J K,et al. Wafer-Scale,Homogeneous MoS_2 layers on plastic substrates for flexible visible-light photodetectors[J]. Adv. Mater.,2016(28):5025-5030.

［231］ NAM H,WI S,ROKNI H,et al. MoS_2 Transistors fabricated via plasma-assisted nanoprinting of few-layer MoS$_2$ flakes into large-area arrays[J]. ACS Nano,7(2013) 5870-5881.

[232]　SALVATORE G A,MÜNZENRIEDER N,BARRAUD C,et al. Fabrication and transfer of flexible few-layers MoS$_2$ thin film transistors to any arbitrary substrate[J]. ACS Nano,2013(7):8809-8815.

[233]　LI H,WU J,HUANG X,et al. A Universal,rapid method for clean transfer of nanostructures onto various substrates[J]. ACS Nano,2014(8):6563-6570.

[234]　LU Z,SUN L,XU G,et al. Universal transfer and stacking of chemical vapor deposition grown two-dimensional atomic layers with water-soluble polymer mediator[J]. ACS Nano,2016(10):5237-5242.

[235]　PU J,YOMOGIDA Y,LIU K K,et al. Highly flexible MoS$_2$ thin-film transistors with ion gel dielectrics[J]. Nano Lett.,2012(12):4013-4017.

[236]　CHANG H Y,YANG S,LEE J,et al. High-performance,highly bendable MoS$_2$ transistors with high-k dielectrics for flexible low-power systems[J]. ACS Nano,2013(7):5446-5452.

[237]　SONG W G,KWON H J,PARK J,et al. High-performance flexible multilayer MoS$_2$ transistors on solution-based polyimide substrates[J]. Adv. Funct. Mater.,2016(26):2426-2434.

[238]　CHENG R,JIANG S,CHEN Y,et al. Few-layer molybdenum disulfide transistors and circuits for high-speed flexible electronics[J]. Nature Communications,2014(5):5143.

[239]　PETRONE N,CHARI T,MERIC I,et al. Flexible graphene field-effect transistors encapsulated in hexagonal boron nitride[J]. ACS Nano,2015(9):8953-8959.

[240]　SUN L,QIN G,SEO J H,et al. 12 GHz thin-film transistors on transferrable silicon nanomembranes for high-performance flexible electronics[J]. Small,2010(6):2553-2557.

[241]　WANG C,CHIEN J C,FANG H,et al. Self-aligned,extremely high frequency Ⅲ-Ⅴ metal-oxide-semiconductor field-effect transistors on rigid and flexible substrates[J]. Nano Lett.,2012(12):4140-4145.

[242]　CHANG H Y,YOGEESH M N,GHOSH R,et al. Large-area monolayer MoS$_2$ for flexible low-power RF nanoelectronics in the GHz regime[J]. Adv. Mater.,2016(28):1818-1823.

[243]　PU J,FUNAHASHI K,CHEN C H,et al. Highly flexible and high-performance complementary inverters of large-area transition metal dichalcogenide monolayers[J]. Adv. Mater.,2016(28):4111-4119.

[244]　ZHAO J,CHEN W,MENG J,et al. Integrated flexible and high-quality thin film transistors based on monolayer MoS$_2$[J]. Advanced Electronic Materials,2016(2):1500379.

[245]　GEORGIOU T,JALIL R,BELLE B D,et al. Vertical field-effect transistor based on graphene-WS$_2$ heterostructures for flexible and transparent electronics[J]. Nature Nanotechnology,2013(8):100-103.

[246]　YOON J,PARK W,BAE G Y,et al. Highly flexible and transparent multilayer MoS$_2$ transistors with graphene electrodes[J]. Small,2013(9):3295-3300.

[247]　AMANI M,BURKE R A,PROIE R M,et al. Flexible integrated circuits and multifunctional electronics based on single atomic layers of MoS$_2$ and graphene[J]. Nanotechnology,2015(26):115202.

[248]　LEE G H,YU Y J,CUI X,et al. Flexible and transparent MoS$_2$ field-effect transistors on hexagonal boron nitride-graphene heterostructures[J]. ACS Nano,2013(7):7931-7936.

[249]　YANG B,WAN B,ZHOU Q,et al. Te-doped black phosphorus field-effect transistors[J]. Adv.

Mater.,2016(28):9408-9415.

[250] ZHU W,YOGEESH M N,YANG S,et al. Flexible black phosphorus ambipolar transistors,circuits and AM demodulator[J]. Nano Lett.,2015(15):1883-1890.

[251] ZHU W,PARK S,YOGEESH M N,et al. Black phosphorus flexible thin film transistors at gighertz frequencies[J]. Nano Lett.,2016(16):2301-2306.

[252] ZHOU Y,NIE Y,LIU Y,et al. Epitaxy and photoresponse of two-dimensional GaSe crystals on flexible transparent mica sheets[J]. ACS Nano,2014(8):1485-1490.

[253] TAMALAMPUDI S R,LU Y Y,SANKAR R K U R,et al. High performance and bendable few-layered InSe photodetectors with broad spectral response[J]. Nano Lett.,2014(14):2800-2806.

[254] WANG Q,XU K,WANG Z,et al. Van der waals epitaxial ultrathin two-dimensional nonlayered semiconductor for highly efficient flexible optoelectronic devices[J]. Nano Lett.,2015(15):1183-1189.

[255] ZHENG Z,ZHANG T,YAO J,et al. Flexible,transparent and ultra-broadband photodetector based on large-area WSe2 film for wearable devices[J]. Nanotechnology,2016(27):225501.

[256] TSAI M Y,TARASOV A,HESABI Z R,et al. Flexible MoS_2 field-effect transistors for gate-tunable piezoresistive strain sensors[J]. ACS Applied Materials & Interfaces,2015(7):12850-12855.

[257] HE Q,ZENG Z,YIN Z,et al. Fabrication of flexible MoS_2 thin-film transistor arrays for practical gas-sensing applications[J]. Small,2012(8):2994-2999.

[258] CHO B,YOON J,LIM S K,et al. Chemical sensing of 2D graphene/MoS_2 heterostructure device[J]. ACS Applied Materials & Interfaces,2015(7):16775-16780.

[259] CHO B,KIM A R,KIM D J,et al. Two-dimensional atomic-layered alloy junctions for high-performance wearable chemical sensor[J]. ACS Applied Materials & Interfaces,2016(8):19635-19642.

[260] CHEN Y,TAN C,ZHANG H,et al. Two-dimensional graphene analogues for biomedical applications [J]. Chem. Soc. Rev.,2015(44):2681-2701.

[261] YANG G,ZHU C,DU D,et al. Graphene-like two-dimensional layered nanomaterials:applications in biosensors and nanomedicine[J]. Nanoscale,2015(7):14217-14231.

[262] KANG P,WANG M C,NAM S,Bioelectronics with two-dimensional materials[J]. Microelectron. Eng.,2016(161):18-35.

[263] SARKAR D,LIU W,XIE X,et al. MoS_2 Field-effect transistor for next-generation label-free biosensors[J]. ACS Nano,2014(8):3992-4003.

[264] WU C,LU X,PENG L,et al. Two-dimensional vanadyl phosphate ultrathin nanosheets for high energy density and flexible pseudocapacitors[J]. Nature Communications,2013(4):2431.

[265] BAO J,ZHANG X,BAI L,et al. All-solid-state flexible thin-film supercapacitors with high electrochemical performance based on a two-dimensional $V_2O_5 \cdot H_2O$/graphene composite[J]. Journal of Materials Chemistry A,2014(2):10876-10881.

[266] CHEN L,ZHOU G,LIU Z,et al. Scalable clean exfoliation of high-quality few-layer black phosphorus for a flexible lithium ion battery[J]. Adv. Mater.,2016(28):510-517.

[267] ZHANG C,YIN H,HAN M,et al. Two-dimensional tin selenide nanostructures for flexible all-solid-state supercapacitors[J]. ACS Nano,2014(8):3761-3770.

[268] PU J,ZHANG Y,WADA Y,et al. Fabrication of stretchable MoS_2 thin-film transistors using elastic ion-gel gate dielectrics[J]. Appl. Phys. Lett.,2013(103):023505.

[269] ZANG J,RYU S,PUGNO N,et al. Multifunctionality and control of the crumpling and unfolding of large-area graphene[J]. Nature Materials,2013(12):321-325.

[270] CHIANG C W,HAIDER G,TAN W C,et al. Highly stretchable and sensitive photodetectors based on hybrid graphene and graphene quantum dots[J]. ACS Applied Materials & Interfaces,2016(8): 466-471.

[271] KIM R H,BAE M H,KIM D G,et al. Rogers,stretchable,transparent graphene interconnects for arrays of microscale inorganic light emitting diodes on rubber substrates[J]. Nano Lett.,2011(11): 3881-3886.

[272] LIM S,SON D,KIM J,et al. Transparent and stretchable interactive human machine interface based on patterned graphene heterostructures[J]. Adv. Funct. Mater.,2015(25):375-383.

[273] BRENNAN C J,NGUYEN J,YU E T,et al. Interface adhesion between 2D materials and elastomers measured by buckle delaminations[J]. Advanced Materials Interfaces,2015(2):1500176.

[274] YANG S,WANG C,SAHIN H,et al. Tuning the optical,magnetic,and electrical properties of $ReSe_2$ by nanoscale strain engineering[J]. Nano Lett.,2015(15):1660-1666.

[275] KIM D H,LU N,MA R,et al. Epidermal electronics[J]. Science,2011(333):838.

[276] JIANG H,KHANG D Y,SONG J,et al. Finite deformation mechanics in buckled thin films on compliant supports[J]. Proceedings of the National Academy of Sciences,2007(104):15607.

[277] ZHANG Y,FU H,XU S,et al. A hierarchical computational model for stretchable interconnects with fractal-inspired designs[J]. J. Mech. Phys. Solids,2014(72):115-130.

[278] ZHANG Y,WANG S,LI X,et al. Experimental and theoretical studies of serpentine microstructures bonded to prestrained elastomers for stretchable electronics[J]. Adv. Funct. Mater.,2014(24): 2028-2037.

[279] JANG K I,HAN S Y,XU S,et al. Rugged and breathable forms of stretchable electronics with adherent composite substrates for transcutaneous monitoring[J]. Nature Communications,2014 (5):4779.

[280] FAN J A,YEO W H,SU Y,et al. Fractal design concepts for stretchable electronics[J]. Nature Communications,2014(5):3266.

[281] JANG K I,CHUNG H U,XU S,et al. Soft network composite materials with deterministic and bio-inspired designs[J]. Nature Communications,2015(6):6566.

[282] XU S,YAN Z,JANG K I,et al. Assembly of micro/nanomaterials into complex,three-dimensional architectures by compressive buckling[J]. Science,2015(347):154.

[283] ZHANG Y,YAN Z,NAN K,et al. A mechanically driven form of Kirigami as a route to 3D mesostructures in micro/nanomembranes[J]. Proceedings of the National Academy of Sciences,2015 (112):11757.

[284] YAN Z,ZHANG F,LIU F,et al. Mechanical assembly of complex,3D mesostructures from releasable multilayers of advanced materials[J]. Science Advances,2016(2):e1601014.

[285] LIU Y,YAN Z,LIN Q,et al. Guided formation of 3D helical mesostructures by mechanical buckling: analytical modeling and experimental validation[J]. Adv. Funct. Mater.,2016(26):2909-2918.

[286] YAN Z,ZHANG F,WANG J,et al. Controlled Mechanical Buckling for Origami-Inspired Construction of 3D Microstructures in Advanced Materials[J]. Adv. Funct. Mater.,2016(26):2629-2639.

[287] YAN Z,HAN M,SHI Y,et al. Three-dimensional mesostructures as high-temperature growth templates, electronic cellular scaffolds,and self-propelled microrobots[J]. Proceedings of the National Academy of Sciences,2017(114):E9455.

[288] YAN Z,HAN M,YANG Y,et al. Deterministic assembly of 3D mesostructures in advanced materials via compressive buckling: A short review of recent progress[J]. Extreme Mechanics Letters,2017(11): 96-104.

[289] KATARIA M,YADAV K,HAIDER G,et al. Transparent,wearable,broadband,and highly sensitive upconversion nanoparticles and graphene-based hybrid photodetectors[J]. ACS Photonics,2018(5): 2336-2347.

[290] LEEM J,WANG M C,KANG P,et al. Mechanically self-assembled,three-dimensional graphene-gold hybrid nanostructures for advanced nanoplasmonic sensors[J]. Nano Lett.,2015(15):7684-7690.

[291] CHOI C,CHOI M K,LIU S,et al. Human eye-inspired soft optoelectronic device using high-density MoS_2-graphene curved image sensor array[J]. Nature Communications,2017(8):1664.

[292] LEE H,CHOI T K,LEE Y B,et al. A graphene-based electrochemical device with thermoresponsive microneedles for diabetes monitoring and therapy[J]. Nature Nanotechnology,2016(11):566-572.

[293] AMERI S K,HO R,JANG H,et al. Graphene electronic tattoo sensors[J]. ACS Nano,2017(11): 7634-7641.

[294] KIM S J,CHO K W,CHO H R,et al. Stretchable and transparent biointerface using cell-sheet-graphene hybrid for electrophysiology and therapy of skeletal muscle[J]. Adv. Funct. Mater.,2016(26): 3207-3217.

[295] AMERI S K,KIM M,KUANG I A,et al. Imperceptible electrooculography graphene sensor system for human-robot interface[J]. npj 2D Materials and Applications,2018(2):19.

[296] LEE W,LIU Y,LEE Y,et al. Two-dimensional materials in functional three-dimensional architectures with applications in photodetection and imaging[J]. Nature Communications,2018(9):1417.

[297] KANG P,WANG M C,KNAPP P M,et al. Crumpled graphene photodetector with enhanced,strain-tunable,and wavelength-selective photoresponsivity[J]. Adv. Mater.,2016(28):4639-4645.

[298] KIM M,KANG P,LEEM J,et al. A stretchable crumpled graphene photodetector with plasmonically enhanced photoresponsivity[J]. Nanoscale,2017(9):4058-4065.

[299] KIM D H,LU N,GHAFFARI R,et al. Inorganic semiconductor nanomaterials for flexible and stretchable bio-integrated electronics[J]. NPG Asia Materials,2012(4):e15-e15.

[300] KIM D H,LU N,HUANG Y,et al. Materials for stretchable electronics in bioinspired and biointegrated devices[J]. MRS Bull.,2012(37):226-235.

[301] WEBB R C,BONIFAS A P,BEHNAZ A,et al. Ultrathin conformal devices for precise and continuous thermal characterization of human skin[J]. Nature Materials,2013(12):938-944.

[302] KIM D H,VIVENTI J,AMSDEN J J,et al. Rogers,dissolvable films of silk fibroin for ultrathin conformal bio-integrated electronics[J]. Nature Materials,2010(9):511-517.

[303] KIM D H,GHAFFARI R,LU N,et al. Electronic sensor and actuator webs for large-area complex geometry cardiac mapping and therapy[J]. Proceedings of the National Academy of Sciences,2012 (109):19910.

[304] JUNG I,XIAO J,MALYARCHUK V,et al. Dynamically tunable hemispherical electronic eye camera

system with adjustable zoom capability[J]. Proceedings of the National Academy of Sciences,2011 (108):1788.

[305]　SONG Y M,XIE Y,MALYARCHUK V,et al. Digital cameras with designs inspired by the arthropod eye[J]. Nature,2013(497):95-99.

[306]　YOON J,BACA A J,PARK S I,et al. Ultrathin silicon solar microcells for semitransparent,mechanically flexible and microconcentrator module designs,Materials for Sustainable Energy[J]. Co-Published with Macmillan Publishers Ltd,2010:38-46.

[307]　YU K J,GAO L,PARK J S,et al. Light Trapping in ultrathin monocrystalline silicon solar cells [J]. Advanced Energy Materials,2013(3):1401-1406.

[308]　XU S,ZHANG Y,CHO J,et al. Stretchable batteries with self-similar serpentine interconnects and integrated wireless recharging systems[J]. Nature Communications,2013(4):1543.

[309]　VESELAGO V G. The electrodynamics of substances with simultaneously negative values of e and m [J]. Sov. Phys. Usp.,1968(10):509-514.

[310]　PENDRY J B,Negative refraction makes a perfect lens[J]. Phys. Rev. Lett.,2000(85):3966-3969.

[311]　SHELBY R A,SMITH D R,SCHULTZ S. Experimental verification of a negative index of refraction[J]. Science,2001(292):77.

[312]　VALENTINE J,ZHANG S,ZENTGRAF T,et al. Three-dimensional optical metamaterial with a negative refractive index[J]. Nature,2008(455):376-379.

[313]　SHALAEV V M. Optical negative-index metamaterials[J]. Nature Photonics,2007(1):41-48.

[314]　SOUKOULIS C M,LINDEN S,WEGENER M. Negative refractive index at optical wavelengths[J]. Science,2007(315):47.

[315]　ZHELUDEV N I. The road ahead for metamaterials[J]. Science,2010(328):582.

[316]　SOUKOULIS C M,WEGENER M. Optical metamaterials—more bulky and less lossy[J]. Science,2010 (330):1633.

[317]　BOLTASSEVA A,ATWATER H A,Low-loss plasmonic metamaterials[J]. Science,2011(331):290.

[318]　LUK'YANCHUK B, ZHELUDEV N I, MAIER S A, et al. The Fano resonance in plasmonic nanostructures and metamaterials[J]. Nature Materials,2010(9):707-715.

[319]　FAN J A,WU C,BAO K,et al. Self-Assembled plasmonic nanoparticle clusters[J]. Science,2010 (328):1135.

[320]　ANKER J N, HALL W P, LYANDRES O, et al. Biosensing with plasmonic nanosensors, Nanoscience and Technology[J]. Co-Published with Macmillan Publishers Ltd,2009:308-319.

[321]　STEWART M E,ANDERTON C R,THOMPSON L B,et al. Nanostructured plasmonic sensors [J]. Chem. Rev.,2008(108):494-521.

[322]　KABASHIN A V,EVANS P,PASTKOVSKY S,et al. Plasmonic nanorod metamaterials for biosensing [J]. Nature Materials,2009(8):867-871.

[323]　LIU N,MESCH M,WEISS T,et al. Infrared perfect absorber and its application as plasmonic sensor [J]. Nano Lett.,2010(10):2342-2348.

[324]　NIE S,EMORY S R. Probing single molecules and single nanoparticles by surface-enhanced raman scattering[J]. Science,1997(275):1102.

[325]　HAES A J,HAYNES C L,MCFARLAND A D,et al. Plasmonic materials for surface-enhanced

sensing and spectroscopy[J]. MRS Bull.,2005(30):368-375.

[326] LE RU E,ETCHEGOIN P. Principles of surface-enhanced raman spectroscopy: and related plasmonic effects[J]. Amsterdam: Elsevier,2009.

[327] KAWATA S,INOUYE Y,VERMA P. Plasmonics for near-field nano-imaging and superlensing [J]. Nature Photonics,2009(3):388-394.

[328] SCHULLER J A,BARNARD E S,CAI W,et al. Plasmonics for extreme light concentration and manipulation[J]. Nature Materials,2010(9):193-204.

[329] CATCHPOLE K R,POLMAN A. Plasmonic solar cells[J]. Opt. Express,2008(16):21793-21800.

[330] YEN T J,PADILLA W J,FANG N,et al. Terahertz magnetic response from artificial materials [J]. Science,2004(303):1494.

[331] PAUL O,IMHOF C,REINHARD B,et al. Negative index bulk metamaterial at terahertz frequencies [J]. Opt. Express,2008(16):6736-6744.

[332] LIU N,GUO H,FU L,et al. Three-dimensional photonic metamaterials at optical frequencies [J]. Nature Materials,2008(7):31-37.

[333] MECA C G,ORTUÑO R,FORTUÑO F J R,et al. Double-negative polarization-independent fishnet metamaterial in the visible spectrum[J]. Opt. Lett.,2009(34):1603-1605.

[334] XIAO S,CHETTIAR U K,KILDISHEV A V,et al. Yellow-light negative-index metamaterials [J]. Opt. Lett.,2009(34):3478-3480.

[335] MECA C G, HURTADO J, MARTÍ J, et al. Low-loss multilayered metamaterial exhibiting a negative index of refraction at visible wavelengths[J]. Phys. Rev. Lett.,2011(106):067402.

[336] LÖTTERS J C,OLTHUIS W,VELTINK P H,et al. The mechanical properties of the rubber elastic polymer polydimethylsiloxane for sensor applications[J]. Journal of Micromechanics and Microengineering, 1997(7):145-147.

[337] KHODASEVYCH I E,SHAH C M,SRIRAM S,et al. Elastomeric silicone substrates for terahertz fishnet metamaterials[J]. Appl. Phys. Lett.,2012(100):061101.

[338] MACDONALD W A. Engineered films for display technologies[J]. J. Mater. Chem.,2004(14): 4-10.

[339] LU N,WANG X,SUO Z,et al. Metal films on polymer substrates stretched beyond 50%[J]. Appl. Phys. Lett.,2007(91):221909.

[340] CHOI M C,KIM Y,HA C S. Polymers for flexible displays: From material selection to device applications [J]. Prog. Polym. Sci.,2008(33):581-630.

[341] MELIK R,UNAL E,PERKGOZ N K,et al. Flexible metamaterials for wireless strain sensing [J]. Appl. Phys. Lett.,2009(95):181105.

[342] LAPINE M,POWELL D,GORKUNOV M,et al. Structural tunability in metamaterials[J]. Appl. Phys. Lett.,2009(95):084105.

[343] TAO H,STRIKWERDA A C,FAN K,et al. Terahertz metamaterials on free-standing highly-flexible polyimide substrates[J]. J. Phys. D: Appl. Phys.,2008(41):232004.

[344] WOO J M,KIM D,HUSSAIN S,et al. Low-loss flexible bilayer metamaterials in THz regime [J]. Opt. Express,2014(22):2289-2298.

[345] CHEN Z C,HAN N R,PAN Z Y,et al. Tunable resonance enhancement of multi-layer terahertz

metamaterials fabricated by parallel laser micro-lens array lithography on flexible substrates [J].
Opt. Mater. Express,2011(1):151-157.

[346]　HAN N R,CHEN Z C,LIM C S,et al. Broadband multi-layer terahertz metamaterials fabrication and characterization on flexible substrates[J]. Opt. Express,2011(19):6990-6998.

[347]　LIANG L, JIN B, WU J, et al. A flexible wideband bandpass terahertz filter using multi-layer metamaterials[J]. Appl. Phys. B,2013(113):285-290.

[348]　CHOI M,LEE S H,KIM Y,et al. A terahertz metamaterial with unnaturally high refractive index [J]. Nature,2011(470):369-373.

[349]　FAN K,STRIKWERDA A C,TAO H,et al. Stand-up magnetic metamaterials at terahertz frequencies [J]. Opt. Express,2011(19):12619-12627.

[350]　LI G X,CHEN S M,WONG W H,et al. Highly flexible near-infrared metamaterials[J]. Opt. Express,2012(20):397-402.

[351]　FALCO A D,PLOSCHNER M,KRAUSS T F. Flexible metamaterials at visible wavelengths [J]. New Journal of Physics,2010(12):113006.

[352]　XU X,PENG B,LI D,et al. Flexible visible-infrared metamaterials and their applications in highly sensitive chemical and biological sensing[J]. Nano Lett.,2011(11):3232-3238.

[353]　WEN X,LI G,ZHANG J,et al. Transparent free-standing metamaterials and their applications in surface-enhanced Raman scattering[J]. Nanoscale,2014(6):132-139.

[354]　CHANDA D,SHIGETA K,GUPTA S,et al. Large-area flexible 3D optical negative index metamaterial formed by nanotransfer printing[J]. Nature Nanotechnology,2011(6):402-407.

[355]　GAO L,KIM Y,GUARDADO A V,et al. Materials selections and growth conditions for large-area, multilayered,visible negative index metamaterials formed by nanotransfer printing[J]. Advanced Optical Materials,2014(2):256-261.

[356]　GAO L, SHIGETA K, GUARDADO A V, et al. Nanoimprinting techniques for large-area three-dimensional negative index metamaterials with operation in the visible and telecom bands[J]. ACS Nano,2014(8):5535-5542.

[357]　CHIANG Y L,CHEN C W,WANG C H,et al. Mechanically tunable surface plasmon resonance based on gold nanoparticles and elastic membrane polydimethylsiloxane composite[J]. Appl. Phys. Lett.,2010(96):041904.

[358]　MILLYARD M G,HUANG F M,WHITE R,et al. Stretch-induced plasmonic anisotropy of self-assembled gold nanoparticle mats[J]. Appl. Phys. Lett.,2012(100):073101.

[359]　SHIOHARA A,LANGER J,POLAVARAPU L,et al. Solution processed polydimethylsiloxane/gold nanostar flexible substrates for plasmonic sensing[J]. Nanoscale,2014(6):9817-9823.

[360]　HOSSAIN M K,WILLMOTT G R,ETCHEGOIN P G,et al. Tunable SERS using gold nanoaggregates on an elastomeric substrate[J]. Nanoscale,2013(5):8945-8950.

[361]　RANKIN A,MCGARRY S. A flexible pressure sensitive colour changing device using plasmonic nanoparticles[J]. Nanotechnology,2015(26):075502.

[362]　KANG H,HEO C J,JEON H C,et al. Durable plasmonic cap arrays on flexible substrate with real-time optical tunability for high-fidelity SERS devices[J]. ACS Applied Materials & Interfaces,2013 (5):4569-4574.

[363] TOMA M,LOGET G,CORN R M. Fabrication of broadband antireflective plasmonic gold nanocone arrays on flexible polymer films[J]. Nano Lett.,2013(13):6164-6169.

[364] KAHRAMAN M, DAGGUMATI P, KURTULUS O, et al. Fabrication and characterization of flexible and tunable plasmonic nanostructures[J]. Sci. Rep.,2013(3):3396.

[365] AKSU S, HUANG M, ARTAR A, et al. Flexible plasmonics on unconventional and nonplanar substrates[J]. Adv. Mater.,2011(23):4422-4430.

[366] MENA O V,SANNOMIYA T,TOSUN M,et al. High-resolution resistless nanopatterning on polymer and flexible substrates for plasmonic biosensing using stencil masks[J]. ACS Nano,2012(6):5474-5481.

[367] LI J,SHAH C M,WITHAYACHUMNANKUL W,et al. Mechanically tunable terahertz metamaterials [J]. Appl. Phys. Lett.,2013(102):121101.

[368] FAN K,ZHAO X,ZHANG J,et al. Optically tunable terahertz metamaterials on highly flexible substrates,IEEE transactions on terahertz science and technology,2013(3):702-708.

[369] LEE S,KIM S,KIM T T,et al. Reversibly stretchable and tunable terahertz metamaterials with wrinkled layouts[J]. Adv. Mater.,2012(24):3491-3497.

[370] PRYCE I M,AYDIN K,KELAITA Y A,et al. Highly strained compliant optical metamaterials with large frequency tunability[J]. Nano Lett.,2010(10):4222-4227.

[371] KANAMORI Y,HOKARI R,HANE K. MEMS for plasmon control of optical metamaterials [J]. IEEE Journal of Selected Topics in Quantum Electronics,2015(21):137-146.

[372] ZHANG X,ZHANG J,LIU H,et al. Soft plasmons with stretchable spectroscopic response based on thermally patterned gold nanoparticles[J]. Sci. Rep.,2014(4):4182.

[373] HUANG F,BAUMBERG J J. Actively tuned plasmons on elastomerically driven au nanoparticle dimers[J]. Nano Lett.,2010(10):1787-1792.

[374] ALEXANDER K D,SKINNER K,ZHANG S,et al. Tunable SERS in gold nanorod dimers through strain control on an elastomeric substrate[J]. Nano Lett.,2010(10):4488-4493.

[375] GAO L,ZHANG Y,ZHANG H,et al. Optics and nonlinear buckling mechanics in large-area,highly stretchable arrays of plasmonic nanostructures[J]. ACS Nano,2015(9):5968-5975.

[376] SHEN X,CUI T J,CANO D M,et al. Conformal surface plasmons propagating on ultrathin and flexible films[J]. Proceedings of the National Academy of Sciences,2013(110):40.

第8章 柔性光电探测器

光电探测器是一种通过将光子转换成可测量电信号来探测光的传感器。高性能光电探测技术对科学界和工业界都具有重要意义,在视频成像、光通信、火灾探测、医学成像、环境监测、空间探测、安全、夜视和运动探测等领域有着广泛的应用[1-10]。目前,光探测市场主要由大块晶硅(c-Si)制成,适用于可见光到近红外(NIR)光谱的探测范围,以及由其三维材料制成的产品。这些光电探测器通常安装在刚性基底上,在人们的日常生活中有着重要的应用,如数码照相机、火灾监测、生物分析以及军事应用[11-13]。然而,基于这些三维材料的光电探测器需要使用厚的材料来达到相当大的响应,并且通常会遭受严重的缺陷,包括脆弱、昂贵和需要严格控制的制造过程,以及严格的操作条件,这些都妨碍了它们在一些新的器件概念中的应用,如柔软、透明、可拉伸和可弯曲的应用。与刚性基板上的光电探测器相反,柔性基板可以更好地成形和适应不同的基板,能够满足下一代光电器件日益增长的需求,具有质量轻、便携性好、可植入性好、大面积兼容、可扩展性强、制造成本低,以及无缝的异构集成等特点[14]。因此,它们可以为一些实际应用提供大量的新功能。例如,在不寻常的二维可压缩结构中形成的光电探测器和弹性传输元件的电互连阵列可以实现到半球形几何体上,从而产生高性能的人造电子眼照相机,这将有助于帮助盲人在未来恢复视力。

柔性光电探测器的有趣和潜在应用引起了全世界研究人员的浓厚研究兴趣。为了实现高性能的柔性光电探测,必须在一个器件中同时实现高的光响应灵敏度和良好的机械柔性,这对材料选择、器件设计和制造技术提出了严峻的挑战[15]。从光响应灵敏度的角度来看,具有高吸收系数的厚传感候选材料更适合于保证充分的光吸收,从而产生相当大的光响应。另一方面,具有良好机械柔性的柔性光电探测器必须在反复弯曲、折叠和/或拉伸的情况下工作,而不会显著降低其光响应性能。因此,包括传感材料、基板和电极在内的装置的每个部件都应具有机械稳定性和灵活性。首先,传感候选材料必须在一定程度上满足弯曲要求,而不会明显降低其电学和光电性能。因此,这就要求传感材料足够薄,因为材料的弯曲刚度与其厚度的立方成正比,并且在给定弯曲半径下,诱导的峰值应变也随厚度线性减小。此外,加工温度不可避免地受到限制(通常低于 300 ℃),因为要求与柔性基材(如塑料)兼容。新型功能材料、柔性基底弹性材料和几何电极设计等的发展,可以优化光响应灵敏度和机械柔性之间的平衡[16]。

8.1 无机纳米材料在柔性光电探测器的应用

8.1.1 零维纳米材料

NCs 是指直径小于 100 nm 的微小半导体颗粒,由单晶或多晶排列的原子组成[17]。研究最广泛的 NCs 的尺寸通常在几纳米到 20 nm 之间,也被归类为 QDs[18]。在这种状态下,由于数百到数千个原子的量子机械耦合效应,这些 NCs 的能带结构受尺寸影响。因此,它们的电子结构、光学和磁性都可以通过改变颗粒的大小和形状进行调谐,从而为电子和光电应用带来新的功能,包括晶体管、太阳能电池、LED、二极管激光器和光电探测器[19-23]。另一方面,NCs 通常从溶液阶段合成,这使得基于溶液的工艺,如自旋涂层、浸渍涂层或喷墨打印,可被应用于大规模制作柔性器件,从而大大降低成本。本节将介绍基于零维纳米结构的柔性光电探测器,包括 NCs 和 QDs。

零维纳米材料具有可调节的光电特性、出色的机械柔韧性和良好的稳定性,因此是柔性光电探测器的良好候选者。在柔性光电探测器领域中探索的零维纳米材料实例包括 HgSe NCs[24]、CuInSe$_2$ NCs[25]、CdTe NCs[26]、ZnO NCs[27,28]、SnO$_2$ NCs[29]、PbS QDs[30,31]、PbSe QDs[32] 和 CdSe QDs[33] 等。Min 等证明了在不使用任何表面活性剂的情况下,在水溶液中合成的 In$_2$Se$_3$ NCs 可以在温和的反应条件下化学转化为高产率的 CuInSe$_2$ NCs[25]。转换后的 CuInSe$_2$ NCs 很容易旋涂,可以在柔性基板上组装半导体薄膜并进行紫外光检测,如图 8-1(a) 所示;NCs 的无表面活性剂特性也促进了相邻 NCs 之间的有效电荷转移。在弯曲测试时,发现器件的检测灵敏度几乎可以保持稳定;直到弯曲曲率半径减小到 4 mm 时,在黑暗和光照下的电流都有所衰减,如图 8-1(b) 所示。当进一步减小弯曲半径时,灵敏度以及电流会急剧下降,这很可能是由于在弯曲时,薄膜中开始出现裂纹、NC 之间的物理间距增加,使得相邻 NC 之间的电荷转移效率低下所致。

与光电导或光电晶体管相比,光电二极管具有更高的检测率和更快的响应速度。Kwak 等在柔性塑料基板上构造了由 CdTe NCs 膜和单个 ZnO NW 组成的 P-N 异质结光电二极管[26]。在 325 nm 紫外光照射下,该器件在正向和反向偏置条件下均表现出明显的光响应。基于 CdTe NCs 及单个 ZnO NW 异质结的柔性光探测器在偏压下的光响应情况,如图 8-1(c) 所示,响应度分别为 8.0 μA/W 和 2.1 μA/W。此外,在施加 0.5% 的弯曲形变的状态下也检测到了光响应。可以看出,柔性光电二极管的响应度与正向偏压下的入射光的功率密度成线性比例,而与弯曲状态无关,如图 8-1(d) 所示。这表明这种光电二极管在下一代柔性光电检测领域具有很大潜力。在另一项工作中,Wu 的团队报告了一种柔性紫外线光电探测器的制造,他们将 ZnO NCs 沉积在天然芦苇膜上,并选择 Au 和 Al 触点形成肖特基二极管,制备的器件显示出极高的透明度,如图 8-1(e) 所示[28]。在紫外线照射下,器件表现出明显的光响应,其最大响应度大于 8.5 mA/W,在 300 nm 波长的光下 EQE 超过 3%,上升/下降时间约为 0.5 s/1 s。图 8-1(f)所示为不同强度的紫外光照下器件的光响应情况,其中左侧插图为在描图纸上制造的器件的光响应。此外,还检查了弯曲状态下的光响应,发现随着弯曲时间的增加或弯曲半径的减小,性能会有轻微的提高。这种现象可能是由于纤维素结构在弯曲后处于压缩状态,这挤压了 NCs,促进了载流子隧穿至相邻的 NC,因此改善了 ZnO NCs 膜的整体导电性。

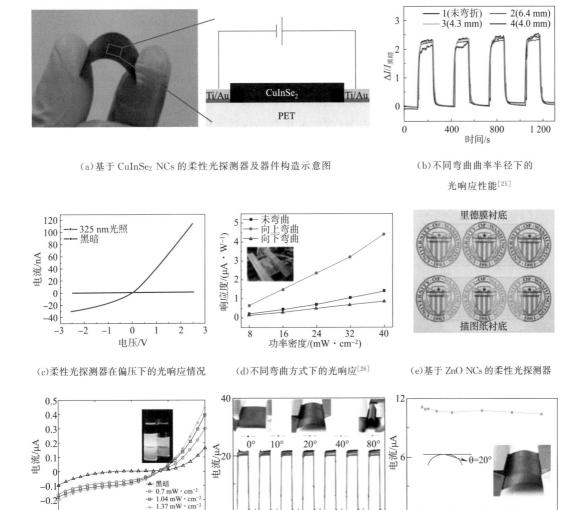

(a)基于 CuInSe$_2$ NCs 的柔性光探测器及器件构造示意图

(b)不同弯曲曲率半径下的光响应性能[25]

(c)柔性光探测器在偏压下的光响应情况

(d)不同弯曲方式下的光响应[26]

(e)基于 ZnO NCs 的柔性光探测器

(f)不同强度的紫外光照下器件的光响应情况[28]

(g)不同弯曲角度下的光响应性能

(h)进行 400 次 20°弯折后的性能变化[30]

图 8-1 柔性光探测器及光响应情况

He 等提出了一种新的策略来提高基于 PbS QDs 柔性光电探测器的性能。他们将 Ag NCs 集成到 PbS QDs 中,以有效地捕获 PbS QDs 导电带中的光生电子、延长载流子寿命并促进通道中的空穴循环[30]。与单独的 PbS QDs 器件相比,该器件的暗电流略有降低,光电流显著增强,获得了高达 1.7×10^{10} Jones 的检测率。在弯曲测试下,该器件在 $0^\circ \sim 80^\circ$ 之间的弯曲角度下没有表现出明显的性能下降,如图 8-1(g)所示;在以 20° 的弯曲角度进行400次弯折之后,该性能仅下降了 10%,如图 8-1(h)所示。PbS QDs - Ag NCs 复合材料具有高检测率和低成本处理的特点,因此具有便携或可穿戴红外传感器应用的巨大潜力。

总而言之,由于尺寸大小的可调节性与基于溶液的工艺的兼容性以及良好的机械柔韧性和稳定性,诸如 NCs 和 QDs 的零维纳米材料非常适合大面积低成本的柔性光电设备制造。但同时,此类光电探测器的光响应特性在当前阶段仍无法与基于其他功能材料的器件相媲美,这可能是由于相邻 NC 或 QD 之间的电荷传输效率低下所导致的载流子收集较差。在 NC 或 QD 上进行适当的表面修饰以及电荷捕获可以显著增强光响应,因此需要通过设计相关方案以及合理的器件设计来改善光电性能,从而获得适用性更强的柔性光电探测器件。

8.1.2   一维纳米材料

一维无机半导体纳米结构,如 NWs、NBs、NRs 和 NTs 等,由于其独特的电学和光学特性,在过去的 20 年中作为纳米电子学和纳米光电学的基础构件而吸引了研究者巨大的研究兴趣[34-37]。与薄膜或块状材料相比,一维纳米结构至少具有三个特征,使其能够应用于高性能柔性光电探测器:首先,由于其极大的表面积与体积之比,一维材料表面存在许多陷阱态,可以大大延长光生载流子的寿命。其次,一维纳米结构可提供均匀且单晶的材料,以实现有效的电荷传输,从而缩短了光生载流子通过导电通道的传输时间。此外,由于其巨大的纵横比,一维纳米结构在其自然生长方向上具有极强的机械柔韧性。

到目前为止,在柔性光检测领域已成功开发的一维无机半导体纳米结构包括 Si NWs[37]、Ge NWs[38]、碳纳米管(carbon nanotubes,CNTs)[39]、ZnO NWs(或 NRs)[40-52]、GaN NWs[53]、TiO_2 NRs[54,55]、SnO_2 NWs(或 NRs、NTs)[56-58]、CdS NWs[59-62]、CdSe NBs[63]、ZnSe NBs[64]、ZnTe NWs[65]、InP NWs[66-67]、GaP NWs[66]、PbI_2 NWs(或 NPs)[68]、ZrS_3 NBs[69]、In_2S_3 NWs[70]、Zn_3P_2 NWs[71]、Zn_3As_2 NWs[66]、$ZnGa_2O_4$ NWs[73]、Zn_2GeO_4 NWs[74]、$In_2Ge_2O_7$ NWs[75]等。一维无机纳米结构可以通过气相方法轻松合成,如化学气相沉积(chemical vapor deposition,CVD)、物理气相沉积(physical vapor deposition,PVD)和金属有机化学气相沉积(metal organic chemical vapor deposition,MOCVD)[75-83]。下文中将根据这些一维无机半导体纳米结构介绍一些具有代表性的工作。

8.1.2.1 柔性紫外光探测器

紫外光探测器对于现实应用至关重要,如火灾监控、生物和环境传感、太空探索等[84]。在各种一维无机纳米结构中,ZnO NWs(或 NRs)由于其独特的性质,成为研究最广泛的柔性紫外光探测材料之一,其具有宽直接带隙(3.4 eV)、大激子结合能(60 meV)、优越的生物惰性。更重要的是,ZnO 可以在多种基底表面生长出具有不同形貌的一维纳米结构[85,86]。目前,已经可以通过水热法或其他化学方法,在纸、聚酯(PET)、聚酰亚胺(PI)、聚醚砜(PES)或聚四氟乙烯(PTFE)等多种柔性衬底上成功制备 ZnO NWs(或 NRs)阵列,且均具有高结晶质量[40,42,44-46,51]。尤其是,Manekkathodi 等报告了在绿色、适应性强、经济的纸张上通过低温、无害的化学路线合成了垂直排列的单晶 ZnO NWs 和纳米针阵列的方法[40],所制备的 NWs 阵列可与聚乙撑二氧噻吩:聚苯乙烯磺酸(PEDOT:PSS)结合形成无机-有机异质结,这表明其表观整流性能对机械弯曲具有强大的稳定性。将使用金属-半导体-金属(metal-semiconductor-metal,MSM;Ag/ZnO NWs/Ag)结构制备的设备进行测试,在360 nm 紫外光曝光下显示出显著的光响应,I_{UV}/I_{dark} 为 80~85 倍,如图 8-2(a)所示,左上插图为器件的结构示意图,右下插图为器件沟道部分的光学图像[40]。结果表明,纸张上的这些 ZnO 纳米结构可能会在未来的柔性便携式光电设备中找到通用的应用。

除在柔性衬底上直接生长,也可以先在刚性基底上制备 ZnO NWs(或 NRs),然后通过接触印刷技术将其转移到柔性衬底上,从而为实现柔性光电器件提供了另一条途径。例如,Bai 等已经在 Si 衬底上合成了垂直排列的 ZnO NWs 阵列,通过集成并联多个 NWs 可以将其用作紫外光检测器[41],光电流随器件所含 NWs 数量呈线性变化。在柔性衬底上制备的 NWs 器件比基于薄膜材料制备的器件具备更高的性能,NWs 器件的 I_{light}/I_{dark} 比值达到 $1.2×10^5$,比由多晶 ZnO 薄膜制成的器件高三个数量级;同时,前者的响应时间也比后者要快得多。此外,研究人员还在弯曲曲率为 25 m^{-1} 的状态下,对器件的性能进行了测试。结果表明,在形变时,器件的紫外线检测能力得到了很好的保持,如图 8-2(b)所示。

与二元氧化物相比,三元氧化物可以通过改变组成来调节其功能,这吸引了人们对具有宽带隙的三元氧化物基纳米结构材料的探索[73,74]。Liu 等报道了利用标准 CVD 法合成 Zn_2GeO_4 和 $In_2Ge_2O_7$ NWs,并将其转移到具有机械柔性的基底上,以制备柔性紫外探测器[74]。经测试,这两种器件都对紫外光有着显著的光响应,且在弯曲 100 次后光响应几乎没有变化。此外,他们还使用 $ZnGa_2O_4$ NWs 制备了一批器件[73],测得的光响应电流几乎与入射光强度成正比,且在不同弯曲曲率下或经 1 000 次弯折之后仍然保持几乎相同的水平,如图 8-2(c)所示。其中,插图展示了在不同次数弯折循环后器件的响应性能[73]。这些工作说明三元氧化物纳米结构材料在紫外光探测器方面同样有着广阔的应用前景。

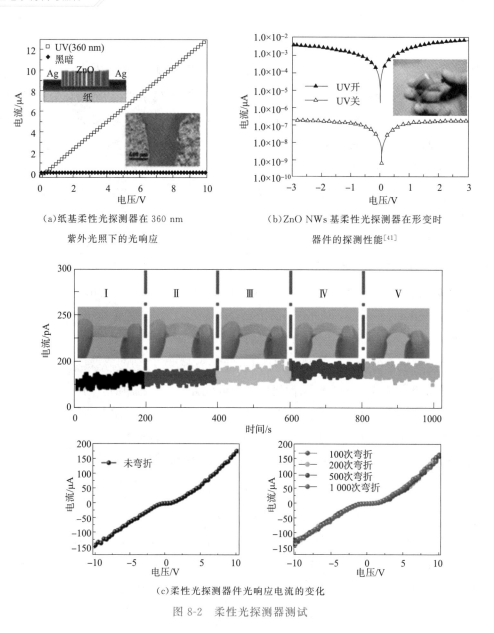

（a）纸基柔性光探测器在 360 nm
紫外光照下的光响应

（b）ZnO NWs 基柔性光探测器在形变时
器件的探测性能[41]

（c）柔性光探测器件光响应电流的变化

图 8-2　柔性光探测器测试

8.1.2.2　柔性可见光导体

可见光（通常为 400～750 nm）探测器在光通信、遥感、光谱分析、监视、荧光生物医学成像等许多领域具有广泛的应用[87]。硅是当前半导体工业中的主要材料，在许多领域具有重要的应用，如场效应晶体管、太阳能电池、热电应用、锂离子电池等[88-92]。近年来，具有较强光捕获能力的 Si NWs 也引起了人们对柔性光电探测器的极大兴趣[37,93]。Mulazimoglu 的团队报道了以 Si NWs 网络为活性材料和 Ag NWs 网络为透明电极制成的柔性光电探测器[37]，如图 8-3（a）所示。器件在 400～1 000 nm 的宽波长范围内均表现出对光照的明显光响应，在 1 cm 的固定弯曲曲率下进行弯曲循环测试，前 200 个周期中光电流和暗电流均下降,如图 8-3(b)所示。这可能是由于 Si NWs 结之间以及 Ag 和 Si NWs 之间的机械接触损失所致。但是,进一步增加弯曲循环次数不再影响光响应性能。

作为重要的Ⅱ-Ⅵ族半导体,CdS 具有 2.42 eV 的直接带隙、低激子结合能、相对较低的功函数、出色的传输性能、高电子迁移率、良好的热化学稳定性[94,95]。目前 CdS NWs 已经可以通过 CVD 方法稳定合成,并被用作柔性可见光探测器的传感材料[59-62]。特别是,Xu 等集成了一种柔性光电检测芯片,由基于还原氧化石墨烯的面内微超级电容器和基于 CdS NWs 的光电探测器组成,如图 8-3(c)所示[61]。在电容器的驱动下,集成的光电探测器对周期性切换的光表现出稳定响应,性能与由传统能源驱动的情况相当,如图 8-3(d)所示,这使得无须使用外部电源即可实现最小化的自供电式光电检测。此外,电容器还可以串联配置,以实现更高的光电检测系统的输出电压,这说明未来光电一体化检测系统具有可行性和稳定性。其他Ⅱ-Ⅵ族化合物纳米材料,包括 CdSe NBs[63]、ZnSe NBs[64] 和 ZnTe NWs[65] 等,也已作为柔性可见光检测器中的功能材料进行了研究,它们同样表现出出色的光响应以及出色的柔韧性和机械稳定性。

用于柔性可见光检测的一维无机纳米结构的其他代表性示例是 Zn_3As_2 和 Zn_3P_2 NWs,它们是来自Ⅱ-Ⅴ族化合物的典型 P 型半导体,具有引人注目的特性,例如少数载流子扩散长度、高光吸收系数和高载流子迁移率[71,72]。单晶 Zn_3As_2 NWs 已经通过简单的 CVD 方法成功合成,并在柔性衬底上制备了光电探测器[72]。单个基于 NWs 的器件对可见光具有敏感的光响应,通过接触打印技术将水平排列的基于 NWs 阵列的器件组装在一起,如图 8-3(e)所示,可以进一步提高光响应率。与刚性衬底上的器件相比,柔性衬底上的器件具有低得多的暗电流和光电流,这很可能是由于 NWs 与柔性衬底之间的接触不良所致。在弯曲条件下测试的结果表明,在不同弯曲状态下或不同弯曲周期后,光电流几乎保持不变,如图 8-3(f)所示,表明该柔性器件具有极高的柔韧性和稳定性。其中的插图展示了在多次形变循环后的光响应情况。

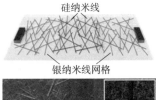

（a）使用 Si NWs 制备的
柔性光探测器

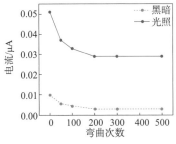
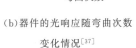

（b）器件的光响应随弯曲次数
变化情况[37]

（c）柔性光检测芯片

图 8-3　柔性可见光导体测试[72]

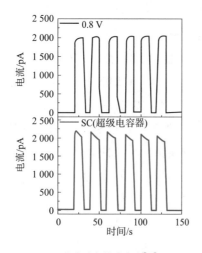

(d) 芯片对光的响应度[61]

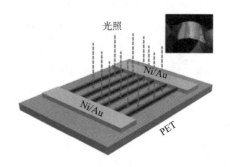

(e) 基于水平排列 Zn_3As_2 NWs 阵列的柔性光探测器

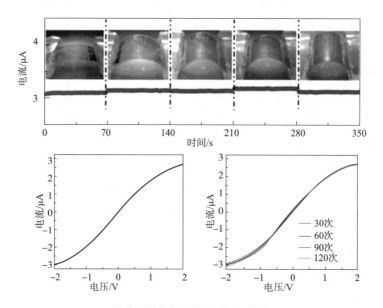

(f) 在不同弯曲状态下的光响应情况

图 8-3　柔性可见光导体测试[72](续)

8.1.2.3　柔性近红外光半导体

　　近红外光检测技术在生物/医学成像、热容量测绘、热成像、电信、目标跟踪和遥感等领域具有广泛的应用[87-95]。Park 等报道了由自旋涂层半导体单壁碳纳米管(single-walled CNTs,SWCNTs)和热蒸发富勒烯(C_{60})组成的光电晶体管,如图 8-4(a)所示,这些晶体管可起到光选通效应的作用[96]。在红外照明下($h\upsilon$),SWCNTs 中的光子吸收会产生激子。由于激子结合能小于 SWCNTs 导带与 C_{60} 的 LUMO 之间的能量偏移,因此光致电子可以轻松地向周围的 C_{60} 转移并被捕获,而光致空穴可以从源侧向传输到 SWCNTs 通道内的漏极,如

图 8-4(b)所示。这将导致每个电子-空穴对产生大量的收集空穴,即高光电导增益。经测试,该器件对 1 000~1 400 nm 的红外光照表现出显著的光响应。在 1 V 的工作电压下,最大响应度可以达到 200 A/W,且可以通过栅电压对其进行调节,如图 8-4(c)所示。在已报道的基于 SWCNTs 的平面光电导体和辐射热计中,该检测器的响应速度达到了 2~4 ms、检测率高达 1.17×10^9 cm·H$^{\frac{1}{2}}$·W^{-1}。此外,在柔性 PI 基底上制造的光电探测器具有很高的机械柔性和鲁棒性。在不同弯曲半径的弯曲条件下,响应度的变化可以忽略不计,这使诸如仿生眼之类的多种新颖应用成为可能。

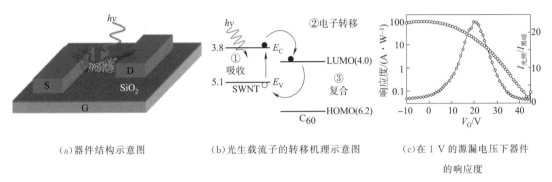

(a)器件结构示意图　　(b)光生载流子的转移机理示意图　　(c)在 1 V 的源漏电压下器件的响应度

图 8-4　由 SWCNTs 及 C$_{60}$组成的光电晶体管[96]

8.1.3　二维纳米材料

二维层状材料是一类在电子和光电子领域具有巨大潜力的材料,它们比其他材料具有突出的优势[87,97]。这些材料通常是从分层的范德华固体派生而来的,其中原子排列成平面(层)并通过强共价键或离子键保持在一起,而原子层沿三维方向堆叠在一起,通过弱范德华相互作用形成整体。因此,可以借助机械能或液相剥离等外部能量,将晶体分成独立的较薄的薄层,甚至单个原子层[98,99]。迄今为止,基于二维层状材料的高柔性光电探测器因其吸引人的特性而得到了广泛研究,如高透明度、出色的柔韧性和易加工性等[87,97,100]。本节将回顾基于二维分层材料的柔性光电探测器的最新研究。

8.1.3.1　基于石墨烯的柔性光电探测器

自 2004 年被发现以来,石墨烯由于其卓越的电子、光学、机械和热学性质而获得了广泛的研究[101]。石墨烯的无栅格特性使得电荷载流子能够通过从紫外到太赫兹(THz)光谱范围内的光吸收来生成,从而为在宽光谱范围内进行光检测提供了可能性。此外,石墨烯还具有超快的电荷动力学、与波长无关的吸收、通过静电掺杂可调节的光学特性、低耗散率和高载流子迁移率,以及将电磁能限制在前所未有的小体积的能力。具体来说,高载流子迁移率可以确保光子或等离子体激元以超快的速度转换为电信号,这对于具有高光导增益的超灵敏光电探测器非常有利。

Liu 等使用一种高效的 N 型掺杂剂对 CVD 生长的石墨烯进行选择性电荷转移掺杂,制作了一种基于石墨烯 P-N 结的柔性红外光探测器,其中图 8-5(a)左下图展示了器件的透明度[102]。在红外辐射下,光电探测器显示出 5% 的电导调制。在柔性衬底上制作的器件具有很高的透明性,在 400～2 000 nm 的宽波长范围内透光率超过 90%,并且具有很好的柔韧性。重要的是,当检测器以最大 80° 的弯曲角度进行弯曲测试时,它们仍能够发挥良好的功能[见图 8-5(b)],这表明其具有出色的可重复性和高度的机械稳定性。Kang 等研究表明,石墨烯的光学消光效果可以通过工程处理其纹理形成褶皱石墨烯提高一个数量级以上[103]。他们采用带纹理的石墨烯通道来收集光线,在可拉伸的丙烯酸衬底上采用波纹状金触点来收集光生载流子,制备得到可拉伸的光电探测器[见图 8-5(c)和图 8-5(d)],经测试得到了 0.11 mA/W 的响应度和 239 ms 的响应时间。在施加应变时,光电流会根据施加的应变产生变化,且这种变化具有稳定性和可重复性,在应变率 $\varepsilon_x = 0\%$ 时的光电流是 $\varepsilon_x = 200\%$ 时的两倍[见图 8-5(e)],这与消光机制一致。在 1 000 次循环拉伸应变后进行测试,探测器仍然可以保持良好的光响应,且响应度没有明显下降。此外,研究人员在具有生物相容性、高柔性的树脂基衬底上也制备了光电探测器,在 11.1% 拉伸弯曲应变下器件的动态光响应与平面衬底上的响应一致,这表明可拉伸光探测器在植入式生物医学光电子学和表皮电子学中具有潜在的应用前景。

(a)基于石墨烯 P-N 结的柔性红外光探测器

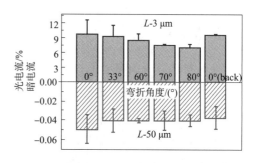

(b)在不同弯曲角度进行测试时的光响应情况[102]

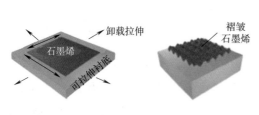

(c)可拉伸光探测器在拉伸时和还原时
石墨烯状态的示意图

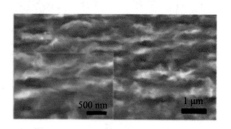

(d)褶皱石墨烯的 SEM 图像

图 8-5 基于石墨烯的柔性光探测器

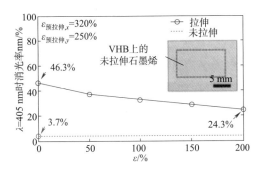

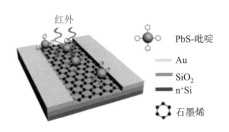

(e)随着应变程度增大器件响应的变化情况[103]　　　　　(f)PbS QDs 修饰的石墨烯基光探测器示意图

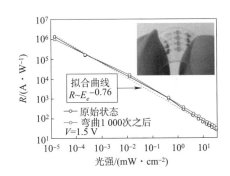

(g)在 1 000 次弯曲后的光响应情况[125]

图 8-5　基于石墨烯的柔性光探测器(续)

最近,越来越多的工作将目光放在了将石墨烯与其他纳米材料进行层叠修饰的方法上。通过将适当的敏化介质(如 QDs[104,105]、一维纳米材料[106-109],其他二维材料[110-114],钙钛矿材料[115]等)修饰到石墨烯表面上吸收光来生成电子-空穴对,石墨烯仅充当载流子传导通道,从而有效地生成并传输光生电子或空穴。由于石墨烯的高载流子迁移率以及其电导率对相邻光电载流子的静电扰动的高度敏感性,这些混合光电探测器通常表现出强大的光选通效应,从而使得超灵敏光电检测实现了高光电导增益。例如,Sun 等的一项研究,他们使用 PbS QDs 薄膜修饰由 CVD 生长的石墨烯[见图 8-5(f)],制备的近红外光电探测器具有高达 10^7 A/W 的弱近红外光响应度,远优于两种单独材料的器件[104]。经过 1 000 次弯曲测试后,光响应仅有轻微的下降,这表明这种柔性器件具有极强的机械稳定性,如图 8-5(g)所示。结果表明,此类设备适用于超灵敏柔性光电检测,并将在可拉伸和可穿戴光电设备等领域中得到广泛应用。

8.1.3.2　基于 TMOs 和 TMDs 的柔性光电探测器

除石墨烯外,还有一些由过渡金属衍生出的二维层状材料,例如过渡金属氧化物(transition metal oxides,TMOs)和过渡金属二卤化金属(transition metal dichalcogenides,TMDs)。这些材料大部分都具有高透明性、出色的柔韧性和易于加工的特性。由于量子限制效应,这些二维层状材料的带隙还可以通过改变其层数来容易地调整,从而可以在不同波长下进行光检测;同时,由于厚度减小导致的强束缚激子还会提高这些半导体的光吸收效率提高[116]。此外,由于电子态密度中存在范霍夫奇点,这些二维材料可以与入射光发生强烈的相互作用,产生增强的光子吸收和光致载流子产生[117]。这些显著的性能可以补充石墨烯的那些不利于高性能光检测的性能,例如由于相互作用时间短而导致的低光吸收(可见光和红外区域的单层吸收率为 2.3%),以及纯石墨烯由于其无间隙性而导致的超短光载流子寿命[97]。在材料制备方面,目前已经有了较为成熟的制备方法。Sun 等提出了一种普遍且基本的方法,通过合理使用层状反胶束来进行 TiO_2、ZnO、Co_3O_4、WO_3 等二维 TMOs 的分子自组装合成,如图 8-6(a)所示[118]。所制备的超薄 TMO 基柔性光电探测器在紫外线照射下均表现出明显的光响应特性[见图 8-6(b)],并具有良好的稳定性,其右下测插图为使用二维 ZnO 制备的光探测器的暗电流曲线。这表明此类二维 TMOs 在柔性光电中具有巨大潜力。

(a)使用层状反胶束合成 TMOs 的方法示意图

(b)制备的 TMOs 的光响应特性[118]

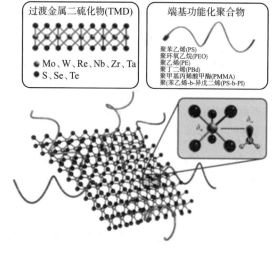

(c)使用液体剥落法制备多种 TMDs

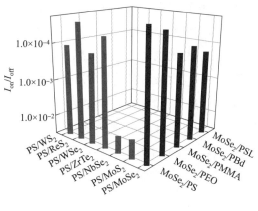

(d)制备的 TMDs 的光响应特性[119]

图 8-6 基于 TMOs 和 TMDs 的柔性光探测器

Velusamy 及其同事展示了 TMDs 的极高效液体剥落,如 MoS_2、WS_2、$MoSe_2$、WSe_2、ReS_2、$ZrTe_2$ 和 $NbSe_2$ 等[见图 8-6(c)],这些二维材料同样展示出优秀的光电性能,如图 8-6(d)所示[119]。使用这种方法制备的 $MoSe_2$ 基探测器可以得到最高 10^5 的开关比、100 ms 的响应时间、16 A/W 的响应度和 $4×10^{12}$ Jones 的探测率,在千次弯曲应变循环测试中也有十分优秀的表现。

　　作为 TMDs 家族中最具有代表性的一类二维材料,MoS_2 在光电探测领域备受青睐,除上述溶液剥落法,目前常用的还有多种制备方法,包括热分解法、机械剥落法、热还原法等[120-124]。Lim 等使用固溶处理的$(NH_4)_2MoS_4$ 薄膜进行两步热分解过程,获得了一种低温制备晶圆级、均匀、化学计量的 MoS_2 层的简单方法[120]。基于这种 MoS_2 层的可见光电探测器阵列已成功地在 4 英寸 SiO_2/Si 晶片上制造,该晶片显示出显著的光响应行为,且光电流分布均匀。MoS_2 层也可以直接在 PI 衬底上合成以制备柔性光电探测器[见图 8-7(a)],在弯曲测试中检测了光响应;在以 5 mm 弯曲半径重复弯曲 10^5 次之后,该器件的光电流仅降低了 5.6%[见图 8-7(b)],展现出出色的机械耐久性。Xue 等展示了一种可量产 MoS_2 的生产方法,通过 Mo 和 WO_3 片的热还原硫化大规模地生成多层 MoS_2、WS_2 及其垂直异质结阵列[124]。使用此类垂直异质结在聚二甲基硅氧烷(PDMS)衬底上制备柔性光电探测器[见图 8-7(c)],可以得到不错的光响应性能及良好的可重复性和稳定性,如图 8-7(d)所示。这些制备 TMDs 的不同方法为未来大规模生产相关柔性器件提供了活跃的思路,也为混合材料(如异质结)的研究提供了新选择。

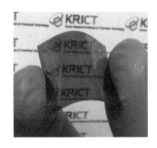

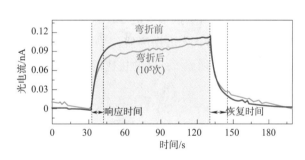

(a)基于 MoS_2 和 PI 衬底的柔性光探测器　　　(b)在 10^5 次弯曲之后器件的光电流变化[141]

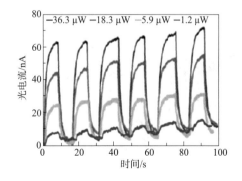

(c)使用 MoS_2-WS_2 垂直异质结制备的　　　　(d)在不同光照强度下的光响应情况
　　　柔性光探测器

图 8-7　基于 MoS_2 的柔性光探测器

8.1.3.3　其他金属硫族柔性光电探测器

二维金属硫族化合物，如 GaS[125]、GaSe[126]、GaTe[127]、InSe[128]、SnS$_2$[129]、Bi$_2$S$_3$[130] 和 In$_2$Se$_3$[131] 等，也因其引人注意的光电性能和优异的机械柔性吸引了大量研究者的研究兴趣。这些具有高结晶度的二维纳米材料通常是通过机械剥离或其他方法制备，然后转移到柔性衬底上[125,128,130]，或者可以按照范德华斯外延生长机制直接在柔性云母片上生长[126,127,131]，从而用于制备柔性器件。Hu 等使用机械剥落得到的二维 GaS 制备出柔性光电探测器[见图 8-8(a)]，其在 254 nm 处的响应度高达 19.2 A/W，比在刚性衬底上制造的器件的响应度更高(4.2 A/W)[125]。柔性器件的线性动态范围(linear dynamic range，LDR)达到 78.73 dB，超过了目前开发的 InGaAs 光电探测器的 LDR(66 dB)。更重要的是，在以 60° 的角度弯曲 20 次后，检测器仍然显示出稳定的光响应以及良好的开关再现性，且在弯曲状态下，响应时间仍然可以保持在 30 ms 的水平、开关比依然可以达到 1.5×10^4[见图 8-8(b)]，这表明这种柔性器件具有出色的机械耐久性。近年来，人们对基于二维三元金属硫族化合物(ternary metal chalcogenides，TMCs)的光电探测器越来越感兴趣。分层的 TMCs 薄片容易从其块状单晶上剥落[153]，而满足二维各向异性生长的非分层薄片可以按照范德华生长机理直接在范德华基底(如层状云母片)上合成[133]。这些 TMCs 已展现出出色的光响应、良好的柔韧性和机械稳定性。Perumal 等报道了高质量单晶 Sn(S$_x$Se$_{1-x}$)$_2$ 的成功生长，从中可以剥落出层数很少的 Sn(S$_x$Se$_{1-x}$)$_2$ 薄片[见图 8-8(c)][132]，将这些薄片转移到刚性或柔性衬底上制备光电探测器。结果发现，刚性衬底上的器件具有高达 6 000 A/W 的响应度、8.8×10^5 的增益、9 ms 的快速响应时间和 8.2×10^{12} Jones 的比检测率，柔性衬底

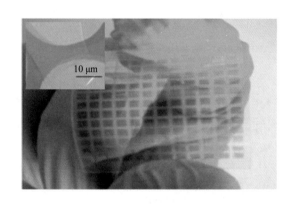

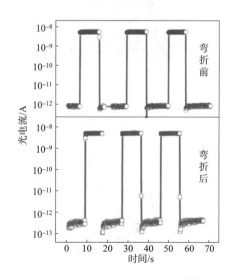

(a)使用二维 GaS 制备的柔性光探测器　　　　(b)弯曲 20 次前后的光响应情况[125]

图 8-8　使用 GaS 和 Sn(S$_x$Se$_{1-x}$)$_2$ 制备的柔性光探测器

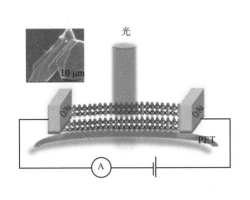
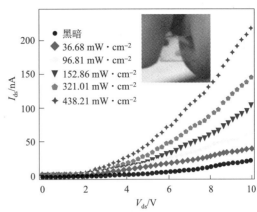

(c)使用 $Sn(S_xSe_{1-x})_2$ 薄片制备的柔性光探测器示意图　　　(d)不同光照强度下的光响应情况[132]

图 8-8　使用 GaS 和 $Sn(S_xSe_{1-x})_2$ 制备的柔性光探测器(续)

上的器件也同样有着优秀的表现,如图 8-8(d)所示,其中 I_{ds} 是源漏电流,V_{ds} 是源漏电压。更重要的是,在弯曲半径低至 2.5 cm 的弯曲状态下,柔性器件仍可以正常工作,而响应度仅稍有下降。这些结果表明,二维 TMCs 也可为未来的柔性光电子学带来广阔的机遇。

8.2　有机半导体柔性光电探测器

有机半导体材料(例如有机小分子和有机聚合物)相比无机材料来说有着独特的优势,近些年在电子和光电领域具有巨大的发展潜力[134,135]。基于有机半导体的大面积、柔性且轻巧的电子/光电器件,很容易通过简单且经济高效的方式实现(例如旋涂、喷涂、浸涂和喷墨打印等)。此外,可以轻松地通过调节有机分子结构的方式,在材料和设备级别调整其光物理和光电特性,从而有可能根据目标应用来优化光载流子的产生、电荷传输以及辐射重组过程。对于光电检测应用,可以将其光谱灵敏度设为全波段或特意调整为从 UV-Visible(紫外-可见光)到 NIR(近红外)区域的特定波长,这为设计宽带或窄带光电检测器提供了一种有效的方法。

8.2.1　有机光电探测器结构

半导体光电探测器最常见的类型是光电二极管,它是一种两端器件,通过在各自电极上收集光生电子和空穴来产生光响应。光电二极管有两种工作模式:光电导(PC)模式和光伏模式(PV),如图 8-9 所示。当以 PC 模式工作时,有机光电二极管反向偏置,通过施加的电场促进电子-空穴的分离,从而增加了用于信号检测的输出光电流[136]。在 PV 模式下运行时,光电流从设备流出的电流会受到限制,并且会形成光电压,此模式用于将阳光转化为电能的太阳能电池。对于可穿戴应用,也可以使用以 PV 模式工作的光电二极管为集成设备中的各种电气组件

(例如发光二极管或电化学传感器)供电[137]。有机光电二极管的器件结构有常规结构和倒置结构两种。常规结构为阴极/活性层/阳极布局,而倒置结构为阳极/活性层/阴极布局。

光电二极管的限制之一是缺乏内部增益机制。因此,通常需要与外部电路(如信号放大器[138-140])集成以提高信号完整性,尤其是在检测弱光时。由于涉及额外的电路布线和结构复杂性,这一点可能会妨碍光电二极管在可穿戴或植入设备中的应用,从而导致制造成本增加以及机械柔韧性和耐久性降低。为了解决这个问题,一种实现高增益的方法是,在类似于光电二极管的简单的两端子设备中循环每个光电载波多次。这些设备称为光电导体,旨在捕获少数载流子,以便多数载流子可以在该设备中循环多次[141,142]。

另一种实现高增益的方法是使用有机光电晶体管[143],光电晶体管本质上是有机光电二极管,但带有一个额外的电门来诱导内部光电导增益,如图 8-10 所示。最近的文献展现出有机光电晶体管令人鼓舞的性能,在低工作电压下显示出非常大的增益和合理的响应速度。有机光电二极管和光电晶体管之间的主要区别在于它们的器件结构:有机光电二极管的垂直传导通道由夹在两个电极之间的有源层的厚度决定,而有机光电晶体管的横向传导通道则夹在源电极和漏电极之间。与有机光电二极管和有机材料的电荷传输长度相比,横向有机场效应晶体管的沟道长度(通常为 $5\sim10~\mu m$)要长得多,因此现有的有机光电晶体管的光伏效率显得较低。

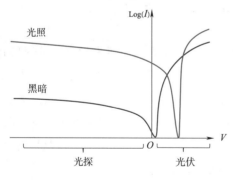

图 8-9 典型的光电二极管在黑暗和
光照下的电流-电压特性

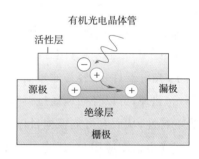

图 8-10 有机光电晶体管的
器件结构的示意图[143]

8.2.2 有机光电半导体材料设计

基于有机半导体薄膜的柔性光电探测器可以轻松地在各种基材(甚至是塑料纤维)上构建。光电探测器常表现出对入射光的突出的光响应,具有很大的灵活性和出色的机械耐久性。另外,有机半导体可以与其他有机材料或无机半导体复合,以形成具有良好均匀性的新材料。基于这些杂化复合材料的光电探测器通常会利用组件的协同效应,表现出增强的光响应性能或扩展的响应光谱。另一方面,单晶有机 NW(纳米线)可以通过多种灵活的光电检测方法轻松制备、对准和图案化。由于其固有的电荷传输特性,与由同材料薄膜构成的检测器相比,基于有机 NW 的设备可以潜在地显示出优异的光响应特性。除此之外,有机-无机杂化卤化钙钛矿(OIHPs)由于其独特的结构优势,在光电探测领域也展现出巨大的潜力。

8.2.2.1　基于有机薄膜的柔性光电探测器

有机半导体薄膜由于低成本和大规模制造柔性电子与光电器件的巨大潜力,在过去的几十年中引起了人们的极大兴趣。在柔性光电探测器领域,基于光电导体/光电晶体管或光电二极管的器件架构的各种有机半导体薄膜已经取得了可观的成就[144-146]。例如,Liu 等报道了一种在柔性 PET 基板上的低压、高性能聚合物晶体管,这个晶体管以二酮吡咯并吡咯(DPP)的共聚物(PDQT 和 PDVT-10)作为沟道半导体,正十八烷基三氯硅烷(OTS)改性的聚乙烯醇(PVA)作为低温栅介质层[147]。基于 PDVT-10 的器件表现出创纪录的 $11.0\ cm^2 \cdot V^{-1} \cdot s^{-1}$ 载流子迁移率,以及高达 1.2×10^4 的电流开/关比,使其能够作为高性能应用光电探测器。如预期的那样,这些器件显示出显著的光响应,其响应度为 $433\ mA \cdot W^{-1}$,光电流/暗电流之比为 176,表明其在柔性光电探测器方面的巨大潜力。

Wang 和他的同事介绍了溶液处理的大面积图案化柔性光电探测器,其中采用直接自组装方法制备的小分子有机半导体/聚合物混合物作为光敏层,并使用丝网印刷的 Ag 触点作为光敏层[148]。杂化膜由适当的相混合,其中超长的 ZnO NW 被嵌入高迁移率和宽带隙的 PVK 聚合物基体中,以防止 NW 聚集和移动,从而实现了良好的均匀性和优异的柔韧性。由于混合膜具有较宽的光吸收和较好的电荷输运特性,柔性器件对宽频带内的入射光非常敏感,具有良好的可逆性和耐久性。光敏度估计为 $42\ mA \cdot W^{-1}$。重要的是,即使经过数百个弯曲周期或以不同的弯曲曲率半径弯曲,该器件仍显示出良好的光电检测特性,并且电流几乎可以保持恒定,表明其出色的机械柔韧性和电稳定性。

利用有机材料的独特性,有机半导体薄膜几乎可以沉积到任何基材上。例如,由 P3HT:PCBM 作为活性层的混合物组成的有机光电二极管通过喷涂技术逐层沉积,成功地与塑料纤维结合在一起[149]。该器件具有出色的整流性能以及出色的光响应特性,响应速度低至 $\approx 10\ \mu s$。此外,EQE 几乎可以在超过两个数量级的宽光强度范围内保持平坦。

Huang 和他的同事报道了一种新型可印刷且柔性的光电晶体管,该晶体管由 C8-BTBT 和一种绝缘的生物聚合物聚丙交酯(PLA)混合的分层结构组成[150]。由于 C8-BTBT 的突出特征,如高载流子迁移率、优异的稳定性和溶解性以及 PLA 的高生物相容性,导致形成具有良好均匀性和电性能的杂化共混膜。器件的高光敏性依赖于 PLA 分子中极性基团在 C8-BTBT/PLA 界面上产生的强大电荷捕获效应。与基于分层结构的器件相比,共混器件显示出高达 10^5 的更高的光电流/暗电流比和更好的光检测极限,这归因于共混膜中较大的界面面积和更强的电荷俘获效应。但是,由于半导体分子得到了更好的排列,该设备可以达到 $393\ A \cdot W^{-1}$ 的最大响应度。还在弯曲条件下检查了装置的光响应,如图 8-11 所示,在以低至 $300\ \mu m$ 的曲率半径弯曲时,混合后的器件对光的转换几乎具有相同的光敏性,并具有快速、可再现和可逆的光响应,表明器件具有很大的灵活性和出色的机械耐久性。

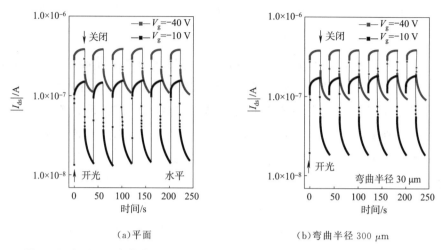

（a）平面　　　　　　　　　　　　（b）弯曲半径 300 μm

图 8-11　在平面和弯曲半径为 300 μm 的光响应(光强度为 1.0 mW·cm⁻²)[150]

8.2.2.2　基于有机纳米结构的柔性光电探测器

具有高表面积/体积比的低维有机半导体纳米结构因其引人注目的特性(如高结构柔性/可拉伸性、可调节的电和光学特性、基于溶液的可加工性以及易于大规模合成)引起了研究者广泛的研究兴趣[151,152]。低维材料几乎完美的平移对称和高的化学纯度使分子的完美排列、无晶界、良好的接触界面,以及小分子单晶或结晶聚合物中电荷陷阱的数量最少成为可能,这就产生了本征电荷输运特性以及基于本征电荷输运特性的器件所期望的最高性能。与三维大型材料相比,低维材料具有独特的性能:高比表面积;适用于柔性器件的范德华层间黏合力弱且机械强度高;高 PL 量子产率、强量子限制和光电子学所需的可调光带隙。而当 3D 材料尺寸减小到纳米级时,尺寸效应将占主导地位,带来许多惊人的特性。

例如,Zhang 等开发出了一种简便的柔性光电探测器制造方法,通过光栅辅助的 PVD 技术对超长取向酞菁铜(CuPc)NW 阵列进行大规模的一步生长,在此过程中,光栅被用作对准模板来指导 NW 的定向生长[153]。基于 NW 阵列的光电探测器可以直接制造在具有高透明性和柔韧性的聚氨酯丙烯酸酯(PUA)光栅基板上,如图 8-12 所示。这些设备对 500～800 nm 波长范围内的入射照明高度敏感。此外,由于有机 NW 具有出色的机械柔韧性,该器件的光电特性在弯曲条件下的变化几乎可以忽略不计,具有良好的稳定性和可重复性。此外,使用 PDMS 作为弹性印模可以轻松转移 NW 阵列,转移率超过 90%。

Yoo 等将 PbS QD(量子点)整合到 P3HT 中,以有效地提取/传输光生载流子,并使用弯月面引导的直接写入技术成功展示了单个基于 PbS QD-P3HT 混合 NW 拱形的光电探测器[154]。这些器件在紫外可见光谱到近红外光谱范围内表现出了出色的光响应,如在紫外可见光谱范围内的电流开/关比高达 550,不到 1 s 的快速响应时间以及最高的探测灵敏度。

NIR 光响应和紫外可见范围内增强的光响应可以通过在照明下从 QD 到 P3HT 的空穴转移来解释。此外,光响应在很大程度上取决于 QD 的浓度和大小,这可能为实现可调光检测器提供了途径。更重要的是,已经在 PDMS 基板上组装了柔性且可拉伸的光电探测器阵列如图 8-13 所示。该阵列在极端拉伸条件下表现出出色的光电稳定性。光响应特性表现出几乎相同的行为,具有几乎恒定的电流开/关比和响应时间,并且在高达 100% 的拉伸或 100 次紫外线重复拉伸的循环下具有良好的重现性。

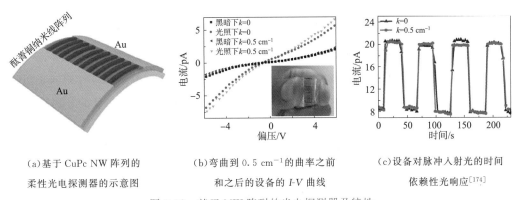

(a)基于 CuPc NW 阵列的　　(b)弯曲到 0.5 cm⁻¹ 的曲率之前　　(c)设备对脉冲入射光的时间

柔性光电探测器的示意图　　和之后的设备的 I-V 曲线　　依赖性光响应[174]

图 8-12　基于 NW 阵列的光电探测器及特性

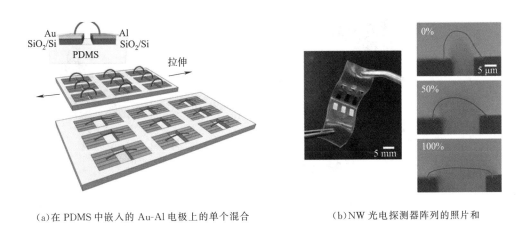

(a)在 PDMS 中嵌入的 Au-Al 电极上的单个混合　　(b)NW 光电探测器阵列的照片和

P3HT NW 弧形可拉伸光电探测器阵列　　一系列光学显微镜图像[154]

图 8-13　柔性且可拉伸的光电探测器阵列

8.2.2.3　基于有机无机复合材料的光电探测器

有机-无机杂化复合材料可以在单个复合材料中结合理想的电子和光电性能,例如有机组分的可调功能和易加工性能,以及无机组分的宽范围光吸收和高载流子迁移率[155-157]。此外,在有机/无机成分的界面处可能的能带结构调制和电荷俘获效应可以有效地促进电荷分离和传输[158]。Wang 等[159]首先介绍了利用 P3HT 和 CdSe NW 的混合物作为光敏材料的有机无机混合光电探测器。与基于纯 CdSe NWs 膜或 P3HT 膜的设备相比,由有机无机复合膜制造的探测器表现出大大增强的光响应性能,这可以由以下几个原因来解释:由于组分的协同作用,共混的膜表现出明显加宽的吸收光谱;NW 的高表面积体积比还导致在 CdSe NWs 表面有效捕获光生空穴,这可以在施加偏压时增加 NW 的电导率;此外,在 P3HT/CdSe NW 的大界面区域形成的局部异质结有利于有效的光生电荷分离和传输:电子可以通过 CdSe NW 进行传输,而区域规则形式的 P3HT 为空穴提供了有效的传输通道。

Rim 及其同事报道了由有机体异质结(BHJ)材料和超薄 In-Ga-Zn-O(IGZO,≈4 nm)半导体结构组成的半透明光电晶体管(见图 8-14),展现出好的光敏性和宽带光响应[160]。BHJ 是低带隙共轭聚合物(PBDTT-DPP 带隙≈1.44 eV),在 NIR 区域显示高吸收的特性。不同于仅 IGZO 的光电晶体管在 NIR 区域无光响应,PBDTTDPP:PC61BM/IGZO 光电晶体管在从 NIR 到 UV 区域的宽带波长中显示出高光敏性。由于超薄 IGZO 膜的高灵敏度,用作有效表面电势的陷获空穴可对器件的电性能产生显著影响,最终导致在传输曲线中观察到的开启电压发生巨大变化。因此,PBDTT-DPP:PC61BM/IGZO 器件具有高达 10^5 的高光增益和快速的光响应,能够响应频率高达 1 000 Hz 的快速变化的光信号。最大探测灵敏度和 EQE 值分别估计为 ≈3.9×10^{12} Jones 和≈180%。器件的 LDR(线性动态范围)可以达到 112.7 dB,可与传统的 Si 光电探测器(120 dB)相媲美,远高于 InGaAs 光电探测器(66 dB)。

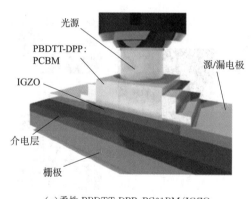

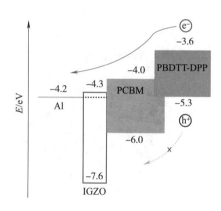

(a)柔性 PBDTT-DPP:PC61BM/IGZO
光电晶体管的示意图

(b)PBDTT-DPP:PC61BM/IGZO 界面
的能级图[181]

图 8-14　半透明光电晶体管及能级图

8.2.2.4　基于钙钛矿材料的光电探测器

有机-无机杂化卤化钙钛矿(OIHPs)最近已成为光电界的"明星"材料。在光伏领域取得了令人瞩目的成就,其认证的太阳能电池功率转换效率(PCE)超过 22%。钙钛矿材料由于独特的优势[例如,宽吸收光谱范围内的高外部量子效率(EQE)、高吸收系数、可调光带隙、低陷阱密度、降低的电荷载流子复合率以及长的电荷载流子扩散长度和寿命等],在光电探测领域也展现出了巨大的潜力。

Xie 和他的同事提出了第一个基于有机无机杂化的光电探测器[161]。将钙钛矿前体溶液旋涂在具有 ITO 电极图案的柔性聚对苯二甲酸乙二醇酯(PET)基底上。图 8-15 所示为柔性 PDs 器件结构以及在不同的光强度和固定波长(365 nm)下测得的 I-V 曲线。在光照下，在黑暗条件下，光从几乎绝缘的状态急剧增加，并表现出钙钛矿/ITO 界面的肖特基势垒导致的非对称和非线性特性。器件显示出出色的光响应，R 为 3.49 A·W^{-1}，EQE 为 1.19×10^3％，1 V 下的开/关比为 152，响应时间低于 0.2 s。

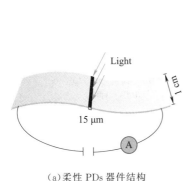
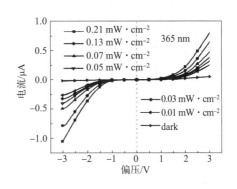

（a）柔性 PDs 器件结构　　　　　（b）不同光强和固定波长下 PDs 的 I-V 曲线[161]

图 8-15　柔性 PDs 器件结构和 I-V 曲线

与多晶对应物相比，单晶材料因其独特的性能(如高纯度、很少的晶界以及增强的对热和湿气的稳定性)脱颖而出，这使其成为展现钙钛矿固有光物理性能的理想之选[162]。研究人员已开发出许多简便的方法来合成 OIHPs 单晶，这其中，最常用的方法是逆温度结晶(ITC)。Sun 等已通过使用底部播种溶液生长法制备了(100)晶面毫米级的 MAPbI$_3$ 单晶，如图 8-16 所示[163]。基于这些块状单晶的光电探测器的最大 R 值为 953 A·W^{-1}，EQE 为 2.22×10^5％，衰减时间为 74 μs 和 58 μs，并具有增强的稳定性(40 d 后光电流仅下降 6％)。如图 8-16 所示，整体 MAPbI$_3$ 单晶 PDs 在 1.12 nW·cm^{-2} 处比在 120 nW·cm^{-2} 处的多晶对应物显示出更低的可检测辐照密度，进一步揭示了这种合成技术的优势。

低维材料(例如二维材料、一维材料)家族迅猛发展。与 3D 大型材料相比，低维材料具有独特的性能，极大地吸引了科学界的关注。例如，它会带来尺寸相关的光学带隙、窄发射光谱上的宽激发、大的斯托克斯位移和高发光效率，这些都是 LED 和其他光电设备所需的特性[164]。基于 OIHP 的 NC(PNC)有望显示出的特性，可以潜在地应用于光电探测器中。例如，有研究合成了平板状 MAPbBr$_3$ NC 及其衍生物，纳米晶体平均厚度为 5 nm，侧向长度为 70 nm[165]。辛胺(OAm)被用作封端剂，以精确控制这些材料的厚度。进行可逆的卤化物交换反应以调节 MAPbBr$_3$ 的化学组成，从而产生一系列混合的卤化物 MAPbBr$_{3-x}$Cl$_x$ 和 MAPbBr$_{3-x}$I$_x$ 化合物。如图 8-17 所示，钙钛矿表现出了显著的颜色变化和在宽吸收光谱(1.6~3 eV)上的全范围光学带隙调谐。基于这些材料上制造的光电探测器根据卤化物的类型表现出不同的光响应。对于纯 CH$_3$NH$_3$PbBr$_3$ NCs 的 PD，I-V 曲线在 −2~2 V 范围内几乎呈线性,$I_{暗电流}$低至 1 pA,$I_{光电流}$($\Delta I = I_{光电流} - I_{暗电流}$)分别在 365 nm 和 505 nm 激光照射下为 0.24 μA。在基于混合卤化物 PNCs 的 PD 的情况下,富含 Cl 的 $CH_3NH_3PbBr_{3-x}Cl_x$ 的 ΔI 随着 x 的增加而降低,而富含 I 的 $MAPbBr_{3-x}I_x$ 则在 $x=2$ 处显示出最大 ΔI。

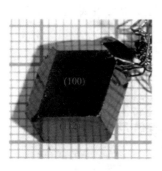

(a)MAPbI₃ 块状单晶的照片

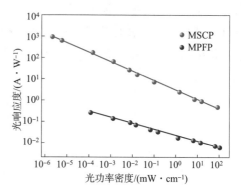

(b)MAPbI₃ 单晶物(MSCP)及其多晶对应物(MPFP)
的响应度与入射光密度的关系

图 8-16　MAPbI₃ 单晶[163]

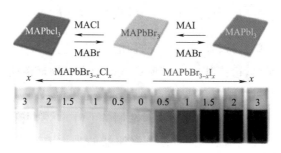

(a)MAPbX₃ NCs 的可逆阴离子交换反应(上图)和 MAPbX₃ 胶体溶液的照片(下图)

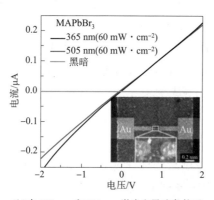

(b)在 365 nm 和 505 nm 激光和黑暗条件下
测得的 MAPbBr₃ 的 I-V 特性

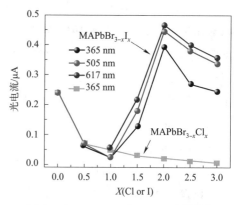

(c)在 365 nm、505 nm 和 617 nm 处测得的
MAPbX₃ 的光电流与 x 的关系[165]

图 8-17　钙钛矿表现出的特性

8.2.3　有机光电探测器性能

最近的许多研究报道了制备有机光电探测器的新策略,这些基于有机材料的光电探测器具有诸如低噪声、高灵敏度、高速度和选择性光谱范围等高性能参数[166-169]。除了在光电性能以外,柔性且坚固的有机光电探测器也取得了重大突破。光电性能和机械性能的结合,对于开发集成电子设备的有机光电探测器至关重要[170,171]。本节将着重描述用于改善光电性能和机械性能的各种策略。

8.2.3.1　光电性能

为了提升光电探测器的性能,许多研究者尝试不同的方法去降低暗噪声电流。首先,增加光敏层的厚度可以通过增加薄膜的电阻来有效降低暗电流,减少有源层的针孔[172]。然而,由于有机半导体的低电荷迁移率导致厚膜中复合损耗的增加,这也会降低最大光响应度。一种替代策略是在有源层和电极之间采用电荷阻挡层,以解决在反向偏置下从阴极(阳极)注入空穴(电子)的问题[173-175]。作为一般准则,电荷阻挡中间层需要满足以下要求:第一,需要适当的能级来阻挡电子和空穴的注入;第二,需要高的载流子迁移率以进行有效的电荷提取;第三,薄膜必须均匀且致密,以避免活性层和电极直接接触。例如,Gong 等报道了[176]在有机半导体薄膜中引入了 N, N′-二苯基-N, N′-二(3-甲基苯基)-1, 1′-联苯-4, 4′-二胺的电子阻挡层,发现暗电流减小了大约三个数量级,低至大约 1 nA · cm^{-2}。暗电流的显著降低使得能够实现高于 10^{13} Jones 的高检测率,因而首次证明有机光电检测器可以实现与硅检测器匹配的检测水平($\approx 5 \times 10^{12}$ Jones)。除此之外,Liu 等在溶液处理的近红外聚合物光电探测器中将水溶性碲化镉量子点用作电子阻挡层,以将暗电流减小十倍[177]。又如,皮埃尔(Pierre)等仅使用印刷方法开发了一种高探测性的有机光电二极管[178]。

光电探测器的灵敏度或其区分光信号与噪声的能力是高保真光感测的关键。为了获得高灵敏度,需要高增益才能将信号放大到远远超过噪声基准。对于光电二极管来说,由于其不具有内部增益,外量子效率限制为 100%,这在暴露于弱光时会导致电信号变小。由于这些小信号难以检测,基于光电二极管的灵敏光电探测器和图像传感器通常需要外部电路(例如放大器)以确保良好的信号完整性。此方法类似于最新的互补金属氧化物半导体(CMOS)图像传感器,其中每个像素都有一个光电二极管和 CMOS 晶体管开关,以放大信号。使用这种方法已经实现了高度灵敏的有机光电探测器。例如,Someya 等通过在塑料基板上的有机薄膜晶体管顶部垂直集成有机光电二极管(CuPc:PTCDI 平面异质结)阵列,开发了一种二维大面积图像传感器[179]。也可以通过在有源层的大部分中捕获载流子来获得光电导增益。Chen 等证明,在有机 BHJ(异质结)膜中掺入 CdTe 纳米粒子可以在低偏压下实现高光电导增益,在 -4.5 V 的 UV-vis 区使 EQE(量子效率)达到 8 000%,如图 8-18 所示[180]。在过去的几年中,具有高光电导增益的有机光电晶体管也得到了广泛的研究。例如，Yuan 和 Huang 开发了基于有机晶体 C8-BTBT 的超高增益光电晶体管，其中超长的电子复合寿命（＞1 s）和 20 cm² · V⁻¹ · s⁻¹ 的高载流子迁移率实现了高响应度，超过 10^5 A · W⁻¹[181]。

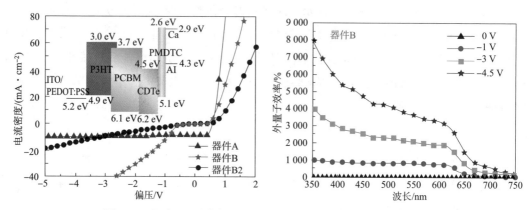

图 8-18　具有 cdTe 纳米颗粒的 BHJ 实现的高光增益和量子效率

有机半导体用于光电器件的一个关键优势是，可以通过修改其化学结构来调节其光谱范围。因此，对于有机光电探测器，存在覆盖整个可见光和近红外范围的有机光电探测器，在材料选择上选择多种多样。但是，由于这些材料的吸收范围宽，要实现窄带检测范围具有挑战性[182-184]。窄带检测对于包括光学监视、通信和彩色成像在内的许多应用都是非常重要的。Rauch 等通过用 PbS 量子点敏化 BHJ 层将吸收扩展到 1.8 μm，开发出了第一款高性能 NIR 有机/无机混合光电二极管[185]。有机光探测器用于窄带可见光或近红外检测的一种有前途的策略是，通过收窄电荷收集（CCN）操纵内部电荷产生量子效率[186-188]，CCN 利用了光敏活性层内入射光子的波长依赖性吸收系数的特点。Armin 等开发了第一个高性能的 CCN 有机光电晶体管（图 8-19）[189]。使用包含 PCDTBT：PCBM 和 DPP-DTT：PCBM 共混物的厚 BHJ 膜（≈2 μm），分别开发了具有窄 FWHM（≈90 nm）的红色选择性和近红外选择性有机光电二极管。最大 EQE≈30％，高探测灵敏度超过10^{12} Jones，宽广的 LDR 高达 8 个数量级，并且 3 dB 频率约为≈100 kHz。

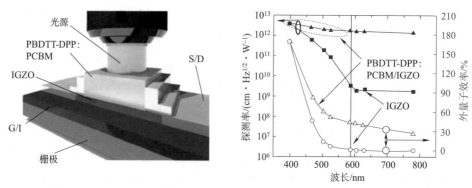

图 8-19　基于 IGZO 晶体管顶部的有机 BHJ 层的有机/混合光电晶体管[189]

8.2.3.2 机械性能

下一代光电探测器需要具有高度的柔性和保形性,以便可以将其连接到曲面、织物或人体皮肤上。实现柔性有机光电探测器的第一步是用薄且柔性的塑料材料作为基板来代替刚性玻璃。塑料材料(例如 PET 和聚萘二甲酸乙二醇酯(PEN))通常用作柔性有机光电探测器的基材,这是因为它们在可见光区域具有很高的光学透明度,并且对气体和湿气具有良好的阻隔性能。但是,PET 和 PEN 在 150 ℃以上的温度下会变形,这使得难以在不造成损坏的情况下将 ITO 电极沉积到它们上。因此,在 PET 或 PEN 基底上制成的柔性有机光电二极管通常使用高导电性聚(3,4 乙二氧基噻吩):聚(苯乙烯磺酸盐)(PEDOT:PSS)作为电极材料,因为它可以固溶处理并且具有较高的高电导率。Bergqvist 等最近介绍了一种卷对卷层压方法,将聚乙烯亚胺(PEI)修饰的 PEDOT:PSS 阳极和 PEDOT:PSS 阴极构造半透明有机光电二极管,从而有效降低了功函,如图 8-20 所示。通过用少量的氟表面活性剂塑化 PEDOT:PSS 薄膜,也可以提高机械柔韧性[190]。此外,Falco 等通过将 PEDOT:PSS 和 BHJ 共混物喷涂到 PET 基材上来开发柔性有机光电二极管[191]。

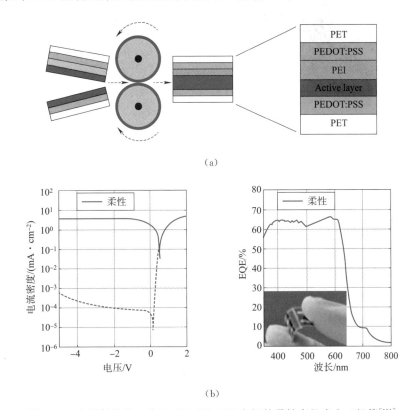

图 8-20 在塑料基板上基于 PEDOT:PSS 电极的柔性有机光电二极管[191]

尽管在薄塑料上制造的有机光电探测器显示出出色的机械柔韧性和耐用性,但同时实现高性能、机械耐用性以及在空气和水中的稳定性仍然具有挑战性。这是因为塑料基板和封装层的厚度减小,导致可穿戴设备对水分和氧气的阻挡力不足[192]。例如,对于可穿戴有机电子产品的实际应用,水蒸气透过率(WVTRs)在 10^{-4} g·m^{-2} 左右,氧气的透过率每天在 0.1 mL 以下,这些值要比厚塑料薄膜低几个数量级。因此,尽管用环氧树脂和玻璃进行封装可以很容易地使刚性有机光电探测器的寿命延长[193],可穿戴设备仍需要能够有效保护有源层,而不引入机械刚度的新方法。

为了解决这个问题,Yokota 等开发了一种基于钝化层的高性能超柔有机发光二极管,该钝化层包括五个交替的 SiON(200 nm 厚)和 Parylene C(500 nm 厚)层,其水蒸气透过率每天小于 5.0×10^{-4} g·m^{-2},每天氧气传输率<0.1 ccm^{-2}[194]。后来,Jinno 等[195]报道了使用新型双面涂层策略的可清洗和可拉伸的有机光电二极管,如图 8-21 所示。通过这种方法,包含 PNTz4T:PCBM BHJ 共混物的有机光电二极管能够实现高太阳能电池效率(7.9%)和可拉伸性(52%),同时完全浸入水中。此外,发现在 100 分钟的水暴露下压缩 20 个循环后,可以保持 80%的初始光伏效率,从而显示出可穿戴设备应用双面弹性体涂层策略的希望。

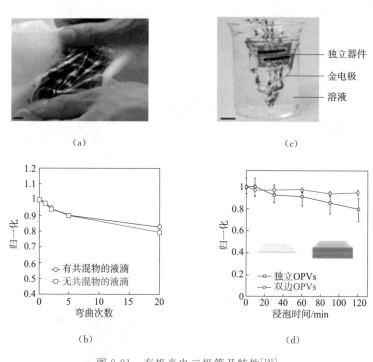

图 8-21　有机光电二极管及特性[195]

8.3　可穿戴光电探测器系统的应用

传统的光电探测器主要有以下三种应用:监控、图像传感和光通信。可穿戴光电探测器系统能够实现这些应用的基本功能,但由于对柔韧性有要求,因此面临着许多其他的挑战。监控系统通常需要精确的输出包含目标信息入射光,包括入射光的波长和强度的变化。因此,监控系统中的光电探测器对光响应性和探测率要求很高,以确保有足够的灵敏度。可穿戴光电探测器由于受到柔韧性的要求,导致器件结构受到了限制,因此在一定程度上使得光电性能下降。尽管一些监控应用(例如紫外光监控器和光功率计)是基于对外部光信号的直接响应,但也存在许多其他应用,如烟雾探测器、生物传感器和定位器等,这些应用需要与其他的电子器件(如发光二极管)进行集成。但是,这种集成在某些情况下会带来很多新的问题。光电图像传感器是基于光电探测器设计而成的,其中的每一个像素点均是一个光电探测器。传统的商用图像传感器是基于硅技术制作而成的,其中的硅是一种硬质基底。对于柔性基底而言,现有的制作工艺很难制造高像素密度的图像传感器及其配套电路。因此,这是将来制作高性能的可穿戴图像传感器需要解决的重大调整。光通信系统对波长有着严格的要求,在设计可穿戴光通信系统时需要考虑以下两点:(1)避免环境光的干扰;(2)减少传输过程中信号的衰减。为了满足这些要求,需要构建色彩缓冲和复杂的三电极器件结构,这些在柔性结构上是很难实现的。除了上述内容之外,复杂的信号处理还依赖于附加的电气组件来提供逻辑和存储功能,这是可穿戴设备从研究推广到实际应用中的又一个阻碍[196]。幸运的是,相关领域已经取得了长足的进步。下面将详细介绍光电探测器系统在可穿戴领域的应用,讨论已经取得的进展并指出尚未解决的问题。

8.3.1　可穿戴监控系统

由于光电探测器具有光电探测的基本功能,这使它们有希望成为健康监护仪的候选者。为了更好地了解基于光电探测器的可穿戴监控设备的研究情况,根据不同的应用,可以将这些可穿戴监控器件分为两类:(1)监测心率、脉搏、血氧水平等内部信号;(2)监测环境光,如紫外线的强度。

采用光电探测器作为人体健康监测器件的研究吸引了很多人的关注。从图 8-22(a)中可以看出,近场通信技术(NFC)可以为光电探测器和 LED 以及其他的电子器件供电,因此可以用来制造小型的、无线且没有电池的设备,并将其应用于血氧饱和度的监测[197]。商用光电探测器可以通过收集与血液氧合作用、心率和心率变化有关的反射光或者透射光(红光和红外光)信号,以实现身体健康监测。超小型系统可以安装在柔软的皮肤或者坚硬的表面,这为实现高度集成的可穿戴器件提供了可能性。除此之外,低功耗的光电晶体管也被很多研究采用。总的来说,采用 LED 和光电探测器集成仍然是现在健康监测的主要策略。图 8-22(b)所示为一项开创性的工作,该工作使用红色 LED 和有机光电探测器成功地实现了总厚度仅为 3 μm 的超薄柔性系统(光电皮肤),包括健康监测传感器,显示器和超柔性聚合物 LED[198]。该器件不仅可以用作脉搏血氧仪,还可以显示可视化结果。

过度的紫外线暴露是皮肤癌的常见原因之一,因此,实时监测照射到皮肤表面的紫外线强度是非常有意义且非常重要的。研究人员基于此目的,开发了一种基于纤维状 PN 结的实时可穿戴紫外线监测系统,该器件结构和研究结果如图 8-22(c)所示[199]。P 型透明

CuZnS膜的保形涂层完美地保持了 TiO_2 纳米管阵列的结构,而 PN 结可以有效地引入自供电特性并抑制了光生载流子的复合。高的电流达到了与其他商用电子产品集成的电气要求,并能够通过 Wi-Fi 使用智能手机实现系统监控。到目前为止,许多工作都集中在其他宽带隙半导体材料上,例如相比于 TiO_2 具有更高的光电流和更好的光谱选择性的 ZnO。研究人员在此基础上提出了一种优化的 ZnO 光电探测器的分层结构,以获得超高毫安光电流和非常低的暗电流,并且具有高灵敏度和对极低紫外光强度的优异的选择性[200]。除了紫外光电探测器,其他可穿戴传感器也被证明是有前途的,并且非常有用。这里由两个示例:邹等使用由具有多氧化还原性光致变色分子组成的油墨构成具有光谱选择性紫外光电探测器,并开发了一种纸质手镯,可以满足不同皮肤过敏类型人群的需求[201]。邱等利用了基于 TiO_2 纳米管和普鲁士蓝的光电化学电池,在紫外线的照射下,器件可以从深蓝色变为透明颜色[202]。

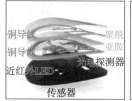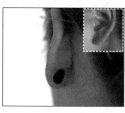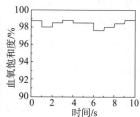

(a)基于 NFC 的可穿戴脉搏血氧仪在人身体不同部位的工作情况[197]

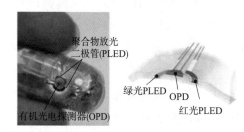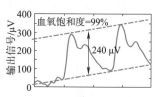

(b)具有健康监测的光电皮肤[198]

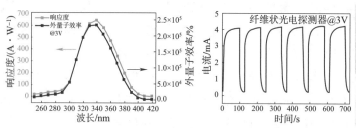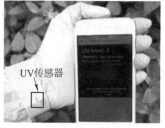

(c)可穿戴紫外线实时监视系统[199]

图 8-22　可穿戴监控系统

光灵敏材料不仅可以用于光检测,还可用于其他可穿戴应用,如紫外线辅助气体传感器和生物分子检测。对于可穿戴式传感器,其合成过程和响应特性必须符合超高的灵敏度,好的柔韧性和好的集成稳定性等要求。可穿戴人体健康监测器件有两个关键的特性需要特别注意:(1)自供电特性,因为当前的电源不够小,无法满足功能性可穿戴电子系统的要求;(2)柔韧性和鲁棒性,可使器件在动态运动下保持稳定的输出信号。构造 PN 结或 MSM 结构是使光电探测器具有自供电功能的常用方法。使光电探测器可以被穿戴,贴附在人体身上的解决办法包括仔细选择衬底并精心设计器件布局。

8.3.2　可穿戴成像系统

柔性成像技术(主要在可见光范围内,但也包括其他波长范围)是可以穿戴光电探测器系统最重要的应用之一。可穿戴成像系统变得越来越重要:一方面,可穿戴成像系统的快速响应(QR)代码识别能力可以满足信息时代的需求;另一方面,可穿戴成像系统在特殊情况下起着非常重要的作用,例如为警察收集证据和盲人用可穿戴导航仪。现在的商业显示屏,诸如阴极射线管、等离子显示面板和液晶显示器等由于体积大以及电子控制复杂,目前与可穿戴系统不兼容。幸运的是,无线信号传输技术避免光电探测器与外部组件之间的物理连接,这催生了基于移动电话等远程显示设备的可穿戴光电探测器系统的发展。

基于可穿戴成像系统,研究人员已经开发了许多可穿戴应用,如人造眼等。柔性或可弯曲的光电探测器通常是由具有光电导效应或光伏效应的纳米结构材料构成的。与平面光电探测器不同,柔性光电探测器为曲线设计提供了更好的便利性,因此在全方向光电探测中显出明显的优势。在柔性成像领域,已经报道了大量的跟低维纳米材料相关的工作,工作频率覆盖了从紫外光(UV)到太赫兹(THz)。在 Li 等的研究中,采用 ZnO 量子点(QD)修饰的 Zn_2SnO_4 纳米线制作纳米线成像阵列表现出了出色的柔性 UV 成像性能,如图 8-23(a)所示[203]。纳米线可以在 PET 衬底上严重弯曲而不发生结构破坏,并且柔性的 10×10 器件阵列在 $150°$ 的弯曲角下几乎可以保持恒定的光电流而不发生改变。并且,该材料具有 1.1×10^7 的响应度增益,9.0×10^{17} Jones 的高比探测率和 47 ms 的快速响应时间,这完全保证了光电导的性能。为此,研究人员还将低带隙的 P 型 SnS_2 QD 代替 ZnO QD,用于修饰 Zn_2SnO_4 纳米线,从而将光敏范围从 UV 扩展到近红外(NIR)波长,得到了宽光谱范围的柔性光电探测器,如图 8-23(b)所示[204]。根据研究人员的描述,用 SnS_2 QD 修饰的光电探测器还具有出色的灵敏度、柔韧性和稳定性。UV-NIR 宽光谱光敏性还被用于柔性 10×10 光电探测器阵列中,以形成 100 个像素的成像系统。该柔性成像系统可以同时识别白光和红光,并将二者进行区分,从而在柔性宽光谱成像技术中显示出了广阔的应用前景。由于可穿戴太赫兹成像技术在生化探测和损伤探测等方面具有出色的表现,因此也引起了越来越多的关注。铃木等报道了一种基于化学费米能级控制方法的可穿戴碳纳米管太赫兹成像器,该器件足够小型化,可以贴在指尖,并提供不错的成像性能。

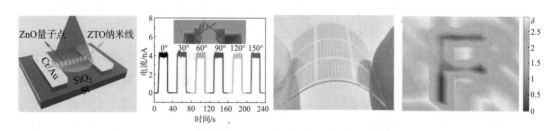

(a)基于 ZnO 量子点修饰的 Zn$_2$SnO$_4$ 可穿戴 UV 成像装置[203]

(b)基于 SnS$_2$ 量子点修饰的 Zn$_2$SnO$_4$ 柔性图像传感器[204]

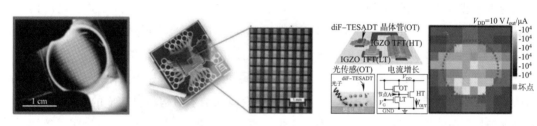

(c)安置在塑料半球顶部
的有机光电探测器焦
平面阵列(FPA)[205]

(d)基于全印刷的无源
矩阵图像传感器[206]

(e)混合单片集成有源像素图像阵列[207]

图 8-23 可穿戴成像系统

除了低维结构纳米材料以外,有机光电探测器也是制造可穿戴成像系统的一个非常好的选择。相比于常规的无机成像器件而言,有机光电探测器易于实现全色探测,只需要使用具有颜色选择性吸收带隙的材料即可实现全色选择性。有机材料的优异机械性能也使其适合制作具有柔性和可弯曲的可穿戴成像系统,从而实现了平面成像系统无法实现的新功能。例如,Rogers 和同事将硅基光电二极管阵列转移到可压缩的弹性体衬底上,以形成半球形照相机。半球形布局使其能够使用单个透镜以低像差实现宽视角,因此克服了像传统的基于平面图像传感器的数码照相机那样使用复杂的、多镜头系统的需求。除此之外,有机光电探测器阵列由于其高度的柔韧性和耐用性,也能够获得弯曲的图像。例如,Xu 等在模仿人眼结构的塑料半球上开发了一个 10 千像素的有机光电探测器焦平面阵列(FPA),如图 8-23(c)所示,其半径为 1 cm,可以模仿人眼的大小,功能和结构[205]。实际上,有机光电探测器特别适合用于制作大面积和低成本的图像传感器,因为与硅不同,有机光电探测器的尺寸可以不受硅晶片面积的限制。例如,Eckstein 等报道了一种全数字印刷的无源矩阵柔性成像系统,该系统包含又 256 个像素点,每个像素点均由一个 BHJ 光电二极管组成,如图 8-23(d)所示[206]。采用印刷法能够实现功能层的自对准,不仅简化了制作工艺,还能够保证器件制作的可重复性以及很高的良品率。为了弥补有机光电探测器在一些波长上响应度较低,导致光电流和暗电流之间的差距较小,从而无法精确地显示图像,使之存在一定的误差,研究人员开始将有机晶体管融入柔性成像系统中,利用有机晶体管可以对电流进行放大的功能,来改善这种问题。例如,Kim 等开发了一种混合单片集成有源像素图像阵列,该阵列包括金属氧化物薄膜晶体管和有机光电探测器,如图 8-23(e)所示[207]。该器件采用溶液旋涂法并配合传统半导体工艺制作在超薄的塑料衬底上,因此和皮肤有着非常好的相容性,并且在 1 mW/cm² 的光照下,表现出了高达 10^3 A/W 的响应度和接近 10^{14} Jones 的探测率。此外,具有光增益的光电晶体管,因其压线性的光响应类似于人眼,非常适合在低光照条件下工作。除了器件结构外,在弯曲过程中更要注意到不同像素点之间的电绝缘和信号干扰。

8.3.3　可穿戴光通信

可穿戴光通信可以充当可穿戴系统的连接桥梁,该系统可以连接各种可穿戴设备,以进行进一步的数据处理、人机交互和结果显示。简而言之,采用可穿戴光通信可以发展基于可穿戴设备的更高级的应用。在 Fink 及其同事的研究中,光纤形光电二极管和光纤形 LED 集成在一起,并构成了一个通信系统,该系统能够远程传输彼此相距 1 m 的数据,如图 8-24(a)所示[208]。研究人员首先预制了一个器件,该预制器件在内部中装有分立二极管,并在其中的空心通道中放入导电铜或钨丝。接着在加热条件下将该器件拉成纤维,此时导线将接近二极管,最终二者之间将会形成电接触,从而导致数百根二极管在单根光纤内并联连接。两种类型的光纤内设备:发光二极管和光电探测 P-i-N 二极管被实现。器件之间的间距小于 20 cm,并且通过光纤包层中设计的透镜还能实现光的准直和聚焦。将这种二极管光纤集成到衣物中并进行机洗,可以发现在整个十次机洗周期中,器件均能保持稳定的性能。为了证明这种方法的实用性,研究人员将包含接收器和发射器的两个光纤之间进行互联并建立了一个 3 MHz 的双向光通信链路。最后,用二极管进行了心率检测,展现了其在全织物生理状态监测系统中拥有巨大的潜力。尽管在过去的十年中,可见光和 UV 通信已经取得了长足的进步,但由于红外光(典型波长:850 nm、1 310 nm 和 1 550 nm)的信号衰减较低,因此它们仍然是光通信中主要采用的信号波段。基于此已经开发出了大量的相关的应用程序,包括远程控制、距离测量、数据通信和雷达系统。因此,该领域的研究人员仍然主要关注对 IR 的光灵敏性,以促进长距离通信并满足"物联网"对于可穿戴系统的需求。如上所述,诸如光电二极管和光电导体之类的双电极器件架构在紫外线或可见光检测中起着非常重要的作用,它们非常适合于横向结构。但是,IR 光电探测器中的光敏材料通常是具有高电导率的窄带隙半导体,并且通过此材料构建的双电极器件一般都具有很高的暗电流。因此,当前的 IR 光电探测器通常都是采用三电极架构,以及在双电极器件的基础上向其中引入附加的垂直栅电极,以提供栅极偏置电压。栅极偏置可以有效抑制由于场效应调制引起的横向暗电流,从而保证光电探测器能够有足够的开关比,以实现对信号的分辨,减少干扰和误差。

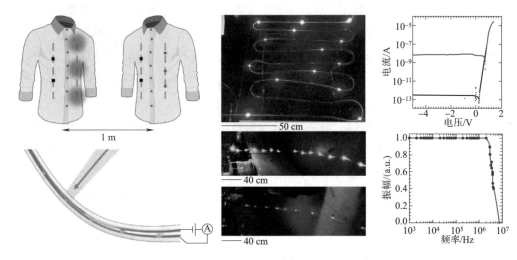

(a)基于光纤状的 LED 和光电探测器组成的可穿戴可见光通信系统

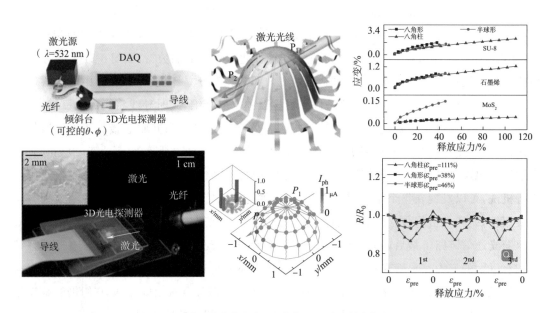

(b)经过体系结构优化的柔性结构,以充分降低弯曲应变

图 8-24　可穿戴可见光通信系统及经过优化的柔性结构

然而,从先前的研究结果中可以看出,引入栅电极的三电极架构的光电晶体管与柔性器件是不兼容的。此时,横向设计不再能支持三电极器件,因此垂直多层结构对于实现红外光电探测器是十分必要的。多层结构不仅使得器件的制造变得更加复杂,而且还有可能给光

电性能带来潜在的问题。因此,要特别注意薄膜质量、垂直栅电极接触、层间绝缘以及中间介电层。尽管高度小型化的非柔性器件是可以满足可穿戴系统的需求,但是柔性的可穿戴器件仍然是可穿戴系统(尤其是大面积应用)的首要选择。

刚性岛装置是利用非柔性组件实现柔韧性的一种非常有效且有前途的方案,该器件同时也有继承非柔性结构优点的潜力。这种设计方案已经在一些柔性光电探测器结构中进行了深入的探讨,并取得了显著的进步。在 Zhang 等的研究中,微型硅 p-i-n 光电二极管被拼接以形成柔性折纸硅半球形电子眼系统,该系统提供了出色的全向光响应。在 Rogers 和他的同事的研究工作中,系统地设计了柔性刚性岛状结构以减小弯曲应变,如图 8-24(b)所示[209]。他们通过展示复杂的机械组装的三维系统的光成像功能来展示了二维半导体/半金属材料在这种情况下所起的关键作用,这些系统可以完全涵盖方向、强度和角度等,可以全方位地测量到入射光的各种特性。刚性岛光电探测器在保留刚性器件的性质外还能保证足够的柔韧性,从而避免了由于变形和弯曲应力导致的性能下降。类似的制作柔性的方法也可以应用于各种非柔性三电极光电探测器,包括传统的光电晶体管和新型的于栅极相关的器件,如混合光电晶体管和光电压场效应晶体管。

8.3.4　光伏电池在可穿戴电子中的应用

将自供电系统引入到可穿戴传感器系统中是实现传感器进行连续监测的一种非常好的方式,可以避免定期更换电池的问题。但是,大多数现有的可穿戴式传感器都依赖于与外部电源的连接,通过包括笨重的连接线,导致其应用场景和范围受到了很大的限制。因此,可拉伸和稳定的供电和存储器件对于集成的可穿戴式或植入式传感器进行持续监测是至关重要的。研究人员已经提出了几种类型的可穿戴电源,包括基于振动的能量收集器和热电发电机,用于为可穿戴设备提供自供电功能。除此之外,轻薄且柔性的光伏电池也是一种非常有前景的候选者,因为只需将器件放置在光照下,便能为集成器件提供充足的电能[210]。以光伏模式运行的有机光电二极管因为具有出色的机械柔韧性和耐用性,非常适合应用在可穿戴电子中。

Park 等报道了一种自供电的超柔性有机电子器件,在该器件中,有机电化学晶体管(用作传感器)与有机光电二极管(用作电源)集成在 1 μm 厚的超柔性衬底上,如图 8-25 所示[232]。将此设备应用于皮肤或其他组织时,可以测量具有非常高 SNR 的生理信号。超柔性有机光电二极管为有机化学晶体管提供动力以检测生物信号。有机光电二极管是基于PBDTTTOFT:PCBM 的 BHJ 共混物制作而成的,考虑到钝化层,器件总厚度为 3 μm。这种超薄形器件的功率质量比高达 11.46 W/g,非常适合应用在可穿戴电子中。将光伏电池用于自供电可穿戴电子中的关键挑战之一是其在机械变形和角度变化下的不稳定输出功率。在这项工作中,高通量室温成型工艺用于在 ZnO 电荷传输层和有机活性层的表面上形成纳米光栅结构(周期为 760 nm)。这种模制过程导致了双光栅结构图案化,该结构同时提高了机械效率和角运动下的光电效率和有机光电二极管的输出稳定性。这种新颖的方法为超柔性有机光伏电池与可穿戴电子传感器的集成铺平了道路,从而无须外部电源就可以精确、灵敏和连续地监测生理信号。

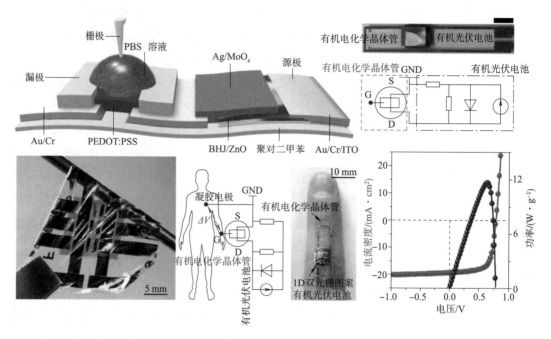

图 8-25　自供电的超柔性有机电子器件[217]

参考文献

[1] HU K，TENG F，ZHENG L X，et al. Binary response Se/ZnO p-n heterojunction UV photodetector with high on/off ratio and fast speed[J]. Laser Photonics Rev.，2017(11)：1600257.

[2] TENG F，HU K，OUYANG W，et al. Photoelectric detectors based on inorganic p-type semiconductor materials[J]. Adv. Mater.，2018(30)：1706262.

[3] YAO J，ZHENG Z，YANG G. All-layered 2D optoelectronics：A high-performance UV-vis-NIR broadband SnSe photodetector with Bi_2Te_3 topological insulator electrodes[J]. Adv. Funct. Mater.，2017(27)：1701823.

[4] ZHANG Z M，NING Y，FANG X S. From nanofibers to ordered ZnO/NiO heterojunction arrays for self-powered and transparent UV photodetectors[J]. J. Mater. Chem. C，2019(7)：223.

[5] GAO N，FANG X S. Synthesis and development of graphene-inorganic semiconductor nanocomposites [J]. Chem. Rev.，2015(115)：8294.

[6] KOPPENS F H L，MUELLER T，AVOURIS P，et al. Photodetectors based on graphene，other two-dimensional materials and hybrid systems[J]. Nat. Nanotechnol.，2014(9)：780.

[7] LI J，NIU L，ZHENG Z，et al. Photosensitive graphene transistors[J]. Adv. Mater.，2014(26)：5239.

[8] SUN Z，CHANG H. Graphene and graphene-like two-dimensional materials in photodetection：mechanisms

and methodology[J]. ACS Nano，2014(8)：4133.

［9］ WU W Q, WANG X D, HAN X, et al. Flexible photodetector arrays based on patterned CH₃NH₃PbI₃₋ₓClₓ perovskite film for real-time photosensing and imaging[J]. Adv. Mater., 2019(31)：1805913.

［10］ SENPO Y, SHEN L F, HO J C. Recent advances in flexible photodetectors based on 1D nanostructures [J]. Semi J., 2019(40)：1674.

［11］ ZHANG Y, XU W, XU X, et al. Self-powered dual-color UV-Green photodetectors based on SnO₂ Millimeter Wire and Microwires/CsPbBr₃ Particle Heterojunctions[J]. J. Phys. Chem. Lett., 2019 (10)：836.

［12］ ZHAO B, WANG F, CHEN H, et al. Solar-blind avalanche photodetector based on single ZnO-Ga₂O₃ core-shell microwire[J]. Nano Lett., 2015(15)：3988.

［13］ CHEN H Y, LIU K, HU L, et al. New concept ultraviolet photodetectors[J]. Mater. Today, 2015 (18)：493.

［14］ XU X J, CHEN J, CAI S, et al. A real-time wearable UV-radiation monitor based on a high-performance p-CuZnS/n-TiO₂ photodetector[J]. Adv. Mater., 2018(30)：1803165.

［15］ WANG J, HAN J, CHEN X, et al. Design strategies for two-dimensional material photodetectors to enhance device performance[J]. InfoMat., 2019(1)：33.

［16］ KONSTANTATOS G. Integrating an electrically active colloidal quantum dot photodiode with a graphene phototransistor[J]. Nat. Commun., 2018(9)：5266.

［17］ BURT J L, ELECHIGUERRA J L, GASGA J R, et al. Beyondarchimedean solids: star polyhedral gold nanocrystals[J]. J. Cryst. Growth, 2005(285)：681-691.

［18］ KOVALENKO M V. Opportunities and challenges for quantum dot photovoltaics[J]. Nat. Nanotechnol., 2015(10)：994-997.

［19］ HETSCH F, ZHAO N, KERSHAW S V, et al. Quantum dot field effect transistors[J]. Mater. Today, 2013(16)：312-325.

［20］ EMIN S, SINGH S P, HAN L Y, et al. Colloidal quantum dot solar cells[J]. Sol. Energy, 2011 (85)：1264-1282.

［21］ DAI X L, ZHANG Z X, JIN Y Z, et al. Solution-processed, high-performance light-emitting diodes based on quantum dots[J]. Nature, 2014(515)：96-99.

［22］ EISLER H J, SUNDAR V C, BAWENDI M G, et al. Color-selective semiconductor nanocrystal laser[J]. Appl. Phys. Lett., 2002(80)：4614-4616.

［23］ KONSTANTATOS G, HOWARD I, FISCHER A, et al. Ultrasensitive solution-cast quantum dot photodetectors[J]. Nature, 2006(442)：180-183.

［24］ JANG J, CHO K, BYUN K, et al. Optoelectronic characteristicsof HgSe nanoparticle films spin-coated on flexible plastic substrates[J]. Jpn. J. Appl. Phys., 2010(49)：030210.

［25］ MIN Y, MOON G D, PARK J, et al. Surfactant-free CuInSe₂ nanocrystals transformed from In₂Se₃ nanoparticles and their application for a flexible UV photodetector[J]. Nanotechnology, 2011(22)：465604.

［26］ KWAK K, CHO K, KIM S. Flexible photodiodes constructed with CdTe nanoparticle thin films and single ZnO nanowires on plastics[J]. Nanotechnology, 2011(22)：415204.

［27］ LIU B, WANG Z R, DONG Y, et al. ZnO-nanoparticle-assembled cloth for flexible photodetectors and recyclable photocatalysts[J]. J. Mater. Chem., 2012(22)：9379-9384.

［28］ WU J D，LIN L Y. A flexible nanocrystal photovoltaic ultraviolet photodetector on a plant membrane ［J］. Adv. Opt. Mater.，2015(3):1530-1536.

［29］ TIAN W，ZHANG C，ZHAI T Y，et al. Flexible SnO_2 hollow nanosphere film based high-performance ultraviolet photodetector［J］. Chem. Commun.，2013(49):3739-3741.

［30］ HE J G，QIAO K K，GAO L，et al. Synergeticeffect of silver nanocrystals applied in PbS colloidal quantum dots for high-performance infrared photodetectors［J］. ACS Photonics，2014(1):936-943.

［31］ HE J G，LUO M，HU L，et al. Flexible lead sulfide colloidal quantum dot photodetector using pencil graphite electrodes on paper substrates［J］. J. Alloy. Compd.，2014(596):73-78.

［32］ JIANG Z Y，YOU G J，WANG L，et al. Solution-processed high-performance colloidal quantum dot tandem photodetectors on flexible substrates［J］. J. Appl. Phys.，2014(116):084303.

［33］ WU J D，LIN L Y. Inkjetprintable flexible thin-film NCQD photodetectors on unmodified transparency films［J］. IEEE Photonics Technol. Lett.，2014(26):737-740.

［34］ ZHAI T Y，LI L，MA Y，et al. One-dimensional inorganic nanostructures: synthesis，field-emission and photodetection［J］. Chem. Soc. Rev.，2011(40):2986-3004.

［35］ ZHAI T，LI L，WANG X，et al. Recentdevelopments in one-dimensional inorganic nanostructures for photodetectors［J］. Adv. Funct. Mater.，2010(20):4233-4248.

［36］ XIE C，LUO L B，ZENG L H，et al. p-CdTe nanoribbon/n-silicon nanowires array heterojunctions: photovoltaic devices and zero-power photodetectors［J］. Crystengcomm，2012(14):7222-7228.

［37］ MULAZIMOGLU E，COSKUN S，GUNOVEN M，et al. Silicon nanowire network metal-semiconductor-metal photodetectors［J］. Appl. Phys. Lett.，2013(103):083114.

［38］ AKSOY B，COSKUN S，KUCUKYILDIZ S，et al. Transparent，highly flexible，all nanowire network germanium photodetectors［J］. Nanotechnology，2012(23):083114.

［39］ HUANG Z L，GAO M，YAN Z C，et al. Flexible infrared detectors based on p-n junctions of multi-walled carbon nanotubes［J］. Nanoscale，2016(8):9592-9599.

［40］ MANEKKATHODI A，LU M Y，WANG C W，et al. Direct growth of alignedzinc oxide nanorods on paper substrates for low-cost flexible electronics［J］. Adv. Mater.，2010(22):4059-4063.

［41］ BAI S，WU W W，QIN Y，et al. High-performance integrated ZnO nanowire UV sensors on rigid and flexible substrates［J］. Adv. Funct. Mater.，2011(21):4464-4469.

［42］ WU J M，CHEN Y R，LIN Y H. Rapidly synthesized ZnO nanowires by ultraviolet decomposition process in ambient air for flexible photodetector［J］. Nanoscale，2011(3):1053-1058.

［43］ WANG R C，LIN H Y，WANG C H，et al. Fabrication of alarge-area al-doped ZnO nanowire array photosensor with enhanced ohotoresponse by straining［J］. Adv. Funct. Mater.，2012(22):3875-3881.

［44］ CHEN T P，YOUNG S J，CHANG S J，et al. Bending effects of ZnO nanorod metal-semiconductor-metal photodetectors on flexible polyimide substrate［J］. Nanoscale Res. Lett.，2012(7):214.

［45］ CHEN T P，YOUNG S J，CHANG S J，et al. Photoelectrical andlow-frequency noise characteristics of ZnO nanorod photodetectors prepared on flexible substrate［J］. IEEE Trans. Electron Devices，2013(60):229-234.

［46］ FARHAT O F，HALIM M M，ABDULLAH M J，et al. Growth of vertically aligned ZnO nanorods on Teflon as a novel substrate for low-power flexible light sensors［J］. Appl. Phys. A-Mater. Sci.

Process.，2015(119):1197-1201.

[47] PARK J, LEE J, NOH Y, et al. Flexible ultraviolet photodetectors with ZnO nanowire networks fabricated by large area controlled roll-to-roll processing[J]. J. Mater. Chem. C., 2016(4): 7948-7958.

[48] KWON D K, LEE S J, MYOUNG J M. High-performance flexible ZnO nanorod UV photodetectors with a network-structured Cu nanowire electrode[J]. Nanoscale, 2016(8):16677-16683.

[49] ELFADILL N G, HASHIM M R, SARON K M A, et al. Ultravioletvisible photo-response of p-Cu₂O/n-ZnO heterojunction prepared on flexible(PET)substrate[J]. Mater. Chem. Phys., 2015 (156):54-60.

[50] LIM S, UM D S, HA M, et al. Broadband omnidirectional light detection in flexible and hierarchical ZnO/Si heterojunction photodiodes[J]. Nano Res., 2017(10):22-36.

[51] CHEN T P, YOUNG S J, CHANG S J, et al. Field-emission and photoelectrical characteristics of ZnO nanorods photodetectors prepared on flexible substrate[J]. J. Electrochem. Soc., 2012(159): J153-J157.

[52] YAN C Y, WANG J X, WANG X, et al. Anintrinsically stretchable nanowire photodetector with a fully embedded structure[J]. Adv. Mater., 2014(26):943-950.

[53] ZHANG H Z, DAI X, GUAN N, et al. Flexiblephotodiodes based on nitride Core/Shell p-n junction nanowires[J]. ACS Appl. Mater. Interfaces, 2016(8):26198-26206.

[54] WANG Z R, WANG H, LIU B, et al. Transferable andflexible nanorod-assembled TiO₂ cloths for dye-sensitized solar cells, photodetectors, and photocatalysts[J]. ACS Nano, 2011(5):8412-8419.

[55] CHEN S, YU M, HAN W P, et al. Electrospun anatase TiO₂ nanorods for flexible optoelectronic devices, RSC Adv., 2014(4):46152-46156.

[56] DENG K M, LU H, SHI Z W, et al. Flexiblethree-dimensional SnO₂ nanowire arrays: atomic layer deposition-assisted synthesis, excellent photodetectors, and field emitters[J]. ACS Appl. Mater. Interfaces, 2013(5):7845-7851.

[57] HOU X J, LIU B, WANG X F, et al. SnO₂-microtube-assembled cloth for fully flexible self-powered photodetector nanosystems, Nanoscale, 2013(5):7831-7837.

[58] LIU K W, SAKURAI M, AONO M, et al. Ultrahigh-gainsingle SnO₂ microrod photoconductor on flexible substrate with fast recovery speed[J]. Adv. Funct. Mater., 2015(25):3157-3163.

[59] HEO K, LEE H, PARK Y, et al. Aligned networks of cadmium sulfide nanowires for highly flexible photodetectors with improved photoconductive responses[J]. J. Mater. Chem., 2012 (22): 2173-2179.

[60] LI L D, LOU Z, SHEN G Z. Hierarchical CdS nanowires based rigid and flexible photodetectors with ultrahigh sensitivity[J]. ACS Appl. Mater. Interfaces, 2015(7):23507-23514.

[61] XU J, SHEN G Z. A flexible integrated photodetector system driven by on-chip microsupercapacitors [J]. Nano Energy, 2015(13):131-139.

[62] PEI Y L, PEI R H, LIANG X C, et al. CdS-nanowires flexible photo-detector with Ag-nanowires electrode based on non-transfer process[J]. Sci Rep, 2016(6):21551.

[63] GAO Z W, JIN W F, ZHOU Y, et al. Self-powered flexible and transparent photovoltaic detectors based on CdSe nanobelt/graphene Schottky junctions[J]. Nanoscale, 2013(5):5576-5581.

［64］ WANG Z, JIE J S, LI F Z, et al. Chlorine-doped ZnSe nanoribbons with tunable n-type conductivity as high-gain and flexible Blue/UV photodetectors, ChemPlusChem, 2012(77):470-475.

［65］ LIU Z, CHEN G, LIANG B, et al. Fabrication of high-quality ZnTe nanowires toward high-performance rigid/flexible visible-light photodetectors, Opt. Express, 2013(21):7799-7810.

［66］ CHEN G, LIANG B, LIU Z, et al. High performance rigid and flexible visible-light photodetectors based on aligned X(In, Ga)P nanowire arrays[J]. J. Mater. Chem. C., 2014(2):1270-1277.

［67］ DUAN T Y, LIAO C N, CHEN T, et al. Single crystalline nitrogen-doped InP nanowires for low-voltage field-effect transistors and photodetectors on rigid silicon and flexible mica substrates[J]. Nano Energy, 2015(15):293-302.

［68］ ZHONG M Z, HUANG L, DENG H X, et al. Flexible photodetectors based on phase dependent PbI(2)single crystals[J]. J. Mater. Chem. C., 2016(4):27.

［69］ TAO Y R, WU X C, XIONG W W. Flexiblevisible-light photodetectors with broad photoresponse based on ZrS$_3$ nanobelt films[J]. Small, 2014(10):4905-4911.

［70］ XIE X M, SHEN G Z. Single-crystalline In$_2$S$_3$ nanowire-based flexible visible-light photodetectors with an ultra-high photoresponse[J]. Nanoscale, 2015(7):5046-5052.

［71］ YU G, LIANG B, HUANG H T, et al. Contact printing of horizontally-aligned p-type Zn$_3$P$_2$ nanowire arrays for rigid and flexible photodetectors[J]. Nanotechnology, 2013(24):095703.

［72］ CHEN G, LIU Z, LIANG B, et al. Single-crystalline p-type Zn$_3$As$_2$ nanowires for field-effect transistors and bisible-light photodetectors on rigid and flexible substrates[J]. Adv. Funct. Mater., 2013(23):2681-2690.

［73］ LOU Z, LI L D, SHEN G Z. High-performance rigid and flexible ultraviolet photodetectors with single-crystalline ZnGa$_2$O$_4$ nanowires, Nano Res., 2015(8):2162-2169.

［74］ LIU Z, HUANG H T, LIANG B, et al. Zn$_2$GeO$_4$ and In$_2$Ge$_2$O$_7$ nanowire mats based ultraviolet photodetectors on rigid and flexible substrates[J]. Opt. Express, 2012(20):2982-2991.

［75］ TIAN W, ZHANG C, ZHAI T Y, et al. Flexibleultraviolet photodetectors with broad photoresponse based on branched ZnS-ZnO heterostructure nanofilms[J]. Adv. Mater., 2014(26):3088-3093.

［76］ LIU X B, DU H J, WANG P H, et al. A high-performance UV/visible photodetector of Cu$_2$O/ZnO hybrid nanofilms on SWNT-based flexible conducting substrates[J]. J. Mater. Chem. C, 2014(2):9536-9542.

［77］ ZHANG C, TIAN W, XU Z, et al. Photosensing performance of branched CdS/ZnO heterostructures as revealed by in situ TEM and photodetector tests[J]. Nanoscale, 2014(6):8084-8090.

［78］ SHAO D L, SUN H T, GAO J, et al. Flexible, thorn-like ZnO-multiwalled carbon nanotube hybrid paper for efficient ultraviolet sensing and photocatalyst applications[J]. Nanoscale, 2014(6):13630-13636.

［79］ ZHENG Z, GAN L, LI H Q, et al. Afully transparent and flexible ultraviolet-visible photodetector based on controlled electrospun ZnO-CdO heterojunction nanofiber arrays[J]. Adv. Funct. Mater., 2015(25):5885-5894.

［80］ LAM K T, HSIAO Y J, JI L W, et al. High-sensitive ultraviolet photodetectors based on ZnO nanorods/CdS heterostructures[J]. Nanoscale Res. Lett., 2017(12):31.

［81］ HSIAO Y J, JI L W, LU H Y, et al. Highsensitivity ZnO nanorod-based flexible photodetectors enhanced by CdSe/ZnS core-shell quantum dots[J]. IEEE Sens. J., 2017(17):3710-3713.

[82] ASAD M, SALIMIAN S, SHEIKHI M H, et al. Flexible phototransistors based on graphene nanoribbon decorated with MoS₂ nanoparticles[J]. Sens. Actuator A-Phys., 2015(232):285-291.

[83] ZHENG Z, GAN L, ZHANG J B, et al. Anenhanced UV-Vis-NIR an d flexible photodetector based on electrospun ZnO nanowire array/PbS quantum dots film heterostructure[J]. Adv. Sci., 2017(4):3.

[84] CHEN H Y, LIU K W, HU L F, et al. New concept ultraviolet photodetectors[J]. Mater. Today, 2015 (18):493-502.

[85] WANG Z L. Zinc oxide nanostructures: growth, properties and applications[J]. J. Phys. -Condes. Matter, 2004(16):R829-R858.

[86] DJURISIC A B, CHEN X Y, LEUNG Y H, et al. ZnO nanostructures: growth, properties and applications[J]. J. Mater. Chem., 2012(22):6526-6535.

[87] LI J H, NIU L Y, ZHENG Z J, et al. Photosensitive graphene transistors[J]. Adv. Mater., 2014 (26):5239-5273.

[88] CUI Y, ZHONG Z H, WANG D L, et al. High performance silicon nanowire field effect transistors[J]. Nano Lett., 2003(3):149-152.

[89] XIE C, NIE B, ZENG L H, et al. Core-shell heterojunction of silicon nanowire arrays and carbon quantum dots for photovoltaic devices and self-driven photodetectors[J]. ACS Nano, 2014(8):4015-4022.

[90] BOUKAI A I, BUNIMOVICH Y, KHELI J T. Silicon nanowires as efficient thermoelectric materials[J]. Nature, 2008(451):168-171.

[91] CHAN C K, PENG H L, LIU G, et al. High-performance lithium battery anodes using silicon nanowires[J]. Nat. Nanotechnol., 2008(3):31-35.

[92] XIE C, ZHANG X Z, WU Y M, et al. Surface passivation and band engineering: a way toward high efficiency graphene-planar Si solar cells[J]. J. Mater. Chem. A, 2013(1):8567-8574.

[93] HONG Q S, CAO Y, XU J, et al. Self-powered ultrafast broadband photodetector based on p-n heterojunctions of CuO/Si nanowire array[J]. ACS Appl. Mater. Interfaces, 2014(6):20887-20894.

[94] JIE J S, ZHANG W J, JIANG Y, et al. Photoconductive characteristics of single-crystal CdS nanoribbons, Nano Lett., 2006(6):1887-1892.

[95] XIE C, LI F Z, ZENG L H, et al. Surface charge transfer induced p-CdS nanoribbon/n-Si heterojunctions as fast-speed self-driven photodetectors[J]. J. Mater. Chem. C, 2015(3):6307-6313.

[96] PARK S, KIM S J, NAM J H, et al. Significantenhancement of infrared photodetector sensitivity using a semiconducting single-walled carbon nanotube/C-60 phototransistor[J]. Adv. Mater., 2015 (27):759-765.

[97] KOPPENS F H L, MUELLER T, AVOURIS P, et al. Photodetectors based on graphene, other two-dimensional materials and hybrid systems[J]. Nat. Nanotechnol., 2014(9):780-793.

[98] GUPTA A, SAKTHIVEL T, SEAL S. Recent development in 2D materials beyond graphene[J]. Prog. Mater. Sci., 2015(73):44-126.

[99] CHHOWALLA M, SHIN H S, EDA G, et al. The chemistry of two-dimensional layered transition metal dichalcogenide nanosheets[J]. Nat. Chem., 2013(5):263-275.

[100] SUN Z H, CHANG H X. Graphene andgraphene-like two-dimensional materials in photodetection:

mechanisms and methodology[J]. ACS Nano, 2014(8):4133-4156.

[101] NOVOSELOV K S, GEIM A K, MOROZOV S V, et al. Electric field effect in atomically thin carbon films[J]. Science, 2004(306):666-669.

[102] LIU N, TIAN H, SCHWARTZ G, et al. Large-area, transparent, and flexible infrared photodetector fabricated using P-N junctions formed by N-doping chemical vapor deposition grown graphene[J]. Nano Lett., 2014(14):3702-3708.

[103] KANG P, WANG M C, KNAPP P M, et al. Crumpledgraphene photodetector with enhanced, strain-tunable, and wavelength-selective photoresponsivity[J]. Adv. Mater., 2016(28):4639-4645.

[104] SUN Z H, LIU Z K, LI J H, et al. Infraredphotodetectors based on CVD-grown graphene and PbS quantum dots with ultrahigh responsivity[J]. Adv. Mater., 2012(24):5878-5883.

[105] MANGA K K, WANG J Z, LIN M, et al. High-performance broadband photodetector using solution-processible PbSe-TiO$_2$-graphene hybrids[J]. Adv. Mater., 2012(24):1697-1702.

[106] WANG Z X, ZHAN X Y, WANG Y J, et al. A flexible UV nanosensor based on reduced graphene oxide decorated ZnO nanostructures[J]. Nanoscale, 2012(4):2678-2684.

[107] DANG V Q, TRUNG T Q, DUY L T, et al. High-performance flexible ultraviolet(UV)phototransistor using hybrid channel of vertical ZnO nanorods and graphene[J]. ACS Appl. Mater. Interfaces, 2015(7): 11032-11040.

[108] LIU S, LIAO Q L, LU S N, et al. Triboelectricity-assisted transfer of graphene for flexible optoelectronic applications[J]. Nano Res., 2016(9):899-907.

[109] LIU Y J, LIU Y D, QIN S C, et al. Graphene-carbon nanotube hybrid films for high-performance flexible photodetectors[J]. Nano Res., 2017(10):1880-1887.

[110] XU H, WU J X, FENG Q L, et al. Highresponsivity and gate tunable graphene-MoS$_2$ hybrid phototransistor[J]. Small, 2014(10):2300-2306.

[111] FAZIO D D, GOYKHMAN I, YOON D, et al. Highresponsivity, large-area graphene/MoS$_2$ flexible photodetectors[J]. ACS Nano, 2016(10):8252-8262.

[112] SONG J C, YUAN J, XIA F, et al. Large-scale production of bismuth chalcogenide and graphene heterostructure and its application for flexible broadband photodetector[J]. Adv. Electron. Mater., 2016(2):1600077.

[113] KANG M A, KIM S J, SONG W, et al. Fabrication of flexible optoelectronic devices based on MoS$_2$/graphene hybrid patterns by a soft lithographic patterning method[J]. Carbon, 2017(116): 167-173.

[114] YU W, LI S, ZHANG Y, et al. Near-infrared photodetectors based on MoTe$_2$/Graphene heterostructure with high responsivity and flexibility[J]. Small, 2017(13):1700268.

[115] DANG V Q, HAN G S, TRUNG T Q, et al. Methylammonium lead iodide perovskite-graphene hybrid channels in flexible broadband phototransistors[J]. Carbon, 2016(105):353-361.

[116] LUI C H, MAK K F, SHAN J, et al. Ultrafastphotoluminescence from graphene[J]. Phys. Rev. Lett., 2010(105):127404.

[117] BRITNELL L, RIBEIRO R M, ECKMANN A, et al. Stronglight-matter interactions in heterostructures of atomically thin films[J]. Science, 2013(340):1311-1314.

[118] SUN Z Q, LIAO T, DOU Y H, et al. Generalized self-assembly of scalable two-dimensional transition

metal oxide nanosheets[J]. Nat. Commun., 2014(5):3813.

[119] VELUSAMY D B, KIM R H, CHA S, et al. Flexible transition metal dichalcogenide nanosheets for band-selective photodetection[J]. Nat. Commun., 2015(6):8063.

[120] LIM Y R, SONG W, HAN J K, et al. Wafer-scale, homogeneous MoS_2 layers on plastic substrates for flexible visible-light photodetectors[J]. Adv. Mater., 2016(28):5025-5030.

[121] ZHANG Q, BAO W Z, GONG A, et al. A highly sensitive, highly transparent, gel-gated MoS_2 phototransistor on biodegradable nanopaper[J]. Nanoscale, 2016(8):14237-14242.

[122] ZHENG Z Q, ZHANG T M, YAO J D, et al. Flexible, transparent and ultra-broadband photodetector based on large-area WSe2 film for wearable devices[J]. Nanotechnology, 2016(27):225501.

[123] YOO G, CHOI S L, PARK S J, et al. Flexible andwavelength-selective MoS_2 phototransistors with monolithically integrated transmission color filters[J]. Sci Rep, 2017(7):40945.

[124] XUE Y Z, ZHANG Y P, LIU Y, et al. Scalableproduction of a few-Layer MoS_2/WS_2 vertical heterojunction array and its application for photodetectors[J]. ACS Nano, 2016(10):573-580.

[125] HU P A, WANG L F, YOON M, et al. Highlyresponsive ultrathin GaS nanosheet photodetectors on rigid and flexible substrates[J]. Nano Lett., 2013(13):1649-1654.

[126] ZHOU Y B, NIE Y F, LIU Y J, et al. Epitaxy andphotoresponse of two-dimensional GaSe crystals on flexible transparent mica sheets[J]. ACS Nano, 2014(8):1485-1490.

[127] WANG Z X, SAFDAR M, MIRZA M, et al. High-performance flexible photodetectors based on GaTe nanosheets[J]. Nanoscale, 2015(7):7252-7258.

[128] TAMALAMPUDI S R, LU Y Y, KUMAR U R, et al. Highperformance and bendable few-layered InSe photodetectors with broad spectral response[J]. Nano Lett., 2014(14):2800-2806.

[129] ZHOU X, ZHANG Q, GAN L, et al. Large-size growth of ultrathin SnS_2 nanosheets and high performance for phototransistors[J]. Adv. Funct. Mater., 2016(26):4405-4413.

[130] CHEN G H, YU Y Q, ZHENG K, et al. Fabrication ofultrathin Bi_2S_3 nanosheets for high-performance, flexible, visible-NIR photodetectors[J]. Small, 2015(11):2848-2855.

[131] ZHENG W S, XIE T, ZHOU Y, et al. Patterning two-dimensional chalcogenide crystals of Bi_2Se_3 and In_2Se_3 and efficient photodetectors[J]. Nat. Commun., 2015(6):6972.

[132] PERUMAL P, ULAGANATHAN R K, SANKAR R, et al. Ultra-thin layered ternary single crystals[$Sn(S_xSe_{1-x})_2$] with bandgap engineering for high performance phototransistors on versatile substrates[J]. Adv. Funct. Mater., 2016(26):3630-3638.

[133] WANG Q S, XU K, WANG Z X, et al. Van der waals epitaxial ultrathin two-dimensional nonlayered semiconductor for highly efficient flexible optoelectronic devices[J]. Nano Lett., 2015(15):1183-1189.

[134] XU S, ZHANG Y, JIA L, et al. Soft microfluidic assemblies of sensors, circuits, and radios for the skin, Science, 2014(344):70-74.

[135] VUURER R D J, ARMIN A, PANDEY A K, et al. Organic photodiodes: the future of full color detection and image sensing[J]. Adv. Mater., 2016(28):4766.

[136] CAO F R, TIAN W, WANG M, et al. Semitransparent, flexible, and self-powered photodetectors based on ferroelectricity-assisted perovskite nanowire arrays [J]. Adv. Funct. Mater., 2019(29):1901280.

[137] WU C, KIM T W, GUO.T, et al. Wearable ultra-lightweight solar textiles based on transparent

electronic fabrics[J]. Nano Energy, 2017(32):367.

[138] HUANG Z L, GAO M, YAN Z C, et al. Flexible infrared detectors based on p-n junctions of multi-walled carbon nanotubes[J]. Nanoscale, 2016(8):9592.

[139] LUO L B, YANG X B, LIANG F X, et al. Transparent and flexible selenium nanobelt-based visible light photodetector, CrystEngComm., 2012(14):1942.

[140] MANEKKATHODI A, LU M Y, WANG C W, et al. Direct growth of aligned zinc oxide nanorods on paper substrates for low-cost flexible electronics[J]. Adv. Mater., 2010(22):4059.

[141] BAI S, WU W, QIN Y, et al. High-performance integrated ZnO nanowire UV sensors on rigid and flexible substrates[J]. Adv. Funct. Mater., 2011(21):4464.

[142] WU J M, CHEN Y R, LIN Y H. Rapidly synthesized ZnO nanowires by ultraviolet decomposition process in ambient air for flexible photodetector[J]. Nanoscale, 2011(3):1053.

[143] FARHAT O F, HALIM M M, ABDULLAH M J, et al. Growth of vertically aligned ZnO nano-rods on Teflon as a novel substrate for low-power flexible light sensors[J]. Appl. Phys. A Mater. Sci. Process.,2015(119):1197.

[144] PARK J E, MUKHERJEE B, CHO H, et al. Flexible N-channel organic phototransistor on polyimide substrate[J]. Synth. Met., 2011(161):143.

[145] HUANG J, DU J, CEVHER Z, et al. Printable and flexible phototransistors based on blend of organic semiconductor and biopolymer[J]. Adv. Funct. Mater., 2017(27):1604163.

[146] KIM M, HA H J, YUN H J, et al. Flexible organic phototransistors based on a combination of printing methods[J]. Org. Electron. physics, Mater. Appl., 2014(15):2677.

[147] LIU X, GUO Y, MA Y, et al. Flexible, low-voltage and high-performance polymer thin-film transistors and their application in photo/thermal detectors[J]. Adv. Mater., 2014(26):3631.

[148] WANG F X, YANG J M, NIE S H, et al. All solution-processed large-area patterned flexible photodetectors based on ZnOEP/PVK hybrid film[J]. J. Mater. Chem. C, 2016(4):7841.

[149] HUANG J, DU J, CEVHER Z, et al. Printable and flexible phototransistors based on blend of organic semiconductor and biopolymer[J]. Adv. Funct. Mater., 2017(27):1604163.

[150] BINDA M, NATALI D, IACCHETTI A, M. Sampietro,Integration of and organic photodetector onto a plastic optical fiber by means of spray coating technique[J]. Adv. Mater., 2013(25):4335.

[151] ZANG L, CHE Y, MOORE J S. One-dimensional self-assembly of planar pi-conjugated molecules: adaptable building blocks for organic nanodevices[J]. Acc. Chem. Res., 2008(41):1596.

[152] XIAO K, IVANOV I N, PURETZKY A A, et al. Directed integration of tetracyanoquinodimethane-Cu organic nanowires into prefabricated device architectures[J]. Adv. Mater., 2006(18):2184.

[153] ZHANG Y, WANG X, WU Y, et al. Aligned ultralong nanowire arrays and their application in flexible photodetector devices[J]. J. Mater. Chem., 2012(22):14357.

[154] YOO J, JEONG S, KIM S, et al. A stretchable nanowire UV-Vis-NIR photodetector with high performance[J]. Adv. Mater., 2015(27):1712.

[155] HUYNH W U, DITTMER J J, ALIVISATOS A P. Hybrid nanorod-polymer solar cells, Science, 2002 (295):2425.

[156] WRIGHT M, UDDIN A. Organic-inorganic hybrid solar cells: A comparative review[J]. Sol. Energy Mater. Sol. Cells., 2012(107):87.

[157] CHEN H, YU P, ZHANG Z, et al. Ultrasensitive self-powered solar-blind deep-ultraviolet photodetector based on all-solid-state polyaniline/MgZnO bilayer[J]. Small, 2016(12):5809.

[158] DUAN T, LIAO C, CHEN T, et al. Single crystalline nitrogen-doped InP nanowires for low-voltage field-effect transistors and photodetectors on rigid silicon and flexible mica substrates[J]. Nano Energy, 2015(15):293.

[159] WANG X, SONG W, LIU B, et al. High-performance organic-inorganic hybrid photodetectors based on P3HT:CdSe nanowire heterojunctions on rigid and flexible substrates[J]. Adv. Funct. Mater., 2013(23):1202.

[160] RIM Y S, YANG Y M, BAE S H, et al. Ultrahigh and broad spectral photodetectivity of an organic-inorganic hybrid phototransistor for flexible electronics[J]. Adv. Mater., 2015(27):6885.

[161] HU X, ZHANG X, XIE Y, et al. High-performance flexible broadband photodetector based on organolead halide perovskite[J]. Adv. Funct. Mater., 2014(24):7373.

[162] RAO H S, LI W G, CHEN B X, et al. In situ growth of 120 cm^2 CH$_3$NH$_3$PbBr$_3$ perovskite crystal film on FTO glass for narrowband-photodetectors[J]. Adv. Mater., 2017(29):1602639.

[163] LIAN Z, YANN Q, LV Q, et al. High-performance planar-type photodetector on(100)facet of MAPbI$_3$ single crystal[J]. Sci. Rep., 2015(5):16563.

[164] SONG J, LI J, LI X, et al. Quantum dot light-emitting diodes based on inorganic perovskite cesium lead halides(CsPbX$_3$)[J]. Adv. Mater., 2015(27):7162.

[165] JANG D M, PARK K, KIM D H, et al. Reversible halide exchange reaction of organometal trihalide perovskite colloidal nanocrystals for full-range band gap tuning[J]. Nano Lett., 2015(15):5191.

[166] BAEG K J, BINDA M, NATALI D, et al. Organic light detectors: photodiodes and phototransistors[J]. Adv. Mater., 2013(25):4267.

[167] KANG H, PAE S R, SHIM J, et al. An ultrahigh-performance photodetector based on a perovskite-transition-metal-dichalcogenide hybrid structure[J]. Adv. Mater., 2016(28):7799.

[168] XIE C, YAN F. Perovskite/poly(3-hexylthiophene)/graphene multiheterojunction phototransistors with ultrahigh gain in broadband wavelength region[J]. ACS Appl. Mater. Interfaces, 2017(9):1569.

[169] SCHULZ P, EDRI E, KIRMAYER S, et al. Interface energetics in organo-metal halide perovskite-based photovoltaic cells[J]. Energy Environ. Sci., 2014(7):1377.

[170] BAO C, ZHU W, YANG J, et al. Highly flexible self-powered organolead trihalide perovskite photodetectors with gold nanowire networks as transparent electrodes[J]. ACS Appl. Mater. Interface, 2016(8):23868.

[171] SUTHERLAND B R, JOHNSTON A K, IP A H, et al. Sargent, sensitive, fast, and stable perovskite photodetectors exploiting interface engineering[J]. ACS Photonics 2015(2):1117.

[172] JANG D M, KIM D H, PARK K, et al. Ultrasound synthesis of lead halide perovskite nanocrystals [J]. J. Mater. Chem. C, 2016(4):10625.

[173] VALOUCH S, HONES C, KETTLITZ S W, et al. Solution processed small molecule organic interfacial layers for low dark current polymer photodiodes[J]. Org. Electron. 2012(13):2727.

[174] ZHOU Y, HERNANOEZ C F, SHIM J, et al. Self-assembling systems based on amphiphilic alkyl-triphenylphosphonium bromides: Elucidation of the role of head group[J]. Science 2012(336):327.

[175] SARACCO E, BOUTHINON B, VERILHAC J M, et al. Work function tuning for high-performance

solution: processed organic photodetectors with inverted structure[J]. Adv. Mater. 2013(25):6534.

[176] GONG X, TONG M, XIA Y, et al. High-detectivity polymer photodetectors with spectral response from 300 nm to 1 450 nm, Science, 2009(325):1665.

[177] LIU X, ZHOU J, ZHENG J, et al. Water-soluble CdTe quantum dots as an anode interlayer for solution-processed near infrared polymer photodetectors[J]. Nanoscale 2013(5):12474.

[178] PIERRE A, DECKMAN I, LECHENE P B, et al. High detectivity all-printed organic photodiodes [J]. Adv. Mater., 2015(27):6411.

[179] SOMEYA T, KATO Y, IBA S, et al. Integration of organic FETs with organic photodiodes for a large area, flexible, and lightweight sheet image scanners[J]. IEEE Trans. Electron Devices, 2005 (52):2502.

[180] CHEN H Y, LO M K F, YANG G, et al. Nanoparticle-assisted high photoconductive gain in composites of polymer and fullerene[J]. Nat. Nanotechnol., 2008(3):543.

[181] YUAN Y, HUANG J. Ultrahigh gain, low noise, ultraviolet photodetectors with highly aligned organic crystals[J]. Adv. Opt. Mater., 2016(4):264.

[182] VUUREN R D J, ARMIN A, PANDEY A K, et al. Organic photodiodes: The future of full color detection and image sensing[J]. Adv. Mater, 2016, 28:4766.

[183] YOON S, SIM K M, CHUNG D S. Prospects of colour selective organic photodiodes[J]. J. Mater. Chem. C, 2018(6):13084.

[184] LIU X, LIN Y, LIAO Y, et al. Recent advances in organic near-infrared photodiodes[J]. J. Mater. Chem. C, 2018(6):3499.

[185] RAUCH T, BOBERL M, TEDDE S F, et al. Near-infrared imaging with quantum-dot-sensitized organic photodiodes[J]. Nat. Photonics 2009(3):332.

[186] ARMIN A, KOPIDAKIS N, BURN P L, et al. The amino-terminal structure of human fragile X mental retardation protein obtained using precipitant-immobilized imprinted polymers[J]. Nat. Commun., 2015(6):6343.

[187] ARMIN A, MEREDITH P, SARGENT E H, et al. Solution-processed semiconductors for next-generation photodetectors[J]. Nat. Rev. Mater. 2017(2):16100.

[188] LIN Q, ARMIN A, BURN P L, et al. Filterless narrowband visible photodetectors[J]. Nat. Photonics, 2015(9):687.

[189] ARMIN A, KOPIDAKIS N, BURN P L, et al. Stretching and conformal bonding of organic solar cells to hemispherical surfaces[J]. Nat. Commun., 2015(6):6343.

[190] O'CONNOR T F, ZARETSKI A V, SHIRAVI B A, et al. Stretching and conformal bonding of organic solar cells to hemispherical surfaces[J]. Energy Environ. Sci. 2014(7):370.

[191] FALCO A, CINA L, SCARPA G, et al. Fully-sprayed and flexible organic photodiodes with transparent carbon nanotube electrodes[J]. ACS Appl. Mater. Interfaces, 2014(6):10593.

[192] KURIBARA K, WANG H, UCHIYAMA N, et al. Organic transistors with high thermal stability for medical applications[J]. Nat. Commun. 2012(3):723.

[193] ZHANG G, ZHAO J, CHOW P C Y, et al. Nonfullerene acceptor molecules for bulk heterojunction organic solar cells[J]. Chem. Rev., 2018(118):3447.

[194] YOKOTA T, ZALAR P, KALTENBRUNNER M, et al. Ultraflexible organic photonic skin[J].

Sci. Adv. 2016(2):e1501856.

[195]　JINNO H, FUKUDA K, XU X, et al. Stretchable and waterproof elastomer-coated organic photovoltaics for washable electronic textile applications[J]. Nat. Energy 2017(2):780.

[196]　CAI S, XU X, YANG W, et al. Materials and designs for wearable photodetectors[J]. Adv. Mater., 2019(31):1808138.

[197]　KIM J, GUTRUF P, CHIARELLI A M, et al. Miniaturized battery-free wireless systems for wearable pulse oximetry[J]. Adv. Funct. Mater., 2017(27):1604373.

[198]　YOKOTA T, ZALAR P, KALTENBRUNNER M, et al. Ultraflexible organic photonic skin[J]. Sci. Adv., 2016(2):e1501856.

[199]　XU X, CHEN J, CAI S, et al. A real-time wearable UV-radiation monitor based on a high performance p-CuZnS/n-TiO$_2$ photodetector[J]. Adv. Mater., 2018(30):1803165.

[200]　NASIRI N, BO R H, WANG F, et al. Ultraporous electron-depleted ZnO nanoparticle networks for highly sensitive portable visible-blind UV photodetectors [J]. Adv. Mater., 2015 (27): 4336-4343.

[201]　ZOU W Y, GONZALEZ A, JAMPAIAH D, et al. Skin color-specific and spectrally-selective naked-eye dosimetry of UVA, B and C radiations[J]. Nat. Commun., 2018(9):3473.

[202]　QIU M L, SUN P, LIU Y J, et al. Visualized UV photodetectors based on prussian blue/TiO$_2$ for smart irradiation monitoring application[J]. Adv. Mater. Technol., 2018(3):1700288.

[203]　LI L D, GU L L, LOU Z, et al. ZnO quantum dot decorated Zn$_2$SnO$_4$ nanowire heterojunction photodetectors with drastic performance enhancement and flexible ultraviolet image sensors[J]. ACS Nano, 2017(11):4067-4076.

[204]　LI L D, LOU Z, SHEN G Z. Flexible broadband image sensors with SnS quantum dots/Zn$_2$SnO$_4$ nanowires hybrid nanostructures[J]. Adv. Funct. Mater. 2018(28):1705389.

[205]　XU X, DAVANCO M, QI X F, et al. Direct transfer patterning on three dimensionally deformed surfaces at micrometer resolutions and its application to hemispherical focal plane detector arrays [J]. Org. Electron., 2008(9):1122-1127.

[206]　ECKSTEIN R, STROBEL N, RODLMEIER T, et al. Fully digitally printed image sensor based on organic photodiodes[J]. Adv. Opt. Mater., 2018(6):1701108.

[207]　KIM J, KIM J, JO S, et al. Ultrahigh detective heterogeneous photosensor arrays with in-pixel signal boosting capability for large-area and skin-compatible electronics [J]. Adv. Mater., 2016 (28):3078-3086.

[208]　REIN M, FAVROD V D, HOU C, et al. Diode fibres for fabric-based optical communications[J]. Nature, 2018(560):214-218.

[209]　LEE W, ZHANG Y H, ROGERS J A, et al. Two-dimensional materials in functional three-dimensional architectures with applications in photodetection and imaging[J]. Nature Commun., 2018(9):1417.

[210]　CHOW P C Y, SOMEYA T. Organic Photodetectors for next-generation wearable electronics[J]. Adv. Mater., 2019(8):1901334.

[211]　PARK S, HEO S W, LEE W, et al. Self-powered ultra-flexible electronics via nano-grating-patterned organic photovoltaics[J]. Nature, 7724(561):516-521.

第9章 柔性有机电致发光器件

有机电致发光器件(organic light emitting diode,OLED)具有重量轻、亮度高、视角广、功耗低、响应速度快等优势,尤其是可以实现柔性而受到越来越多的关注。自1987年柯达公司的邓青云博士发明OLED以来,OLED技术在过去30多年里取得了长足的进步并且已经初步实现了商业应用。2012年,三星首次在其Galaxy系列手机中搭载有源矩阵OLED(active-matrix OLED,AMOLED)屏幕,开启了手机用OLED屏幕的商业化之路。

9.1 柔性有机电致发光器件简介

不同于以玻璃为衬底的OLED,基于柔性衬底的OLED可以实现弯曲、卷曲、折叠甚至拉伸。这些优异的性质,使得柔性OLED(flexible OLED,FOLED)[1-2]展现出了很多新颖的应用:曲面显示器、电子报纸、可穿戴显示器和概念照明面板等。不仅如此,与制备于硬质材料上的OLED相比,FOLED还展现出了更多的优点:更薄、更轻、更低成本、不易破碎等。基于以上优势,FOLED已经成为在消费类电子产品和照明面板中最有前途和最受欢迎的技术。

有机材料本身具有良好的柔性特性,因此制备FOLED的核心就是柔性衬底和电极。目前,柔性衬底主要包括以polycarbonate(PET)为代表的聚合物塑料衬底,金属箔片和超薄玻璃。由于超薄玻璃易碎,而金属箔片的重复弯曲能力较差,绝大多数的FOLED研究都是以聚合物为衬底。为了满足可穿戴显示的需求,成品织物布料、天然丝素膜、细菌纤维素和聚氨酯丙烯酸酯也被用作FOLED的衬底。除了合适的衬底,衬底上电极的质量也非常重要。尤其是底电极,其表面粗糙度、导电率和透光率对FOLED的性能都起着至关重要的作用。传统OLED常用的氧化铟锡(indium tin oxide,ITO)易碎而不适合应用于FOLED。因此,金属薄膜、导电聚合物、电介质-金属-电介质(dielectric-metal-dielectric,DMD)多层材料、金属纳米线、石墨烯、碳纳米管及它们的化合物等都被作为柔性电极进行了研究。此外,为了实现FOLED的实际应用,其效率和稳定性也是必须要关注的两个方面。

9.2 柔性有机电致发光器件的基本组成及制备技术

9.2.1 柔性衬底

柔性衬底作为 FOLED 的基础，要求其具有非常好的柔性、表面平整性、热稳定性和化学稳定性。金属箔[3]、柔性玻璃[4]和聚合物塑料薄膜[2,5-9]是最常用的三种材料。金属箔和柔性超薄玻璃都具有优异的水氧阻隔能力和非常好的热和化学稳定性，但是两者的缺点也非常明显。金属箔的机械稳定性不足，重复弯折以后性能明显下降，并且其表面粗糙度也不能满足 FOLED 的制备需求，需要对其表面进行处理。此外，金属本身具有导电性，以其为衬底制备 FOLED 需要先对金属表面进行绝缘化处理。而玻璃在柔性和机械稳定性方面的局限性明显，所以 PET[7,10]、聚酰亚胺（polyimide，PI）[5,11]等聚合物材料成了 FOLED 的最主要衬底材料。它们质量轻、厚度薄、柔性和机械稳定性好的优点与 FOLED 契合度非常高。尽管如此，由于水、氧的阻隔能力弱，热稳定性和化学稳定性不足，使得它们常与无机材料，如氧化铝（Al_2O_3）结合使用，从而保证 FOLED 的稳定性[12-14]。

最近几年，一些新型柔性衬底也开始被关注。为了提高可穿戴显示器的舒适度、可缝纫性和与衣服的兼容性，成品布料被用于制备 FOLED[15-18]。由于布料单根纤维的直径都在几十微米的量级，而且纺织结构会造成更大的表面粗糙度[见图 9-1（a）、图 9-1（b）]所示。所以，成品布料做 FOLED 的衬底时，必须进行表面的平坦化处理。利用光敏聚合物对布料平坦化处理后的原子力显微镜照片，如图 9-1（c）所示。平坦化处理后的布料衬底上制备的 FOLED 能够展现出非常好的柔性，如图 9-1（d）所示。另一方面，生物兼容性好且具有可降解性的天然丝素膜[19]也被用于制备 FOLED，其原料可在天然蚕茧中获得，所以更环保。此外，另一种环境友好、可再生和可生物降解的纳米复合材料，细菌纤维素[20-21][见图 9-1（e）]，由于具有超过 90% 的高透过率、极好的热稳定性和机械稳定性被视为 FOLED 极具潜力的透明衬底材料。随着显示技术的发展，只能弯折的器件已经无法满足不同应用场景的需求，可拉伸 FOLED 开始进入人们的视野。因此，可拉伸的衬底材料也被用于制备 FOLED，具有高透过率和极好的可拉伸性的聚氨酯丙烯酸酯（rubbery poly urethane acrylate，PUA）[22-23]就是其中的代表性材料。

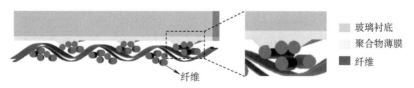

（a）布料纤维、纺织及平坦化结构

图 9-1 柔性衬底

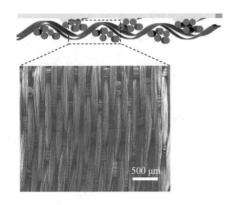

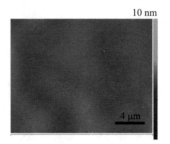

（b）布料纤维、纺织及平坦化结构及
电子显微镜照片

（c）布料平坦化处理后的原子力
显微镜照片

（d）布料衬底上 FOLED 弯折状态下的工作照片　　（e）细菌纤维素和聚氨酯复合衬底的截面结构

图 9-1　柔性衬底（续）

9.2.2　柔性电极

柔性电极是 FOLED 的另一个关键组件。在传统的 OLED 中，ITO 因其高的可见光透过率和导电性成为最常用的电极。但是，由于 ITO 的机械稳定性差以及高温沉积工艺与柔性塑料衬底不兼容，ITO 并不是 FOLED 的理想电极材料[24-28]。因此，金属薄膜，导电聚合物和 DMD 多层材料等作为 FOLED 的柔性电极被开发利用。

在早期的研究中，具有高导电性和机械稳定性的连续金属薄膜被认为是 ITO 最理想的替代材料[29-32]。其真空热蒸发沉积的制备工艺与大多数有机材料的制备具有良好的兼容性。由于优越的延展性和导电性，金（Au）和银（Ag）是最为常用的柔性金属薄膜电极材料。聚乙撑二氧噻吩-聚（苯乙烯磺酸盐）（Poly（3，4-ethylenedioxythiophene）:poly（styrenesulfonate），PEDOT:PSS）[33,34]作为导电聚合物的代表性材料，由于与卷对卷的大面积制备工艺兼容而被视为最有潜力的柔性低成本电极材料。PEDOT:PSS 的优点是具有高可见光透过率、良好的柔性和高功函数，但其主要缺点是导电性不足和较强的酸性而不利于 FOLED 的性能。此外，由两层高折射率介电层和它们之间的金属薄膜组成的多层结构也被作为柔性电极而展开研究[35-41]。由于金属薄膜的存在，DMD 多层薄膜电极表现出低电阻和高柔性。此外,高折射率的介电层能够通过减少金属薄膜的反射来提高透射率,这种反射减小主要归因于金属薄膜表面的多光束干涉受到抑制而引起。到目前为止,已经报道了多种不同结构的 DMD 多层薄膜电极应用于 FOLED,如 $ZnS/Ag/ZnS^{[42]}$、$ZnS/Ag/WO_3^{[36]}$、$ZnS/Ag/MoO_3^{[39]}$、$MoO_3/Ag/MoO_3^{[37]}$、$WO_3/Ag/MoO_3^{[43]}$、$Cs_2CO_3/Ag/ZnS^{[44]}$、$InZnSnO_x/Ag/InZnSnO_x^{[35]}$ 等。Kim 等分别以 $ZnS(24\ nm)/Ag(7\ nm)/MoO_3(5\ nm)$ 和 $ZnS(3\ nm)/Cs_2CO_3(1\ nm)/Ag(8\ nm)/ZnS(22\ nm)$ 作为 FOLED 的阴极和阳极制备得到了高透过率的 FOLED,图 9-2 展示了此器件的高透过率和柔性[41]。

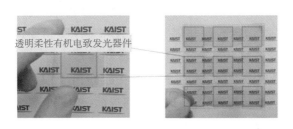

(a)

(b)

图 9-2　以 DMD 为电极的透明 FOLED 的透过率和柔性[41]

为了进一步提高 DMD 电极的透过率,研究者们利用 metal/insulator/metal(MIM)结构取代了两层电介质中间的金属薄膜[38,40]。当为了提高电极导电性而增加金属薄膜厚度时,DMD 结构已经不能通过相消干涉而完全抑制反射了,这样会影响电极的透过率。通过 MIM 结构的引入,在两层金属间通过谐振而实现干涉增强,从而获得更高透过率的电极,并且它的方块电阻也可以实现很低的阻值。此外,此电极的柔性和机械稳定性也非常优异,在 1 000 次弯折以后,它的透过率和方块电阻都可以维持在未弯折之前的水平。

近 10 年来,各种新型电极如石墨烯、碳纳米管、金属纳米线及它们的化合物等也得到了广泛的研究和报道[45-51]。石墨烯具有高透明性、高导电性、高弹性、高化学稳定性和低成本,是柔性阳极的理想材料。制备石墨烯薄膜的方法多种多样,如机械剥离法、外延生长、还原石墨烯氧化物和化学气相沉积(chemical vapor deposition,CVD)[52,53]等。其中,机械剥离法和外延生长不适合低成本和大面积应用。虽然还原的石墨烯氧化物通常是通过溶液法制备[45],工艺简单成本低,但此方法要在石墨烯氧化物被旋转涂布在衬底上后,经过真空退火工艺降低薄层电阻,退火过程的高温与聚合物塑料柔性衬底的兼容性差。因此,化学气相沉积被广泛地应用于制备石墨烯电极。Li 等已经证明了利用 CVD 在柔性 PET 基板上能够制备高质量单层石墨烯阳极。采用单层石墨烯作为透明电极,实现了电流效率大于 80 cd · A⁻¹ 和 45 cd · A⁻¹ 的绿光和白光 OLED[47]。

作为另一种 FOLEDs 阳极的备选材料,CNTs 的优点和缺点都很明显[54-57]。CNTs 薄膜具有良好的导电性、柔性以及合适的功函数。在制备方法上,可以通过浸涂、喷涂、棒涂、PDMS 模板转移[见图 9-3(a)]等方法在塑料柔性衬底上制备 CNTs 薄膜[54]。然而,CNTs 薄膜也存在方块电阻高和表面粗糙度大两个问题[57]。尽管单根 CNT 的导电性很高,但由于不同 CNT 之间的电荷传输能力弱而使得 CNTs 薄膜的方块电阻一般都比较高。另外,由于碳纳米管的高纵横比,其表面粗糙度通常约为 10 nm,不利于获得高性能 FOLED。尽管这种粗糙表面可以通过涂覆诸如 PEDOT:PSS 之类的空穴注入或传输材料来改善,但由于 CNTs 的疏水性,导致 CNTs 邻近的 PEDOT:PSS 层之间的界面接触比较差,从而导致空穴注入效果差。即使存在以上问题,一些研究小组还是利用 CNTs 薄膜作为电极制备出了 FOLED。柔性蓝、黄、红三种聚合物发光器件均采用了 CNTs 作为阳极和阴极。图 9-3(b)[55]所示为基于 CNTs 电极的蓝黄红器件在 10 V 驱动电压、5 mm 弯曲半径条件下的发光照片。该器件具有较低的开启电压、较高的效率和柔性。在弯曲半径为 2.5 mm 的范围内反复弯曲 50 次,未发现任何器件损坏的现象。然而,由于 CNTs 作为 FOLED 电极时固有的缺点,与其他新兴阳极相比,用于 FOLED 的 CNTs 阳极发展速度要慢一些。

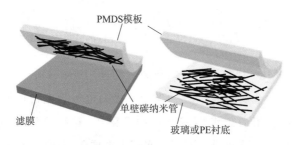

(a)PDMS 模板转移工艺制备 CNTs 薄膜电极

(b)基于 CNTs 电极的蓝黄红器件的发光照片[54-55]

图 9-3　CNTs 薄膜电极及发光照片

　　金属纳米线电极,特别是银纳米线(silver nanowires,AgNWs)由于其优异的光学、电学和机械性能而被开发用于 FOLED[5,11,19,22,58-62]。采用高长径比的 AgNWs,可获得优异的透过率和方块电阻。利用如高温退火(通常高于 180 ℃)、等离子焊接和高压等后处理过程,能有效地降低 AgNWs 的方块电阻。这是由于以上过程可以实现不同纳米线之间的焊接,使得线间电阻减小,加之 AgNWs 本身极高的线内导电性,从而获得高导电性 AgNWs 薄膜[22]。另一方面,AgNWs 之间存在焊接结点,使得薄膜的粗糙度至少要达到数十纳米,这样的粗糙度是无法直接制备 FOLED 的[5,59]。因此,将 AgNWs 应用于 FOLED 的最具挑战性问题就是改善 AgNWs 电极表面形貌。

　　为了提高电极的性能,以上述电极为基础的复合电极也开始被广泛研究。复合电极既保留了单一电极的优点,又一定程度消除了单一电极的缺点。绝大多数复合电极都是两种电极材料以层压堆叠和共混两种方式实现复合。层压堆叠型复合电极主要包括 AgNWs/ITO[65]、AgNWs/石墨烯[64]、AgNWs/TiO_2[5]、AgNWs/ZnO：Al[66]、Al/MWCNTs/Al[67]、石墨烯/Ag 薄膜[68]、石墨烯/Ag/ZnO：Al[69]、Ag 薄膜/PEDOT：PSS[70]等。共混型复合电极主要包括 PEDOT：PSS 和 Single-Walled Carbon Nanotubes(SWCNTs)[71]、PEDOT：PSS 和 AgNWs[72]、AgNWs 和 SWCNTs[63]等。图 9-4(a)、图 9-4(b)[64]显示了单层石墨烯覆盖于 AgNWs 薄膜上的复合电极。石墨烯可以为 AgNWs 提供有效的保护并增加 AgNWs 薄膜的电荷传输路径,这种电极表现出优异的光电特性[方块电阻为 8.06 Ω/□(欧姆/方块),透光率为 88.3%]。如图 9-4(c)、图 9-4(d)所示[63],这是一种典型的共混型复合电极,由 AgNWs、SWNTs 和钛酸锶钡纳米粒子组成。结合 AgNWs 和 SWNTs 优异的导电性和纳米粒子的光散射效果,以该复合电极为基础的 FOLED 在亮度为 10 000 cd·m^{-2} 的条件下,电流效率可达 118 cd·A^{-1},外量子效率为 38.9%。随着材料和制备工艺的不断进步,复合电极也必将不断发展和进步。

(a)复合电极俯视图

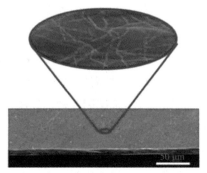

(b)复合电极截面图

图 9-4　单层石墨烯与 AgNWs 的层压型复合电极掩埋在聚合物薄膜中的扫描电镜照片

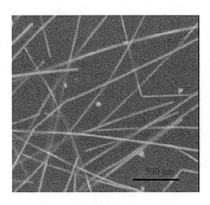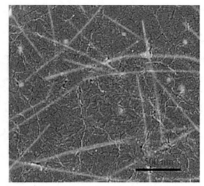

(c)AgNWs 和纳米粒子复合电极　　(d)CNTs、AgNWs 和纳米粒子复合电极[63-64]

图 9-4　单层石墨烯与 AgNWs 的层压型复合电极掩埋在聚合物薄膜中的扫描电镜照片(续)

9.2.3　柔性有机电致发光器件的制备技术

在 OLEDs 的传统工艺中,一般分别采用真空热蒸发法和旋涂法制备小分子有机电致发光器件和聚合物电致发光器件。目前,这两种工艺也常用于实验研究和工业生产。在 FOLED 方面,通过热蒸发或旋涂工艺制备的器件与传统刚性 OLED 的制备几乎没有差别。值得注意的是,为了实现低成本和高产量的目标,许多科研机构和公司都专注于卷对卷印刷技术的制备工艺上,如喷墨打印、凹版印刷、夹缝式挤压型涂布和丝网印刷(见图 9-5)[73-76]。喷墨打印[74,77-78]能够同时进行薄膜沉积和图案化,并且不需要引入任何可能造成有机薄膜性能降低的后续化学工艺过程。并且,喷墨打印对于溶液黏度没有要求,无论多低黏度的溶液都可以通过此工艺制备在衬底上,制备过程也无须接触衬底。因此,它可实现对衬底上缺陷不敏感的超薄薄膜制备。但是,喷墨打印也存在着一些固有的局限性,如由于工艺上难以保持喷嘴的清洁以及薄膜烘干过程造成的厚度不均匀性,导致印刷膜表面粗糙度较大[78]。凹版印刷是一种低成本、高产量的卷对卷印刷技术[75,79]。结合低温工艺过程,凹版印刷已成为有机薄膜量产最有前景的方法之一。另一方面,丝网印刷也被证实是一种制备高效 FOLED 的方法[76,80]。实现方案为用橡胶滚轴通过开孔网将油墨转移到衬底上,移动橡胶滚轴并短暂接触基板即可将需要的图形印刷在衬底上。这种方法很容易在衬底上实现图案化薄膜的制备。但是,凹版印刷和丝网印刷都需要很高的油墨黏度,这使得上述两种印刷技术应用于 FOLED 的量产仍然具有挑战性。一方面,溶液的高黏度会明显增加薄膜的厚度,而 FOLED 则需要较薄的有机功能层才能使载流子有效运输。另一方面,由于有机功能材料溶液的低黏度特性,必须使用添加剂来增加溶液的黏度,这不利于保持有机层的纯度,从而会对 FOLED 的性能造成不利影响。对于具有良好涂膜均匀性的夹缝式挤压型涂布工艺[73],允许黏度范围较大。黏度的上限取决于泵的性能,因为黏度范围可通过泵压力来进行控制。需要特别指出的是,夹缝式挤压型涂布工艺存在一个明显的不足,即不能实现制备薄膜的图案化。

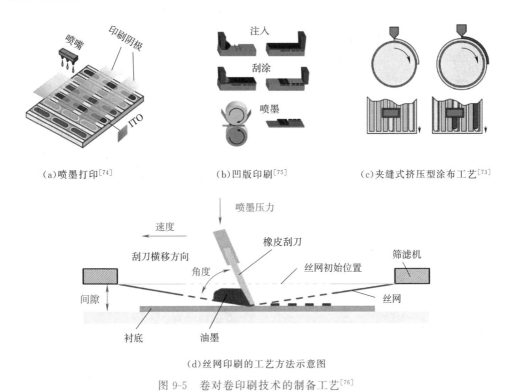

(a)喷墨打印[74]　　　(b)凹版印刷[75]　　　(c)夹缝式挤压型涂布工艺[73]

(d)丝网印刷的工艺方法示意图

图 9-5　卷对卷印刷技术的制备工艺[76]

9.2.4　柔性有机电致发光器件的封装技术

　　FOLED 的寿命是决定其商业应用的重要因素。它与 OLED 的一些不良的内部退化过程有关,如化学反应、形态(相变、结晶和分层过程)和其他物理(如电荷积聚)变化。此外,有机材料对水分和氧气非常敏感,因此 OLED 在大气环境中很容易退化而缩短寿命[81-83]。而对于显示等商业应用,要求器件寿命超过 10 000 h,因此在实际应用中封装技术对器件寿命起着至关重要的作用。在传统的 OLED 中,由于玻璃可见光透过率高,水氧透过率低且稳定性好,通常采用玻璃作为盖板对器件进行封装。但玻璃并不适合 FOLED 的封装。为了保持 FOLED 的柔性,需要开发柔性封装工艺。到目前为止,薄膜封装是柔性封装的最典型方法[12-14,84-91]。有机-无机交替多层阻隔层已被证明适合于 FOLED 的封装。聚合物层可保证器件的柔性和机械稳定性,而无机材料具有很高的水氧阻隔能力而保证器件不被水氧侵蚀。原子层沉积(atomic layer deposition,ALD)Al_2O_3 等材料,也被报道具有良好的水氧阻隔性能。在原子层厚度量级上,ALD 可以实现衬底上保形薄膜的制备。厚度超薄且能够满足水分和氧气的阻隔对于 FOLED 的封装是很有吸引力的。然而,有机-无机交替阻隔层和 ALD 薄膜有着共同的缺点,产量低。为了解决这一问题,Park 等报道了金属箔结合 PDMS 的柔性层压封装工艺,如图 9-6 所示[92]。水蒸气透过率(water vapor transmission rate,WVTR)

测试结果表明,柔性层压封装具有良好的水氧阻隔能力。此外,FOLED 在柔性层压封装后表现出良好的柔性和机械稳定性。但是,由于金属箔是不透明的,柔性层压封装的商业化应用还需要进一步的研究和开发。

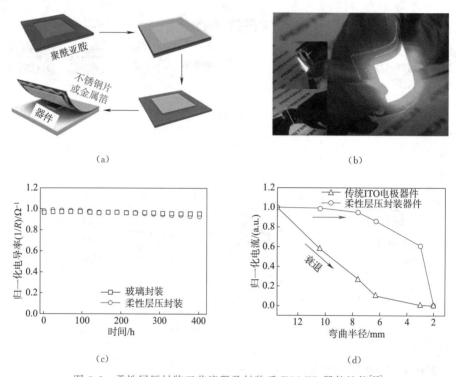

图 9-6　柔性层压封装工艺流程及封装后 FOLED 器件性能[92]

9.3　柔性有机电致发光器件结构优化与效率提升

由于高效率对于 FOLED 具有非常重要的价值,提高器件的效率是一个人们不断追求的目标。虽然诸如磷光发光器件等很多 OLED 已经可以实现 100% 的内量子效率,但是依然有一些关键因素制约着 FOLED 的效率,如底电极的表面形貌、电极与有机层界面的载流子注入势垒、光取出等。本节将从以上几方面讨论提高 FOLED 效率的有效途径。

9.3.1　电极表面形貌调控

电极的表面形貌包括粗糙度、连续性和晶粒尺寸是影响 FOLED 性能的主要因素。如 9.2.2 节所述,Au、Ag 因其良好的导电性和延展性而被广泛使用。但是,将 Au 和 Ag 直接沉积在衬底上时会表现出 Volmer-Weber 生长模式[93-95],薄膜倾向于岛状生长,即沉积过程中 Au 和 Ag 会先形成多个岛,孤立的岛逐渐扩大而连接在一起才能形成连续的薄膜。这样的岛状生长模式不利于制备高平整度的薄膜,甚至出现岛间未充分连接而影响导电性的情况。为了解决这一问题,包括金属沉积前的表面处理[96]、掺杂[97]以及使用种子层沉积[98,99]等方法都被用于金属薄膜电极的制备。

模板剥离法也已经被证实是一种在柔性衬底上制备超平滑金属薄膜电极的简单有效方法[31,32,34,72,100-102]。利用模板剥离工艺制备的 Ag 薄膜具有亚纳米量级的表面粗糙度(0.322 nm)。在典型的模板剥离工艺中[见图 9-7(a)],通常使用表面超平滑的硅、玻璃和云母等作为模板。蒸发后的金属膜表面虽然粗糙,但在金属与模板之间的界面形成了平整度接近于模板的光滑金属薄膜表面。将光敏聚合物(如 NOA、SU-8)旋转涂覆并固化后将其剥离,由于金属薄膜与光敏材料的黏附力大于金属薄膜与模板的黏附力,使得金属薄膜也会随着光敏材料从模板上剥离下来。这种方法在 FOLED 的制备上表现出独特的优势,不仅可以提高电极表面平整度[如图 9-7(b)所示,均方根粗糙度由蒸镀得到的 1.04 nm 降低到了0.322 nm]。另外,光敏聚合物固化后本身也是一种柔性和机械稳定性很好的柔性衬底材料。值得注意的是,这种方法普遍适用于各种电极的制备,制备器件的参数如图 9-7(c)所示。只要满足电极与光敏聚合物的黏附力大于电极与模板的黏附力,以确保电极可以随光敏聚合物一起被剥离。由于电极的超平滑特性,使得载流子注入更好,利用剥离的电极制备的 FOLED 效率明显高于传统工艺制备的器件,并且此器件展现出了优异的柔性,如图 9-7(d)所示。

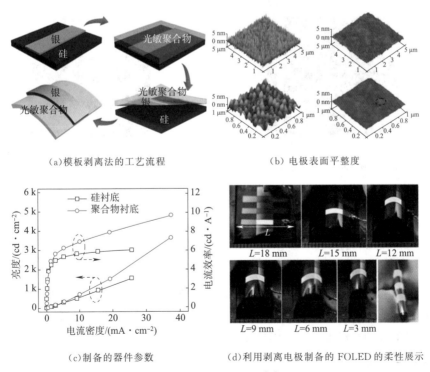

(a)模板剥离法的工艺流程　　　　(b)电极表面平整度

(c)制备的器件参数　　　　(d)利用剥离电极制备的 FOLED 的柔性展示

图 9-7　模板剥离工艺[31]

使用种子层抑制岛状生长模式也可以有效改善金属薄膜电极的性能。例如,用 SU-8 作为种子层,由于 SU-8 与 Au 原子之间存在化学键,使得两者之间具有更强的相互作用,这样 SU-8 就为 Au 薄膜的生长提供更多的成核中心。最终,SU-8 种子层的引入,可以有效提高 Au 薄膜的连续性和表面平整度,如图 9-8 所示[30]。在 SU-8 上蒸镀的 7 nm Au 膜粗糙度约为 0.35 nm,比玻璃上蒸镀的 Au 膜粗糙度低了近一个数量级。此外,与 SU-8 作用相似,硫化锌(ZnS)、三氧化钨(WO₃)和三氧化钼(MoO₃)也可作为种子层材料。Han 等人报道了 ZnS、WO₃ 和 MoO₃ 对 Ag 膜表面形貌影响的比较[39]。使用 ZnS 获得了最好的效果,其上的 Ag 膜厚度为 7 nm 时即可获得准连续薄膜,表面覆盖率为 99.6%,电阻为 9.2 Ω/□(欧姆/方格)。除了使用种子层外,少量 Al 的掺杂也可以抑制 Ag 岛状生长模式,改善 Ag 薄膜的表面形貌和连续性[94]。

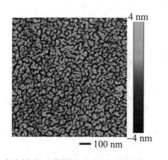

(a)玻璃衬底上蒸镀的电极表面形貌(一)

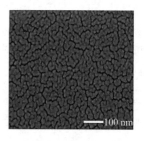

(b)玻璃衬底上蒸镀的电极表面形貌(二)

(c)SU-8 上蒸镀的电极表面形貌(一)

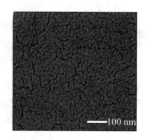

(d)SU-8 上蒸镀的电极表面形貌(二)

图 9-8 传统玻璃衬底和 Su-8 上蒸镀的电极表面形貌[30]

通常情况,AgNWs 总是通过剥离工艺掩埋于衬底中,以实现表面形貌[见图 9-9(a)]的平整化[5]。剥离后的 AgNWs 电极表面粗糙度低于 1 nm,而机械压制后嵌入透明聚合物衬底中的 AgNWs 表面粗糙度一般为 10 nm 左右。剥离制备中的 AgNWs 电极具有较高的机械稳定性,在 1 mm 弯曲半径下,即使弯曲超过 20 000 次,也没有体现出导电性的下降。此外,在 AgNWs 顶部使用 PEDOT:PSS、石墨烯氧化物等阳极修饰材料,可以进一步降低 AgNWs 电极的表面粗糙度。具有柔性和导电性的石墨烯氧化物可以附着并包裹在 AgNWs 上,起到焊接纳米线的作用,如图 9-9(b)所示[22]。在不进行热处理或高压压制的情况下,纳米线间的接触电阻也可显著降低,并且 AgNWs 电极的表面形貌也得到改善。由于没有进行熔融焊接的高温工艺,此方案与聚合物塑料衬底的兼容性更好,更利于制备表面平整性好的柔性衬底和电极。此外,Lee 等还报道了一种具有双尺寸 AgNWs 的薄膜电极,其制备工艺和表面形貌如图 9-10 所示[61]。该薄膜显示出优异的电学和光学性能,以此电极制备的FOLED 也展现出了优异的性能。原因在于较长的 AgNWs 连接形成薄膜时,较短的AgNWs 能够有效填充线间空隙,这种填充并没有对 AgNWs 电极的可见光透过率产生明显影响,却有效提高了 AgNWs 薄膜电极的导电性。

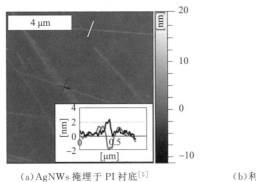

(a)AgNWs 掩埋于 PI 衬底[5]　　　(b)利用石墨烯氧化物对 AgNWs 的结点进行焊接

图 9-9　AgNWs 掩埋于 PI 衬底及节点焊接

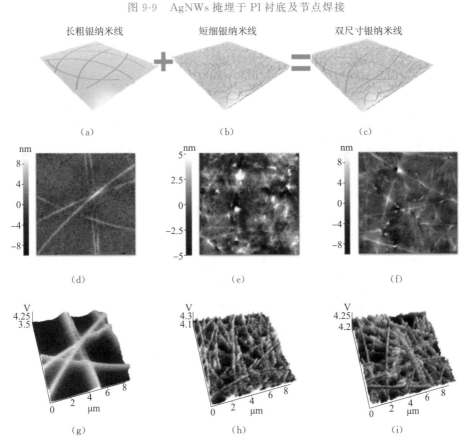

图 9-10　双尺寸 AgNWs 电极的制备工艺及表面形貌[61]

9.3.2　电极/有机材料界面能级调控

FOLED 效率的另一决定性因素是电极向有机材料的载流子注入能力。科学家们提出了多种方法来提高载流子的注入,如引入缓冲层、阳极 P 掺杂以及阴极 N 掺杂等[103-107]。一般来说,PEDOT:PSS 和以 MoO_3 为代表的过渡金属氧化物常被用作阳极缓冲层或 P 型掺杂剂提高空穴注入。而碱金属(Li 等)、碱金属氟化物(LiF 等)和碱金属碳酸盐(Cs_2CO_3)常被用作阴极缓冲层或 N 型掺杂剂提高电子注入。这些材料都具有降低载流子注入势垒的能力,从而提高 FOLED 的效率。在 FOLED 中,以上方法的制备工艺和工作原理与传统 OLED 并无差别,这里不再赘述。

需要指出的是,石墨烯作为新兴的 FOLED 阳极材料,由于其功函数较低(约为4.4 eV),使得它在被用于 FOLED 中时必须考虑其与有机层空穴注入势垒的问题。Han 等采用一种自组装聚合物空穴注入层对石墨烯电极进行了修饰,获得了高效率的 FOLED[46]。此自组装聚合物空穴注入层能够实现功函数梯度分布[见图 9-11(a)],明显提高空穴由石墨烯电极向有机层的注入能力。利用 $AuCl_3$ 或 HNO_3 掺杂的四层石墨烯电极结合上述注入层制备的 FOLED,荧光器件最高效率可达 30.2 cd・A^{-1}[见图 9-11(b)],磷光器件最高效率高达98.1 cd・A^{-1},如图 9-11(c)所示。此外,图 9-11(d)中还展示了一个发光面积为 5 cm×5 cm,发光均匀的白光 FOLED,这表明石墨烯阳极在未来柔性固态光源中具有非常好的应用前景。

9.3.3　柔性有机电致发光器件的光取出效率

由于传统 OLED 内部产生的光在 OLED 内部传播时存在较大损耗,光取出效率一直是 OLED 研究的重点。OLED 器件中产生的光大约有 80% 被限制或损耗在器件的膜层内部,所以传统 OLED 的光取出效率一般小于 20%。损耗的模式具体包括:金属电极和有机界面的表面等离子体(surface plasmon polaritons,SPPs)模式;由于衬底/空气界面的全内反射而形成的衬底模式;ITO 电极和有机层的高折射率导致的波导(waveguide,WG)模式[108]。随着 FOLED 光取出效率方面大量研究工作的展开,FOLED 的光取出效率最高可达 60% 以上。

如前文所述,ITO 不是 FOLED 的理想电极材料,所以针对 FOLED 光取出效率的提升也无须针对 ITO 的波导模式进行研究。提高 FOLED 的光取出效率主要聚焦于抑制 SPPs 模式、衬底模式和有机层中的 WG 模式。在 FOLED 内部或外部引入微纳结构已被证实是提高光取出效率的有效方法[109-118]。对于器件内部微纳结构的引入,主要方案是在衬底或 PEDOT:PSS 等空穴注入层上制备微纳结构,然后层层蒸镀以复制微纳结构到有机层和电极上。微纳结构提供额外波矢量以实现有机层中的 WG 模式和 SPPs 模式与光波的动量匹配,使得 WG 模式和 SPPs 模式的能量能够耦合成光波出射。值得注意的是,周期性微纳结构虽然能够提高光取出效率,但是由于 WG 模式和 SPPs 模式的波矢量补偿的工作波长与光出射角度有关,这将导致 FOLED 的光谱存在角度依赖问题。因此,准随机纳米结构被开发用于解决这个问题。对于器件外部微纳结构,主要方案为在衬底或器件封装层表面制备微透镜阵列,微锥形柱阵列或微金字塔阵列等,利用这些结构在光出射方向的有效折射率渐变特性,抑制全反射而提高光取出效率。此外,结合光散射粒子的柔性聚合物塑料开始显示出其作为 FOLED 衬底在提高器件光取出效率方面的潜力。集成于聚合物衬底的光散射粒子可有效提高器件的光取出。另一方面,这种方法的制备工艺简单、成本低,利于在实际应用中大规模推广。

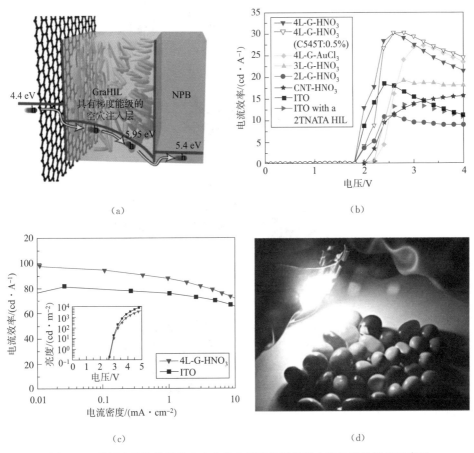

图 9-11 利用功函数梯度分布空穴注入层修饰石墨烯电极的器件结构示意图
及 FOLED 性能和工作照片[46]

在制备技术方面,模板辅助软纳米压印技术(mold-assisted soft nanoimprinting lithography,SNIL)因其成本低、制备结构质量好、高产出,尤其是与柔性器件制备工艺兼容等优点,是目前最有发展前途的一种在 FOLED 中制备微纳结构的技术。如图 9-12 所示[112],SNIL 具有普遍的适用性,可用于在有机功能层上制备包括周期性一维、二维光栅和准随机纳米结构在内的多种纳米结构,从而实现在 FOLED 内部的微纳结构引入。采用聚二甲基硅氧烷(PDMS)作为模板,其柔软、疏水性好的性质有利于剥离而不损伤有机材料。此外,SNIL 也适用于 FOLED 外部的微纳结构集成。如图 9-13 所示[109],利用 SNIL 技术可以将微纳结构

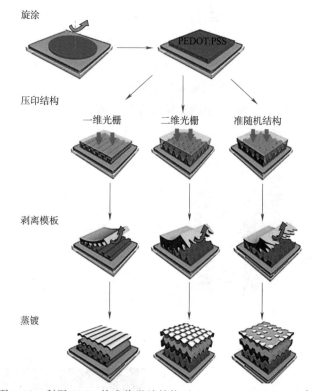

旋涂

PEDOT:PSS

压印结构

一维光栅　　　二维光栅　　　准随机结构

剥离模板

蒸镀

图 9-12　利用 SNIL 技术将微纳结构引入 FOLED 工艺流程图[112]

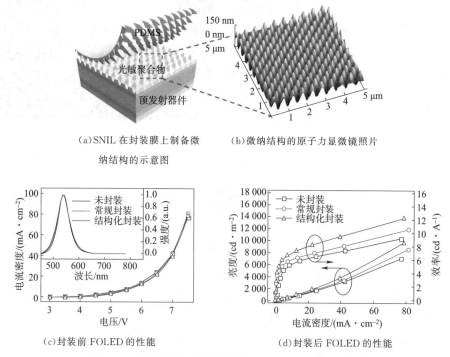

（a）SNIL 在封装膜上制备微
纳结构的示意图

（b）微纳结构的原子力显微镜照片

（c）封装前 FOLED 的性能

（d）封装后 FOLED 的性能

图 9-13　微纳结构、显微镜照片及 FOLED 性能比较[109]

制备在光敏聚合物封装膜上。实验和模拟结果都表明,微纳结构可以有效抑制封装膜与空气界面的全反射光损耗,提高光取出效率。不仅如此,在实际应用中微结构化封装膜的高疏水性能可有效降低粉尘和水滴的附着概率,有助于防止 FOLED 受到侵蚀。

　　另一方面,非结构化的增透膜也被用于改善 FOLED 的光提取。该增透膜的作用机理与 DMD 电极相似。通过相消干涉来降低光的反射,从而提高光取出效率[119-120]。如图 9-14 所示,Wang 等利用高折射率的 Ta_2O_5 光学耦合层结合金薄膜电极,在不改变有机层的结构和厚度,不影响器件电学特性的情况下,通过减少全反射以及调节器件的微腔效应,使更多的光从器件出射。利用这种新颖设计制备的绿光 FOLED 在高亮度 10 000 cd·m^{-2} 的条件下,获得了约 40% 的高外量子效率[119]。

（a）利用高折射率光耦合输出层提高 FOLED 效率的结构示意图

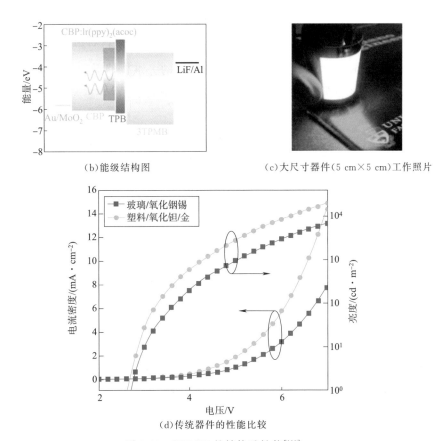

（b）能级结构图　　　　　　　　（c）大尺寸器件（5 cm×5 cm）工作照片

（d）传统器件的性能比较

图 9-14　FOLED 的结构及性能[119]

9.4　可拉伸有机电致发光器件

随着智能电子皮肤、可穿戴设备和柔性机器人等科技产品的快速发展,可拉伸光电子学作为一个新兴研究领域逐渐受到人们的广泛关注。与传统的基于无机半导体、玻璃和印制电路板等硬质材料的光电子器件相比,可拉伸光电子器件的显著特征是在外力作用下可以发生拉伸、压缩、扭曲或者折叠等形变,同时保持稳定的光电性能。可拉伸光电子学涉及器件在拉伸形变下的功能、材料和结构等的开发与设计,是一个综合了光电子学、材料学、生物学和机械力学等多学科的前沿研究领域。已经报道的可拉伸光电子器件种类众多,如可拉伸晶体管[121-123]、超级电容器[124-127]、太阳能电池[128-132]和传感器[133-135]等。其中,可拉伸有机电致发光器件(stretchable organic light-emitting devices,SOLED)是可拉伸光电子学的重要组成部分。由 SOLED 构成的可拉伸显示器是众多可拉伸光电子系统进行信息显示和人机交互的重要窗口。同时,SOLED 在景观照明、生物信息传感和医疗等领域亦展现出了巨大的应用潜力,因此受到了广泛研究。

9.4.1　可拉伸有机电致发光器件的基本概念

可拉伸性是 SOLED 的基本特性,是指器件的尺寸或者发光面积可以在外部拉伸应力作用下增大,通常用拉伸度 ε 表示。对于单一方向上的一维拉伸形变,拉伸度 ε 定义为器件长度的变化量 ΔL 与器件原长 L 的比值,用下面公式来表示:

$$\varepsilon = \Delta L / L$$

式中,ΔL 在拉伸状态下为正值。对于平面内的二维拉伸形变,拉伸度定义为器件面积的变化量与器件原面积的比值。通常,拉伸度以百分数表示。当器件的拉伸度达到 10% 以上且依然可以正常工作时,被认为具有较大的拉伸度[130]。在当前报道的各类型可拉伸发光器件中,最大拉伸度已经超过 200%,展现了超级拉伸性[136-138]。

SOLED 涉及的另一个重要性能参数是拉伸稳定性,包括器件在不同拉伸度下的发光性能稳定性和在固定拉伸度下的多次循环拉伸时发光性能稳定性。稳定性可以用拉伸前后器件的电流密度、亮度和发光效率的变化率表示。循环拉伸稳定性也可以称为器件的拉伸寿命。

9.4.2　常用的弹性材料

在 SOLED 中,核心功能材料为有机发光材料,而有机发光材料是不具有弹性的,因此器件的拉伸性通常需要引入弹性聚合物来实现。常用的弹性聚合物有很多,包括PDMS[139,140]、PU[141]、PUA[23]、SEBS[142]、VHB tape[143]、gel[137,138]、Ecoflex[136]和具有记忆功能的热塑性材料[144]等。弹性聚合物可以与多种导电材料结合,制备可拉伸电极或者导体,已报到的导电材料包括石墨烯[52]、碳纳米管[145,146]、金属纳米线[147]、金属纳米粒子[148]、导电聚合物[149]、离子导体[150]和多种导电材料混合体[145,151]等。

9.4.3 可拉伸有机电致发光器件的实现方案

SOLED 按照器件在拉伸应力作用下的形变方式,可以分为两种拉伸类型:局部拉伸型和整体拉伸型(又可分为本质可拉伸型和褶皱型)[152]。局部拉伸型方案是利用弹性导线将多个 OLED 连接起来,形成岛-桥结构的可拉伸发光器件阵列,如图 9-15(a)所示。在外部拉伸应力作用下,发光单元自身并不发生形变,应力使可拉伸弹性导线伸长,进而使整个发光器件阵列的面积增大。本质可拉伸型和褶皱型拉伸方案分别如图 9-15(b)和图 9-15(c)所示。

(a)局部拉伸型　　　　　(b)本质可拉伸型　　　　　(c)褶皱型

图 9-15　可拉伸有机电致发光器件拉伸方案示意图[152]

东京大学的 Takao Someya 教授是最早研究具有局部拉伸特性的 SOLED 阵列的学者。他们将 SWNT(碳纳米管)与弹性聚合物混合,得到可印刷的弹性导体,如图 9-16(a)所示。然后,将此弹性导体作为可拉伸导线,制备了有 16×16 个 OLED 发光单元的 SOLED 阵列,如图 9-16(b)所示[139]。得益于弹性导线优异的导电性(大于 100 S·cm^{-1})和拉伸性(大于100%),该 SOLED 阵列最大拉伸度达到 50%,能够覆盖于球面上而保持发光性能。

(a)碳纳米管-弹性聚合物复合材料形成的可拉伸导体　　(b)覆盖于球形物体表面的 SOLED 阵列

图 9-16　可拉伸导体及 SOLED 阵列[139]

这种局部拉伸方案具有许多优点,例如在拉伸过程中单个 OLED 不发生形变,只有弹性导线伸长,因此外部拉伸应力并不会损坏发光器件,这为发光器件在材料选择、结构设计和制备工艺等方面带来了灵活性。但是,SOLED 阵列存在明显的缺点,点阵中由单个发光单元构成的像素尺寸较大,像素密度随拉伸度增大而降低,因此,难于应用于高质量显示器;弹性导线与 OLED 连接工艺复杂,制备难度大,难于进行大规模应用。

整体拉伸方案中,器件所有组成部分都会在外部拉伸应力作用下发生形变,包括发光区和非发光区。

在本质可拉伸方案中,发光器件自身类似于弹性体,可以在外部拉力作用下,直接发生拉伸形变[见图 9-15(b)]。本质可拉伸型 SOLED 的结构特点是器件正负电极都是由弹性导电材料构成。

加州大学裴启兵教授课题组率先开展了本质可拉伸型 SOELD 的研究。他们将碳纳米管与形状记忆材料混合,制备可拉伸电极,以有机电化学发光材料作为发光层,制作本质可拉伸型发光器件,如图 9-17(a)所示。整个器件在不同温度下,可以发生拉伸或者收缩形变,最大拉伸度可以达到 45%。但是,由于碳纳米管电极的导电性和电荷注入能力较差,器件最大亮度只有 300 cd·m^{-2},最大发光效率只有 1.24 cd·A^{-1}[144]。随后,该课题组对材料和工艺进行优化,利用银纳米线(AgNWs)代替碳纳米管,用弹性聚合物代替形状记忆材料,并改变发光层材料组分。优化后的可拉伸聚合物发光器件的拉伸度达到 120%,最大发光效率达到 11.4 cd·A^{-1},发光亮度达到 2 200 cd·m^{-2}[23]。基于银纳米线和弹性聚合物复合电极的 SOLED 如图 9-17(b)所示。

$\varepsilon=0\%$ $\varepsilon=20\%$ $\varepsilon=45\%$

(a)基于碳纳米管和形状记忆材料复合电极的 SOLED[144]

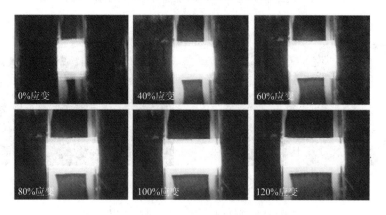

0%应变   40%应变   60%应变

80%应变   100%应变   120%应变

(b)基于银纳米线和弹性聚合物复合电极的 SOLED[23]

图 9-17 基于不同材料复合电极的 SOLED

本质拉伸型 SOLED 具有许多优点,如器件结构简单、拉伸度大、机械强度高、能进行二维方向拉伸等。同时,器件的不足之处在于发光效率低,可选择的发光材料种类少,导致器件发光性能难于进一步提高。

褶皱型 SOLED 是将柔性薄膜发光器件与预拉伸的弹性衬底贴合,利用弹性衬底收缩时产生的压缩应力,使柔性发光器件收缩并产生褶皱,同时器件的发光面积减小[见图 9-15(c)]。褶皱的产生与消除过程依赖于弹性衬底的拉伸与收缩,是可逆过程,器件的发光面积随着弹性衬底的拉伸和收缩而增大和减小,进而使器件整体产生拉伸性。褶皱在生活中随处可见,人们的皮肤上存在大量微小的褶皱,进而使皮肤产生弹性,可以满足人体关节的各种形变需求。褶皱型 SOLED 的最大拉伸度不能超过弹性衬底的预拉伸度,在过拉伸情况下,柔性发光器件会断裂。柔性器件在褶皱处发生弯曲形变,弯曲应变会严重影响器件的性能。根据薄膜弯曲应变的简化计算公式 $S=T/R$(S 为弯曲应变,T 为薄膜厚度,R 为薄膜弯曲半径)可知,在相同弯曲半径下,薄膜的厚度越小,相应的弯曲应变就越小,由于器件中各种功能材料所能承受的最大弯曲应变量是固定值,因此弯曲应变越小,弯曲对于器件性能的影响就越小,越有利于器件保持发光性能的稳定性。所以,在制备褶皱型 SOLED 时,都会采用薄膜厚度小于 10 μm 的超薄聚合物薄膜作为器件的衬底,以减小弯曲应变。

东京大学的 Takao Someya 教授在超薄柔性有机光电器件领域取得了大量优异的研究成果。2013 年,Takao Someya 教授与奥地利约翰开普勒大学的 Matthew S. White 合作,制备了厚度只有 2 μm 的超薄柔性有机电致发光器件,如图 9-18(a)所示。该器件与预拉伸的弹性衬底黏合,在压缩应力作用下,可以形成最小弯曲半径只有 10 μm 左右的褶皱结构,在循环拉伸状态下,最大拉伸度达到 100%,如图 9-18(b)所示。但遗憾的是,受限于超薄聚合物衬底表面较大的粗糙度,器件发光性能不佳,最大发光亮度只有 122 cd·m^{-2},而最大发光效率更是低至 0.17 cd·A^{-1} 左右[143]。在此工作基础上,Takao Someya 教授等对材料和工艺进行了优化,他们采用厚度可控的帕利灵(Parylene)薄膜作为超薄柔性衬底,用磷光小分子材料作为发光层,使褶皱型 SOLED 的发光效率提高到了 53.7 cd·A^{-1}。

2016 年,吉林大学孙洪波教授课题组提出基于可编程的激光加工技术结合超薄 OLED 实现可控褶皱的拉伸方案。激光在弹性衬底表面可以烧蚀出周期性微结构,利用超薄 OLED 与微结构的可控周期性黏合,实现了形貌规则有序的可拉伸褶皱,如图 9-19(a)、图 9-19(b)所示。基于可编程激光烧蚀工艺的 SOLED 在不同拉伸度下的发光照片如图 9-19(c)所示。该方案的优点在于褶皱的弯曲半径可以通过微结构的周期进行控制,可以避免随机褶皱中微小弯曲半径的形成,显著提高了褶皱型 SOLED 的循环拉伸稳定性,在 0~20% 拉伸度间循环拉伸 15 000 次后器件性能下降小于 16%,如图 9-19(d)所示。同时,器件在不同拉伸度下的发光性能稳定,在 70% 拉伸度下,最大发光效率达到 70 cd·A^{-1} 如图 9-19(e)所示[153]。在后续工作中,他们相继提出了镂空金属掩膜板图形转移方案和滚轮辅助黏性压印方案,用于制备具有规则褶皱结构的 SOLED[154]。其中,滚轮辅助黏性压印方案利用表面带有周期性微结构的滚轮控制褶皱形貌[见图 9-20(a)],能够快速连续制备具有规则褶皱结构的 SOLED[见图 9-20(b)、图 9-20(c)],具有大面积和大规模制备可拉伸器件的潜力。利用此工艺制备的 SOLED 最大发光效率达到 66 cd·A^{-1},在 0～20％拉伸度下, 循环拉伸次数达到 35 000 次,器件发光效率变化率只有 5％,再次展现了具有规则褶皱结构 的 SOLED 优异的循环拉伸稳定性[155]。图 9-20(d)所示为基于滚轮辅助黏性压印工艺的 SOLED 在不同拉伸度下电的电流效率特性曲线,图 9-20(e)所示为在 0～20％拉伸度间的循 环拉伸特性。

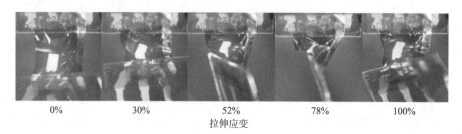

0%　　　30%　　　52%　　　78%　　　100%

拉伸应变

(a)厚度 2 μm 的超薄柔性 OLED

50%　　　35%　　　24%　　　11%　　　0%

压缩应变

(b)基于褶皱结构的 SOLED

图 9-18　超薄柔性 OLED 和褶皱结构 SOLED

(a)0％拉伸度下规则褶皱结构
的电子显微镜图片

(b)70％拉伸度下规则褶皱结构
的扫描电子显微镜图片

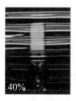

(c)不同拉伸度下的发光照片

图 9-19　可控褶皱拉伸方案

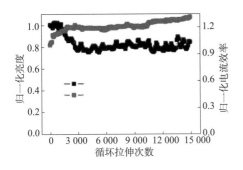

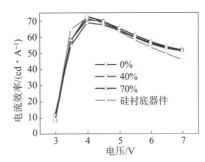

(d)0～20％拉伸度间的循环拉伸特性　　　(e)0～70％拉伸度间的电流效率特性曲线

图 9-19　可控褶皱拉伸方案(续)[153]

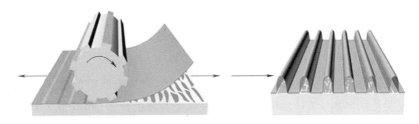

(a)滚轮辅助黏性压印工艺示意图

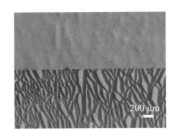

(b)100％拉伸度的扫描电子显微镜图片　　(c)0％拉伸度的扫描电子显微镜图片

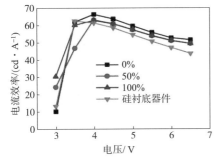

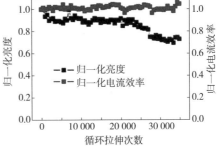

(d)电流效率特性曲线　　　　　　　(e)0～20％拉伸度间的循环拉伸特性

图 9-20　滚轮辅助性压印方案[155]

褶皱型 SOLED 的优点是发光性能好,可以与传统的硬质衬底的同结构器件性能相比拟,这主要源于超薄柔性器件的制备与褶皱的形成过程是相互独立的,因此其制备工艺与传统 OLED 相兼容,同时褶皱结构将器件整体的拉伸形变转换为超薄器件在大量微小褶皱处的弯曲形变,由于超薄器件具有良好的柔性,因此器件性能在形成褶皱后没有发生显著的衰减。褶皱型 SOLED 的缺点是超薄器件的整体厚度低,导致机械强度差,在按压和扭曲等极端形变下易变形和断裂;褶皱结构为非平面结构,在应用与显示器时会降低显示质量,且难以与当前成熟的平板显示器配件兼容;褶皱的形成完全依赖于弹性衬底,超薄器件与弹性衬底的黏合强度影响器件的拉伸稳定性,因此对弹性衬底表面的黏性提出了较高要求。

9.4.4 可拉伸有机电致发光器件的应用、面临问题及可能解决方案

SOLED 目前还没有成熟的应用案例,多为概念性的应用展示,例如应用于可拉伸显示器、可穿戴器件和生物信息传感等。将 SOLED 与其他类型的可拉伸器件集成在一起组成可拉伸系统,将是未来发展的一个重要方向。但是,在面向商业化应用时,SOLED 还存在许多问题急需解决。除了器件自身性能的不足之外,如何与当前成熟的电子产品产业链相兼容是需要重点关注的问题。例如,显示器中包含各种各样的配件,包括滤光片、驱动电路板、封装片和外壳等,如果只有发光部分具有拉伸性而其他配件都不具有拉伸性,是无法形成可拉伸显示器的。因此,需要大量的研究工作对涉及的所有功能原件进行材料和工艺的改进和优化。在 SOLED 方面,除了提高器件自身的性能外,提高制备工艺的标准化和与传统电子器件制备工艺的兼容性,将是推动 SOLED 实现大规模应用的重要研究内容。

参考文献

[1] GUSTAFSSON G, CAO Y, TREACY G M, et al. Flexible light-emitting diodes made from soluble conducting polymers[J]. Nature, 1992(357):477.

[2] GU G, SHEN Z, BURROWS P E, et al. Transparent flexible organic light-emitting devices[J]. Adv. Mater., 1997(9):725-728.

[3] Xie Z, Hung L S, Zhu F. A flexible top-emitting organic light-emitting diode on steel foil[J]. Chem. Phys. Lett., 2003(381):691-696.

[4] AUCH M D J, SOO O K, EWALD G, et al. Ultrathin glass for flexible OLED application[J]. Thin Solid Films, 2002(417):47-50.

[5] SPECHLER J A, KOH T W, HERB J T, et al. A transparent, smooth, thermally robust, conductive polyimide for flexible electronics[J]. Adv. Funct. Mater., 2015(25):7428-7434.

[6] HE Y, KANICKI J. High-efficiency organic polymer light-emitting heterostructure devices on flexible plastic substrates[J]. Appl. Phys. Lett., 2000(76):661-663.

[7] LI Y, TAN L W, HAO X T, et al. Flexible top-emitting electroluminescent devices on polyethylene terephthalate substrates[J]. Appl. Phys. Lett., 2005(86):153508.

[8] YU H H, HWANG S J, HWANG K C. Preparation and characterization of a novel flexible substrate for OLED[J]. Opt. Commun., 2005(248):51-57.

[9] GU G, BURROWS P E, VENKATESH S, et al. Vacuum-deposited, nonpolymeric flexible organic light-emitting devices[J]. Opt. Lett., 1997(22):172-174.

[10] SHI H, DENG L, CHEN S, et al. Flexible top-emitting warm-white organic light-emitting diodes with highly luminous performances and extremely stable chromaticity[J]. Org. Electron., 2014(15): 1465-1475.

[11] LEE K M, FARDEL R, ZHAO L, et al. Enhanced outcoupling in flexible organic light-emitting diodes on scattering polyimide substrates[J]. Org. Electron., 2017(51):471-476.

[12] WEAVER M S, MICHALSKI L A, RAJAN K, et al. Organic light-emitting devices with extended operating lifetimes on plastic substrates[J]. Appl. Phys. Lett., 2002(81):2929-2931.

[13] JEONG E G, KWON S, HAN J H, et al. A mechanically enhanced hybrid nano-stratified barrier with a defect suppression mechanism for highly reliable flexible OLEDs[J]. Nanoscale, 2017(9): 6370-6379.

[14] HAN Y C, KIM E, KIM W, et al. A flexible moisture barrier comprised of a SiO_2-embedded organic-inorganic hybrid nanocomposite and Al_2O_3 for thin-film encapsulation of OLEDs[J]. Org. Electron., 2013 (14):1435-1440.

[15] LIU Y F, AN M H, BI Y G, et al. Flexible efficient top-emitting organic light-emitting devices on a silk substrate[J]. IEEE Photonics J., 2017(9):1-6.

[16] KIM W, KWON S, LEE S M, et al. Soft fabric-based flexible organic light-emitting diodes[J]. Org. Electron., 2013(14):3007-3013.

[17] YIN D, CHEN Z Y, JIANG N R, et al. Highly transparent and flexible fabric-based organic light emitting devices for unnoticeable wearable displays[J]. Org. Electron., 2020(76):105494.

[18] CHOI S, KWON S, KIM H, et al. Highly flexible and efficient fabric-based organic light-emitting devices for clothing-shaped wearable displays[J]. Sci. Rep., 2017(7):6424.

[19] YUQIANG L, YUEMIN X, YUAN L, et al. Flexible organic light emitting diodes fabricated on biocompatible silk fibroin substrate[J]. Semicond. Sci. Technol., 2015(30):104004.

[20] UMMARTYOTIN S, JUNTARO J, SAIN M, et al. Development of transparent bacterial cellulose nanocomposite film as substrate for flexible organic light emitting diode(OLED)display[J]. Ind. Crops Prod., 2012(35):92-97.

[21] PINTO E R P, BARUD H S, SILVA R R, et al. Transparent composites prepared from bacterial cellulose and castor oil based polyurethane as substrates for flexible OLEDs[J]. J. Mater. Chem. C, 2015(3):11581-11588.

[22] LIANG J, LI L, TONG K, et al. Silver nanowire percolation network soldered with graphene oxide at room temperature and Its application for fully stretchable polymer light-emitting diodes[J]. ACS Nano, 2014(8):1590-1600.

[23] LIANG J, LI L, NIU X, et al. Elastomeric polymer light-emitting devices anddisplays[J]. Nat. Photonics, 2013(7):817.

[24] HSU C M, TSAI C L, WU W T. Selective light emission from flexible organic light-emitting devices using a dot-nickel embedded indium tin oxide anode[J]. Appl. Phys. Lett., 2006(88):083515.

[25] KIM H, HORWITZ J S, KUSHTO G P, et al. Indium tin oxide thin films grown on flexible plastic substrates by pulsed-laser deposition for organic light-emitting diodes[J]. Appl. Phys. Lett., 2001 (79):284-286.

[26] HONG Y, HE Z, LENNHOFF N S, et al. Transparent flexible plastic substrates for organic light-emitting devices[J]. J. Electron. Mater., 2004(33):312-320.

[27] HSU C M, LIU C F, CHENG H E, et al. Low-temperature nickel-doped indium tin oxide anode for flexible organic light-emitting devices[J]. J. Electron. Mater., 2006(35):383-387.

[28] YU H H, HWANG S J, TSENG M C, et al. The effect of ITO films thickness on the properties of flexible organic light emitting diode[J]. Opt. Commun., 2006(259):187-193.

[29] LEWIS J, GREGO S, CHALAMALA B, et al. Highly flexible transparent electrodes for organic light-emitting diode-based displays[J]. Appl. Phys. Lett., 2004(85):3450-3452.

[30] BI Y G, FENG J, JI J H, et al. Ultrathin and ultrasmooth Au films as transparent electrodes in ITO-free organic light-emitting devices[J]. Nanoscale, 2016(8):10010-10015.

[31] LIU Y F, FENG J, CUI H F, et al. Fabrication and characterization of Ag film with sub-nanometer surface roughness as a flexible cathode for inverted top-emitting organic light-emitting devices[J]. Nanoscale, 2013(5):10811-10815.

[32] LIU Y F, FENG J, YIN D, et al. Highly flexible and efficient top-emitting organic light-emitting devices with ultrasmooth Ag anode[J]. Opt. Lett., 2012(37):1796-1798.

[33] LI Y, HU X, ZHOU S, et al. A facile process to produce highly conductive poly(3,4-ethylenedioxy-thiophene)films for ITO-free flexible OLED devices[J]. J. Mater. Chem. C, 2014(2):916-924.

[34] LIU Y F, FENG J, ZHANG Y F, et al. Improved efficiency of indium-tin-oxide-free flexible organic light-emitting devices[J]. Org. Electron., 2014(15):478-483.

[35] CHOI K H, NAM H J, JEONG J A, et al. Highly flexible and transparent InZnSnOx/Ag/InZnSnOx multilayer electrode for flexible organic light emitting diodes[J]. Appl. Phys. Lett., 2008(92):223302.

[36] CHO H, YUN C, PARK J W, et al. Highly flexible organic light-emitting diodes based on ZnS/Ag/WO$_3$ multilayer transparent electrodes[J]. Org. Electron., 2009(10):1163-1169.

[37] JI W, ZHAO J, SUN Z, et al. High-color-rendering flexible top-emitting warm-white organic light emitting diode with a transparent multilayer cathode[J]. Org. Electron., 2011(12):1137-1141.

[38] LEE S M, CHOI C S, CHOI K C, et al. Low resistive transparent and flexible ZnO/Ag/ZnO/Ag/WO$_3$ electrode for organic light-emitting diodes[J]. Org. Electron., 2012(13):1654-1659.

[39] HAN Y C, LIM M S, PARK J H, et al. ITO-free flexible organic light-emitting diode using ZnS/Ag/MoO$_3$ anode incorporating a quasi-perfect Ag thin film[J]. Org. Electron., 2013(14):3437-3443.

[40] YANG D Y, LEE S M, JANG W J, et al. Flexible organic light-emitting diodes with ZnS/Ag/ZnO/Ag/WO$_3$ multilayer electrode as a transparent anode[J]. Org. Electron., 2014(15):2468-2475.

[41] KIM D Y, HAN Y C, KIM H C, et al. Highly transparent and flexible organic light-emitting diodes with structure optimized for anode/cathode multilayer electrodes[J]. Adv. Funct. Mater., 2015 (25):7145-7153.

[42] LIU X, CAI X, QIAO J, et al. The design of ZnS/Ag/ZnS transparent conductive multilayer films [J]. Thin Solid Films, 2003(441):200-206.

[43] ZADSAR M, FALLAH H R, MAHMOODZADEH M H, et al. The effect of Ag layer thickness on

the properties of $WO_3/Ag/MoO_3$ multilayer films as anode in organic light emitting diodes[J]. J. Lumin., 2012(132):992-997.

[44]　CHO H, CHOI J M, YOO S. Highly transparent organic light-emitting diodes with a metallic top electrode: the dual role of a Cs_2CO_3 layer[J]. Opt. Express, 2011(19):1113-1121.

[45]　WU J, AGRAWAL M, BECERRIL H A, et al. Organic light-emitting diodes on solution-processed graphene transparent electrodes[J]. ACS Nano, 2010(4):43-48.

[46]　HAN T H, LEE Y, CHOI M R, et al. Extremely efficient flexible organic light-emitting diodes with modified graphene anode[J]. Nat. Photonics, 2012(6):105.

[47]　LI N, OIDA S, TULEVSKI G S, et al. Efficient and bright organic light-emitting diodes on single-layer graphene electrodes[J]. Nat. Commun., 2013(4):2294.

[48]　MEYER J, KIDAMBI P R, BAYER B C, et al. Metal oxide induced charge transfer doping and band alignment of graphene electrodes for efficient organic light emitting diodes[J]. Sci. Rep., 2014(4):5380.

[49]　WU C, LI F, WU W, et al. Liquid-phase exfoliation of chemical vapor deposition-grown single layer graphene and its application in solution-processed transparent electrodes for flexible organic light-emitting devices[J]. Appl. Phys. Lett., 2014(105):243509.

[50]　JIA S, SUN H D, DU J H, et al. Graphene oxide/graphene vertical heterostructure electrodes for highly efficient and flexible organic light emitting diodes[J]. Nanoscale, 2016(8):10714-10723.

[51]　OH E, PARK S, JEONG J, et al. Energy level alignment at the interface of NPB/HAT-CN/graphene for flexible organic light-emitting diodes[J]. Chem. Phys. Lett., 2017(668):64-68.

[52]　KIM K S, ZHAO Y, JANG H, et al. Large-scale pattern growth of graphene films for stretchable transparent electrodes[J]. Nature, 2009(457):706-710.

[53]　BAE S, KIM H, LEE Y, et al. Roll-to-roll production of 30-inch graphene films for transparent electrodes[J]. Nat. Nanotechnol., 2010(5):574.

[54]　ZHANG D, RYU K, LIU X, et al. Transparent, conductive, and flexible carbon nanotube films and their application in organic light-emitting diodes[J]. Nano Lett., 2006(6):1880-1886.

[55]　YU Z, LIU Z, WANG M, et al. Highly flexible polymer light-emitting devices using carbon nanotubes as both anodes and cathodes[J]. Journal of Photonics for Energy, SPIE,2011(1):011003.

[56]　LI J, HU L, LIU J, et al. Indium tin oxide modified transparent nanotube thin films as effective anodes for flexible organic light-emitting diodes[J]. Appl. Phys. Lett., 2008(93):083306.

[57]　LIANGBING H, JIANFENG L, JUN L, et al. Flexible organic light-emitting diodes with transparent carbon nanotube electrodes: problems and solutions[J]. Nanotechnology, 2010(21):155202.

[58]　HU L, KIM H S, LEE J Y, et al. Scalable coating and properties of transparent, flexible, silver nanowire electrodes[J]. ACS Nano, 2010(4):2955-2963.

[59]　DUAN Y H, DUAN Y, WANG X, et al. Highly flexible peeled-off silver nanowire transparent anode using in organic light-emitting devices[J]. Appl. Surf. Sci., 2015(351):445-450.

[60]　OK K H, KIM J, PARK S R, et al. Ultra-thin and smooth transparent electrode for flexible and leakage-free organic light-emitting diodes[J]. Sci. Rep., 2015(5):9464.

[61]　LEE J, AN K, WON P, et al. A dual-scale metal nanowire network transparent conductor for highly efficient and flexible organic light emitting diodes[J]. Nanoscale, 2017(9):1978-1985.

［62］ LI J，TAO Y，CHEN S，et al. A flexible plasma-treated silver-nanowire electrode for organic light-emitting devices［J］. Sci. Rep.，2017(7):16468.

［63］ LI L，LIANG J，CHOU S Y，et al. A solution processed flexible nanocomposite electrode with efficient light extraction for organic light emitting diodes［J］. Sci. Rep.，2014(4):4307.

［64］ DONG H，WU Z，JIANG Y，et al. A Flexible and Thin Graphene/Silver Nanowires/Polymer Hybrid Transparent Electrode for Optoelectronic Devices［J］. ACS Appl. Mat. Interfaces，2016(8):31212-31221.

［65］ CHEONG H G，TRIAMBULO R E，LEE G H，et al. Silver nanowire network transparent electrodes with highly enhanced flexibility by welding for application in flexible organic light-emitting diodes［J］. ACS Appl. Mat. Interfaces，2014(6):7846-7855.

［66］ WANG H，LI K，TAO Y，et al. Smooth ZnO:Al-AgNWs composite electrode for flexible organic light-emitting device［J］. Nanoscale Res. Lett.，2017(12):77.

［67］ XU J，SMITH G M，DUN C，et al. Layered，nanonetwork composite cathodes for flexible，high-efficiency，organic light emitting devices［J］. Adv. Funct. Mater.，2015(25):4397-4404.

［68］ KUN L，HU W，HUIYING L，et al. Highly-flexible，ultra-thin，and transparent single-layer graphene/silver composite electrodes for organic light emitting diodes［J］. Nanotechnology，2017(28):315201.

［69］ LI F，LIN Z，ZHANG B，et al. Fabrication of flexible conductive graphene/Ag/Al-doped zinc oxide multilayer films for application in flexible organic light-emitting diodes［J］. Org. Electron.，2013(14):2139-2143.

［70］ KANG H，JUNG S，JEONG S，et al. Polymer-metal hybrid transparent electrodes for flexible electronics［J］. Nat. Commun.，2015(6):6503.

［71］ FENG W G，MING T X，XIN W R. Flexible organic light-emitting diodes with a polymeric nanocomposite anode［J］. Nanotechnology，2008(19):145201.

［72］ LIU Y S，FENG J，OU X L，et al. Ultrasmooth，highly conductive and transparent PEDOT:PSS/silver nanowire composite electrode for flexible organic light-emitting devices［J］. Org. Electron.，2016(31):247-252.

［73］ SANDSTRÖM A，DAM H F，KREBS F C，et al. Ambient fabrication of flexible and large-area organic light-emitting devices using slot-die coating［J］. Nat. Commun.，2012(3):1002.

［74］ ZHENG H，ZHENG Y，LIU N，et al. All-solution processed polymer light-emitting diode displays ［J］. Nat. Commun.，2013(4):1971.

［75］ SOOMAN S E B L，HENG Z，DANIEL F C，et al. Gravure printing of graphene for large-area flexible electronics［J］. Adv. Mater.，2014(26):4533-4538.

［76］ ZHOU L，YU M，CHEN X，et al. Screen-printed poly(3,4-ethylenedioxythiophene):poly(styrenesulfonate)grids as ITO-free anodes for flexible organic light-emitting diodes［J］. Adv. Funct. Mater.，2018(28):1705955.

［77］ MITSUNORI S，HIROHIKO F，YOSHIKI N，et al. A5.8-in. phosphorescent color AMOLED display fabricated by ink-jet printing on plastic substrate［J］. J. Soc. Inf. Disp.，2009(17):1037-1042.

［78］ VILLANI F，VACCA P，NENNA G，et al. Inkjet printed polymer layer on flexible substrate for OLED applications［J］. J. Phys. Chem. C，2009(113):13398-13402.

［79］ TEKOGLU S，SOSA G H，KLUGE E，et al. Gravure printed flexible small-molecule organic light emitting diodes［J］. Org. Electron.，2013(14):3493-3499.

[80]　LEE D H, CHOI J S, CHAE H, et al. Highly efficient phosphorescent polymer OLEDs fabricated by screen printing[J]. Displays, 2008(29):436-439.

[81]　AZIZ H, POPOVIC Z D, HU N X, et al. Degradation mechanism of small molecule-based organic light-emitting devices[J]. Science, 1999(283):1900-1902.

[82]　SO F, KONDAKOV D. Degradation mechanisms in small-molecule and polymer organic light-emitting diodes[J]. Adv. Mater., 2010(22):3762-3777.

[83]　SCHOLZ S, KONDAKOV D, LÜSSEM B, et al. Degradation mechanisms and reactions in organic light-emitting devices[J]. Chem. Rev., 2015(115):8449-8503.

[84]　CHWANG A B, ROTHMAN M A, MAO S Y, et al. Thin film encapsulated flexible organic electroluminescent displays[J]. Appl. Phys. Lett., 2003(83):413-415.

[85]　GRANSTROM J, SWENSEN J S, MOON J S, et al. Encapsulation of organic light-emitting devices using a perfluorinated polymer[J]. Appl. Phys. Lett., 2008(93):193304.

[86]　SEONG P J, HEEYEOP C, KYOON C H, et al. Thin film encapsulation for flexible AM-OLED: a review[J]. Semicond. Sci. Technol., 2011(26):034001.

[87]　YU L Y, NENG C Y, HUNG T M, et al. Air-stable flexible organic light-emitting diodes enabled by atomic layer deposition[J]. Nanotechnology, 2015(26):024005.

[88]　HAN Y C, JEONG E G, KIM H, et al. Reliable thin-film encapsulation of flexible OLEDs and enhancing their bending characteristics through mechanical analysis[J]. RSC Advances, 2016(6):40835-40843.

[89]　JEONG E G, HAN Y C, IM H G, et al. Highly reliable hybrid nano-stratifiedmoisture barrier for encapsulating flexible OLEDs[J]. Org. Electron., 2016(33):150-155.

[90]　LI X, YUAN X, SHANG W, et al. Lifetime improvement of organic light-emitting diodes with a butterfly wing's scale-like nanostructure as a flexible encapsulation layer[J]. Org. Electron., 2016 (37):453-457.

[91]　CHEN Z, WANG H, WANG X, et al. Low-temperature remote plasma enhanced atomic layer deposition of ZrO_2/zircone nanolaminate film for efficient encapsulation of flexible organic light-emitting diodes[J]. Sci. Rep., 2017(7):40061.

[92]　PARK M H, KIM J Y, HAN T H, et al. Flexible lamination encapsulation[J]. Adv. Mater., 2015 (27):4308-4314.

[93]　JOU J H, WANG C P, WU M H, et al. High-efficiency flexible white organic light-emitting diodes [J]. J. Mater. Chem., 2010(20):6626-6629.

[94]　CHENG Z, DEWEI Z, DEEN G, et al. An ultrathin, smooth, and low-loss al-Doped Ag film and its application as a transparent electrode in organic photovoltaics [J]. Adv. Mater., 2014 (26): 5696-5701.

[95]　LIU S, LIU W, YU J, et al. Silver/germanium/silver: an effective transparent electrode for flexible organic light-emitting devices[J]. J. Mater. Chem. C, 2014(2):835-840.

[96]　LEE I, KIM S, PARK J Y, et al. Symmetrical emission transparent organic light-emitting diodes with ultrathin Ag electrodes[J]. IEEE Photonics J., 2018(10):1-10.

[97]　HUANG J, LIU X, LU Y, et al. Seed-layer-free growth of ultra-thin Ag transparent conductive films imparts flexibility to polymer solar cells[J]. Sol. Energy Mater. Sol. Cells, 2018(184):73-81.

[98]　SCHUBERT S, HERMENAU M, MEISS J, et al. Oxide sandwiched metal thin-film electrodes for

long-term stable organic solar Cells[J]. Adv. Funct. Mater., 2012(22):4993-4999.

[99] SCHWAB T, SCHUBERT S, MESKAMP L M, et al. Eliminating micro-cavity effects in white top-emitting OLEDs by ultra-thin metallic top electrodes[J]. Adv. Opt. Mater, 2013(1):921-925.

[100] LIU J F Y F, CUI H F, YIN D, et al. Highly flexibleinverted organic solar cells with improved performance by using an ultrasmooth Ag cathode[J]. Appl. Phys. Lett., 2012(101):133303.

[101] DING R, FENG J, ZHANG X L, et al. Fabrication and characterization of organic single crystal-based light-emitting devices with improved contact between the metallic electrodes and crystal[J]. Adv. Funct. Mater., 2014(24):7085-7092.

[102] DING R, FENG J, DONG F X, et al. Highly efficient three primary color organic single-crystal light-emitting devices with balanced carrier injection and transport[J]. Adv. Funct. Mater., 2017 (27):1604659.

[103] KIDO A T M J. Bright organic electroluminescent devices having a metal-doped electron-injecting layer[J]. Appl. Phys. Lett., 1998(73):2866-2868.

[104] YOU H, DAI Y, ZHANG Z, et al. Improved performances of organic light-emitting diodes with metal oxide as anode buffer[J]. J. Appl. Phys., 2007(101):026105.

[105] ZHANG D D, FENG J, CHEN L, et al. Role of Fe_3O_4 as a p-dopant in improving the hole injection and transport of organic light-emitting devices[J]. IEEE J. Quantum Electron., 2011(47):591-596.

[106] TANG X, DING L, SUN Y Q, et al. Inverted and large flexible organic light-emitting diodes with low operating voltage[J]. J. Mater. Chem. C, 2015(3):12399-12402.

[107] GUO K, SI C, HAN C, et al. High-performance flexible inverted organic light-emitting diodes by exploiting MoS_2 nanopillar arrays as electron-injecting and light-coupling layers[J]. Nanoscale, 2017 (9):14602-14611.

[108] FENG J, LIU Y F, BI Y G, et al. Light manipulation in organic light-emitting devices by integrating micro/nano patterns[J]. Laser Photonics Rev., 2017(11):1600145.

[109] LIU Y F, FENG J, ZHANG Y F, et al. Polymer encapsulation of flexible top-emitting organic light-emitting devices with improved light extraction by integrating a microstructure[J]. Org. Electron., 2014(15):2661-2666.

[110] ZHOU L, XIANG H Y, SHEN S, et al. High-performance flexible organic light-emitting diodes usingembedded silver network transparent electrodes[J]. ACS Nano, 2014(8):12796-12805.

[111] LEE S M, CHO Y, KIM D Y, et al. Enhanced light extraction from mechanically flexible, nanostructured organic light-emitting diodes with plasmonic nanomesh electrodes[J]. Adv. Opt. Mater, 2015(3):1240-1247.

[112] WANG R, XU L H, LI Y Q, et al. Broadband light out-coupling enhancement of flexible organic light-emitting diodes using biomimetic quasirandom nanostructures[J]. Adv. Opt. Mater, 2015(3): 203-210.

[113] XIANG H Y, LI Y Q, ZHOU L, et al. Outcoupling-enhanced flexible organic light-emitting diodes on ameliorated plastic substrate with built-in indium-tin-oxide-free transparent electrode[J]. ACS Nano, 2015 (9):7553-7562.

[114] XU L H, OU Q D, LI Y Q, et al. Microcavity-free broadband light outcoupling enhancement in flexible organic light-emitting diodes with nanostructured transparent metal-dielectric composite electrodes

[J]. ACS Nano，2016(10):1625-1632.

[115] PARK J Y, LEE I, HAM J, et al. Simple and scalable growth of AgCl nanorods by plasma-assisted strain relaxation on flexible polymer substrates[J]. Nat. Commun., 2017(8):15650.

[116] SHEN J, LI F, CAO Z, et al. Light scattering in nanoparticle doped transparent polyimide substrates[J]. ACS Appl. Mat. Interfaces，2017(9):14990-14997.

[117] TONG K, LIU X, ZHAO F, et al. Efficient light extraction of organic light-emitting diodes on a fully solution-processed flexible substrate[J]. Adv. Opt. Mater，2017(5):1700307.

[118] HIPPOLA C, KAUDAL R, MANNA E, et al. Enhanced light extraction from OLEDs fabricated on patterned plastic substrates[J]. Adv. Opt. Mater，2018(6):1701244.

[119] WANG Z B, HELANDER M G, QIU J, et al. Unlocking the full potential of organic light-emitting diodes on flexible plastic[J]. Nat. Photonics，2011(5):753.

[120] KIM S Y, LEE J H, LEE J H, et al. High contrast flexible organic light emittingdiodes under ambient light without sacrificing luminous efficiency[J]. Org. Electron., 2012(13):826-832.

[121] SEKITANI T, NOGUCHI Y, HATA K, et al. A rubberlike stretchable active matrix using elastic conductors[J]. Science，2008(321):1468-1472.

[122] KALTENBRUNNER M, SEKITANI T, REEDER J, et al. An ultra-lightweight design for imperceptible plastic electronics[J]. Nature，2013(499):458-463.

[123] LIANG J, LI L, CHEN D, et al. Intrinsically stretchable and transparent thin-film transistors based on printable silver nanowires, carbon nanotubes and an elastomeric dielectric[J]. Nat. Commun., 2015 (6):7647.

[124] YU C, MASARAPU C, RONG J, et al. Stretchable supercapacitors based on buckled single-walled carbon-nanotube macrofilms[J]. Adv. Mater., 2009(21):4793-4797.

[125] QI D, LIU Z, LIU Y, et al. Suspended wavy graphene microribbons for highly stretchable microsupercapacitors[J]. Adv. Mater., 2015(27):5559-5566.

[126] CHOI C, KIM J H, SIM H J, et al. Microscopically Buckled and Macroscopically Coiled Fibers for Ultra-Stretchable Supercapacitors[J]. Adv. Energy Mater., 2017(7):1602021.

[127] ZHANG Q, SUN J, PAN Z, et al. Stretchable fiber-shaped asymmetric supercapacitors with ultrahigh energy density[J]. Nano Energy，2017(39):219-228.

[128] LIPOMI D J, TEE B C K, VOSGUERITCHIAN M, et al. Stretchable organic solar cells[J]. Adv. Mater., 2011(23):1771-1775.

[129] LEE J, WU J, SHI M, et al. Stretchable GaAs photovoltaics with designs that enable high areal coverage[J]. Adv. Mater., 2011(23):986-991.

[130] LIPOMI D J, BAO Z. Stretchable, elastic materials and devices for solar energy conversion[J]. Energy Environ. Sci., 2011(4):3314.

[131] KALTENBRUNNER M, WHITE M S, GLOWACKI E D, et al. Ultrathin and lightweight organic solar cells with high flexibility[J]. Nat. Commun., 2012(3):770.

[132] KALTENBRUNNER M, ADAM G, GŁOWACKI E D, et al. Flexible high power-per-weight perovskite solar cells with chromium oxide-metal contacts for improved stability in air[J]. Nat. Mater., 2015(14):1032-1039.

[133] GUO H, LAN C, ZHOU Z, et al. Transparent, flexible, and stretchable WS_2 based humidity sensors for

electronic skin[J]. Nanoscale, 2017(9):6246-6253.

[134] GUO S Z, QIU K, MENG F, et al. 3D printed stretchable tactile sensors[J]. Adv. Mater., 2017 (29):1701218.

[135] PARK H, KIM D S, HONG S Y, et al. A skin-integrated transparent and stretchable strain sensor with interactive color-changing electrochromic displays[J]. Nanoscale, 2017(9):7631-7640.

[136] LARSON C, PEELE B, LI S, et al. Highly stretchable electroluminescent skin for optical signaling and tactile sensing[J]. Science, 2016(351):1071-1074.

[137] WANG J, YAN C, CAI G, et al. Extremely stretchable electroluminescent devices with ionic conductors [J]. Adv. Mater., 2016(28):4490-4496.

[138] YANG C H, CHEN B, ZHOU J, et al. Electroluminescence of giant stretchability[J]. Adv. Mater., 2016(28):4480-4484.

[139] SEKITANI T, NAKAJIMA H, MAEDA H, et al. Stretchable active-matrix organic light-emitting diode display using printable elastic conductors[J]. Nat. Mater., 2009(8):494.

[140] WANG J, YAN C, CHEE K J, et al. Highly stretchable and self-deformable alternating current electroluminescent devices[J]. Adv. Mater., 2015(27):2876-2882.

[141] DING S, JIU J, GAO Y, et al. One-step fabrication of stretchable copper nanowire conductors by a fast photonic sintering technique and its application in wearable devices[J]. ACS Appl. Mater. Interfaces, 2016(8):6190-6199.

[142] LIU N, CHORTOS A, LEI T, et al. Ultratransparent and stretchable graphene electrodes[J]. Sci. Adv., 2017(3):e1700159.

[143] WHITE M S, KALTENBRUNNER M, GŁOWACKI E D, et al. Ultrathin, highly flexible and stretchable PLEDs[J]. Nat. Photonics, 2013(7):811.

[144] NIU Y Z X, LIU Z, PEI Q. Intrinsically stretchable polymer light-emitting devices using carbon nanotube-polymer composite electrodes[J]. Adv. Mater., 2011(23):3989-3994.

[145] CHUN K Y, OH Y, RHO J, et al. Highly conductive, printable and stretchable composite films of carbon nanotubes and silver[J]. Nat. Nanotech., 2010(5):853-857.

[146] LIPOMI D J, VOSGUERITCHIAN M, TEE B C K, et al. Skin-like pressure and strain sensors based on transparent elastic films of carbon nanotubes[J]. Nat. Nanotech., 2011(6):788-792.

[147] LEE P, LEE J, LEE H, et al. Highly stretchable and highly conductive metal electrode by very long metal nanowire percolation network[J]. Adv. Mater., 2012(24):3326-3332.

[148] PARK M, IM J, SHIN M, et al. Highly stretchable electric circuits from a composite material of silver nanoparticles and elastomeric fibres[J]. Nat. Nanotech., 2012(7):803-809.

[149] VOSGUERITCHIAN M, LIPOMI D J, BAO Z. Highly conductive and transparent PEDOT:PSS films with a fluorosurfactant for stretchable and flexible transparent electrodes[J]. Adv. Funct. Mater., 2012(22):421-428.

[150] KIM C C, LEE H H, OH K H, et al. Highly stretchable, transparent ionic touch panel[J]. Science, 2016(353):682-687.

[151] LEE M S, LEE K, KIM S Y, et al. High-performance, transparent, and stretchable electrodes using graphene-metal nanowire hybrid structures[J]. Nano Lett., 2013(13):2814-2821.

[152] CHORTOS A, LIU J, BAO Z. Pursuing prosthetic electronic skin[J]. Nat. Mater., 2016(15):

937-950.

[153]　YIN D，FENG J，MA R，et al. Efficient and mechanically robust stretchable organic light-emitting devices by alaser-programmable buckling process[J]. Nat. Commun.，2016(7):11573.

[154]　YIN D，JIANG N R，LIU Y F，et al. Mechanically robust stretchable organic optoelectronic devices built using a simple and universal stencil-pattern transferring technology[J]. Light Sci. Appl.，2018 (7):35.

[155]　YIN D，JIANG N R，CHEN Z Y，et al. Roller-assisted adhesion imprinting for high-throughput manufacturing of wearable and stretchable organic light-emitting devices[J]. Adv. Opt. Mater.， 2020(8):1901525.

第 10 章　新型透明导电电极及光电器件应用

透明导电电极（transparent conductive electrodes，TCEs）是指在可见光范围（380～780 nm）的光学透射率大于 80%，且电极电阻率小于 10^{-3} Ω·cm 的薄膜材料[1]。透明导电电极在光电器件中扮演了重要角色，其应用范围涉及新能源、电子、信息等领域。

光电优值（figure of merit，FoM）是评价透明导电电极综合性能的重要参数，通常定义为电导率（σ_{DC}）和光导率（σ_{opt}）的比值。电导率和光导率是评估透明导电材料性能的两个主要参数，这两个参数相互制约。一般来说，材料导电性好，意味着较高的载流子浓度，然而较高浓度的载流子会增加材料对光的吸收率，从而降低其透射率。在不同的器件应用中，对光透射率和电导率有着不同的要求，例如，触控屏对透明导电电极的透光性要求较高，而太阳能电池对透明电极的表面电阻要求更高。随着柔性电子产业的发展，透明导电材料除了具备优异的光电性能，其机械柔性非常重要。

透明导电电极广泛应用于各种光电器件中（见图 10-1），如触摸屏[2]、太阳能电池[3,4]、有机发光二极管（LED）[5]、电磁屏蔽[6,7]、透明加热器[8,9]、智能窗户[10]和电子皮肤[11]等。柔性电子发展迅速，市场规模迅速扩张，正成为国家支柱产业。据 IDTechEx 咨询公司预测，到 2025 年，柔性透明导电薄膜的市场需求将增加至每年 6 000 万 m²。事实上，这个行业正进入一个新的阶段，许多 ITO 替代材料与技术已经比较成熟，并越来越受到市场的青睐。根据 IDTechEx 公司最新的数据报告

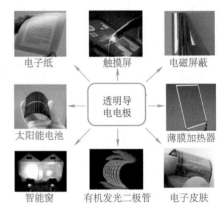

图 10-1　透明导电电极在光电器件中的应用

显示，新的市场机会已经出现，到 2027 年，日益多样化的可穿戴设备市场每年将超过 1 500 亿美元，印刷、柔性和有机电子市场每年将超过 730 亿美元。其中，新型透明导电薄膜材料的市场份额将从 2017 年的 10% 增到 2027 年的近 45%。到 2027 年，ITO 替代材料在 TCEs 的市场中将占据 40 亿美元[12]，如图 10-2 所示。

有关金属氧化物透明导电电极的分类、结构及其性能和应用，已有许多综述和专著从各种角度进行了论述。本章主要针对 ITO 替代材料，特别是低维碳材料、微纳金属纳米线或网格电极的制备、性能及其应用前景进行介绍。其中重点介绍微纳金属网格透明导电电极的仿生制备、性能及其应用。

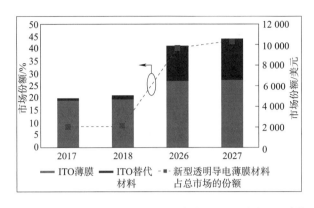

图 10-2　2017—2027 年透明导电薄膜(TCEs)市场预测[12]

10.1　金属氧化物透明导电电极

10.1.1　常见的金属氧化物透明导电电极

透明导电氧化物(transparent conductive oxides，TCOs)是一种宽带隙掺杂半导体薄膜，这种氧化物薄膜多数由多晶或无定形的微结构所组成，具有大的禁带宽度 E_g(3.2～4.1 eV)，远高于光子能量 E_{ph}(1.8～3 eV)。其光学透过率高，在可见光区域(400～800 nm)对光的透射率大于 80%[13-15]，被广泛应用于平板显示和光伏太阳能电池[16-20]。

1907 年，Badeker 首次通过热氧化处理磁控溅射沉积的镉薄膜，获得氧化镉氧化物透明导电薄膜[21]。不过，由于其本身的毒性问题，CdO 的使用受到了限制。之后，In_2O_3、SnO_2、ZnO、Ga_2O_3 等氧化物相继被用于透明导电材料的研究(见表 10-1)[22]。1951 年，康宁公司首次成功开发出氧化铟锡(indium tin oxide，ITO)透明导电氧化物薄膜，并申请了专利[23]。性能优异的 ITO 薄膜可实现 90% 的可见光透光率和 10 Ω/sq 的表面电阻[24]，到现在为止，仍然占据透明导电电极行业的主要市场。

表 10-1　常见的透明导电氧化物及其掺杂[22]

氧化物	掺杂元素和化学物
SnO_2	Sb，F，As，Nb，Ta
In_2O_3	Sn，Ge，Mo，F，Ti，Zr，Mo，Hf，Nb，Ta，W，Te
ZnO	Al，Ga，B，In，Y，Sc，F，V，S，Ge，Ti，Zr，Hf
CdO	In，Sn
Ga_2O_3	—
$ZnO\text{-}SnO_2$	Zn_2SnO_4，$ZnSnO_3$
$ZnO\text{-}In_2O_3$	$Zn_2In_2O_5$，$Zn_3In_2O_6$

续表

氧化物	掺杂元素和化学物
In_2O_3-SnO_2	$In_4Sn_3O_{12}$
CdO-SnO_2	Cd_2SnO_4，$CdSnO_3$
CdO-In_2O_3	$CdIn_2O_4$
$MgIn_2O_4$	—
$GaInO_3$，$(Ga，In)_2O_3$	Sn，Ge
$CdSb_2O_6$	Y
Zn-In_2O_3-SnO_2	$Zn_2In_2O_5$-$In_4Sn_3O_{12}$
CdO-In_2O_3-SnO_2	$CdIn_2O_4$-Cd_2SnO_4
ZnO-CdO-In_2O_3-SnO_2	—

10.1.2　金属氧化物透明导电材料制备

金属氧化物薄膜常用的方法包括磁控溅射、丝网印刷、喷墨打印、热蒸镀、化学气相沉积（chemical vapor deposition，CVD）、原子层沉积（atomic layer deposition，ALD）、喷射热分解、脉冲激光沉积和溶胶-凝胶（sol-gel）等，见表 10-2。不同的制备方法各有优缺点，薄膜的光电性能主要受掺杂杂质的影响，制备工艺决定了薄膜的部分物理性质。磁控溅射是目前最常用金属氧化物薄膜沉积技术。磁控溅射镀膜是一种低温高速的薄膜沉积技术，产生的二次电子，碰撞使气体原子成为高能粒子，轰击在靶材表面产生溅射，使靶材材料在基材上均匀生长，实现了磁控溅射镀膜的高速和低温的特点。在利用金属氧化物靶材制备金属氧化物薄膜过程中，氧分压、衬底与靶材的距离、衬底温度、溅射时间和功率等对薄膜的性质都有很大影响。卷绕式磁控溅射是目前基于柔性衬底镀膜的重要方式。该技术不仅自动化程度高、生产效率高，同时还具有工艺可控性好、大面积稳定一致，成本相对较低等优势，已经在镀膜行业中大规模应用。

表 10-2　重要的透明导电氧化物及其制备方式[22]

材料	制备工艺	时间
CdO	热氧化	1907
CdO	磁控溅射	1952
SnO_2：Cl	喷雾热分解法	1942
SnO_2：Sb	喷雾热分解法	1946
SnO_2：F	喷雾热分解法	1951
SnO_2：Sb	化学气相沉积	1963
ZnO：A	磁控溅射	1971
In_2O_3：Sn	喷雾热分解法	1951

续表

材料	制备工艺	时间
$In_2O_3:Sn$	喷雾热分解法	1951
$In_2O_3:Sn$	磁控溅射	1953
$In_2O_3:Sn$	喷雾热分解法	1966
$TiO_2:Nb$	脉冲激光沉积	2005
Zn_2SnO	磁控溅射	1992
$ZnSnO$	磁控溅射	1994
$a\text{-}ZnSnO$	磁控溅射	2004
Cd_2SnO	磁控溅射	1972
$InGaZnO_4$	烧结	1995
$a\text{-}InGaZnO$	脉冲激光沉积	2001
$In_2O_3:Mo$	磁控溅射	2006
ITO	磁控溅射	2003
$In_2O_3:ZnO$	磁控溅射	2006
ZnO	磁控溅射	2006
$ZnO:Ga$	磁控溅射	2004
$ZnO:Sc/Y$	磁控溅射	2000
$p\text{-}CuAlO_2$	磁控溅射	2006
$NiCo_2O_4$	磁控溅射	2005
$(LaO)CuS$	磁控溅射	2002
NiO	磁控溅射	1993
$In_2O_3:Ag_2O$	磁控溅射	1998
ITO	脉冲激光沉积	2001
TiO_2	脉冲激光沉积	2006
ZnO	脉冲激光沉积	2002
p-type TCO	脉冲激光沉积	2005
$Zn，SnIn_2O_3$	有机金属化学气相沉积	2005
p-type ZnO	有机金属化学气相沉积	2006
$p\text{-}ZnO$	低压有机金属化学气相沉积	2004
CdS	喷雾热分解法	1966
SnO_2	喷雾热分解法	2003
CdO	喷雾热分解法	1994
ZnO	喷雾热分解法	2006
ITO	溶胶凝胶法	1999

10.1.3 金属氧化物透明导电材料的优势与缺陷

在诸多的透明导电氧化物电极材料中,最为普遍的是 ITO 材料。ITO 广泛应用于平板显示、液晶显示、触摸屏以及有机太阳能电池等领域[25]。ITO 由 90%~95% 的 In_2O_3 和 5%~10% 的 SnO_2 所组成,带隙在 3.5~4.1 eV 之间,可见光透光率大于 85%,表面电阻小于 20 Ω/sq,且能够通过改变薄膜厚度和掺杂浓度来调控其光电性能[15,26,27]。制备 ITO 的方式有许多,包括电子束蒸发、射频磁控溅射以及脉冲激光沉积等[28-30]。ITO 的光电性能、耐腐蚀性和化学稳定性好,但由于其主要成分铟元素储量有限,随着 ITO 大量应用,其成本大幅提高,因此寻求价格低廉透明导电氧化物替代 ITO 成为一个重要的研究方向。

掺氟氧化锡(fluorine-doped tin oxide,FTO)是目前广泛使用的非铟金属氧化物透明导电材料。本征 SnO_2 是 N 型半导体,导电性较差,但通过掺入五价元素或者 F 元素形成浅施主能级,可有效提高其导电性。FTO 表面电阻和光透射率与 ITO 类似,常用作非晶硅和碲化镉太阳能电池的透明窗口电极或建筑物外墙玻璃的热反射涂层。不同的是,FTO 具有优异的热稳定性能,可耐受 400 ℃ 的高温,而在此温度下 ITO 的性能已发生严重衰减[31]。但是,FTO 薄膜的表面粗糙度比 ITO 大,妨碍了其在薄膜太阳能电池和高像素触控显示中的应用[32]。

掺铝氧化锌(aluminium-doped zinc oxide,AZO)是另外一种可行的 ITO 替代透明导电氧化物。ZnO 也是本征 N 型的半导体,可通过掺杂多种元素获得不同的导电性,而作为透明导电材料应用较多的是掺铝氧化锌。由于铝原材料成本低廉且毒性低,常用作太阳能电池的抗反射涂层。但是,AZO 在湿度较大的条件下或者发生机械弯曲后,其性能会发生较大衰减。

尽管以上 TCOs 具有较好的光电性能,高光透过率(80%~90%)和低的表面电阻(10%~100 Ω/sq),但是,TCOs 质脆易碎,无法满足现在柔性光电器件的需求;另外一个潜在的问题是 TCOs 本身的折射因子较高(n~2.0),这使得将它与低折射因子的衬底材料共同使用时会发生光学反射现象。然而,最重要的问题仍然是 TCOs 的主流材料 ITO 价格昂贵,及其磁控溅射工艺带来的高真空和设备制造和维护成本等。

10.2 新型 ITO 替代材料

为解决以上问题,学术界和产业界相继研发了多种 ITO 替代材料,如图 10-3 所示。这些材料包括导电高聚物、碳纳米管,石墨烯、金属薄膜、金属网格、银纳米线和复合电极等。在以上替代材料中,低维金属网格透明导电电极具有很好的优异的光电性能、良好的机械柔性,以及可以湿法大规模制备等优点,是 ITO 最佳替代材料之一。

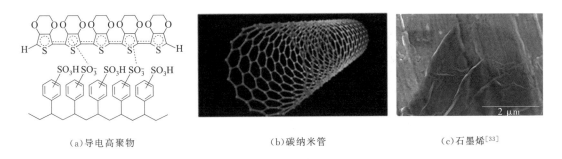

(a)导电高聚物　　　　　　　(b)碳纳米管　　　　　　　(c)石墨烯[33]

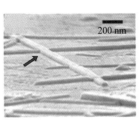

(d)金属薄膜　　　(e)金属网格[34]　　　(f)银纳米线[35]　　　(g)复合电极

图 10-3　新型 ITO 替代材料

10.2.1　低维碳材料透明导电电极

低维碳基纳米材料主要包括碳纳米管（carbon nanotubes，CNTs）和石墨烯（graphene）。该类低维碳材料具有很高的光学透过率，例如单层石墨烯的可见光透射率可达 99%，适合用于高透光需求器件。该类低维碳材料结构规整，也具有优良的电导率[36]。表 10-3 给出了基于碳纳米管和石墨烯透明导电电极的光电性能。

表 10-3　基于碳纳米管和石墨烯透明导电电极的光电性能[33]

材料	表面电阻/($\Omega \cdot sq^{-1}$)	光透射率/%
石墨烯	$125 \sim 1.35 \times 10^5$	$70 \sim 97.4$
还原的氧化石墨烯	$10^3 \sim 10^6$	$57 \sim 87$
大尺寸氧化石墨烯	605	86
还原的氧化石墨烯/银	12.3	82.2
单壁碳纳米管	$59 \sim 85\,000$	$71 \sim 85$
多壁碳纳米管	$180 \sim 250$	$38 \sim 81$
碳纳米管	310	81
还原的氧化石墨烯/多壁碳纳米管	$1\,700 \sim 50\,000$	85
碳纳米管/卤化铜	$55 \sim 65$	$85 \sim 90$
碳纳米管/石墨烯	735	90
碳纳米管/PEDOT:PSS	<298	<87.52

10.2.1.1 碳纳米管

1991 年，筑波 NEC 实验室物理学家饭岛澄男首次使用高分辨透射电子显微镜从电弧法生产碳纤维的产物中发现 CNTs。CNTs 是一种由六边形组成的蜂窝状结构作为碳纳米管骨架。按照管的层数不同，分为单壁碳纳米管（Single-wall carbon nanotubes，SWCNTs）和多壁碳纳米管（multi-wall carbon nanotubes，MWCNTs）[37]。管的半径方向非常细，只有纳米尺度，几万根碳纳米管并起来也只有一根头发丝宽，碳纳米管的名称也因此而来。单根碳纳米管具有高的弹性系数（1～2 TPa）、高抗张强度（13～53 GPa）、高的导电性（理论电流密度可达 4×10^9 A·cm^{-2}，Cu 的约为 1 000 倍）以及高的光透射率（＞90%，光谱范围 400 nm～22 μm）等优异性能[38]，近年来吸引了众多科研工作者的兴趣。

由碳纳米管按照一定方式排列而成的透明导电薄膜具有良好的光电性能和机械柔性（见图 10-4），已经在 OLED、太阳能电池和半透明超级电容器中应用[36]。另外，碳纳米管可以与导电聚合物组成复合电极，这种复合电极除了具有良好的光电性能（50～500 Ω/sq @ 63%～87%[39-41]），且机械柔性好、制备成本低[42-44]。通过改变碳纳米管的质量百分数、导电聚合物的厚度等参数，可以进一步调控碳纳米管/导电聚合物复合电极的性能。然而，添加导电聚合物一定程度上可以降低碳纳米管薄膜的表面粗糙度，但由于高聚物的吸光降低了电极的整体透光性能[45]。

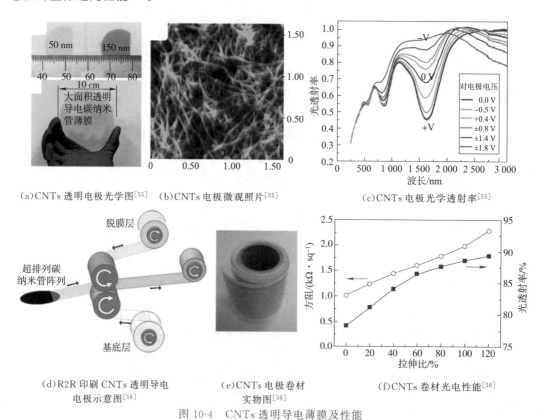

（a）CNTs 透明电极光学图[55]　（b）CNTs 电极微观照片[55]　（c）CNTs 电极光学透射率[55]

（d）R2R 印刷 CNTs 透明导电电极示意图[56]　（e）CNTs 电极卷材实物图[56]　（f）CNTs 卷材光电性能[56]

图 10-4　CNTs 透明导电薄膜及性能

　　碳纳米管透明导电薄膜电极的制备过程一般分为三步：碳纳米管的生长、碳纳米管的溶液分散、碳纳米管成膜。纳米管可使用激光烧蚀、电弧放电、等离子增强化学气相沉积等方法制备。纳米管的气相生长过程不可控，且不同性能（导电性和半导体新）的碳纳米管由于范德华吸引而分离困难。密度梯度超速离心法（density gradient ultracentrifugation，DGU）被用来解决这个问题[46]。DGU 通过密度来进行分离，具有相似光学特性的碳纳米管（通常具有相似的直径）也能被分离出来用以制备不同颜色的透明导电薄膜电极。另外，碳纳米管分散通常采用添加分散剂达到均匀分散的效果。通常将 CNTs 与水和表面活性剂混合，并对混合溶液进行超声处理，形成均匀的分散 CNTs 悬浮液。而后采用物理方法去除残留的表面活性剂，形成透明导电碳纳米管透明导电电极[38]。

　　另一种可行的碳纳米管成膜方法是超声波喷雾法[47,48]。通过优化表面活性剂、喷雾液滴大小（由超声波喷嘴的频率控制）和溶液流速等喷射参数，调节碳纳米管透明导电薄膜电极的光电性能。由于喷嘴本身的超声波振动，所以这种方法在喷雾过程中除了分离团聚的碳纳米管之外，还提供了一个额外的超声处理。

　　尽管碳纳米管在光电子领域作为 ITO 替代材料具有较大潜力，但目前仍然存在着许多应用性问题。目前碳纳米管成膜的方法很多，主要是湿法技术成膜，例如旋涂、喷涂[49]、麦耶棒涂布[50]、提拉法[51]和喷墨打印或者真空抽滤[52]。然而，这些湿法成膜方法具有一个共同的缺点，即沉积的 CNTs 和基底之间的附着力较差[53]，导致碳纳米管脱落等问题。而且，碳纳米管薄膜性能受纳米管长度、直径和导电性等因素的影响较大，以及碳纳米管薄膜中管与管间接触电阻很大[54]。以上问题限制了碳纳米管透明导电电极在低电阻需求器件中的应用，例如薄膜太阳能电池和 OLED。

10.2.1.2　石墨烯及其衍生物

　　石墨烯是另一种特别的碳单质形式，是单层的碳原子所构成的蜂巢晶格石墨片层。纯单纯石墨烯是一个零带隙的半导体，具有独特的能带结构。理论上石墨烯的电子和空穴的有效质量为 0，石墨烯的诸多性能都基于这个特点。由于石墨烯中的电子是非局域化的，具有超高的费米速度（10^6 m·s^{-1}）和理论迁移率（2×10^5 cm^2·V^{-1}·s^{-1}）。石墨烯具有良好的导电性和机械延展性，也是一种极具发展潜力的新型透明导电电极材料。石墨烯的制备方法有很多，包括机械剥离，外延法、金属催化 PECVD 以及化学湿法技术。但由于单层大面积石墨烯的转移技术尚未成熟，化学法合成石墨烯薄膜及其复合材料（见图 10-5）[57,58]，也是重要的解决方案。

　　Liu 等制备了一种石墨烯/ITO 复合电极，该电极机械和光电性能优异，如图 10-5（a）所示[59]。图 10-5（b）所示为 PET（polyethylene terephthalate）基底上的石墨烯/ITO 电极样品的光透射率谱图。除此之外，石墨烯与金属材料的复合也能明显改善其电学性能。Qiu 等[60]提出了一种在温和、绿色和室温的环境条件下制备氧化石墨烯/金属网格薄膜的方法。

这种复合电极具有优异的光电性能,表面电阻 18 Ω/sq,光透射率 80%。Hong 等制备出可全方位拉伸和高透光的石墨烯电极,这种电极具有较好的机械稳定性和性能可靠性,如图 10-5(c)所示。图 10-5(d)所示为多层石墨烯柔性透明导电电极在波长 550 nm 处的光透射率为 87.1%[61]。图 10-5(e)、图 10-5(f)分别为石墨烯/PDMS 复合电极分别在弯曲和拉伸状态下的方阻变化,该电极在弯曲半径小至 0.5 mm 和拉伸应变 30% 时均能保持稳定的电学性能[61]。

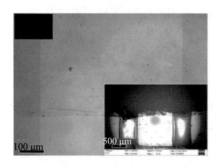

(a)石墨烯/ITO 电极光学照片[59]

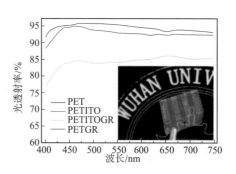

(b)制备在 PET 基底上的样品的光透射率谱图[59]

(c)石墨烯/PDMS 薄膜光学照片[61]

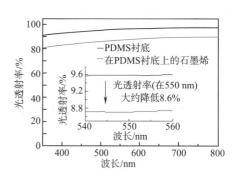

(d)PDMS(黑色)和 PDMS 上的多层
石墨烯(红色)光透射率谱图[61]

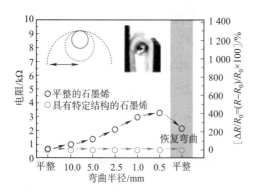

(e)石墨烯/PDMS 复合电极在弯曲状态下的方阻变化

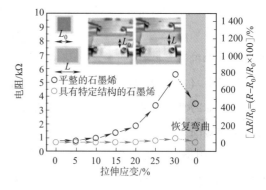

(f)石墨烯/PDMS 复合电极在拉伸状态下的方阻变化

图 10-5　化学法合成石墨烯薄膜及其复合材料[61]

除了石墨烯基复合电极之外,掺杂的石墨烯透明电极也具有良好的性能[62-64]。Byung 等结合 CVD 生长和卷对卷(roll-to-roll)的制备工艺获得 30 英寸掺杂的石墨烯薄膜[63]。这种掺杂的石墨烯透明电极表面电阻低至 125 Ω/sq,对应的光透射率为 97.4%。Park[64] 等发现在石墨烯中掺杂 $AuCl_3$ 可改善其导电性能,并能改变石墨烯导电薄膜的功函数,使其能应用于有机太阳能电池中并得到较高的光电转换效率。Deng 等提出了一种连续 roll-to-roll 生产工艺,用以大面积制备金属纳米线与单层石墨烯复合电极,如图 10-6 所示。

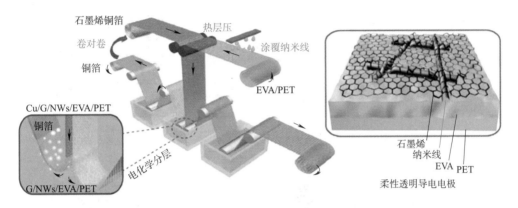

(a)石墨烯复合电极的卷对卷工艺原理图

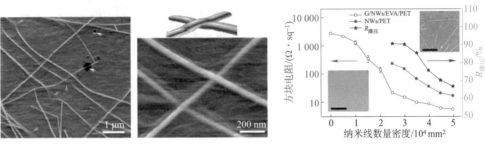

(b)单层石墨烯的 SEM 图　(c)石墨烯与银纳米线复合电极　(d)AgNW 薄膜与 AgNW/石墨烯薄膜中
　　　　　　　　　　　　　的侧面 SEM 放大图　　　　　银纳米线密度与薄膜方阻的关系曲线

图 10-6　制备金属纳米线与单层石墨烯复合电极[62]

总之,石墨烯及其衍生物透明导电电极的方阻和光学透射率良好,其数值可以通过 $(R_s \approx 62.4/n)$ Ω/sq[65] 和透过率(%)$\approx 100 \sim 2.3n$[66] 求得,其中 n 为石墨烯层数。然而,由于石墨烯大面积转移技术尚未成熟,单独用作透明导电电极具有一定的困难,且石墨烯基复合电极的光电性能需要进一步优化提高,大面积制备工艺还处于实验室研究阶段。

10.3　金属系透明导电电极

金属材料自身具有非常高的电导率,但是不透光。为了实现透光,通常利用图案化金属薄膜提高其光学透射率。分别采用自下而上和自上而下两种微纳米制造工艺,从而衍生了两类金属网格电极:金属纳米线电极和金属网格电极,如图 10-7 所示。

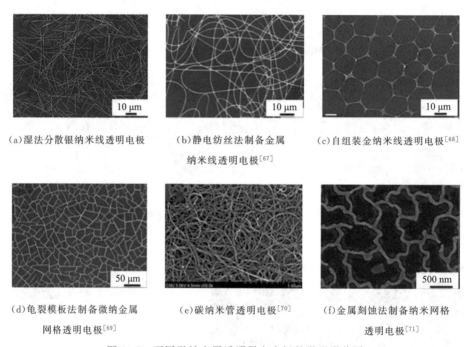

(a)湿法分散银纳米线透明电极　　(b)静电纺丝法制备金属　　(c)自组装金纳米线透明电极[68]
　　　　　　　　　　　　　　纳米线透明电极[67]

(d)龟裂模板法制备微纳金属　　(e)碳纳米管透明电极[70]　　(f)金属刻蚀法制备纳米网格
　　网格透明电极[69]　　　　　　　　　　　　　　　　　　透明电极[71]

图 10-7　不同微纳金属透明导电电极的微观形貌图

10.3.1　金属纳米线透明导电电极

金属纳米线透明电极(AgNWs)由一维纳米线通过湿法成膜制备而成。单根纳米线的直径在 1～100 nm 的范围内,长度为微米数量级。Ag、Cu、Au、Ni 等金属纳米线都能够实现湿法制备,并且能够通过改变合成参数来调控金属纳米线的长径比等,其中银纳米线最富有代表性。金属纳米线透明导电电极主要进展见表 10-4。

表 10-4　金属纳米线透明导电电极研究进展[22]

纳米线	直径/nm	长度/μm	长径比	表面电阻/($\Omega \cdot sq^{-1}$)	可见光透过率/%	光电优值	制备方法
Ag	100～200	50～150	300～1 500	1～10	70～96	～1 686	迈耶棒
Ag	—	—	—	14.7	81	115	迈耶棒
Ag	85	6.5	76.5	13	85	171	

续表

纳米线	直径/nm	长度/μm	长径比	表面电阻/(Ω·sq^{-1})	可见光透过率/%	光电优值	制备方法
Ag	35±5	25±5	714	16±1.75	82.3	115	旋涂
Ag	40	15	375	16.3	89	192	旋涂
Ag	60	65~75	>1 000	25/9.2	91/85	156/242	滴涂
Ag	103±17	8.7±3.7	84	10.3/22.1	84.7/88.3	211/133	滴涂
Ag	75	12.5	167	10	85	223	真空抽滤
Ag	70	8	114	8.6	80	186	滴涂
Ag	100~150	20	200	35	80	47	喷涂
Ag	50~100	10	200	8	80	200	迈耶棒
Ag	20~40	20~40	1 000	10	90	349	迈耶棒
Ag	75	12.5	167	33	85	67	喷涂
Ag	—	—		38.7	87.62	71	印刷
Ag	20±2	40±15	>2 000	130/32	99.1/95.1	320/232	迈耶棒
Ag	60	6	100	30/12	86/82	80/150	滴涂
Ag	60	10	167	11	87	238	喷涂
Ag	160	95.1	594	9/69	89/95	350/105	真空抽滤
Cu	80	—	—	220	91	18	真空抽滤
Cu	35	65	1 860	100	95	72	喷涂
Cu	44.6	—	—	24	88	119	喷涂
Cu	17.5	17	~1 000	5.32/15	77/86	254/160	
Cu	45±3	60~90	>1 700	14/30	76/86	91/80	旋涂
Cu	78	—	~1 000	90/35	90/85	39/64	
Cu	16.2±2	40	2 470	51.5	93.1	101	
Cu	52±17	20±5	385	30	85	74	迈耶棒
Au	1.6	—	~1 000	400	96.5	26	
Au	300	—	—	70	80	22	表面沉积
Cu@Ni	90±31	15±3	167	44	86	55	迈耶棒
Cu@Pt	84±12	—	—	38	83.4	52	
Ag@Ni	160	—	—	220	75	6	
Cu@Ni	70~100	20~40	~350	300	76	4	喷涂
Cu@Ag	92±23	28±10	304	29	84	71	迈耶棒

合成高长径比的银纳米线和改善银纳米线接触电阻是改善银纳米线透明导电电极光电性能的重要手段。AgNWs 透明导电电极的银线长径比越大,光电性能越好[35,72-75]。通过选择适当的合成方法,可以提高纳米银线的长径比。通常,合成银纳米线的方法有很多种,包括液相法[76-81]、激光辅助催化生长[82,83]、化学气相沉积[84,85]、模板法[86,87]等。多元醇法可以

获得超长纳米银线,是常用合成方法之一。Sun 等[76]通过利用 Pt 纳米粒子作为种子生长银纳米线,得到了直径为 30 nm 的均匀 AgNWs。Lee 等[77]利用高压多元醇法,实现了对 AgNWs直径的调控,使其在 15～22 nm 之间。Hu 等[88]在前驱体溶液中引入 Br 离子,可以有效降低 AgNWs 的直径。Li 等[78]通过在前驱体溶液中同时加入 NaBr 和 NaCl,得到了平均直径为 20 nm,长径比大于 2 000 nm 的银纳米线。Silva 等[79]将一定浓度的 NaBr 缓慢加入 AgNO$_3$ 溶液中,获得了直径约为 20 nm 的 AgNWs。在大面积制备方面,Lin 等[89]通过非加热 roll-to-roll 连续工艺,对 AgNO$_3$ 前驱液进行喷射纺丝和 UV 处理,成功制备出了大面积银纳米线(silver nanofiber,AgNF)柔性透明导电电极,如图 10-8 所示。

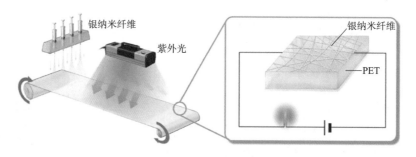

(a)印刷工艺原理图和局部放大图

(b)银纳米线透明电极卷材光学照片

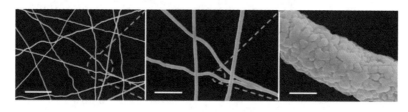

(c)银纳米网格的 SEM 图

图 10-8　金属纳米线透明电极 R2R 工艺流程[89]

银纳米线透明导电电极光电性能优异,但仍存在以下问题:(1)纳米线量产技术尚未成熟,纳米线成本居高不下;(2)由于纳米线接触电阻存在,纳米线电极表面电阻相对较大;(3)AgNWs与基底材料的附着性能很差,很容易发生脱落。实验结果表明,AgNWs 的接触

电阻 R_c 是其表面电阻 R_{sh} 的主要来源。减小 R_c 提高导电性的传统方法是加热和加压法[90-91]，新的方法有激光纳米焊接[92]、石墨烯复合[93]和等离子焊接[94]等。后处理技术降低了表面电阻，同时也提高了纳米线复合电极与衬底附着力。目前，有很多种制备银纳米线复合电极的方法，如旋涂 PEDOT:PSS[95]、石墨烯[96]、双层纳米线结构[97]、静电纺丝[98]，以及表面沉积 MnO_2[99]、TiO_2[100]、ZnO[101]、AZO[102]、SnO_x[103]粒子复合等。

10.3.2　微纳规则金属网格透明导电电极

规则金属网格透明导电电极可以通过湿法沉积或者真空镀膜而得。模板法是常用技术之一，包括 PS 小球自组织[104]、光刻模板[104-105]、微纳米压印模板[106]等。这些金属网格可沉积在柔性衬底材料上作为透明导电电极，适用于柔性光电子器件和设备。通过模板法制备透明导电电极不需要高真空条件，适用于低成本的液相法工艺[107]。

聚苯乙烯球液相自组装是常用的规则金属网格制备方法[104]。通过基底表面旋涂一层前驱液，PS 小球可以自组装形成二维密排六方阵列，通过改变 PS 小球的直径和种类，可以有效调控金属网格的线宽和线间距[104]。纳米压印采用纳米硬质模板，在柔性衬底上获得周期结构，然后做导电处理。Maurer 等[106]采用直接纳米压印法，以 PDMS 作为压印模板，Au 纳米线墨水作为待压胶体基底，得到了方阻小于 29 Ω/sq 的透明导电电极，通过改变纳米线墨水的浓度和印章的几何结构尺寸可以调节电极的透光性能，如图 10-9 所示。Wang 等[108]通过连续卷对卷紫外纳米压印法（roll-to-roll ultraviolet-nanoimprint lithography，R2R UV-NIL），以金属 Ni 作为压印模板，在 PET 基底上制得了方阻为 22.1 Ω/sq，光透过率为 82% 的大面积 Ag 网格透明电极，如图 10-10 所示。

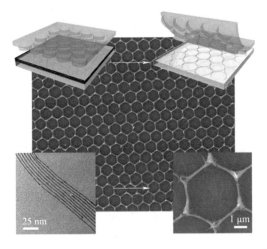

图 10-9　PDMS 模板法制备金纳米线透明电极 SEM 图[106]

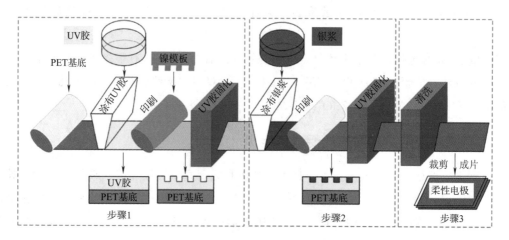

(a)R2R UV-NIL 工艺流程图

(b)R2R UV-NIL 系统　　　　　　　(c)印刷系统放大图

图 10-10　纳米压印技术制备纳米金属网格透明导电电极技术[108]

10.3.3　微纳非规则金属网格透明导电电极

规则金属网格透明导电电极克服了纳米线电极的接触电阻问题,但微纳尺度规则金属网格制备成本高,且规则网格的光学摩尔纹效应不利于其在可视化要求高的器件上应用。非规则金属网格透明电极可以克服以上问题,是新型 ITO 替代材料的有力竞争者。

目前各种非规则连续金属网格制备方法包括气泡堆积法[109]、咖啡环法[110]、晶体边界法[111]等。华南师范大学高进伟教授课题组从 2010 年开始开展非规则金属网格透明电极的研究,已经发展了多种非规则金属网格电极的制备技术,包括龟裂模板技术[69,112-114]、生物仿生模板技术等[115,116]。非规则金属网格的制备模板灵感来自大自然。在自然界中,为了实现高效率和低能耗的物质转移和交换,自然生物系统进化成了多种分层多孔分形网格结构。例如,在植物茎、树叶叶脉及血管和呼吸系统中,都普遍存在高效的输运网络管道,且管径在多个尺度上规律性地减少(并且分支),并最终终止于尺寸不变单位。这种生物精密网络结构的形成,得益于生物的长期自然演化。为确保在物质整个网格中有效输运,这些结构在有限体积内连接的整个天然多孔网格将所有管道的运输阻力降至最低。这些天然的多孔网格从电学输运性能、光学性能及其机械柔性角度为类二维金属网格电极提供了很好的协同效应,有效优化了此类结构金属网格透明导电电极的光电性能。

10.3.3.1　龟裂模板法制备亚微米金属网格透明导电电极

龟裂也称网裂,是薄膜在应力分布不均时而形成的裂纹,普遍存在于自然界或者薄膜材料的失效中,如图 10-11 所示。力学和材料科学中将龟裂作为一种缺陷,且需要避免,如何有效地利用龟裂现象开展相关的研究报道甚少。将龟裂技术应用于微纳金属网络透明导电电极的制备是光电科学和工程技术中的重要创新,并得到了广泛应用[69,112-116]。

(a)大地干裂　　　　　　　　　(b)指甲油开裂　　　　　　　　(c)陶瓷开裂

图 10-11　自然界中常见的龟裂现象

1. 龟裂模板法制备金属网格电极

龟裂模板法制备亚微米金属网格透明电极(见图 10-12)最早由华南师范大学高进伟教授团队提出,到目前为止已经发展为一种低成本、绿色、高效的透明导电电极制备技术[69,112-116]。利用龟裂模板法制备金属网格透明导电电极的步骤如图 10-12(a)所示。主要步骤包括龟裂胶体的成膜、胶体薄膜龟裂、金属导电层的沉积,及其胶体牺牲层的去除。胶体失水,应力分布不均匀而龟裂裂纹。值得说明的是该裂纹特征为典型的分形结构,即裂纹宽度大小呈现梯形变化,这为金属网格制备提供了天然优异的模板。更为优异的是,该裂纹特征可以通过调节龟裂液浓度、龟裂液种类、涂布厚度、环境温度和湿度均等因素来实现,以实现微纳金属网格电极的性能调控。

龟裂模板微纳金属网格透明电极总体性能优异,主要优势包括:(1)电极的金属线宽 $0.5 \sim 4~\mu m$ 可调,金属线间距 $30 \sim 100~\mu m$ 可调;(2)表面电阻 $0.5 \sim 20~\Omega/sq$ 可控,透光率 $75\% \sim 95\%$ 可控[69,112,113];(3)金属网格局部无序,大面积均匀,无莫瑞干涉效应;(4)电极机械柔性好,附着力强;(5)原材料绿色环保,制备不涉及光刻技术且适应卷对卷印刷制程。金属网格透明导电电极目前已经应用到了智能窗、超级电容器、透明加热器、气体传感器等柔性电子器件之中,证明了金属网格透明电极良好的应用前景。

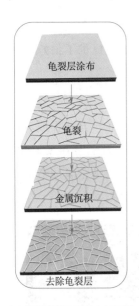

（a）龟裂模板法制备金属网格
透明导电电极过程示意图

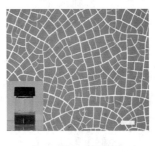

（b）高聚物龟裂模板

（c）生物蛋白龟裂模板

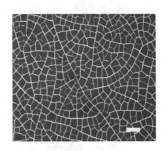

（d）亚微米金属网格透明
电极光学图

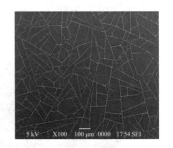

（e）亚微米金属网格透明电极
SEM 图（标尺都为 100 μm）

图 10-12　龟裂模板法制备金属网格透明电极

2. 电镀法制备超低表面金属网格电极

真空磁控溅射技术需要真空条件、且设备和原料成本较高，限制了其大面积卷对卷制备。所以，湿法卷对卷制备透明导电电极为未来的主要发展方向。使用湿法技术制备金属网格透明导电电极，成本低且适合柔性衬底，为大面积卷对卷生产提供了重要的技术基础。湿法技术制备龟裂网格透明电极又分为电化学沉积[113]和无电沉积[112]两种。

电化学沉积又称电镀，是一种传统的湿法技术。金属离子在外加电场的作用下，吸附在带有异种电荷种子层上，发生氧化还原过程，还原出原子而形成沉积物。根据电沉积条件（电压、电镀液浓度、电镀时间、络合剂等）的不同，金属沉积物的形态出现大块多晶、金属薄膜、粉末、枝晶等。电化学法制备龟裂网格透明导电电极主要基于金属种子层进行电镀，提高金属网格的垂直高度，显著降低金属网格电极的表面电阻，如图 10-13（a）所示。选用的金属种子层的厚度约为 50 nm。图 10-13（b）为金属种子层的大面积扫描电镜图，该金属种子层具有优异的连续性和均匀性，具有 90% 以上的透射率，节点的线宽约为 1 μm，平均线宽小于 2 μm。图 10-13（c）所示为电镀前后金属电极的光电性能变化[113]。电镀后金属网格电极的透射率仍然在 80% 左右，然而表面电阻显著降低，甚至在 0.1 Ω/sq 以下。此类电极对表面电阻要求较高的器件来说，具有明显的优势，例如太阳能电池，超低表面电阻会显著降低器件串联电阻。

（a）电镀法制备透明电极的原理示意图

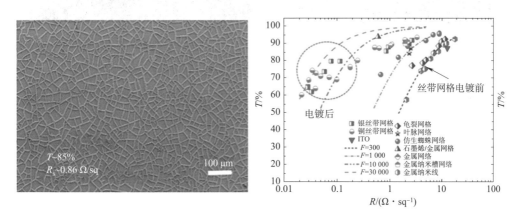

（b）电镀法透明导电电极 SEM 图　　　　（c）电镀前后电极光电性能对照

图 10-13　电镀法制备超低表面金属网格电极[113]

3. 无电沉积法全湿法制备金属网格透明导电电极

无电沉积是一种通过电化学技术，将金属离子还原成金属颗粒沉积在材料表面形成致密层金属的方法。无电沉积法制备金属网格透明导电电极具体过程如图 10-14 所示[112]。

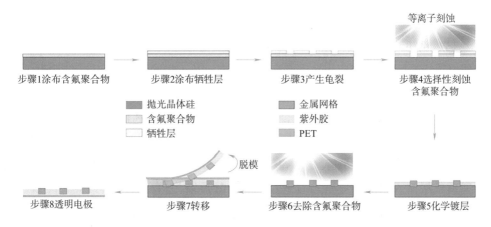

（a）全湿法无电沉积金属铜电极示意图

图 10-14　无电沉积法制备金属网格透明导电电极[112]

 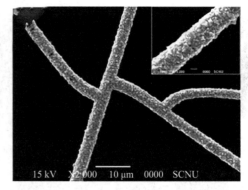

(b)铜金属网格电极 SEM 图　　　　　　　　　(c)SEM 放大图

图 10-14　无电沉积法制备金属网格透明导电电极[112]（续）

通过采用清洁环保的龟裂模板,将其龟裂网格复制到疏水层上,形成稳定性好的亲疏水网格模板;然后通过无电沉积法制备金属网格;最后转移至柔性衬底后获得性能优良的柔性金属网格透明导电电极。本方法创造性地采用全液相法制备金属网格透明导电电极,降低了电极的制备成本,缩短了制备周期。

10.3.3.2　生物仿生法制备高性能透明导电电极

仿生学是一门蓬勃发展的学科,到现在为止人类向大自然学习,已经成功仿生制造出了多种高性能材料或者设备,例如自清洁表面[117]、蝴蝶翅膀的结构色[118]、章鱼吸盘[119]、人工智能网格[120]以及仿生鲨鱼皮[121]等。金属网格透明电极需要高效的导电性和光学透过率,传统上通过调控金属氧化物的组成来调节其电学和光学性能。由于金属不透光,多孔金属薄膜表面电阻和光学透过率是相互矛盾的。分形自相似结构为高效金属网格透明导电电极的设计提供了很好的理论模型[129]。分形自相似网格结构广泛存在自然界中,是指没有特征长度,但具有一定意义下的自相似图形、结构、性质和形态的总称。自然界中各种分形结构（见图 10-15）,例如大地干裂、沙漠、河流、树冠、叶脉、血管等。树冠分形系统表现出小的流动阻力和理想的特征尺寸、已被应用在许多人工系统中。基于相同的原理,这些结构也被用来设计成能量传导系统、热转换系统、芯片等微结构来提高热能的输运效率和减少能量的损失。类似的,分形自相似结构在光电器件中对光子透射率、载流子的收集和输运也具备重要的作用。

金属网格透明导电电极是 ITO 重要替代材料和技术。面向电流源器件(如太阳能电池和 OLED)应用,透明电极除了需要优异的面内均匀载流子输运能力以外,电极从活性层收集或者向活性层注入载流子效率尤为重要。多级分形结构(自相似、无特征长度)是一种高效的输运网格结构。高进伟课题组创新性提出并构建多级分形自相似微结构透明电极薄膜,即在不影响可见光透过率的前提下,研究设计高效透明电极,促进载流子快速均匀输送(收集或者注入),提高光电器件的光电转化效率,最后从机理上和实验两方面验证了分形自相似结构的优越性。同时该课题组也基于蛛丝网格设计制备了可拉伸金属网格透明电极,为可穿戴光电子器件提供高柔性透明电极薄膜。该项工作利用生物网格仿生制备高性能透明电极,为透明电极的设计提供了崭新的研究思路。通过引入分形结构,提高金属网格电极载流子输运能力。申请者以叶脉为模板,获得了分形透明导电电极,实现了透光性约 90%,表面电阻约 2.5 Ω/sq 的光电性能。这种分形结构电极由于独特的微结构,其载流子收集和输运性能优越。基于此电极的太阳能电池光电转化效率明显提高(5%～10%)。机械柔性是新型透明导电电极的重要研究方向。蛛丝网格是一种高弹性的网格结构,可折叠、可弯曲且可拉伸,这正是柔性透明电极的关键性能。利用蜘蛛网格为模板,申请者实现了可拉伸透明金属网格电极(拉伸 100%,表面电阻变化<15%;拉伸 1 000 次,电阻变化<5%)[116],如图 10-16 所示。

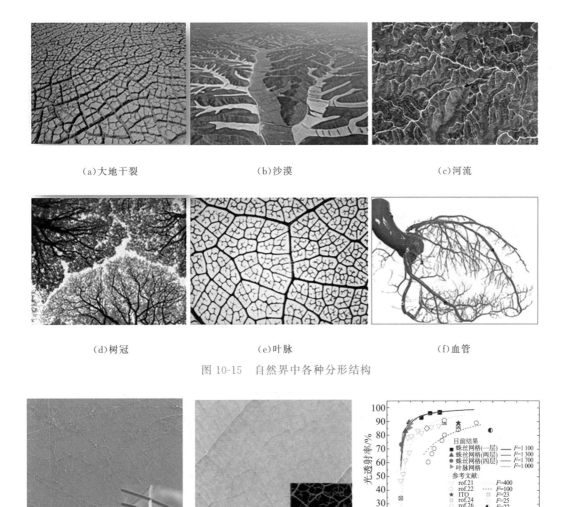

(a)大地干裂　　　　　　　(b)沙漠　　　　　　　(c)河流

(d)树冠　　　　　　　(e)叶脉　　　　　　　(f)血管

图 10-15　自然界中各种分形结构

(a)蛛丝网格透明电极　　　(b)叶脉网格透明电极　　　(c)仿生透明电极光电性能

图 10-16　仿生透明导电电极及其性能

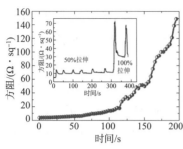

(d)蛛丝网格透明电极可拉伸性能　　　(e)蛛丝网格透明电极可弯曲　　　(f)叶脉网格电极触摸屏书写展示

可拉伸性能应用展示

图 10-16　仿生透明导电电极及其性能(续)

从透明导电理论入手,设计理想透明电极(面向太阳能电池或者显示器应用)应该具备3个条件:最大覆盖面积、均匀电流分布、表面电阻最小。从实验角度,叶脉分形网络可以满足以上三点理论模型。叶脉的多级拓扑结构优化了载流子在平面内以及垂直方向的有效输运。此项工作从原理上基本解释了多级分形结构对电荷输运的影响机制,为高效金属网格电极的设计提供了理论依据[114]。图 10-17 所示为各种结构特征金属网格透明电极 SEM图。图 10-17(i)为典型叶脉分形结构透明导电电极图。

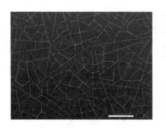
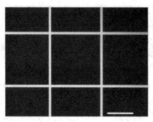
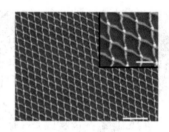

（a）龟裂网格透明电极　　　　　（b）简单网格透明电极　　　　　（c）超细网格透明电极

（比例尺 200 nm）　　　　　　　（比例尺 200 nm）　　　　　　　（比例尺 5 nm）

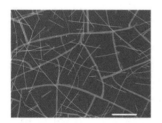

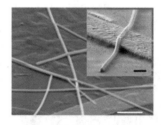

（d）龟裂纳米线复合透明电极　　　（e）单层纳米线透明电极　　　（f）倾斜 60°的龟裂纳米线复合电极

（比例尺 30 nm）　　　　　　　（比例尺 10 nm）　　　　　　　（比例尺 2 μm）

图 10-17　各种金属网格透明电极图对照[114]

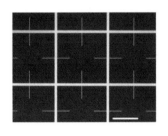 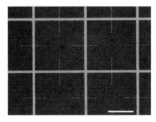 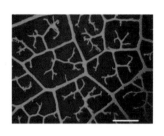

(g)二阶简单网格透明电极　　　　(h)二阶简单网格纳米线复合电极　　　　(i)树叶分形金属网格电极
（比例尺 200 μm）　　　　　　（比例尺 200 μm）　　　　　　（比例尺 500 μm）

图 10-17　各种金属网格透明电极图对照[114]（续）

10.3.3.3　仿生树根结构构造附着力金属网格透明电极

良好的机械附着力是薄膜器件的重要保证。金属网格透明电极在持续震动冲击或者弯曲的情况下,金属网格电极容易从衬底上脱离,对电极的导电性能产生了不可恢复的降低,进而严重影响光电产品的使用寿命,因此,如何提高金属网格与衬底的结合力,是当前行业内急需解决的问题。竹子的根茎为了实现与地面的牢固结合,通过在竹子的根茎上还会生产很多细小的细根茎,这些长在根茎上的细根茎通过渗入到泥土中,能进一步提高根茎与土壤的结合力。这种竹子根茎在土壤上生长,与电极和衬底之间的关系非常类似,依据这种结构具有优越的结合力特点,设计和制备类似竹子根茎的银网格结构,如图 10-18(a)所示[115];通过生长在主网格上的更小一级网格埋入在柔性衬底上［见图 10-18(b)］,能达显著提高电极与衬底之间的附着力,这种高附着性网格显示出优异的光电性能,增强了雾度,对于太阳能电池等器件来说,可以显著起到减反射的效果,降低成本。嵌入式金属网格制备工艺如图 10-18(c)所示,仿生树根金属网格 SEM 图及照片如图 10-18(d)和图 10-18(e)所示。

通过模仿竹子的根部,在柔性基材上制备的竹根分形网格电极,除了具有良好的光电性能,透明度约为 85％,片材电阻约为 1.5 Ω/sq,根据 3 M 胶带和超声波测试的结果,显示出对基板的极强附着力。附着力的增强是由于在化学沉积过程中形成的竹根状次级网格造成的。这种结构增强了雾度(约 20％),将进一步有利于在发光二极管或太阳能电池中的应用。

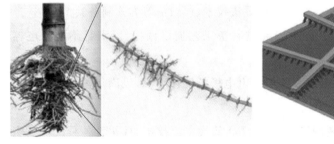 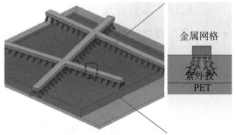

(a)竹根照片　　　　　　　(b)高附着力金属网格电极示意图

图 10-18　仿生树根结构构造附着力金属网格透明电极制备工艺的照片

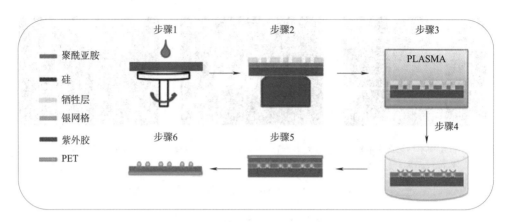

(c)嵌入式金属网格制备工艺

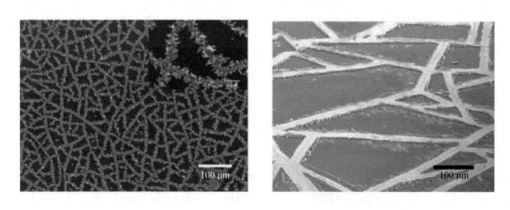

(d)仿生树根金属网格 SEM 图　　　　(e)仿生树根金属网格电极嵌入后的 SEM 照片

图 10-18　仿生树根结构构造附着力金属网格透明电极制备工艺的照片(续)

10.4　金属系透明电极的优势

金属用于透明导电电极,具有以下优势:

(1)金属材料本身导电性好,且可以通过湿法技术、模板法等方式制备其低维结构。

(2)低维金属电极的结构和性能可以通过制备工艺加以调控,以满足不同光电器件的应用。

(3)低维金属的柔韧性赋予金属系透明导电电极的柔性特性,以满足柔性器件和设备的需求。

目前金属纳米线和低维金属网格电极是 ITO 替代主流技术,且两者各具优势。金属纳米线能通过湿法 R2R 成膜,实现规模化,但高质量金属纳米线的批量制备技术和成本,以及纳米线的节点电阻等问题是其重要挑战。规则金属网格电极克服了金属纳米线的节点电阻等问题,但其制备需要光刻、纳米压印等高成本技术和设备,同时规则网格的光学摩尔纹效应等问题需要进一步处理。

　　非规则微纳金属网格透明电极是 ITO 替代材料的重要竞争者。一方面非规则金属网格不存在线线之间的接触电阻问题,其电阻大小完全由金属电极的覆盖率决定;同时此类电极完全由低维带状金属网格组成,具有优异的光电性能和机械柔性;更为关键的是此类电极可以通过湿法实现,显著降低量产成本。从未来电极的智能设计角度,分形多级金属网格结构是向透明电极发展方向。其中,仿生学为电极的设计提供了重要的思路和方法。特别是从光电器件应用的角度,智能透明电极除了赋予优异透光和导电性能以外,也会对光子的利用、载流子的输运,以及界面优化等方面产生更多的影响。

参考文献

[1]　ELLMER K. Past achievements and future challenges in the development of optically transparent electrodes[J]. Nature Photonics,2012,6(12):809-817.

[2]　SANNICOLO T. Metallic nanowire-based transparent electrodes for next generation flexible devices:a review[J]. Small,2016,12(44):6052-6075.

[3]　YAN,K. Flexible and semi-transparent perovskite solar cells[J]. Chinese Science Bulletin,2016,62(14):1464-1479.

[4]　KHAN A. Solution-processed transparent nickel-mesh counter electrode with in-situ electrodeposited platinum nanoparticles for full-plastic bifacial dye-sensitized solar cells[J]. ACS Applied Materials & Interfaces,2017,9(9):8083-8091.

[5]　CHEN X. Embedded Ag/Ni metal-mesh with low surface roughness as transparent conductive electrode for optoelectronic applications[J]. ACS Applied Materials & Interfaces,2017,9(42):37048-37054.

[6]　PU J H. Human skin-inspired electronic sensor skin with electromagnetic interference shielding for the sensation and protection of wearable electronics[J]. ACS Applied Materials & Interfaces,2018,10(47):40880-40889.

[7]　HAN Y. High-performance hierarchical graphene/metal-mesh film for optically transparent electromagnetic interference shielding[J]. Carbon,2017,115:34-42.

[8]　GUPTA R. Visibly transparent heaters. ACS applied materials & interfaces,2016,8(20):12559-12575.

[9]　HUANG Q. Highly flexible and transparent film heaters based on polyimide films embedded with silver nanowires[J]. RSC Advances,2015,5(57):45836-45842.

[10]　CHEN F. Thermo- and electro-dual responsive poly(ionic liquid) electrolyte based smart windows[J]. Chemical Communications,2017,53(10):1595-1598.

[11]　CHEN S. Recent developments in graphene-based tactile sensors and e-skins[J]. Advanced Materials Technologies,2018,3(2):1700248.

[12]　KHASHA G R D. Transparent conductive films(TCF) 2017—2027:Forecasts,Markets,Technologies

[J]. USA,2018.

[13] STADLER A. Transparent conducting oxides-an up-to-date overview[J]. Materials(Basel), 2012,5 (4):661-683.

[14] BALASUBRAMANIAN N, SUBRAHMANYAM A. Electrical and optical properties of reactively evaporated indium tin oxide(ITO) films-dependence on substrate temperature and tin concentration [J]. Journal of Physics D: Applied Physics, 1989,22(1):206-209.

[15] FAN J C C, GOODENOUGH J B. X-ray photoemission spectroscopy studies of Sn-doped indium-oxide films[J]. Journal of Applied Physics, 1977,48(8):3524-3531.

[16] CHENG P, SHI Q, ZHAN X. Ternary blend organic solar cells based on P3HT/TT-TTPA/ PC61BM[J]. Acta Chimica Sinica, 2015,73(3):252-256.

[17] CAO B. Flexible quintuple cation perovskite solar cells with high efficiency[J]. Journal of Materials Chemistry A, 2019,7(9):4960-4970.

[18] MAO X. Magnetron sputtering fabrication and photoelectric properties of WSe_2 film solar cell device [J]. Applied Surface Science, 2018,444:126-132.

[19] SHI D, ZENG Y, SHEN W. Perovskite/c-Si tandem solar cell with inverted nanopyramids: realizing high efficiency by controllable light trapping[J]. Scientific Reports, 2015,5(1):16504.

[20] FENG J. Record efficiency stable flexible perovskite solar cell using effective additive assistant strategy[J]. Advanced Materials, 2018,30(35):1801418.

[21] BÄDEKER K. Über die elektrische leitfähigkeit und die thermoelektrische kraft einiger schwermetallverbindungen[J]. Annalen der Physik, 1907,327(4):749-766.

[22] GAO J. Physics of transparent conductors[J]. Advances in Physics, 2016,65(6):553-617.

[23] Mochel J M. Electrically conducting coating on glass and other ceramic bodies USRE23555E[P]. USA, 1952.

[24] BETZ U. Thin films engineering of indium tin oxide: Large area flat panel displays application[J]. Surface and Coatings Technology, 2006,200(20):5751-5759.

[25] DAO V A. rf-Magnetron sputtered ITO thin films for improved heterojunction solar cell applications [J]. Current Applied Physics, 2010,10(3):S506-S509.

[26] BALASUBRAMANIAN N, SUBRAHMANYAM A. Electrical and optical properties of reactively evaporated indium tin oxide(ITO) films-dependence on substrate temperature and tin concentration [J]. Journal of Physics D Applied Physics, 1989,22(1):206.

[27] GUILLÉN C, HERRERO J. Comparison study of ITO thin films deposited by sputtering at room temperature onto polymer and glass substrates[J]. Thin Solid Films, 2005,480-481:129-132.

[28] DUPONT L. Structures and textures of transparent conducting pulsed laser deposited In_2O_3—ZnO thin films revealed by transmission electron microscopy[J]. Journal of Solid State Chemistry, 2001,158(2): 119-133.

[29] ZHANG H, XU J, WANG G. Fundamental study on plasma deposition manufacturing[J]. Surface and Coatings Technology, 2003,171(1-3):112-118.

[30] KIM S S. Transparent conductive ITO thin films through the sol-gel process using metal salts[J]. Thin Solid Films, 1999,347(1):155-160.

[31] KERKACHE L. Annealing effect in DC and RF sputtered ITO thin films[J]. The European Physical

Journal Applied Physics，2007，39(1)：1-5.

[32] DAHOU F Z. Influence of anode roughness and buffer layer nature on organic solar cells performance [J]. Thin Solid Films，2010,518(21)：6117-6122.

[33] LÓPEZ N E J. Transparent electrodes：a review of the use of carbon-based nanomaterials[J]. Journal of Nanomaterials，2016,2016：4928365.

[34] GROEP J，SPINELLI P，POLMAN A. Transparent conducting silver nanowire networks[J]. Nano Letters，2012,12(6)：3138-3144.

[35] LI R. Plasmonic refraction-induced ultrahigh transparency of highly conducting metallic networks [J]. Laser & Photonics Reviews，2016,10(3)：465-472.

[36] HU L，HECHT D S，GRÜNER G. Carbon nanotube thin films：fabrication，properties，and applications[J]. Chemical Reviews，2010,110(10)：5790-5844.

[37] GAO J. Transparent nanowire network electrode for textured semiconductors[J]. Small，2013,9 (5)：733-7.

[38] HONG S，MYUNG S. A flexible approach to mobility[J]. Nature Nanotechnology，2007,2(4)：207-208.

[39] YU Z. Intrinsically stretchable polymer light-emitting devices using carbon nanotube-polymer composite electrodes[J]. Adv Mater，2011,23(34)：3989-94.

[40] ZHANG D. Transparent，conductive，and flexible carbon nanotube films and their application in organic light-emitting diodes[J]. Nano Letters，2006,6(9)：1880-1886.

[41] ROWELL M W. Organic solar cells with carbon nanotube network electrodes[J]. Applied Physics Letters，2006,88(23)：233506.

[42] ROUHI N，BURKE J D. High performance semiconducting nanotube：inks Progress and prospects [J]. ACS Nano，2011,5(11)：8471.

[43] CAO Q. Ultrathin films of single walled carbon nanotubes for electronics and sensors A review of fundamental and applied aspects[J]. Advanced Materials，2009,40(10)：29-53.

[44] SNOW E S. High-mobility carbon-nanotube thin-film transistors on a polymeric substrate[J]. Applied Physics Letters，2005,86(3)：911.

[45] GAO J. Modification of carbon nanotube transparent conducting films for electrodes in organic light-emitting diodes[J]. Nanotechnology，2013,24(43)：435201.

[46] GREEN A A. Colored semitransparent conductive coatings consisting of monodisperse metallic single-walled carbon nanotubes[J]. Nano Letters，2008,8(5)：1417-1422.

[47] LONAKAR G S. Modeling thin film formation by Ultrasonic Spray method：A case of PEDOT：PSS thin films[J]. Organic Electronics，2012,13(11)：2575-2581.

[48] STEIRER K X. Ultrasonic spray deposition for production of organic solar cells[J]. Solar Energy Materials and Solar Cells，2009,93(4)：447-453.

[49] BARNES T M. Carbon nanotube network electrodes enabling efficient organic solar cells without a hole transport layer[J]. Applied Physics Letters，2010,96(24)：118.

[50] HAN S H，KIM B J，PARK J S. Effects of the corona pretreatment of PET substrates on the properties of flexible transparent CNT electrodes[J]. Thin Solid Films，2014,572：73-78.

[51] HAN S H，KIM B J，PARK J S. Surface modification of plastic substrates via corona-pretreatment and its effects on the properties of carbon nanotubes for use of flexible transparent electrodes[J].

Surface and Coatings Technology，2015，271：100-105.

［52］ ALOUI W，LTAIEF A，BOUAZIZI A. Transparent and conductive multi walled carbon nanotubes flexible electrodes for optoelectronic applications［J］. Superlattices and Microstructures，2013，64：581-589.

［53］ SCARDACI V，COULL R，COLEMAN J N. Very thin transparent，conductive carbon nanotube films on flexible substrates［J］. Applied Physics Letters，2010，97(2)：023114.

［54］ SCHINDLER A. Solution-deposited carbon nanotube layers for flexible display applications［J］. Physica E：Low-dimensional Systems and Nanostructures，2007，37(1-2)：119-123.

［55］ WU Z. Transparent，Conductive carbon nanotube films［J］. Science，2004，305(5688)：1273-1276.

［56］ FENG C. Flexible，stretchable，transparent conducting films made from superaligned carbon nanotubes［J］. Advanced Functional Materials，2010，20(6)：885-891.

［57］ PARK J U. Synthesis of monolithic graphene-graphite integrated electronics［J］. Nat Mater，2011，11(2)：120-125.

［58］ LI X，KIM S，NAH J，et al. Large-area synthesis of high-quality and uniform graphene films on copper foils［J］. Science，2009，324(5932)：1312-1314.

［59］ LIU J. Highly stretchable and flexible graphene/ITO hybrid transparent electrode［J］. Nanoscale Res Lett，2016，11(1)：108.

［60］ QIU T. Hydrogen reduced graphene oxide/metal grid hybrid film：towards high performance transparent conductive electrode for flexible electrochromic devices［J］. Carbon，2015，81：232-238.

［61］ HONG J Y. Omnidirectionally stretchable and transparent graphene electrodes［J］. ACS Nano，2016，10(10)：9446-9455.

［62］ DENG B. Roll-to-roll encapsulation of metal nanowires between graphene and plastic substrate for high-performance flexible transparent electrodes［J］. Nano Lett，2015，15(6)：4206-4213.

［63］ BAE S. Roll-to-roll production of 30-inch graphene films for transparent electrodes［J］. Nat Nanotechnol，2010，5(8)：574-578.

［64］ PARK H. Doped graphene electrodes for organic solar cells［J］. Nanotechnology，2010，21(50)：505204.

［65］ WU J，BECERRIL H A，BAO Z，et al. Organic light-emitting diodes on solution-processed graphene transparent electrodes［J］. ACS Nano，2010，4(1)：43-48.

［66］ SONG J，ZENG H. Transparent electrodes printed with nanocrystal inks for flexible smart devices ［J］. Angewandte Chemie International Edition，2015，54(34)：9760-9774.

［67］ AZUMA K. Facile fabrication of transparent and conductive nanowire networks by wet chemical etching with an electrospun nanofiber mask template［J］. Materials Letters，2014，115：187-189.

［68］ MORAG A. Self-assembled transparent conductive electrodes from au nanoparticles in surfactant monolayer templates［J］. Advanced Materials，2011，23(37)：4327-4331.

［69］ HAN B，HUANG Y. Uniform self-forming metallic network as a high-performance transparent conductive electrode［J］. Adv Mater，2014，26(6)：873-877.

［70］ YAN J，JEONG Y G. Highly elastic and transparent multiwalled carbon nanotube/polydimethylsiloxane bilayer films as electric heating materials［J］. Materials & Design，2015，86：72-79.

［71］ GUO C F. Highly stretchable and transparent nanomesh electrodes made by grain boundary lithography［J］. Nature Communications，2014，5(1)：3121.

[72] MUTISO R M, RATHMELL A R, WILEY B J, et al. Integrating simulations and experiments to predict sheet resistance and optical transmittance in nanowire films for transparent conductors[J]. ACS Nano, 2013,7(9):7654-7663.

[73] KHANARIAN G. The optical and electrical properties of silver nanowire mesh films[J]. Journal of Applied Physics, 2013,114(2):749-755.

[74] SOREL S. The dependence of the optoelectrical properties of silver nanowire networks on nanowire length and diameter[J]. Nanotechnology, 2012,23(18):185201.

[75] BERGIN S M. The effect of nanowire length and diameter on the properties of transparent, conducting nanowire films[J]. Nanoscale, 2012,4(6):1996-2004.

[76] SUN Y, MAYERS B T, HERRICKS A T, et al. Uniform silver nanowires synthesis by reducing $AgNO_3$ with ethylene glycol in the presence of seeds and poly(vinyl pyrrolidone)[J]. Chemistry of Materials, 2002,14(11):4736-4745.

[77] LEE E J. High-pressure polyol synthesis of ultrathin silver nanowires: Electrical and optical properties[J]. APL Materials, 2013,1(4):42118-42118.

[78] LI B. Synthesis and purification of silver nanowires to make conducting films with a transmittance of 99% [J]. Nano Lett, 2015,15(10):6722-6.

[79] SILVA R R. Facile synthesis of sub-20 nm silver nanowires through a bromide-mediated polyol method[J]. ACS Nano, 2016,10(8):7892-900.

[80] LEEM D S. Efficient organic solar cells with solution-processed silver nanowire electrodes[J]. Adv Mater, 2011,23(38):4371-4375.

[81] CHUNG C H. Solution-processed flexible transparent conductors composed of silver nanowire networks embedded in indium tin oxide nanoparticle matrices[J]. Nano Research, 2012,5(11):805-814.

[82] CHEN D. Microwave-assisted polyol synthesis of nanoscale $SnSx(x=1, 2)$ flakes[J]. Journal of Crystal Growth, 2004,260(3-4):469-474.

[83] WU S J, CHEN Y T. Laser assisted catalytic growth of ZnS/CdSe core-shell and wire-coil nanowire heterostructures[J]. Journal of the Chinese Chemical Society, 2005(4):725-732.

[84] XIANG B, ZHANG X, DAYEH S, et al. Rational synthesis of p-type zinc oxide nanowire arrays using simple chemical vapor deposition[J]. Nano Lett, 2007,7(2):323-328.

[85] WANG D, DAI H. Low-temperature synthesis of single-crystal germanium nanowires by chemical vapor deposition[J]. ChemInform, 2003,34(16):4783-4786.

[86] CAO G, LIU D. Template-based synthesis of nanorod, nanowire, and nanotube arrays[J]. Advances in Colloid and Interface Science, 2008,136(1-2):45-64.

[87] SONG Y, DORIN R M, WANG H, et al. Synthesis of platinum nanowire networks using a soft template[J]. Nano letters, 2007,7(12):3650.

[88] HU L, LEE J Y, PEUMANS P, et al. Scalable coating and properties of transparent, flexible, silver nanowire electrodes[J]. ACS Nano, 2010,4(5):2955-2963.

[89] LIN S. Roll-to-roll production of transparent silver-nanofiber-network electrodes for flexible electrochromic smart windows[J]. Advanced Materials, 2017,29(41):1703238.

[90] HU L. Scalable coating and properties of transparent, flexible, silver nanowire electrodes[J]. ACS Nano, 2010,4(5):2955-2963.

[91] LEE S J. A roll-to-roll welding process for planarized silver nanowire electrodes[J]. Nanoscale, 2014,6(20):11828-11834.

[92] HA J. Femtosecond laser nanowelding of silver nanowires for transparent conductive electrodes[J]. RSC Advances, 2016,6(89):86232-86239.

[93] XU S. Graphene-silver nanowire hybrid films as electrodes for transparent and flexible loudspeakers [J]. CrystEngComm, 2014,16(17):3532-3539.

[94] GARNETT E C. Self-limited plasmonic welding of silver nanowire junctions[J]. Nat Mater, 2012, 11(3):241-9.

[95] KIM Y S. High-performance flexible transparent electrode films based on silver nanowire-PEDOT: PSS hybrid-gels[J]. RSC Advances, 2016,6(69):64428-64433.

[96] LIU Y, CHANG Q, HUANG L. Transparent, flexible conducting graphene hybrid films with a subpercolating network of silver nanowires[J]. Journal of Materials Chemistry C, 2013,1(17):2970-2974.

[97] PARK S, MOON H C, LEE D H. Flexible conducting electrodes based on an embedded double-layer structure of gold ribbons and silver nanowires[J]. RSC Advances, 2016,6(55):50158-50165.

[98] WU H. Electrospun metal nanofiber webs as high-performance transparent electrode[J]. Nano Letters, 2010,10(10):4242-4248.

[99] QIAO Z. 3D hierarchical MnO_2 nanorod/welded Ag-nanowire-network composites for high-performance supercapacitor electrodes[J]. Chem Commun(Camb), 2016,52(51):7998-8001.

[100] ZHU R, CHA K C, YANG W, et al. Fused silver nanowires with metal oxide nanoparticles and organic polymers for highly transparent conductors[J]. ACS Nano, 2011,5(12):9877-82.

[101] HAN J. Fully indium-free flexible Ag nanowires/ZnO:F composite transparent conductive electrodes with high haze[J]. Journal of Materials Chemistry A, 2015,3(10):5375-5384.

[102] STUBHAN T. High fill factor polymer solar cells comprising a transparent, low temperature solution processed doped metal oxide/metal nanowire composite electrode[J]. Solar Energy Materials and Solar Cells, 2012,107:248-251.

[103] ZILBERBERG K, PAGUI R, POLYWKA A, et al. Highly robust indium-free transparent conductive electrodes based on composites of silver nanowires and conductive metal oxides[J]. Advanced Functional Materials, 2014,24(12):1671-1678.

[104] YE X, QI L. Two-dimensionally patterned nanostructures based on monolayer colloidal crystals: Controllable fabrication, assembly, and applications[J]. Nano Today, 2011,6(6):608-631.

[105] GAO T. Uniform and ordered copper nanomeshes by microsphere lithography for transparent electrodes[J]. Nano Letters, 2014,14(4):2105-2110.

[106] MAURER J H M. Templated self-assembly of ultrathin gold nanowires by nanoimprinting for transparent flexible electronics[J]. Nano Letters, 2016,16(5):2921-2925.

[107] GAO J. Nature-inspired metallic networks for transparent electrodes[J]. Advanced Functional Materials, 2017,28(24):1705023.

[108] WANG Z, PENG L, LAI X, et al. Continuous fabrication of highly conductive and transparent ag mesh electrodes for flexible electronics[J]. Nanotechnology, 2017,16(4):687-694.

[109] TOKUNO T. Transparent electrodes fabricated via the self-assembly of silver nanowires using a

bubble template[J]. Langmuir，2012,28(25):9298-9302.

[110]　LAYANI M. Transparent conductive coatings by printing coffee ring arrays obtained at room temperature[J]. ACS Nano，2009,3(11):3537-3542.

[111]　KULKARNI G U. Towards low cost materials and methods for transparent electrodes[J]. Current Opinion in Chemical Engineering，2015,8:60-68.

[112]　XIAN Z. A practical ITO replacement strategy: sputtering-free processing of a metallic nanonetwork[J]. Advanced Materials Technologies，2017,2(8):1700061.

[113]　PENG Q. Colossal figure of merit in transparent-conducting metallic ribbon networks[J]. Advanced Materials Technologies，2016,1(6).

[114]　HAN B. Optimization of hierarchical structure and nanoscale-enabled plasmonic refraction for window electrodes in photovoltaics[J]. Nature Communications，2016,7(1):12825.

[115]　DONG G. Bioinspired high-adhesion metallic networks as flexible transparent conductors[J]. Advanced Materials Technologies，2019,4(8):1900056.

[116]　HAN B. Bio-inspired networks for optoelectronic applications[J]. Nature Communications，2014,5(1):5674.

[117]　SHAFAEI N，PEYRAVI M，JAHANSHAHI M. Improving surface structure of photocatalytic self-cleaning membrane by WO_3/PANI nanoparticles[J]. Polymers for Advanced Technologies，2016,27(10):1325-1337.

[118]　OTAKI J M. Reversed type of color-pattern modifications of butterfly wings: a physiological mechanism of wing-wide color-pattern determination[J]. J Insect Physiol，2007,53(6):526-37.

[119]　BAIK S. A wet-tolerant adhesive patch inspired by protuberances in suction cups of octopi[J]. Nature，2017,546(7658):396-400.

[120]　MITCHELL M. Complex systems: network thinking[J]. Artificial Intelligence，2006,170(18):1194-1212.

[121]　Lin Y T.，Bionic shark skin replica and zwitterionic polymer brushes functionalized PDMS membrane for anti-fouling and wound dressing applications. Surface and Coatings Technology，2020(391):125663.

第 11 章　柔性钙钛矿太阳能电池

21 世纪,世界能源需求持续快速增长带来了能源耗尽和环境污染等问题,发展绿色可再生能源是今后可持续发展的唯一途径。太阳能作为地球上最丰富的可再生能源,可为世界向绿色低碳可持续发展提供新途径。光伏技术可以将太阳能直接转换成电能[1],已成为各国战略发展方向之一。其中,柔性光伏器件不仅可以采用低成本高通量的卷对卷(roll-to-roll)来制备,而且其具有的轻量可弯曲特性使之更便于运输与安装,还可用于可穿戴电子光伏供能一体化器件。在所有光伏技术中,晶硅本身固有的刚性和易脆性使其模组在小于 10 cm 的曲率半径下性能严重下降,且其高昂的制备成本和复杂的制造工艺也进一步抑制了柔性硅基太阳能池的发展[2]。第二代薄膜太阳能电池,如砷化镓、碲化镉、铜铟镓硒等,虽然拥有更好的可弯曲性,然而其大规模应用亦受制于较高的制备成本、原材料环境污染严重、稀缺元素不可持续等问题。第三代新型薄膜太阳能电池,如柔性染料敏化太阳能电池、有机高分子太阳能电池、量子点太阳能电池等,工艺简单、成本低廉,更有利于柔性太阳电池的制造[3]。

钙钛矿太阳能电池(PSCs)是新出现的一种高效低成本光伏技术,自 2009 年首次报道 PSCs 以来,其光电转换效率已从最初的 3.8% 迅速提升至 25.2%[4-9],受到了全球范围的广泛关注,而柔性化制造可最大化激发其潜在优势。在短短几年的研究发展中,单结和叠层柔性 PSCs 分别达到 20.40%[10]、21.3%[11]的光电转换效率,具有巨大的发展前景。

11.1　适于柔性太阳能电池应用的钙钛矿材料

钙钛矿是一类具有 $CaTiO_3$ 型结构的材料总称,结构式为 ABX_3。对于有机-无机金属卤化物钙钛矿材料,X 阴离子一般为单一卤素离子(如 I^-、Br^-、Cl^- 等)或者混杂卤素;A、B 为不同离子半径的阳离子(A 的半径大于 B),其中 A 阳离子一般为甲胺($CH_3NH_3^+$,简称 MA)、甲脒($HC(NH_2)_2^+$,简称 FA)以及无机金属 Cs^+ 等;B 主要以 Pb^{2+}、Sn^{2+} 等阳离子居多;由 $[BX_6]^{4-}$ 八面体通过共顶连接,A 位阳离子插入 $[BX_6]^{4-}$ 八面体间隙形成稳定的三维钙钛矿结构,如图 11-1 所示。钙钛矿晶体的稳定性与可能形成的结构可通过引入戈德施密特值(Goldschmidt's values):容忍因子 $t=(R_A+R_X)/\sqrt{2}(R_B+R_X)$ 和八面体因子 $\mu=R_B/R_X$ 来定量表征,其中 R_A、R_B、R_X 分别指 A、B、X 的离子半径[12]。当 $0.81<t<1.11$ 和 $0.44<$

$\mu<0.90$ 时,可形成典型的有机-无机金属卤化物钙钛矿[13-14]。

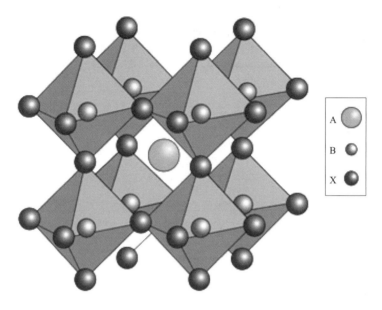

图 11-1　ABX_3 钙钛矿晶体结构图[13]

对于柔性可拉伸光伏器件的应用,核心吸光层应具有良好的光电性能、可弯曲性与低温可加工性等,可与其他功能层相匹配,形成具有高灵活性、高能量转换效率的柔性光伏器件。而这些属性钙钛矿材料都拥有,因此它非常适合用于制备柔性光伏器件。

11.1.1　光电性能

在钙钛矿光伏领域,自 2009 年 Miyasaka 等首次将 $MAPbI_3$ 作为钙钛矿吸光材料应用于染料敏化太阳能电池中,PSCs 的能量转换效率不断刷新,自最初的 3.8% 的光电转换效率,至今已突破 25.2%[4,9]。钙钛矿太阳能电池之所以有这样迅速的发展和较高的光电转换效率,其核心原因在于钙钛矿材料具有优良的光电性能。钙钛矿吸光材料具有较高的光生载流子迁移率($10\ cm^2 \cdot V^{-1} \cdot s^{-1}$)[15]、扩散长度($100\sim1\ 000\ nm$)[16,17],以及较低的激子结合能($10\sim50\ meV$)[18,19],使得 PSCs 具有较高的内量子转换效率,从而实现较高的光电转换效率。此外,通常研究的有机金属卤化物钙钛矿($MAPbI_3$,$MAPb_{3-x}Cl_x$)在 $300\sim800\ nm$ 范围内表现出很强的吸收,具有较高的光吸收系数(超过 $10^5\ cm^{-1}$),比传统的晶硅高一个数量级,如图 11-2(a)所示[13,20,21]。因此,PSCs 仅需 500 nm 左右厚的吸光层就可以达到相对较高的能量转换效率,相比于需要较厚吸光层的 CIGS、晶硅(>几十微米)等太阳能电池,超薄的钙钛矿薄膜有更好的柔韧性和机械容忍性,更易制备出更高性能、更轻薄的柔性PSCs[21,22]。单位质量功率比(power-per-weight)是量化柔性轻量化薄膜太阳能电池的重要指标。2015 年,Kaltenbrunner 等使用 PEDOT:PSS 替代 ITO 并作为空穴传输层,制备出光电转换效率高达 12% 的超轻薄、高柔性的 PSCs，器件仅有 3 μm 厚，却具有超高的单位质量功率比（23 W/g），远高于硅基等光伏技术的记录值，如图 11-2(b)所示[23]。轻质高效的柔性 PSCs 在未来的无人机、工业检测以及应急响应等方面拥有巨大的应用潜力。

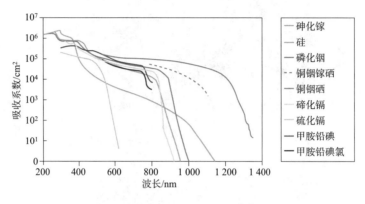

(a)各类光电材料的吸收系数[13]

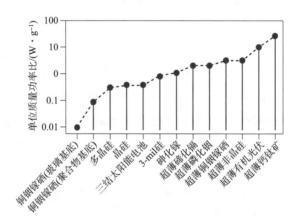

(b)各类领先轻型太阳能电池的单位质量功率比[23]

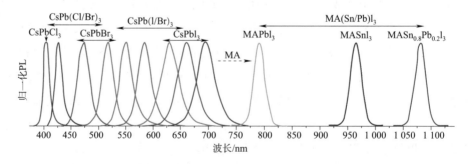

(c)各种金属卤化物钙钛矿的归一化 PL 光谱[24]

图 11-2　光电材料吸收系数、太阳能电池单位功率密度和金属卤化物钙钛矿归一化 PL 光谱

　　有机金属卤化物钙钛矿的另一个显著特点是电子结构可调谐,通过混合阳离子或阴离子组成可实现钙钛矿带隙从红外(1.15 eV)到紫外(3.06 eV)光谱范围内可持续调节,如图 11-2(c)所示[24-25]。例如,铅基钙钛矿材料(如 $MAPbI_3$ 等)其带隙范围在 $1.55\sim$ 1.62 eV,接近 1.44 eV 最佳理想值,广泛应用于单结光伏器件的制备[24,26]。通过调控 X 阴离子组成比例,可实现宽带隙(>1.7 eV)钙钛矿,可用于与 Si[27-28]、CIGS[29] 等构成叠层器件。当 Sn 部分取代 Pb 时可以得到理想带隙的 Sn-Pb 混合钙钛矿,可用于单结 PSCs 的制备;进一步增加 Sn 的掺入量,可将吸收光谱进一步拓展至近红外区域(<1.4 eV),而这种低带隙的 Sn-Pb 混合钙钛矿可与宽带隙钙钛矿制备全钙钛矿叠层太阳能电池[11,30]。例如,Axel F. Palmstrom 等[11] 采用二甲基铵 DMA^+ 与 Cs^+ 阳离子调控宽带隙钙钛矿 $DMA_{0.1}FA_{0.6}Cs_{0.3}PbI_{2.4}Br_{0.6}$(1.7 eV),并提出一种亲核聚合物修饰原子层沉积生长表面形成 AZO 缓冲层,有效阻止顶部低带隙钙钛矿 $FA_{0.75}Cs_{0.25}Sn_{0.5}Pb_{0.5}I_3$(1.27 eV)制备过程中带来的损伤,成功结合两个子电池,在柔性基底上制造出效率高达 21.3% 的全钙钛矿柔性两端叠层太阳能电池,这是迄今为止报道非 Ⅲ-Ⅴ 的最高柔性薄膜太阳能电池,如图 11-3 所示。

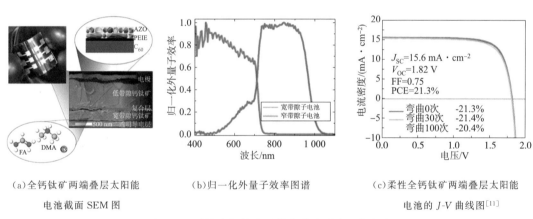

(a)全钙钛矿两端叠层太阳能　　　(b)归一化外量子效率图谱　　　(c)柔性全钙钛矿两端叠层太阳能
　　电池截面 SEM 图　　　　　　　　　　　　　　　　　　　　　　电池的 J-V 曲线图[11]

图 11-3　柔性全钙钛矿两端串联叠层太阳能电池

　　钙钛矿电子结构可协调的特点使其在室内光伏也具有潜在的应用前景。现在电子信息时代的快速发展,电子设备(如传感器、驱动器等)所需电力不断持续下降,这使得室内光为数十亿无线设备提供电力成为可能[31-33]。图 11-4(a)所示为过去和未来的室内光伏驱动设备的应用及成本发展曲线图。与标准的 AM1.5G 太阳光光谱(300~2 500 nm)相比,室内光的频谱范围仅在可见光(400~700 nm)。图 11-4(b)所示为太阳光光谱(红色)、2 700 K 荧光灯光谱(橙色)以及常见的 $MAPbI_3$ 钙钛矿的 IPCE 曲线(黑色)。在 650~800 nm 范围 $MAPbI_3$ 钙钛矿的 IPCE 曲线与室内荧光光谱不匹配,属于无活性区域,即对室内光下的光电流的产生无贡献[34]。因此,有效地调节带隙以有效地获取室内光,是实现光伏器件在弱光下最大化电压、电流产生的有效的、必要的途径之一。

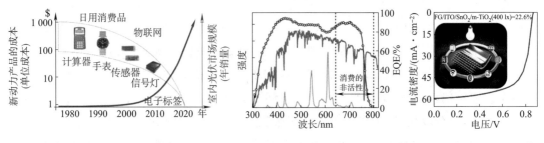

(a) 光伏驱动设备的应用及成本发展[31]　　(b) 太阳光光谱、2 700 K 荧光灯光谱　　(c) 柔性玻璃钙钛矿太阳能
　　　　　　　　　　　　　　　　　　　　　　及 MAPbI$_3$ 钙钛矿的 IPCE 曲线[34]　　　电池在 400 lx 室内光下
　　的 J-V 曲线[35]

图 11-4　光伏驱动设备的应用、钙钛矿的 IPCE 曲线和 J-V 曲线

　　将太阳能电池集成到室内电子产品和便携式产品中,轻薄、可弯曲的柔性电池无疑是最好的选择。2017 年,罗马大学的 Thomas M. Brown 课题组第一个报道弱光柔性 PSCs,基于 TiO$_2$/meso-TiO$_2$ 介观结构器件,在 200 lx 及 400 lx 弱光下,分别能取得室内光 PCE(i-PCE)= 10.8%,功率密度 7.2 μW/cm^2;i-PCE=12.1%,功率密度 16 μW/cm^2[36]。2018 年,Brown 课题组在柔性 PET/ITO 基底上,以 SnO$_2$ 取代 TiO$_2$,制备介观 SnO$_2$/meso-TiO$_2$ 结构,在 200 lx、400 lx 照度下,实现 12.8%、13.3%光电转换效率[37]。近期,Brown 课题组在弱光柔性 PSCs 又取得新的突破,通过在柔性玻璃上卷对卷溅射制备 ITO 导电层,以 SnO$_2$/meso-TiO$_2$ 介孔结构,在 200 lx、400 lx LED 下分别取得性能高达 20.6%以及 22.6%的弱光柔性钙钛矿器件;并且发现在室内光下柔性玻璃 PSCs 的功率密度比传统的 PET-ITO 高达 40%~50%,比刚性玻璃高出一个数量级,如图 11-4(c)所示[35]。这一巨大突破进一步推动了柔性钙钛矿器件的发展与应用。

11.1.2　机械性能

　　除了优异的光电性能外,钙钛矿薄膜在力学性能方面也展现出了较好的机械柔韧性。Feng 是第一个从理论上研究钙钛矿材料的柔韧性,通过第一原则计算指出钙钛矿 MABX$_3$ 材料的弹性性能是由 B-X 化学键的类型和强度以及 B/G 比值(B=体积模量;G=剪切模量)来决定的,当 B/G 大于 2.0 时,有机-无机金属卤化钙钛矿可以在弯曲、拉伸和压缩的作用下仍能保持其性能[38]。此外,钙钛矿材料还具有相对较大的泊松比(τ>0.26,在某些情况下 τ>0.3),其值居于橡胶(τ>0.50)和玻璃(τ:0.18~0.30)之间[22]。之后,Minwoo Park 通过纳米压痕测量出钙钛矿层的弹性模量为 13.5 Gpa,如图 11-5 所示,与 Feng 的理论计算值(12.8 GPa)很接近,相比于传统陶瓷类钙钛矿材料(BaTiO$_3$ ≈ 130 Gpa,LiTaO$_3$ ≈ 200 GPa)具有更低的弹性模量和更高的柔韧性[39]。图 11-5 中,黑点为三个纳米压痕测量的原始数据;虚线表示从压力-压痕应变曲线的弹性区域的斜率计算出的弹性模量值(E_s);压力-压痕应变曲线斜率变化显著的点代表屈服应力(p_y),箭头所指处[39]。与有机层结合的金属卤化物钙钛矿本质上具有一定的可弹性,并且在有机-无机片层之间存在各向异性键合。例如,R—NH₃ 中的烷基链(R)与钙钛矿片层以弱范德瓦尔斯键(Van Der Waals bonding)结合;R—NH₃⁺ 中的质子氢与钙钛矿片层中的卤素以氢/离子键(hydrogen/ionic bonding)键合[40]。钙钛矿片层之间的这种黏结力相对较弱,容易发生剪切,这使得钙钛矿在机械变形下仍具有一定的柔韧性[39, 41]。

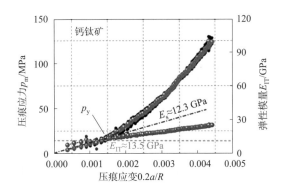

图 11-5　钙钛矿平均压力-压痕应变曲线(红线)
和弹性模量 E_{IT} 曲线(蓝线)

11.1.3　低温结晶性

有机金属卤化物钙钛矿的低温结晶性是柔性光伏器件可制备的重要原因之一。通常,MAPbI₃ 或 FAPbI₃ 钙钛矿通常仅需要在≤150 ℃温度下退火几十分钟,就可以得到具有优异结晶性的钙钛矿薄膜。因此,钙钛矿的低温结晶性不仅可与不耐高温的 PET、PEN 等塑料基板相结合制备出高性能的柔性 PSCs,还可以降低高温热处理中的能耗损失、降低生产成本。与此同时,钙钛矿材料可以溶于极性有机溶剂,这使得高质量的钙钛矿薄膜可以通过溶液法来制备,例如喷涂(spray-coating)、喷墨打印(ink-jet printing)、刮涂(doctorblading)、狭缝挤出印刷(slot-die coating)、卷对卷印刷(roll-to-roll)等。钙钛矿作为一种可在柔性塑料基板上低温高通量印刷的廉价材料,可实现未来轻量化柔性光伏器件大规模制备与应用。

11.2　钙钛矿太阳能电池的结构及工作原理

一般来说,钙钛矿太阳能电池由衬底、光阳极、电子传输层(ETL)、钙钛矿吸光层、空穴传输层(HTL)以及背电极构成。按照其功能层的位置及类型,主要分为介观结构、平板结构(N-i-P 结构)、反式平板结构(P-i-N)三大类,如图 11-6 所示。

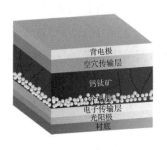
(a)介观结构

(b)正式平板结构

(c)反式平板结构

图 11-6 钙钛矿太阳能电池结构

传统的介观结构是在 ETL 致密层上制备一层多孔半导体氧化物 TiO_2 或绝缘介孔 Al_2O_3 等,以提高光生电子的吸收和传输。然而,介孔层的制备往往需要高达 500 ℃ 的高温退火,不利于在柔性等基底以及其他器件顶部集成(如多结叠层太阳能电池等)。2013 年,Snaith 课题组摒弃高温热烧结,在 150 ℃ 低温下采用胶体分散液制备介孔 Al_2O_3 实现 12.3% 的能量转换效率[42]。2013 年,Grätzel 课题组通过对 $MAPbI_3$ 薄膜晶体管的导电性测试中发现钙钛矿具有双极性电荷传输性能,即钙钛矿材料本身对电子和空穴具有很好的传输作用,无须借助介孔骨架也可以实现高效的载流子传输与收集[43]。同年 9 月,Snaith 课题组采用双源热共蒸发直接在致密 TiO_2 ETL 上沉积高质量、致密均匀的 $MAPbI_{3-x}Cl$ 混合钙钛矿实现 15.4% 高效率平面异质结构的钙钛矿太阳能电池的制备,如图 11-7 所示。其中,图 11-7(a)为钙钛矿双源热蒸发系统,有机源为 MAI,无机源为 $PbCl_2$;图 11-7(b)为基于溶液法和蒸镀法制备的最佳平板 PSCs 的 J-V 曲线;图 11-7(c)～(h)为溶液处理与气相沉积钙钛矿薄膜表面 SEM 图以及相应的 PSCs 器件截面 SEM 图[44]。这亦证明了介观结构并不是钙钛矿材料实现高效率的必要条件[44]。平板钙钛矿太阳能电池不仅大大简化了器件结构与制备工艺、节约制备成本,其较低的制备温度更适宜于柔性器件的应用以及大规模卷对卷工业化生产。此外,钙钛矿材料优良的双极性载流子传输性质,可实现无电子传输层或空穴传输层器件的制备,又可以进一步简化器件结构、降低 PSCs 制造成本。例如,HTL-free 的平板 PSCs 无须使用昂贵的空穴材料 Spiro-OMeTAD。然而,在去掉空穴传输层后,钙钛矿薄膜与透明导电层的功函数不匹配导致空穴很难从钙钛矿传输至电极,将严重制约器件的转换效率。黄劲松课题组报道了一种分子掺杂策略成功解决了钙钛矿与 ITO 的能带不匹配问题,并利用刮刀涂布 $MAPbI_3$,实现了效率高达 20.2% 的无空穴传输层钙钛矿太阳能电池的制备(见图 11-8),为实现大规模、高效钙钛矿太阳能电池的产业化带来了新的曙光[45]。

在太阳光照下,当能量大于钙钛矿半导体材料的禁带宽度时,会激发形成电子-空穴对(激子),在内建电场的作用下激子首先被分离成电子和空穴并分别向负极和正极移动,在两电极间形成电势差,接通电路后形成电流,如图 11-9(a)所示。要实现高性能的钙钛矿太阳能电池,除了对钙钛矿薄膜的光电特性的控制外,与其相邻的 ETL 和 HTL 电荷传输层的能级匹配亦是实现最佳光电器件的关键,其涉及电荷注入、提取、激子捕获、猝灭等。一般来说,与钙钛矿相邻的载流子传输层需要具备有效的电荷载流子选择性(即阻挡相反电荷载流子的能力)、最佳的能带偏移,以及足够的导电性等。图 11-9(b)所示为常见的电子、空穴材料以及钙钛矿吸光层材料的能带图。常见混合钙钛矿的导带底(CBM)及价带顶(VBM)能级分别分布在 3.1～4.2 eV 和 5.4～6.1 eV 之间[14]。对于 ETL 来说,其导带 CBM 在 3.5～4.3 eV 附近与钙钛矿的 CBM 匹配良好,有利于光生电子向 ETL 层传输,同时 ETL 较深的价带顶 VBM 可以有效阻挡空穴的注入。相比之下,为实现光生空穴从钙钛矿到 HTL 的有效传输,HTL 的 VBM 一般位于 5.1～5.4 eV 附近,较高的电子注入势垒,有效减少光生载流子的复合。因此,器件各功能层材料的选择,实现能级梯度匹配是保证光生载流子沿设置路径有效传输注入外电路取得高效光电转换效率的关键。

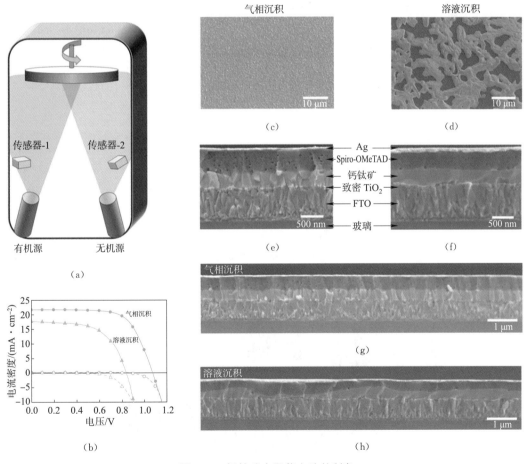

图 11-7　钙钛矿太阳能电池的制备

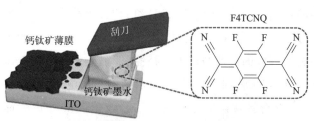

（a）刮涂钙钛矿薄膜及 F4TCNQ 掺杂剂化学结构示意图

（b）在 ITO 玻璃上直接刮涂沉积的 MAPbI₃ 薄膜截面图

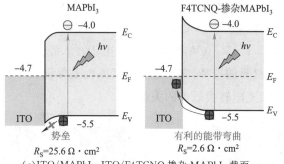

（c）ITO/MAPbI₃、ITO/F4TCNQ 掺杂 MAPbI₃ 截面空穴传输示意图

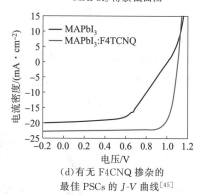

（d）有无 F4CNQ 掺杂的最佳 PSCs 的 J-V 曲线[45]

图 11-8　空穴传输层钙钛矿太阳能电池的制备

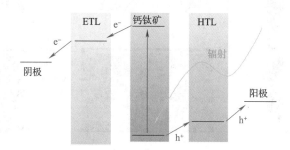

（a）钙钛矿太阳能电池工作原理示意图（e⁻：电子；h⁺：空穴）

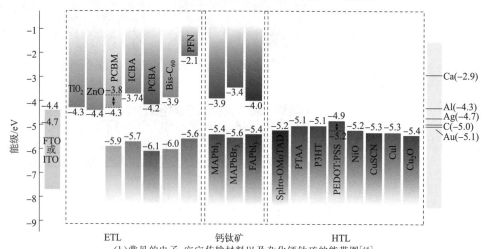

（b）常见的电子、空穴传输材料以及杂化钙钛矿的能带图[46]

图 11-9　钙钛矿太阳能电池工作原理、传输材料及能带图

11.3　柔性钙钛矿太阳能电池的发展

第一个柔性 PSCs 是 2013 年由 Kumar 等采用低温溶液法制备 ZnO 纳米棒作为 ETL，并取得 2.62％的能量转换效率[47]。柔性器件不同于传统的刚性器件，大多数柔性太阳能电池是在聚合物基板上制作的，聚合物基板不耐高温，严重限制高温功能层的沉积与制备；其次，与刚性基板相比，聚合物基板较差的水氧阻隔性，往往导致器件稳定性较差。随着研究的深入各种新型的透明电极材料以及适于柔性 PSCs 的功能层材料相继开发，柔性 PSCs 的性能得到了巨大的提升。目前基于单结以及叠层的柔性钙钛矿太阳能电池分别取得 20.4％[10]、21.3％[11]的光电转换效率。

虽然柔性 PSCs 性能已经得到显著的提升，但是光电转换效率相对刚性 PSCs 依旧较低、长期稳定性较差等问题仍然是制约柔性 PSCs 发展的重要因素。低温高质量制备器件各功能层是实现高效率柔性 PSCs 的一个难点。与在玻璃基板上制作的刚性 PSCs 相比，柔性 PSCs 每一功能层都有相应的特殊需求，包括衬底、透明底电极、ETL、钙钛矿层、HTL 以及背电极，如图 11-10 所示。此外，实现柔性 PSCs 长期稳定性需要解决其环境稳定性（光、热、湿）以及延展性、抗弯耐久性。同时，缺乏有效的低成本大规模组件制造技术亦是限制柔性 PSCs 未来商业发展应用的另一巨大挑战。

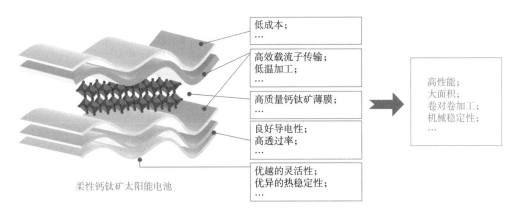

图 11-10　高性能柔性钙钛矿太阳能电池的发展关键点总结

11.3.1　柔性衬底基材的选择与应用

柔性衬底是柔性光电器件的基本组成之一，替代刚性基板实现高性能的柔性 PSCs 的制备，柔性衬底需要满足以下需求（见图 11-11）[11, 48-50]：

（1）光学特性：具有较高透过率的衬底基材是制备高效光伏器件的关键，它不仅决定了光伏器件的结构设计，亦影响钙钛矿光伏材料对太阳光的有效吸收，直接影响了光生载流子的产生。因此,一般采用在可见光范围内具有较高透过率基材作为光伏器件的衬底。

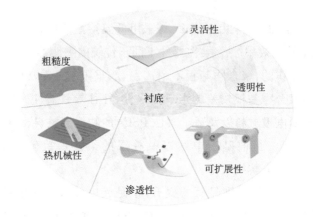

(a)柔性衬底的特性

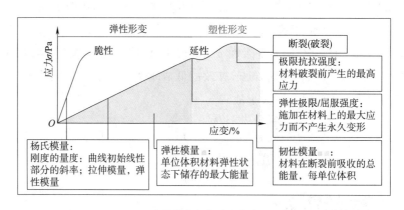

(b)材料的应力-应变曲线

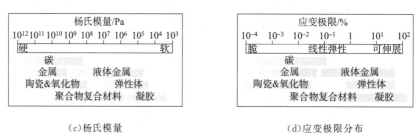

(c)杨氏模量   (d)应变极限分布

图 11-11 柔性衬底的特性、应变曲线、杨氏模量及应变极限分布[50]

(2)表面粗糙度:通常,越薄的光电器件对表面粗糙度越敏感,因而钙钛矿作为较薄的光伏器件,较低的表面粗糙度是保证其致密、高质量覆盖涂布的基本要求,避免由于较高粗糙引起薄膜表面起伏较大、造成器件内部短路。

(3)热机械性能:柔性衬底基材的热稳定性是决定 PSCs 器件能否在一定温度下加工制备的一大关键指标。一般选择柔性衬底基材需要考虑其玻璃化转变温度 T_g 以及热膨胀系数 CTE 两大参数。T_g 决定了柔性衬底能承受的最大加工温度;而衬底与相邻功能层间的 CTE 匹配问题直接影响在加工温度变化过程中相邻功能薄膜的结晶性和成膜质量。在 CTE 不匹配时往往会导致薄膜内部产生一定的残余应力,严重时会导致薄膜产生裂纹,影响器件的性能及稳定性。

(4)化学性质:化学稳定性是指柔性衬底在器件加工制备中抗各种化学溶剂等侵蚀能力。应尽可能选择具有良好的耐溶剂性和化学惰性的柔性衬底作为光伏器件的支撑。

(5)机械柔韧性能:机械柔韧性是指衬底在一定的应力和应变下,可以在不丧失原有功能的前提下有效地释放应力,不发生机械破坏的能力(如断裂和塑性变形)。一般材料的变形可分为两类:弹性变形和塑性变形。一般来说,当施加载荷或应力时,材料开始经历弹性变形,这是一个可逆过程,直到施加的载荷达到屈服强度。当应力超过屈服强度时,发生塑性变形,且形变不可恢复。进一步施加载荷会导致材料断裂。因此,常常采用力学参数,杨氏模量 E 以及屈服强度(即弹性应变极限)来定性度量材料的弯曲和可拉伸特性。

(6)屏障属性:为减少由于环境中的水氧从衬底渗入造成钙钛矿分解,应选择具有一定屏障属性的衬底基材提高器件在环境中的使用稳定性,一般常采用氧气渗透率(OTR)和水蒸气透过率(WVTR)两大参数评估材料透氧性和透湿性。对于 OLED,一般要求 WVTR 低于 10^{-6} $g \cdot m^{-2} \cdot d^{-1}$;OTR 低于 $10^{-3} \sim 10^{-5}$ $cm^3 \cdot m^{-2} \cdot d^{-1}$。

常用于柔性 PSCs 衬底基材按照组成大致可以分为高分子聚合物类、超薄柔性玻璃、金属箔三大类,其性能见表 11-1。

表 11-1　常见 PSCs 柔性衬底基材的性能特征比较[48, 51]

性能	高分子聚合物	柔性玻璃	金属
密度	~ 1.2 g/cm³	~ 2.5 g/cm³	~ 7 g/cm³
厚度	$10 \sim 400$ μm	< 100 μm	< 150 μm
最高加工温度	$100 \sim 350$ ℃	$500 \sim 700$ ℃	~ 900 ℃
透过率(可见光)	$\sim 85\%$	$> 90\%$	—
粗超度	—	< 1 nm	~ 100 nm
热膨胀系数 CTE	$10 \sim 50$ ppm/℃	$3 \sim 5$ ppm/℃	~ 10 ppm/℃
杨氏模量 E	~ 3 GPa	~ 70 GPa	~ 190 GPa
水氧渗透率	高	低	低
耐溶剂性	差	一般	好
尺寸稳定性	一般	好	好

11.3.1.1　高分子聚合物类

柔性衬底聚合物一般可分为:(1)半结晶热塑性聚合物,如聚对苯二甲酸乙二醇酯

(PET)、聚萘二甲酸乙二醇酯(PEN);(2)非结晶热塑性聚合物,如聚碳酸酯(PC)、聚醚砜(PES);(3)非结晶高 T_g 聚合物,如聚酰亚胺(PI)。依据高分子聚合物的 T_g,聚合物光学薄膜还可分为传统的光学薄膜($T_g < 100$ ℃)、普通高温光学薄膜($100 \leq T_g < 200$ ℃)、高温光学薄膜($T_g \geq 200$ ℃)三大类。常见的聚合物光学薄膜的化学结构与 T_g,如图11-12(a)所示。PET、PEN衬底以其良好的柔韧性、光学透过性、化学稳定性等,广泛应用于高效柔性PSCs的研究与制备,见表11-2。然而其较低玻璃化转变温度(T_g)及工作温度(T_m),使其表面沉积材料受到很大制约。为配合不耐高温柔性衬底,通常采用低温沉积各功能层。然而低温加工时容易导致薄膜质量较差,例如,低温加工ITO透明导电电极往往具有较高的电阻率,与柔性衬底之间的粘附性较差,在弯曲时易断裂造成器件失效。相比于PET、PEN,PES具有相对较高的 T_g,可以承受更高的工作上限温度,具有较高的透光性;但是PES的耐溶剂性较差,在旋涂钙钛矿前驱液时PES衬底受钙钛矿GBL:DMSO混合溶剂侵蚀,如图11-12(c)所示。周印华教授课题组通过在PES衬底表面布一层聚苯乙烯磺酸盐(PSSNa)可以有效防护溶剂对衬底的侵蚀,并以Ag作为器件的底电极,透明导电聚合物作为顶电极,制备出效率高达11.8%的柔性PSCs,如图11-12(b)所示[52]。PI作为高温光学薄膜拥有较高的 T_g、T_m(> 400 ℃)。Hyesung Park课题组选用PI作为柔性PSCs衬底,如图11-12(e)所示,以Cu-grid/Graphene做透明底电极,Graphene作为屏障层既稳定金属/钙钛矿界面,亦增强Cu-grid空隙电荷收集,柔性PSCs性能达到16.4%,但透过较差的PI衬底严重影响钙钛矿活性层的有效吸收,折损器件性能[53]。而无色聚酰亚胺CPI基板既能保持PI的高热稳定性,又具有很高的光学透过性。Han-Ki Kim课题组就基于这种CPI衬底上卷对卷溅射、300 ℃高温退火制备出其相较于PET/ITO拥有更低的电阻、更高的透过CPI/ITO透明导电电极,柔性器件性能达15.5%,如图11-12(f)、图11-12(g)所示。图11-12(g)中的插图分别为200 ℃快速退火下PET/ITO和CPI/ITO实物图[54]。高温退火使得ITO晶化更加完全,与衬底结合更加完美,同时更薄的CPI衬底(60 μm)的机械稳定性也明显优于PET/ITO基底(125 μm)[54]。值得注意的是,PI、CPI衬底具有较高的WVTR,气体分子或水汽从衬底渗透容易与器件的活性物质发生反应。因此,需要采用有效的阻挡涂层或者低WVTR、OTR的柔性封装膜来降低聚合物衬底对气体的吸收和渗透,以改善器件的环境稳定性。此外,其他柔性聚合物衬底,如具二甲基硅氧烷(PDMS)[57,58]、环氧树脂(Epoxy)[59,60]、玻璃纤维增强塑料衬底(GFRHybrimer)[61]、诺兰光学黏结剂(NOA 63)[62]、光刻胶SU-8[63]等也被用作柔性PSCs的衬底,见表11-3。

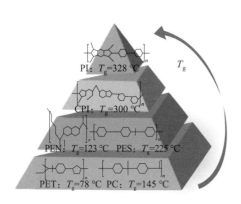

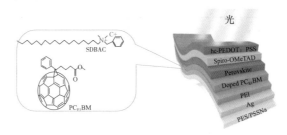

（b）柔性 PSCs 器件结构图和 ETL 材料的化学结构

（a）常见聚合物光学薄膜的化学结构
和玻璃化转变温度 T_g

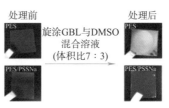

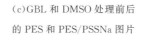

（c）GBL 和 DMSO 处理前后
的 PES 和 PES/PSSNa 图片

（d）基于 PES 聚合物
衬底的柔性 PSCs
实物图照片[52]

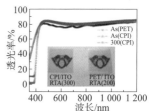

（e）PI 作为柔性 PSCs 衬底[53]

（f）在 CPI 聚合物衬底上卷对卷
（R2R）溅射 ITO 薄膜过程示意图

（g）PET/ITO、CPI/ITO
和退火的 CPI/ITO 基板
的光学透过图

图 11-12　高分子聚合物的转变温度和相关图片

表 11-2　常见高分子聚合物衬底性能比较[55,56]

聚合物衬底	T_g/℃	透过率/%	CTE/(ppm/℃)	杨氏模量 E/MPa	WVTR/(10^{-3} g·m^{-2}·d^{-1})	耐溶剂性	尺寸稳定性	表面粗糙度
PET	～70	＞85	15～33	$(2～4.1)×10^3$	9(100 μm)	良好	良好	差
PEN	120～150	＞85	20	$(0.1～0.5)×10^3$	2(100 μm)	良好	良好	差
PC	～145	88～92	75	$(2.0～2.6)×10^3$	50(100 μm)	差	一般	良好
PI	～350	30～60	8～20	$2.5×10^3$	12	良好	良好	良好
CPI	～300	87～91	58	—	93(100 μm)	良好	良好	良好
PES	200	～89	50～70	—	80(100 μm)	差	一般	良好

表 11-3　基于不同聚合物衬底柔性 PSCs 的性能对比

聚合物衬底	器 件 结 构	性能/%	最高加工温度/℃	参考文献
PET	PET/ITO/SnO$_2$/MA$_{0.7}$FA$_{0.3}$PbI$_3$/Spiro-OMeTAD/Au	18.71	100	[64]
	PET/ITO/NiO$_x$：F$_2$HCNQ/PMMA/(CsPbI$_3$)$_{0.05}$ [(FAPbI$_3$)$_{0.85}$ (MAPbBr3)$_{0.15}$]$_{0.95}$/PCBM/BCP/Ag	20.01	105	[65]
PEN	PEN/ITO/SnO$_2$：NH$_4$Cl/Rb$_{0.05}$Cs$_{0.05}$(FA$_{0.83}$MA$_{0.17}$)$_{0.90}$Pb(I$_{0.95}$Br$_{0.05}$)$_3$/PEAI/Spiro-OMeTAD/Ag	20.40	120	[10]
	PEN/ITO/GO/PTFTS/MAPbI$_3$/PCBM/BCP/Ag	17.04	130	[66]
PDMS	PDMS/PEDOT：PSS/FA$_{0.66}$MA$_{0.19}$PbI$_{2.66}$Br$_{0.19}$/PEI/PEDOT：PSS/PDMS	15.61	100	[58]
	PDMS/TFSA-doped Graphene(TFSA 参杂石墨烯)/PEDOT：PSS/FAP-bI$_{3-x}$Br$_x$/PCBM/Al	18.2	150	[57]
PI	PI/Cu grid/Graphene(石墨烯)/PEDOT：PSS/FA$_{0.8}$MA$_{0.2}$Pb(I$_{0.8}$Br$_{0.2}$)$_3$/PC$_{61}$BM/ZnO/Ag	16.4	120	[53]
CPI	CPI/ITO/ZnO/MAPbI$_3$/PTAA/Au	15.5	300	[54]
PES	PES/a-AZO/AgNW/AZO/ZnO/MAPbI$_3$/Spiro-OMeTAD/Au	11.23	190	[67]
	PES/g-AZO/CuNW/AZO/E-SnO$_2$/Cs$_{0.05}$(FA$_{0.83}$MA$_{0.17}$)$_{0.95}$Pb(I0.88Br$_{0.12}$)$_3$/Spiro-OMeTAD/Au	14.18	100	[68]
	PES/Graphene/NiO$_x$/MAPbI$_3$/PCBM/AZO/Ag/AZO	14.2	150	[69]
	PES/PSSNa/Ag/PEI/PC$_{61}$BM：SDBAC/MAPbI$_{3-x}$Cl$_x$/Spiro-OMeTAD/hc-PEDOT：PSS	11.8	100	[52]
Epoxy	Epoxy(环氧树脂)/ITO/ZnO/MAPbI$_3$/Spiro-OMeTAD/Au	11.29	90	[59]
NOA 63	NOA 63(30μm)/PEDOT：PSS/MAPbI$_{3-x}$Cl$_x$/PCBM/EGaIn	10.9	100	[62]
SU-8	SU-8/MoO$_3$/Au/PEDOT：PSS/MAPbI$_{3-x}$Cl$_x$/PCBM/Ca/Ag	9.05	95	[63]
GFR	GFRHybrimer(玻璃纤维增强塑料)：Ag NW(60μm)/c-ITO/PEDOT：PSS/MAPbI$_3$/PCBM/Hybrimer BCP/Ag	14.15	250	[61]

11.3.1.2　超薄柔性玻璃类

当玻璃厚度减少到几百微米时也具有一定的可弯曲性,这种超薄柔性玻璃又称为柳叶玻璃(Willow Glass)。由于其在可见光范围内具有良好光学透过率(＞90％)、较高的尺寸稳定性、较低的热膨胀系数(TCE：(3～5)ppm/℃)、表面粗糙度(＜1 nm)以及水氧渗透率(100 μm 后的 Willow Glass,在 45 ℃、85％ RH 下,WVTR＜7×10^{-6} g·m^{-2}·d^{-1}),并且超薄柔性玻璃具有极高的耐温性,能承受高达 700 ℃的高温[70]。2015 年,香港科技大学范智勇团队首次利用 Willow Glass 作为柔性衬底,表面溅射 ITO 作为透明导电极,并在衬底另一面沉积 PMSO 纳米锥阵列作为减反层大大提高了器件的光吸收,使基于此柔性玻璃衬底制备的 PSCs 性能达到 13.14％[71],如图 11-13(a)、图 11-13(b)所示。图 11-13(a)中的插图为顶部附有纳米锥 PDMS 薄膜的 PSCs 结构示意图。2017 年,Hest 团队在 Willow

Glass 上使用 MgF₂ 作为减反层,减少空气/玻璃界面的光反射,以溅射氧化铟锌(IZO)作为透明导电层,所制备的 PSCs 器件获得高达 18.1% 的 PCE[72]。最近,黄劲松团队采用 NH₄Cl 添加剂抑制钙钛矿成核结晶速率,在 MgF₂/Willow Glass/ITO 基底刮涂制备 MAPbI₃-NH₄Cl 钙钛矿,可以有效抑制 PbI₂ 的形成,降低钙钛矿薄膜中的缺陷,实现 0.08 cm² 小面积柔性 PSCs 光电转换效率高达 19.72%,并首次在柔性玻璃上制备出效率高达 15.86% 的大面积柔性组件(有效面积 42.9 cm²),如图 11-13(c)~(f)所示。表 11-4 所示为基于超薄玻璃衬底的柔性 PSCs 的性能对比。

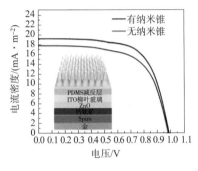

(a)柔性 PSCs 的 J-V 曲线图

(b)PSCs 照片[71]

(c)钙钛矿模组的照片

(d)钙钛矿薄膜示意图

(e)无 NH₄Cl 添加的刮涂
的钙钛矿表面

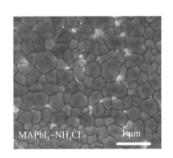

(f)添加 NH₄Cl 的刮涂的
钙钛矿表面 SEM 图[73]

图 11-13　基于超薄柔性玻璃衬底 PSCs 相关图示

表 11-4　基于超薄玻璃衬底柔性 PSCs 的性能对比

超薄玻璃衬底	器 件 结 构	性能/%	最高加工温度/℃	参考文献
Willow Glass	PDMS nanocone arrays(纳米纤维阵列)/Willow Glass(50μm)/ITO/ZnO/MAPbI₃/Spiro-OMeTAD/Au	13.14	90	[71]
	MgF₂/Willow Glass(100 μm)/IZO/SnO₂/Cs₀.₀₄MA₀.₁₆FA₀.₈₀Pb₁.₀₄I₂.₆Br₀.₄₈/Spiro-MeOTAD/MoOₓ/Al	18.1	1000	[72]
	MgF₂/Willow Glass(柳叶玻璃)(100 μm)/ITO/PTAA/MAPbI₃-NH₄Cl/C₆₀/BCP/Cu	19.72	270	[73]

11.3.1.3 金属箔类

金属衬底不仅具有优异的热稳定性、柔韧性、耐腐蚀性,其出众的导电性可直接作为器件电极,已成为一种潜在的柔性衬底。但由于金属基底不透光,因此需要使用透明的顶电极组装器件[74-76]。2015 年,Wong 团队通过电化学腐蚀在 Ti 箔表面形成碳纳米管阵列作为阻挡层,以透明的碳纳米管作为柔性器件的顶电极,实现第一个以 Ti 箔为基底的柔性 PSCs,取得 8.31% 的光电转换效率,如图 11-4(a)、图 11-14(b)所示[77]。2018 年,Lee 团队通过高温热氧化钛金属板,调控氧空位浓度制备高质量致密 TiO$_2$ ETL,采用超薄透明的 Au/Cu 作为顶电极实现 14.9% 光电转换效率。此外,与 PET-ITO 柔性基底相比,Ti 箔衬底的柔性 PSCs 具有更优异的抗疲劳性能,在曲率半径 $R=4$ mm 时,循环 1 000 次弯曲测试后仍能保持初始性能[75]。

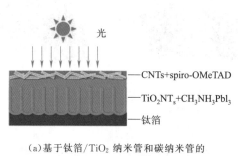

(a)基于钛箔/TiO$_2$ 纳米管和碳纳米管的
柔性 PSCs 结构图

(b)实物照片图[77]

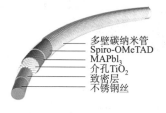

(c)基于 Cu 箔衬底的柔性 PSCs 的
器件结构示意图及能级图[78]

(d)基于不锈钢线的
柔性纤维 PSCs 的结构图[79]

图 11-14　基于金属箔类的 PSCs 相关图示

铜箔也可以作为柔性 PSCs 的衬底,Moshaii 团队以 Cu 箔作为铜源与碘蒸气反应形成宽带隙的 CuI,可以有效地提取空穴,防止电荷重组,基于 Cu/CuI/MAPbI$_3$/ZnO/Ag 器件结构取得 12.8% 的光电转换效率,如图 11-14(c)所示[78]。除了金属箔做衬底外,不锈钢、钛金属丝也常用作纤维型钙钛矿的基底。2014 年,彭慧胜课题组首次报道了基于简单的浸涂法在不锈钢丝上制备同轴纤维钙钛矿器件,并以介孔 TiO$_2$ 阻挡层负载钙钛矿提高光吸收,采用多壁碳纳米管薄膜为透明电极,[见图 11-14(d)]器件性能高达 3.3%[79]。这种纤维状太阳能电池具有优异的柔韧性,可以编织成各种结构用于自供电纺织品、微型电子设备等,具有很大的实际应用需求。使用金属衬底需要均衡器件的性能、热稳定性、耐久性与柔韧性等方面以实现某些特定方面的应用。表 11-5 所示为不同金属衬底柔性 PSCs 的性能对比。

表 11-5　基于不同金属衬底柔性 PSCs 的性能对比

金属衬底	器 件 结 构	性能/%	最高加工温度/℃	参考文献
Ti	Ti foil(127 μm)/bl-TiO$_2$/mp-TiO$_2$/MAPbI$_3$/Spiro-OMeTAD/Ag/ITO	11.01	500	[74]
	Ti foil(150 μm)/TiO$_2$/Al$_2$O$_3$/MAPbI$_{3-x}$Cl$_x$/Spiro-OMeTAD/PEDOT:PSS/Ni grid embedded-PET	10.30	550	[80]
	Ti foil(25 μm)/TiO$_2$ NTs arrays/TiCl$_4$/MAPbI$_3$/Spiro-OMeTAD/CNTs	8.31	450	[77]
	Ti foil(25 μm)/TiO$_2$/MAPbI$_3$/Spiro-OMeTAD/Cu/Au	14.9	700	[75]
	Ti foil(120 μm)/TiO$_2$/MAPbI$_3$/PTAA/Graphene/PDMS	15	450	[81]
	Ti foil(25 μm)/TiO$_2$/MAPbI$_3$/Spiro-OMeTAD/MoO$_x$/Ag/MoO$_x$	14.5	500	[76]
Cu	Cu foil(10 μm)/CuI/MAPbI$_3$/ZnO/Ag NWs	12.8	100	[78]
不锈钢	Stainless steel fiber/c-TiO$_2$/m-TiO$_2$/MAPbI$_3$/Spiro-OMeTAD/CNT sheet	3.3	500	[79]
	Stainless steel wire ($d = 0.127$ mm)/ZnO arrays/MAPbI$_3$/Spiro-OMeTAD/CNT sheet	3.8	90	[82]

11.3.1.4　其他

除了常使用的聚合物、金属、柔性玻璃衬底外,一些新型的柔性衬底相继开发,如云母、纸基、生物质基衬底等。云母作为一种无机铝硅酸盐不仅具有层状结构,还具有较高的光学透过率(>90%)、高度的柔韧性、化学稳定性。此外,云母衬底还可以承受高达 600 ℃的高温、拥有较小热膨胀系数(1×10^{-6}/℃),衬底的尺寸稳定性和水氧阻隔性好,并且制备成本低,是一种性能优异的柔性衬底材料[83]。2016 年,黄海涛课题组在云母衬底上采用脉冲激光沉积 ITO,并采用高温退火的 TiO$_2$ 作为 ETL,制备出效率达 9.67%的柔性 PSCs[84]。最近,中国科学院深圳先进技术研究院与石家庄铁道大学等在透明云母衬底上外延生长 AZO/ITO 透明导电层,开发出性能高达 18%的柔性 PSCs,在 5 000 次循环弯曲测试中($R = 40$ mm)测试中,仍能保持初始效率的 91.7%[85]。此外,除了可以做器件衬底外,化学稳定、耐高温云母还可作为柔性器件的封装材料,在高湿热条件下(85 ℃、85% RH)老化 6 h 后仍能保持初始性能的 80%,如图 11-15 所示。纸作为一种轻质、柔韧、廉价、普遍存在且环保的纤维素材料,已成功应用于柔性 PSCs 并取得了初步的探索,为今后开发可回收、低成本、无污染的光伏器件开辟新的思路[86]。2017 年,由 Thomas M. Brown 第一个提出纸基 PSCs,基于 Paper/Au/SnO$_2$/meso-TiO$_2$/MAPbI$_3$/Spiro-OMeTAD/MoO$_x$/Au/MoO$_x$ 结构取得 2.7%的效率[87],如图 11-15(b)所示。Yu Jinghua 团队通过在纤维素纸上印刷碳作为底电极,采用超薄透明 Cu/Au 作为器件的顶电极,使得纸基柔性 PSCs 性能提升至 9.6%[88]。除纸基外,生物质基衬底以其良好的生物形容性及可降解性,在柔性 PSCs 已得到较好的应用。例如,2019 年,Zou Guifu 团队采用具有良好生物相容性和可降解性的竹子纤维素纳米纤维(b-CNF)作为生物质衬底,在 b-CNF 衬底上溅射 IZO,形成具有高透过、高机械柔韧性、轻质的生物质电极,基于此电极的柔性 PSCs 实现了 11.68％的光电转换效率[89]。近期,Zou Guifu 团队又采用蚕丝蛋白结合 Ag NWs(SDEs)塑造不同形状、承受不同形变的透明电极用于制备柔性 PSCs,最高效率达到 10.4％[90]。表 11-6 所示为其他类衬底柔性 PSCs 的性能对比。

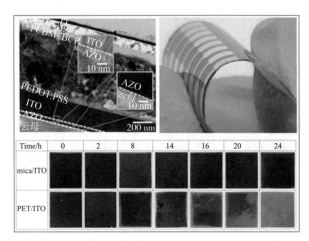

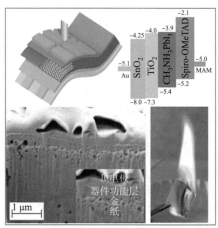

(a)采用云母衬底制备的 PSCs 器件照片[85]

(b)基于纸基 PSCs 器件结构图、能级图、横截面 SEM 图及焚烧回收方法的照片[87]

图 11-15　基于云母衬底和纸基的 PSCs 图

表 11-6　其他类衬底柔性 PSCs 的性能对比

其他	器件结构	性能/%	最高加工温度/℃	参考文献
云母	Mica/ITO/TiO$_2$/MAPbI$_{3-x}$Cl$_x$/Spiro-OMeTAD/Au	9.67	500	[84]
	Mica(50μm)/AZO/ITO/PEDOT：PSS/ Cs$_{0.05}$ FA$_{0.79}$ MA$_{0.16}$ PbBr$_{0.51}$ I$_{2.49}$/PCBM/BCP/Ag	18	400	[85]
纸	Paper/C/MAPbI$_3$/C$_{60}$/BCP/Cu/Au	9.60	120	[88]
	Nanocellulose paper(NCP)/doped PH 1000/PEDOT：PSS/MAPbI$_3$/PCBM/Al	4.25	120	[86]
	Paper/Au/SnO$_2$/meso-TiO$_2$/MAPbI$_3$/Spiro-OMeTAD/MoO$_x$/Au/MoO$_x$	2.7	150	[87]
生物质材料	CNF/IZO/PEDOT：PSS/MAPbI$_3$/PCBM/Ag	11.68	75	[89]
	SDE/PH1000/PEDOT：PSS/MAPbI$_3$/PCBM/Ag	10.4	55	[90]

11.3.2　高导透明电极的开发与探究

电极在光电器件中主要用于收集光生电子或空穴,并作为与外电路相连的连接点。对于一般的光伏器件要求其正负电极至少有一个应该是透明的,以保证光伏材料有效吸收入射光。而对于透明或半透明的太阳能电池,其顶部和底部电极都必须是透明的。常用的电极按材料组成一般可分为金属电极、金属氧化物电极、碳材料电极以及聚合物电极四大类。电极种类繁多,选择适合应用于柔性 PSCs 的电极一般需要考虑以下几方面:

(1)光学透过性与导电性:对于光伏器件来说,电极的光学透过性和导电性一样重要。太阳光在可见光范围(380～780 nm)具有最强的输出,且钙钛矿材料通过离子协调带隙可以有效收集太阳能,因此作为 PSCs 的电极需要在可见光范围内具有较高的透过率。另一方面,高导电性的电极对于从太阳能电池到外部电路的有效电荷传输也至关重要。所以,理想情况下,电极应该同时具有高导电性和高透光率,然而这在物理上是矛盾的。这是因为材料高导电性的必要条件是具有较高的载流子密度,而高载流子密度又会限制光的吸收[91]。由于电极的透光率和电导率之间存在权衡,研究者一般通过引入品质因子(figure-of-merit,FoM)来评估电极的性能[92]。

$$\Phi_{TE} = \frac{T^{10}}{R_{sh}}$$

$$R_{sh} = \frac{1}{\sigma t}$$

$$T = e^{-\alpha t}$$

式中,Φ_{TE} 为品质因子 FoM;T 为透过率;R_{sh} 为面电阻;σ 为电导率;t 为厚度;α 为吸收系数;e 为自然指数,其值约为 2.718 28。

(2)机械性能:作为柔性 PSCs 的电极也应具有一定的机械柔韧性以保证在一定的弯曲形变中不产生微裂纹影响电极电导和器件性能。

(3)功函数:功函数是电极的另一个重要性质。对于薄膜太阳能电池,电极与其他功能层之间的界面至关重要。当器件中的功函数不匹配时,可能会导致电极与半导体之间产生不必要的肖特基接触,从而产生高的接触电阻,降低器件的效率。一般阴极倾向于低功函数以便于电子的传输;而阳极倾向于较高的功函数,有利于空穴的传输。值得注意的是,电极的功函数与制备方法、掺杂、表面改性以及后处理息息相关。

(4)表面性质:电极的表面能和粗糙度也是非常重要的参数。电极的表面能会影响其顶部活性层的结晶,而表面粗糙度会影响顶部涂层的均匀性与形貌。

(5)稳定性:应用于柔性 PSCs 的电极不仅需要在较宽的温度范围内工作,且对水、氧、太阳光辐射等不敏感。另外,电极与半导体界面的化学稳定性也是一个重要参数,一个不稳定的界面不仅影响器件的性能,还会加速器件的性能老化。

11.3.2.1 底电极

　　TCOs 是柔性 PSCs 中应用最广泛的电极,包括 ITO、IZO、AZO,由于其高电导率和透光率,以及与钙钛矿良好的相容性,制备的柔性 PSCs 具有较高的效率[10, 11, 35]。然而,TCO 本质脆、抗断裂能力差,在反复弯曲过程中容易受损导致基体电阻增大,活性层出现裂纹,严重限制 TCO 基柔性 PSCs 的弯曲灵活性[91,92]。2015 年,Jung 等[93]对比有、无 ITO 电极衬底的 TiO_x/Perovskite/Spiro-OMeTAD 薄膜在相同弯曲测试中的阻值变化。发现 260 cycles 后,基于 PEN-ITO 基底的薄膜阻值发生突增,而无 ITO 的 PEN 基底薄膜的阻值无明显突变。同时,在相应的 SEM 测试中也明显发现 PEN-ITO 基底在弯曲方向上存在明显的裂纹,如图 11-16 所示。图 11-16(a)所示为有无 ITO 柔性 PSCs 在弯曲疲劳测试中的原位电阻变化($\Delta R/R_0$),其中下图为上图黄色区域的放大图;图 11-16(b)、图 11-16(c)所示为不同多层结构(PEN/ITO/TiO_x/钙钛矿、PEN/TiO_x/钙钛矿)在经过 300 次弯曲循环测试后的低倍 SEM 图像(标尺:100 μm),以及相应的绿色和红色区域的放大 SEM 图像(标尺:5 μm)[93]。这种断裂行为可能是由于柔性衬底与 ITO 电极间杨氏模量差异所致[94]。在区域放大的 SEM 图中也可以清楚地观察到邻近裂纹处的钙钛矿薄膜发生脱落,而这些现象在无 ITO 的 PEN 衬底上都没有发现。由此得出柔性 PSCs 性能退化主要是由于在机械弯曲疲劳实验中诱发 ITO 断裂导致电阻突增所致。此外,Shuzi Hayase 团队[95]针对不同透过率及导电性的 ITO 柔性透明导电电极对器件

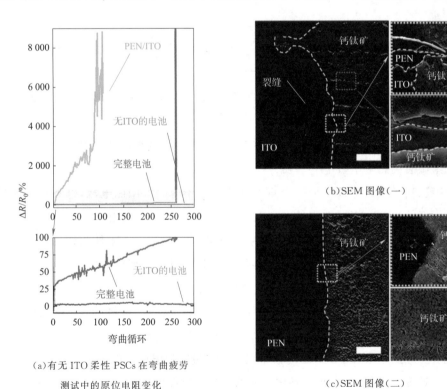

(a)有无 ITO 柔性 PSCs 在弯曲疲劳
测试中的原位电阻变化

(b)SEM 图像(一)

(c)SEM 图像(二)

图 11-16　有无 ITO 柔性 PSCs 在弯曲疲劳测试中的原位电阻变化与 SEM 图像

性能及抗挠性影响展开了研究,发现在柔性器件有效面积很小时($\leqslant 0.1\ cm^2$),基板的阻值与透过率综合后对器件性能影响不是很大;而当有效面积增加到 $1\ cm^2$ 时,基板阻值严重影响器件短路电流 J_{sc} 与填充因子 FF。在机械稳定性方面,较薄的脆性 ITO 可以容忍相对更强的机械弯曲。因此,开发新型高机械稳定性的高导透明导电电极以取代传统 ITO,是实现大面积、高性能、超柔性光伏器件的关键,包括导电聚合物、金属、碳材料以及其他新兴可替代电极。

1. 导电聚合物

导电聚合物具有优异的柔韧性及溶液可加工性,并且可以通过化学修饰和掺杂实现带隙调谐,是一类极有前途的电极材料[96]。PEDOT:PSS 是由导电聚合物 PEDOT 和水分散剂 PSS 组成的,其中 PSS 具有掺杂电荷和提高 PEDOT 在水中溶解度的双重作用,是目前最成功、应用最广泛的导电聚合物,具有优异的可见光透射率和机械性能,非常适合用于柔性太阳能电池的透明导电电极[97,98]。但 PEDOT 与 PSS 之间的库伦引力导致绝缘的 PSS 链覆于 PEDOT 链上,电荷的局域化易形成线圈缠绕状,降低薄膜的电导率与透过率。因此,常采用酸化处理改善 PEDOT:PSS 导电性,如采用 H_2SO_4 除去不导电的 PSS,可以使其导电性从 1 S/cm 提升至 4 000 S/cm 以上,如图 11-17 所示。具体处理过程:用 H_2SO_4 处理制

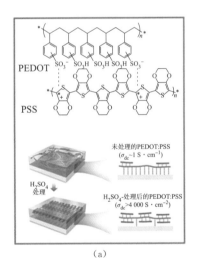

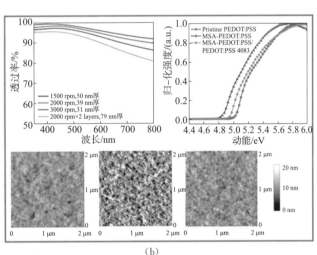

(a) (b)

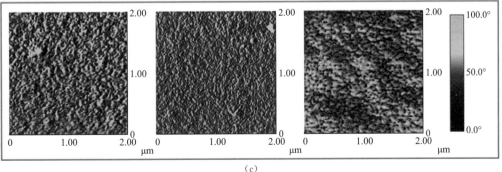

(c)

图 11-17　PEDOT:PSS 薄膜处理

备高导 PEDOT:PSS 薄膜示意图及化学结构[99][见图 11-17(a)];用甲磺酸处理 PEDOT：PSS(MAS-PEDOT:PSS)薄膜的 UV-Vis 光谱、紫外光电子能谱以及相应薄膜的 AFM 粗糙度图(PEDOT:PSS、MSA- PEDOT:PSS、MSA-PEDOT:PSS/PEDOT:PSS 4083)[100][见图 11-17(b)];用磷酸处理掺有 EG 的 PEDOT:PSS 薄膜的 AFM 图(PEDOT:PSS、PA-PEDOT:PSS、PA-PEDOT:PSS/PTAA)[101][见图 11-17(c)]。虽然像 H_2SO_4 这样的强酸可以显著提高 PEDOT:PSS 的电导率,但并不适合在柔性衬底 PET 上应用。因而,大部分研究集中选用适合的掺杂剂或表面处理在柔性衬底上制备高导电的 PEDOT:PSS 聚合物电极,如二甲基亚砜(dimethyl sulfoxide,DMSO)、聚醚酰亚胺(polyetherimide,PEI)、磷酸(phosphoric acid,PA)、甲磺酸(methanesulfonic acid,MSA)等已成功应用于柔性 PSCs 电极的制备,见表 11-7。

表 11-7　PEDOT:PSS 聚合物底电极柔性 PSCs 的性能对比

底电极		衬底	电极制备方法	制备温度/℃	T/%	方块/电阻/(Ω/sq)	器件结构	性能/%	有效面积/cm²	参考文献
PEDOT:PSS	EG-处理	PET	喷涂	150	65	28	PET/PEDOT:PSS-EG/$MAPbI_{3-x}Cl_x$/PCBM/TiO_x/Al	4.9	0.16	[102]
	DMSO-处理	PET	旋涂	120	85	40	PET/HC-PEDOT:PSS/PEDOT:PSS/$MAPbI_3$/$PC_{61}BM$/Al	7.6	0.070 8	[103]
	MSA-处理	PET	旋涂	120	—	—	PET/PEDOT:PSS-MSA/$MAPbI_{3-x}Cl_x$/PCBM/$Rhodamine\ 101$/C_{60}/Rhodamine 101/LiF/Ag	8.6	0.11	[100]
	PEI-处理	PET	旋涂	120	—	—	PET/PEDOT:PSS-PEI/$MAPbI_3$/Spiro-OMeTAD/Au	9.73	0.1	[104]
	EG/PA-处理	PEN	旋涂	140	—	—	PEN/PEDOT:PSS/PTAA/$MAPbI_3$/PCBM/BCP/Ag	10.51	0.1	[101]
	DSMO-处理	NOA 63	旋涂	100	93.3	110	NOA 63/PEDOT:PSS-DMSO/$MAPbI_{3-x}Cl_x$/PCBM/EGaIn	10.9	0.12	[105]
	DMSO-处理	PET	—	—	—	105	PET(1.4 μm)/PEDOT:PSS/$MAPbI_{3-x}Cl_x$/PTCDI/Cr_2O_3/Cr/Au/PU	12±1	0.14~0.15	[23]
	FAI-处理	PET	旋涂	140	—	—	PET/PEDOT:PSS-FAI/PTAA/$MAPbI_3$/$PC_{60}BM$/Al	10.16	0.45	[106]
	CFE	PET	R2R	120	~85	>4 100 S/cm	PET/PEDOT:PSS-CFE/PEDOT:PSS/FAMA/PCBM/Ag	19.01	0.1	[105]

2015 年，Brunetti 等[102]采用超声喷雾在柔性 PET 制备 PEDOT:PSS 底电极，并掺入适量乙二醇(ethylene glycol，EG)来改善电极的导电性与透过率，制备出效率为 4.9％的 TCO-free 反式柔性器件。Ouyang 等[100]采用甲磺酸 MSA 处理沉积在 PET 柔性衬底上的 PEDOT:PSS 聚合物电极，不仅提高电极的导电性，其透过率也有明显改善，TCO-free 柔性 PSCs 效率达到 8.6％。图 11-18(a)所示为 CFE 调节 PEDOT:PSS 相分离前后示意图，图 11-18(b)所示为在柔性衬底刮涂制备 CFE-PEDOT:PSS 导电薄膜示意图，以及制备出的大面积柔性模组以及半透明柔性 PSCs 器件照片。2018 年，Eun-Cheol Lee 等为进一步提高聚合物电极的导电性，将掺有 EG 的 PEDOT:PSS 浸入到磷酸(PA)溶液中除去不导电的 PSS 以提高电极的导电性，同时有效改善由于 PEDOT 和 PSS 的相聚集造成表面粗糙等问题，如图 11-18(c)所示，在基于 PTAA 作为空穴传输层的柔性 PSCs 性能提高到 10.51％[101]。最近，宋延林和陈义旺团队[105]在 PEDOT:PSS 电极中加入了一种氟表面活性剂(CFE)，通过调节 PEDOT 和 PSS 的相分离实现高导电率(＞4 000 S/cm)、高透光率(＞80％)、高机械柔韧性的 PEDOT:PSS:CFE 电极的制备，基于此电极的柔性 PSCs 的光电转换效率高达 19％，并具备优异的耐弯折性能，在 R＝3 mm，5 000 次循环后仍能保持初始效率的 85％。此外，该电极(PEDOT:PSS:CFE/PDMS)还可以取代不透光的金属顶电极制备半透明柔性 PSCs，在 30.6％的平均可见光透过率下稳态效率高达 12.5％。

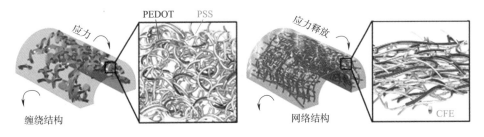

(a)CFE 调节 PEDOT:PSS 相分离前后示意图

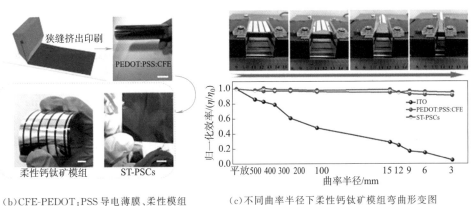

(b)CFE-PEDOT:PSS 导电薄膜、柔性模组及 PSCs 器件照片　　(c)不同曲率半径下柔性钙钛矿模组弯曲形变图以及效率变化曲线[105]

图 11-18　氟表面活性剂(CFE)优化 PEDOT:PSS 电极制备柔性钙钛矿太阳能电池

PEDOT:PSS 作为柔性 PSCs 底电极已取得很好的成绩,然而 PEDOT:PSS 的酸性、容易吸水等问题对柔性 PSCs 器件的稳定性存在潜在的威胁。例如,酸性的 PEDOT:PSS 可能会腐蚀 ITO 等碱性材料,诱导铟在电极/活性层界面的扩散,从而导致器件性能严重损失[107]。因此,需要采用有效措施提高 PEDOT:PSS 电极导电性及化学环境稳定性以实现高效稳定大规模印刷柔性电子器件的制备。

2. 碳材料

碳纳米材料由于其低成本和良好的导电性,包括碳黑/石墨复合材料、碳纳米管(CNTs)和石墨烯(Graphene)等。其中,CNTs 与 Graphene 具有良好的化学稳定性、机械柔韧性、高导电性以及高透过性,可广泛用于柔性 PSCs 的透明导电电极。2015 年,Yutaka Matsuo 团队[108]选择用稀释的 HNO_3 处理单壁碳纳米管(SWNTs)作为柔性 PSCs 的底电极并取得 5.38% 光电转换效率。2017 年,该团队[109]采用超薄 MoO_3 替代 HNO_3 优化 SWNTs 性能进一步提升至 11%,相比于 ITO 金属氧化物电极具有杰出的机械稳定性。

此外,单原子层石墨烯薄膜(graphene)具有优异的机械弹性、良好的化学稳定性、高的光学透明度和载流子迁移率,这些特性使得石墨烯材料成为柔性微电子器件的理想材料选择[110]。Yutaka Matsuo 等通过对比 SWNTs 与 graphene 作为反式柔性 PSCs 底电极性能和抗挠性发现,相比于 CNTs,单原子层的石墨烯拥有更优异的表面形貌以及更高透过性,其器件的性能更优异;而 CNTs 以其缠绕的结构及其固有的无缺陷性质具有略高的机械稳定性,但二者的器件抗弯曲性能均远优于易脆的 ITO 电极。图 11-19(a)所示为基于 PEN 柔性衬底以 Gr 和 SWNTs 为底电极的 PSCs 器件结构示意图以及不同导电基底制备的柔性 PSCs 的弯曲稳定性测试[109]。graphene 片的制备常采用的在 Cu/Ni 箔上 CVD 沉积 graphene,随后沉积 PDMS/PMMA 聚合物作为支撑膜,再依次利用 $FeCl_3$ 等刻蚀剂及丙酮将 Cu 箔及聚合物支撑膜清除掉而得到 graphene 片,最后通过物理转移沉积在指定的基板上。这种转移法制备的 graphene 薄膜再现性较差,表面容易残留聚合物,其与基体之间没有化学结合,在重复弯曲等严重的机械变形容易产生脱层现象,使电极性能恶化。为了改善石墨烯电极的质量常采用掺杂方法提高导电性,通过引入化学键来增强基片与石墨烯层之间的相互作用力。2017 年,Sang Hyuk Im 团队采用 $AuCl_3$ 掺杂 graphene 调控电极的费米能级及导电性,并引入 APTES(3-氨基丙基三乙氧基硅烷)使基底与 graphene 间形成共价键,具有更优异的机械稳定性,如图 11-19(b)所示。基于 PET/APTES/graphene-$AuCl_3$ 基底制备的反式柔性 PSCs 性能达 17.9%,且具有优异的弯曲稳定性,100 次弯曲循环后仍保持初始效率的 90% 以上($R \geqslant 4$ mm)[111]。之后,该团队[57]通过使用 TFSA[双(三甲基甲磺酰)-酰胺]掺杂 graphene 作为柔性 PSCs 的电极,进一步将 PCE 提高到 18.2%。TFSA 优化后具有优异的机械稳定性和光照稳定性,处理后未封装的柔性器件在 60 ℃/30% RH,一个太阳光强连续光照 1 000 h 仍能保持初始效率的 95%。此外,石墨烯的疏水性可能会对后续溶液的沉积有所影响,需要对其表面进行修饰改性,而传统的表面修饰方法,如等离子体处理等,会破坏超薄石墨烯。Mansoo Choi 等采用 MoO_3 薄层改善 graphene 表面疏水性,从而提高其表面的 PEDOT：PSS 溶液的润湿性。此方法制备出的柔性 PSCs 性能达到 16.8％,与 PEN/ITO 器件相比,无滞后现象。而且,抗弯曲形变稳定性突出,在 $R = 2$ mm,5 000 转弯曲疲劳测试中,仍保持初始性能的 85％[112]图 11-19(c)所示石墨烯基柔性 PSCs 器件结构图及基于 PEN/ITO 和 PEN/Gr-Mo 柔性器件的弯曲稳定性测试对比[112]。这种基于 graphene 电极的钙钛矿太阳能电池对机械变形具有卓越的稳定性,在可折叠光伏器件应用中具有巨大的潜力。表 11-8所示为碳材料底电极柔性 PSCs 的性能对比。

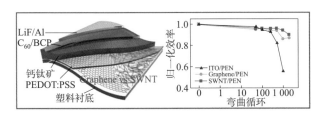

（a）PSCs 器件结构及弯曲稳定性测试

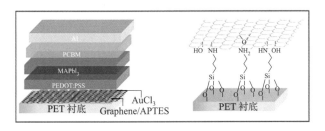

（b）通过 APTES 处理 PET 与 Gr 界面制备

柔性 PSCs 结构示意图[111]

（c）PSCs 器件结构图及弯曲稳定性测试对比

图 11-19　碳材料作为底电极应用于柔性钙钛矿太阳能电池

表 11-8　碳材料底电极柔性 PSCs 的性能对比

底电极	衬底	电极制备方法	制备温度/℃	T/%	方块电阻/(Ω/sq)	器 件 结 构	性能/%	有效面积/cm^2	参考文献
碳	纸	丝网印刷	80	—	14.2	Paper/C/$MAPbI_3$/C_{60}/BCP/Cu@Au	9.6	0.075	—
碳纳米管	PET	稀硝酸处理 膜转移	不加热	—	—	PET/SWNTs-Diluted HNO_3/PEDOT：PSS/$MAPbI_3$/PCBM/Al	5.38	—	[108]
	PEN	MoO_3处理 膜转移	不加热	—	—	PEN/Graphene/MoO_x/PEDOT：PSS/$MAPbI_3$/C_{60}/BCP/Al	11	0.0177	[109]

底电极	衬底	电极制备方法	制备温度/℃	T/%	方块电阻/(Ω/sq)	器 件 结 构	性能/%	有效面积/cm²	参考文献
	PET	膜转移	不加热	~90	—	PET(20 μm)/ZEOCOAT-TM/Graphene/P3HT/MAPbI₃/PC₇₁BM/Ag	11.48	~0.04	[113]
MoO₃处理	PEN	膜转移	不加热	~97	552	PEN/Graphene/MoO₃/PEDOT：PSS/MAPbI₃/C₆₀/BCP/Li/Al	16.8	0.0177	[112]
AuCl₃处理	PET	膜转移	不加热	—	80	PET/APTES/AuCl₃-GR/PEDOT：PSS/FAPbI₃₋ₓBrₓ/PCBM/Al	17.9	0.096	[111]
石墨烯 TFSA掺杂	PDMS	膜转移	不加热	>90	116±42	PDMS/TFSA-Graphene/PEDOT：PSS/FAPbI₃₋ₓBrₓ/PCBM/Al	18.2	0.16	[57]
Au纳米颗粒和TFSA掺杂	PET	膜转移	No/100	—	83±6	PET/Graphene/GQDs/MAPbI₃/PCBM/Al	15.38	0.1	[114]
	PET	膜转移	不加热	87.3	290±17	PET/Graphene/TiO₂/PCBM/MAPbI₃/CSCNTs/Spiro-OMeTAD	11.9	0.15	[115]
	PES	PATCVD	150	85.6	81±6	PES/Graphene/NiOₓ/MAPbI₃/PCBM/AZO/Ag/AZO	14.2	—	[69]

3. 金属材料

金属材料具有优异的导电性和机械柔韧性，是最普遍应用的电极。一般厚金属膜（>100 nm）在可见光具有高反射性，作为光电器件的底电极时需要顶电极透明以实现太阳光的入射。为改善金属的不透光性，纳米结构金属被认为是柔性 PSCs 很有前途的电极，包括超薄金属薄膜、金属纳米线和金属网格等[116]。

超薄金属薄膜通常采用电介质/薄金属/电介质（DMD）结构作为电极。例如，Liu Xingyuan 团队采用电子束沉积 WO₃/Ag(10 nm)/WO₃ 结构作为透明底电极，器件效率达到 13.79%[117]。除了超薄金属薄膜外，金属线、金属网格等也常作为柔性 PSCs 的底电极，不仅具有较高的透过性与导电性，还具有优异的机械柔韧性。2016 年，Yang 课题组[118]采用卷对卷纳米压印技术将六边形银网嵌入 PET 衬底，并配合高导电聚合物 PH1000 形成厚度仅有 200 μm，超柔性、高导电（3 Ω·sq⁻¹）透明导电基板，如图 11-20(a)所示。基于此混合电极制备的柔性 PSCs 效率高达 14.2%，并具有良好的抗机械形变能力，在曲率半径 $R=$5 mm 时循环弯曲 5 000 次循环后，器件的初始效率仅降低 5%。相应的，金属纳米颗粒或纳米线等则可以通过溶液旋涂或者印刷组装成透明的金属网/栅电极。这些金属网/栅结构电极可以允许光线从网格线间的缝隙中透过，因而这类金属电极导电性与透过性对其结构具有高度的依赖性。同时，这类金属网络结构的薄膜电极一般具有较大的表面粗糙度，而且金属电极与钙钛矿面容易发生金属诱导降解和卤素离子扩散等问题，往往导致基于此类纳米金属结构电极的柔性器件性能和稳定性较差。为改善这些缺点，通常会引入导电金属氧化物、导电聚合物、石墨烯等界面层构成复合电极，有效改善薄膜形貌、阻止金属与活性层之间相互扩散反应，提高电极导电性及化学稳定性[53, 119-121]。Hyunhyub Ko 等[122]在超薄

PEN 柔性衬底上采用更具光滑表面的正交 Ag NWs 替代随机 Ag NWs,并引入 PH1000 导电聚合作为透明底电极,有效防止与钙钛矿活性层中的碘发生化学反应产生不导电的卤化银,使柔性 PSCs 性能及稳定性得到显著提升,制备出效率达 15.18%、具有超高功率密度(29.4 W/g)的轻质柔性 PSCs,如图 11-20(b)所示。Zheng Zijian 团队[123]针对金属网/栅的线宽和间距大小以及凸出的高度(即厚度)等对电极透明度、导电性和其表面覆盖薄膜质量(尤其是钙钛矿层)的影响做了详细的探究,采用两种不同几何构型的 Cu-grids:铜方网孔(CuSM)和铜六角形蜂窝网孔(CuHC),通过改变铜栅格的线宽和间距大小以找到透明度和导电性之间的平衡,如图 11-20(c)所示。此外,裸铜栅极不能作为柔性 PSCs 的有效电极,通过表面覆盖一层高导 PH1000 聚合物,将空白区域和栅极电极连接,有效地收集在水平和垂直方向的电荷,基于此复合基底柔性 PSCs 效率达 13.58%[123]。Joohо Moon 等采用原子层沉积 AZO,构成 g-AZO/Cu NWs/AZO 复合电极,提高 CuNWs 电极的透过率及热/化学稳定性,调节 Al 掺杂浓度改善 CuNWs 与电子传输层间的能级对准,柔性 PSCs 光电转换效率提升至 14.18%[68]。这种复合电极通过合理设计,可以综合复合电极的优势,开发出具有高透过、高导电、高平整、高轻质、高柔性的透明导电电极。表 11-9 所示为金属材料底电极柔性 PSCs 的性能对比。

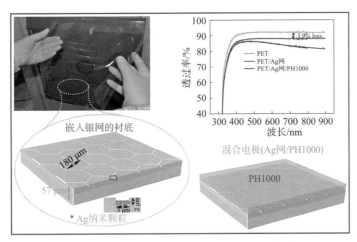

(a)嵌入银网的 PET 衬底及混合电极的示意图[118]

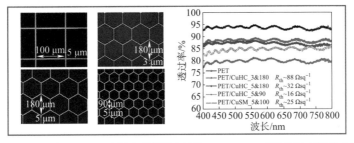

(b)钙钛矿形成卤化银原理示意图、器件深度刻蚀 XPS-mapping 图及两电极阻值变化图

图 11-20　利用金属网在柔性衬底上制备透明导电电极

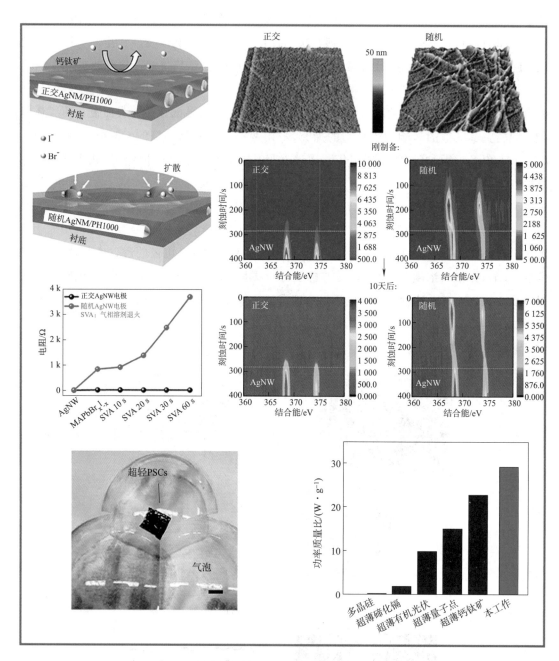

（c）不同几何构型的 Cu-grids 以及光学透过图[123]

图 11-20　利用金属网在柔性衬底上制备透明导电电极（续）

表 11-9　金属材料底电极柔性 PSCs 的性能对比

底电极		衬底	电极制备方法	制备温度/℃	T/%	方块电阻/(Ω/sq)	器件结构	性能/%	有效面积/cm²	参考文献
金属材料	Thin film (<20 nm)									
AZO/Ag (9 nm)/AZO		PET	溅射	150	81	7.5	PET/AZO/Ag/AZO/PEDOT:PSS/polyTPD/MAPbI$_3$/PCBM/Au	7	0.12	[124]
WO$_3$/Ag (10 nm)/WO$_3$		PET	电子束蒸发	—	~85	—	PET/WO$_3$/Ag/WO$_3$/PEDOT:PSS/MAPbI$_3$/C$_{60}$/Bphen/Ag	13.79	0.12	[117]
MoO$_3$/Au (7 nm)		SU-8	热蒸发	—	~75	19	SU-8/MoO$_3$/Au/PEDOT:PSS/MAPbI$_{3-x}$Cl$_x$/PCBM/Ca/Ag	9.05	4	[63]
金属材料	Metal-NWs									
Ag NWs/ZnO		PET	喷涂/旋涂	150	~84	30~50	PET/Ag NWs/ZnO/PEDOT:PSS/MAPbI$_x$Cl$_{3-x}$/PC$_{61}$BM/Al	13.12	—	[119]
a-AZO/Ag NWs/AZO		PES	旋涂	190	88.6	11.86	PES/a-AZO/Ag NWs/AZO/ZnO/MAPbI$_3$/Spiro-OMeTAD/Au	11.23	0.06	[67]
Ag NWs/PH1000		PEN	旋涂	140	—	—	PEN/Orthogonal Ag NWs/PH1000/PEDOT:PSS/MAPbBr$_x$I$_{3-x}$/PC$_{61}$BM/Al	12.85	—	[122]
g-AZO/CuNWs/AZO		PES	原子层沉积/刮涂	150	87.60	34.05	g-AZO/Cu NWs/AZO/E:SnO$_2$/Cs$_{0.05}$(FA$_{0.83}$MA$_{0.17}$)$_{0.95}$Pb(I$_{0.88}$Br$_{0.12}$)$_3$/Spiro-OMeTAD/Au	14.18	0.06	[68]
Ag NWs 或 Cu NWs/c-ITO		GFR Hybrimer	膜转移/溅射	250	—	37	玻璃纤维增强塑料—金属纳米线/c-ITO/PEDOT:PSS/perovskite/PCBM/BCP/Ag	14.15	—	[61]

续表

底电极	衬底	电极制备方法	制备温度/℃	T/%	方块电阻/(Ω/sq)	器件结构	性能/%	有效面积/cm²	参考文献
Ag mesh/PH1000	PET	卷对卷压印/旋涂	120	82~86	~3	PET/Ag-mesh/PH1000/PEDOT:PSS/MAPbI$_3$/PCBM/Al	14.2	0.1	[118]
Au mesh/PEDOT:PSS	PET	电子束沉积/旋涂	120	—	18	PET/Au mesh/PEDOT:PSS/MAPbI$_3$/C$_{60}$/BCP/Cu	13.62	1.2	[125]
Ag grid/PH1000: Ammonia:PEI	PET	纳米压印/旋涂	124	—	—	PET/Ag-grid/PH1000/PEDOT:PSS/MAPbCl$_x$I$_{3-x}$/PCBM/PEI/Ag	14.52	0.09	[120]
金属材料 Metur-grid/mesh Ag mesh	PET	热蒸发	—	65.7	20.1	PET/Ag mesh/ZnO/TiO$_2$/MA$_{0.1}$FA$_{0.75}$Cs$_{0.15}$Pb$_{2.9}$Br$_{0.1}$/Spiro-OMeTAD/MoO$_3$/Ag	16.47	0.072 5	[121]
Cu grid/Graphene	PI	电子束沉积/膜转移	280	81.0	~5.2	PI/Cu grid/Graphene/PEDOT: PSS/FA$_{0.8}$MA$_{0.2}$Pb(I$_{0.8}$Br$_{0.2}$)$_3$/PC$_{61}$BM/ZnO/Ag	16.4	—	[53]
Cu grid/PH1000	PET	热镀/旋涂	100	80.07	~16	PET/Cu grid/PH1000/Cu:NiO$_x$/MAPbI$_3$/PCBM/BCP/Cu	13.58	0.072 5	[123]

11.3.2.2 顶电极

柔性 PSCs 常采用蒸镀 Au、Ag、Cu、Al 等金属作为顶电极,而对于不透明底电极太阳能电池或半透明太阳能电池,其顶部电极则不能采用常规的不透光的厚金属膜。

1. 金属材料

蒸镀金属薄膜作为柔性 PSCs 的顶电极是最常采用、最成熟的工艺,然而贵金属 Au 的使用以及高真空度的蒸镀条件,无疑增加了柔性器件的制备成本。Kazunari Matsuda 团队[126]采用一种简单的干燥转移法制备纳米多孔金膜电极来替代传统的热蒸镀法,无须高真空度热蒸镀,还可实现多次循环利用,降低电极及器件的制备成本,如图 11-21(a)所示。此电极制备的柔性 PSCs 性能达到 17.3%,并具多孔的金电极可以有效地释放弯曲应力,阻止裂纹的产生与扩展,比蒸镀金电极器件具有更好的抗挠性。此外,金属纳米线、超薄金属膜、液态金属合金也可以作为柔性器件的顶电极[62,75,76,78]。2017 年,Sun 等采用两种超薄复合金属薄膜 MoO_3/Au、$MoO_3/Au/Ag/MoO_3/Alq_3$(8-羟苯哇啉和铝)分别作为半透明柔性器件的底电极与顶电极,在可见光范围(380~790 nm)平均透过率达 18.16%,取得 6.96% 光电转换效率[127]。

2. 导电聚合物

溶液法制备器件的顶电极要着重考虑电极溶液对其底层薄膜的分解侵蚀作用。Parkt[128]提出了一种可重复、干法转印法制备 PEDOT:PSS 作为半透明柔性 PSCs 的顶电极,可有效避免 PEDOT:PSS 溶液造成钙钛矿的分解。在 PET/ITO 衬底上制备出有效面积 1 cm^2 效率高达 13.6% 的半透明柔性 PSCs,如图 11-21(b)所示。

3. 碳材料

转印法制备的 CNT、Graphene 常用于金属基底柔性器件的顶电极。2015 年,Lydia Helena Wong 团队采用透明 CNTs 电极在钛箔衬底上制备柔性器件,PCE 达到 8.31%[77]。2017 年,Zhanhu Guo 团队[130]在反式柔性 PSCs 中以 SnO_2 涂层碳纳米管(SnO_2@CSCNT)薄膜作为顶电极获得 10.5% 的 PCE。2018 年,该团队[129]首次制作了一种全碳电极柔性 PSCs,分别以 Graphene 和 CSCNTs 分别作为透明底电极和顶电极,如图 11-21(c)所示,并取得了 11.9% 的光电转换效率。此外,该全碳电极的柔性 PSCs 相比于 Au、Ag 等金属电极的器件具有更优异的耐用性及稳定性,可实现低成本印刷柔性钙钛矿光伏器件的制备。

4. 其他类

拓扑绝缘子作为量子物质的一种奇异态,由于其绝缘体和高导电性的表面态受时间反转对称性的保护,能够有效地抑制不需要的电子后向散射,使其具有高载流子迁移率等优良的输运特性,近年来受到了广泛的关注[131,132]。2D 碲化铋(Bi_2Te_3)最近被证明是一种拓扑绝缘体,具有良好的导电性、良好的机械柔韧性和化学耐久性,在光电探测器领域中已作为优良电极使用[133-134]。其次，其功函数为 4.29 eV，与柔性 PSCs 常用电极 Ag(4.30 eV)基本相同。傅邱云课题组首次报道了以 Bi_2Te_3 为对电极的反式平面柔性钙钛矿器件，并取得 18.16％的光电转换效率，其较高的性能得益于 Bi_2Te_3 拓扑绝缘体中的本征抑制电子后向散射。同时，基于 Bi_2Te_3 顶电极器件在机械柔韧性与长期稳定性均有显著提高。在曲率半径为 $R=4$ mm，连续 1 000 cycles 弯曲测试后仍保留初始效率的 95％。在 N_2 环境中，85 ℃连续加热 1 000 h 仍保持约 90％的初始值，空气中连续光照 1 000 h 仍保留约 85％的初始值[135]。表 11-10 所示为不同顶电极材料底电极柔性 PSCs 的性能对比。

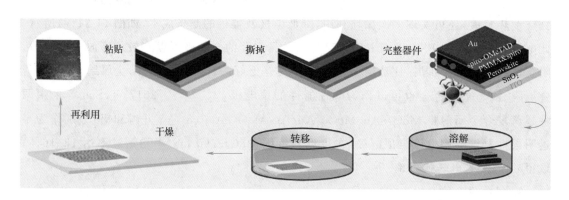

(a)制备与重复利用 PSCs 的纳米孔金电极的原理图[126]

(b)干转移法制备半透明柔性 PSCs 的
PEDOT:PSS 顶电极流程示意图及照片[128]

(c)全碳电极柔性 PSCs
的器件结构图[129]

图 11-21　纳米孔金电极原理、顶电极流程及 PSCs 器件结构

表 11-10　不同顶电极材料底电极柔性 PSCs 的性能对比

分类	顶电极	衬底	电极制备方法	制备温度/℃	T/%	方块电阻/(Ω/sq)	器件结构	器件平均透过率/AVT	性能/%	有效面积/cm²	参考文献
金属材料	MoO_3/Au (1 nm)/Ag (7 nm)/MoO_3/Alq3	NOA 63	热蒸发	—	89.65	16	NOA 63/MoO_3/Au/PEDOT:PSS/$MAPbI_{3-x}Cl_x$/PCBM/MoO_3/Au/Ag/MoO_3/Alq3	18.16	6.96	—	[127]
	Ag NW	PET	喷墨打印	No	—	—	PET/Ag NW/m-FCE/PEDOT:PSS/$MAPbI_3$/PCBM/PEI/Ag NW	27	10.49	0.09	[136]
	Liquid metal:EGaIn	NOA 63	注射器滴膜	—	—	—	NOA 63/PEDOT:PSS/$MAPbI_{3-x}Cl_x$/PCBM/EGaIn	—	10.9	0.12	[62]
	Nanoporous Au film	—	膜转移	No	No	11.3 ± 0.5	柔性基板/ITO/SnO_2/$Cs_{0.05}$ ($MA_{0.17}FA_{0.83})_{0.95}$ Pb $(I_{0.83}Br_{0.17})_3$/PMMA:Spiro-OMeTAD/Spiro-OMeTAD/Au	—	17.3	~0.03	[126]
碳材料	SnO_2@CSCNT	PEN	膜转移	No	—	51±2.3	PEN/ITO/Al_2O_3-$MAPbI_3$/SnO_2@CSCNT-$MAPbI_3$	—	10.5	—	[130]
	CSCNTs	PET	膜转移	No	—	41±1.8	PET/Graphene/TiO_2/PCBM/$MAPbI_3$/Spiro-OMeTAD/CSCNTs	—	11.9	0.15	[129]
导电聚合物	hc-PEDOT:PSS	PES	膜转移	No	—	700 S/cm	PES/PSSNa/Ag/PEI/doped-PC_{61}BM/$MAPbI_{3-x}Cl_x$/Spiro-OMeTAD/hc-PEDOT:PSS	—	11.8	—	[52]
	PEDOT:PSS	PET	膜转移	No	—	—	PET/ITO/PEDOT:PSS/$FAPbI_{3x}Br_x$/PCBM/PEI/PEDOT:PSS	—	13.6	1	[128]
其他	Bi_2Te_3	PEN	热蒸发	—	—	350	PEN/ITO/NiO_x/$MAPbI_3$/PCBM/BCP/Bi_2Te_3	—	18.16	—	[135]

11.3.3 低温高效电荷传输层的研究与制备

在钙钛矿太阳能电池中,高的载流子迁移率和合适的能级匹配是载流子传输材料的必要特性。为了实现高效柔性 PSCs 的制备,载流子传输材料已被广泛研究,尤其是其低温制造工艺。

11.3.3.1 电子传输层

电子传输层(ETLs)的加入主要是增强载流子的收集与传输,从而获得更好的光伏性能。在柔性 PSCs 中使用的 ETLs 材料一般分为金属氧化物 ETLs 和有机 ETLs。

1. TiO_2

自 2009 年以来,金属氧化物 TiO_2(TiO_x)已成为正式 PSCs 器件的主要 ETL 材料,而传统方法 TiO_2 ETLs 是采用喷雾热解或旋涂法,在 400 ℃高温退火下以提高其结晶度和电子性能,然而这严重限制了大多数柔性 PSCs 的制备与应用。因此,TiO_2 薄膜的低温制备工艺一直是研究的热点。2013 年,Snaith 课题组[137]首次在反式柔性器件采用全低温制备 TiO_2/PCBM 作为 ETLs,获得 6.3% 的光电转换效率,如图 11-22(a)所示。Hyun Suk Jung 团队[93]采用 Plasma-ALD 在 PEN-ITO 柔性基板上沉积致密非晶态 TiO_x 薄膜,此方法制备的 ETLs 在无须退火条件下能够有效地提取光生电子,基于 PEN/ITO 基底上制备出性能为 12.2% 的柔性 PSCs,其短路电流 J_{sc} 可达到 20 mA/cm^2 以上,如图 11-22(b)所示。电子束沉积也是低温制备致密 TiO_2 的有效方法。David Cheyns 等[138]提出 TiO_2 ETLs 全覆盖 ITO 是实现高质量无针孔钙钛矿薄膜的关键,通过优化电子束沉积的 TiO_2 膜厚以增加 ITO 表面覆盖率,取得 13.5% 效率的柔性 PSCs。李灿团队[139]采用磁控溅射的方法在 PET-ITO 上制备了一层比锐钛矿型的 TiO_2 具有更高的电子迁移率的非晶 TiO_2 作为 ETLs,柔性器件性能提升至 15.07%。除了上述通过物理方法低温沉积 TiO_2 薄膜外,低温化学法也是沉积 TiO_2 的重要手段。在化学法制备过程中,通常采用预合成的高结晶性的 TiO_2 NPs 分散在溶剂中,通过在柔性导电基底上旋涂 TiO_2 NPs 墨水制备出致密的 ETLs。2015 年,程一兵团队[140]通过在 PET/IZO 柔性基底上旋涂低温水热法制备 TiO_2 纳米颗粒分散液并在 150 ℃下退火,为防止钙钛矿与衬底直接接触,PET/IZO 表面覆盖了厚度为 100 nm TiO_2 作为 ETLs,并使用气体辅助的方法制备 $MAPbI_3$ 作为钙钛矿吸收层,最终制备出的柔性 PSCs 效率达到 12.3%。为了进一步提高柔性器件性能,各种掺杂、表面改性策略广泛用于 TiO_2 ETLs 的优化。2016 年,Min Jae Ko 团队[141]提出一种 UV 后处理低温溶液法制备 Nb-doped TiO_2 薄膜作为 ETLs,基于此基底制备的柔性 PSCs 性能提升至 16.01%。这归因于 TiO_2 ETLs 优化,其中 Nb 掺杂可以有效提高 TiO_2 导电性,降低导带位置,增强电荷的提取能力,而 UV 可以有效地去除 TiO_2 表面配体使其自发聚集。富勒烯(C_{60}、C_{70})等界面材料也可用于优化 TiO_2 ETLs 与钙钛矿吸光层界面以有效提高电子传输[142-143]。

　　然而,经过低温处理的 TiO_2 并不能保证高效率($<17\%$),且 TiO_2 具有较高的催化活性,基于 TiO_2 ETLs 的 PSCs 在紫外光照射下,TiO_2 自身表面氧的解吸附,容易形成较深的能级缺陷,使得光生电子难以跃迁至导带,降低电荷转移效率,从而导致短路电流减小、电池性能下降。TiO_2 另一个缺点是它的电子迁移率($1\ cm^2 \cdot V^{-1} \cdot s^{-1}$)远低于钙钛矿层($24.8\ cm^2 \cdot V^{-1} \cdot s^{-1}$),导致电荷传输不平衡,形成较严重滞后现象[147]。因此,开发可靠稳定、匹配良好的金属氧化物半导体材料变得更加重要。表 11-11 所示为基于 TiO_2 ETLs 的柔性 PSCs 的性能对比。

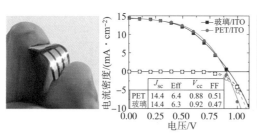

(a)第一个基于 TiO_2 ETLs 的
柔性 PSCs 器件照片及 *J-V* 曲线图[137]

(b)基于 PEALD 沉积致密非晶 TiO_x ETLs 的
柔性 PSCs 截面 SEM 图及器件结构图[93]

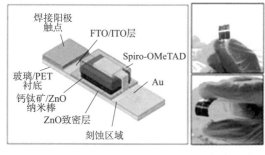

(c)第一个以 ZnO 作为 ETLs 的柔性 PSCs 器件结构
示意图及柔性器件实物图[47]

(d)以 ZnO、NiO_x 作为电荷传输层的
柔性反式 PSCs 器件结构图[144]

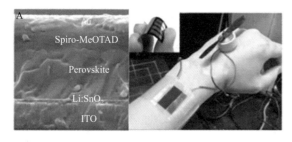

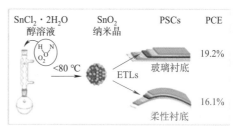

(e)基于 Li 掺杂 SnO_2 ETLs 的 PSCs 器件截面 SEM 图
及柔性可穿戴的 PSCs 照片[145]

(f)低温化学合成 SnO_2 纳米晶作为高效柔性
与刚性 PSCs 的 ETLs[146]

图 11-22　传统金属氧化物电子传输层制备柔性钙钛矿太阳能电池

表 11-11　基于 TiO$_2$ ETLs 的柔性 PSCs 的性能对比

TiO$_2$ ETLs	制备方法	制备温度/℃	器件结构	性能/%	有效面积/cm^2	参考文献	年份
TiO$_x$	旋涂	130	PET/ITO/PEDOT:PSS/MAPbI$_{3-x}$Cl$_x$/PCBM/TiO$_x$/Al	6.3	0.08	[137]	2013
TiO$_2$	旋涂	150	PET/IZO/TiO$_2$/MAPbI$_3$/Spiro-OMeTAD/Au	12.3	0.16	[140]	2015
TiO$_x$	原子层沉积	80	PEN/ITO/TiO$_x$/MAPbI$_{3-x}$Cl$_x$/Spiro-OMeTAD/Ag	12.2	—	[93]	2015
TiO$_2$	电子束蒸发	77	PET/ITO/TiO$_2$/MAPbI$_{3-x}$Cl$_x$/PTAA/Au	13.5	0.13	[138]	2015
am-TiO$_2$	直流磁控溅射	—	PET/ITO/am-TiO$_2$/MAPbI$_{3-x}$Cl$_x$/Spiro-OMeTAD/Au	15.07	0.011 34	[139]	2015
Nb-doped TiO$_2$	旋涂	45	PEN/ITO/Nb:TiO$_2$/MAPbI$_3$/Spiro-OMeTAD/Au	16.01	0.01	[141]	2016
TiO$_2$/C$_{70}$	旋涂	120	PEN/ITO/TiO$_2$/C$_{70}$/(FAPbI$_3$)$_x$(MAPbCl$_3$)$_{1-x}$/Spiro-OMeTAD/Ag	12.42	0.12	[143]	2017
TiO$_2$	射频测控溅射	Room-Temperature	PET/TiO$_2$/MAPb(I$_{1-x}$Br$_x$)$_3$/PTAA/Au	15.88	0.03	[148]	2017
TiO$_2$/C$_{60}$	旋涂	120	PEN/ITO/TiO$_2$/C$_{60}$/(FAPbI$_3$)$_x$(MAPbCl$_3$)$_{1-x}$/Spiro-OMeTAD/Ag,	16.39	0.12	[142]	2018
c-TiO$_2$/mp-TiO$_2$	反应离子刻蚀 (RIE)	—	PEN/ITO/c-TiO$_2$/mp-TiO$_2$/(FAPbI$_3$)$_{0.97}$(MAPbBr3)$_{0.03}$/Spiro-OMeTAD/Au	17.29	0.14	[149]	2020

2. ZnO

由于 ZnO 具有较高的电子迁移率、可低温溶液合成、无须高温煅烧等特点,成为替代 TiO$_2$ 制备柔性 PSCs 的首选材料[150]。实际上第一个柔性 PSCs 就是基于电沉积的致密 ZnO 表面化学浴沉积一层 ZnO 纳米棒为 ETLs,效率仅有 2.62%,如图 11-22(c)所示[47]。随后,Kelly 等[151]通过采用醋酸锌的甲醇溶液,在室温下直接旋涂制备 ZnO ETLs 制得的柔性 PSCs 效率超过 10%。2016 年,Lee 团队[152]通过在 ITO-PEN 柔性基板大范围调控 ZnO ETLs 的厚度,发现 ETLs 的厚度对器件性能有直接影响。ETLs 过薄容易导致钙钛矿层直接与柔性导电衬底直接接触,导致载流子的复合;而过厚的 ETLs 会阻碍钙钛矿层光生电子的注入与传输,最优厚度优化的 ZnO ETLs 的能量转化效率达到 12.3%。随着钙钛矿成膜技术以及界面的优化与发展,基于 ZnO 的正式 n-i-p 结构器件性能已接近 16%[153,154]。同样,ZnO 作为 ETLs 也可以应用于 P-i-N 反式柔性器件结构中。2018 年,Andriessen 等[144]

通过溶液法预合成 ZnO、NiO$_x$ 纳米颗粒分别作为反式柔性器件的 ETLs 与 HTLs,选用三阳离子钙钛矿作为吸光层,基于 PEN/ITO/NiO$_x$/Cs$_{0.05}$(MA$_{0.17}$FA$_{0.83}$)$_{0.95}$Pb(I$_{0.9}$Br$_{0.1}$)$_3$/PCBM/ZnO/Al 结构取得 16.6% 的光电转换效率,如图 11-22(d)所示。虽然 ZnO ETLs 具有易于低温制备等优点,但是经研究发现,沉积在 ZnO 表面的卤化铅钙钛矿的热不稳定性,容易在退火过程中导致钙钛矿分解为 PbI$_2$,严重影响器件性能及稳定性[155,156]。为防止这一问题,常选用 TiCl$_4$[157]、聚乙烯亚胺(poly(ethylenimine),PEI)[158]、Al$_2$O$_3$[159] 及其他稳定材料[160]钝化 ZnO/钙钛矿界面,一定程度上减缓这种不稳定性,但却没有彻底消除这一问题,依然会导致器件性能迅速恶化。最近,Snaith 课题组[161]揭示了 ZnO 基底的钙钛矿不稳定的根本原因是 MA 阳离子的去质子化导致了氢氧化锌的形成,并采用 FA 和 Cs 离子取代 MA 制备 MA-free 钙钛矿,大大提高了钙钛矿/ZnO 界面的稳定性,在高强度 UV 照射以及 85 ℃条件下具有优异的稳定性。这一研究结果使得基于 ZnO ETLs 以及 AZO 透明导电电极与钙钛矿吸光层可以拥有很好的形容性,激发了人们基于低温 ZnO ETLs 的柔性 PSCs 研究兴趣。表 11-12 所示为基于 ZnO ETLs 的柔性 PSCs 的性能对比。

表 11-12　基于 ZnO ETLs 的柔性 PSCs 的性能对比

ZnO ETLs	制备方法	制备温度/℃	器件结构	性能/%	有效面积/cm^2	参考文献	年份
ZnO/ZnO 纳米棒	电沉积/化学浴沉积	<100	PET/ITO/ZnO/ZnO nanorods/MAPbI$_3$/Spiro-OMeTAD/Au	2.62	0.2	[47]	2013
ZnO	旋涂	无热处理	PET/ITO/ZnO/MAPbI$_3$/Spiro-OMeTAD/Ag	10.2	0.07065	[151]	2013
ZnO	旋涂	100	PET/IZO/ZnO/MAPbI$_3$/Spiro-OMeTADAu	10.3	0.16	[156]	2016
ZnO	磁控溅射	无热处理	PEN/ITO/ZnO/MAPbI$_3$/Spiro-OMeTAD/MoO$_3$/Ag	11.34	0.09	[162]	2016
ZnO NPs	旋涂	120	PEN/ITO/ZnO/MAPbI$_3$/Spiro-OMeTAD/Au	12.34	0.12	[152]	2016
ZnO	旋涂	150	PEN/ITO/ZnO/MAPbI$_3$/PTAA/Au	15.6	—	[154]	2016
ZnO	射频磁控溅射	无热处理	Flexible substrate/AZO/ZnO/C$_{60}$/MAPbI$_3$/Spiro-OMeTAD/Au	13.2	0.15	[153]	2017
ZnO	旋涂	无热处理	PEN/ITO/NiO$_x$/Cs$_{0.05}$(MA$_{0.17}$FA$_{0.83}$)$_{0.95}$Pb(I$_{2.7}$Br$_{0.3}$)/PCBM/ZnO/Al	16.6	0.09	[144]	2018
ZnO NW 陈列	旋涂	无热处理	PET/ITO/ZnO/ZnO NW array/MAPbI$_3$/Spiro-OMeTAD/Au	12.8	—	[163]	2019

3. SnO₂

近年来,SnO_2 被认为是一种非常有前途、高效柔性 PSCs 的电子传输材料,目前柔性器件的最高性能记录就是基于 SnO_2 ETLs。一方面,SnO_2 具有较高的光学透明度、离子迁移率以及较好的器件稳定性;另一方面,SnO_2 ETLs 可以采用不同的低温方法制备,尤其是低成本的溶液法。2016 年,Ko 等[145]采用 Li-TFSI 掺杂 $SnCl_2$ 溶液旋涂制备 SnO_2 ETLs,在 185 ℃低温退火以及 UVO 处理下制备出效率达 14.78% 柔性 PSCs,如图 11-22(e)所示。2017 年,Wang 等[146]采用低温(80 ℃)溶胶凝胶法合成 SnO_2 纳米晶(<5 nm),如图 11-22(f)所示,低温下得到的 SnO_2 ETL 比传统的 TiO_2 ETL 具有更优越的光电性能,制备的柔性 PCSs 的 PCE 达到 16.11%。各种溶液法合成的 SnO_2 纳米晶/纳米颗粒已成功应用于柔性 PSCs,并取得较高的光电转换效率[164]。原子层沉积(ALD)亦是沉积 SnO_2 薄膜有效的制备方法。2016 年,鄢炎发团队[165]介绍一种等离子体增强原子层沉积(PEALD)技术,在 100 ℃低温条件下制备 SnO_2 ETLs,通过自组装单层 C_{60}(SAM-C_{60})修饰钙钛矿/SnO_2 界面,进一步增强电子萃取,制备出效率为 16.80% 的柔性 PSCs。2017 年,该团队[166]利用水蒸气处理 PEALD SnO_2 进一步提高了其电导率和电子迁移率,使柔性器件的能量转换效率提升至 18.36%。表 11-13 为基于 SnO_2 ETLs 的柔性 PSCs 的性能对比。

表 11-13　基于 SnO₂ ETLs 的柔性 PSCs 的性能对比

SnO₂ ETLs	制备方法	制备温度/℃	器 件 结 构	性能/%	有效面积/cm²	参考文献	年份
Li-掺杂 SnO₂	旋涂	185	PEN/ITO/SnO₂:Li/MAPbI₃/Spiro-OMeTAD/Au	14.78	0.12	[145]	2016
SnO₂/C₆₀-SAM	原子层沉积	100	PET/ITO/SnO₂/C₆₀-SAM/MAPbI₃/Spiro-OMeTAD/Au	16.80	0.08	[165]	2016
SnO₂ NCs	旋涂	80	PEN/ITO/SnO₂/(FAPbI₃)₀.₈₅(MAPbBr₃)₀.₁₅/Spiro-OMeTAD/Au	16.11	0.16	[146]	2017
SnO₂/C₆₀-SAM	原子层沉积	100	PET/ITO/SnO₂/C₆₀-SAM/MA₀.₇FA₀.₃PbI₃/Spiro-OMeTAD/Au	18.36	0.08	[166]	2017
SnO₂ NCs	旋涂	120	PET/ITO/SnO₂/K₀.₀₃Cs₀.₀₅(FA₀.₈₅MA₀.₁₅)₀.₉₂Pb(I₀.₈₅Br₀.₁₅)₃/Spiro-OMeTAD/Au	16.47	0.16	[164]	2018
SnO₂	旋涂	150	PEN/ITO/SnO₂/Cs₀.₀₅(MA₀.₁₇FA₀.₈₃)₀.₉₅Pb(I0.83Br₀.₁₇)₃/Spiro-OMeTAD/Au	17.1	0.1	[167]	2018
SnO₂ NCs	旋涂	120	PEN/ITO/SnO₂/MAPbI₃/Spiro-OMeTAD/Ag	18.0	—	[168]	2019

续表

SnO₂ ETLs	制备方法	制备温度/ ℃	器 件 结 构	性能/%	有效面积/ cm²	参考 文献	年份
SnO₂	旋涂	100	PEN/ITO/CPTA/SnO₂/C60/ Cs0.05FA0.81MA0.14PbI₂.₅₅Br₀.₄₅/ Spiro-OMeTAD/Au	18.1	0.1	[169]	2019
SnO₂ NC/SnOₓ	旋涂	120	PET/ITO/I-SnO₂/(FAPbI₃)₀.₈₅ (MAPbBr₃)₀.₁₅/Spiro-OMeTAD/Au	16.29	0.1	[170]	2019
SnO₂ /CPTA	旋涂	140	PEN/ITO/SnO₂/CPTA/MAPbI₃/ Spiro-OMeTAD/Au	18.36	0.1	[171]	2019
Graphene QD:SnO₂	旋涂	135	PEN/ITO/Graphene QD:SnO₂/ CsFAMA/Spiro-OMeTAD/Au	17.7	0.06	[172]	2019
SnO₂/KCl	旋涂	100	ITO/SnO₂/KCl/MAPbI₃/ spiro-OMeTAD/Ag	18.53	0.04	[173]	2019
SnO₂	旋涂	70	PEN/ITO/SnO₂/FA₀.₉₄₅MA₀.₀₂₅Cs₀.₀₃ Pb(I₀.₉₇₅Br₀.₀₂₅)₃/Spiro-OMeTAD/Ag	19.51	0.09	[174]	2019

4. 其他金属氧化物

除了上述金属氧化物电子传输材料，Nb_2O_5、WO_x、Zn_2SnO_4 也成功应用于柔性 PSCs 的制备。Nb_2O_5 作为新型电子传输材料，具有与传统的 TiO_2 相似的带隙结构，但比 TiO_2 具有更高的电子传输性能及化学稳定性，尤其是具有良好的抗紫外稳定性，且容易在低温条件下制备。2017 年，刘生忠课题组采用电子束沉积在 PET/ITO 柔性基板上低温制备 Nb_2O_5 ETLs，并取得 15.56% 的光电转换效率[175]。2018 年，刘生忠课题组[176] 又将二甲硫醚加入 $MAPbI_3$ 中，与 Pb^{2+} 形成螯合物、降低钙钛矿结晶速率，形成具有更大晶粒尺寸、更好结晶度的钙钛矿吸光体，将基于 Nb_2O_5 ETLs 柔性器件效率提升至 18.40%，如图 11-23(a) 所示。

Ma 等[177] 选用 Nb 掺杂的 WO_x 作为电子传输层，柔性器件效率达 15.65%。三元 Zn_2SnO_4（ZSO）也是光电器件中可替换的电子传输材料。2015 年，Sang Il Seok 课题组[178] 开发了一种低温下合成高度分散的 ZSO 纳米颗粒均匀旋涂在 ITO-PEN 柔性基板上，由此制备的柔性器件性能达到 15.3%，如图 11-23(b) 所示。随后，该课题组[179] 通过连续沉积平均尺寸约 19.2 nm 的 ZSO 纳米晶和仅有 5.7 nm 的 ZSO 量子点，制备与 ITO 导电层和钙钛矿活性层间能量级更匹配的双层 ZSO ETLs，该结构可以将两个界面的能量屏障最小化，有利于光生电子的提取和传输，最终将器件性能提高到 16.5%。表 11-14 所示为其他类金属氧化物 ETLs 的柔性 PSCs 的性能对比。

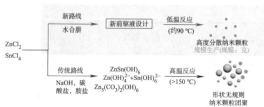

（a）ETLs 的结构示意图及完整柔性器件
的截面 SEM 图[176]

（b）Zn₂SnO₄（ZSO）NPs 示意图、PSCs 器件的
断面 SEM 图和实物照片[178]

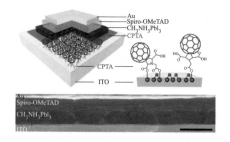

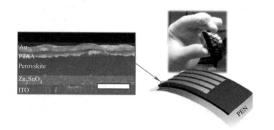

（c）平板 PSCs 器件结构示意图及横断面的 SEM 图[180]

图 11-23　其他金属氧化物及有机电子传输层制备柔性钙钛矿太阳能电池

表 11-14　其他类金属氧化物 ETLs 的柔性 PSCs 的性能对比

其他金属氧化物 ETLs	制备方法	制备温度/℃	器件结构	性能/%	有效面积/cm²	参考文献	年份
Nb₂O₅	电子束蒸发	—	PET/ITO/Nb₂O₅/MA₂/₆FA₄/₆Pb（Br₁/₆I₅/₆)₃/Spiro-OMeTAD/Au	15.56	0.09	[175]	2017
Nb₂O₅	电子束蒸发	—	MgF₂/PET/ITO/Nb₂O₅/MAPbI₃-DS/Spiro-OMeTAD/Au	18.40	0.052	[176]	2018
NbOₓ	旋涂	100	PEN/ITO/NbOₓ/Cs₀.₀₅[(FAPbI₃)₀.₈₅(MAPbBr₃)₀.₁₅]₀.₉₅/Spiro-OMeTAD/Ag	16.42	0.09	[181]	2020
W(Nb)Oₓ	旋涂	120	PEN/ITO/W(Nb)Oₓ/MAPbI₃₋ₓClₓ/Spiro-OMeTAD/Ag	15.65	0.09	[177]	2017
a-WOₓ	热蒸镀	—	PEN/ITO/a-WOₓ/MAPbI₃/Spiro-OMeTAD/Ag	15.85	—	[182]	2019
Zn₂SnO₄	旋涂	~100	PEN/ITO/Zn₂SnO₄/MAPbI₃/PTAA/Au	15.3	0.09	[178]	2015
Zn₂SnO₄ NPs/Zn₂SnO₄ QD	旋涂	100	PEN/ITO/ZSO NPs/ZSO QD/MAPb(I₀.₉Br₀.₁)₃/PTAA/Au	16.5	0.16	[179]	2016
SnOₓ/Zn-SnOₓ	电子束蒸发	100	PET/ITO/SnOₓ/Zn-SnOₓ/CsFAMA/Spiro-OMeTAD/Au	15.25	—	[183]	2019

5. 有机电子传输材料

有机电子传输材料,如富勒烯衍生物 PCBM、C_{60} 等,以其易于低温制备、电学性能优异以及与钙钛矿吸光层能级匹配良好等优势,已广泛应用于反式柔性 PSCs。2013 年,Snaith 课题组[137]首次在反式柔性钙钛矿结构中以 TiO_2/PCBM 作为 ETLs 取得 6.3% 的转换效率。有机电子传输材料在正式柔性 PSCs 中也有广泛的应用。PCBM 作为钙钛矿器件中最常用的富勒烯衍生物 ETLs,不仅具有简单的制膜工艺,而且还可应用于钙钛矿吸光层晶界的钝化,有效降低缺陷态密度。2015 年,Seok 课题组[184]将低温合成 TiO_2 与 PCBM 相结合作为 ETLs,制得的柔性 PSCs 性能达 11.1%。通过钙钛矿沉积方式以及空穴层的优化,基于 PCBM ETLs 的正式柔性 PSCs 性能已达到 13% 以上[185,186]。除了 PCBM,其他富勒烯衍生物,如 CPTA 也成功应用于柔性 PSCs。Fang 等[180]采用 CPTA 替代传统的金属氧化物电子材料作为正式柔性 PSCs 的 ETLs,CPTA 以其较高的电子迁移率、适合的能级位置以及通过共价键均匀锚定在 ITO 透明导电电极上,如图 11-23(c)所示,不仅明显抑制 PSCs 的迟滞现象,还有效地增强了柔性器件的抗弯曲性能,最高 PCE 达到 17.04%。C_{60} 也是常用的电子传输材料,但由于其在常见的溶剂中溶解度较低,一般采用真空蒸镀沉积一定厚度的 C_{60} ETLs。CHOI 等[187]通过优化热蒸镀 C_{60} ETLs 厚度制备出性能达 16% 的正式柔性 PSCs。

11.3.3.2 空穴传输层

空穴传输层(HTLs)的作用是从钙钛矿中提取空穴并输运至阴极,可分为有机空穴传输材料与无机空穴传输材料。

1. 有机空穴传输材料

在正式 PSCs 中,Spiro-OMeTAD 是最常见的有机空穴传输材料与钙钛矿活性层,具有良好的能级匹配,且易于低温溶液法制备,已取得较高的能量转换效率。由于 Spiro-OMeTAD 本身导电性较差,通常需要引入双(三氟甲基磺酰亚胺)酰亚胺锂(Li-TFSI)、4-叔丁基吡啶(tBP)、FK209 等添加剂。Li-TFSI 可以有效提高空穴迁移率,降低电子-空穴对的复合。然而,Li-TFSI 具有吸湿性,且在外加偏压下 Li^+ 会扩散到钙钛矿中会影响器件的性能及稳定性[188,189]。tBP 是用于进一步促进 Li 盐的溶解,防止 Li-TFSI 与 Spiro-OMeTAD 的相分离,以形成均匀的 HTLs,但是过量的 tBP 会侵蚀钙钛矿[190,191]。

PEDOT:PSS 以其优越的空穴传输能力、较高的光学透明度以及可低温制造等优势,而在反式器件结构中得到了广泛的应用。早期报道的基于 PEDOT:PSS 作为 HTLs 的柔性器件性能仅有 9.2%[192]。2017 年,宋延林团队[191]在涂覆单分子层的聚苯乙烯微球(PS)的 PET/PH1000 柔性基底上制备纳米孔骨架的 PEDOT:PSS 空穴输运层,不仅可以有效改善钙钛矿太阳能器件的光能收集、结晶质量以及电荷传输性能。更重要的是,这种创新性的纳米孔结构可以释放弯曲时的机械应力,增大了大尺寸柔性钙钛矿太阳能电池实现的可行性,这种具有超强弯曲疲劳性的柔性 PSCs 在 1.01 cm² 有效面积下实现了 12.32% 的光电转换效率，如图 11-24 所示。但是，PEDOT:PSS 空穴材料也存在不容忽视的缺点，如高酸性与吸湿性，这使得与 PEDOT:PSS 接触的钙钛矿活性层容易发生降解，导致器件长期稳定性较差。另一方面，PEDOT:PSS 的溶剂一般为水，与钙钛矿不相容，不能应用于正式器件结构中。

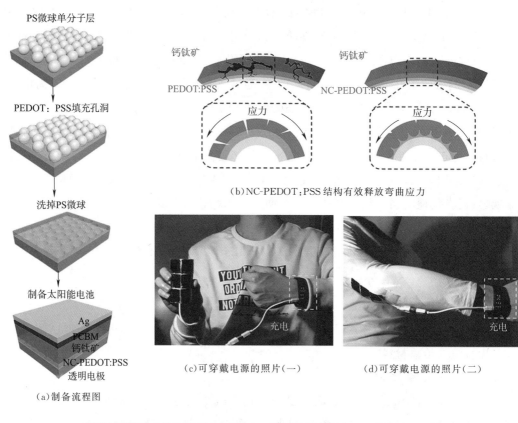

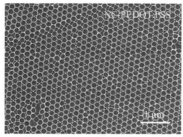

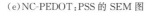

图 11-24　纳米孔骨架的 PEDOT:PSS 空穴输运层应用于柔性钙钛矿太阳能电池

此外，PTAA 也是柔性 PSCs 中常用的空穴传输材料。Im 等[154]基于 PEN/ITO/ZnO/MAPbI₃/PTAA/Au 结构制备出效率为 15.6% 的柔性 PSCs。通过进一步提高钙钛矿膜的质量,Jen 等[193]提出了一种类卤化物 NH₄SCN 诱导再结晶技术改进钙钛矿薄膜质量,并以 PTAA 作为 HTLs 获得了 17.04% 效率的柔性 PSCs。同样,黄劲松团队[194]在沉积了 PTAA HTLs 的柔性衬底上采用两步法制备钙钛矿吸光层,制备出效率高达 18.1% 的反式柔性 PSCs,如图 11-25(a)所示。

除了 PTAA,P3HT 也是一种具有很好前景的有机空穴传输材料,较高的电荷传输、良好的环境稳定性以及低廉的价格是柔性 PSCs 理想的空穴传输材料。2016 年,Park 团队[185]通过对 P3HT 溶液进行冷却处理制备 Li-doped P3HT 纳米纤维作为柔性 PSCs 的 HTLs,取得 13.12% 能量转换效率。图 11-25(b)所示为 Li 掺杂 P3HT 纳米纤维 (LN-P3HT)在冷却过程中的生长机理示意图,插图左侧为 Li 掺杂的原始 P3HT (LP-P3HT),右侧为 LN-P3HT;以及所制备的 LN-P3HT 薄膜的 TEM 图[185]。2017 年,该团队[186]又采用 Co(Ⅱ)-TFSI 掺杂 P3HT 制备出效率为 11.84%、有效面积达 1.4 cm² 的柔性 PSCs,并且相比于 Li-TFSI 掺杂具有更好的环境稳定性。2019 年,Jangwon Seo 团队[195]采用无掺杂的 P3HT 作为 HTLs,引入超薄宽禁带卤化层解决了 P3HT 和钙钛矿层的接触问题,制备出效率高达 23.3% 刚性 PSCs,并具有优异的环境稳定性。这一突破性进展证实了 P3HT 可作为低成本生产高效稳定的柔性 PSCs 的潜在的空穴传输材料。

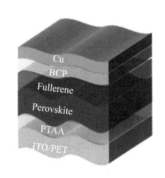
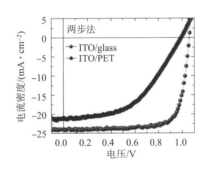

(a)反式柔性 PSCs 器件结构图 *J-V* 曲线[194]

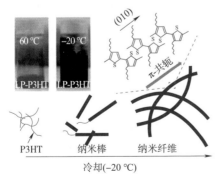
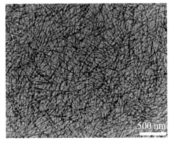

(b)生长机理示意图

图 11-25　有机空穴传输材料在柔性钙钛矿太阳能电池的应用

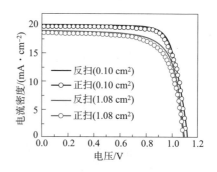

(c)柔性 PSCs 照片及 J-V 曲线[196]

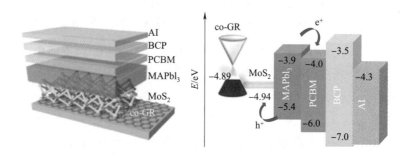

(d)基于 MoS_2 HTLs 柔性 PSCs 器件结构与能带图[115]

图 11-25　有机空穴传输材料在柔性钙钛矿太阳能电池的应用(续)

2. 无机空穴传输材料

与有机空穴传输材料相比,无机 HTL 具有优异的热稳定性和化学稳定性。NiO_x 被证明是一种很有前途的无机空穴传输材料,其 P 型导电性是由于存在过量的 Ni 空位,并且具有较宽带隙的 NiO_x(3.4~4.0 eV)在近紫外和可见范围内具有良好的透明度,是光伏器件理想的载流子传输材料。传统的 NiO_x 多采用高温退火方法制备,为配合不耐高温的柔性衬底,采用预合成结晶 NiO_x 纳米颗粒实现低温溶液处理是应用于柔性 PSCs 最有效的方法之一。Shao 等[197]在 PEN/ITO 衬底旋涂预合成的 NiO_x 纳米颗粒作为 HTLs 取得 13.43% 的效率。Li 等[196]通过 Cu 掺杂 NiO_x 有效提高空穴迁移率,0.1 cm^2 小面积和 1.06 cm^2 大面积柔性器件效率分别达到 17.16% 和 15.42%,如图 11-25(c)所示,其中插图为掺杂后的 NiO_x 溶液照片。Yang 等[198]在 PEDOT:PSS 表面热蒸镀一层 NiO_x 构成双空穴传输层,并通过在钙钛矿前驱液中引入 DOI 和 H_2O 双添加剂有效控制钙钛矿的生长结晶,柔性器件的 PCE 达到 16.7%。最近,韩礼元团队[65]采用 F2HCNQ 分子优化 NiO_x 纳米可以有效提高导电性并降低功函数以及价带位置,制备出效率 20.01% 的柔性反式 PSCs,这是目前基于 NiO_x HTLs 柔性 PSCs 的最高效率,基于此方法还制备出性能高达 12.85% 的 8 cm×8 cm 的柔性钙钛矿组件(有效面积 36.1%)。

Cu 基材料是另一类无机 P 型半导体,例如 CuI、CuO、CuSCN、CuCrO 等。然而,高温、高真空等苛刻的工艺条件极大地限制了这些候选材料在聚合物基板上的应用。Moshaii 团队[78]以 Cu 箔作为柔性衬底原位生长 CuI 作为 HTLs 取得 12.8% 的光电转换效率。2017 年，方国家课题组[199]利用低温溶液法在 PET/ITO 柔性衬底上沉积二元金属氧化物 CuCrO 制备反式柔性 PSCs，光电转换效率达到 15.63%。研究发现二元金属氧化物 HTLs 比单金属氧化物具有更好的性能，这为高性能、稳定的光电子器件提供了一类新颖的氧化物空穴材料体系。

MoS_2 作为一种典型的类石墨烯二维材料也可以作为空穴传输材料应用于柔性器件中。2020 年，Choi 等[115]利用 CVD 沉积 MoS_2 作为 HTLs 制备出钙钛矿柔性自供电发光二极管（PD）/太阳能电池双功能器件（PPSBs），其中光伏模式下的最大 PCE 可达 11.91%，如图 11-25（d）所示。

有效选择适合的电子、空穴传输材料可实现低成本制备高效稳定的柔性光伏器件。

11.3.4　高质量钙钛矿吸光层的调控与沉积

有机无机杂化钙钛矿可低温加工，是轻质柔性太阳能电池的新型吸光层的最佳选择之一，然而，目前柔性 PSCs 的报道效率仍远远落后于在刚性玻璃基板的器件。一方面是由于柔性透明导电基底相比于导电玻璃具有较大的面电阻；另一方面是较差的柔性透明导电基底形貌严重影响表面钙钛矿的沉积。在柔性基板上沉积具有大晶粒尺寸、低缺陷态密度、高覆盖率、高结晶度钙钛矿薄膜，是实现高效柔性 PSCs 制备的主要挑战之一。不同基底的钙钛矿薄膜质量区别主要由硬质玻璃/ITO 和柔性 PET/ITO 基材的厚度、表面粗糙度、透光性及导热系数不同造成的。因此，有必要开发适合于柔性基底上的钙钛矿前驱体以达到与玻璃刚性基底同样的钙钛矿膜质量。2017 年，黄劲松团队[194]指出柔性 PET/ITO 柔性衬底沉积钙钛矿条件不同于 Glass/ITO 刚性衬底。通过调整钙钛矿前驱体中 FAI∶MABr 的比例以改善柔性衬底上钙钛矿薄膜的形貌和光电性能，最终将柔性 ITO/PET 衬底上的 PCE 提高到 18.1%。

11.3.4.1　组分及界面调控

1. 组分

$MAPbI_3$ 是一种最基本的钙钛矿结构，2012 年首次被报道便引起了全世界的关注，但 $MAPbI_3$ 的热稳定性和性能低于其他组份钙钛矿。$FAPbI_3$ 的带隙较窄，热稳定性与性能优于 $MAPbI_3$，然而由于 δ 相的存在，$FAPbI_3$（150 ℃）退火温度高于 $MAPbI_3$（100 ℃），很大程度上抑制了在柔性衬底上的应用。为了平衡制备条件与性能，开始了混合钙钛矿体系的探究。在 $FAPbI_3$ 体系中，MA^+ 被认为是一种有效的阳离子，不仅可以降低退火温度，还能抑制 δ 相的产生[200]；Br^- 离子也表现出同样的效果。基于混合阳离子与混合阴离子体系的组合研究，$(FAPbI_3)_{0.85}(MAPbI_3)_{0.15}$ 混合体系具有较高的结晶度且无 δ 相产生[201]。随后，引入 Cs^+ 可进一步增强钙钛矿的热稳定性[202]。随着 Br^- 比例的增加，$Cs_{0.05}(FA_{0.83}MA_{0.17})_{0.95}Pb(I_{0.83}Br_{0.17})_3$

热稳定性得到进一步提升[203]。最近,一种采用五阳离子的 $Rb_{5-x}K_xCs_{0.05}FA_{0.83}MA_{0.17}$ PbI_xBr_{3-x} 钙钛矿在柔性 PSCs 取得 19.11% 的能量转换效率[204]。钙钛矿成分由 $MAPbI_3$ 演化为 $Rb_{5-x}K_xCs_{0.05}FA_{0.83}MA_{0.17}PbI_xBr_{3-x}$ 的器件效率、热稳定性和机械稳定性都得到了极大的提高。然而,柔性的效率仍然落后于刚性基底,其损失主要与短路电流 J_{sc} 有关(柔性 PSCs 约为 21 mA/cm^2,而同等刚性 PSCs 的 J_{sc} 约为 25 $mA \cdot cm^{-2}$)。因此,除了提高柔性透明导电基底质量外,通过电荷传输层的选择、钙钛矿吸光层的掺杂以及界面层的优化来进一步缩小柔性 PSCs 和刚性 PSCs 之间的性能差距。

2. 界面

钙钛矿器件包含众多界面,不同功能层之间的界面是决定 PSCs 器件性能的关键。通常器件的电压或电流的损失多源于界面缺陷诱导重组或能级对准不匹配等[205]。另一方面,界面工程也是改善提高器件稳定性的主要方法之一。迄今为止,界面工程一直是一个研究热点,并在柔性 PSCs 中得到了广泛的应用。

大多数高性能柔性 PSCs 目前都是基于 SnO_2 ETL,SnO_2/钙钛矿界面的改性也因此成为研究热点。Qu 等[173]采用 KCl 处理 $SnO_2/MAPbI_3$ 界面有效降低钙钛矿的界面缺陷,相应的柔性 PSCs 性能提升至 18.53%,迟滞现象也得到了显著的抑制,在 40% RH 的空气中放置120 天仍能保持初始性能的 90%。Xu 等[171]采用羧基富勒烯衍生物(CPTA)修饰 $SnO_2/MAPbI_3$ 界面,有效增强光生电子的传输,如图 11-26(a)所示,基于柔性 PSCs 的 PCE 达到 18.36% 并具有良好的稳定性,在环境空气中放置 46 天仍保持初始效率的 87%。钾离子已被证明能够有效地促进钙钛矿的晶体生长,黄福志等采用 KOH 处理 $SnO_2/Cs_{0.05}(FA_{0.85}MA_{0.15})_{0.95}Pb(I_{0.85}Br_{0.15})_3$ 界面,制备出性能超过 15% 的 5 cm×6 cm 大面积柔性钙钛矿组件。

此外,空穴层与钙钛矿层之间的界面探究也得到越来越多的关注。Lee 等[104]通过在 PEDOT:PSS 表面处理聚醚酰亚胺(PEI)使功函数从 −5.06 eV 增加到 −4.08 eV,PEDOT:PSS/PEI 作为柔性 PSCs 底电极其效率提升至 9.73% 并具有优异的抗弯曲性能。Huang 等[66]采用一种简单的浸涂法在钙钛矿和氧化石墨烯 GO HTLs 之间插入共轭聚电解质 PTFTS中间层,有效促进钙钛矿晶粒的生长,钝化界面陷阱态,增加 PTFTS 与钙钛矿的分子间相互作用,基于此优化结构的柔性 PSCs 性能达到 17%,如图 11-26(b)~(d)所示。最近,Li 等[206]采用 PFAI 钝化四阳离子 $Cs_{0.05}Rb_{0.05}(FA_{0.83}MA_{0.17})_{0.95}Pb(I_{0.95}Br_{0.05})_3$ 钙钛矿表面缺陷,使得柔性器件性能提升至 19.89%,如图 11-26(e)所示。

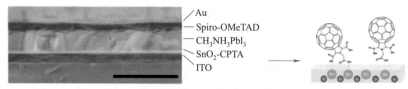

(a)PSCs 横断面 SEM 图[171]

图 11-26　界面修饰应用于柔性钙钛矿太阳能电池

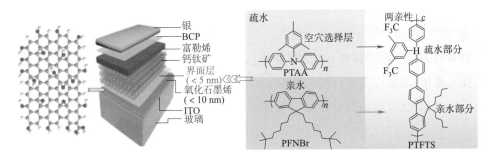

（b）不同化学结构的聚合物界面层修饰 GO/Perovskite 界面示意图

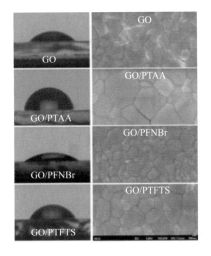

（c）衬底上的接触角与形成的
钙钛矿的表面 SEM 图[66]

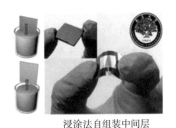

（d）采用浸涂法制备界面层示意图以及
制备的完整柔性 PSCs 实物照片

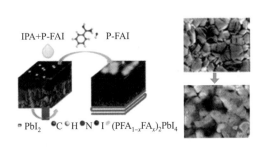

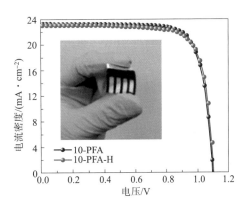

（e）PFAI 表面 SEM 图及完整的柔性 PSCs 的 J-V 曲线[206]

图 11-26　界面修饰应用于柔性钙钛矿太阳能电池（续）

11.3.4.2 薄膜沉积工艺

1. 旋涂

为制备均匀无针孔的钙钛矿薄膜,旋涂(spin-coating)是一种应用最广泛的制膜技术。该方法操作简单,薄膜厚度可以精确控制。一般情况下,为确保钙钛矿晶体的形成,旋涂后会进行热处理,其热处理温度会根据钙钛矿组分不同而有所变化。到目前为止,柔性 PSCs 的效率记录就是采用旋涂法工艺获得的。旋涂法制备钙钛矿层一般有两种方法:一步法和两步法。一步法制备中通常涉及反溶剂。考虑到滴反溶剂步骤需要精确控制,因此该方法制备大面积 PSCs 具有较大的挑战性[207]。

两步法制备钙钛矿包括两个步骤,首先在基底旋涂一层金属卤化物(如 PbI_2),然后通过在其表面旋涂铵盐(如 FAI、MAI 等)。这两层通过一个扩散退火过程相互融合反应形成钙钛矿。但两步法也存在 PbI_2 转化不完全等问题,严重制约其在高效、可重复 PSCs 的大规模应用[208]。为克服这一挑战,一种有效的方法是通过构造致密多孔的 PbI_2 层来增强 PbI_2 与 MAI 之间的接触界面。此外,加入中间相亦成为制备多孔 PbI_2 层的另一有效方法。最初尝试将 PbI_2 和 MACl 溶解在 DMF 溶液中,形成 $PbI_2 \cdot MACl$ 中间相,在退火过程中分解为多孔 PbI_2 层[209]。此外,将 PbI_2 溶解在 DMF/DMSO 混合溶剂中,以及在前驱体溶液中引入 t-BP、乙腈等也有助于多孔结构的形成[210-212]。

但是,由于旋涂法会浪费大量前驱体材料,只适用于实验室小规模范围内生产柔性 PSCs。另外,随着面积的增大,旋涂制备的钙钛矿表面不均匀,容易产生缺陷、针孔以及未覆盖区域等,导致器件效率损失显著[207]。

2. 热蒸发

热蒸发(thermal evaporation)是另一种制造均匀钙钛矿薄膜的方法,通过在真空室中将钙钛矿前驱体材料加热成气相。该方法可分为单源和双源(或多个源)共蒸发。单源蒸发是利用一个源沉积一种材料(无机或有机),其余的材料将通过其他途径形成。而对于双源(或多源)共蒸发,指同时蒸发无机和有机材料。程一兵团队[213]采用单源热蒸发在 PEN/ITO 衬底上制造钙钛矿层,获得了 13.8% 的光电转换效率。在他们的工作中,首先通过热蒸发沉积光滑的 PbI_2 层,然后在其上旋涂 MAI,形成 $MAPbI_3$。

这种方法的一大优点是在沉积过程中不涉及高温处理,这使得制造柔性 PSCs 成为可能。此外,蒸发过程对下层薄膜无害,因此该工艺可以制造出全钙钛矿串联叠层太阳能电池。然而,额外的真空过程增加了基础设施的成本和制造的复杂性。

3. 刮刀涂布

在刮刀涂布(blade-coating)技术中,首先在刮刀前面的基板上放置适量的墨水,刮刀与基板表面具有固定的距离,刮刀片带着墨水以给定的速度刮涂,所获得的湿膜厚度大约是基板表面与刮刀之间距离的一半。2015 年,Jen 团队[214]在柔性 PET/ITO 基板上通过刮刀涂布除 Ag 以外的各个功能层,基于 PET/ITO/PEDOT:PSS/MAPbI$_x$Cl$_{3-x}$/PC$_{61}$BMC$_{60}$/Ag 结构制备出效率为 7.14% 的柔性 PSCs。2017 年,刘生忠团队[215]通过刮刀涂布技术制备大晶粒尺寸钙钛矿吸光层,在 PET/ITO/PEI:PCBM/MAPbI$_3$/PTAA/MoO$_3$/Ag 的器件结构下取得了 17.5% 的 PCE。由此可知,刮刀涂布法在未来商业化的大面积柔性钙钛矿太阳能电池制备方面是极具潜力。

4. 狭缝挤出

狭缝挤出(slot-die coating)印刷是墨水沿模具狭缝挤出并转移到基板上的一种涂布技术,是目前公认为实现大面积工业化生产柔性器件最有潜力的方法。一方面其可实现边涂覆边出液,节省不必要的溶液浪费;另一方面,涂覆的刮刀与基板不直接接触,其是利用墨水自身的表面张力、黏度及重力的综合作用下,在刮刀的唇口处形成一层液珠,基板与液珠接触,在刮刀或基板的移动下实现镀膜。薄膜的最终厚度可以通过仔细调节流量、基材移动速度和印刷宽度来控制。2018 年,戚亚冰团队[216]在大气条件下通过狭缝挤出印刷制备除 Au 电极以外的各功能层,包括钙钛矿、ZnO NPs、P3HT,基于 PET/ITO/ZnO/MAPbI$_3$/P3HT/Au 的器件结构制备出活性面积为 1 cm^2,平均 PCE 为 3.6% 的柔性 PSCs。通过狭缝挤出法可实现全印刷制备柔性 PSCs。

5. 超声喷雾

超声喷雾(spray coating)是将溶液转化为细小的墨滴,然后通过惰性载气喷射到基板上的一种方法。最终薄膜的质量取决于几个参数,如溶液组成、基材温度、喷雾速度和液滴大小等。到目前为止,许多研究小组已经开发了低温喷涂法制备有机或无机薄膜,为柔性 PSCs 的制备提供了广泛的材料库。Xiao 等[217]采用高通量超声喷雾法制备柔性 PSCs,在 PET/ITO/TiO$_2$/MAPbI$_x$Cl$_{3-x}$/Spiro-OMeTAD/Au 结构中取得 8.1% 的能量转换效率。进一步优化超声喷雾参数可实现大规模生产柔性 PSCs,且该方法几乎不损耗多余的墨水。

11.3.5　柔性钙钛矿太阳能电池组件的制备与组装

迄今为止,大多数 PSCs 都是基于实验室小面积研究制备的。为实现工业化生产与应用,近年来在大面积钙钛矿模组制备与研究方面吸引了越来越多的关注。在小面积器件向大面积组件转化过程中,需要满足以下两个要求:(1)稳定大面积涂覆技术;(2)优化组件中子电池的互连设计。一般钙钛矿组件制备采用激光图案化 P_1、P_2、P_3 以实现子电池的串联,如图 11-27 所示。P_1 主要加工透明导电电极,这一步决定了单元子电池的宽度;P_2 主要加工钙钛矿吸光层、ETLs 及 HTLs,这一步的主要挑战是在不损害透明导电电极的情况下对其表面上的三层功能层进行选择性刻蚀,以使得相邻子电池的顶电极与底电极互连;P_3 主要使相邻子电池顶电极隔开以实现完整的串联组件[218]。P_1、P_2、P_3 的图案区域属于太阳能电池组件无法产生电能的无效区域 e。

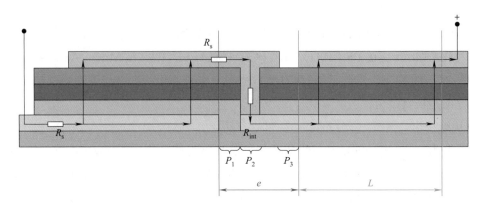

图 11-27　钙钛矿太阳能电池串联组件连接示意图

P_1、P_2、P_3——激光切割线;e——器件的无效区域;L——有效区域;R_s——串联电阻[207]

近年来,在大面积柔性钙钛矿组件的制备方面已有了初步的探索。早在 2015 年,Brown 团队[219]基于 PET/ITO/TiO$_2$/meso-TiO$_2$/MAPbI$_{3-x}$Cl$_x$/Spiro-OMeTAD/Au 结构首次制备出 4 条子电池串联的柔性小组件并取得 3.1% 的能量转换效率。2018 年,该团队[37]基于旋涂法在大面积柔性衬底上制备 SnO$_2$/meso-TiO$_2$ ETLs,并利用全激光加工技术实现 5 条子电池的有效串联,柔性组件性能提升至 8.8%。进一步改进与优化各功能层大面积制备技术是实现高性能柔性组件的关键。2017 年,黄福志等[220]利用超声喷雾在柔性基板上低温大面积制备高质量的 TiO$_2$ 作为 ETLs,无须介孔结构,直接在 TiO$_2$ 基底表面沉积钙钛矿吸光层,制备的 5 cm×5 cm 的柔性小组件性能达到 4.33%。2018 年,黄福志等[164]选用低温预合成的高结晶性 SnO$_2$ 纳米晶作为电子传输材料,在 5 cm×5 cm 的柔性基板上大面积刮涂得到致密均匀的 SnO$_2$ ETLs,并采用 K$^+$ 掺杂的混合钙钛矿制备出性能高达 12.4% 且无迟滞的大面积柔性钙钛矿小组件。随后,黄福志等[221]采用界面修饰并结合 Slot-die 印刷技术在大面积柔性衬底上制备高质量的 SnO$_2$ ETLs,柔性钙钛矿组件性能突破 15%。

虽然旋涂法制备的钙钛矿活性层在小模组方面取得了一定的成果,但旋涂法终归不利于器件的进一步放大。因此,开发大面积钙钛矿沉积技术成为新的研究热潮。2018 年,程一兵团队[213]采用真空蒸镀技术大面积制备均匀的钙钛矿薄膜,基于 PEN/ITO/C$_{60}$/MAPbI$_3$/Spiro-OMeTAD/Au 结构实现 8% 光电转换效率。最近,韩礼元团队[65]采用软膜法在 8 cm×8 cm 柔性基底上制备均匀的钙钛矿层,实现 10 个子电池的有效串联,性能高达 12.85%。然而,要实现工业化高生产率制造,印刷技术是实现低成本、大规模的柔性钙钛矿组件制备的最佳方法,包括 doctor blading、slot-die、roll-to-roll 等。近期,黄劲松团队[73]在柔性玻璃上大面积刮涂制备柔性钙钛矿组件取得很大成绩,并通过 NH$_4$Cl 添加剂减缓成核、抑制 PbI$_2$ 形成,有效地降低钙钛矿薄膜中的缺陷密度,通过激光加工实现 12 个子电池有效串联,在 5.5 cm×7.8 cm 的 ITO-Willow Glass 柔性玻璃上取得高达 15.86％的光电转换效率。虽然大面积柔性小组件的研究制备已经取得很大的进步,但其性能远低于小面积 PSCs,这主要归因于当面积进一步放大过程中各个功能层的缺陷增多而导致。因此,采用一定的辅助及钝化策略减少面积放大过程中缺陷的产生是研究的重点与难点。

11.3.6　柔性钙钛矿太阳能电池的形变研究

至 2020 年,钙钛矿刚性和柔性器件的光电转换效率已突破 25％和 20％,其在可穿戴电子领域展现了广阔的应用前景。然而,适应复杂的人体动作是一直阻碍钙钛矿太阳电池在可穿戴应用的瓶颈。因此,为改善柔性 PSCs 的抗机械形变能力,可以从以下几方面入手:(1)选择本征耐形变弯曲的材料;(2)固有脆性材料抗弯曲形变优化;(3)界面优化;(4)器件结构优化。目前针对柔性 PSCs 抗弯曲性的评估表征主要取决于弯曲角(曲率半径)、弯曲方向、弯曲周期三方面。

11.3.6.1　选择本征耐形变弯曲的材料

目前基于 PET 或 PEN 衬底的透明导电电极常采用本质易脆的 ITO,虽然可以获得可观的光电性能,但大部分文献研究证明柔性 PSCs 在机械弯曲疲劳实验中性能退化主要是由于诱发 ITO 断裂导致电阻突增。因此,选用聚合物及金属线等电极替换原始的 ITO,可有效改善柔性 PSCs 的抗挠性。另外,柔性玻璃衬底只能在一定曲率半径下的弯曲,不能实现任意形变弯曲,因此可以采用较薄的聚合物以及金属箔作为柔性 PSCs 的衬底基材。

11.3.6.2　固有脆性材料抗弯曲形变优化

在钙钛矿器件中,有机-无机杂化钙钛矿活性层本质易脆,改善钙钛矿的本质柔韧性是提高柔性 PSCs 的一大策略。钙钛矿材料本身的高容忍性可以通过掺杂弹性的高分子聚合物来改善易脆本性。2017 年,陈义旺团队[222]在钙钛矿前驱液中引入聚氨酯(PU),PU 与钙钛矿中 Pb^{2+} 的强螯合作用,延缓钙钛矿的结晶速度,增加晶粒尺寸,提高钙钛矿晶体质量;使器件性能从 16.4％提升至 18.7％。同时,无定形的 PU 聚合物可以附着在钙钛矿晶界处,有效抑制弯曲断裂,显著提高薄膜的抗弯曲性。2019 年,该团队[58]受自然界中珍珠质结晶机理及结构的启发,在钙钛矿前驱液中调控引入不溶的聚苯乙烯丁二烯共聚物(SBS)以及可溶的聚氨酯(PU)两种弹性基质形成的弹性"砖泥"结构的钙钛矿,SBS-PU 弹性体聚合物的掺入不仅可以提高钙钛矿的结晶质量,使得制备 1 cm² 的柔性 PSCs 光电转换效率达到 15.61％,56 cm² 大面积柔性组件第三方认证效率高达 7.9％;并基于 PDMS/PEDOT:PSS/PVK/PEI/PEDOT:PSS/PDMS 结构将机械中性面从基材层转移到钙钛矿层,在弯曲、拉伸以及揉搓测试中都具有很优异的机械稳定性,如图 11-28(a)、

图 11-28(b)所示。2020 年,该团队[223]又提出选用可机械自修复的聚氨酯材料(s-PU)修饰杂化钙钛矿薄膜晶界,有效调控晶体的形核与生长速率,克服杂化钙钛矿晶体在可拉伸基底上结晶质量差的问题。与此同时,由于聚氨酯上的动态肟键具有与钙钛矿材料退火温度相匹配的修复条件,可有效释放拉伸时的应力并实现多级机械自修复功能。基于此成功制备具有机械自修复功能的可拉伸钙钛矿太阳电池,器件效率达到 19.15%。因此,选择合适的弹性高分子聚合物及方法使其分布于钙钛矿晶界而不引入其他缺陷是改善钙钛矿脆性本质、提高器件性能、改善机械弯曲性的重要手段。除了钙钛矿外,无机金属晶体也存在固有脆性的问题,陈义旺团队[224]采用聚多巴胺(PDA)添加剂与 NiO_x NPs 存在较强的 N-Ni 键和氢键作用,可以形成一个 NiO_x:PDA 相互渗透的交联网格有效的释放机械应力,改善无机晶体的固有脆性,并且与 ITO/PET 相似的杨氏模量值,具有优异抗机械弯曲性能。

11.3.6.3 界面优化

界面也是柔性 PSCs 弯曲形变中应力集中的地方。Ko 等[122]采用超薄 PEN 作为衬底,并利用 Poly-L-lysine 多聚赖氨酸使其表面胺功能化,再通过毛细管印刷在其表面形成正交 AgNW 网透明导电电极。由于正交 AgNW 电极与胺功能化的基板通过静电力键合,具有更优异的机械耐久性,在弯曲、揉搓以及扭曲等变形下,仍保持优异的导电性。基于此正交 AgNW 基板的柔性器件性能可以达到 15.18%,另外基于 1.3 μm 厚的 PEN 衬底上制备得超轻薄(0.74 mg 或 4.37 g/m²)、超高功率比(29.4 W/g)的柔性 PSCs 性能高达 12.85%,可以在气泡中漂浮,是目前所报道的最高功率比的太阳能电池。陈义旺团队[225]在钙钛矿薄膜引入一种聚(乙烯-醋酸乙烯酯)(EVA)"胶水"层至钙钛矿与 $PC_{61}BM$ 之间,EVA 胶水层不仅能够很好地改善薄膜质量,由于其良好的黏结性能,使钙钛矿层、胶水层与 $PC_{61}BM$ 层紧密接触,从而有效提高器件性能及力学稳定性。EVA 黏合结构的 PSCs 具有平衡的载流子转移、抑制离子迁移、良好的界面接触、显著的耐水性和抗弯能力[225],如图 11-28(c)所示。基于此 EVA 胶合结构制备的柔性钙钛矿太阳能电池效率达到 15.12%。最近该团队[226]受脊椎坚硬的结晶和灵活的结构的启发,在 ITO 导电层与钙钛矿吸光层之间引入了一种仿生界面层,不仅可以有效地控制钙钛矿的定向结晶,还可以起到黏结剂的作用,如图 11-28(d)所示。在 1.01 cm² 和 31.20 cm² 有效面积下,柔性 PSCs 的光电转换效率分别达到 19.87% 与 17.55%;在 7 000 次弯曲循环测试后,仍能保持初始效率的 85% 以上。

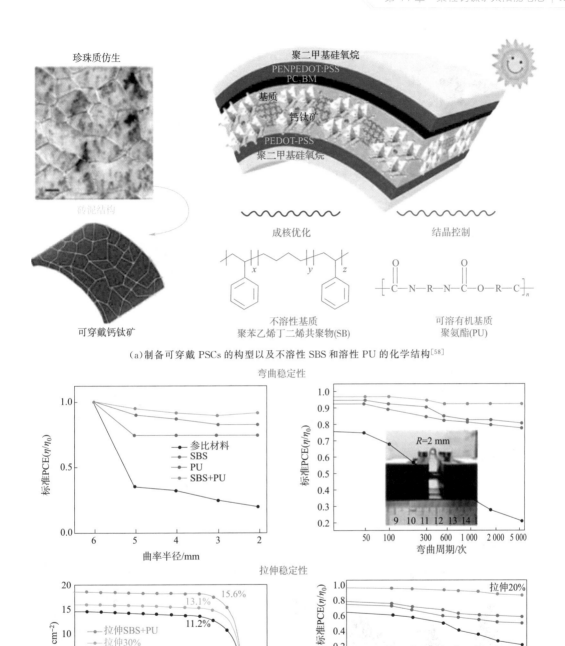

（a）制备可穿戴 PSCs 的构型以及不溶性 SBS 和溶性 PU 的化学结构[58]

（b）弯曲与拉伸循环测试的归一化 PCE 变化趋势图以及 *J*-*V* 图[58]

图 11-28　弹性高分子聚合物改善柔性钙钛矿太阳能电池固有脆性

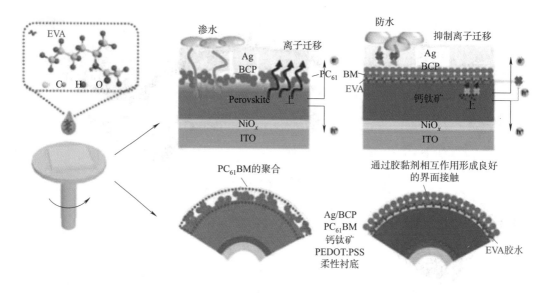

（c）EVA 黏合结构的 PSCs 特性

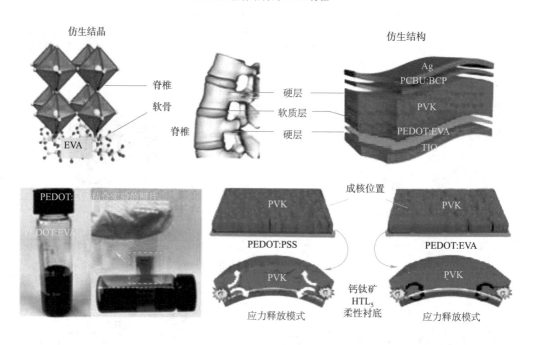

（d）脊椎与 PSCs 的仿生机制和 PEDOT:EVA 的键合照片，以及基于 PEDOT:EVA 结构的弯曲应力有效释放示意图[226]

图 11-28　弹性高分子聚合物改善柔性钙钛矿太阳能电池固有脆性（续）

11.3.6.4　器件结构优化

　　循环弯曲耐久性测试中要综合考虑器件中多层结构间各层的杨氏模量和厚度值的，要将最薄弱层的应变最小化，以实现极佳的机械弯曲性能。Choi 等[125]通过采用不同厚度的

PET 衬底制备的钙钛矿薄膜及器件,探究发现衬底越厚、弯曲测试的曲率半径越小,薄膜所承受的应变越大,裂纹的产生及密度越大,器件的机械稳定性也就越差。通过采用 2.5 μm 厚的超薄柔性衬底,结合 Au 金属网格/导电聚合物的复合电极,并采用聚对二甲苯(parylene)作为电池保护层用于调节钙钛矿层中性层位置,即在弯曲变形时,应力/应变为零的平面,在弯曲、揉搓以及折叠循环测试中具有杰出的机械稳定性。图 11-29(a)所示为不同基材厚度的 PSCs 持续弯曲时钙钛矿薄膜产生裂纹变化示意图,通过引入对二甲苯薄膜将钙钛矿层引入中性层位置提高机械稳定性可承受强烈的揉皱循环测试[125]。Yang 等[227]通过设计一个 PEN/ITO/NiO$_x$/MAPbI$_3$/PCBM/Ag/ITO/PEN 三明治器件结构,将脆性的钙钛矿吸光层引入中性层位置,基于此结构制备的超柔性钙钛矿太阳能电池 PCE 达到 17.03%,在弯曲半径 0.5 mm 条件下,循环 10 000 次后仍能保持其初始性能。并且,该结构可以起到有效的封装作用,提高器件长期的稳定性,如图 11-29(b)所示。

此外,通过该整体结构的柔性化设计也可以实现超稳定强健的机械稳定性。例如,Wang[228]等受中国剪纸艺术的启发,采用激光加工设计出岛链蜿蜒互连的 PET-ITO 结构,柔性钙钛矿子电池按照阵列有序排列,如图 11-29(c)所示。采用 Ecoflex 同时作为器件的顶部与底部的包装层,将岛链结构的 PSCs 嵌入其中,不仅可以保护器件在使用时不受外界环境影响,具有一定的疏水性(可流水清洗)。同时,Ecoflex 硅橡胶可防止损坏的 ITO 从 PET 基板上脱落。当拉伸后回到初始位置时,ITO 碎片仍可以保持相互接触具有一定的电导率,该岛链状的 PSCs(17.86%)在 80% 的拉伸率下,300 次循环,仍能保持初始性能的 87%。

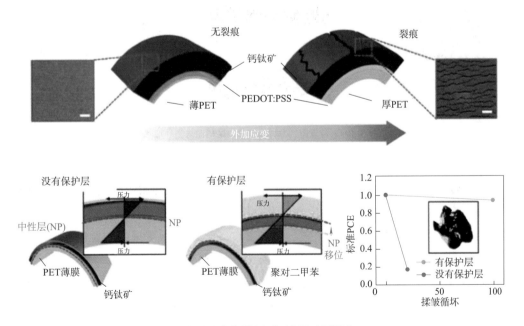

(a)钙钛矿薄膜裂纹变化及钙钛矿层测试

图 11-29 PSCs 测试图

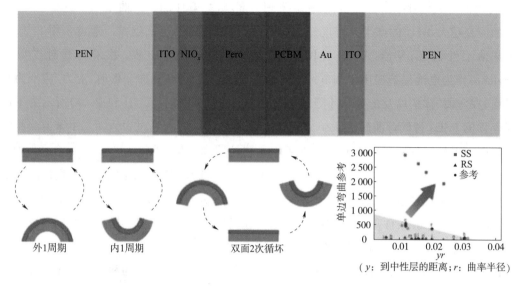

（b）三明治 PSCs 结构及内外弯曲循环测试[227]

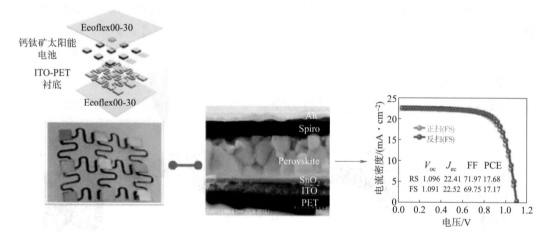

（c）可拉伸 PSCs 示意图、实物图、器件的结构图与 J-V 曲线[228]

图 11-29　PSCs 测试图（续）

　　目前柔性太阳能电池大多采用平面薄膜结构，非平面的纹理太阳能电池由于可以有效地释放弯曲应力，具有优越的机械稳定性以及良好的可穿戴应用兼容性，因此越来越多的人对这种电池结构产生了浓厚的研究兴趣。早在 2016 年，Fan 等[59]采用倒置纳米锥（i-cone）阵列塑料衬底制备柔性钙钛矿器件，不仅可有效提高光吸收，增加载流子收集，并且可使 i-cone 阵列有效释放弯曲应力，缓解器件弯曲时产生的应力与应变以及衬底与器件薄膜间不匹配的热膨胀系数导致的残余应力，使得柔性器件具有强健的机械柔韧性。

11.4　柔性钙钛矿太阳能电池的应用及挑战

11.4.1　柔性钙钛矿太阳能电池的应用前景

　　柔性 PSCs 具有较高的功率密度、轻量便捷,易于与不同形状的建筑物、纺织品等构建集成光伏器件。轻质高功率输出的柔性 PSCs 可以应用于各种飞行器,如气相气球和飞船等,这类飞行器船体存在较大未使用的表面积,非常适于配置太阳能电池柔性片,为仪器或推力提供动力,可以有效减少现代化石能源对环境的影响。2015 年,Martin Kaltenbrunner 等[23]成功将制备的超薄、超高功率密度的柔性钙钛矿太阳能电池集成在飞艇与飞机模型的船体和水平稳定器上,用于驱动带有螺旋桨的直流电机,如图 11-30(a)、图 11-3(b)所示。柔性PSCs 作为一种重要的新兴技术,在未来为无人飞行器提供动力能源,对环境与工业方面实现

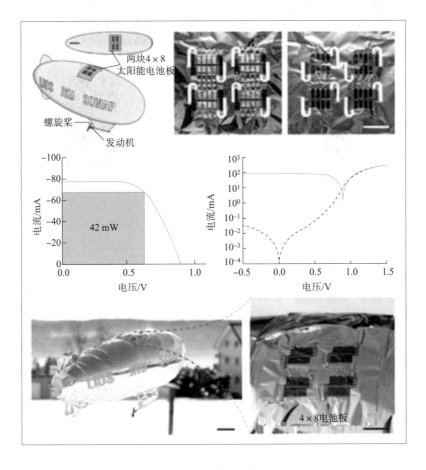

(a)太阳能小型软式飞船模型

图 11-30　柔性钙钛矿太阳能电池应用

(b)飞机模型[23]

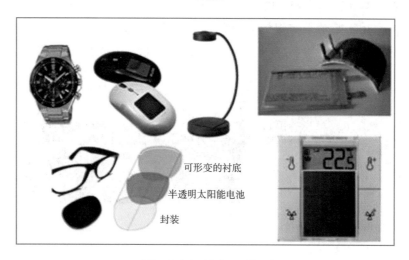

可形变的衬底

半透明太阳能电池

封装

(c)适用于室内光环境的 PV 供电产品

图 11-30　柔性钙钛矿太阳能电池应用(续)

实时监测、救援以及应急响应等应用具有重大意义。此外,柔性 PSCs 在可穿戴电子设备市场以及光伏建筑一体化中亦扮演着重要的角色。图 11-30(c)所示为适用于室内光环境的 PV 供电产品,如手表、鼠标、台灯、太阳能眼镜以及传感器等[32]。彩色以及半透明的轻量柔性 PSCs 有利于集成在不同形状的建筑物,且具有很好的装饰效果。近年来,人们还发现柔性 PSCs 具有良好的弱光性能,这意味着柔性 PSCs 在室内环境下可作为一种很有前途的可穿戴设备电源,以驱动一些无线传感器、便携式电子设备以及物联网等。

11.4.2　柔性钙钛矿太阳能电池的商业化挑战与展望

毫无疑问,有机金属卤化物钙钛矿由于其杰出的光伏性能、优异的机械耐受性和低温溶液处理能力,是构建柔性可拉伸太阳能电池的理想材料。结合低温可加工电荷传输层,以及柔性可拉伸的导电基片的开发,柔性 PSCs 的能量转换效率已超过 20%。这些优异的结果证明了柔性 PSCs 在可穿戴电子和便携设备等方面具有提供低成本移动能源的巨大潜力。

然而,关于未来柔性 PSCs 大规模产业化,目前仍然面临着以下几个关键挑战:

11.4.2.1　大面积柔性模组均匀全印刷

随着面积的增大,串联电阻不可避免地增加,导致器件性能下降;另一方面,导致器件效率的损失可以归因于在放大过程中各功能层致密性与均匀性变差,产生许多针孔等缺陷。为了使柔性 PSCs 的制造能够用于未来的大尺寸、大批量生产,需要开发卷对卷印刷技术(R2R)。PSCs 的 R2R 印刷工艺需要满足以下要求:(1)选择合适的溶剂(包括黏度、沸点、毒性、价格等);(2)空气环境下的快速结晶涂布(无须特定环境);(3)大面积沉积的均匀性;(4)优异的器件性能等。目前,在空气环境条件下采用无毒溶剂大面积 R2R 印刷制备 PSCs 已展开大量研究工作,其中 Solliance 公司早在 2017 年 11 月宣布已经实现双 R2R 涂布生产线——连续印刷电子传输层以及钙钛矿吸光层,制备出高性能的柔性电池,其中小面积柔性 PSCs 效率达到了 13.5%(有效面积 0.09 cm²),3.5 cm×3.5 cm 组件稳定效率可达 12.2%。更大面积的钙钛矿柔性组件,孔径面积为 160 cm²,效率高达 10.1%。2019 年,宋延林团队[105]利用氟表面活性掺杂剂来调节 PEDOT:PSS 导电聚合物,通过全印刷技术成功制备出性能高达 10.9% 的 5 cm×5 cm 柔性组件。该制备技术的重大突破使得钙钛矿太阳能电池在未来实现产业化生产方面迈出了一大步,进一步地改进柔性基底上大面积印刷各个功能层的制备工艺仍是今后的研究重点。

11.4.2.2　长期稳定性应用

长期稳定性是判断柔性 PSCs 在实际工作条件下的实际商业可行性的另一个关键因素,包括环境稳定性及机械稳定性。

目前,普遍使用的透明导电金属氧化物 TCO 被认为是柔性 PSCs 抗机械形变能力差的主要原因。一些报道显示通过采用具有高度机械稳定的 TCO-free 电极(如 AgNWs[68]、Cu 网[123]、CNTs[108] 和石墨烯[229] 等)是提高柔性 PSCs 抗挠性的有效手段。这些电极材料的力学稳定性远优于 TCO,但是其相对应的柔性器件的效率相对较低。因此,进一步提高基于 TCO-free 的柔性 PSCs 的 PCE 是促进规模化生产的关键。

对于环境稳定性方面,除了利用稳定的界面层,器件的封装是保证柔性 PSCs 长期稳定性应用的一个重要手段[230]。对于非柔性器件的封装可采用盖板玻璃密封,用 UV 固化环氧树脂胶将盖板玻璃边界与基材固定,并在中间的空隙放入干燥剂以吸收残留的水分[231]。而对于柔性光电器件来说,与玻璃衬底相比,塑料衬底的水、氧的渗透率过高,柔性 PCSs 更易受到水氧的侵蚀,而且如果采用刚性盖板玻璃封装,会丧失其原本的可弯曲性。因此,开发高质量的柔性衬底阻隔材料以及简单的封装架构是延长柔性 PSCs 器件在环境条件下存储寿命的重要策略。一般高效封装材料的选择需要考虑各种因素,包括透光度、水氧渗透率(WVTR 与 OTR)、机械柔韧性等。最常采用聚合物密封胶通过外部热能进行热密封。2015 年,程一兵团队[232]基于 PET/IZO 衬底制备柔性 PSCs,采用一种塑料屏障封装膜对柔性器件进行"半封装"和"全封装",与未封装器件相比寿命得到显著的提升。通过衬底上 Ca 薄膜的变化反应揭示水汽进入封装器件的路径,指出水汽会通过封装器件的胶黏层与电极接点周围渗入,并强调了进一步改进封装结构的必要性,如图 11-31 所示。

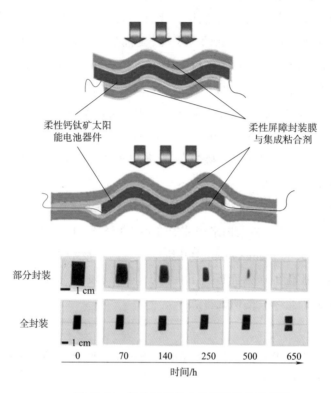

图 11-31　部分封装与全封装结构示意图及
在两种封装存储条件下 Ca 膜的损失变化[232]

11.4.2.3　绿色环保可持续发展

目前,高性能的 PSCs 均含铅,对环境不利。除了有效地减少铅泄露[233-234],降低钙钛矿太阳能电池中金属铅的用量或采用无铅钙钛矿器件也成为研究的重点。目前,无铅 PSCs(Sn、Sb、Bi 基钙钛矿)面临着低效率、低稳定性两大问题。例如,Sn 基钙钛矿中的 Sn^{2+} 容易氧化成 Sn^{4+},且 Sn 基钙钛矿形貌难以控制等问题严重抑制了 Sn 基钙钛矿器件的发展与应用[235]。通过加入添加剂增强其抗氧化能力可有效提高 Sn 基 PSCs 的光电性能和稳定性[236]。因此,为开发高效稳定的 Pb-free 钙钛矿器件,对钙钛矿组分及器件结构优化,以及找寻更适合的元素取代 Pb^{2+} 是今后发展 Pb-free 钙钛矿器件的主要研究方向之一。

参考文献

[1]　CHAPIN D M, FULLER C S, PEARSON G L. A new silicon p-n junction photocell for converting solar radiation into electrical power[J]. J. Appl. Phys., 1954, 25:676-677.

[2]　CHEN Y, JIANG Y, HUANG Y, et al. IV group materials-based solar cells and their flexible photovoltaic technologies, inorganic flexible optoelectronics: materials and applications[M]. Wiley, 2019:143-176.

[3]　HASHEMI S A, RAMAKRISHNA S, ABERLE A G. Recent progress in flexible-wearable solar cells for self-powered electronic devices[J]. Energy Environ. Sci, 2020, 13:685-743.

[4]　KOJIMA A, TESHIMA K, SHIRAI Y, et al. Organometal halide perovskites as visible-light sensitizers for photovoltaic cells[J]. J. Am. Chem. Soc., 2009, 131:6050-6051.

[5]　KIM H S, LEE C R, IM J H, et al. Lead iodide perovskite sensitized all-solid-state submicron thin film mesoscopic solar cell with efficiency exceeding 9%[J]. Sci. Rep., 2012, 2:591.

[6]　LEE M M, TEUSCHER J, MIYASAKA T, et al. Efficient hybrid solar cells based on meso-superstructured organometal halide perovskites[J]. Science, 2012, 338:643-647.

[7]　YANG W S, PARK B W, JUNG E H, et al. Iodide management in formamidinium-lead-halide-based perovskite layers for efficient solar cells[J]. Science, 2017, 356:1376-1379.

[8]　JIANG Q, ZHAO Y, ZHANG X W, et al. Surface passivation of perovskite film for efficient solar cells[J]. Nat. Photonics, 2019, 13:460-466.

[9]　NREL best research cell efficiencies Chart[EB/OL]. [2020-06-28]. https://www. nrel. gov/pv/assets/pdfs/best-research-cell-efficiencies. 20200311. pdf.

[10]　YANG L, LI Y, WANG L, et al. Exfoliated fluorographene quantum dots as outstanding passivants for improved flexible perovskite solar cells[J]. ACS Appl. Mater. Interfaces, 2020, 12:22992-23001.

[11]　PALMSTROM A F, EPERON G E, LEIJTENS T, et al. Enabling flexible all-perovskite tandem solar cells[J]. Joule, 2019, 3:2193-2204.

[12]　LI C, LU X, DING W, et al. Formability of ABX_3 (X=F, Cl, Br, I) halide perovskites[J]. Acta Crystallogr. B, 2008, 64:702-707.

[13]　GREEN M A, BAILLIE A H, SNAITH H J. The emergence of perovskite solar cells[J]. Nat. Photonics, 2014, 8:506-514.

[14]　JEON T, KIM S J, YOON J, et al. Hybrid perovskites: effective crystal growth for optoelectronic applications[J]. Adv. Energy Mater., 2017, 7:1602596.

[15]　WEHRENFENNIG C, EPERON G E, JOHNSTON M B, et al. High charge carrier mobilities and lifetimes in organolead trihalide perovskites[J]. Adv. Mater., 2014, 26:1584-1589.

[16]　STRANKS S D, EPERON G E, GRANCINI G, et al. Electron-hole diffusion lengths exceeding 1 micrometer in an organometal trihalide perovskite absorber[J]. Science, 2013, 342:341-344.

[17]　DONG Q, FANG Y, SHAO Y, et al. Electron-hole diffusion lengths >175 mum in solution-grown $CH_3NH_3PbI_3$ single crystals[J]. Science, 2015, 347:967-970.

[18]　INNOCENZO V D, GRANCINI G, ALCOCER M J, et al. Excitons versus free charges in organo-lead tri-halide perovskites[J]. Nat. Commun., 2014, 5:3586.

[19]　MIYATA A, MITIOGLU A, PLOCHOCKA P, et al. Direct measurement of the exciton binding energy and effective masses for charge carriers in organic-inorganic tri-halide perovskites[J]. Nat.

Phys., 2015, 11:582-587.

[20] SUN S, SALIM T, MATHEWS N, et al. The origin of high efficiency in low-temperature solution-processable bilayer organometal halide hybrid solar cells[J]. Energy Environ. Sci., 2014, 7:399-407.

[21] ZENG P, DENG W, LIU M. Recent advances of device components toward efficient flexible perovskite solar cells[J]. Solar RRL, 2020, 4:1900485.

[22] WU Z, LI P, ZHANG Y, et al. Flexible and stretchable perovskite solar cells: Device design and development methods[J]. Small Methods, 2018, 2:1800031.

[23] KALTENBRUNNER M, ADAM G, GLOWACKI E D, et al. Flexible high power-per-weight perovskite solar cells with chromium oxide-metal contacts for improved stability in air[J]. Nat. Mater., 2015, 14:1032-1039.

[24] SALIBA M, BAENA J P C, GRATZEL M, et al. Perovskite solar cells: From the atomic level to film quality and device performance[J]. Angew. Chem. Int. Ed., 2018, 57:2554-2569.

[25] SONG Z, CHEN C, LI C, et al. Wide-bandgap, low-bandgap, and tandem perovskite solar cells [M]. Semicond. Sci. Technol., 2019:34.

[26] KIM M, KIM G H, LEE T K, et al. Methylammonium chloride induces intermediate phase stabilization for efficient perovskite solar cells[J]. Joule, 2019, 3:2179-2192.

[27] ZHENG J, LAU C F J, MEHRVARZ H, et al. Large area efficient interface layer free monolithic perovskite/homo-junction-silicon tandem solar cell with over 20% efficiency[J]. Energy Environ. Sci., 2018, 11:2432-2443.

[28] SAHLI F, WERNER J, KAMINO B A, et al. Fully textured monolithic perovskite/silicon tandem solar cells with 25.2% power conversion efficiency[J]. Nat. Mater., 2018, 17:820-826.

[29] GHARIBZADEH S, HOSSAIN I M, FASSL P, et al. 2D/3D heterostructure for semitransparent perovskite solar cells with engineered bandgap enables efficiencies exceeding 25% in four-terminal tandems with silicon and CIGS[J]. Adv. Funct. Mater., 2020, 30:1909919.

[30] ZHAO D, CHEN C, WANG C, et al. Efficient two-terminal all-perovskite tandem solar cells enabled by high-quality low-bandgap absorber layers[J]. Nat. Energy, 2018, 3:1093-1100.

[31] MATHEWS I, KANTAREDDY S N, BUONASSISI T, et al. Technology and market perspective for indoor photovoltaic Cells[J]. Joule, 2019, 3:1415-1426.

[32] LEE H K H, BARBÉ J, TSOI W C. Organic and perovskite photovoltaics for indoor applications, Solar Cells and Light Management[M]. 2020:355-388.

[33] YAN N, ZHAO C, YOU S, et al. Recent progress of thin-film photovoltaics for indoor application [J]. Chin. Chem. Lett., 2020, 31:643-653.

[34] CHENG R, CHUNG C C, ZHANG H, et al. Tailoring triple-anion perovskite material for indoor light harvesting with restrained halide segregation and record high efficiency beyond 36%[J]. Adv. Energy Mater., 2019, 9:1901980.

[35] HERMOSA S C, LUCARELLI G, TOP M, et al. Perovskite photovoltaics on roll-to-roll coated ultra-thin glass as flexible high-efficiency indoor power generators[J]. Cell Rep. Phys. Sci., 2020, 1:100045.

[36] LUCARELLI G, GIACOMO F D, ZARDETTO V, et al. Efficient light harvesting from flexible perovskite solar cells under indoor white light-emitting diode illumination[J]. Nano Res., 2017, 10:

2130-2145.

[37] DAGAR J, HERMOSA S C, GASBARRI M, et al. Efficient fully laser-patterned flexible perovskite modules and solar cells based on low-temperature solution-processed SnO_2/mesoporous-TiO_2 electron transport layers[J]. Nano Res., 2018, 11:2669-2681.

[38] FENG J. Mechanical properties of hybrid organic-inorganic $CH_3NH_3BX_3$ (B = Sn, Pb; X = Br, I) perovskites for solar cell absorbers[J]. APL Mater., 2014, 2:081801.

[39] PARK M, KIM H J, JEONG I, et al. Mechanically recoverable and highly efficient perovskite solar cells: investigation of intrinsic flexibility of organic-inorganic perovskite[J]. Adv. Energy Mater., 2015, 5:1501406.

[40] LIU X, ZHAO W, CUI H, et al. Organic-inorganic halide perovskite based solar cells-revolutionary progress in photovoltaics[J]. Inorg. Chem. Front., 2015, 2:315-335.

[41] LI L B, ZHANG S S, YANG Z C, et al. Recent advances of flexible perovskite solar cells[J]. J. Energy Chem., 2018, 27:673-689.

[42] BALL J M, LEE M M, HEY A, et al. Low-temperature processed meso-superstructured to thin-film perovskite solar cells[J]. Energy Environ. Sci., 2013, 6:1739-1743.

[43] HEO J H, IM S H, NOH J H, et al. Efficient inorganic-organic hybrid heterojunction solar cells containing perovskite compound and polymeric hole conductors[J]. Nat. Photonics, 2013, 7: 486-491.

[44] LIU M, JOHNSTON M B, SNAITH H J. Efficient planar heterojunction perovskite solar cells by vapour deposition[J]. Nature, 2013, 501:395-398.

[45] WU W Q, WANG Q, FANG Y, et al. Molecular doping enabled scalable blading of efficient hole-transport-layer-free perovskite solar cells[J]. Nat. Commun., 2018, 9:1625.

[46] DA P, ZHENG G. Tailoring interface of lead-halide perovskite solar cells, Nano Res., 2017, 10: 1471-1497.

[47] KUMAR M H, YANTARA N, DHARANI S, et al. Flexible, low-temperature, solution processed ZnO-based perovskite solid state solar cells[J]. Chem. Commun., 2013, 49:11089-11091.

[48] WONG W, SALLEO A. Flexible electronics: materials and applications[M]. Springer Publishing Company, Incorporated, 2009.

[49] KAZEM N, HELLEBREKERS T, MAJIDI C. Soft multifunctional composites and emulsions with liquid metals[J]. Adv. Mater., 2017, 29:1605985.

[50] LIM H R, KIM H S, QAZI R, et al. Advanced soft materials, sensor integrations, and applications of wearable flexible hybrid electronics in healthcare, energy, and environment[J]. Adv. Mater., 2020, 32:e1901924.

[51] 冯魏良,黄培. 柔性显示衬底的研究及进展[J]. 液晶与显示, 2012, 27:599-607.

[52] QIN F, TONG J, GE R, et al. Indium tin oxide(ITO)-free, top-illuminated, flexible perovskite solar cells[J]. J. Mater. Chem. A, 2016, 4:14017-14024.

[53] JEONG G, KOO D, SEO J, et al. Suppressed Interdiffusion and degradation in flexible and transparent metal electrode-based perovskite solar cells with a graphene interlayer[M]. Nano Lett., 2020:3718-3727.

[54] PARK J I, HEO J H, PARK S H, et al. Highly flexible InSnO electrodes on thin colourless polyimide substrate for high-performance flexible $CH_3NH_3PbI_3$ perovskite solar cells[J]. J. Power Sources, 2017,

341:340-347.

[55] 刘金刚,倪洪江,周伟峰,等. 无色透明耐高温聚合物光学薄膜研究与应用[J]. 新材料产业,2014 (11):57-65。

[56] CRUZ S M F, ROCHA L A, VIANA J C. Printing technologies on flexible substrates for printed electronics, Flexible Electronics[M]. Intechopen,2018.

[57] HEO J H, SHIN D H, SONG D H, et al. Super-flexible bis(trifluoromethanesulfonyl)-amide doped graphene transparent conductive electrodes for photo-stable perovskite solar cells[J]. J. Mater. Chem. A, 2018, 6:8251-8258.

[58] HU X, HUANG Z, LI F, et al. Nacre-inspired crystallization and elastic"brick-and-mortar"structure for a wearable perovskite solar module[J]. Energy Environ. Sci., 2019, 12:979-987.

[59] TAVAKOLI M M, LIN Q, LEUNG S F, et al. Efficient, flexible and mechanically robust perovskite solar cells on inverted nanocone plastic substrates[J]. Nanoscale, 2016, 8:4276-4283.

[60] WANG R, YU H, DIRICAN M, et al. Highly transparent, thermally stable, and mechanically robust hybrid cellulose-nanofiber/polymer substrates for the electrodes of flexible solar cells[J]. ACS Appl. Energy Mater., 2020, 3:785-793.

[61] IM H G, JEONG S, JIN J, et al. Hybrid crystalline-ITO/metal nanowire mesh transparent electrodes and their application for highly flexible perovskite solar cells[J]. NPG Asia Mater., 2016, 8:282.

[62] PARK M, KIM H J, JEONG I, et al. Mechanically recoverable and highly efficient perovskite solar cells: Investigation of intrinsic flexibility of organic-inorganic perovskite[J]. Adv. Energy Mater., 2015, 5:1501406.

[63] XU M, FENG J, FAN Z J, et al. Flexible perovskite solar cells with ultrathin Au anode and vapour-deposited perovskite film[J]. Sol. Energy Mater. Sol. Cells, 2017, 169:8-12.

[64] WANG C, SONG Z, ZHAO D, et al. Improving performance and stability of planar perovskite solar cells through grain boundary passivation with block copolymers[J]. Solar RRL, 2019, 3:1900078.

[65] RU P B, BI E B, ZHANG Y, et al. High Electron affinity enables fast hole extraction for efficient flexible inverted perovskite solar cells[J]. Adv. Energy Mater., 2020, 10:1903487.

[66] LIU Z, LI S, HUANG H, et al. Interfacial engineering of front-contact with finely tuned polymer interlayers for high-performance large-area flexible perovskite solar cells[J]. Nano Energy, 2019, 62:734-744.

[67] LEE E, AHN J, KWON H C, et al. All-solution-processed silver nanowire window electrode-based flexible perovskite solar cells enabled with amorphous metal oxide protection[J]. Adv. Energy Mater., 2018, 8:1702182.

[68] YANG H, KWON H C, MA S, et al. Energy level-graded Al-doped ZnO protection layers for copper nanowire-based window electrodes for efficient flexible perovskite solar cells[J]. ACS Appl. Mater. Interfaces, 2020, 12:13824-13835.

[69] TRAN V D, PAMMI S V N, PARK B J, et al. Transfer-free graphene electrodes for super-flexible and semi-transparent perovskite solar cells fabricated under ambient air[J]. Nano Energy, 2019, 65: 104018.

[70] BURST J M, RANCE W L, MEYSING D M, et al. IEEE 40th photovoltaic specialist conference (PVSC)[C]. USA,2014:1589-1592.

[71] TAVAKOLI M M, TSUI K H, ZHANG Q, et al. Highly efficient flexible perovskite solar cells with antireflection and self-cleaning nanostructures[J]. ACS Nano, 2015, 9:10287-10295.

[72] DOU B, MILLER E M, CHRISTIANS J A, et al. High-performance flexible perovskite solar cells on ultrathin glass: Implications of the TCO[J]. J. Phys. Chem. Lett., 2017, 8:4960-4966.

[73] DAI X, DENG Y, BRACKLE C H V, et al. Scalable fabrication of efficient perovskite solar modules on flexible glass substrates[J]. Adv. Energy Mater., 2019, 10:1903108.

[74] LEE M, JO Y, KIM D S, et al. Efficient, durable and flexible perovskite photovoltaic devices with Ag-embedded ITO as the top electrode on a metal substrate[J]. J. Mater. Chem. A, 2015, 3: 14592-14597.

[75] HAN G S, LEE S, DUFF M L, et al. Highly bendable flexible perovskite solar cells on a nanoscale surface oxide layer of titanium metal plates[J]. ACS Appl. Mater. Interfaces, 2018, 10:4697-4704.

[76] HAN G S, LEE S, DUFF M L, et al. Multi-functional transparent electrode for reliable flexible perovskite solar cells[J]. J. Power Sources, 2019, 435:226768.

[77] WANG X, LI Z, WONG L H, et al. TiO₂ nanotube arrays based flexible perovskite solar cells with transparent carbon nanotube electrode[J]. Nano Energy, 2015, 11:728-735.

[78] NEJAND B A, NAZARI P, GHARIBZADEH S, et al. All-inorganic large-area low-cost and durable flexible perovskite solar cells using copper foil as a substrate[J]. Chem. Commun., 2017, 53: 747-750.

[79] QIU L, DENG J, LU X, et al. Integrating perovskite solar cells into a flexible fiber[J]. Angew. Chem. Int. Ed., 2014, 53:10425-10428.

[80] TROUGHTON J, BRYANT D, WOJCIECHOWSKI K, et al. Highly efficient, flexible, indium-free perovskite solar cells employing metallic substrates[J]. J. Mater. Chem. A, 2015, 3:9141-9145.

[81] HEO J H, SHIN D H, LEE M L, et al. Efficient organic-inorganic hybrid flexible perovskite solar cells prepared by lamination of polytriarylamine/CH₃NH₃PbI₃/anodized ti metal substrate and graphene/PDMS transparent electrode substrate[J]. ACS Appl. Mater. Interfaces, 2018, 10:31413-31421.

[82] HE S, QIU L, FANG X, et al. Radically grown obelisk-like ZnO arrays for perovskite solar cell fibers and fabrics through a mild solution process[J]. J. Mater. Chem. A, 2015, 3:9406-9410.

[83] LOW C G, ZHANG Q. Ultra-thin and flat mica as gate dielectric layers[J]. Small, 2012, 8: 2178-2183.

[84] KE S, CHEN C, FU N, et al. Transparent Indium tin oxide electrodes on muscovite mica for high-temperature-processed flexible optoelectronic devices[J]. ACS Appl. Mater. Interfaces, 2016, 8: 28406-28411.

[85] JIA C M, ZHAO X Y, LAI Y H, et al. Highly flexible, robust, stable and high efficiency perovskite solar cells enabled by van der Waals epitaxy on mica substrate[J]. Nano Energy, 2019, 60:476-484.

[86] GAO L, CHAO L, HOU M, et al. Flexible, transparent nanocellulose paper-based perovskite solar cells[J]. NPJ Flexible Electronics, 2019, 3:4.

[87] HERMOSA S C, DAGAR J, MARSELLA A, et al. Perovskite solar cells on paper and the role of substrates and electrodes on performance[J]. IEEE Electron Device Lett., 2017, 38:1278-1281.

[88] GAO C, YUAN S, CUI K, et al. Flexible and biocompatibility power source for electronics: A cellulose

paper based hole-transport-materials-free perovskite solar cell[J]. Solar RRL, 2018, 2:1800175.

[89] ZHU K, LU Z, CONG S, et al. Ultraflexible and lightweight bamboo-derived transparent electrodes for perovskite solar cells[J]. Small, 2019, 15:1902878.

[90] MA P, LOU Y, CONG S, et al. Malleability and pliability of silk-derived electrodes for efficient deformable perovskite solar Cells[J]. Adv. Energy Mater., 2020, 10:1903357.

[91] ELLMER K. Past achievements and future challenges in the development of optically transparent electrodes[J]. Nat. Photonics, 2012, 6:809-817.

[92] HAACKE G. New figure of merit for transparent conductors[J]. J. Appl. Phys., 1976, 47:4086-4089.

[93] KIM B J, KIM D H, LEE Y Y, et al. Highly efficient and bending durable perovskite solar cells: toward a wearable power source[J]. Energy Environ. Sci., 2015, 8:916-921.

[94] BOUTEN P C P, SLIKKERVEER P J, LETERRIER Y. Mechanics of ITO on plastic substrates for flexible displays, Flexible Flat Panel Displays[M]. Wiley,2005:99-120.

[95] PANDEY M, WANG Z, KAPIL G, et al. Dependence of ITO-coated flexible substrates in the performance and bending durability of perovskite solar cells [J]. Adv. Eng. Mater., 2019, 21:1900288.

[96] ZHANG Y, NG S W, LU X, et al. Solution-processed transparent electrodes for emerging thin-film solar cells[J]. Chem. Rev., 2020, 120:2049-2122.

[97] LOUWET F, GROENENDAAL L, DHAEN J, et al. PEDOT/PSS: Synthesis, characterization, properties and applications[M]. Synth. Met., 2003:135-136,115-117.

[98] HUANG J, MILLER P F, MELLO J C, et al. Influence of thermal treatment on the conductivity and morphology of PEDOT/PSS films[J]. Synth. Met., 2003, 139:569-572.

[99] KIM N, KANG H, LEE J H, et al. Highly conductive all-plastic electrodes fabricated using a novel chemically controlled transfer-printing method[J]. Adv. Mater., 2015, 27:2317-2323.

[100] SUN K, LI P, XIA Y, et al. Transparent conductive oxide-free perovskite solar cells with PEDOT: PSS as transparent electrode[J]. ACS Appl. Mater. Interfaces, 2015, 7:15314-15320.

[101] XU C, LIU Z, LEE E C. High-performance metal oxide-free inverted perovskite solar cells using poly(bis(4-phenyl)(2,4,6-trimethylphenyl)amine) as the hole transport layer[J]. J. Mater. Chem. C, 2018, 6:6975-6981.

[102] DIANETTI M, GIACOMO F D,BRUNETTI F,et al. TCO-free flexible organo metal trihalide perovskite planar-heterojunction solar cells[J]. Sol. Energy Mater. Sol. Cells, 2015, 140:150-157.

[103] POORKAZEM K, LIU D, KELLY T L. Fatigue resistance of a flexible, efficient, and metal oxide-free perovskite solar cell[J]. J. Mater. Chem. A, 2015, 3:9241-9248.

[104] CHEN L, XIE X, LEE E C, et al. A transparent poly(3,4-ethylenedioxylenethiophene): poly(styrene sulfonate) cathode for low temperature processed, metal-oxide free perovskite solar cells[J]. J. Mater. Chem. A, 2017, 5:6974-6980.

[105] HU X T, MENG X C, ZHANG L, et al. A mechanically robust conducting polymer network electrode for efficient flexible perovskite solar cells[J]. Joule, 2019, 3:2205-2218.

[106] ZHU T, YANG Y, YAO X, et al. Solution-processed polymeric thin film as the transparent electrode for flexible perovskite solar cells [J]. ACS Appl. Mater. Interfaces, 2020, 12: 15456-15463.

[107]　MENG Y, HU Z, AI N, et al. Improving the stability of bulk heterojunction solar cells by incorporating pH-neutral PEDOT：PSS as the hole transport layer[J]. ACS Appl. Mater. Interfaces，2014，6：5122-5129.

[108]　JEON I, CHIBA T, DELACOU C, et al. Single-walled carbon nanotube film as electrode in indium-free planar heterojunction perovskite solar cells：investigation of electron-blocking layers and dopants[J]. Nano Lett., 2015, 15：6665-6671.

[109]　JEON I, YOON J, AHN N, et al. Carbon Nanotubes versus graphene as flexible transparent electrodes in inverted perovskite solar cells[J]. J. Phys. Chem. Lett., 2017, 8：5395-5401.

[110]　GEIM A K, NOVOSELOV K S. The rise of graphene[J]. Nat. Mater, 2007, 6：183-191.

[111]　HEO J H, SHIN D H, JANG M H, et al. Highly flexible, high-performance perovskite solar cells with adhesion promoted $AuCl_3$-doped graphene electrodes[J]. J. Mater. Chem. A, 2017, 5：21146-21152.

[112]　YOON J, SUNG H, LEE G, et al. Superflexible, high-efficiency perovskite solar cells utilizing graphene electrodes：towards future foldable power sources[J]. Energy Environ. Sci., 2017, 10：337-345.

[113]　LIU Z, YOU P, XIE C, et al. Ultrathin and flexible perovskite solar cells with graphene transparent electrodes[J]. Nano Energy, 2016, 28：151-157.

[114]　SHIN S H, SHIN D H, CHOI S H. Enhancement of stability of inverted flexible perovskite solar cells by employing graphene-quantum-dots hole transport layer and graphene transparent electrode codoped with gold nanoparticles and bis(trifluoromethanesulfonyl)amide[J]. ACS Sustain. Chem. Eng., 2019, 7：13178-13185.

[115]　SHIN D H, SHIN S H, CHOI S H. Self-powered and flexible perovskite photodiode/solar cell bifunctional devices with MoS2 hole transport layer[J]. Appl. Surf. Sci., 2020, 514：145880.

[116]　LONG J, HUANG Z, ZHANG J, et al. Flexible perovskite solar cells：device design and perspective[J]. Flexible and Printed Electronics，2020，5：013002.

[117]　LIU X, GUO X, LV Y, et al. Enhanced performance and flexibility of perovskite solar cells based on microstructured multilayer transparent electrodes[J]. ACS Appl. Mater. Interfaces, 2018, 10：18141-18148.

[118]　LI Y, MENG L, YANG Y, et al. High-efficiency robust perovskite solar cells on ultrathin flexible substrates[J]. Nat. Commun., 2016, 7：10214.

[119]　KANG J, HAN K, SUN X, et al. Suppression of Ag migration by low-temperature sol-gel zinc oxide in the Ag nanowires transparent electrode-based flexible perovskite solar cells[J]. Org. Electron., 2020 (82)：105714.

[120]　WANG J, CHEN X, JIANG F, et al. Electrochemical corrosion of Ag electrode in the silver grid electrode-based flexible perovskite solar cells and the suppression method[J]. Solar RRL, 2018, 2：1800118.

[121]　SUN Q, CHEN J D, ZHENG J W, et al. Surface plasmon-assisted transparent conductive electrode for flexible perovskite solar cells[J]. Adv. Opt. Mater., 2019, 7：1900847.

[122]　KANG S, JEONG J, KO H, et al. Ultrathin, lightweight and flexible perovskite solar cells with an excellent power-per-weight performance[J]. J. Mater. Chem. A, 2019, 7：1107-1114.

[123]　LI P，WU Z，HU H，et al. Efficient flexible perovskite solar cells using low-cost cu top and bottom electrodes[J]. ACS Appl. Mater. Interfaces，2020(12)：26050-26059.

[124]　CARMONA C. R，MALINKIEWICZ O，SORIANO A，et al. Flexible high efficiency perovskite solar cells[J]. Energy Environ. Sci.，2014，7：994-997.

[125]　LEE G，KIM M，CHOI Y W，et al. Choi,Ultra-flexible perovskite solar cells with crumpling durability： toward a wearable power source[J]. Energy Environ. Sci.，2019，12：3182-3191.

[126]　YANG F，LIU J，MATSUDA K. Recycled utilization of a nanoporous Au electrode for reduced fabrication cost of perovskite solar cells[J]. Adv. Sci.，2020，7：1902474.

[127]　OU X L，FENG J，XU M，et al. Semitransparent and flexible perovskite solar cell with high visible transmittance based on ultrathin metallic electrodes[J]. Opt. Lett.，2017，42：1958-1961.

[128]　LEE J H，HEO J H，PARK O O，et al. Reproducible dry stamping transfer of PEDOT：PSS transparent top electrode for flexible semitransparent metal halide perovskite solar cells[J]. ACS Appl. Mater. Interfaces，2020，12：10527-10534.

[129]　LUO Q，MA H，GUO Z，et al. All-carbon-electrode-based endurable flexible perovskite solar cells [J]. Adv. Funct. Mater.，2018，28：1706777.

[130]　LUO Q，MA H，HAO F，et al. Carbon nanotube based inverted flexible perovskite solar cells with all-inorganic charge contacts[J]. Adv. Funct. Mater.，2017，27：1703068.

[131]　ZHANG H，LIU C X，QI X L，et al. Topological insulators in Bi_2Se_3，Bi_2Te_3 and Sb_2Te_3 with a single Dirac cone on the surface[J]. Nat. Phys.，2009，5：438-442.

[132]　KOU X F，HE L，XIU F X，et al. Epitaxial growth of high mobility Bi_2Se_3 thin films on CdS[J]. Appl. Phys. Lett.，2011，98：242102.

[133]　PENG H，DANG W，CAO J，et al. Topological insulator nanostructures for near-infrared transparent flexible electrodes[J]. Nat. Chem.，2012，4：281-286.

[134]　YAO J，YANG G. Flexible and high-performance all-2D photodetector for wearable devices[J]. Small，2018，14：1704524.

[135]　WANG M，FU Q，YAN L，et al. A Bi_2Te_3 topological insulator as a new and outstanding counter electrode material for high-efficiency and endurable flexible perovskite solar cells[J]. ACS Appl. Mater. Interfaces，2019，11：47868-47877.

[136]　XIE M，WANG J，KANG J，et al. Super-flexible perovskite solar cells with high power-per-weight on 17 μm thick PET substrate utilizing printed Ag nanowires bottom and top electrodes[J]. Flexible and Printed Electronics，2019，4：034002.

[137]　DOCAMPO P，BALL J M，SNAITH H J，et al. Efficient organometal trihalide perovskite planar-heterojunction solar cells on flexible polymer substrates[J]. Nat. Commun.，2013，4：2761.

[138]　QIU W，PAETZOLD U W，GEHLHAAR R，et al. An electron beam evaporated TiO_2 layer for high efficiency planar perovskite solar cells on flexible polyethylene terephthalate substrates[J]. J. Mater. Chem. A，2015，3：22824-22829.

[139]　YANG D，YANG R，ZHANG J，et al. High efficiency flexible perovskite solar cells using superior low temperature TiO_2[J]. Energy Environ. Sci.，2015，8：3208-3214.

[140]　DKHISSI Y，HUANG F，RUBANOV S，et al. Low temperature processing of flexible planar perovskite solar cells with efficiency over 10%[J]. J. Power Sources，2015，278：325-331.

［141］ JEONG I, JUNG H, PARK M, et al. A tailored TiO₂ electron selective layer for high-performance flexible perovskite solar cells via low temperature UV process［J］. Nano Energy, 2016, 28: 380-389.

［142］ ZHOU Y Q, WU B S, LIN G H, et al. Interfacing pristine C60 onto TiO₂ for viable flexibility in perovskite solar cells by a low-temperature all-solution process［J］. Adv. Energy Mater., 2018, 8:1800399.

［143］ ZHOU Y Q, WU B S, LIN G H, et al. Enhancing Performance and Uniformity of perovskite solar cells via a solution-processed C70 interlayer for interface engineering［J］. ACS Appl. Mater. Interfaces, 2017, 9:33810-33818.

［144］ NAJAFI M, GIACOMO F D, ANDRIESSEN R, et al. Highly efficient and stable flexible perovskite solar cells with metal oxides nanoparticle charge extraction layers［J］. Small, 2018, 14:1702775.

［145］ PARK M, KIM J Y, KO M J, et al. Low-temperature solution-processed Li-doped SnO₂ as an effective electron transporting layer for high-performance flexible and wearable perovskite solar cells ［J］. Nano Energy, 2016, 26:208-215.

［146］ DONG Q, SHI Y, WANG L, et al. Energetically favored formation of SnO₂ nanocrystals as electron transfer layer in perovskite solar cells with high efficiency exceeding 19%［J］. Nano Energy, 2017, 40:336-344.

［147］ LEIJTENS T, EPERON G E, PATHAK S, et al. Overcoming ultraviolet light instability of sensitized TiO₂ with meso-superstructured organometal tri-halide perovskite solar cells［J］. Nat. Commun., 2013, 4:2885.

［148］ MALI S S, HONG C K, INAMDAR A I, et al. Efficient planar n-i-p type heterojunction flexible perovskite solar cells with sputtered TiO₂ electron transporting layers［J］. Nanoscale, 2017, 9: 3095-3104.

［149］ KIM B J, KWON S L, KIM M C, et al. High-efficiency flexible perovskite solar cells enabled by an ultrafast room-temperature reactive ion etching process［J］. ACS Appl. Mater. Interfaces, 2020, 12:7125-7134.

［150］ ZHANG P, WU J, ZHANG T, et al. Perovskite solar cells with ZnO electron-transporting materials［J］. Adv. Mater., 2018, 30:1703737.

［151］ LIU D, KELLY T L. Perovskite solar cells with a planar heterojunction structure prepared using room-temperature solution processing techniques［J］. Nat. Photonics, 2013, 8:133.

［152］ JUNG K, LEE J, KIM J, et al. Solution-processed flexible planar perovskite solar cells: A strategy to enhance efficiency by controlling the ZnO electron transfer layer, PbI₂ phase, and CH₃NH₃PbI₃ morphologies［J］. J. Power Sources, 2016, 324:142-149.

［153］ PISONI S, FU F, FEURER T, et al. Flexible NIR-transparent perovskite solar cells for all-thin-film tandem photovoltaic devices［J］. J. Mater. Chem. A, 2017, 5:13639-13647.

［154］ HEO J H, LEE M H, IM S H, et al. Highly efficient low temperature solution processable planar type CH₃NH₃PbI₃ perovskite flexible solar cells［J］. J. Mater. Chem. A, 2016, 4:1572-1578.

［155］ YANG J, SIEMPELKAMP B D, MOSCONI E, et al. Origin of the thermal instability in CH₃NH₃PbI₃ thin films deposited on ZnO［J］. Chem. Mater., 2015, 27:4229-4236.

［156］ DKHISSI Y, MEYER S, CHEN D, et al. Stability comparison of perovskite solar cells based on Zinc Oxide and Titania on Polymer Substrates［J］. ChemSusChem, 2016, 9:687-695.

［157］ KO Y，KIM Y，KONG S Y，et al. Improved performance of sol-gel ZnO-based perovskite solar cells via TiCl$_4$ interfacial modification，Sol. Energy Mater［J］. Sol. Cells，2018，183:157-163.

［158］ CHENG Y，YANG Q D，XIAO J，et al. Decomposition of organometal halide perovskite films on zinc oxide nanoparticles［J］. ACS Appl. Mater. Interfaces，2015，7:19986-19993.

［159］ SI H，LIAO Q，ZHANG Z，et al. An innovative design of perovskite solar cells with Al$_2$O$_3$ inserting at ZnO/perovskite interface for improving the performance and stability［J］. Nano Energy，2016，22: 223-231.

［160］ HAN J，KWON H，KIM E，et al. Interfacial engineering of a ZnO electron transporting layer using self-assembled monolayers for high performance and stable perovskite solar cells［J］. J. Mater. Chem. A，2020，8:2105-2113.

［161］ SCHUTT K，NAYAK P K，SNAITH H J，et al. Overcoming zinc oxide interface instability with a methylammonium-free perovskite for high-performance solar cells［J］. Adv. Funct. Mater.，2019，29:1900466.

［162］ GAO L L，LIANG L S，SONG X X，et al. Preparation of flexible perovskite solar cells by a gas pump drying method on a plastic substrate［J］. J. Mater. Chem. A，2016，4:3704-3710.

［163］ SUN J，HUA Q，ZHOU R，et al. Piezo-phototronic effect enhanced efficient flexible perovskite solar cells［J］. ACS Nano，2019，13:4507-4513.

［164］ BU T L，SHI S W，LI J，et al. Low-Temperature presynthesized crystalline tin oxide for efficient flexible perovskite solar cells and modules［J］. ACS Appl. Mater. Interfaces，2018，10: 14922-14929.

［165］ WANG C，ZHAO D，GRICE C R，et al. Low-temperature plasma-enhanced atomic layer deposition of tin oxide electron selective layers for highly efficient planar perovskite solar cells［J］. J. Mater. Chem. A，2016，4:12080-12087.

［166］ WANG C，GUAN L，ZHAO D，et al. Water vapor treatment of low-temperature deposited SnO$_2$ electron selective layers for efficient flexible perovskite solar cells［J］. ACS Energy Lett.，2017，2: 2118-2124.

［167］ YANG F，LIU J，LIM H E，et al. High Bending durability of efficient flexible perovskite solar cells using metal oxide electron transport layer［J］. J. Phys. Chem. C，2018，122:17088-17095.

［168］ CHEN C，JIANG Y，GUO J，et al. Solvent-Assisted low-temperature crystallization of SnO$_2$ electron-transfer layer for high-efficiency planar perovskite solar cells［J］. Adv. Funct. Mater.，2019，29:1900557.

［169］ LIU C，ZHANG L，ZHOU X，et al. Hydrothermally treated SnO$_2$ as the electron transport layer in high-efficiency flexible perovskite solar cells with a certificated efficiency of 17.3%［J］. Adv. Funct. Mater.，2019，29:1807604.

［170］ SUN Q，LI H，GONG X，et al. Interconnected SnO$_2$ nanocrystals electron transport layer for highly efficient flexible perovskite solar cells［J］. Solar RRL，2019，4:1900229.

［171］ ZHONG M，LIANG Y，ZHANG J，et al. Highly efficient flexible MAPbI$_3$ solar cells with a fullerene derivative-modified SnO$_2$ layer as the electron transport layer［J］. J. Mater. Chem. A，2019，7:6659-6664.

［172］ ZHOU Y，YANG S，YIN X，et al. Enhancing electron transport via graphene quantum dot/SnO$_2$

composites for efficient and durable flexible perovskite photovoltaics[J]. J. Mater. Chem. A, 2019, 7:1878-1888.

[173] ZHU N, QI X, QU B, et al. High efficiency(18.53%) of flexible perovskite solar cells via the insertion of potassium chloride between SnO_2 and $CH_3NH_3PbI_3$ Layers[J]. ACS Appl. Energy Mater., 2019, 2:3676-3682.

[174] HUANG K Q, PENG Y Y, GAO Y X, et al. High-performance flexible perovskite solar cells via precise control of electron transport layer[J]. Adv. Energy Mater., 2019, 9:1901419.

[175] FENG J, YANG Z, YANG D, et al. E-beam evaporated Nb_2O_5 as an effective electron transport layer for large flexible perovskite solar cells[J]. Nano Energy, 2017, 36:1-8.

[176] FENG J, ZHU X, YANG Z, et al. Record efficiency stable flexible perovskite solar cell using effective additive assistant strategy[J]. Adv. Mater., 2018, 30:1801418.

[177] WANG K, SHI Y, GAO L, et al. $W(Nb)O_x$-based efficient flexible perovskite solar cells: From material optimization to working principle[J]. Nano Energy, 2017, 31:424-431.

[178] SHIN S S, YANG W S, NOH J H, et al. High-performance flexible perovskite solar cells exploiting Zn_2SnO_4 prepared in solution below 100 degrees C[J]. Nat. Commun., 2015, 6:7410.

[179] SHIN S S, YANG W S, YEOM E J, et al. Tailoring of electron-collecting oxide nanoparticulate layer for flexible perovskite solar cells[J]. J. Phys. Chem. Lett., 2016, 7:1845-1851.

[180] WANG Y C, LI X, ZHU L, et al. Efficient and hysteresis-free perovskite solar cells based on a solution processable polar fullerene electron transport layer[J]. Adv. Energy Mater., 2017, 7:1701144.

[181] JIANG C, DONG Q, ZHANG C, et al. Ozone-mediated controllable hydrolysis for a high-quality amorphous nbox electron transport layer in efficient perovskite solar cells[J]. ACS Appl. Mater. Interfaces, 2020, 12:15194-15201.

[182] WANG F, ZHANG Y, YANG M, et al. Achieving efficient flexible perovskite solar cells with room-temperature processed tungsten oxide electron transport layer[J]. J. Power Sources, 2019, 440:227157.

[183] SONG Z, BI W, ZHUANG X, et al. Low-temperature electron beam deposition of Zn-SnO_x for stable and flexible perovskite solar cells[J]. Solar RRL, 2019, 4:1900266.

[184] RYU S, SEO J, SHIN S S, et al. Fabrication of metal-oxide-free $CH_3NH_3PbI_3$ perovskite solar cells processed at low temperature[J]. J. Mater. Chem. A, 2015, 3:3271-3275.

[185] PARK M, PARK J S, HAN I K, et al. High-performance flexible and air-stable perovskite solar cells with a large active area based on poly(3-hexylthiophene) nanofibrils[J]. J. Mater. Chem. A, 2016, 4:11307-11316.

[186] JUNG J W, PARK J S, HAN I K, et al. Flexible and highly efficient perovskite solar cells with a large active area incorporating cobalt-doped poly (3-hexylthiophene) for enhanced open-circuit voltage[J]. J. Mater. Chem. A, 2017, 5:12158-12167.

[187] YOON H, KANG S M, LEE J K, et al. Hysteresis-free low-temperature-processed planar perovskite solar cells with 19.1% efficiency[J]. Energy Environ. Sci., 2016, 9:2262-2266.

[188] HAWASH Z, ONO L K, et al. Moisture and oxygen enhance conductivity of LiTFSI-Doped Spiro-MeOTAD hole transport layer in perovskite solar cells [J]. Adv. Mater. Interfaces, 2016,

3:1600117.

[189] LI Z, XIAO C, YANG Y, et al. Extrinsic ion migration in perovskite solar cells, Energy Environ [J]. Sci., 2017, 10:1234-1242.

[190] XI H, TANG S, MA X, et al. Performance enhancement of planar heterojunction perovskite solar cells through tuning the doping properties of hole-transporting materials[J]. ACS Omega, 2017, 2: 326-336.

[191] HU X, HUANG Z, ZHOU X, et al. Wearable large-scale perovskite solar-power source via nanocellular scaffold[J]. Adv. Mater., 2017, 29:1703236.

[192] YOU J, HONG Z, YANG Y M, et al. Low-temperature solution-processed perovskite solar cells with high efficiency and flexibility[J]. ACS Nano, 2014, 8:1674-1680.

[193] DONG H, WU Z, JEN A K Y, et al. Pseudohalide-induced recrystallization engineering for $CH_3NH_3PbI_3$ film and its application in highly efficient inverted planar heterojunction perovskite solar cells[J]. Adv. Funct. Mater., 2018, 28:1704836.

[194] BI C, CHEN B, WEI H, et al. Efficient flexible solar cell based on composition-tailored hybrid perovskite[J]. Adv. Mater., 2017, 29:1605900.

[195] JUNG E H, JEON N J, PARK E Y, et al. Efficient, stable and scalable perovskite solar cells using poly(3-hexylthiophene)[J]. Nature, 2019, 567:511-515.

[196] HE Q, YAO K, LI F, et al. Room-temperature and solution-processable Cu-doped nickel oxide nanoparticles for efficient hole-transport layers of flexible large-area perovskite solar cells[J]. ACS Appl. Mater. Interfaces, 2017, 9:41887-41897.

[197] YIN X, CHEN P, SHAO J, et al. Highly efficient flexible perovskite solar cells using solution-derived NiO_x hole contacts[J]. ACS Nano, 2016, 10:3630-3636.

[198] HOU L, WANG Y, YANG S, et al. 18.0% efficiency flexible perovskite solar cells based on double hole transport layers and $CH_3NH_3PbI_{3-x}Cl_x$ with dual additives[J]. J. Mater. Chem. C, 2018, 6:8770-8777.

[199] QIN P L, HE Q, CHEN C, et al. High-performance rigid and flexible perovskite solar cells with low-temperature solution-processable binary metal oxide hole-transporting materials[J]. Solar RRL, 2017, 1:1700058.

[200] CHEN J, XU J, XIAO L, et al. Mixed-organic-cation$(FA)_x(MA)_{1-x}PbI_3$ Planar perovskite solar cells with 16.48% efficiency via a low-pressure vapor-assisted solution process[J]. ACS Appl. Mater. Interfaces, 2017, 9:2449-2458.

[201] KULKARNI S A, BAIKIE T, BOIX P P, et al. Band-gap tuning of lead halide perovskites using a sequential deposition process[J]. J. Mater. Chem. A, 2014, 2:9221-9225.

[202] YANG F Y W, LUO D, ZHU R, et al. Applications of cesium in the perovskite solar cells[J]. J. of Semiconductors, 2017, 38:011003.

[203] SALIBA M, MATSUI T, SEO J Y, et al. Cesium-containing triple cation perovskite solar cells: improved stability, reproducibility and high efficiency [J]. Energy Environ. Sci., 2016, 9: 1989-1997.

[204] CAO B, YANG L, JIANG S, et al. Flexible quintuple cation perovskite solar cells with high efficiency [J]. J. Mater. Chem. A, 2019, 7:4960-4970.

[205] WANG S, SAKURAI T, WEN W, et al. Energy level alignment at interfaces in metal halide

perovskite solar cells[J]. Adv. Mater. Interfaces，2018，5：1800260.

[206]　YANG L，LI Y，LI X，et al. A novel 2D perovskite as surface "patches" for efficient flexible perovskite solar cells[J]. J. Mater. Chem. A，2020，8：7808-7818.

[207]　YANG Z，ZHANG S，LI L，et al. Research progress on large-area perovskite thin films and solar modules[J]. J. of Materiomics，2017，3：231-244.

[208]　MATSUI T，SEO J Y，SALIBA M，et al. Room-temperature formation of highly crystalline multication perovskites for efficient，low-cost solar cells[J]. Adv. Mater.，2017，29：1606258.

[209]　ZHAO Y，ZHU K. Three-step sequential solution deposition of PbI_2-free $CH_3NH_3PbI_3$ perovskite [J]. J. Mater. Chem. A，2015，3：9086-9091.

[210]　YI C，LI X，LUO J，et al. Perovskite photovoltaics with outstanding performance produced by chemical conversion of bilayer mesostructured lead halide/TiO_2 films[J]. Adv. Mater.，2016，28：2964-2970.

[211]　ZHANG H，MAO J，HE H，et al. A smooth $CH_3NH_3PbI_3$ film via a new approach for forming the PbI_2 nanostructure together with strategically high CH_3NH_3I concentration for high efficient planarheterojunction solar cells[J]. Adv. Energy Mater.，2015，5：1501354.

[212]　CHEN L L Y，LIU Z，CHEN Q，et al. The additive coordination effect on hybrids perovskite crystallization and high-performance solar cell[J]. Adv. Mater.，2016，28：9862-9868.

[213]　LI K P，XIAO J Y，YU X X，et al. An efficient，flexible perovskite solar module exceeding 8% prepared with an ultrafast PbI_2 deposition rate[J]. Sci. Rep.，2018，8：442.

[214]　YANG Z，CHUEH C C，JEN A K Y，et al. High-performance fully printable perovskite solar cells via blade-coating technique under the ambient condition [J]. Adv. Energy Mater.，2015，5：1500328.

[215]　LI J，LIU Y，REN X，et al. Solution coating of superior large-area flexible perovskite thin films with controlled crystal packing[J]. Adv. Opt. Mater.，2017，5：1700102.

[216]　REMEIKA M，ONO L K，MAEDA M，et al. High-throughput surface preparation for flexible slot die coated perovskite solar cells[J]. Org. Electron.，2018，54：72-79.

[217]　DAS S，YANG B，XIAO K，et al. High-performance flexible perovskite solar cells by using a combination of ultrasonic spray-coating and low thermal budget photonic curing[J]. ACS Photonics，2015，2：680-686.

[218]　GIACOMO F D，FAKHARUDDIN A，JOSE R，et al. Progress，challenges and perspectives in flexible perovskite solar cells[J]. Energy Environ. Sci.，2016，9：3007-3035.

[219]　GIACOMO F D，ZARDETTO V，BROWN T M，et al. Flexible perovskite photovoltaic modules and solar cells based on atomic layer deposited compact layers and uv-irradiated TiO_2 scaffolds on plastic substrates[J]. Adv. Energy Mater.，2015，5：1401808.

[220]　HUANG A，ZHU J，ZHOU Y，et al. One step spray-coated TiO_2 electron-transport layers for decent perovskite solar cells on large and flexible substrates [J]. Nanotechnology，2017，28：01LT02.

[221]　BU T L，LI J，ZHENG F，et al. Universal passivation strategy to slot-die printed SnO_2 for hysteresis-free efficient flexible perovskite solar module[J]. Nat. Commun.，2018，9：4609.

[222]　HUANG Z，HU X，LIU C，et al. Nucleation and crystallization control via polyurethane to enhance

the bendability of perovskite solar cells with excellent device performance[J]. Adv. Funct. Mater., 2017, 27:1703061.

[223] MENG X, XING Z, HU X, et al. Stretchable perovskite solar cells with extremely recoverable performance[J]. Angew. Chem. Int. Ed., 2020, 10:1002.

[224] DUAN X, HUANG Z, LIU C, et al. A bendable nickel oxide interfacial layer via polydopamine crosslinking for flexible perovskite solar cells[J]. Chem. Commun., 2019, 55:3666-3669.

[225] HUANG Z Q, HU X T, LIU C, et al. Water-resistant and flexible perovskite solar cells via a glued interfacial layer[J]. Adv. Funct. Mater., 2019, 29:1902629.

[226] MENG X, CAI Z, ZHANG Y, et al. Bio-inspired vertebral design for scalable and flexible perovskite solar cells[J]. Nat. Commun., 2020, 11:3016.

[227] GAO L, CHEN L, YANG G, et al. Flexible and highly durable perovskite solar cells with a sandwiched device structure[J]. ACS Appl. Mater. Interfaces, 2019, 11:17475-17481.

[228] QI J, XIONG H, WANG H, et al. A kirigami-inspired island-chain design for wearable moisture-proof perovskite solar cells with high stretchability and performance stability[J]. Nanoscale, 2020, 12:3646-3656.

[229] XU X C, WANG H R, WANG J T, et al. Surface functionalization of a graphene cathode to facilitate ALD growth of an electron transport layer and realize high-performance flexible perovskite solar cells[J]. ACS Appl. Energy Mater., 2020, 4208-4216.

[230] WANG R, MUJAHID M, DUAN Y, et al. A Review of perovskites solar cell stability[J]. Adv. Funct. Mater., 2019, 29:1808843.

[231] MATSUI T, YAMAMOTO T, NISHIHARA T, et al. Compositional engineering for thermally stable, highly efficient perovskite solar cells exceeding 20% power conversion efficiency with 85 ℃/85% 1 000 h stability[J]. Adv. Mater., 2019, 31:1806823.

[232] WEERASINGHE H C, DKHISSI Y, SCULLY A D, et al. Encapsulation for improving the lifetime of flexible perovskite solar cells[J]. Nano Energy, 2015, 18:118-125.

[233] JIANG Y, QIU L, PEREZ E J J, et al. Reduction of lead leakage from damaged lead halide perovskite solar modules using self-healing polymer-based encapsulation[J]. Nat. Energy, 2019, 4:585-593.

[234] LI X, ZHANG F, HE H, et al. On-device lead sequestration for perovskite solar cells[J]. Nature, 2020, 578:555-558.

[235] ZHAO Z, GU F, LI Y, et al. Mixed-organic-cation tin iodide for lead-free perovskite solar cells with an efficiency of 8.12[J]. Adv. Sci., 2017, 4:1700204.

[236] LIN Z, LIU C, LIU G, et al. Preparation of efficient inverted tin-based perovskite solar cells via the bidentate coordination effect of 8-hydroxyquinoline[J]. Chem. Commun., 2020, 56:4007-4010.